本书得到

国家重点基础研究发展计划（"973"计划）

"有机/无机保护材料的设计与功能实现"（2012CB720904）经费支持

硅基软纳米杂化材料
与硅酸盐质遗迹保护

和 玲 著

科学出版社

北 京

内 容 简 介

　　硅基软纳米材料是一类新型有机/无机杂化材料，具有其他材料不可替代的特殊作用，突出的优势表现在优异的表面性能、耐候性、耐热性和抗污性能；已经在许多领域展现出广阔的应用前景。

　　受软物质和纳米材料特殊理化性质的启发，新型软纳米材料将会成为未来文化遗产保护的支柱材料。本书以四类硅基软纳米材料为主线，分别介绍纳米 SiO_2 基嵌段共聚物组装与性能、线形 PDMS 基嵌段共聚物组装与性能、笼形 POSS 基嵌段共聚物组装与性能、硅基聚合物乳液与硅基改性传统材料，重点介绍了这些新型软纳米材料的结构设计、合成方法、组装性能调控与应用等。最后，介绍硅基软纳米材料的性能评价与硅酸盐质遗迹的保护应用。

　　本书可供可控结构设计新型材料和自组装调控表面性能的科研人员阅读和参考，也可供从事文化遗产保护工作的科研人员参考。

图书在版编目（CIP）数据

硅基软纳米杂化材料与硅酸盐质遗迹保护/和玲著. —北京：科学出版社, 2017

ISBN 978-7-03-050370-1

Ⅰ. ①硅… Ⅱ. ①和… Ⅲ. ①硅基材料–纳米材料–应用–文化遗迹–保护 Ⅳ. ①TB383

中国版本图书馆 CIP 数据核字(2016)第 258664 号

责任编辑：朱　丽　高　微 / 责任校对：张小霞　何艳萍
责任印制：肖　兴 / 封面设计：耕者设计工作室

科 学 出 版 社 出版
北京东黄城根北街 16 号
邮政编码：100717
http://www.sciencep.com

北京通州皇家印刷厂 印刷
科学出版社发行　各地新华书店经销
*

2017 年 3 月第 一 版　　开本：720×1000 1/16
2017 年 3 月第一次印刷　　印张：32 1/4
字数：627 000
定价：180.00 元

(如有印装质量问题，我社负责调换)

前　　言

随着化学研究与技术的飞速发展，化学与艺术的不断交叉融合，越来越多的化学研究新进展应用于文化遗产的保护领域，为文化遗产的科学保护提供了强大支持。利用现代化学技术医治古代文化遗产之疾，有望实现文化遗产的长效保护，这已经成为人们关注的焦点。

保护人类文化遗产关乎文明传承的命脉，亟待全球人士付诸努力。核心工作之一是保护材料的研究，设计新型高效保护材料，研究材料与文化遗产及环境的作用机理，保护材料抵御环境作用机制及服役行为等，是成功保护文化遗产的前提。在不改变文化遗产本身原始形态及信息的前提下实现科学合理的保护，是实施保护的基本要求。而保护材料是否能被赋予所需的物理化学性能，是否具有优异的耐老化性能，是否与保护对象匹配，是保护学家关注的核心。受软物质和纳米材料特殊理化性质的启发，构建新型软纳米材料保护文化遗产，将会成为未来的发展方向。

在国家重点基础研究发展计划（"973"计划）首席科学家罗宏杰教授的带领下，国内 10 多个著名高校和研究所及文保单位 30 多人的研究队伍聚焦"埋藏-发掘-保护-保存"全过程的共性科学与技术基础问题，开展多学科交叉集成研究，是国家第一个关于文化遗产保护基础研究的"973"项目。本团队承担第四课题"有机/无机保护材料的设计与功能实现（2012CB720904）"，有力地支持了本书出版。

全书 29 章，共分为五篇。首先以第 0 章的软纳米材料与文化遗产保护开篇，分别介绍了四大类硅基软纳米保护材料的设计制备、性能研究、材料评价和保护实施；之后每篇都是以介绍不同硅基材料特征开始，然后分别展示不同嵌段聚合物（或核壳结构乳液）自组装成软纳米材料的特性，主要集中在化学组成或结构特点不同的材料的合成方法、自组装成的软纳米材料特征、涂膜表面性能、机械性能、热性能、黏接性能等；最后介绍保护材料评价与应用。

第一篇"纳米 SiO_2 基嵌段共聚物组装与性能"介绍纳米 SiO_2 及其可控聚合物、疏水疏油性 SiO_2 基嵌段共聚物组装与性能、两亲性 SiO_2 基嵌段共聚物组装与性能、亲水性 SiO_2 基嵌段共聚物组装与性能、硅烷基嵌段共聚物模板生长 SiO_2、含氟硅烷基嵌段共聚物模板自水解 SiO_2、吡啶基嵌段共聚物模板生长 SiO_2。

第二篇"线形 PDMS 基嵌段共聚物组装与性能"介绍 PDMS 及 PDMS 基嵌

段共聚物、含氟链段对 PDMS 基丙烯酸酯嵌段共聚物的影响、溶剂对 PDMS 基共聚物组装特性的影响、PDMS 基共聚物的合成动力学与表面润湿性。

第三篇"笼形 POSS 基嵌段共聚物组装与性能"介绍 POSS 及 POSS 基聚合物自组装、POSS 封端结构嵌段共聚物组装与性能、笼形 MA-POSS 与线形 PDMS 构筑三嵌段共聚物组装体、多臂 POSS 基嵌段共聚物组装与性能、拓扑结构对 POSS 基含氟聚合物的性能调控、POSS 改性环氧聚合物溶液与性能、坠形结构 POSS 基环氧共聚物及性能。

第四篇"硅基聚合物乳液与硅基改性传统材料"介绍硅基核壳结构聚合物乳液、聚硅氧烷接枝核壳型含氟丙烯酸酯共聚物乳液、聚硅氧烷@含氟丙烯酸酯共聚物乳液、SiO_2 基核壳结构含氟聚合物乳液、纳米 SiO_2/含氟聚合物构筑疏水疏油涂层、硅烷基接枝改性天然淀粉、POSS 改性环氧丙烯酸酯共聚物乳液。

第五篇"硅基软纳米材料评价与硅酸盐质遗迹保护"介绍软纳米材料保护评价方法、硅基软纳米材料耐老化性能评价、硅基软纳米材料保护硅酸盐质文化遗迹。

期望本书对于软物质、纳米材料和聚合物等相关学科的研究,以及对文化遗产的保护研究起到积极引导和启发作用。

限于著者水平,书中难免存在疏漏或不足之处,敬请专家、学者、读者批评指正。

和　玲

2016 年 5 月于西安

本书所涉彩图及内容信息请扫描右侧二维码扩展阅读。

目　　录

前言

第 0 章　软纳米材料与文化遗产保护 1

　0.1　软物质与纳米材料 1

　0.2　软物质的特性 2

　0.3　软纳米材料的构筑 3

　　0.3.1　嵌段共聚物自组装制备软纳米材料 3

　　0.3.2　核壳结构软物质纳米材料 6

　0.4　软物质在文化遗产保护中的应用 7

第一篇　纳米 SiO₂ 基嵌段共聚物组装与性能

第 1 章　纳米 SiO₂ 及其可控聚合物 13

　1.1　SiO₂ 纳米粒子特性 13

　1.2　纳米 SiO₂ 的制备 14

　1.3　纳米 SiO₂ 的表面改性 16

　1.4　SiO₂ 表面接枝聚合物方法 18

　　1.4.1　传统自由基聚合 20

　　1.4.2　可控/活性自由基聚合 21

　　1.4.3　其他聚合法 28

　1.5　SiO₂ 表面引发聚合物的表征技术 30

　1.6　SiO₂ 表面引发制备有机/无机杂化材料 31

　　1.6.1　疏水疏油性材料 31

　　1.6.2　两亲性材料 31

　　1.6.3　亲水性材料 33

　1.7　SiO₂ 表面接枝聚合物杂化材料的应用 34

　参考文献 36

第 2 章　疏水疏油性 SiO₂ 基嵌段共聚物组装与性能 38

　2.1　疏水疏油性 SiO₂-g-PMMA-b-P12FMA 杂化材料的制备 39

　　2.1.1　SiO₂ 引发剂 SiO₂-Br 的合成 39

　　　2.1.2　SiO_2-Br 引发单体聚合制备 SiO_2-g-PMMA-b-P12FMA ················ 40
　2.2　SiO_2-Br 及 SiO_2-g-PMMA-b-P12FMA 的结构表征 ················ 41
　　　2.2.1　SiO_2-Br 的结构表征 ················ 41
　　　2.2.2　SiO_2-g-PMMA-b-P12FMA 的结构表征 ················ 44
　　　2.2.3　SiO_2-g-PMMA-b-P12FMA 分子量表征 ················ 46
　2.3　SiO_2-g-PMMA-b-P12FMA 纳米杂化粒子在溶液中的自组装形态 ········ 47
　2.4　涂膜表面化学组成与形貌 ················ 49
　2.5　涂层润湿性与动态水吸附行为 ················ 52
　2.6　热稳定性分析 ················ 54
第 3 章　两亲性 SiO_2 基嵌段共聚物组装与性能 ················ 56
　3.1　SiO_2-g-P(PEGMA)-b-P(12FMA)的合成 ················ 58
　　　3.1.1　SiO_2 引发剂的合成 ················ 58
　　　3.1.2　溶胶-凝胶法获得引发剂 SiO_2-Br 的结构与接枝率表征 ········ 58
　　　3.1.3　两亲性含氟聚合物 SiO_2-g-P(PEGMA)-b-P(12FMA)的合成 ···· 59
　　　3.1.4　SiO_2-g-P(PEGMA)-b-P(12FMA)的结构表征 ················ 61
　3.2　聚合动力学与聚合物分子量表征 ················ 62
　3.3　两亲性纳米杂化粒子在溶液中的形态分布 ················ 64
　3.4　两亲性粒子在水溶液中的 LCST 值 ················ 66
　3.5　两亲性嵌段含量对膜表面形貌和水吸附行为的影响 ················ 68
　3.6　SiO_2-g-P(PEGMA)-b-P(12FMA)的热稳定性 ················ 73
　3.7　两亲性膜的抗蛋白吸附性能 ················ 74
　3.8　两亲性杂化材料保护砂岩的应用 ················ 77
第 4 章　亲水性 SiO_2 基嵌段共聚物组装与性能 ················ 78
　4.1　亲水性 SiO_2-g-P(PEGMA)-b-P(PEG) 粒子的合成与结构 ················ 79
　4.2　亲水性粒子在水溶液中的形貌 ················ 82
　4.3　SiO_2-g-P(PEGMA)-b-P(PEG)的 LCST 值和 pH 响应性 ················ 82
　4.4　亲水性膜表面形貌、化学组成和水吸附行为 ················ 84
　4.5　亲水膜的抗蛋白吸附性能 ················ 86
　4.6　SiO_2-g-P(PEGMA)-b-P(PEG)的热稳定性 ················ 87
　4.7　亲水性杂化膜的清洗去除性能 ················ 88
第 5 章　硅烷基嵌段共聚物模板生长 SiO_2 ················ 89
　5.1　F-PMMA-b-PMPS 嵌段聚合物模板的制备 ················ 91
　　　5.1.1　制备 F-Br 引发剂 ················ 91

　　　　5.1.2　制备 F-PMMA-b-PMPS 模板 ···92
　　5.2　F-PMMA-b-PMPS 模板生长 SiO$_2$ ··92
　　　　5.2.1　F-PMMA-b-PMPS/SiO$_2$ 的制备 ···92
　　　　5.2.2　F-PMMA-b-PMPS 和 F-PMMA-b-PMPS/SiO$_2$ 的表征 ·········93
　　5.3　F-PMMA-b-PMPS/SiO$_2$ 膜表面性质 ···95
　　　　5.3.1　膜表面元素分布和形貌特征 ···95
　　　　5.3.2　膜表面的润湿性和水吸附行为 ···97
　　　　5.3.3　F-PMMA-b-PMPS/SiO$_2$ 热稳定性 ··98
　　5.4　五嵌段共聚物模板 PDMS-b-(PMMA-b-PMPS)$_2$ 生长 SiO$_2$ ·········99
　　　　5.4.1　PDMS-b-(PMMA-b-PMPS)$_2$ 的制备 ·····································99
　　　　5.4.2　PDMM 模板生长 SiO$_2$ ···102
　　5.5　SiO$_2$@PDMM 和 PDMM@ SiO$_2$ 在溶液中的聚集形态 ············104
　　5.6　PDMM@SiO$_2$ 和 SiO$_2$@PDMM 涂膜的表面性能 ·····················107
　　　　5.6.1　膜表面形貌和膜层结构 ···107
　　　　5.6.2　膜表面润湿性及对水的动态吸附行为研究 ·····························109
　　5.7　PDMM@SiO$_2$ 和 SiO$_2$@PDMM 的热性能与机械性能 ·············111
第 6 章　含氟硅烷基嵌段共聚物模板自水解 SiO$_2$ ·······························113
　　6.1　自由基调聚法与 ATRP 结合制备含氟硅嵌段聚合物 PFMA-b-PMMA-
　　　　b-PMPS ···115
　　　　6.1.1　PFMA-b-PMMA-b-PMPS 的合成 ··115
　　　　6.1.2　PFMA-b-PMMA-b-PMPS 的结构表征 ····································117
　　6.2　溶剂对 PFMA-b-PMMA-b-PMPS 自组装的影响 ··························118
　　6.3　PFMA-b-PMMA-b-PMPS 涂膜性能 ··120
　　　　6.3.1　膜表面形貌和粗糙度 ···120
　　　　6.3.2　膜表面元素组成 ··121
　　　　6.3.3　膜表面润湿性与动态吸水性能 ···122
　　　　6.3.4　膜的黏接力 ···125
　　6.4　聚合物模板自水解制备杂化材料 H1 和 H2 ································125
　　6.5　H1 和 H2 膜表面性能 ···127
第 7 章　吡啶基嵌段共聚物模板生长 SiO$_2$ ·······································131
　　7.1　PS-b-P4VP/SiO$_2$ 杂化纳米粒子的制备 ······································132
　　7.2　PS-b-P4VP 的粒径分布与组装形貌 ···133
　　　　7.2.1　PS-b-P4VP 的组装粒径 ···133
　　　　7.2.2　PS-b-P4VP/SiO$_2$ 杂化纳米粒子的形貌 ·································135

7.3　PS-b-P4VP 与 PS-b-P4VP/SiO$_2$ 成膜性能比较 ·················· 136

　　7.3.1　PS-b-P4VP 胶束成膜性能 ······························· 136

　　7.3.2　PS-b-P4VP/SiO$_2$ 成膜元素分布 ························· 137

7.4　PS-b-P4VP/SiO$_2$ 成膜表面形貌与疏水性 ····················· 138

　　7.4.1　PS-b-P4VP/SiO$_2$ 成膜表面形貌 ······················· 138

　　7.4.2　PS-b-P4VP/SiO$_2$ 热处理膜表面疏水性 ················· 140

第二篇　线形 PDMS 基嵌段共聚物组装与性能

第 8 章　PDMS 及 PDMS 基嵌段共聚物 ··························· 147

8.1　PDMS 结构特点及用途 ···································· 147

　　8.1.1　硅基聚合物结构特点 ································· 147

　　8.1.2　常见 PDMS 结构 ····································· 148

　　8.1.3　PDMS 用途 ··· 148

8.2　PDMS 引发 ATRP 制备嵌段聚合物 ························· 151

　　8.2.1　PDMS 引发剂的制备 ································· 151

　　8.2.2　PDMS 引发嵌段共聚物的制备 ······················· 152

8.3　PDMS 其他聚合物 ······································· 153

　　8.3.1　PDMS 侧基聚合物 ··································· 153

　　8.3.2　PDMS 表面引发聚合物 ······························· 154

参考文献 ·· 155

第 9 章　含氟链段对 PDMS 基丙烯酸酯嵌段共聚物的影响 ········· 156

9.1　PDMS-b-(PMMA-b-PFMA)$_2$ 的 ATRP 合成 ················ 158

　　9.1.1　大分子引发剂 Br-PDMS-Br 的制备 ··················· 158

　　9.1.2　五嵌段共聚物 PDMS-b-(PMMA-b-PFMA)$_2$ 的制备 ······ 159

　　9.1.3　PDMS-b-(PMMA-b-PFMA)$_2$ 的结构与分子量表征 ······· 160

9.2　含氟链段对膜表面性能的影响 ······························· 163

9.3　溶液中聚集体分布与膜表面能的关系 ························· 165

9.4　含氟量对热稳定性的影响 ·································· 167

第 10 章　溶剂对 PDMS 基共聚物组装特性的影响 ················· 170

10.1　五嵌段含氟共聚物 PDMS-b-(PMMA-b-P12FMA)$_2$ 的制备 ······ 171

10.2　PDMS-b-(PMMA-b-P12FMA)$_2$ 在溶液中的自组装行为 ········· 173

10.3　链段组成对涂膜表面性能的影响 ·························· 176

10.4　溶剂对膜表面性能的调控作用 ···························· 179

10.4.1　溶剂对表面能的影响 ⋯⋯⋯⋯⋯⋯⋯⋯⋯⋯⋯⋯⋯⋯⋯⋯179

10.4.2　溶剂对共聚物自组装聚集体分布和形貌的影响 ⋯⋯⋯⋯⋯180

10.4.3　溶剂对膜表面形貌和动态吸水的影响 ⋯⋯⋯⋯⋯⋯⋯⋯183

第 11 章　PDMS 基共聚物的合成动力学与表面润湿性 ⋯⋯⋯⋯⋯⋯⋯⋯187

11.1　PDMS-b-(PMMA-b-PR)$_2$ 的制备与结构表征 ⋯⋯⋯⋯⋯⋯⋯⋯188

11.1.1　PDMS-b-(PMMA-b-PR)$_2$ 的制备 ⋯⋯⋯⋯⋯⋯⋯⋯⋯188

11.1.2　PDMS-b-(PMMA-b-PR)$_2$ 的结构与分子量表征 ⋯⋯⋯188

11.2　不同单体的 PDMS-b-(PMMA-b-PR)$_2$ 反应速率测定 ⋯⋯⋯⋯192

11.2.1　反应速率测定方法建立 ⋯⋯⋯⋯⋯⋯⋯⋯⋯⋯⋯⋯⋯192

11.2.2　GC 检测 ATRP 反应过程浓度的变化量 ⋯⋯⋯⋯⋯⋯193

11.2.3　PDMS 引发五嵌段末端的反应速率 ⋯⋯⋯⋯⋯⋯⋯⋯193

11.3　PDMS-b-(PMMA-b-PR)$_2$ 膜表面润湿性 ⋯⋯⋯⋯⋯⋯⋯⋯⋯195

第三篇　笼形 POSS 基嵌段共聚物组装与性能

第 12 章　POSS 及 POSS 基聚合物自组装 ⋯⋯⋯⋯⋯⋯⋯⋯⋯⋯⋯⋯⋯201

12.1　POSS 结构特点 ⋯⋯⋯⋯⋯⋯⋯⋯⋯⋯⋯⋯⋯⋯⋯⋯⋯⋯⋯201

12.2　POSS 基聚合物的合成 ⋯⋯⋯⋯⋯⋯⋯⋯⋯⋯⋯⋯⋯⋯⋯⋯203

12.2.1　POSS 的 ATRP 反应 ⋯⋯⋯⋯⋯⋯⋯⋯⋯⋯⋯⋯⋯⋯205

12.2.2　POSS 的 RAFT 反应 ⋯⋯⋯⋯⋯⋯⋯⋯⋯⋯⋯⋯⋯⋯206

12.3　POSS 基聚合物自组装 ⋯⋯⋯⋯⋯⋯⋯⋯⋯⋯⋯⋯⋯⋯⋯⋯208

12.4　POSS 基聚合物特性 ⋯⋯⋯⋯⋯⋯⋯⋯⋯⋯⋯⋯⋯⋯⋯⋯⋯210

12.5　POSS 基聚合物组装涂膜 ⋯⋯⋯⋯⋯⋯⋯⋯⋯⋯⋯⋯⋯⋯⋯211

12.5.1　POSS 交联填充膜材料 ⋯⋯⋯⋯⋯⋯⋯⋯⋯⋯⋯⋯⋯211

12.5.2　POSS 透光防腐杂化膜材料 ⋯⋯⋯⋯⋯⋯⋯⋯⋯⋯⋯212

12.5.3　POSS 低表面能涂膜材料 ⋯⋯⋯⋯⋯⋯⋯⋯⋯⋯⋯⋯212

参考文献 ⋯⋯⋯⋯⋯⋯⋯⋯⋯⋯⋯⋯⋯⋯⋯⋯⋯⋯⋯⋯⋯⋯⋯⋯215

第 13 章　POSS 封端结构嵌段共聚物组装与性能 ⋯⋯⋯⋯⋯⋯⋯⋯⋯217

13.1　ap-POSS-PMMA$_m$-b-P(MA-POSS)$_n$ 的合成与表征 ⋯⋯⋯⋯218

13.1.1　ap-POSS-PMMA$_m$-b-P(MA-POSS)$_n$ 的合成 ⋯⋯⋯⋯218

13.1.2　ap-POSS-PMMA$_m$-b-P(MA-POSS)$_n$ 的结构与分子量表征 ⋯220

13.2　ap-POSS-PMMA$_m$-b-P(MA-POSS)$_n$ 在溶液中自组装形貌 ⋯224

13.3　胶束组装成膜的表面形貌与粗糙度 ⋯⋯⋯⋯⋯⋯⋯⋯⋯⋯⋯227

13.4　膜表面润湿性和动态吸附水过程 ⋯⋯⋯⋯⋯⋯⋯⋯⋯⋯⋯228

13.5　ap-POSS-PMMA$_m$-b-P(MA-POSS)$_n$ 的热稳定性 ⋯⋯⋯⋯229

第 14 章　笼形 MA-POSS 与线形 PDMS 构筑三嵌段共聚物组装体·················232

　　14.1　PDMS-b-PMMA$_m$-b-P(MA-POSS)$_n$ 的合成与结构表征·················233

　　　　14.1.1　PDMS-b-PMMA$_m$-b-P(MA-POSS)$_n$ 的合成·················233

　　　　14.1.2　PDMS-b-PMMA$_m$-b-P(MA-POSS)$_n$ 的结构表征·················235

　　　　14.1.3　PDMS-b-PMMA$_m$-b-P(MA-POSS)$_n$ 的分子量表征·················236

　　14.2　热性能与机械拉伸性能·················237

　　14.3　溶剂对组装膜表面形貌与化学组成的影响·················239

　　14.4　POSS 含量对膜表面润湿性与水动态吸附行为的影响·················242

第 15 章　多臂 POSS 基嵌段共聚物组装与性能·················245

　　15.1　星形聚合物 s-POSS-PMMA-b-P(MA-POSS) 的制备与结构·················246

　　　　15.1.1　s-POSS-PMMA-b-P(MA-POSS) 的制备·················246

　　　　15.1.2　s-POSS-PMMA-b-P(MA-POSS) 的结构表征·················248

　　15.2　溶液中自组装形态与疏水疏油表面·················249

　　15.3　s-POSS-PMMA-b-P(MA-POSS) 的热学性能·················252

　　15.4　溶剂对 s-POSS-PMMA$_{277.3}$-b-P(MA-POSS)$_{16.5}$ 膜性能的影响·················254

第 16 章　拓扑结构对 POSS 基含氟聚合物的性能调控·················258

　　16.1　不同拓扑结构 POSS 基含氟聚合物的制备与表征·················259

　　　　16.1.1　星形结构 POSS-(PMMA-b-PDFHM)$_{16}$ 的合成·················259

　　　　16.1.2　线形结构 ap-POSS-PMMA-b-PDFHM 的合成·················260

　　　　16.1.3　不同拓扑结构含氟嵌段共聚物的结构表征·················260

　　16.2　拓扑结构与溶液自组装的关系·················263

　　　　16.2.1　POSS-(PMMA-b-PDFHM)$_{16}$ 的自组装·················263

　　　　16.2.2　ap-POSS-PMMA-b-PDFHM 的自组装·················264

　　16.3　膜表面迁移对膜层结构和性能的影响·················266

　　　　16.3.1　POSS 与 PDFHM 的表面迁移竞争·················266

　　　　16.3.2　迁移竞争对膜层结构的影响·················269

　　　　16.3.3　迁移竞争对疏水性能的影响·················270

　　16.4　不同拓扑结构嵌段聚合物的热稳定性能·················272

第 17 章　POSS 改性环氧聚合物溶液与性能·················274

　　17.1　P(GMA-MAPOSS) 的合成与结构表征·················275

　　　　17.1.1　P(GMA-MAPOSS) 的合成·················275

　　　　17.1.2　P(GMA-MAPOSS) 的化学结构表征·················275

　　17.2　P(GMA-MAPOSS) 共聚物膜的表面形貌和润湿性能·················277

　　17.3　P(GMA-MAPOSS) 膜的透光性能·················280

17.4　P(GMA-MAPOSS)的热稳定性 ···280

17.5　P(GMA-MAPOSS)的黏接性能 ···281

17.6　P(GMA-MAPOSS)膜的透气性能与保护功效 ······················282

第18章　坠形结构POSS基环氧共聚物及性能 ································284

18.1　PGMA-g-P(MA-POSS)的制备与结构表征 ·······················285

18.1.1　PGMA-g-P(MA-POSS)的制备 ·····························285

18.1.2　PGMA-g-P(MA-POSS)的结构表征 ······················287

18.2　PGMA-g-P(MA-POSS)的组装形貌及粒径分布 ··················289

18.3　膜表面形貌和润湿性能 ···290

18.4　固化前后的热稳定性能比较 ··291

18.5　PGMA-g-P(MA-POSS)的黏接性能 ································293

18.6　膜的透气性能与保护功效 ··294

第四篇　硅基聚合物乳液与硅基改性传统材料

第19章　硅基核壳结构聚合物乳液 ··299

19.1　乳液聚合 ··299

19.1.1　种子乳液聚合 ···300

19.1.2　核壳乳液聚合 ···300

19.1.3　微乳液聚合 ··301

19.2　核壳型乳液结构设计与聚合方法 ··301

19.2.1　核壳型乳液结构设计 ···301

19.2.2　核壳乳液形貌控制 ··303

19.3　核壳型聚合物乳液的成膜特征 ···304

19.4　核壳型含氟聚合物乳液 ···306

19.5　硅氧烷基核壳型乳液 ··308

19.5.1　硅氧烷结构特点 ···308

19.5.2　硅氧烷基核壳型乳液的制备 ·····································309

19.6　硅基改性核壳型含氟共聚物乳液 ·······································310

19.6.1　硅氧烷改性核壳型含氟共聚物乳液特性 ····················310

19.6.2　核壳型 SiO_2 基含氟聚合物乳液 ···························310

参考文献 ··312

第20章　聚硅氧烷接枝核壳型含氟丙烯酸酯共聚物乳液 ··················313

20.1　硅氧烷基核壳乳液 BA/MMA/12FMA/MPTMS/D_4 的制备与条件

选择 ··314

20.1.1　BA/MMA/12FMA/MPTMS/D$_4$的制备 ··········· 314

20.1.2　乳化剂的选择及用量 ··········· 316

20.1.3　D$_4$阳离子开环聚合 ··········· 317

20.2　共聚物乳液形貌与结构表征 ··········· 318

20.3　共聚物表面和断面性质 ··········· 321

20.4　硅基共聚物乳液的热学和力学性能 ··········· 324

20.5　乳液与嵌段聚合物的性能对比分析 ··········· 326

20.5.1　表面微观形貌与表面化学组成对比 ··········· 326

20.5.2　表面对水的吸附行为和结构特性对比 ··········· 326

20.5.3　表面接触角滞后现象对比 ··········· 329

第 21 章　聚硅氧烷@含氟丙烯酸酯共聚物乳液 ··········· 331

21.1　环四硅氧烷阳离子开环聚合制备 P(D$_4$/D$_4^V$)种子 ··········· 332

21.1.1　P(D$_4$/D$_4^V$)种子的合成 ··········· 332

21.1.2　乳化剂种类、用量、配比的选择 ··········· 333

21.1.3　pH 对乳液开环反应的影响 ··········· 334

21.1.4　P(D$_4$/D$_4^V$)种子的结构分析 ··········· 334

21.2　P(D$_4$/D$_4^V$)@P(BA/MMA/FA)乳液的合成及其结构 ··········· 336

21.2.1　P(D$_4$/D$_4^V$)@P(BA/MMA/FA)乳液的合成 ··········· 336

21.2.2　P(D$_4$/D$_4^V$)@P(BA/MMA/FA)的结构 ··········· 337

21.3　含氟链段对 P(D$_4$/D$_4^V$)@P(BA/MMA/FA)乳液形貌与粒径分布的影响 ··········· 340

21.4　含氟链段对涂膜表面形貌与性能的影响 ··········· 342

第 22 章　SiO$_2$基核壳结构含氟聚合物乳液 ··········· 346

22.1　纳米 SiO$_2$的分散与表面改性 ··········· 348

22.1.1　单层结构与多层结构接枝纳米 SiO$_2$ ··········· 348

22.1.2　分散条件选择 ··········· 349

22.1.3　接枝改性 SiO$_2$的结构表征与接枝率 ··········· 351

22.2　SiO$_2$/P(MMA/BA/3FMA)核壳乳液的合成与结构 ··········· 353

22.2.1　SiO$_2$/P(MMA/BA/3FMA)核壳乳液的合成 ··········· 353

22.2.2　SiO$_2$/P(MMA/BA/3FMA)核壳乳液的结构表征 ··········· 354

22.3　合成条件对乳液形貌的影响 ··········· 356

22.3.1　单体配比对 SiO$_2$/P(MMA/BA/3FMA)核壳乳液形貌及粒径的影响 ··········· 356

　　22.3.2　改性纳米 SiO₂ 用量对乳液稳定性及形貌的影响·············358

　　22.3.3　乳化剂含量对乳液稳定性及形貌的影响·············360

　22.4　乳液成膜过程的 TEM 跟踪分析·············364

　22.5　核壳乳液膜的断面结构及特征·············366

　22.6　核壳乳液膜的化学组成与核壳组分自迁移·············368

　22.7　核壳乳液膜的表面性能·············372

　22.8　核壳乳液膜的力学性能·············373

　22.9　核壳乳液膜的热稳定性·············375

第 23 章　纳米 SiO₂/含氟聚合物构筑疏水疏油涂层·············377

　23.1　单分散性纳米 SiO₂ 粒子的制备与表面改性·············378

　　23.1.1　硅烷偶联剂修饰 SiO₂ 粒子的制备·············378

　　23.1.2　纳米 SiO₂ 粒径大小及分散性的影响因素·············380

　　23.1.3　改性纳米 SiO₂ 粒子的结构表征·············381

　23.2　VTMS-SiO₂/含氟聚合物的制备与分散方式·············382

　　23.2.1　VTMS-SiO₂/含氟聚合物杂化材料的制备·············382

　　23.2.2　分散剂对 VTMS-SiO₂/含氟聚合物聚集形态的影响·············383

　23.3　VTMS-SiO₂/含氟聚合物涂层的性能·············385

　　23.3.1　质量比对涂层表面性能的影响·············385

　　23.3.2　分散剂对涂层表面性质的影响·············386

　　23.3.3　成膜方式对涂层表面疏水疏油性能的影响·············388

　23.4　氟硅烷改性纳米粒子 FDTES/MPTMS-SiO₂ 的制备与结构·············390

　　23.4.1　FDTES/MPTMS-SiO₂ 的制备·············390

　　23.4.2　FDTES/MPTMS-SiO₂ 的结构表征·············392

　23.5　FDTES/MPTMS-SiO₂ 基含氟聚合物构筑疏水疏油涂层·············394

　　23.5.1　疏水疏油涂层的制备·············394

　　23.5.2　涂层表面润湿性能·············394

　　23.5.3　涂层耐久性分析·············400

第 24 章　硅烷基接枝改性天然淀粉·············402

　24.1　硅基含氟共聚物接枝淀粉 P(VTMS/12FMA)-g-starch 的制备·············404

　　24.1.1　P(VTMS/12FMA)-g-starch 的制备·············404

　　24.1.2　影响因素分析·············406

　24.2　P(VTMS/12FMA)-g-starch 涂膜表面性能·············409

　24.3　P(VTMS/12FMA)-g-starch 的热稳定性·············410

24.4 硅烷化淀粉接枝聚合物乳液 VTMS-starch/P(MMA/BA/3FMA)的
合成与结构确定 ··411
24.4.1 VTMS-starch 的合成与结构确定 ·····························411
24.4.2 VTMS-starch/P(MMA/BA/3FMA)乳液的合成与结构确定·······415
24.4.3 反应条件对乳液制备的影响 ·································417
24.5 VTMS-starch/P(MMA/BA/3FMA)乳液成膜的表面性能 ············421
24.6 VTMS-starch/P(MMA/BA/3FMA)的热稳定性 ·····················422
24.7 VTMS-starch/P(MMA/BA/3FMA)的机械性能 ·····················423
第 25 章 POSS 改性环氧丙烯酸酯共聚物乳液 ·····························424
25.1 P(GMA-POSS)-co-PMMA 的合成与表征 ·························425
25.1.1 P(GMA-POSS)-co-PMMA 乳液的合成 ·····················425
25.1.2 P(GMA-POSS)-co-PMMA 乳液的结构表征 ·················425
25.2 乳液成膜表面的微观形貌 ···428
25.3 P(GMA-POSS)-co-PMMA 的热稳定性 ·····························429
25.4 P(GMA-POSS)-co-PMMA 的黏接性能 ·····························430

第五篇　硅基软纳米材料评价与硅酸盐质遗迹保护

第 26 章 软纳米材料保护评价方法 ···································435
26.1 确定影响保护材料寿命的主控因素 ·····························435
26.1.1 紫外光老化过程的红外结构表征 ·························435
26.1.2 紫外光老化过程的热性能表征 ···························435
26.1.3 湿热循环老化过程的红外结构表征 ·······················438
26.1.4 湿热循环老化过程的色差分析 ···························439
26.1.5 湿热循环老化过程的接触角分析 ·························441
26.1.6 湿热循环老化过程的黏接性能分析 ·······················441
26.2 保护材料老化分析参数与测试方法实例 ·······················443
26.2.1 黏接性能测试方法 ·······································443
26.2.2 表面颜色变化 ···444
26.2.3 表面疏水疏油性与表面自由能 ···························444
26.2.4 耐污性测试 ···446
26.2.5 吸水性与水蒸气渗透性测试 ·····························448
26.2.6 保护材料渗透性测试 ·····································449
26.2.7 机械强度测试 ···451

26.2.8 膜吸附水行为测试——石英晶体微天平测试 ……………… 454
26.2.9 耐候性能测试 ……………………………………………… 454

第 27 章 硅基软纳米材料耐老化性能评价 ……………………………… 457
27.1 保护材料组成与性能 ………………………………………………… 458
27.2 SiO₂ 基保护材料的湿热老化分析 …………………………………… 458
27.2.1 表面色差变化 ……………………………………………… 458
27.2.2 表面接触角 ………………………………………………… 459
27.2.3 黏接性能 …………………………………………………… 460
27.2.4 表面形貌 …………………………………………………… 461
27.3 POSS 基保护材料的湿热老化黏接性能与拉伸性能分析 …………… 463
27.3.1 黏接性能变化 ……………………………………………… 463
27.3.2 拉伸性能变化 ……………………………………………… 464

第 28 章 硅基软纳米材料保护硅酸盐质文化遗迹 ……………………… 465
28.1 SiO₂ 基软纳米材料保护砂岩、陶质基体和泥坯绘彩 ……………… 465
28.1.1 保护样块与保护材料简介 ………………………………… 465
28.1.2 紫外光照老化后的颜色与水接触角变化 ………………… 467
28.1.3 湿热循环老化的色差与水接触角 ………………………… 469
28.1.4 保护前后吸水性能变化 …………………………………… 473
28.1.5 耐盐循环 …………………………………………………… 475
28.1.6 SiO₂ 基软纳米材料保护小结 …………………………… 475
28.2 POSS 基软纳米材料保护砂岩 ……………………………………… 476
28.2.1 保护材料与保护对象 ……………………………………… 476
28.2.2 样块颜色变化与表面吸水性 ……………………………… 477
28.2.3 砂岩空隙尺寸分布 ………………………………………… 478
28.2.4 耐盐循环与耐冻融循环 …………………………………… 480
28.2.5 POSS 基软纳米材料保护小结 …………………………… 482
28.3 硅基改性淀粉黏接保护砂岩 ………………………………………… 483
28.3.1 黏接材料与保护对象 ……………………………………… 483
28.3.2 黏接后的耐水性 …………………………………………… 483
28.3.3 耐盐循环和冻融循环 ……………………………………… 485
28.3.4 改性淀粉保护小结 ………………………………………… 486
28.4 POSS 基环氧 P(GMA-POSS)-co-POSS 的黏接保护 ……………… 487
28.4.1 黏接吸附过程跟踪检测 …………………………………… 487

28.4.2　保护过程超声波检测硬度变化 ……………………………………… 488

28.4.3　黏接现场保护 …………………………………………………………… 488

28.4.4　P(GMA-POSS)-co-POSS 现场黏接保护小结 ………………………… 490

28.5　ap-POSS-PMMA-b-P(12FMA)的表面保护 ………………………………… 491

28.5.1　表面保护的模拟研究 …………………………………………………… 491

28.5.2　保护砂岩的耐久性分析 ………………………………………………… 491

28.5.3　ap-POSS-PMMA-b-P(12FMA)表面保护小结 ………………………… 493

后记 ……………………………………………………………………………………… 495

第0章　软纳米材料与文化遗产保护

如果将文化遗产的劣化类比人体患病，则保护研究者可类比医生。诊断、治疗和预防是医生的工作，而"给药"在其中起很重要的作用。到目前为止，尽管在预防性保护和发展先进诊断技术方面已经做了很多努力，但是用于保护修复艺术品的创新性材料鲜有报道。创造新型的保护材料，已成为保护劣化文化遗产的首要问题。

因此，文化遗产保护的核心工作之一是保护材料的研究。在不改变文化遗产本身原始形态及固有信息的前提下实现科学合理的保护，是实施保护的基本要求。而保护材料是否能够赋予所需的物理化学性能，是否具有优异的耐老化性能，是否与保护对象匹配，是保护学家关注的焦点。在众多的材料中，什么样的材料能够满足这些要求？

20世纪末，纳米氢氧化钙[$Ca(OH)_2$]作为一种高效的修复材料出现，$Ca(OH)_2$粒子一旦进入多孔基体，通过与大气中的CO_2反应，转变成一种新的碳酸钙盐网状物，融入碳酸盐基质中，重现原始基体的机械性能。高度结晶的纳米粒子产生结晶碳酸盐网状物，提高耐机械应力和耐老化性能。硅酸盐的加固也受益于纳米材料的应用。但直接使用硅酸乙酯溶液时，形成的硅溶胶在干燥阶段易于在硅酸盐石材气孔中破裂，引起硅酸盐基质的机械应力，带来副作用。如果在原硅酸乙酯溶液中添加二氧化硅纳米粒子、柔性的硅烷或多面体笼状倍半硅氧烷，可以有效地减少干燥阶段裂缝的形成。

受软物质和纳米材料特殊理化性质的启发，人们尝试使用软物质纳米类材料保护文化遗产。目前广泛应用于文化遗产保护的软物质纳米材料主要有聚合物溶液、乳液、微乳液、胶束、凝胶和无机纳米胶体颗粒等。这些软物质(由分子组成的)纳米材料已经在砖石、土、陶、彩绘、玻璃、金属、骨质等硬物质构成的文化遗产的保护方面取得了良好的保护效果，引起广泛关注。本章就目前文化遗产保护中涉及的主要软物质的特性、发展前景予以介绍。同时，介绍由分子链段聚集组成的软质纳米材料的特点。

0.1　软物质与纳米材料

纳米材料与软物质的研究都是从20世纪80年代开始。在多学科互相交叉的今天，纳米材料与软物质的相互结合，在材料领域展现出诱人的绿色春天。

纳米材料(nano material)包括硬质(无机纳米晶体)和软质(由分子组成的)纳米材料。广义的纳米材料是指在三维空间中至少有一维处于纳米尺度范围或由它们作为基本单元构成的材料。按照维数不同，纳米材料的基本单元可以分为三类：零维，指在空间三维尺度均为纳米尺度的材料，如纳米尺度颗粒、原子团簇等；一维，指在空间有两维处于纳米尺度的材料，如纳米丝、纳米棒、纳米管等；二维，指在三维空间中有一维为纳米尺度的材料，如超薄膜、多层膜、超晶格等。

软物质(soft matter)是相对于人类最初使用的硬物质(hard matter)而言。人类文明的发展总是伴随着新材料的发现和应用而来的。人类最初学会使用的都是硬物质材料，如构成文物的砖石、土、陶、彩绘、玻璃、金属、骨质等。随着科学技术的发展，聚合物(polymer)、微乳液(microemulsion)、胶束(micelle)、凝胶(gel)和纳米胶体粒子(colloidal nanoparticle)等不断出现，这些都属于软物质的范畴。1991年，诺贝尔物理学奖获得者、法国物理学家德热纳(Pierre-Gilles de Gennes)在诺贝尔奖授奖会上以"软物质"为演讲题目，用"软物质"一词概括复杂液体等一类物质，之后"软物质"一词逐渐得到广泛认可，也极大地推动了软物质跨越物理、化学、生物三大学科的交叉发展。软物质是由无规则移动的大分子团组成的特殊流体，而大分子团中大量的小分子是相对固定在一起的。因此，软物质是由大量的大分子团组成的特殊流体，其状态处于液体和固体之间。软物质"软"的原因还与其组成分子聚集态的复杂性有关。通常的固体属于硬物质，而一般由小分子组成的液体和溶液不属于软物质。

0.2 软物质的特性

软物质主要包括聚合物、胶体、两亲分子、微乳液、液晶和生物材料等。

软物质在力学性质上来说是软的物质。与简单流体和固体对比，软物质的构成和组态有区别。简单流体中的分子可自由地变换位置，位置互换后的性质不发生变化。而理想固体的分子位置是固定的。软物质则具有复杂的情况，有些是大分子或基团内的分子受到约束，不可自由互换。大分子或基团之间是弱连接，如聚合物溶液、液晶、胶体和颗粒物质等。这里以果冻和冰为例，冰是硬物质，果冻是软物质。果冻是由明胶分子和水组成，明胶分子通过水而弱连接在一起，因而很柔软，有较大的弹性。冰的硬性和强度起因于它的分子组成。冰中水分子是一个个紧密堆积的，分子间有强的相互作用，需要很大的作用力才可使冰发生变化。很强的挤压会破坏冰中原子间的结合，出现脆性破裂。水是具有一定体积而不能保持自身形态的物质，任何切变力都会使其产生流动。而果冻则可保持一定的形状，不会随意流动，或需要很长时间才会发生缓慢的变形或流动。

自组装是软物质的基本特性。聚合物分子在溶液中的每一片段都会以无规运动的形式相对于其前一片段随机扩展。尽管无规运动显得随机，但在空间上的分布并非无规，表现出自组织行为。胶体中颗粒的集聚也是如此，相邻颗粒无规地连接，而整体是有规的分布。但它的密度并非像一般固体或液体那样均匀分布，而以随距离减小的规律分布。观察聚合物分子溶液和胶体中颗粒的聚集，只要不放大到能看到分子组分，则不同放大倍数的图像看上去是一样的，即具有空间缩放对称性。几乎所有软物质都遵从这种规律。对于软物质，构成单元间的相互作用弱，利用这些性质，可以制造许多有特殊性质的软材料，它们是硬材料难以取代的。

0.3　软纳米材料的构筑

0.3.1　嵌段共聚物自组装制备软纳米材料

具有一定结构的嵌段共聚物(block copolymer)可以通过组装的形式构成胶束和纳米胶体粒子。

嵌段共聚物是由两个或多个化学组成不同的聚合物链末端通过共价键相连所构成的大分子。可控活性高分子聚合技术的发展使人们可以合成出多种高度结构有序和低分散度的嵌段共聚物。当嵌段共聚物分子链上不同种类嵌段组分之间彼此不相容时，即不同种类链段之间互相排斥时，共聚物易于发生相分离现象，使得这些材料呈现出特定的微观结构域和独特的物理特性。微相分离的嵌段共聚物可以被认为是一类超分子高分子，它们不用化学键相连，完全通过自组装过程即可形成从几纳米到几百纳米尺度的近似晶格堆积的三维有序微结构。这些微结构可以具有各种不同的几何形态和晶体/准晶结构及宽泛的尺寸选择性，而且具有良好的可调控性及相对容易的制备方法。

自组装以其能够产生纳米尺度的有序结构或模板而在科学领域引起广泛的研究兴趣。自组装过程以氢键、协同配位作用、静电作用、范德华力、增溶剂效应等非共价键作用自发地自组装为各种各样的聚集形貌，如球形(囊泡或核壳)、圆柱状、薄片状、螺旋状聚集体或胶束溶液。根据选择性溶剂中自组装体系设计和调控方式的不同，嵌段共聚物可通过溶液自组装(solution self-assembly)形成多种以不溶性链段为核、亲溶剂链段为壳的胶束。同时，可以通过调节不同聚合物构型和过程参数(如温度、pH 和媒介物)来构筑聚合物的聚集形貌。如果成壳链段(可溶性链段)的长度远远大于成核链段(不溶性链段)，聚集体一般呈球形，被称为星形胶束或聚集体。而如果成壳链段的长度大大短于成核链段，聚集体所成的形态被称为"平头"(crew cut)胶束。

根据嵌段共聚物分子结构、分子量和各嵌段间组成比例的不同，以及外界因素如搅拌速率、浓度、溶剂组成、性质、加入方式、体系 pH、离子强度和温度等因素的不同，聚合物可以自组装形成球状、棒状、囊泡状或环状等多种纳米尺寸分布的胶束聚集体。更为重要的是，嵌段共聚物丰富的溶液自组装特性，将赋予嵌段共聚物/纳米粒子良好的结构、形貌、尺寸和聚集行为可控性，从而为成膜表面性能的优化提供了保证。

聚集体的形貌不同，造成膜表面形貌和性能明显的不同。例如，在含氟嵌段共聚物 PMMA-b-PDFHM 的四氢呋喃(THF)溶液中加入不良溶剂甲醇(MeOH)(850μL)，PMMA-b-PDFHM 在 THF/MeOH 的混合溶剂中发生溶液自组装形成球形胶束，胶束之间有粘连现象。这种胶束溶液在大气条件下，成膜后的表面分布有粒径为 2～4μm 的带孔状颗粒，这种粗糙表面对水的接触角可达到 148°，如图 0-1(a)所示。当继续增加 MeOH 的含量时(V_{MeOH}=2mL)，胶束的平均粒径变化不大，但是胶束的分散性增强。此胶束溶液在大气条件下，在玻璃板上一步成膜后，成膜表面由两种粒径较为均匀的颗粒组成[图 0-1(b)]。大颗粒的平均粒径为 4μm，小颗粒的平均粒径为 1.1μm。由此构成的成膜表面对水的静态接触角为 142°。当在 PMMA-b-PDFHM 的 THF 溶液中同时加入不良溶剂甲醇(MeOH)(850μL)和水(630μL)时，PMMA-b-PDFHM 在 THF/MeOH/H_2O 中自组装形成了球形胶束和囊泡，两者的平均直径与在 THF/MeOH 中自组装形成的胶束直

图 0-1　PMMA-b-PDFHM 在不同条件下成膜的表面形貌和表面水接触角。(a)THF(2mL)/MeOH(850μL)；(b)THF(2mL)/ MeOH(2mL)；(c)THF(2mL)/ MeOH(850μL)/H_2O(630μL)

径相差不大。由于不良溶剂的含量较高,胶束和囊泡的外层链段收缩较为紧密,因此分散性较好,粘连现象不明显,成膜后,表面由两种球形颗粒组成[图0-1(c)]。其中一种球形颗粒的尺寸为 3.9μm,另一种球形颗粒的尺寸为 2.2μm。由此构成的成膜表面对水的静态接触角为 141°。

　　影响胶束形态的主要因素是聚集体的核与壳之间的表面能、核链段的伸展度及壳链段间的排斥作用。通常,嵌段共聚物在选择性溶剂中可自组装形成纳米尺寸大小的球状胶束,其中不溶性链段形成疏溶剂内核,亲溶剂链段形成胶束外壳。而微相分离及自组装与其内部结构及成膜过程控制密切相关。嵌段共聚物中的两个或多个重复的具有不同化学组成的聚合物单元靠共价键连接。嵌段共聚物间的斥力和吸引力就会促使聚合物自组装而自行排列。嵌段的链长、连接顺序、化学组成都会影响微相分离,进而影响成膜自组装行为。以甲基丙烯酸甲酯(MMA)和甲基丙烯酸十二氟庚酯(DFHM)为单体的两嵌段共聚物PMMA-b-PDFHM 在 THF、$CHCl_3$ 和三氟甲苯(TFT)三种不同溶剂中的组装为例。PMMA-b-PDFHM 在不同溶剂中的粒径分布如图 0-2 所示。在 THF 溶液中,PMMA-b-PDFHM[图 0-2(a)]呈现典型的双峰分布,单聚体的粒径为 7.9nm(72%),自组装的胶束直径为 219nm(28%)。而在 $CHCl_3$ 溶液中[图 0-2(b)],PMMA-b-PDFHM 组装成 8.7nm (48%)的单聚体和 201nm 的胶束(52%)。由于 $CHCl_3$ 溶液对 PMMA-b-PDFHM 链段的溶解性小于 THF,因此,胶束粒径的尺寸偏小。在 TFT 溶液中[图 0-2(c)],由于 PDFHM 链段在 TFT 溶液中有足够的溶解性,PMMA-b-PDFHM 的主要粒子是 8.4nm(93%)的单聚体,无胶束粒子形成,但是有非常少量的囊泡形成 4052nm(7%)胶束。所以,在 THF 和 $CHCl_3$ 溶液中,PDFHM 链段倾向于形成大尺寸的胶束,而在 TFT 溶液中形成单聚体。PMMA-b-PDFHM 在不同溶剂中的粒径 TEM 形貌如图 0-3 所示,PMMA-b-PDFHM 在 $CHCl_3$ 溶液中组装成 200～250nm 双色半球状胶束[图 0-3(a)],亮色部分由 PMMA 形成,而暗色部分由 PDFHM 形成。在 THF 溶液中[图 0-3(b)],PMMA-b-PDFHM 形成均一的 200～300nm 中心黑色外沿亮色(centre-dark and edge-light)的球形颗粒,内核是 PDFHM,外壳是 PMMA。而在 TFT 溶液中[图 0-3(c)],PMMA-b-PDFHM 形成均匀的单聚体(10nm)。因此,由 THF 溶液胶束构筑的膜表面显示明显的凸起[图 0-4(a)],由 $CHCl_3$ 溶液中 100～250nm 胶束构筑的膜表面显示岛状结构,显示明显的相分离[图 0-4(b)]。而 TFT 溶液单聚体构筑的表面显示连续的平整结构[图 0-4(c)]。

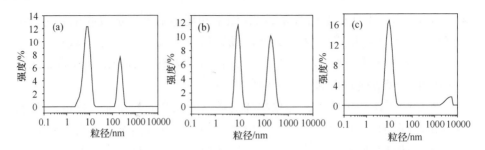

图 0-2　PMMA-b-PDFHM 在 THF(a)、CHCl₃(b)和 TFT(c)溶液中自组装 DLS
粒径分布曲线

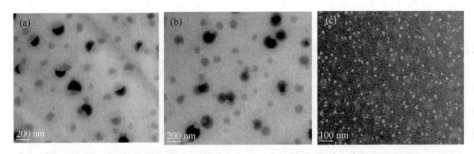

图 0-3　PMMA-b-PDFHM 在 THF(a)、CHCl₃(b)和 TFT(c)溶液中 TEM 图像

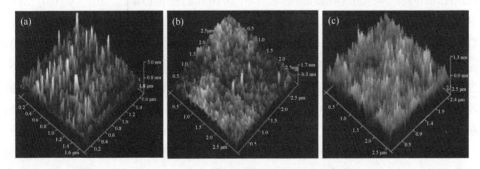

图 0-4　PMMA-b-PDFHM 在 THF(a)、CHCl₃(b)和 TFT(c)溶液中组装体构筑的膜表面形貌

0.3.2　核壳结构软物质纳米材料

核壳型聚合物乳液，是指乳胶粒子内部(核)和外层(壳)分别由不同聚合物组成的多相复合聚合物乳胶分散体系。与普通的具有均相结构的聚合物乳液和共混乳液相比，核壳型聚合物乳液在流变性、最低成膜温度、玻璃化转变温度、表面性能、黏接性能、力学性能和加工性能等方面都具有显著的优越性。目前，核壳型聚合物乳液因其自身的结构特点，已成为构筑高性能聚合物的重要手段。乳胶膜的最终性能不仅仅取决于乳胶粒的结构形态及组成，而更多地依赖于乳液的成膜

过程。传统乳液的成膜过程实际上是一种乳胶粒的相互聚结过程，主要包括溶剂挥发、乳胶粒挤压、变形、凝聚、聚合物链段扩散，以及最终连续涂膜的形成。

因此，可以通过合理设计乳胶粒的核层和壳层组成，使核壳型聚合物乳液具有普通乳液不具有的独特性质。例如，对含氟聚合物来说，合理设计含氟共聚物乳液的核层和壳层结构，可为含氟共聚物材料提供优异的表面性能和本体性能。目前的研究热点主要是将含氟组分置于壳层，这样可以使具有低表面能的含氟链段在聚合物成膜过程中有足够的运动能力，优先移动和富集到薄膜表面，即在含氟量较低及能耗较小的条件下，表现出优异的表面性能。从理论上讲，因强疏水性的含氟聚合物易富集于核层，因而，对于制备壳层富集含氟聚合物的核壳乳液，选择合适的制备方法就显得极为重要。含氟丙烯酸酯共聚物乳液的分子结构及粒子形态设计研究表明，与间歇式乳液聚合法制备的常规型含氟丙烯酸酯共聚物乳液相比，以半连续种子乳液聚合法所制备的具有长氟碳侧链的核壳型共聚物乳液显示出更加优异的表面性质和热学稳定性。

为了进一步降低氟单体的含量同时改善含氟丙烯酸酯共聚物乳液的性能，通常采用具有低表面张力和优异耐高低温性能的有机硅对核壳型含氟丙烯酸酯共聚物乳液实施改性制备核壳型含氟硅丙烯酸酯共聚物乳液。在目前报道的研究中，主要采用含氟丙烯酸酯类单体与乙烯基类硅烷偶联剂(尤其是与丙烯酸酯类单体活性相近的甲基丙烯酰氧基硅烷偶联剂)共聚制备含氟硅丙烯酸酯共聚物乳液。但硅烷偶联剂中的甲氧基($-OCH_3$)在乳液聚合中易水解缩聚而降低乳液的稳定性，因此所获得的含氟硅丙烯酸酯共聚物乳液中有机硅的含量较低。连接在聚硅氧烷中的端羟基($-OH$)可与$-OCH_3$和$-OH$等活性官能团反应。根据这一反应特征，可选用甲基丙烯酰氧基硅烷偶联剂与含氟丙烯酸酯类单体进行共聚后，利用聚硅氧烷的端$-OH$与硅烷偶联剂中的$-OCH_3$缩合反应制备具有一定硅氧烷链节数目的聚硅氧烷接枝含氟丙烯酸酯共聚物乳液。

如采用烷基聚硅氧烷/纳米 SiO_2 在砂岩文物表面构建了具有荷叶效应(lotus effect)的超疏水自清洁保护层，水滴的静态接触角(SCA)较大($155°\sim159°$)且滑动角(SA)很小($2°\sim6°$)。值得关注的是，此超疏水自清洁保护层在形成过程中由于杂化纳米粒子的重叠堆积而具有较多微孔，杂化纳米粒子使砂岩可以"正常呼吸"即可使砂岩中的水蒸气逸出，具有透气性。

0.4　软物质在文化遗产保护中的应用

随着材料制备技术的发展和分子结构的可控赋予合成聚合物，两亲分子和胶体类软物质材料因其优越的物理性质及可根据应用目标调节的化学性能，可被广泛用于砖石、土、陶、彩绘、玻璃、金属、骨质等各类硬物质构成的文化遗产的保护、加固或修复。当软物质应用于硬物质构成的文化遗产保护时，其与一般硬物质的运动变化规律有许多本质区别，因此是目前值得关注的重要研究方向。

用于文化遗产保护的聚合物类软物质种类很多，最初应用于文化遗产保护的材料主要包括聚合物、胶体、两亲分子和生物材料。广泛应用的一类是丙烯酸酯类均聚物或共聚物，因其具有良好的成膜性，膜多呈透明状，并具有非润湿性、干化时间短、黄化率低、黏附力大、机械强度可控等特点。美国 Rhom & Haas 公司生产的 Paraloid B72 得到了广泛的应用。但是，人们逐渐发现，丙烯酸酯类聚合物在使用过程中具有耐候性差以及在光、热环境中老化速度较快的缺点。丙烯酸酯类聚合物老化速度较快，长烷基侧链中的不稳定氢原子会加速聚合物的氧化。于是，另一类广泛应用的聚有机硅氧烷、聚硅烷和有机硅共聚物等有机硅类软物质保护材料受到人们的重视。作为文物保护材料，它们与基材的相容性较好，且具有优异的疏水性，同时由于有机硅分子链柔性较高，因此可兼具透气性与疏水性。在文物保护过程中，有机硅类材料在与基材发生物理结合的同时，有时也会发生化学键合以形成稳定的硅化物，从而对基材起到明显的加固作用。对于分子量较小的低聚硅烷和硅氧烷，黏度较低使其具有优异的基体渗透性。如硅酸乙酯类 Remmers 300 和 Wacker OH 100 应用于基材后，在外界湿气的作用下通过典型的溶胶-凝胶反应，在基材多孔结构内原位聚合生成稳定的主链为 Si—O—Si 的凝胶，从而起到良好的黏结加固效果。

作为微乳液和胶束，因它们具有良好的热力学稳定性和去污功效，以水包油型微乳液作为壁画表面清洗材料，不仅可在水相作用下无损有效地浸润壁画亲水性表面层，还可利用油相"纳米容器"增溶交联结构降解产物，进而达到洗净的目的，如图 0-5 所示。壁画表面污染物的清洗以及前期保护材料的去除是非常复杂的工作，它直接决定壁画的劣化速率和影响后续保护措施的实施。采用有机溶剂溶解壁画表面污染物和曾经使用的保护材料是清洗壁画的主要方法。但是，有机溶剂在清洗过程中不仅自身会渗透到壁画底层，还会将污染物引入壁画底层，从而造成更加严重的污染和破坏。此外，由于聚合物类保护材料在使用过程中多发生降解而产生交联结构化合物，因此难以通过有机溶剂清洗技术达到溶解和去除的目的。受软物质和纳米材料特殊理化性质的启发，构建新型软物质纳米材料并将其应用于壁画表面清洗领域目前已受到广泛关注。

凝胶也是清洗壁画的另外一种重要材料。相对于纯有机溶剂，凝胶材料不仅可通过减缓活性溶剂(即对聚合物类保护材料具有胡溶解能力的有机溶剂)的释放以削弱对壁画层的渗透和溶胀作用，还可通过自身特殊的网络结构使溶解的分子链段无法扩散出来。同时，凝胶材料可与多种表面清洗剂如

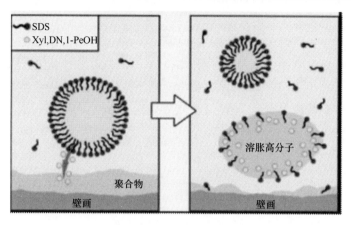

图 0-5　微乳液对壁画表面聚合物类保护材料的洗净机理

酶、螯合物和微乳液等复合，结构和种类的复杂多样性使得其在壁画清洗领域表现出明显的优势。基于凝胶材料在壁画表面层的难以去除性，目前的研究多集中采用可逆性凝胶、磁凝胶和具有一定硬度的可剥离性凝胶作为壁画表面清洗材料。

　　然而，任何保护材料都带有一定的风险，如果使用不当，可能不利于文化遗产的安全保存。软物质应用于文化遗产的保护也不例外。因此，为了尽量减小保护材料的副作用，应在充分了解保护材料及保护对象特性的基础上，进行保护效果的合理评价研究。

　　呼吁材料科学家为文化遗产保护开发新材料。

第一篇

纳米 SiO_2 基嵌段共聚物组装与性能

第 1 章 纳米 SiO_2 及其可控聚合物

本章导读

本章在介绍 SiO_2 纳米粒子特性、制备方法、表面改性等基础上，阐述 SiO_2 表面引发接枝聚合物的两种主要方法："接枝到表面"和"从表面接枝"(后者包括传统自由基聚合法、可控/活性自由基聚合法和其他聚合法)，以及 SiO_2 表面引发聚合物的表征技术。之后，介绍 SiO_2 表面引发制备聚合物杂化材料的主要类型(疏水疏油性材料、两亲性材料、亲水性材料)及应用。

1.1 SiO_2 纳米粒子特性

由无机纳米粒子与聚合物组成的杂化材料在改善纳米高分子材料的性能方面越来越受到关注。用结构清晰明确的聚合物修饰无机纳米粒子表面，不仅能够提高无机纳米粒子胶态分散性能，防止无机纳米粒子间的聚集或团聚现象，而且能够提高聚合物本身的热性能和机械性能。在有机/无机杂化材料的制备中显示了突出的重要作用，广泛地用于化学催化剂、工业、电子产品、日用品、航空航天、传感器等方面。二氧化硅(SiO_2)粒子具有高比表面积、易于制备、粒子尺寸易于控制、表面功能化简单等特点，所以 SiO_2/聚合物杂化材料是已被广泛研究的涂层材料。实际上，控制最终材料的性能方面的关键是如何将 SiO_2 颗粒均匀地分散在聚合物基质中。一种十分有效的方法是在 SiO_2 粒子表面接枝聚合物链来避免粒子之间的聚集结合。这种方法不仅改善了悬浮液中 SiO_2 粒子的稳定性，也增加了 SiO_2 颗粒与聚合物基体的相容性。

溶胶-凝胶法是制备单分散球形 SiO_2 粒子的一种简单方法，是通过正硅酸乙酯(TEOS)在乙醇、水和氨水条件下水解和缩合两个过程制备 SiO_2。通常情况下，TEOS 水解反应能够形成水解中间体(如反应式 1)，水解中间体再通过缩合反应最终形成 SiO_2(如仅应式 2)。最终形成的纳米 SiO_2 粒子由于氨水中离子的静电作用而能够稳定存在(图 1-1)。

$$Si(OR)_4 + H_2O \longrightarrow (OR)_3 Si(OH) + ROH \qquad \text{反应式 1}$$

$$(OR)_3 Si(OH) + H_2O \longrightarrow SiO_2 + 3ROH \qquad \text{反应式 2}$$

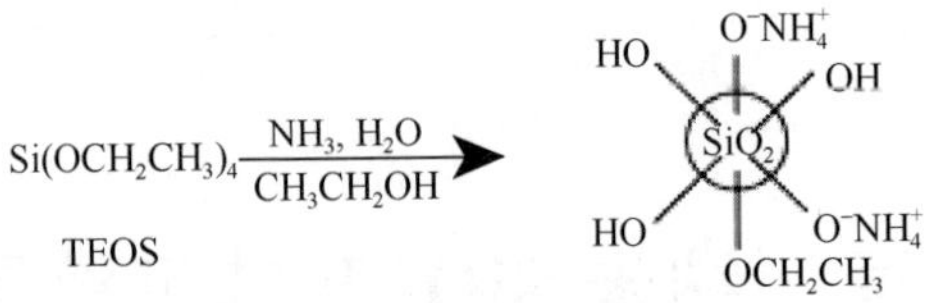

$$Si(OCH_2CH_3)_4 \xrightarrow[\text{CH}_3\text{CH}_2\text{OH}]{\text{NH}_3,\ \text{H}_2\text{O}}$$

TEOS

图 1-1　溶胶-凝胶法制备 SiO$_2$ 粒子

合成的 SiO$_2$ 表面具有丰富的、非等距离排布的羟基。参与化学反应时羟基间也不完全等价，通常分为三种羟基：一是孤立的、未受干扰的自由羟基；二是连生的、彼此形成氢键的缔合羟基；三是双生羟基，即两个羟基连在同一个 Si 原子上。这些羟基在 SiO$_2$ 纳米粒子表面的结构图如图 1-2 所示。相邻羟基对极性物质的吸附作用显著；隔离羟基主要存在于脱除水分的 SiO$_2$ 表面；双生羟基即一个硅原子上连有两个羟基。通常，具有反应活性的 SiO$_2$ 表面羟基为孤立的和双生的羟基，而具有反应活性的羟基数目一般为 4~6 个。SiO$_2$ 粒子表面的改性就是利用具有表面活性的羟基与功能化官能团发生反应而得到聚合物修饰的 SiO$_2$ 粒子。由于以上三种羟基的存在，纳米 SiO$_2$ 粒子易团聚而形成二次聚集态结构。在这种聚集结构中可能存在硬团聚和软团聚两种形式。其中软团聚可以在剪切作用下再次被分散成一次结构，但硬团聚是不可逆的。

图 1-2　纳米 SiO$_2$ 粒子表面结构示意图[1]

实际上，将纳米 SiO$_2$ 粒子引入聚合物时，最重要的是其表面羟基所发挥的作用。通过 SiO$_2$ 表面的羟基来接枝引发剂，然后引发聚合反应，得到可以调控性能的无机/聚合物杂化材料。SiO$_2$ 粒子表面通过接枝聚合物进行功能化既可以通过化学方法(如共价键结合)，也可以通过物理方法(如物理吸附)来实现。非共价键结合的吸附是可逆的，造成材料的性能稳定性较差，因此，非共价键结合的吸附并不是一种广泛应用的技术。而共价键接枝方法能够使两相材料界面之间具有良好的兼容性，成为广泛应用的制备无机/聚合物杂化材料的方法。

1.2　纳米 SiO$_2$ 的制备

(1)气相法。气相法制备纳米 SiO$_2$ 所用的原料主要是可挥发、可水解的有机硅烷。其中最常用的是四氯硅烷(SiCl$_4$)和甲基三氯硅烷(CH$_3$SiCl$_3$)。通过控制原料的

配比以及氢气和空气的量，可以获得粒径不同的纳米 SiO$_2$。反应如下

$$SiCl_4 + 4H_2 + 2O_2 \xrightarrow{\text{燃烧}} SiO_2 + 2H_2O + 4HCl$$

$$CH_3SiCl_3 + 2H_2 + 3O_2 \xrightarrow{\text{燃烧}} SiO_2 + 2H_2O + 3HCl + CO_2$$

(2)沉淀法。沉淀法制备纳米 SiO$_2$ 所用的原料是水玻璃和盐酸等酸性物质。制备的纳米 SiO$_2$ 粒径分布较为均匀，适合于大面积的工业应用。如制备出平均粒径为 76nm、比表面积为 452m^2/g 的纳米 SiO$_2$。反应如下

$$Na_2SiO_3 + 2H^+ \longrightarrow H_2SiO_3 + 2Na^+$$

$$H_2SiO_3 \longrightarrow SiO_2 + H_2O$$

(3)溶胶-凝胶法。溶胶-凝胶法主要以正硅酸乙酯(TEOS)或正硅酸甲酯(TMOS)为前驱体，以酸或碱为催化剂，水解缩合形成纳米 SiO$_2$ 粒子。这里以 TEOS 水解缩合制备纳米 SiO$_2$ 粒子为例，说明溶胶-凝胶反应，如图 1-3 所示。

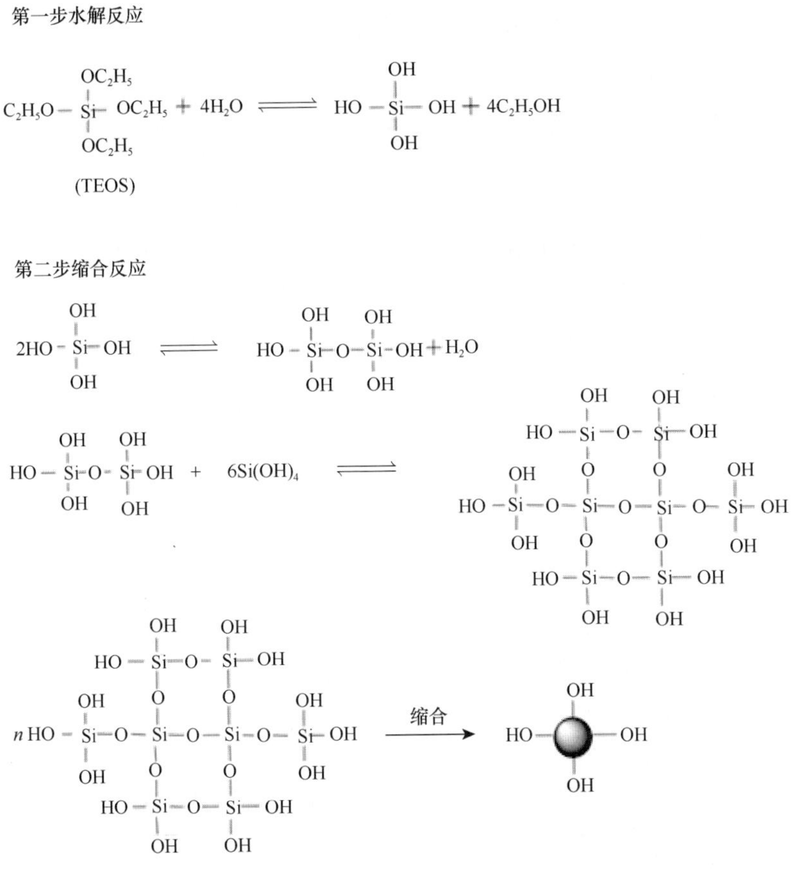

图 1-3 溶胶-凝胶法制备纳米 SiO$_2$

第一步 TEOS 水解，形成了羟基化的产物和相对应的醇。第二步是硅酸之间或硅酸与正硅酸之间发生的缩合反应。第一步和第二步反应也可能是同时进行，这个过程非常复杂，反应生成物是大小和结构不同的溶胶粒子。以溶胶-凝胶法为基础的 Stober 法采用醇作溶剂，使硅酸酯在氨水催化下水解缩合，经处理后获得 SiO_2 微球。此法工艺简单，生产成本低，且获得的纳米 SiO_2 粒子粒径分布比较均匀，比较适合大规模生产。研究发现，采用这种方法制备纳米 SiO_2 粒子，影响粒子粒径及粒径分布的因素主要有硅酸酯的浓度、水和氨水的用量，以及反应温度和溶剂的种类等。

(4)反相微乳液法。反相微乳液法是最近几年发展起来的制备纳米 SiO_2 的方法。微乳液一般是由表面活性剂、助表面活性剂以及油和水等组成的透明或半透明的热力学稳定的体系。制备的纳米粒子粒径细小、大小比较均一、热稳定性比较高。与传统的方法相比，具有明显的优势。

1.3　纳米 SiO_2 的表面改性

纳米 SiO_2 极易团聚的特性是影响其性能发挥的主要根源，但纳米 SiO_2 粒子表面大量的羟基及不饱和悬空键的存在为其表面改性提供了有利条件。因此，通过与纳米 SiO_2 表面的硅羟基和不饱和键的反应可在纳米粒子表面引入各种活性基团，采用静电排斥和空间位阻效应的方式抑制纳米 SiO_2 粒子团聚的发生，从而使其物化性能和应用性能得到有效的改善。目前纳米 SiO_2 表面按改性方法主要分为物理改性法和化学改性法。

(1)物理改性法。物理改性法主要是采用粉碎、摩擦等物理方法，利用机械应力对粒子进行表面激活的方式对其进行表面改性。此外，利用高能电晕放电、紫外线、等离子体或辐射处理等引发聚合也可实现表面改性。但是该方法最大的困难在于其技术的复杂性以及较高的成本，因此该方法还处于研究探索阶段，并不是目前纳米 SiO_2 改性的常用方法。

(2)化学改性法。化学改性法主要是通过在 SiO_2 粒子表面接枝、包覆聚合物或经过硅烷偶联剂改性，来消除或减少粒子表面的羟基，从而减少粒子在聚合物基体中的团聚。化学改性法具体可分为以下几种：

a. 辐照接枝聚合改性法——将聚合单体和纳米 SiO_2 粒子按比例混合后溶于适当溶剂，经射线辐照在粒子表面接枝上聚合物。

b. 表面包覆聚合物改性法——在纳米 SiO_2 粒子表面均匀地包覆聚合物层，使 SiO_2 粒子与聚合物层形成一种核壳结构。表面包覆有聚合物层的纳米 SiO_2 粒子凭借较小的粒径可以渗入聚合物单体中，从而有利于采用原位聚合的方法制备纳米复合材料。

c. 醇酯化改性法——利用醇类物质与纳米 SiO$_2$ 表面大量的羟基发生酯化反应，使纳米 SiO$_2$ 粒子表面接枝有机基团，从而提高纳米 SiO$_2$ 粒子与有机物的相容性。

d. 偶联剂改性法——利用硅烷偶联剂特殊的结构，使偶联剂的一端与有机组分产生物理或化学作用，另一端与无机组分的前驱体进行水解和缩聚，通过桥梁作用将无机组分与有机组分以化学键相连，从而提高两者的相互作用，增加纳米粒子在聚合物基体中的相容性。然而，当体系中形成团聚体时，偶联剂只能与团聚体外表面的粒子进行反应，导致团聚体内部仍然是结构松散的 SiO$_2$ 聚集体，这将成为材料的缺陷部位，因而在受到外力时，无法有效地承接和传递应力，在缺陷部位发生断裂，导致材料力学性能下降。而超声波分散、电磁搅拌等物理措施可尽量减少团聚体的存在。因而偶联剂改性法联合物理改性法是一种简易可行的纳米 SiO$_2$ 改性方法。

从上述分析可以看出，纳米 SiO$_2$ 改性可分为两步实现。第一步：使纳米 SiO$_2$ 在水/醇溶剂体系中能形成高分散稳定性的分散液，即制备纳米 SiO$_2$ 悬浮液。第二步：对分散好的纳米 SiO$_2$ 悬浮液进行硅烷偶联剂改性处理。改性工艺直接影响 SiO$_2$ 接枝结构进而最终会影响改性效果(接枝率、接枝密度、分散稳定性)，因而已经引起众多研究者的关注。目前报道的改性效果影响的主控因素有以下几种：

(1)偶联剂的影响。用不同的硅烷偶联剂对纳米 SiO$_2$ 粒子进行处理后，纳米粒子的聚集行为不同，在溶剂中的分散性不同，表面形貌也有很大差别。与其他烷氧基偶联剂相比，CH_2=$CHSi(OCH_2CH_2OCH_3)_3$ 改性 SiO$_2$ 分散稳定性最好；$(CH_3O)_3SiO(CH_2)_2CH$=CH_2 改性的平均粒径(289.1nm)最小，分散稳定性最差的为 $(CH_3O)_3Si(CH_2)_3NHCH_2CH_2NH_2$。在低偶联剂浓度下表面接枝 γ-甲基丙烯酰氧基丙基三甲氧基硅烷(KH-570)时的接枝率为 5.5 个/nm^2，高浓度下改性后仍有 66%孤立羟基未反应(连生羟基接枝活性高)。所以纳米 SiO$_2$ 改性后表面孤立羟基、连生羟基均降低，但降低相对程度与偶联剂浓度有关，低浓度(6wt%[①])时连生羟基显著，高浓度(15wt%)时两者差异降低，且未反应的乙氧基含量随着偶联剂浓度的增加而增加。因此选择适当的偶联剂种类、用量或复配体系，是获得理想改性 SiO$_2$ 的关键。纳米 SiO$_2$ 粒子在采用烷基侧链较长的硅烷偶联剂改性后，容易形成粒径较大的聚集体，成膜表面粗糙度也较高。当采用烷基侧链较短的硅烷偶联剂改性纳米 SiO$_2$ 粒子时，聚集体半径减小，粒子分散性提高，成膜表面粗糙度降低。

(2)物理分散方式的影响。相同条件下，用超声波比磁力搅拌分散容易得到单

---

① wt%表示质量分数。

分散性改性 SiO_2。这主要是因为超声波产生的空穴有助于多孔 SiO_2 孔洞与硅烷偶联剂充分接触反应。用硅烷偶联处理纳米 $SiO_2(200m^2/g)$ 前，都会采用装有二氧化锆球和乙醇的高速分散机以高速(4000r/min)下对 SiO_2 球磨 1～2h。但球磨与其他物理分散方式(如超声波法)的改性效果差异尚未见到系统的研究定论。

(3)溶剂的影响。水/醇体系是纳米 SiO_2 改性最常用的含水溶剂。反应体系中水的存在决定了环氧硅烷偶联剂 γ-(2,3-环氧基)丙基三甲氧基硅烷(GPTMS)偶联反应的机理，并影响生成的接枝结构。通常，有水体系形成不规则的多分子接枝层结构，无水体系倾向于形成较规则的单分子接枝层。混合溶剂配比也影响接枝结构及最终的接枝效果。在 γ-甲基丙烯酰氧基丙基三甲氧基硅烷 KH550 改性纳米 SiO_2 体系中，当无水乙醇和水体积比为 3∶1 时，表面改性效果最好。

(4)水解缩合催化剂与体系 pH 的影响。对于硅烷偶联剂(以烷氧基硅烷偶联剂为例)的水解反应为逐级解离的化学平衡体系，一般来说，酸和碱都是此水解反应的催化剂，但酸催化水解反应更为合适。在相同 pH 下乙酸对纳米 SiO_2 水悬浮液的稳定性要高于盐酸。硅烷偶联剂水解生成强极性的硅羟基使得硅羟基间容易形成氢键以及脱水缩合形成硅氧烷或聚硅氧烷。然而硅羟基间的缩合会导致与纳米 SiO_2 缩合的硅羟基数目降低，不利于偶联剂的有效接枝，因此要尽量避免偶联剂自身缩合。KH550 在碱性条件时水解大约 10min 溶液就发生浑浊(生成二聚体和三聚体)，即缩合速率大于水解速率，因此在 pH 为 4～6 范围的弱酸性条件更有利于促进硅烷偶联剂水解反应生成硅羟基的同时，要控制偶联剂间缩合交联反应的发生，才能确保偶联剂有效接枝在纳米 SiO_2 表面。

(5)反应温度与时间的影响。实践证明，低偶联剂含量长反应时间获得的改性 SiO_2 具有良好分散性；短时间、室温下有利于形成单分子层，回流有利于形成多分子层；短时间易形成单分子层，长时间易形成多分子层；反应温度升高会促进偶联剂分子间的自身缩合，在表面形成的网络结构有助于改性过程的实现，但也会减小有效接枝比例。

1.4　SiO_2 表面接枝聚合物方法

控制最终材料性能的关键点是如何将纳米 SiO_2 粒子均匀分散在聚合物基质中。一种行之有效的措施是通过化学接枝的方法将聚合物链接枝到 SiO_2 粒子表面，以避免 SiO_2 粒子间的团聚。这种方法不仅能够改善 SiO_2 粒子在溶液中的稳定性，同时也能增加 SiO_2 粒子与聚合物基质的相容性。通常，采用两种化学接枝方法来实现将聚合物链接枝到 SiO_2 粒子表面：一种是"接枝到表面"(grafting to)的方法，另一种是"从表面接枝"(grafting from)的方法。

在"接枝到表面"方法中，通过溶胶-凝胶方法使具有末端官能团的聚合物与四乙氧基硅烷(TEOS)作用形成共价键合而交联，在聚合物模板上生长 SiO₂。常用的方法是通过含有三甲氧基硅烷基团[—Si(OCH₃)₃]的聚合物与 SiO₂通过化学键结合。其中的关键是将带有可聚合双键的硅烷偶联剂引入聚合物中。常用的偶联剂如 3-甲基丙烯酸丙基三甲氧基硅烷(MPS)、甲基丙烯酰氧基甲基三乙氧基硅烷(MMS)和油酸，其结构式如图 1-4 所示。

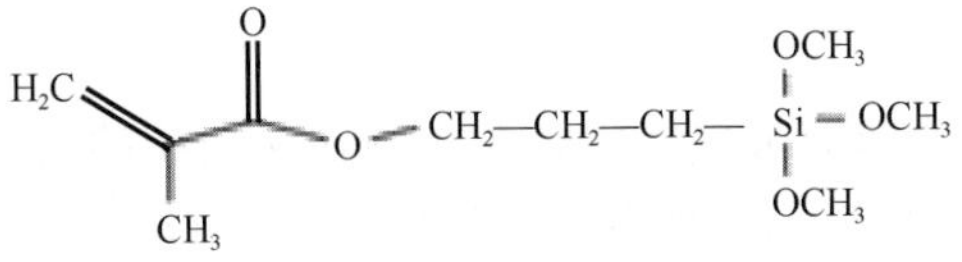

3-甲基丙烯酸丙基三甲氧基硅烷(MPS)

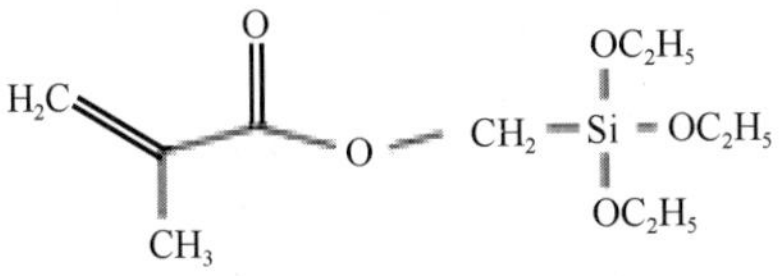

甲基丙烯酰氧甲基三乙氧基硅烷(MMS)

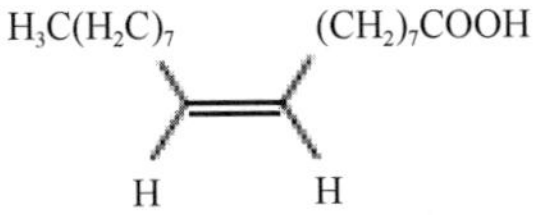

油酸

图 1-4　常用硅烷偶联剂的结构图

实际上，杂化材料的最终形态和物理机械性能依赖于有机聚合物的特性，如它的分子量、在溶胶-凝胶溶液中的溶解度和反应性官能团的数目等。尽管"接枝到表面"的方法比较简单，但比较突出的问题是反应活性点很拥挤以及空间位阻的影响使得接枝密度低。通常用"从表面接枝"的方法来避免"接枝到表面"方法的缺陷。

在"从表面接枝"方法中，首先在 SiO₂粒子表面接枝引发剂，然后在粒子表面引发聚合生长聚合物链。通常，利用 SiO₂表面的羟基与具有反应活性的官能团(如氨基、氯硅烷等)反应来修饰改性纳米 SiO₂粒子，得到具有良好接枝率和表面包覆率的纳米 SiO₂引发剂，然后引发聚合反应来制备有机/无机杂化材料。聚合时只有小分子量的单体靠近增长链的活性端，有效克服了"接枝到表面"方法中聚合物靠近粒子表面时产生的位阻障碍。聚合过程中只有单体与生长链发生反应，没有明显的扩散阻碍，体积小的单体很容易到达表面活性位点和增长的聚合物链端，动力学上非常有利。在"从表面接枝"方法中，由于原位接枝的聚合物链不影响小分子单体的靠近引入，立体位阻效应得到克服，因此运用"从表面接枝"方法能够得到高的接枝密度。得到的聚合物链高度伸展、择优取向、接枝密度高、分布均匀、表面覆盖度高。通过选用合适的体系和方法，能够控制无机粒子表面接枝聚合物刷的性能、密度和厚度。常用的"从表面接枝"方法有以下几种。

1.4.1　传统自由基聚合

SiO$_2$ 表面接枝聚合物研究最多的一种聚合方法是传统的自由基聚合方法，是由 Prucker 和 Ruhe 首先报道的，如图 1-5 所示，在 SiO$_2$ 粒子表面接枝单层偶氮类引发剂后再利用制备的引发剂引发苯乙烯的自由基聚合反应。这种方法不仅对功能性基团和杂质有突出的兼容性，也适合于极性单体的聚合，已经在制备共价键结合的聚合物上有长久的应用。

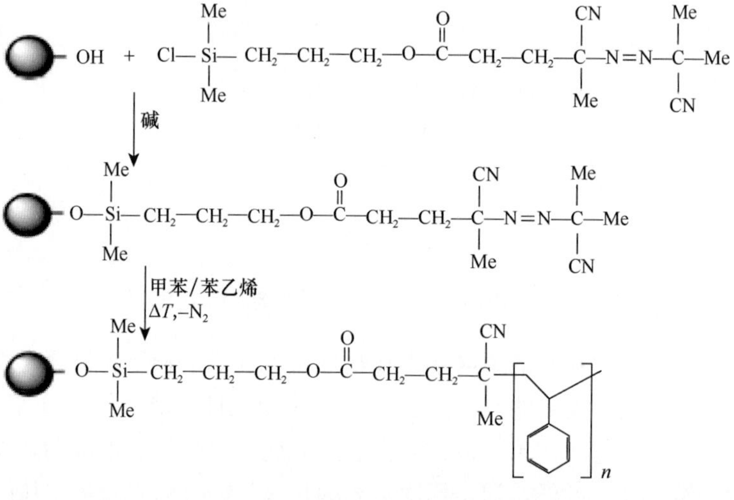

图 1-5　SiO$_2$ 表面接枝聚苯乙烯的合成路线图[2,3]

典型的应用如通过两种不同的方法将引发剂接枝到 SiO$_2$ 粒子的表面，然后引发乙烯基类单体在 SiO$_2$ 表面的自由基聚合反应。其一是通过表面的氨基与 4,4′-偶氮二己丁氰及 4-氰基氯化物的反应引入偶氮类官能团[图 1-6(a)，偶氮类引发剂]。其二是先通过 3-氨基丙基三乙氧基硅烷使 SiO$_2$ 粒子表面氨基化，再通过麦克尔加成与叔丁基过氧-2-甲基丙烯酰碳酸乙酯反应将引发剂固定到 SiO$_2$ 粒子表面[图 1-6(b)，过氧基引发剂]。然后通过热引发自由基聚合反应，最终在 SiO$_2$ 表面接枝聚合物，接枝率达到 90%，说明未接枝的聚合物非常少。

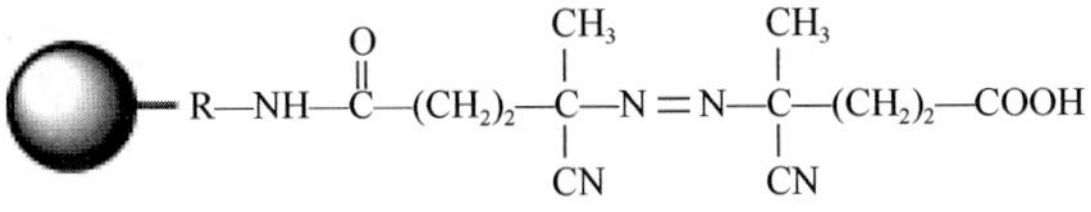

(a) SiO₂-偶氮类引发剂

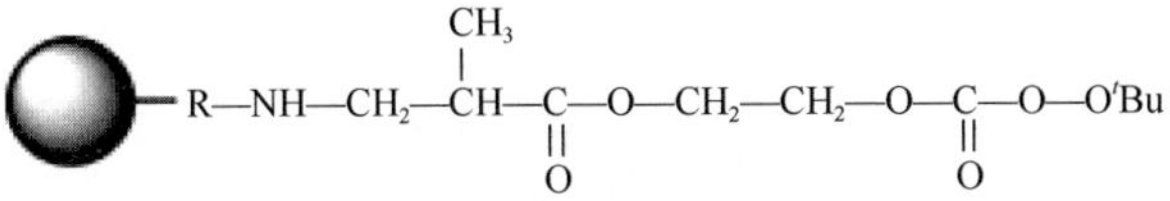

(b) SiO₂-过氧基引发剂

图 1-6　SiO₂ 表面接枝自由引发剂[4]

以上所述传统的自由基聚合尽管简单，但是比较难以控制分子量分布，通常分子量分布范围较宽，而且链段末端的功能性不易控制，无法得到结构清晰的聚合物。

1.4.2　可控/活性自由基聚合

可控/活性自由基聚合能够合成化学结构明确、分子量分布窄的聚合物，因此近年来被广泛地应用于制备无机纳米粒子表面引发的无机/有机嵌段聚合物杂化材料。已经证明，利用表面引发可控/活性自由基聚合在 SiO₂ 表面接枝不同类型的聚合是一种行之有效的方法，可以通过调控粒子表面聚合物的接枝密度、组成和投料比，巧妙地控制聚合物的结构，并通过增长链自由基的寿命来控制合成预定摩尔配比的、低分散性的、功能可控的聚合物。常用的方法有金属催化的原子转移自由基聚合(atom transfer radical polymerization，ATRP)、可逆加成-链断裂转移自由基聚合(reversible addition-fragmentation chain transfer radical polymerization，RAFT)、氮氧自由基聚合(nitroxide-mediated processes，NMP)等。

1. 原子转移自由基聚合

Matyjaszewski 和 Sawamoto 在 20 世纪 90 年代中期同时报道了原子转移自由基聚合(ATRP)方法。它是 Kharasch 加成反应的延伸。ATRP 是一种在链增长自由基和金属-配位体之间的可逆激活-失活反应，其反应机理如图 1-7 所示。利用卤原子在聚合物增长链与引发、催化体系之间的转移，即存在一个休眠自由基活性种和增长自由基活性种可逆的化学平衡，以达到延长自由基寿命、降低自由基活

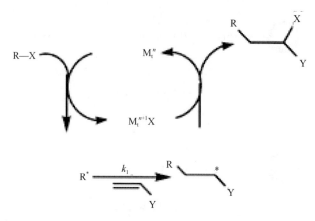

$$R^* \xrightarrow{k_1} R$$

原子转移自由基加成(ATRA)

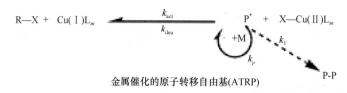

金属催化的原子转移自由基(ATRP)

图 1-7　原子转移自由基加成(ATRA)及金属催化原子转移自由基聚合(ATRP)的机理图[5,6]

性种浓度,使链终止等副反应尽量减少,最终使聚合反应达到可控的目的。图 1-7 表明,ATRP 的基本原理其实是通过一个交替的"活化-钝化"可逆反应使体系中游离基浓度处于较低水平,使不可逆终止反应降到最低程度,从而实现活性/可控聚合。其中 X 为卤素等,M_t^n 为过渡金属 Cu、Fe 等,R—X(X= Cl,Br)为引发剂。在引发阶段,引发剂 R—X(典型的是卤代酯类或 α-苄基类)与低价过渡金属络合物 M_t^n 通过氧化还原反应使卤原子发生转移,迅速生成烷烃自由基和高价过渡金属络合物,接着烷烃自由基与单体反应产生活性物种 R—M·,由于反应是快速平衡反应,若活性物种浓度过大,则 R—M·与高价过渡金属络合物逆向反应,从而保证在引发阶段同时生成低浓度的自由基活性物种,避免了传统自由基聚合因为慢引发而导致分子量分布宽的缺陷。在增长阶段,活性中心 R—Mn·能够与单体 M 不断发生自由基聚合。若自由基浓度过大,则通过平衡与高价过渡金属络合产生休眠物种 R—Mn—X,而休眠物种 R—Mn—X 是不能与单体 M 发生自由基聚合的,从而保证在增长阶段自由基活性物种浓度低,明显地减少了传统自由基聚合的双分子链终止和链转移的影响(即相对增长反应可忽略不计)。反应中通过卤原子的可逆转移来控制[R—Mn·]的浓度,并通过卤原子快速的转移速率来控制分子量及其分布,而催化剂的活性和用量直接影响卤原子的可逆转移。ATRP 引发剂在金属的存在下被激活，常用金属如铜、钌、铁。金属催化剂的溶解性和活性能够通过与脂肪族或者芳香胺族类的配体配合来得到提高。

　　ATRP 反应的引发剂由卤素原子及有稳定自由基作用的取代基(如羰基、氰基、苯基)组成。目前已成功应用于 ATRP 反应的卤化物引发剂主要有卤代烷、苄基卤代物、α-卤代酯、α-卤代酮、α-卤代腈和磺酰卤化物。含有多种官能团的引发剂(如卤代酰溴、卤代羧酸等)有利于合成出结构异常(如星状、超支化、树枝状)、具有特殊嵌段和特征结构单元的聚合物材料。在 ATRP 中，引发剂均裂产生自由基的含量直接决定当聚合物单体转化率为 100%时聚合物的分子量；引发剂的"快引发"可有效控制所获聚合物材料的低分散性。引发剂的选择应基于使引发速率大于链增长速率，并尽可能避免副反应的发生。引发剂的反应活性、引发剂与催化剂的匹配性及引发剂和催化剂的加入方式对引发剂的引发效果都具有极其重要的影响。其中，引发剂的反应活性主要依赖于卤素原子的取代位置(伯碳＜仲碳＜叔碳)、卤原子种类(Cl＜Br＜I)及有稳定自由基作用的取代基性质(—Ph—C(O)OR≪CN═)。ATRP 中引发剂应具有适宜的反应活性，过高的反应活性将会引起过多的活性自由基及链终止反应，从而降低引发剂的引发效果。为了提高活性过高的引发剂的引发效果，可以采用多相催化体系及催化剂和引发剂慢滴加法进行 ATRP 反应。此外，若以链末端含有溴的聚合物引发反应活性过高的单体(丙烯腈＞甲基丙烯酸酯类＞苯乙烯-丙烯酸酯类＞丙烯酰胺≫氯乙烯＞乙酸乙烯酯)进行 ATRP 反应时，为了提高引发剂的引发效果，应选用含有氯原子的金属化合物作为催化剂。因为链末端含有溴的大分子引发剂比含有氯的大分子引发剂反应活性高，C—Cl 键在自由基失活时形成，由于其反应活性较低，再引发的链增长速率较慢，由此增加了引发剂的引发效果，且使最终的聚合物具有低分散性。

　　由于可用于 ATRP 聚合的单体种类很多，而且在有机溶剂和水溶液中都可以聚合，所以这种温和的聚合实验条件促进了 ATRP 在纳米粒子表面生长聚合物刷的应用，尤其在 SiO$_2$ 粒子表面生长聚合物刷。常用于在 SiO$_2$ 表面接枝引发剂的硅氧烷引发剂如(2-(4-氯甲基苯基)乙基)二甲基乙氧基硅烷(CDES)、3-(2-溴异丙酰)丙基、二甲基乙氧基硅烷(BPDS)、3-(2-溴丁酰)丙基、二甲基乙氧基硅烷(BIDS)，其结构图如图 1-8 所示。在 SiO$_2$ 颗粒表面接枝引发剂，然后通过表面原子转移自由基聚合方法(SI-ATRP)进行聚合反应生长聚合物刷(图 1-9)，合成了众多的 SiO$_2$/嵌段聚合物类杂化材料。

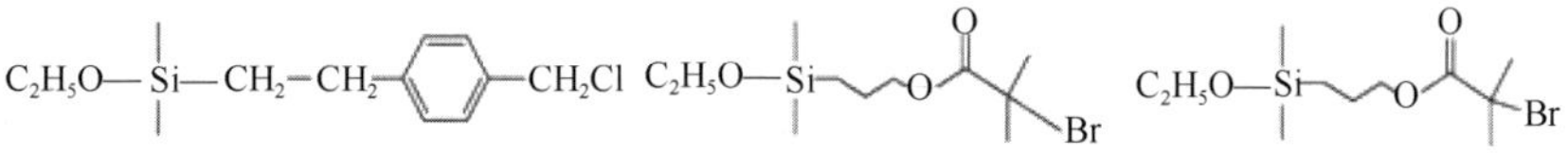

图 1-8　常用 SiO$_2$ 表面接枝引发剂的硅氧烷引发剂的结构图

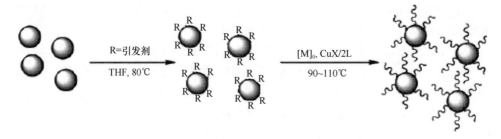

图 1-9　SI-ATRP 在 SiO₂ 表面接枝聚合物刷

　　例如，分别将(2-(4-氯甲基苯基)乙基)、二甲基乙氧基硅烷(CPTS)、(3-(2-溴代异丁酰)丙基)二甲基乙氧基硅烷(BPDS)、(3-(2-溴丙氧基)丙基)二甲基乙氧基硅烷(BIDS)接枝到 SiO₂ 表面，然后在不同条件下引发苯乙烯(PS)和甲基丙烯酸甲酯(MMA)的聚合反应[7]。实际的分子量 M_n 比理论分子量要高，是由引发效率小于100%引起的。重要的是，小粒径的 SiO₂ 颗粒(75nm)具有更高的聚合可控性，而大粒径的 SiO₂ 粒子(300nm)缺乏聚合可控性。研究发现，具有较少引发位点的大粒径引发剂的聚合动力学曲线和分子量增长曲线与在平坦的表面引发聚合类似。引发剂的接枝密度随着粒子粒径的增大而增加。以 2-溴-2-甲基丙酰氧基己基三乙氧基硅烷为 ATRP 引发剂成功地在 SiO₂ 表面制备出具有高接枝密度和大约 500 000 分子量的甲基丙烯酸甲酯(PMMA)刷，如图 1-10 所示。这些 SiO₂/聚合物在有机溶剂中具有良好的分散性。透射电子显微镜(TEM)和原子力显微镜(AFM)表征显示，这些具有单层结构的纳米粒子在空气-水界面形成了有序二维结构。溶液中游离的聚合物和从 SiO₂ 表面接枝的聚合物具有类似的分子量和低分散性，说明表面活性聚合是可控的。

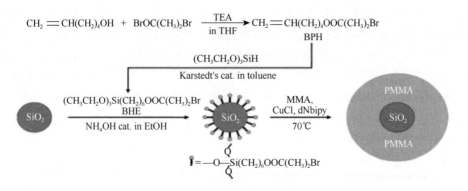

图 1-10　SI-ATRP 法在 SiO₂ 表面接枝 PMMA 合成路线图[8]

α-溴型引发剂接枝到 SiO₂ 表面，接枝率可以达到 0.8～1.6 个/nm²。通过选择共聚单体和控制单体的比例可以调控 SiO₂/支化聚合物杂化的纳米颗粒结构、化学与物理性质和粒子形态。事实上，SI-ATRP 也可以用于亲水性单体的聚合。图 1-11 是几种亲水性的甲基丙烯酸酯类单体在温和的条件下的水相 ATRP 技术，合成了聚(低聚(乙二醇)甲基丙烯酸酯)(POEGMA)和聚(2-(N-吗啉代)乙基甲基丙烯酸酯)(PMEMA)的温敏性聚合物体系。由于 POEGMA 聚合链在 20～65℃内仍然具有良好的亲水性，因此 POEGMA/SiO₂ 粒子在 20～65℃能够保持稳定。然而 PMEMA/SiO₂ 粒子在 34℃只有一个相转变点(对应的温度称为最低临界溶解温度，LCST)。

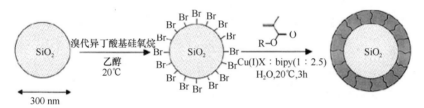

图 1-11　水溶液 SI-ATRP 法在 SiO₂ 表面接枝聚合物示意图[9]

也可以在约 300nm 粒径的单分散 SiO₂ 粒子表面接枝合适的 ATRP 引发剂后，引发离子类单体如 4-苯乙烯磺酸钠、4-乙烯基苯甲酸钠、2-(二甲基氨基)-乙基甲基丙烯酸酯(DMAEMA)和 2-(二乙氨基)乙基甲基丙烯酸酯(DEAEMA)单体在质子溶剂中进行聚合反应。原则上，聚电解质刷子由于其立体位阻/静电排斥力作用，在水性介质中应该增强胶体的稳定性。pH 响应胶体的稳定性研究表明，SiO₂ 表面接枝阳离子聚电解质聚合物刷的粒子在低或中性 pH 介质中胶体是稳定的，但在较高的 pH 介质中会发生聚集。然而，SiO₂ 表面接枝阴离子聚电解质聚合物刷的粒子则会具有相反的效果。因此，这些胶体粒子的稳定性不仅依赖于聚电解质刷的性质，也高度地依赖于 pH。

2. 可逆加成-链断裂转移自由基聚合

可逆加成-链断裂转移自由基聚合(RAFT)法在制备聚合物方面不需要过渡金属催化剂，具有适用单体范围广、条件温和等优点，因此在制备有机/无机杂化材料方面也得到广泛的应用。RAFT 聚合方法是在 1998 年由 Rizzardo 等提出的，其聚合机理涉及一系列的加成-断裂平衡，如图 1-12 所示。RAFT 聚合的关键是选择一种合适的链转移剂：链转移剂所需单体在合适的反应条件下的自由基聚合过程中具有高的链转移常数。引发自由基和自由基-自由基的双基终止现象在传统的自由基聚合中也会发生。引发开始后，增长链自由基(Pn·)与链转移剂二硫代羰基化合物发生可逆加成-断裂反应。然后离去基团 R·离去形成聚合硫羰基化合物，同时形成的新的自由基(R·)继续引发聚合反应。自由基(R·)与单体的反应形成一个新的链增长自由基(Pm·)。活性链增长自由基(Pn·和 Pm·)和休眠种聚合物硫羰基硫基化合物之间的快速的可逆加成-断裂平衡表明几乎所有的链增长具有相同的链增长速率，因此保证了聚合反应的可控，并能够制备具有窄多分散性的聚合物。在聚合反应结束后，大部分的链末端保留着硫羰基硫基端基。

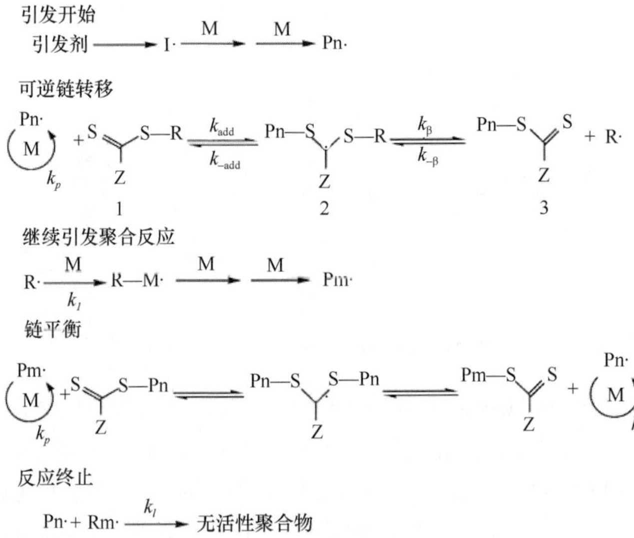

图 1-12 可逆加成-链断裂转移自由基聚合(RAFT)机理图[10]

与 ATRP 相比，RAFT 具有以下优点：

(1)反应条件温和且适用范围广泛，适用于本体、溶液、悬浮液、乳液等聚合，并可得到具有窄分子量分布的聚合物。

(2)适用的功能性单体广泛，如带有—OH、—COOH、—CONR$_2$、—NR$_2$、—SO$_3$Na 等功能性官能团的单体。

(3)由于在聚合过程中大部分的链都具有硫羰基 S═C(Z)—S—基团，因此聚合可以在第二类单体的存在下继续反应，并能够形成嵌段共聚物。

然而，运用 RAFT 聚合方法在 SiO$_2$ 纳米粒子上生长聚合刷(SI-RAFT)的报道却很少。在其中少有的文献中，Tsuji 等报道了 SI-RAFT 法生长聚苯乙烯刷的研究。首先将引发剂接枝到 SiO$_2$ 表面，然后引发聚合形成聚苯乙烯刷。由于聚合物末端存在卤端基，因此在溴化亚铜与 4,4-二正庚基-2,2-联吡啶(dHbipy)络合物存在下与1-苯乙基二硫代苯甲酸酯反应形成苄硫基链转移剂，即为 RAFT 反应所需的链转移剂。所获得的在 SiO₂ 表面生长的 PS-RAFT 链转移剂在添加自由的 RAFT 链转移剂存在下能够有效地控制苯乙烯的聚合反应。他们还报道了硫羰基 RAFT 链转移剂-硅烷偶联剂的合成，将硫羰基 RAFT 链转移剂-硅烷偶联剂接枝到 SiO₂ 表面获得了接枝密度为 $0.15\sim0.68$ 个/nm² 的 SiO₂-RAFT 链转移剂。将聚合反应保持在低转化率条件下进行，以避免凝胶化或颗粒间的自由基偶合，成功地制备了 PS/SiO₂ 的均聚物刷，也成功合成了 PnBuA/SiO₂ 和 PS-B-PnBuA/SiO₂ 的嵌段共聚物。

3. 氮氧自由基聚合

氮氧自由基聚合(NMP)也称稳定自由基聚合(SFRP)，是基于一个在休眠种和一小部分大自由基之间的激活-失活的平衡过程。该反应在温度升高的过程中，在同一时间内聚合快速引发且所有的聚合物链都形成了。休眠聚合物链能够可逆地分解形成一个稳定的自由基和活性引发聚合的聚合物链，从而实现聚合物链的增长(图 1-13)。NMP 是氮氧自由基引导的聚合，氮氧自由基能够可逆地与不断增长的链反应，但其并不引发聚合链增长。引发剂通常是过氧化物、偶氮化合物，并且氧化还原体系通常用于常规自由基聚合。NMP 最初应用于在高温条件下苯乙烯的聚合。NMP 的优势是不会受到凝胶效应的影响，有利于工业规模生产。

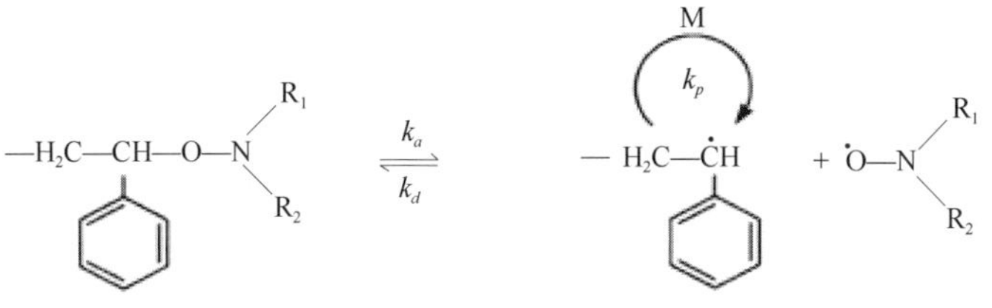

图 1-13　氮氧自由基聚合(NMP)机理图

在早期的研究中，常被用作 NMP 引发剂的有烷氧基系化合物，N-叔丁基-N-(1-二乙基膦酰基-2,2-二甲基丙基)氨基氧(DEPN)。将 DEPN 通过官能化接枝到 13nm 直径的 SiO₂ 粒子表面形成 SiO₂ 烷氧基胺引发剂，接枝密度为 0.95μmol/m²。为了保证在聚合的过程中良好的聚合可控性，可以加入自由的烷氧基胺引发剂，游离的聚合物和接枝的聚合物的分子量和分子量分布具有良好的一致性。聚合物的窄的分子量分布说明了聚合的可控性。通过两个不同的方案将烷氧基引发剂接枝到 SiO₂ 表面来获得 SiO₂-烷氧基引发剂(图 1-14)。其一是将(丙烯酰氧基丙基)三甲氧基硅烷(APTMS)接枝到 SiO₂ 后，在 AIBN 自由引发剂的存在下形成 DEPN-丙烯酰自由基引发剂。其二是通过 DEPN、AIBN 和 APTMS 反应将烷氧基胺引发剂接枝 SiO₂ 粒子表面获得了 NMP 引发剂。虽然第二个方案避免了烷氧基胺

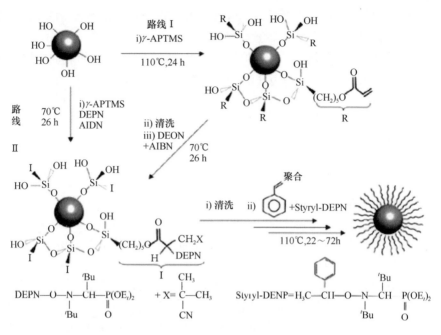

图 1-14　NMP 法在 SiO_2 表面接枝聚合物的两种合成路线图[11]

NMP 引发剂的多步合成过程，但并没有增加接枝的密度。通过这种方法成功制备的 SiO_2-聚苯乙烯刷的分子量为 M_n= 60 000g/mol。

1.4.3　其他聚合法

1. 开环聚合

自由基聚合(ROP)一般限于乙烯基单体的聚合。然而，开环聚合对于制备生物相容和可生物降解的聚合物(如聚交酯和聚内酯)具有优势。这些聚酯是通过有机金属衍生物催化的或引发的环状单体的活性/可控开环聚合来合成的，适用于从表面引发接枝聚合物的方法。例如，在脂肪族聚酯的聚合反应中，通常是羟基或胺封端的引发剂被固定在表面上以引发开环聚合。通过含胺官能团的硅烷剂与 SiO_2 反应使得 SiO_2 的表面接枝上官能化的含氨基的基团来实现聚酯链的共价接枝，然后通过烷醇铝衍生物激活粒子表面的氨基来实现聚合过程中的选择性。或通过接枝的 3-缩水甘油氧基丙基三甲氧基硅烷(GPS)在 100℃下预水解 1h 使羟基被引入粒子的表面，获得了接枝率为 3.4μmol/m² 的高接枝率粒子，之后在羟基的存在下由不同的金属醇盐引发聚合环状单体。这些金属氧化物对接枝过程影响很大。在高效的钇催化剂的存在下，异辛酸亚锡[$Sn(Oct)_2$]提供了高的接枝密度。这个现象归因于缓慢的醇-醇盐交换反应，导致固定在 SiO_2 表面的引发剂的迁移率降低。还可以使用该方法将聚(环氧乙烷)(PEO)引入 SiO₂ 纳米颗粒表面，然后在异丙醇铝作为引发剂的条件下，进行环氧乙烷单体的原位开环聚合。高的[醇]：[金属]比例能够导致转化率和接枝聚合物的分子量降低。

2. 开环易位聚合

开环易位聚合(ROMP)是环烯烃在过渡金属催化下的开环聚合。目前很少有关于运用开环易位聚合在 SiO₂ 表面接枝聚合物的报道。通过将钌催化剂固定在 200nm 的 SiO₂ 粒子表面(图 1-15)构成引发剂，接枝密度约为 7μmol/m²。然后将其用于降冰片烯的 ROMP 或者使用 30% 的催化剂来引发的聚合反应。TEM 表征显示所获得的催化剂为核壳结构，表明催化剂被固载到 SiO₂ 粒子表面。在直径为 15～30nm 的 SiO₂ 粒子表面上固载 ROMP 引发剂 5-降冰片烯-2-基(乙基)甲基硅烷(NEEDS)和 5-(二环)三乙氧基硅烷(BCH)，并与一定量的 Grubbs 第一代催化剂反应后再进行聚合反应。粒子表面聚降冰片烯的接枝密度取决于偶联剂，该接枝基团密度为 1.8～2.6 个/nm²。

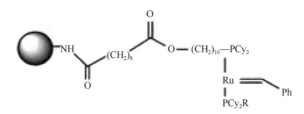

图 1-15　SiO₂ 粒子表面接枝钌催化剂[12]

3. 阴离子聚合

阴离子聚合(AP)也是一种构筑结构明确的烃系聚合物的有效方法。由于这种类型的聚合对聚合反应需要的反应条件比较严格，因此通常湿气和其他杂质对反应会造成影响。尽管阴离子聚合存在这些困难，仍然有一些在 SiO₂ 粒子表面进行阴离子聚合的报道，如通过乙烯基苄基三氯硅烷与 SiO₂ 纳米粒子进行反应使得双键固载在 SiO₂ 粒子表面上，然后在叔丁基锂的存在下进行阴离子聚合反应制备聚苯乙烯和聚苯乙烯-b-聚异戊二烯(PI)。然而，叔丁基锂缓慢和低效的引发效率，致使获得的聚合物呈现出高的分子量和宽的分子量分布。也可通过共价键结合将引发剂 1,1-二苯基乙烯(DPE)接枝到 SiO₂ 粒子上获得 SiO₂-DPE 引发剂，并在 SiO₂ 粒子表面进行苯乙烯可控阴离子聚合，形成聚苯乙烯聚合物刷。但是，由于自由引发剂的存在和粒子的自聚集，该聚合反应的重复性较差。

4. 反向原子转移自由基聚合

反向原子转移自由基聚合(RATRP)是在铜-配体络合物的存在下使用传统的自由基引发剂(二异丁腈，AIBN)进行引发聚合的一种聚合方法。它与常见的原子转移自由基聚合(ATRP)技术的不同之处在于引发过程的不同。活性自由基从催化剂-配体配合物上夺取卤原子，并形成休眠卤化物物种和减少过渡金属活化物种。

1.5　SiO$_2$表面引发聚合物的表征技术

制备 SiO$_2$/聚合物纳米杂化材料的难点不仅在于合成，还在于其产物的表征。目前已经有很多文献报道了运用不同手段来表征在粒子修饰改性的每个阶段的特征及结果的研究，包括修饰粒子的原位表征技术和接枝聚合物的表征技术。

表面引发聚合的原位分析可以通过表征聚合过程中的引发剂、单体比例、反应时间、反应溶剂和反应温度等条件来完成。其中，重量分析技术已经广泛用于表征所获得的 SI-ATRP 引发剂中卤素的含量、引发剂的接枝率等。热重分析技术(TGA)和差示扫描量热分析技术(DSC)能够提供杂化材料的组成比例以及其性能，如用 DSC 分析技术研究了聚合物链的迁移和束缚对苯乙烯聚合物壳层的玻璃化转变温度的影响。研究发现，在 SiO$_2$ 表面接枝的聚苯乙烯链受到了束缚，聚合物链的迁移性降低，因此提高了其玻璃化转变温度。随着聚合物分子量的增大，束缚聚合物链的玻璃化转变温度接近其本体聚合物的玻璃化转变温度。

显微镜分析技术是分析 SiO$_2$ 粒子修饰改性前后粒径大小和性质的有效技术，如原子力显微镜(AFM)、扫描电子显微镜(SEM)、透射电子显微镜(TEM)和布鲁斯特角显微镜(BAM)等，这些技术提供了聚合物链形貌和粒子聚集性质的可视图像。核磁共振(NMR)、红外光谱(IR)和 X 射线光电子能谱(XPS)等光谱分析技术也被广泛地用来表征分析修饰改性的 SiO$_2$ 粒子的一系列性质。漫反射红外傅里叶变换(DRIFT)光谱具有足够的灵敏度，适合于在 SiO$_2$ 表面包覆接枝的基团相对较低含量的表征分析，被用来表征引发剂和聚合物的特征峰，并分析判断引发剂和聚合物是否接枝到 SiO$_2$ 表面。^{13}C 和 ^{29}Si 固态核磁光谱技术(CP-MAS NMR)也可用于表征分析在 SiO$_2$ 粒子表面固载的引发剂。X 射线光电子能谱分析技术在分析元素的不同氧化态时具有特殊的优势，能够给出 SiO$_2$ 核本身和引发剂层中原子的相对丰度。使用不同的光散射分析技术能够表征分析改性和未改性的纳米粒子的粒径大小和分散状态。

基于 SiO$_2$ 表面接枝的聚合物可以通过直接裂解或者将粒子溶解从粒子表面

脱离,可用来进行相应的表征和研究。常见的从粒子表面脱离接枝聚合物的方法是用氢氟酸(HF)溶液溶解粒子将接枝聚合物从粒子脱离出来。如通过 HF 刻蚀 SiO$_2$ 得到分离的聚合物,可以使用常规的分析技术来确定其分子量、分子量分布和组成。

1.6　SiO$_2$ 表面引发制备有机/无机杂化材料

1.6.1　疏水疏油性材料

疏水疏油性材料在具有疏水和疏油特性的同时,也具有低的表面能、自清洁和摩擦性能,因而在防水、防污、防腐等方面具有广泛的应用。接触角大于 90° 时的表面被称为疏水性表面。材料的表面对油的接触角越大,其疏油性越强。由于材料表面的性质由其表面的形貌和化学组成决定,要获得具有疏水疏油性的表面,就需要从改变材料的表面形貌或化学组成入手。目前多数的研究都是通过改变材料表面的化学组成来获得所需的疏水疏油性。含氟材料具有低的表面自由能、优异的耐化学试剂性、耐候性和耐热性等性能。这是由于氟元素在所有元素中具有最高的电负性,而且原子半径很小,氟原子与碳原子能够形成牢固的 C—F 键且具有高的键能。同时,氟烷基链由于空间位阻等原因能够对 C—C 主链起到支撑保护作用,因此形成的含氟材料具有独特的热稳定性和化学稳定性。在聚合物材料中引入含氟基团是降低材料表面自由能的一种有效而方便的途径。目前经常使用的引入含氟基团的方式主要有两种:一是在合成聚合物时加入含氟表面活性剂;另一种是使用含氟单体进行聚合制备含氟聚合物,后者是目前应用最多的方式。因此,含氟单体经常被用来合成制备具有疏水疏油性能的材料。

在 SiO$_2$/聚合物杂化材料中引入含氟基团能够获得低表面自由能(5mN/m)和化学/热稳定性的材料,如运用钌催化活性聚合方法合成的含氟星形聚合物(图 1-16),这些含氟星形聚合物即使在亲水性聚合物或者疏水性聚合物的存在下也具有有效的选择性分子识别能力。氟聚合物的疏油性能够充当驱动力来获得低表面自由能的膜。据报道,相比于通过物理吸收的复合材料,这种含氟元素的引入能够显著提高材料的热稳定性(高达 400℃),这使得 SiO$_2$/含氟聚合物杂化材料在制造耐用非润湿表面等方面具有广阔的开发和应用前景。通过共价结合在 SiO$_2$ 粒子表面接枝偏二氟乙烯(VDF),得到了具有良好热稳定性、疏水疏油特性的纳米杂化材料。

1.6.2　两亲性材料

两亲性嵌段聚合物材料在胶体科学、先进功能材料和可裁剪调控表面性能方

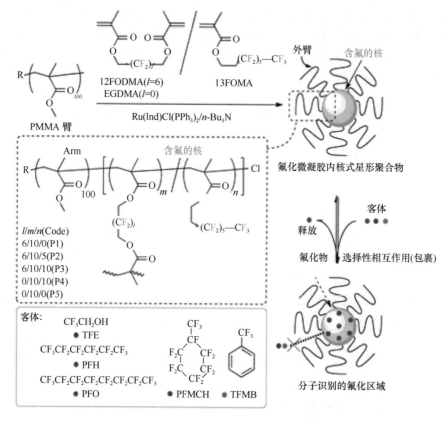

图 1-16　含氟星形聚合物的合成路线图[12]

面备受关注，这是由于两亲性嵌段聚合物在选择性溶剂中可以形成胶束、囊泡或其他形态。通过调控嵌段聚合物的链长度和嵌段特性能够改变两亲性嵌段聚合物的性能，因此在新型材料的制备方面具有巨大的潜力。在近来的研究中，两亲性嵌段共聚物主要是以聚(聚(乙二醇)甲基醚甲基丙烯酸酯)[P(PEGMA)]作为亲水性嵌段。PEGMA 由具有反应活性的线形甲基烯酸酯主链和聚(乙二醇)(PEG)侧链组成。PEG 侧链具有良好的反应活性(图 1-17)。

可以利用 PEGMA 通过 RAFT 和 ATRP 方法制备各种新型材料，如使用 RAFT 聚合方法制备结构清晰的聚 2,5-二溴-3-乙烯基噻吩的两亲性纳米嵌段聚合物粒子 P(PEGMA)-b-P(DB3VT)，如图 1-18 所示。通过改变基于 PEGMA 单体的组成比例，能够调节聚合物膜的性能。另外，含氟聚合物可以提供两亲性嵌段共聚物中的疏水性嵌段，得到低的表面自由能和具有优异机械性能的新型材料。

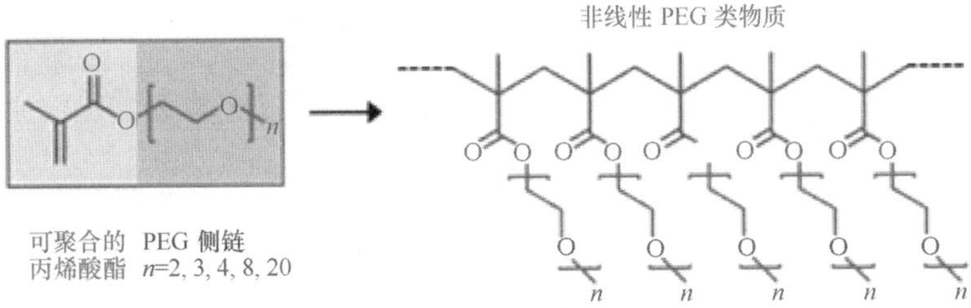

图 1-17　PEGMA 的结构示意图

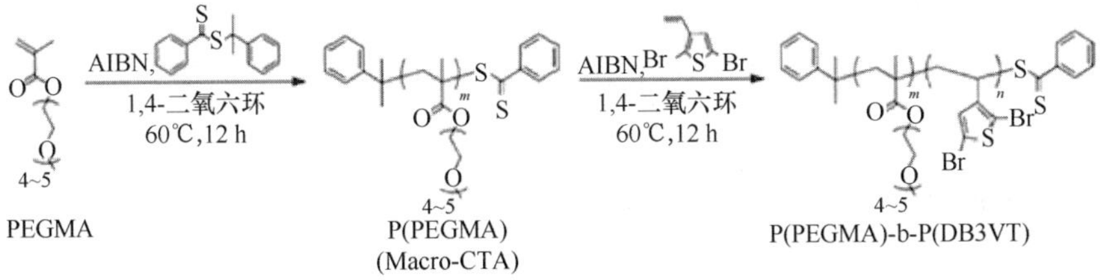

图 1-18　P(PEGMA)-b-P(DB3VT)的合成路线图[13]

1.6.3　亲水性材料

亲水性高分子材料的应用在化妆品、医疗保健、环境友好材料和生物技术(如生物分离、诊断、基因或蛋白质治疗、控制释放、植入物)等方面具有广泛的应用前景。亲水性高分子聚合物,如聚(乙烯乙二醇)(PEG)也称聚(环氧乙烷)(PEO)或聚(丙交酯-共-乙交酯)(PLGA),已成功地在生物医学等方面得到了很多的应用。近年来,亲水性聚合物的合成大部分都以 PEGMA 为单体来合成制备所需要的高分子材料。PEGMA 大分子单体的一个显著优点是使用相对温和的反应条件,可以获得高分子量的含有 PEG 侧链的聚合物。另一个优点是可通过多种聚合方法如阴离子、阳离子、开环易位或自由基聚合等进行聚合。自由基聚合是目前应用比较广泛的用于制备非线性含有 PEG 侧链的亲水性聚合物的聚合技术。运用自由基聚合等技术能够得到新颖的大分子结构(如梳状/接枝聚合物或网络结构聚合物),除了具有优异的亲水性外,在水中具有低的临界溶解温度(LCST)等特性。基于各向异性功能化的碳纳米管阵列吸湿支架,在一端覆盖疏水性聚合物,另一端覆盖含有 PEGMA 的亲水性聚合物,使其具有疏水和亲水部分的有序微结构,从而具有收集和储存大气中的水分的作用。聚合物功能化石墨烯纳米器件具有热开关控制并用于生物检测。作者使用纳米尺寸的石墨烯作为模板,然后使用 P(PEGMA)聚合物作为活化保护层。利用 P(PEGMA)聚合物所具有的温敏特性使得所制备的功能化石墨烯纳米器件具有热开关控制功能,如图 1-19 所示。

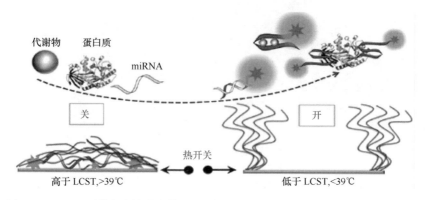

图 1-19　PEGMA 的亲水性聚合物获得功能化石墨烯纳米热开关控制器件的示意图

1.7　SiO$_2$ 表面接枝聚合物杂化材料的应用[14]

由于在 SiO$_2$ 粒子表面修饰接枝聚合物，可以获得各种性能的新型材料，明显改善了复合材料的机械性能、润湿性、黏合性、外部刺激响应性等，因此，在双疏表面、生物传导材料、抗菌涂层、分离技术和环境保护、分子识别、光电材料、磁性材料和芯片等方面具有广泛的应用。

(1)制备双疏表面。双疏表面或超双疏表面具有抗污、低摩擦和自清洁等表面特性，在防污、抗冻和智能材料等方面具有广泛的应用。由于 SiO$_2$ 表面具有反应活性位点，因此易于在 SiO$_2$ 表面引入各种官能团，接枝含氟的疏水疏油聚合物，制备具有双疏表面特性的杂化材料。例如，在 SiO$_2$ 表面通过 SI-ATRP 法接枝全氟辛基丙烯酸酯(FOEA)和 3-(三异丙氧基)甲硅烷基丙基甲基丙烯酸酯 (IPSMA)，制备出具有超疏水疏油的涂层(图 1-20)，涂层在玻璃表面的油接触角达到 150°。

(2)制备抗菌涂层。预防和治疗细菌感染是现代医疗的重要目标。因此在材料的表面改性修饰上抗菌涂层能够制备具有良好抗菌能力的涂层。通过 SI-ATRP 方法在 SiO$_2$ 表面接枝具有抗菌性能的聚合物，能够制备出具有良好抗菌能力的涂层。在 SiO$_2$ 表面接枝全氟癸基三甲氧基硅烷(17FTMS)制备了具有超疏水抗菌性能的涂层。如在 SiO$_2$ 粒子表面包覆磁性粒子后，在表面接枝聚 5-烯丙基巴比土酸-co-甲基丙烯酸甲酯聚合物(ABBA-co-MMA)(图 1-21)，制备出具有良好抗菌效果的涂层。

(3)生物医学方面的应用。SiO$_2$ 表面接枝功能性的聚合物，可以制备出适用于生物医学的新型材料，在可控的药物输送载体、生物医学治疗诊断、生物传感

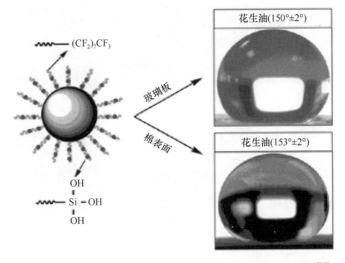

图 1-20　SiO₂ 表面接枝 P(POEA-co-IPMSA)制备超双疏涂层[15]

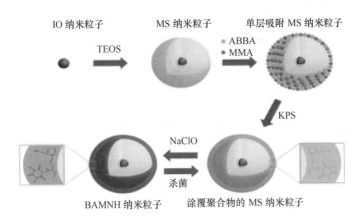

图 1-21　SiO₂ 表面接枝 P(ABBA-co-MMA)用于抗菌涂层[16]

器等方面具有广泛的应用。通过在 SiO₂ 表面接枝聚 N-异丙基丙烯酰胺-co-甲基丙烯酸(NIPAM-co-MAA)聚合物刷制备了多官能团的纳米载体(图 1-22)，这两个载体具有 pH 和温度响应性能，抗癌药盐酸阿霉素(DOX)能够被固载在纳米 SiO₂ 载体上，并表现出明显的温度/pH 控制"开-关"的药物释放方式。制备的纳米 SiO₂/聚合物材料可以用作生物成像剂和刺激响应控制药物释放。在 SiO₂ 表面接枝黄连素生物碱制备出具有抗癌细胞增殖的生物材料。

(4)用于分离技术和环境保护。在 SiO₂ 表面接枝聚合物不仅能作为分离技术中的固定相，增加分离效果，也能在环境污染控制方面具有应用潜力。如在

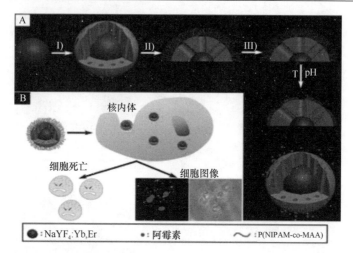

图 1-22　SiO₂ 表面接枝 P(NIPAM-co-MAA)聚合物刷用于药物载体[17]

SiO₂ 粒子表面接枝分子印迹聚合物刷所获得的颗粒已用于色谱载体，被用来作为三嗪除草剂分离的固定相。另外，SiO₂/聚合物杂化材料在除去重金属离子方面具有重要的应用。运用 SiO₂/聚合物杂化材料去除废水中的钴盐和铜盐的研究表明，SiO₂ 粒子具有大的表面积、明确清晰的孔径和多孔的形状孔，而且接枝的聚合物具有特异性的结合位点，因此能够去除金属离子。

参 考 文 献

[1] Wallace A F, DeYoreo J J, Dove P M. Kinetics of silica nucleation on carboxyl- and amine-terminated surfaces: Insights for biomineralization. J Am Chem Soc, 2009, 131(14): 5244-5250.

[2] Prucker O, Ruhe J. Mechanism of radical chain polymerizations initiated by azo compounds covalently bound to the surface of spherical particles. Macromolecules, 1998, 31(3): 602-613.

[3] Prucker O, Ruhe J. Synthesis of poly(styrene)monolayers attached to high surface area silica gels through self-assembled monolayers of azo initiators. Macromolecules, 1998, 31(3): 592-601.

[4] Ueda J, Sato S, Tsunokawa A, et al. Scale-up synthesis of vinyl polymer-grafted nano-sized silica by radical polymerization of vinyl monomers initiated by surface initiating groups in the solvent-free dry-system. Eur Polym J, 2005, 41(2): 193-200.

[5] Wang J S, Matyjaszewski K. Controlled living radical polymerization-atom-transfer radical polymerization in the presence of transition-metal complexes. J Am Chem Soc, 1995, 117(20): 5614-5615.

[6] Kato M, Kamigaito M, Higashimura T. Polymerization of methyl methacrylate with the carbon tetrachloridel/dichlorotris-(triphenylphosphine) ruthedum (Ⅱ)/methylaluminum bis(2,6-di-tert-butylphenoxide) initiating system: Possibility of living radical polymerization. Macromolecules, 1995, 28: 1721-1723.

[7]　von Werne T, Patten T E. Atom transfer radical polymerization from nanoparticles: A tool for the preparation of well-defined hybrid nanostructures and for understanding the chemistry of controlled/"living" radical polymerizations from surfaces. J Am Chem Soc, 2001, 123(31): 7497-7505.

[8]　Ohno K, Morinaga T, Koh K, et al. Synthesis of monodisperse silica particles coated with well-defined, high-density polymer brushes by surface-initiated atom transfer radical polymerization. Macromolecules, 2005, 38(6): 2137-2142.

[9]　Wang X S, Armes S P. Facile atom transfer radical polymerization of methoxy-capped oligo (ethylene glycol) methacrylate in aqueous media at ambient temperature. Macromolecules, 2000, 33(18): 6640-6647.

[10]　Chiefari J, Chong Y K, Ercole F, et al. Living free-radical polymerization by reversible addition-fragmentation chain transfer: The RAFT process. Macromolecules, 1998, 31(16): 5559-5562.

[11]　Bartholome C, Beyou E, Bourgeat-Lami E, et al. Nitroxide-mediated polymerizations from silica nanoparticle surfaces: "Graft from" polymerization of styrene using a triethoxysilyl-terminated alkoxyamine initiator. Macromolecules, 2003, 36: 7946-7952.

[12]　Koda Y, Terashima T, Nomura A, et al. Fluorinated microgel-core star polymers as fluorous compartments for molecular recognition. Macromolecules, 2011, 44(12): 4574-4578.

[13]　Nakabayashi K, Oya H, Mori H. Cross-linked core-shell nanoparticles based on amphiphilic block copolymers by RAFT polymerization and palladium-catalyzed suzuki coupling reaction. Macromolecules, 2012, 45(7): 3197-3204.

[14]　Balcioglu M, Buyukbekar B Z, Yavuz M S, et al. Smart-polymer-functionalized graphene nano-devices for thermo-switch-controlled biodetection. ACS Biomater Sci & Eng, 2015, 1(1): 27-36.

[15]　Zhang G, Lin S, Wyman I, et al. Robust superamphiphobic coatings based on silica particles bearing bifunctional random copolymers. ACS Appl Mater Interfaces, 2013, 5(24): 13466-13477.

[16]　Dong A, Sun Y, Lan S, et al. Barbituric acid-based magnetic N-halamine nanoparticles as recyclable antibacterial agents. ACS Appl Mater Interfaces, 2013, 5(16): 8125-8133.

[17]　Dai Y L, Ma P, Cheng Z, et al. Up-conversion cell imaging and pH-lnduced thermally controlled drug release from NaYF4: Yb^{3+}/Er^{3+} @ hydrogel core-shell hybrid microspheres. Acs Nano, 2013, 6: 3327-3338.

第2章 疏水疏油性 SiO₂ 基嵌段共聚物组装与性能

本章导读

疏水疏油材料因具有低表面能、自清洁和低摩擦系数等性能，已经在防水、防污、防腐等方面得到广泛应用。通过活性/可控的 SiO₂ 表面引发原子转移自由基聚合(SI-ATRP)，在纳米 SiO₂ 粒子表面生长以聚合物为主体的软纳米材料，获得优异化学/热稳定性的涂膜材料。如果在 SiO₂/聚合物杂化材料中引入含氟基团，能够获得具有低表面能(5mN/m)、高热稳定性(高达 400℃)的疏水疏油性杂化材料。因此，本章通过 SiO₂ 表面 SI-ATRP 技术，引发甲基丙烯酸甲酯(MMA)和甲基丙烯酸十二氟庚酯(12FMA)制备了三种摩尔配比的纳米杂化粒子 SiO₂-g-PMMA-b-P12FMA，如图 2-1 所示。首先，在 10～25nm 的气相 SiO₂ 表面接枝溴异丁酸十一烷基氯硅烷酯而获得 SiO₂ 引发剂 SiO₂-Br，其接枝引发剂的密度为 0.573mmol/g。然后，以 SiO₂-Br 引发剂成功引发制备 SiO₂-g-PMMA-b- P12FMA 杂化粒子，这些粒子通过调控含氟嵌段共聚物的含量与组成，可以调控涂层表面的表面自由能、粗糙度和非润湿性能。所获得的杂化粒子所成的涂膜具有良好的疏水(112°～118°)和疏油(73°～78°)性能以及低的表面自由能、高的表面粗糙度和优异的热性能(420～450℃)。

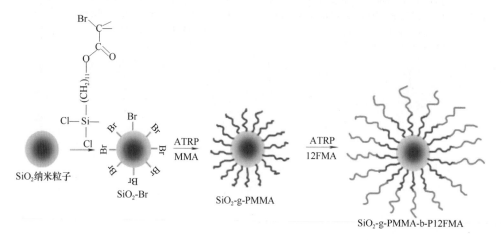

图 2-1　SI-ATRP 制备 SiO₂-g-PMMA-b-P12FMA 纳米粒子的合成示意图

(1)在 SiO$_2$ 表面获得 ATRP 引发剂(SiO$_2$-Br)的接枝率为 20.8%，接枝密度为 0.573mmol/g。然后通过 SI-ATRP 方法在 SiO$_2$ 表面接枝含氟聚合物，成功制备了三种摩尔配比的疏水疏油纳米杂化材料 SiO$_2$-g-PMMA-b-P12FMA(SiO$_2$/MMA/12FMA=1/72.50/18.15, 1/72.50/45.38 和 1/181.26/18.15)。刻蚀掉 SiO$_2$ 后的接枝聚合物 PMMA-b-P12FMA 分子量分别为 11 700g/mol、18 000g/mol、21 300g/mol，分子量分布很窄(PDI=1.12～1.25)，说明 SiO$_2$-Br 引发的 SI-ATRP 是活性/可控过程。

(2)由于含氟链段 P12FMA 在 CHCl$_3$ 溶液中的溶解性较差，含有 P12FMA 较多链段的纳米粒子的团聚现象相对更严重一些，而含有 PMMA 链段多的聚合物在 CHCl$_3$ 溶液中的溶解性较好，所以 SiO$_2$-g-PMMA-b-P12FMA 在 CHCl$_3$ 中组装成 25～30nm 的黑色核和浅色壳层的核壳结构球形粒子。

(3)随着含氟链段 P12FMA 含量的增加，SiO$_2$-g-PMMA-b-P12FMA 在 CHCl$_3$ 溶液中所成膜的表面粗糙度(50～500nm)增加。膜的横断面显示，SiO$_2$ 粒子主要分布在膜的底层，P12FMA 主要在表层，说明含氟链段 P12FMA 在成膜的过程中向表面迁移，SiO$_2$ 向膜的底部迁移来降低体系的能量，使得膜的表面自由能降低。含有最多 PMMA 链段时具有良好的成膜性能。

(4)SiO$_2$-g-PMMA-b-P12FMA 涂膜表面具有良好的疏水性(112°～118°)、疏油性(73°～78°)和低表面能(10.97～12.46mN/m^2)。随着含氟量的增加，膜的滞后接触角和表面能降低。低含氟量时的表面对水的吸附抵抗力相对较弱(Δf= –450Hz)，膜的黏弹性较低(ΔD=130×10^{-6}～170×10^{-6})，而且形成相对疏松的吸附层。而高含氟量(26.67%)的表面显示氟链段拥挤排布形成无序结构，造成表面最少吸附水量(Δf=380Hz)。SiO$_2$ 在膜层中具有支撑作用，有利于含氟链段发挥对水的抵抗作用。

(5)SiO$_2$-g-PMMA-b-P12FMA 的热分解温度达到 320℃。含氟量的增加能够增加材料的热性能，SiO$_2$ 的引入也能够增加材料的热学性能。

2.1　疏水疏油性 SiO$_2$-g-PMMA-b-P12FMA 杂化材料的制备

2.1.1　SiO$_2$ 引发剂 SiO$_2$-Br 的合成

SiO$_2$ 引发剂 SiO$_2$-Br 的制备由以下三个步骤完成，合成路线如图 2-2 所示。

1. 溴异丁酸十一烯酯的制备

将干燥的 100mL 茄形瓶冷冻抽真空，充氮气循环 3～5 次，在氮气气氛下依次加入 6mL 十一烯醇(C$_{11}$H$_{22}$O)、7mL 三乙胺(TEA)、20mL 二氯甲烷(CH$_2$Cl$_2$)，然

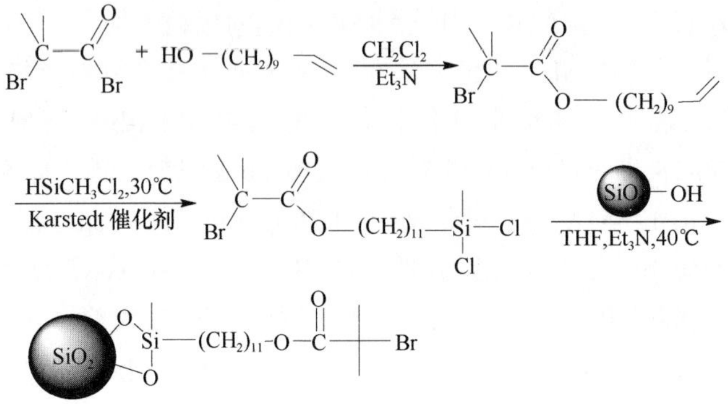

图 2-2　以气相纳米 SiO_2 制备 SiO_2-Br 引发剂的合成路线图

后在冰浴条件下逐滴加入 4mL 2-溴代异丁酰溴(BiBB)，在冰浴条件下磁力搅拌反应 2h 后室温下继续反应 24h。反应结束后，用饱和氯化铵水溶液洗涤 2～3 次，再用无水硫酸镁干燥除去水分，经过旋转蒸发除去二氯甲烷，通过柱分离纯化后，得到浅黄色产品溴异丁酸十一烯酯(UBMP)，然后真空干燥，放入棕色瓶中保存待用。将所得产品 UBMP 进行 ^1H NMR 检测($CDCl_3$ 溶剂)。

2. 溴异丁酸十一烷基氯硅烷酯的制备

将干燥的 100mL 茄形瓶冷冻抽真空，充氮气循环 3～5 次，在氮气气氛下依次加入 1.2mL 上一步产品 UBMP、60μL Karstedt 催化剂和 9mL 甲基二氯硅烷(CH_3SiHCl_2)。在黑暗条件下 30℃反应 24h，反应结束后旋转蒸发除去剩余的甲基二氯硅烷，产品通过柱分离纯化，得到浅黄色产品溴异丁酸十一烷基氯硅烷酯。将所得产品进行 ^1H NMR 检测($CDCl_3$ 溶剂)。

3. SiO_2 表面接枝引发剂(SiO_2-Br)

将干燥的茄形瓶抽真空，充氮气循环 3～5 次，依次加入在 N,N-二甲基甲酰胺(DMF)中分散好的 2.30g 气相纳米二氧化硅(SiO_2)、2.69g 上一步制备的溴异丁酸十一烷基氯硅烷酯、1.72mL 三乙胺，然后在 40℃下反应 40h，反应结束后离心分离得到 SiO_2 表面接枝引发剂(SiO_2-Br)，通过索氏提取(溶剂为 50/50 的二氯甲烷和乙醚混合液)对产物进行纯化 12h，然后将所得产物保存在真空干燥箱备用。将所得产品 SiO_2-Br 做傅里叶变换红外(FTIR)、热重分析(TGA)检测。

2.1.2　SiO_2-Br 引发单体聚合制备 SiO_2-g-PMMA-b-P12FMA

在茄形瓶中加入 0.0331g CuCl，然后反复抽真空充氮气循环 3～5 次，再依次加入 3.6g 甲基丙烯酸甲酯(MMA)、70μL 五甲基二乙烯三胺(PMDETA)，搅拌均匀后加入 1.0g 分散于 DMF 中的 SiO₂-Br(接枝率为 20.8%)，升温至 90℃，反应 12h 后再加入 3.6g 甲基丙烯酸十二氟庚酯(12FMA)，继续反应 12h。反应结束后离心，用 THF 洗涤沉淀，重复离心洗涤三次，得到 SiO₂-g-PMMA-b- P12FMA 纳米杂化粒子(样品 S1～S3)。其合成条件和原料配比如表 2-1 所示，合成路线图如图 2-3 所示。

为了对比 SiO₂ 引发剂和常规引发剂的不同，突出 SiO₂ 的优点，采用 EiBB 作为常规引发剂引发制备了 E-PMMA-b-P12FMA 嵌段聚合物(样品 S4)，其合成过程与 SiO₂ 引发剂相同，其合成条件和原料配比如表 2-1 所示。

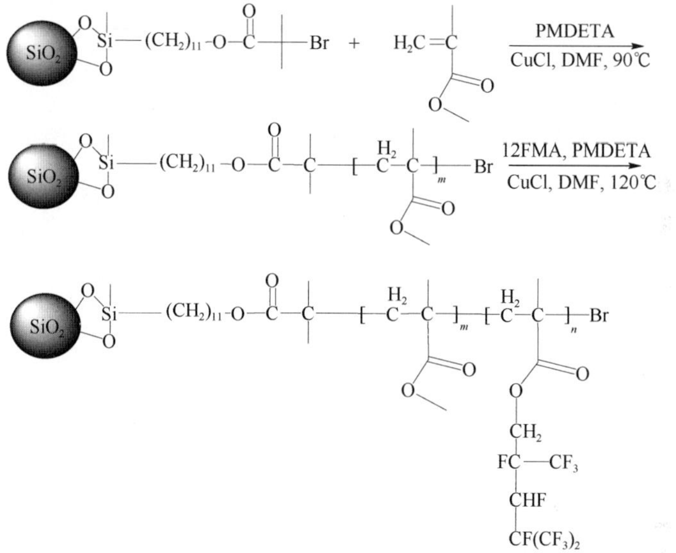

图 2-3　SI-ATRP 制备 SiO₂-g-PMMA-b-P12FMA 的合成路线图

表 2-1　SiO₂-g-PMMA-b-P12FMA 和 E-PMMA-b-12FMA 的合成加料配比

样品 (SiO₂/MMA/12FMA)	SiO₂-Br /mmol	EiBB /mmol	MMA /mmol	12FMA /mmol	CuCl /mmol	CuCl₂ /mmol	PMDETA /mmol	DMF /mL
S1(1/72.50/18.15)	0.4546	—	32.96	8.250	0.4546	0.0358	0.4546	15
S2(1/72.50/45.38)	0.4546	—	32.96	20.63	0.4546	0.0358	0.4546	15
S3(1/181.26/18.15)	0.4546	—	82.40	8.250	0.4546	0.0358	0.4546	15
S4(1/77.92/22.00)	—	0.5127	39.95	10.00	0.5132	—	0.5132	15

2.2　SiO₂-Br 及 SiO₂-g-PMMA-b-P12FMA 的结构表征

2.2.1　SiO₂-Br 的结构表征

图 2-4(a)为溴异丁酸十一烯酯的 ¹H NMR 图谱。不同官能团对应的信号峰分

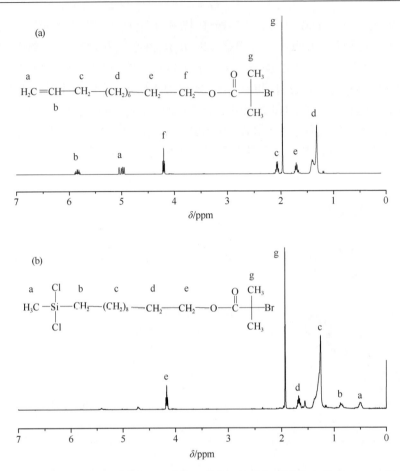

图 2-4　溴异丁酸十一烯酯(a)和溴异丁酸十一烷基氯硅烷酯(b)的 ^{1}H NMR 图

别为：在 1.29ppm[①](峰 d)为—(CH$_2$)$_6$—质子峰，1.67ppm(峰 e)为—CH$_2$—质子峰，1.93ppm 左右(峰 g)为—(CH$_3$)$_2$ 质子峰，2.04ppm 左右(峰 c)为—CH$_2$—质子峰，4.16ppm 左右(峰 f)为—CH$_2$—质子峰，5.01ppm 左右(峰 a)为—CH$_2$ 质子峰，5.80 左右(峰 b)为 CH—质子峰。从图中可以清楚地看出，峰 a 和 b 为 C=C 双键的信号峰，两个峰的积分面积比值约为 2∶1，与结构式中氢原子个数吻合；峰 g 为与溴原子相邻甲基的信号峰，且峰 b 与峰 g 的积分面积比约为 1∶6，也与结构式中氢原子的个数吻合。同时，图谱中基本没有出现杂信号峰，说明第一步获得纯净的溴异丁酸十一烯酯产物。

图 2-4(b)为溴异丁酸十一烷基氯硅烷酯的 ^{1}H NMR 图谱，从图中可以看出：

① ppm 表示 parts per million，1ppm=10^{-6}。

0.5ppm(峰 a)左右为—Si—CH₃ 的信号峰，0.86ppm(峰 b)为—Si—CH₂—的信号峰，1.28～1.31ppm(峰 c)左右为—(CH₂)₈—的信号峰，1.68ppm(峰 d)左右为—CH₂—的信号峰，1.92ppm(峰 g)左右为—(CH₃)₂ 的信号峰，4.17ppm(峰 e)左右为—CH₂—的信号峰。对比图 2-4(a)和图 2-4(b)可知双键信号峰的消失，同时出现了氯硅烷加成后的信号峰 a 和 b，这些结果证明第二步成功获得了所需产物溴异丁酸十一烷基氯硅烷酯。

溴异丁酸十一烷基氯硅烷酯中的 CH₃SiCl₂—端基能够与 SiO₂ 表面的硅羟基进行反应，从而获得 ATRP 引发剂(SiO₂-Br)。SiO₂ 和 SiO₂-Br 的红外谱图如图 2-5(a)和(b)所示。SiO₂-Br 的图谱中，在 2983cm⁻¹ 和 2899cm⁻¹ 处出现了烷基 C—H 的伸缩振动峰，在 1758cm⁻¹ 处出现了烷基 C=O 的伸缩振动峰，而这些信号峰并未出现在未接枝 SiO₂ 粒子中，表明引发剂成功接枝到 SiO₂ 粒子表面。

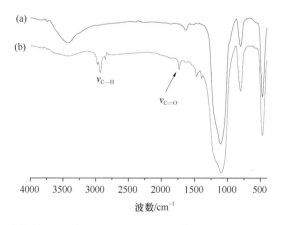

图 2-5　未修饰 SiO₂ 粒子(a)及 SiO₂ 引发剂粒子 SiO₂-Br(b)的红外谱图

为了确定 SiO₂-Br 的接枝率，分别对未接枝 SiO₂ 和 SiO₂-Br 进行了 TGA 测试，其 TGA 曲线如图 2-6(a)和(b)所示，在 800℃时 SiO₂ 的残留量为 99.7%，基本保持不变，而 SiO₂-Br 的残留量为 78.9%，对比两者的结果，说明引发剂成功接枝到 SiO₂ 表面，以未接枝 SiO₂ 粒子的残留量减去 SiO₂ 引发剂的残留量计算其接枝率，其接枝率为 20.8%，即 SiO₂-Br 的接枝密度为 0.573mmol/g。

为了进一步证明制备的 SiO₂-Br 粒子和准确获得 SiO₂ 粒子表面引发剂的接枝率，对 SiO₂-Br 粒子进行了 XPS 能谱检测。SiO₂-Br 的 XPS 结果如图 2-7 所示。从图中可以看出，O1s、C1s、Si2p 和 Br3d 的结合能信号峰分别出现在 530.1eV、283.0eV、101.2eV 和 68.6eV 处，表明已经成功制备了 SiO₂-Br。同时通过计算得出 Br 在 SiO₂ 表面的含量为 0.05%，即 SiO₂ 粒子表面引发剂的接枝密度为 0.625mmol/g，与 TGA

所获得的结果比较接近，从侧面也证明了用 TGA 测定其接枝率是可靠的。以上所有的结果都说明成功制备了 SiO₂ 引发剂 SiO₂-Br。

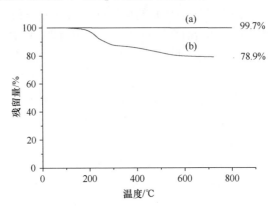

图 2-6 未修饰 SiO₂ 粒子(a)与 SiO₂ 引发剂(b)粒子的 TGA 曲线图，升温速率 10℃/min

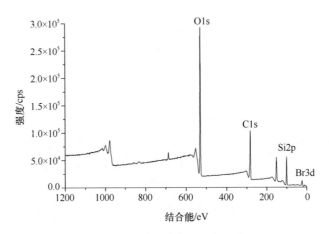

图 2-7 SiO₂-Br 粒子的 XPS 能谱图

2.2.2 SiO₂-g-PMMA-b-P12FMA 的结构表征

为了测定接枝聚合物及 SiO₂-g-PMMA-b-P12FMA 的化学结构，对 SiO₂-g-PMMA-b-P12FMA 进行了 ^{1}H NMR 表征，如图 2-8 所示，并同时用 SiO₂-g-PMMA 进行了对比。图 2-8(A)是 SiO₂-g-PMMA 的 ^{1}H NMR 图谱，可以看到 MMA 的特征信号峰，在 0.841ppm 和 1.020ppm 处出现了与碳原子相连的甲基(C—CH₃)上氢的信号峰；1.832~1.960ppm 处出现了亚甲基(—CH₂—)中氢的信号峰；3.600ppm 处出现了与氧原子相连的甲基(O—CH₃)上氢的信号峰。这些结果说明 MMA 成功地接枝到 SiO₂ 粒子表面。

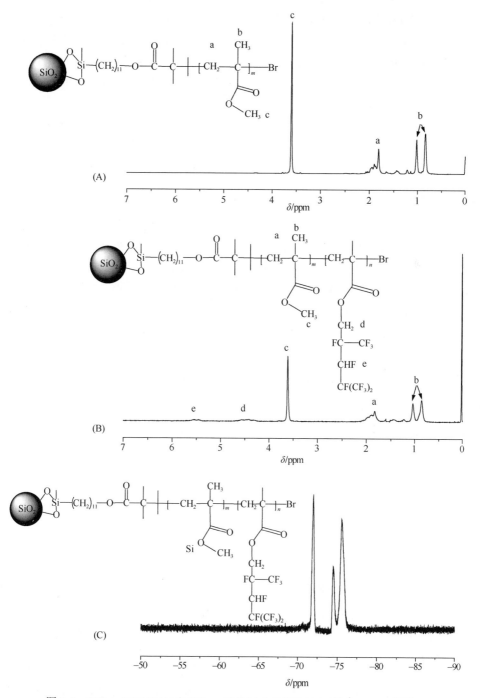

图 2-8 SiO₂-g-PMMA(A)和 SiO₂-g-PMMA-b-P12FMA(B)的 ¹H NMR 图谱，
SiO₂-g-PMMA-b-P12FMA 的 ¹⁹F NMR 图谱(C)

图 2-8(B)为 SiO$_2$-g-PMMA-b-P12FMA 的 ^{1}H NMR 图谱,在谱图上依然能够清晰地看到 MMA 的信号峰特征峰,同时在 4.456ppm 处新出现了 12FMA 单体上与氧原子相连的亚甲基(—CH$_2$—)上氢的信号峰,在 5.513ppm 处出现了—CHF—上氢的信号峰。这说明 12FMA 成功地接枝到 SiO$_2$-g-PMMA 粒子表面,获得了 SiO$_2$-g-PMMA-b-P12FMA。

为了进一步证明所获得 SiO$_2$-g-PMMA-b-P12FMA 的结构,也采用氟核磁共振 ^{19}F NMR 检测,如图 2-8(C)所示。在图谱上 70~80ppm 范围内出现了氟原子的多重峰,证明成功制备出 SiO$_2$-g-PMMA-b-P12FMA 杂化材料。

2.2.3　SiO$_2$-g-PMMA-b-P12FMA 分子量表征

采用 SEC-MALLS 表征了测定接枝聚合物的分子量以及其多分散性。为了能够获得比较准确的分子量信息,在测定分子量之前,采用 HF 刻蚀法分别刻蚀掉 SiO$_2$-g-PMMA 和 SiO$_2$-g-PMMA-b-P12FMA 中的 SiO$_2$ 粒子,获得了从 SiO$_2$ 粒子表面脱除的接枝聚合物 g-PMMA 和 g-PMMA-b-P12FMA,然后通过 SEC-MALLS 法,测定 g-PMMA 和 g-PMMA-b-P12FMA 的分子量,同时也测定了 E-PMMA 和 E-PMMA-P12FMA 的分子量,其 GPC 曲线如图 2-9(a)和(b)所示。

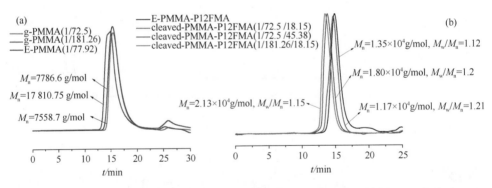

图 2-9　刻蚀掉 SiO$_2$ 之后的 g-PMMA(a)和 g-PMMA-b-P12FMA(b)的 GPC 曲线

基于 MMA 的分子量为 100.12,通过加料的摩尔比可以计算出 PMMA 的理论分子量。因此,计算得到 g-PMMA(1/72.50)、g-PMMA(1/181.26)和 E-PMMA(1/77.92)的理论分子量分别为 7259.42g/mol、18 149.56g/mol 和 7801.35g/mol;从图 2-9(a)中可以看出,g-PMMA(1/72.50)、g-PMMA(1/181.26)和 E-PMMA 的分子量分别为 7558.7g/mol、17 810.75g/mol 和 7786.6g/mol(表 2-2),说明 g-PMMA(1/72.50)测定得到的分子量与其理论分子量基本接近,多分散性(PDI)为 1.12,虽然 g-PMMA (1/181.26)和 E-PMMA 的分子量比其理论分子量小一些,但也比较接近,它们的多分散性 PDI=1.13 和 1.04。分子量分布较窄的结果说明了聚合过程是可控的,也

说明 SiO₂-Br 引发 MMA 的 SI-ATRP 过程是可控活性聚合。这些结果说明了获得的 SiO₂-g-PMMA 粒子符合预期的配比。

表 2-2　刻蚀掉 SiO₂ 后的 g-PMMA 和 g-PMMA-b-P12FMA 分子量测定结果

样品	M_w/M_n	$M_n/(\times10^4\text{g/mol})$	$M_w/(\times10^4\text{g/mol})$	$M_n(\text{theo})/(\times10^4\text{g/mol})$
g-PMMA(1/72.50)	1.12	0.76	0.85	0.73
g-PMMA(1/181.26)	1.13	1.78	2.01	1.81
E-PMMA(1/77.92)	1.04	0.78	0.81	0.78
S1(1/72.50/18.15)	1.21	1.17	1.42	1.49
S2(1/72.50/45.38)	1.25	1.80	2.25	2.58
S3(1/181.26/18.15)	1.15	2.13	2.45	2.58
S4(1/77.92/22.00)	1.12	1.35	1.51	1.57

图 2-9(b)显示，SiO₂-g-PMMA-b-P12FMA 的分子量分布 PDI 为 1.12～1.25，显示出比较窄的分子量分布，说明 SiO₂-g-PMMA-Br 进一步引发 12FMA 的 SI-ATRP 也是活性可控过程。同时，当摩尔比 SiO₂/MMA/12FMA=1/72.50/18.15、1/72.50/45.38 和 1/181.26/18.15 时，SiO₂-g-PMMA-b-P12FMA 的分子量分别为 11 700g/mol、18 000g/mol、21 300g/mol，其结果见表 2-2。实际测得的 SiO₂-g-PMMA-b-P12FMA 的分子量比理论分子量低，同时常规小分子引发剂 EiBB 引发相同分子量的聚合物 E-PMMA-P12FMA 的分子量比 SiO₂-Br 引发的 SiO₂-g-PMMA-b-P12FMA 的分子量高。这是由于 SiO₂-Br 引发剂的引发活性比 EiBB 低。GPC 结果证明了所获得的 SiO₂-g-PMMA-b-P12FMA 符合预期配比。

2.3　SiO₂-g-PMMA-b-P12FMA 纳米杂化粒子在溶液中的自组装形态

已经有很多文献报道，嵌段聚合物所形成的自组装聚集体形态主要依赖于其嵌段组成和溶剂。但是，对于含有 SiO₂ 的嵌段聚合物，其组装形貌却鲜有报道。因此，通过 TEM 研究了三种配比 SiO₂/MMA/12FMA=1/72.50/18.15、1/72.50/45.38 和 1/181.26/18.15 的 SiO₂-g-PMMA-b-P12FMA 粒子在 CHCl₃ 溶液中的自组装形态[图 2-10(b)～(d)]。同时作为对比，也通过 TEM 进行了 E-PMMA-b-P12FMA 在 CHCl₃ 溶液中自组装形态的 TEM 分析[图 2-10(a)]。

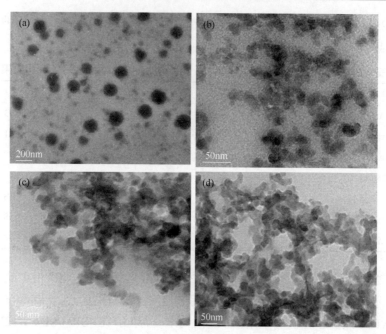

图 2-10　E-PMMA-b-P12FMA(a，S4)和 SiO₂-g-PMMA-b-P12FMA 的 S1(b，1/72.50/18.15)、S2(c，
　　　　1/72.50/45.38)和 S3(d，1/181.26/18.15)在 CHCl₃ 中的 TEM 图

　　从图 2-10(a)可以看出，E-PMMA-b-P12FMA 在 CHCl₃ 溶液中形成 100～150nm 的黑色内核和浅色外壳层的球形粒子。由于 PMMA 链段在 CHCl₃ 溶液中有很好的溶解性，而 P12FMA 链段在 CHCl₃ 溶液中的溶解性较差，因此 P12FMA 链段形成球形粒子的内核(即黑色部分)，而 PMMA 链段则形成球形粒子的壳层(即浅色部分)。对于三种不同配比的 SiO₂-g-PMMA-b-P12FMA 粒子，它们在 CHCl₃ 溶液中都形成了 25～30nm 的黑色核和浅色壳层的核壳结构球形粒子，如图 2-10(b)～(d)所示，但粒子都显示出一些聚合物之间的团聚现象。由于样品 S1(1/72.50/18.15)中含有相对少的 PMMA 和 P12FMA 链段，因此聚合物壳层在溶液中不足以展开形成良好分散的粒子，而呈现紧密排列[图 2-10(b)]；样品 S2(1/72.50/45.38)中含有较多的 P12FMA 链段，但是 P12FMA 链段在 CHCl₃ 溶液中的溶解性较差，因此粒子的团聚现象相对更严重些，造成比较拥挤的聚集体[图 2-10(c)]；样品 S3(1/181.26/18.15)含有最多的 PMMA 链段，而 PMMA 链段在 CHCl₃ 溶液中具有良好的溶解性，因此聚合物壳层能够在溶液中展开使得粒子具有良好的分散性，呈现出比较均一的聚集形态和较少的团聚现象[图 2-10(d)]。同时，也发现 SiO₂-g-PMMA-b-P12FMA 杂化粒子在 CHCl₃ 溶液中的粒径(25～30nm)比 E-PMMA-b-P12FMA 的粒径(100～150nm)小很多，这表明 SiO₂ 表面通过 SI-ATRP 法接枝 PMMA-b-P12FMA 后，SiO₂ 粒子表面的聚合物在溶液中的伸展性受到了一定的限制。

2.4 涂膜表面化学组成与形貌

由于聚合物膜表面的形貌通常与其表面的化学组成相关，因此对 SiO_2-g-PMMA-b-P12FMA 形成的涂膜进行了 XPS 能谱测试获得其表面的化学组成，如图 2-11 所示。图 2-11(a)～(c)分别为三个 SiO_2-g-PMMA-b-P12FMA 样品 S1～S3 形成涂膜表面的 XPS 能谱，图 2-11(d)为 E-PMMA-b-P12FMA 涂膜的 XPS 能谱。从能谱图中可以看到，F1s、C1s、O1s 和 Si2p 的结合能信号峰分别出现在 686.0eV、530.1eV、283.0eV 和 101.2eV 处。SiO_2-g-PMMA-b-P12FMA 涂膜表面的化学元素的含量列于表 2-3 中。膜表面的化学元素主要由 F、O、C 和 Si 四种元素组成，硅元素的信号强度最弱，说明硅元素在膜表面的分布较少。但是氟元素在膜表面的信号峰强度较高，说明其在膜表面含量分布较多。从表 2-3 中还可以看出，由于样品 S1(1/72.50/18.15)和 S2(1/72.50/45.38)中的 P12FMA 链段含量相对最高，因此其表面的氟元素含量也相对最高。而 E-PMMA-b-P12FMA 表面的氟元素含量与样品 S1 接近，因此其膜表面的氟元素含量也极为接近。

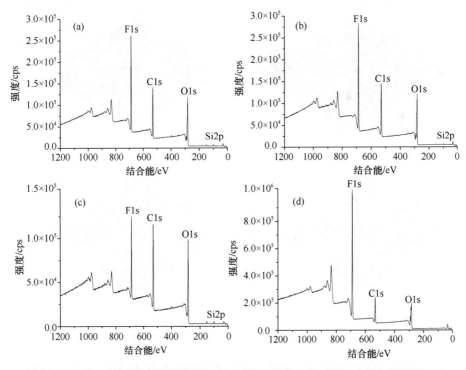

图 2-11 SiO_2-g-PMMA-b-P12FMA S1(a，1/72.50/18.15)、S2(b，1/72.50/45.38)、S3(c，1/181.26/18.15)和 E-PMMA-b-P12FMA(d，S4)的空气-膜界面的 XPS 能谱图

表 2-3　SiO₂-g-PMMA-b-P12FMA 膜表面的元素组成含量

样品	F/wt%	C/wt%	O/wt%	Si/wt%
S1(1/72.50/18.15)	26.67	53.84	18.15	1.34
S2(1/72.50/45.38)	26.96	54.21	18.20	0.63
S3(1/181.26/18.15)	18.21	58.87	20.98	1.56
S4(1/77.92/22.00)	23.87	55.68	20.45	—

　　SiO₂-g-PMMA-b-P12FMA 在 CHCl₃ 溶液中成膜的表面 AFM 形貌如图 2-12(b)～(d)所示。与图 2-12(a)中平整光滑、粗糙度为 30nm 的 E-PMMA-b-P12FMA 涂膜表面相比，所有 SiO₂-g-PMMA-b-P12FMA(样品 S1～S3)涂膜表面呈现凹凸不平的结构[图 2-12(b)～(d)]。样品 S1(1/72.50/18.15)的膜表面有小岛型结构，表面粗糙度为 250nm；由于样品 S2(1/72.50/45.38)含有最多的 P12FMA 链段，因此其涂膜表面有明显的 1～2μm 的蜂窝状结构，表面粗糙度为 500nm；而样品 S3(1/181.26/18.15)由于含有较多的 PMMA 链段，涂膜表面表现出少量的高度为 40～60nm 的凸起，其他区域则比较光滑平整，表面粗糙度约为 50nm。

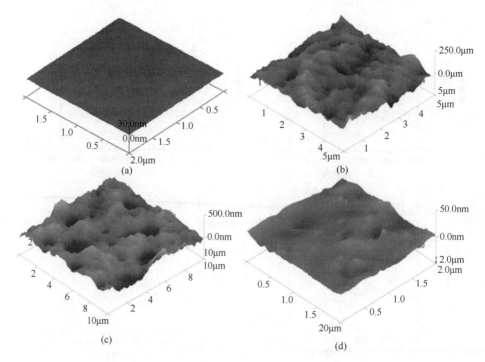

图 2-12　E-PMMA-P12FMA(a，S4)以及 SiO₂-g-PMMA-b-P12FMA S1(b，1/72.50/18.15)、S2(c，1/72.50/45.38)和 S3(d，1/181.26/18.15)的 AFM 图

结合膜表面元素分布与含量(表 2-3)，不难发现膜表面氟元素含量越高，表面的凹凸形貌越突出，其表面粗糙度就越大。然而，尽管 E-PMMA-b-P12FMA 和样品 S1 膜表面的氟元素含量接近，但其膜表面的形貌则相差很大。这个结果说明，由于聚合物接枝在 SiO₂ 粒子表面，在成膜过程中含氟链段(P12FMA)向表面迁移，而 SiO₂ 粒子则倾向于迁移到膜的底部，因此会造成聚合物的相分离，形成粗糙的表面；而对于 E-PMMA-b-P12FMA 则不存在这个问题，因此其所形成的膜表面比较光滑。以上结果说明，膜的表面形貌与其表面的化学组成具有密切的关系。

为了进一步研究 SiO₂-g-PMMA-b-P12FMA 膜表面的形貌和表面化学组成的关系，对 SiO₂-g-PMMA-b-P12FMA 膜表面和横断面进行了 SEM 测试，如图 2-13 所示。对比图 2-13(a)、(c)和(e)中样品 S1～S3 的涂膜表面，可以看出 S3 膜的表面最为平整光滑，这是由于其膜表面的含氟量最少，且含有最多的 PMMA 链段，而 PMMA 具有良好的成膜性能，因此其所成的膜为表面光滑平整的膜，这个结果也与其 AFM 的结果相互吻合。而 S2 膜表面由于具有最高的含氟量，在含氟链段向表面迁移的过程中会产生相分离，因此其膜表面表现出很多小凸起，膜表面变得粗糙。对于 S1 来说，其含氟链段 P12FMA 与 S2 有所减少，因此其所成膜的表面相对比较光滑均一，粗糙度比 S2 膜则有较大的减小，但其表面仍然具有一些微小的凸起，从而使得其粗糙度相比 S3 膜明显增加，这种结果与 AFM 的粗糙度结果保持一致。以上结果进一步说明，膜的表面形貌与其表面的化学组成具有密切的关系。

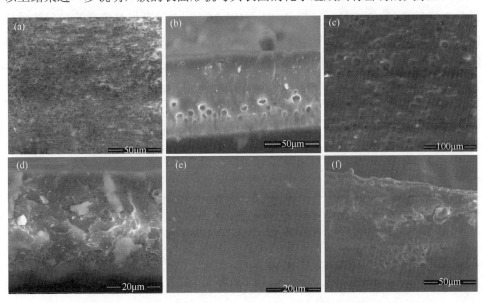

图 2-13　SiO₂-g-PMMA-b-P12FMA 膜的 SEM 图(a, c, e)和膜的横断面的 SEM 图(b, d, f)，其中 S1(a, b)、S2(c, d)和 S3(e, f)

同时，为了证明在成膜的过程中含氟链段向表面迁移而 SiO_2 向膜的底部迁移，对 SiO_2-g-PMMA-b-P12FMA 膜的横断面进行了 SEM 测试，其结果如图 2-13(b)、(d)和(f)所示，其中的白色颗粒状和小球状为 SiO_2 粒子形貌。从图中可以看出，在所有的 SiO_2-g-PMMA-b-P12FMA 膜的横断面中，SiO_2 粒子主要分布在膜的下层，说明含氟链段 P12FMA 在成膜的过程中向表面迁移，SiO_2 向膜的底部迁移来降低体系的能量，使得膜的表面自由能降低。

2.5　涂层润湿性与动态水吸附行为

膜表面的润湿性受到膜表面的化学元素组成和形貌的影响，因此测定了 E-PMMA-P12FMA 和 SiO_2-g-PMMA-b-P12FMA 膜表面的接触角，同时用接触角计算其表面能，分别列于表 2-4。SiO_2-g-PMMA-b-P12FMA 膜表现出良好的疏水性(水接触角为 112°～118°)和极高的疏油性(十六烷接触角为 73°～78°)。与 E-PMMA-P12FMA 的接触角(水接触角 108°，十六烷接触角 56°)相比，SiO_2-g-PMMA-b-P12FMA 膜的疏水性和疏油性都得到了明显提高。这说明在 SiO_2 表面接枝含氟聚合物不仅能够获得良好的疏油表面，也能够获得良好的疏水表面。由于样品 S1 和 S2 涂膜表面具有相对较高的含氟量(表 2-3)和相对较大的粗糙度，因此其膜的接触角也相对高，因而其表面能也相对低(12.46mN/m 和 10.97mN/m)。同时，膜的动态接触角(表 2-4)显示，样品 S1(1/181.26/18.15)具有相对较高的滞后接触角(6°)，说明增加 PMMA 的含量能够提高膜的滞后接触角。与 E-PMMA-P12FMA 膜具有最高的滞后接触角(8°)相比，SiO_2 的引入降低了膜的滞后接触角。

表 2-4　SiO_2-g-PMMA-b-P12FMA 膜表面的接触角和自由能

样品	θ_W /(°)	θ_H /(°)	γ_S/(mN/m)
S1(1/72.50/18.15)	112(110，106，4)*	73(72，67，5)*	12.46
S2(1/72.50/45.38)	114(112，108，4)	78(74，70，4)	10.97
S3(1/181.26/18.15)	118(114，108，6)	45(44，38，6)	22.33
S4(1/77.92/22.0)	108(105，97，8)	56(52，44，8)	17.48

* 表示前进接触角(θ_a)和后退接触角(θ_r)，滞后接触 $\theta_h=\theta_a-\theta_r$ 数据。

为了进一步研究 SiO_2-g-PMMA-b-P12FMA 膜表面对水的动态吸附行为，对 SiO_2-g-PMMA-b-P12FMA(S1～S3)膜表面进行了 QCM-D 测试，结果如图 2-14(b)～(d)所示。E-PMMA-b-P12FMA(S4)膜的 QCM-D 结果如图 2-14(a)所示。在吸附曲线中，Δf 表示膜表面对水的吸收量，ΔD 表示膜表面吸附层的黏弹性。从图 2-14(a)和(d)可以看出，S4 和 S3 对水表现出类似的吸附曲线：当膜表面开始吸附水时，

Δf 和 ΔD 快速吸附达到平衡，且具有接近的吸水量，即接近的 Δf 值(S4：Δf= –450Hz；S3：Δf= –450Hz)。这是由于两个膜的表面具有最少的含氟量，对水的抵抗力相对较弱。同时它们侧链的氟链段垂直分布在膜的表面，形成相对有序的结构，因此吸附的水形成相对疏松的吸附层，ΔD 分别为 130×10^{-6}、170×10^{-6}，其吸附模型见图 2-15(a)。因为含氟链段在成膜过程中易迁移到表面，所以在吸附模型中，含氟链段直接与水接触，而 PMMA 链段则靠近 SiO₂。

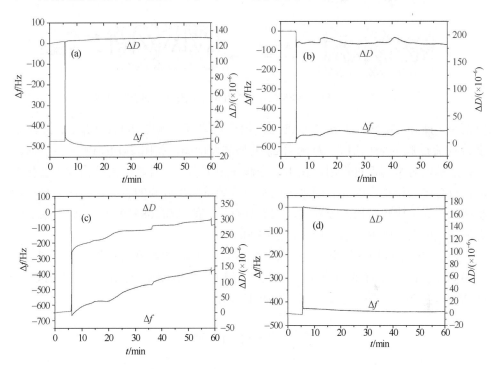

图 2-14　E-PMMA-P12FMA(a，S4)和 SiO₂-g-PMMA-b-P12FMA(b～d，S1～S3)
的 QCM-D 吸附曲线

样品 S1 具有较高的含氟量(26.67%)，含氟链段表面迁移的结果使得表面的氟链段拥挤排布，导致侧链的氟链段在膜表面形成无序结构，如图 2-15(b)所示。随着水继续流过表面被吸附，膜表面含氟链段无序的结构转变为有序结构，因此将吸附的水向外排挤，造成被吸附的水开始离开膜的表面，导致 Δf 和 ΔD 曲线有一个微小的上升，经过一段时间后达到了吸附平衡(Δf= –550Hz，ΔD=180×10^{-6})，如图 2-14(b)所示。对比 S1 和 S4 不难发现，虽然它们具有比较接近的含氟量(26.67% 和 23.87%)，但表现出不同的吸附曲线。对于 S2 来说，随着 P12FMA 链段的增加，侧链的氟链段大量向表面迁移形成比

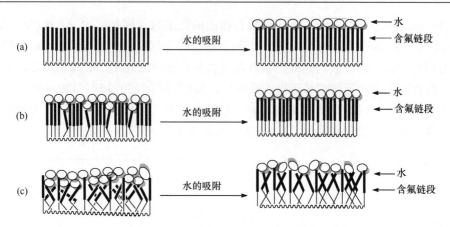

图 2-15   水在 SiO$_2$-g-PMMA-b-P12FMA 涂膜表面的吸附模型

较混乱拥挤的结构，且最终形成比较粗糙的表面，如图 2-15(c)所示。因此当水持续流过膜的表面时，ΔD 随着 Δf 的增加而增加，如图 2-14(c)所示；同时由于含氟链段对水的抵抗作用，在水的浸润作用下表面的含氟链段结构发生变化形成相对有序的结构，因此表面吸附的水也开始持续离开膜的表面，最终达到平衡状态，形成了比较宽松的吸附层，因而具有最高的 ΔD(268×10^{-6})。同时，最高的含氟量造成表面吸附的水量最少，Δf=380Hz。

以上 QCM-D 测试结果说明，加入的 SiO$_2$ 在膜层中起到支撑作用，有利于含氟链段发挥对水的抵抗作用。而含氟链段 P12FMA 的引入使得 SiO$_2$-g-PMMA-b-P12FMA 膜对水具有良好的抵抗作用。

2.6   热稳定性分析

SiO$_2$-g-PMMA-b-P12FMA 涂层在应用过程中应该具有优良的热力学稳定性，因此对 SiO$_2$-g-PMMA-b-P12FMA(S1～S3)进行了 TGA 测试，结果如图 2-16(b)～(d)所示。同时为了说明 SiO$_2$ 的引入对材料热性能的影响，也对 E-PMMA-P12FMA(S4)进行了 TGA 测试。从图 2-16(a)可以看出，E-PMMA-P12FMA 在 250℃开始分解；S1 和 S2 具有相似的 TGA 曲线，其热分解温度为 320℃，重量损失分别为 85.7% 和 85.85%；S3 的热分解温度为 280℃，重量损失为 83.16%，比 S1 和 S2 的热分解温度要低一些。

这些结果表明，由于 S3 含有更多的 PMMA 链段，而 PMMA 的热稳定性要比含氟链段低，因此 S3 的热分解温度比 S1 和 S2 有所降低。而对 S1 和 S2 来说，随着 12FMA 链段的增加，其热性能并没有明显的提升，说明当 12FMA 链段的含量达到一定值时，其热性能并不会有明显的增加。S1 和 S4 具有接近的分子量和含氟量，但 S1 的热分解温度明显比 S4 高出 70℃，说明 SiO₂ 引入聚合物能够提升材料的热学性能。同时从图中也可以看出，S1 和 S2 的最终分解温度约为 430℃，S3 的最终分解温度约为 410℃，都比 E-PMMA-P12FMA 高，进一步证明了 SiO₂ 的引入能够增加材料的热学性能。另外，随着含氟量 P12FMA 的增加，所获得材料的热学性能也得到了提升。因此，运用 SI-ATRP 制备的 SiO₂-g-PMMA-b-P12FMA 杂化材料具有更高的热性能，且更高的 P12FMA 含量能够增加其最终热分解温度。

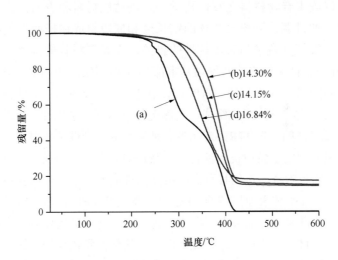

图 2-16　E-PMMA-P12FMA(a，S4)和 SiO₂-g-PMMA-b-P12FMA S1(b，1/72.50/18.15)、S2(c，1/72.50/45.38)、S3(d，1/181.26/18.15)的 TGA 曲线

第3章 两亲性 SiO₂ 基嵌段共聚物组装与性能

本章导读

两亲性嵌段聚合物材料在胶体科学、先进功能材料和表面性能裁剪等方面已备受关注。通过调控嵌段聚合物的链长度和嵌段组成调控两亲性嵌段聚合物的性能，达到发挥其疏水与亲水特性的目的，在新型材料的制备方面具有巨大的潜力。近年来的两亲性嵌段共聚物基本都是以聚(聚(乙二醇))甲基醚甲基丙烯酸酯[P(PEGMA)]作为亲水性嵌段。P(PEGMA)是由具有反应活性的线性甲基丙烯酸酯主链与聚(乙二醇)侧链(PEG)组成，其侧链具有良好的亲水性，可以通过活性可控聚合技术(如 RAFT 和 ATRP)来制备各种新型的两亲性杂化材料。另外，基于 PEG 材料是最常用的抗蛋白抗污性材料，用 PEG 改性基体表面，使得疏水性表面减少对蛋白质的吸附量，得到具有良好抗蛋白性能的涂层，进而获得优异的抗污性能。实际上，在基体表面接枝的 PEG 分布密度和 PEG 的链长度是决定其抗蛋白性能的两个关键参数。如果在嵌段聚合物中引入含氟嵌段作为疏水链段，能够提高两亲性杂化材料的热稳定性、疏水性、耐化学性和优异的机械性能等性能。实际上，亲水性结构和疏水性结构形成的有序结构能够提高疏水性表面的抗蛋白抗污性能。因此，通过设计合成含氟类两亲性嵌段共聚物作为抗蛋白吸附涂层。

本章通过溶胶-凝胶法制得 SiO₂ 纳米粒子，然后在 SiO₂ 表面接枝溴异丁酸十一烷基氯硅烷酯而获得 SiO₂ 引发剂 SiO₂-Br，其接枝引发剂密度为 0.244mmol/g，依次引发聚(乙二醇)甲基醚甲基丙烯酸酯(PEGMA)和甲基丙烯酸十二氟庚酯(12FMA)的 SI-ATRP 反应，制备三种配比的 SiO₂-g-P(PEGMA)-b-P(12FMA)两亲性杂化材料(SiO₂/PEGMA/12FMA=1/28.28/11.95、1/42.46/11.95 和 1/56.37/11.95)，示意图如图 3-1 所示。通过 ^{1}H NMR、^{19}F NMR 和 GPC 表征所获得纳米粒子的结构，证明两亲性 SiO₂-g-P(PEGMA)-b-P(12FMA)杂化材料的嵌段结构。本章研究反应动力学、纳米粒子聚集形貌、杂化材料具有两亲特性、临界溶解温度(LCST)、热稳定性和抗蛋白特性。基于这些研究结果，将所获得的两亲性 SiO₂-g-P(PEGMA)-b-P(12FMA)杂化材料作为涂层用于古砂岩的保护研究。

(1)基于 SiO₂-g-P(PEGMA)-b-P(12FMA)两亲性的特点，通过在 CDCl₃ 溶剂中的 ^{1}H NMR 谱图和在 D₂O 中的 ^{1}H NMR 谱图以及 ^{19}F NMR 谱图分析，证明了

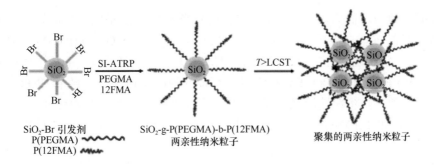

图 3-1　SiO₂-g-P(PEGMA)-b-P(12FMA)杂化材料的合成示意图

已经成功制备得到 SiO₂-g-P(PEGMA)-b-P(12FMA)两亲性杂化材料,分子量分别为 15 100g/mol、18 900g/mol 和 24 600g/mol。动力学测定结果说明,聚合反应是可控的 SI-ATRP 聚合反应。

(2)分别研究 SiO₂-g-P(PEGMA)-b-P(12FMA)在水溶液(H₂O)和四氢呋喃(THF)中的组装形貌。在水溶液中呈现 150nm 球形粒子。随着 P(PEGMA)链段含量的增加,粒子的壳层厚度无明显增加,但粒子的分散性却更加均匀。而在 THF 溶液中比其在水中溶液粒子的尺寸大,为 170nm 球形粒子。这些不同形貌说明了 SiO₂-g-P(PEGMA)-b-P(12FMA)具有两亲性。

(3)SiO₂-g-P(PEGMA)-b-P(12FMA)的 LCST 值(36～52℃)比 SiO₂-g-P(PEGMA)(78～90℃)明显降低,且 LCST 值随着亲水链段 P(PEGMA)的增加而提高。当温度高于 LCST 值时,P(PEGMA)变得疏水,SiO₂-g-P(PEGMA)-b-P(12FMA)粒子之间因分子作用力逐渐增强而聚集,因此粒子聚集形成沉淀。同时,SiO₂-g-P(PEGMA)-b-P(12FMA)具有高的热分解温度(290～320℃)。所以疏水性链段 P(12FMA)的引入能够降低材料的 LCST 值,同时增强热性能。

(4)SiO₂-g-P(PEGMA)-b-P(12FMA)杂化材料的两亲性进一步体现在所成膜表面的形貌和对水的吸附。水溶液成膜的表面非常粗糙,粗糙度 R_a 分别为 178.4nm、156.8nm、125.3nm,伴随有凸起的岛状结构,高于 SiO₂-g-P(PEGMA)水溶液成膜的粗糙度(R_a=28.9～31.3nm)。而 THF 溶液成膜的表面都均匀地分布着结构排列紧密的粒子状微小凸起,表面粗糙度较小,分别为 16.9nm、15.8nm 和 11.5nm。所以,SiO₂-g-P(PEGMA)-b-P(12FMA)膜表面比 SiO₂-g-P(PEGMA)膜表面具有高的水吸附量(Δf=− 494.42Hz、− 468.89Hz 和 − 426.29Hz),水合层结构黏弹性也较高。在 THF 中所成膜具有小很多的吸附水量(Δf=−173.11Hz、−152.16Hz 和−122.18Hz)。随着 P(PEGMA)含量的增加,膜对水的吸附量依次减小,吸附层的黏弹性逐渐增加。

(5)SiO₂-g-P(PEGMA)-b-P(12FMA)两亲性材料具有良好的抗蛋白性能,即具有良好的抗菌防污能力。膜表面 N1s 的弱信号峰说明膜表面吸附了很少量的 BSA 蛋白。膜的抗蛋白吸附量为–15.7～–22.3Hz，略高于 SiO₂-g-P(PEGMA)(–8.3～ –11.3Hz)，说明疏水性链段 P(12FMA)的引入并不明显降低材料的抗蛋白性能，SiO₂-g-P(PEGMA)-b-P(12FMA)依然具有良好的抗蛋白性能。随着 P(PEGMA) 含量的增加，抗蛋白性能得到提升。基于两亲性和良好的抗蛋白性能，SiO₂-g-P (PEGMA)-b-P(12FMA)可以作为涂层用于古砂岩的保护，不能影响古砂岩自身的 吸水性。

3.1 SiO₂-g-P(PEGMA)-b-P(12FMA)的合成

3.1.1 SiO₂ 引发剂的合成

(1)将干燥的茄形瓶抽真空,充氮气循环 3～5 次,在氮气保护下依次加入 2.08g 溴异丁酸十一烯酯(制备参见 2.2.1 节)、240μL Karstedt 催化剂和 2.28g 三乙氧基硅 烷。在黑暗条件下 80℃反应 24h。反应结束后, 产品通过柱分离纯化, 得到浅黄 色产品溴异丁酸十一烷基三乙氧基硅烷酯。

(2)以 TEOS 为反应物, 通过溶胶-凝胶法制备获得 SiO₂ 纳米粒子。将 2.30g 制备的 SiO₂ 纳米粒子超声分散在 THF 溶液中,加入 2.58g 制备的溴异丁酸十一烷 基三乙氧基硅烷酯, 在 60℃下反应 40h。反应结束后, 离心分离得到引发剂产品 SiO₂-Br。用 THF 洗涤后再离心,并重复这一步骤 3～4 次,得到纯净的引发剂 SiO₂-Br,保存在真空干燥箱中备用。合成路线图如图 3-2 所示。

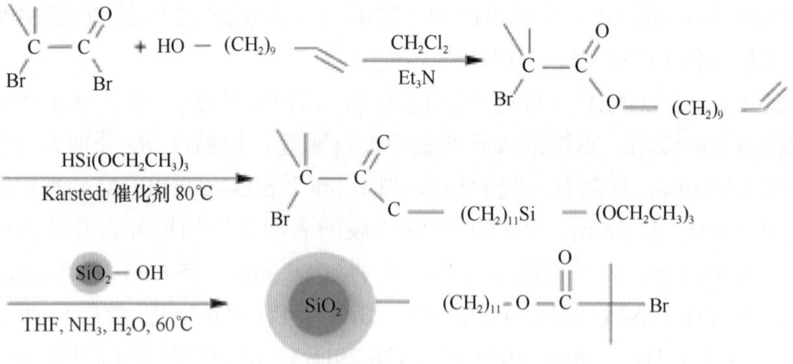

图 3-2   以 TEOS 为前驱体的纳米 SiO₂ 引发剂的合成路线图

3.1.2 溶胶-凝胶法获得引发剂 SiO₂-Br 的结构与接枝率表征

溴异丁酸十一烷基三乙氧基硅烷酯的 ¹H NMR 图谱见图 3-3。其中, 峰 a 为

—(CH₃)₂ 的信号峰，峰 b 为—CH₂—的信号峰，峰 c 为—CH₂—的信号峰，峰 d 为—(CH₂)₇—信号峰，峰 g 为 O—CH₂—的信号峰，峰 e 为—CH₂—的信号峰，峰 f 为 Si—CH₂—的信号峰，峰 k 为—CH₃ 的信号峰。这说明溴异丁酸十一烷基三乙氧基硅烷酯中的—Si(OCH₂CH₃)₃ 端基能够与 SiO₂ 表面的硅羟基进行羟基缩合反应，使引发剂接枝到 SiO₂ 表面，获得适合于下一步 SI-ATRP 的引发剂 SiO₂-Br。

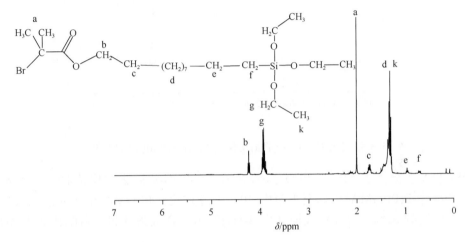

图 3-3　溴异丁酸十一烷基三乙氧基硅烷酯的 ¹H NMR 图谱

对比 SiO₂ 与 SiO₂-Br 的 FTIR 图谱，从图 3-4(a)和(b)可以看出，在 SiO₂-Br 图谱中的 2983cm⁻¹ 和 2899cm⁻¹ 处出现了烷基 C—H 的伸缩振动峰，在 1735cm⁻¹ 处出现了烷基 C═O 的伸缩振动峰，而这些信号峰在未接枝的 SiO₂ 粒子中并未出现，表明引发剂成功接枝到 SiO₂ 粒子表面。此外，通过 TGA 测定 SiO₂ 引发剂的接枝率显示，未接枝 SiO₂ 粒子在 800℃下残余量为 93.7%，其中有一部分质量损失是由于失去结合水；SiO₂-Br 引发剂粒子在 800℃下的残余量为 85.9%。以未接枝 SiO₂ 在 800℃下的残余量作为参考，则 SiO₂ 引发剂的接枝为 7.8%，即其引发剂浓度为 0.244mmol/g。

3.1.3　两亲性含氟聚合物 SiO₂-g-P(PEGMA)-b-P(12FMA)的合成

第一步：在茄形瓶中加入 0.1464mmol CuCl 以及 0.0146mmol CuCl₂，反复抽真空充氮气循环，再依次加入 5.05mmol PEGMA 和 0.1464mmol PMDETA，搅拌均匀后，加入 10mL SiO₂-Br 溶液(0.1464mmol SiO₂-Br 分散于 10mL DMF 中)。将混合溶液加热到 70℃并反应 24h。当聚合反应停止时，加入 THF 稀释该混合物，然后通过离心分离得到产物 SiO₂-g-P(PEGMA)。将所获得的产物 SiO₂-g-P

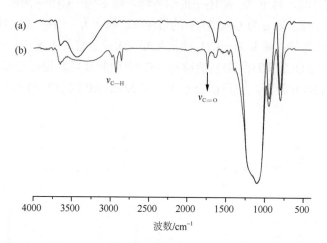

图 3-4　未接枝 SiO$_2$ 粒子(a)及 SiO$_2$-Br 引发剂(b)的 FTIR 图谱

(PEGMA)再分散于 THF 后离心分离，重复 3～4 次，以除去物理吸附的聚合物。将 SiO$_2$-g-P(PEGMA)在真空烘箱中 40℃干燥过夜。PEGMA 在 24h 后的反应转化率达到 82%。合成路线图如图 3-5(I)所示，合成条件和原料配比如表 3-1 所示。

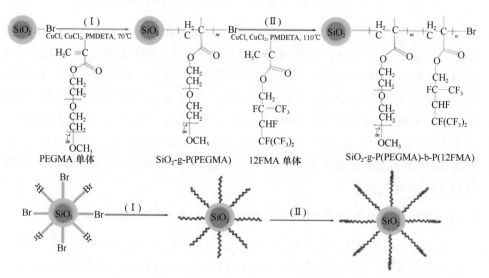

图 3-5　SiO$_2$-g-P(PEGMA)(I)和 SiO$_2$-g-P(PEGMA)-b-P(12FMA)(II)的合成路线图

第二步：以 SiO$_2$-g-P(PEGMA)-Br 为引发剂，采用第一步类似的合成路线，通过加入 12FMA 进行反应，获得 SiO$_2$-g-P(PEGMA)-b-P(12FMA)。12FMA 在 24h

后的反应转化率达到 35%。合成路线图如图 3-5(II)所示，合成条件和原料配比如表 3-1 所示。

表 3-1　SiO₂-g-P(PEGMA)和 SiO₂-g-P(PEGMA)-b-P(12FMA)的合成配比

样品	SiO₂-Br /mmol	PEGMA /mmol	12FMA /mmol	CuCl /mmol	CuCl₂ /mmol	PMDETA /mmol	DMF /mL
S1(1/28.28)	0.1464	5.05	—	0.1464	0.0146	0.1464	10
S2(1/42.46)	0.1464	7.58	—	0.1464	0.0146	0.1464	10
S3(56.57)	0.1464	10.10	—	0.1464	0.0146	0.1464	10
S4(1/28.28/11.95)	0.1464	5.05	5.00	0.1464	0.0146	0.1464	15
S5(1/42.46/11.95)	0.1464	7.58	5.00	0.1464	0.0146	0.1464	15
S6(1/56.57/11.95)	0.1464	10.10	5.00	0.1464	0.0146	0.1464	15

3.1.4　SiO₂-g-P(PEGMA)-b-P(12FMA)的结构表征

SiO₂-g-P(PEGMA)-b-P(12FMA)与 SiO₂-g-P(PEGMA)的 NMR 表征图谱如图 3-6 所示。图 3-6(a)是 SiO₂-g-P(PEGMA)在 CDCl₃ 溶剂中的 ^{1}H NMR 谱图。从图中可以清楚地看到 SiO₂-g-P(PEGMA)的特征峰，3.38ppm(峰 h)和 3.65ppm (峰 d)分别为甲氧基(—OCH₃)和与 $\{OCH_2CH_2\}$ 相连亚甲基(—CH₂—)的信号峰；3.56ppm(峰 e)为 $\{OCH_2CH_2\}$ 的亚甲基的信号峰；4.21ppm(峰 c)为 PEG 侧链靠近 —OC═O 的亚甲基(—CH₂—)的信号峰；0.841ppm 和 1.020ppm(峰 b)以及 1.83～2.08ppm(峰 a)为 P(PEGMA)中 C—C 主链上—CH₃ 和—CH₂—的信号峰。图 3-6(b)和(c)为 SiO₂-g-P(PEGMA)-b-P(12FMA)在 CDCl₃ 的 ^{1}H NMR 谱图和在 D₂O 中的 ^{1}H NMR 谱图。

从图 3-6(b)中可以清晰地看到 SiO₂-g-P(PEGMA)的信号特征峰和 P(PEGMA)的信号特征峰，4.32ppm(峰 f)和 5.51ppm(峰 g)为 12FMA 含氟侧链上氢的信号峰；而且 P(12FMA)中 C—C 主链上的氢的信号峰与 P(PEGMA)中 C—C 主链上—CH₃ 和—CH₂—的信号峰基本相同而重合在一起，这些信号峰分别在 0.841～1.020ppm (峰 b)和 1.83～2.08ppm(峰 a)处。谱图中依然能够清晰地看到 SiO₂-g-P(PEGMA) 的信号特征峰，但 P(PEGMA)的特征峰消失了，说明 SiO₂-g-P(PEGMA)-b-P(12FMA) 具有两亲性。为了进一步证明结构，也对 SiO₂-g-P(PEGMA)-b-P(12FMA)进行了 ^{19}F NMR 谱图检测，如图 3-6(d)所示。在图谱上 70～80ppm 范围内出现了 F 原子的多重峰。以上所有的核磁结果表明成功制备了 SiO₂-g-P(PEGMA)-b-P(12FMA)两亲性杂化材料。

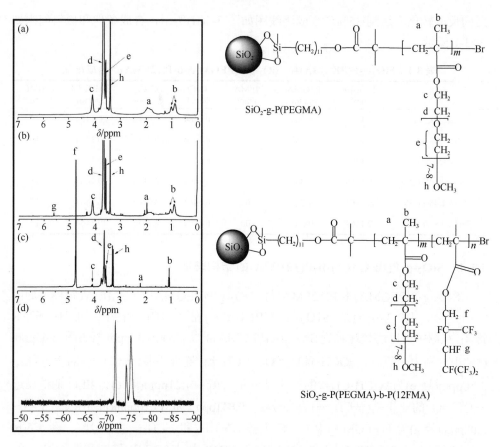

图 3-6　SiO$_2$-g-P(PEGMA)在 CDCl$_3$(a)中的 ^{1}H NMR；SiO$_2$-g-P(PEGMA)-b-P(12FMA)
在 CDCl$_3$(b)和 D$_2$O(c)中的 ^{1}H NMR 和 ^{19}F NMR(d)谱图

3.2　聚合动力学与聚合物分子量表征

为了证明 SiO$_2$-g-P(PEGMA)的聚合反应符合 ATRP 可控聚合反应的特性，运用 NMR 法对 SiO$_2$-g-P(PEGMA)聚合反应的动力学进行了测定。为了准确测定反应过程中的动力学曲线，尽量减少聚合反应中少量双基终止的影响，测定过程中将反应的转化率控制在 50%以下。在运用 NMR 法测定动力学曲线时，通过计算每一个取样点溶液中双键和甲氧基团的比例来计算剩余的 PEGMA 量，然后作出 ln(M_0/M)随时间的动力学曲线，如图 3-7 所示。从图 3-7 中可以看到一条通过原点的线性拟合曲线。这个结果符合经典的 ATRP 一级反应动力学，与文献中的结论相吻合。动力学测定结果说明 SiO$_2$-g-P(PEGMA)的聚合反应是可控的 SI-ATRP 聚合反应。

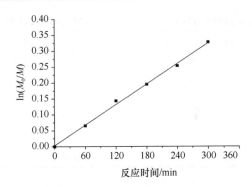

图 3-7　SiO₂-g-P(PEGMA)聚合反应动力学曲线

　　为了得到 SiO₂-g-P(PEGMA)的分子量,用 THF 溶液刻蚀掉 SiO₂-g-P(PEGMA)和 SiO₂-g-P(PEGMA)-b-P(12FMA)中的 SiO₂,然后对获得的 g-P(PEGMA)和 g-P(PEGMA)-b-P(12FMA)进行 GPC 测定。SiO₂-g-P(PEGMA)(S1、S2 和 S3)的 GPC曲线如图 3-8 所示,其分子量结果也列于表 3-2 中。S1、S2 和 S3 的分子量分别为11 300g/mol、15 400g/mol 和 21 2000g/mol,PDI =1.23～1.33(图 3-8),呈现出窄的分布分子量,说明由 SiO₂-Br 引发 PEGMA 的 SI-ATRP 聚合反应是可控的聚合反应,与其动力学曲线相吻合。

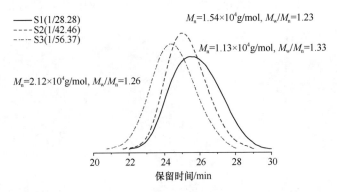

图 3-8　SiO₂-g-PPEGMA 的 GPC 曲线(S1、S2 和 S3)

　　基于 GPC 给出 SiO₂-g-P(PEGMA)的分子量,在此通过 NMR 法计算出 SiO₂-g-P(PEGMA)-b-P(12FMA)(S4～S6)中两种链段的比例,得出 S4、S5 和 S6 的分子量分别为 15 100g/mol、18 900g/mol 和 24 600g/mol,见表 3-2。同时也可发现,NMR计算获得的 SiO₂-g-P(PEGMA)-b-P(12FMA)分子量都比其理论值低,这是由于引发剂接枝到 SiO₂ 表面后其引发活性有所降低。分子量结果说明获得了预期中如表 3-2中配比的 SiO₂-g-P(PEGMA)和 SiO₂-g-P(PEGMA)-b-P(12FMA)。

表 3-2　SiO₂-g-P(PEGMA)和 SiO₂-g-P(PEGMA)-b-P(12FMA)的分子量

样品	M_n(GPC)/(×10⁴g/mol)	M_n(NMR)/(×10⁴g/mol)	M_n(theo)/(×10⁴g/mol)
S1(1/28.28)	1.13	—	1.31
S2(1/42.46)	1.54	—	1.95
S3(1/56.57)	2.12	—	2.58
S4(1/28.28/11.95)	—	1.51	1.82
S5(1/42.46/11.95)	—	1.89	2.47
S6(1/56.57/11.95)	—	2.46	3.10

3.3　两亲性纳米杂化粒子在溶液中的形态分布

因为两亲性嵌段聚合物在溶液中的形态依赖于两亲性嵌段聚合物的组成和溶剂的性质，所以分别研究不同含量 PEGMA 对 SiO₂-g-P(PEGMA)粒子和 SiO₂-g-P(PEGMA)-b-P(12FMA)粒子在水溶液和 THF 溶液中形态的影响。三种配方的 SiO₂-g-P(PEGMA)(S1、S2 和 S3)在水溶液中的 TEM 图如图 3-9(a)～(c)所示，在 THF 溶液中的 TEM 图如图 3-9(d)～(f)所示。在水溶液中，SiO₂-g-P(PEGMA)都呈现球状粒子[图 3-9(a)～(c)]，由约为 130nm 的 SiO₂ 核和不同厚度的 P(PEGMA)壳层组成。由于 P(PEGMA)的 PEG 侧链在水溶液中具有良好的溶解性，因

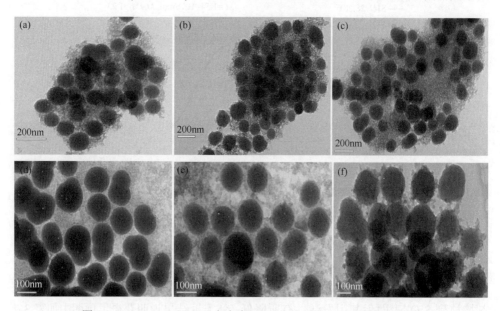

图 3-9　SiO₂-g-P(PEGMA)在水中[S1(a)、S2(b)和 S3(c)]和在 THF 中
[S1(d)、S2(e)和 S3(f)]的 TEM 图

此球形粒子的 P(PEGMA)壳层在水溶液中部分伸展而相互连接在一起呈现聚集现象。随着 P(PEGMA)含量从 S1 到 S3 的增加，球形粒子的壳层厚度也依次增加。S3 中由于含有最多的 P(PEGMA)链段，因此其壳层向外伸展得比较明显[图 3-9(c)]。

图 3-9(d)～(f)显示，SiO$_2$-g-P(PEGMA)在 THF 溶液中的 TEM 具有与其在水溶液中相似的球形尺寸，但由于 P(PEGMA)的 C—C 主链和 PEG 侧链在 THF 溶液中都具有良好的溶解性，因此 SiO$_2$-g-P(PEGMA)的壳层在 THF 溶液中更为舒展且无明显聚集。与在水中的图形相比，SiO$_2$-g-P(PEGMA)在 THF 溶液中具有更好的分散状态。

SiO$_2$-g-P(PEGMA)-b-P(12FMA)(S4、S5 和 S6)在水溶液和 THF 溶液中的 TEM 图如图 3-10 所示。其中，图 3-10(a)～(c)为其在水溶液中的 TEM 图，图 3-10(d)～(f)为其在 THF 溶液中的 TEM 图。从图 3-10(a)～(c)中可以看到，SiO$_2$-g-P(PEGMA)-b-P(12FMA)在水溶液中呈现球形粒子，尺寸约为 150nm。与 SiO$_2$- g-P(PEGMA)相比，接枝 P(12FMA)链段后的 SiO$_2$-g-P(PEGMA)-b-P(12FMA)在水溶液中的粒子尺寸并没有明显增大。这是由于引入的 P(12FMA)链段为强疏水性链段，在水溶液中呈现收缩状态，导致粒子的尺寸相比于 SiO$_2$-g-P(PEGMA)粒子并无明显增大。同时从图 3-9(a)～(c)中可以发现，从 S4 到 S6，随着 P(PEGMA)链段含量的增加，粒子的壳层厚度并未明显增加，但 SiO$_2$-g-P(PEGMA)-b-P(12FMA)粒子在水溶液中的分散性却更加均匀。这是因为 P(PEGMA)链段含量的增加改善了 P(12FMA)链段的疏水性与 P(PEGMA)链段的亲水性之间的平衡，使得 SiO$_2$-g-P(PEGMA)-b-P (12FMA)粒子相对较均匀地单独分散在水中。

图 3-10(d)～(f)为 SiO$_2$-g-P(PEGMA)-b-P(12FMA)粒子在 THF 溶液中的 TEM 图，粒子在 THF 中也呈现球形粒子，相比其在水溶液中粒子的尺寸，在 THF 溶液中粒子的尺寸明显更大，约为 170nm。这是由于 P(PEGMA)和 P(12FMA)在 THF 溶液中都具有良好的溶解性，因此，球形粒子的壳层-P(PEGMA)-b-P(12FMA)在 THF 溶液中更为舒展，因而形成球形粒子的尺寸更大。同时从图中能够清晰地看到，聚合物壳层从 SiO$_2$ 核表面伸展出来，特别是在 S5 和 S6 中。SiO$_2$-g-P(PEGMA)-b-P(12FMA)粒子在水溶液中和在 THF 溶液中具体不同的粒径，说明 SiO$_2$-g-P(PEGMA)-b-P(12FMA)具有两亲性，也说明成功制备了两亲性 SiO$_2$-g-P(PEGMA)-b-P(12FMA)杂化材料。

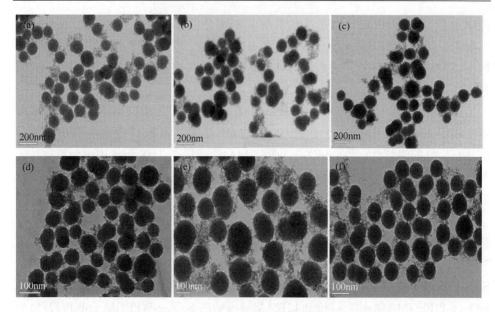

图 3-10 SiO$_2$-g-P(PEGMA)-b-P(12FMA)在水中[S4(a)、S5(b)和 S6(c)]
和在 THF 中[S4(d)、S5(e)和 S6(f)]的 TEM 图

3.4 两亲性粒子在水溶液中的 LCST 值

基于 PEGMA 具有温敏性的特点，通过动态光散射(DLS)表征 SiO$_2$-g-P
(PEGMA)-b-P(12FMA)在水溶液中的粒径大小，然后作出粒径随温度变化的关系
曲线，其中曲线中粒径突然增大的转变点对应的温度即为低临界溶解温度
(LCST)。具体方法是，取一定量的样品固体粉末分散于水溶液中，浓度为
1.0mg/mL，每隔 2℃采样一次，加热速率为 0.4℃/min，在每个采样点采样之前平
衡 3min，测试温度为(25±0.1)℃。SiO$_2$-g-P(PEGMA)(S1~S3)的 LCST 值如图 3-11
所示。从图可以看到，S1、S2 和 S3 的 LSCT 值分别为 78℃、80℃和 90℃，见表
3-3。S3 具有最高含量的 P(PEGMA)，降低了 SiO$_2$ 引入的影响，所以具有最高
的 LCST 值 90℃，这个温度与纯 P(PEGMA)的 LCST 值接近，SiO$_2$-g-P
(PEGMA)-b-P(12FMA)(S4~S6)的 LCST 值如图 3-11 所示。S4、S5 和 S6 的 LSCT
值分别为 36℃、40℃和 52℃。这说明当疏水链段 P(12FMA)接枝到 SiO$_2$-g-P
(PEGMA)上时，SiO$_2$-g-P(PEGMA)-b-P(12FMA)的 LCST 值比 SiO$_2$-g-P(PEGMA)
明显降低。同时从样品 S4 到 S6，SiO$_2$-g-P(PEGMA)-b-P(12FMA)的 LCST 值随着
亲水链段 P(PEGMA)的增加而增加。这是由于亲水性 P(PEGMA)链段的增加会削
弱 P(12FMA)的疏水性作用，因而能够增加 SiO$_2$-g-P(PEGMA)-b-P(12FMA)与水的水

合作用,减弱 SiO₂-g-P(PEGMA)-b-P(12FMA)粒子之间的分子作用力,从而使LCST
值增加。

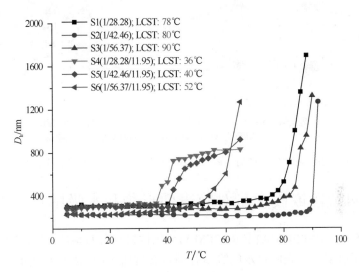

图 3-11　SiO₂-g-P(PEGMA)(S1～S3)和 SiO₂-g-P(PEGMA)-b-P(12FMA)
(S4～S6)在水中的 LCST 值

表 3-3　SiO₂-g-P(PEGMA)和 SiO₂-g-P(PEGMA)-b-P(12FMA)的 LCST 值

样品	S1 (1/28.28)	S2 (1/42.46)	S3 (1/56.57)	S4 (1/28.28/11.95)	S5 (1/42.46/11.95)	S6 (1/56.57/11.95)
LCST 值/℃	78	80	90	36	40	52

　　此外,在相转变过程中,纳米颗粒的失水作用过程可以从粒径的转折曲线
变化获得。对于样品 S4 和 S5,在粒径转折点粒径突然增大表示 SiO₂-g-P
(PEGMA)- b-P(12FMA)粒子与水分子的脱离过程比较迅速,即其失水过程很
快,而粒子之间相互聚集,从而使得粒径突然转折增大。同时从图 3-11 中可以
看到,样品 S6 在粒径转折点其曲线是逐渐增加的,增加比较连续缓慢。这是
因为在 S6 样品中含有最多的 P(PEGMA),水合作用较强,在加热过程中 SiO₂-
g-P(PEGMA)-b-P(12FMA)粒子与水分子的脱离过程相对比较缓慢,因而其粒径
也表现为持续的增加。当温度高于 LCST 值时,P(PEGMA)变得疏水,SiO₂-
g-P(PEGMA)-b-P(12FMA)粒子之间的分子作用力逐渐增强而聚集,因此 SiO₂-
g-P(PEGMA)-b-P(12FMA)粒子聚集形成沉淀,其相转变过程示意图如图 3-12
所示。

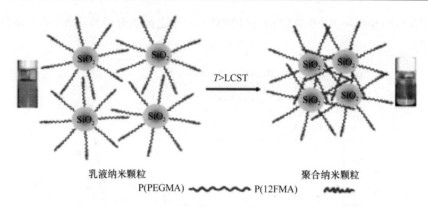

图 3-12 SiO$_2$-g-P(PEGMA)-b-P(12FMA)纳米粒子在水溶液中的相转变示意图

3.5 两亲性嵌段含量对膜表面形貌和水吸附行为的影响

由于 SiO$_2$-g-P(PEGMA)-b-P(12FMA)杂化材料具有两亲性,其在不同溶剂中所成膜的表面形貌和膜表面对水的吸附行为也会有所不同,因此对在水中和 THF 溶液中所成的 SiO$_2$-g-P(PEGMA)-b-P(12FMA)膜进行了 AFM 和 QCM-D 测试,AFM 结果如图 3-13 所示,QCM-D 结果如图 3-14 所示。图 3-13(a)、(b)和(c)分别为 SiO$_2$-g-P(PEGMA)(S1～S3)在水中所成膜的 AFM 图,其膜表面均方根粗糙度(R_a)也标注于图上。从图中可以看出,S1、S2 和 S3 膜表面都呈现出颗粒状的凸起,同时从 S1 到 S3 其膜表面的颗粒状的凸起有所减少,其 R_a 也依次略微减小,S1～S3 的粗糙度分别为 31.3nm、29.7nm、28.9nm,稍有减小趋势。从 S1 到 S3 样品中 SiO$_2$ 的含量逐渐降低,同时样品中 P(PEGMA)链段的含量逐渐增加,导致所成膜表面相对更为光滑,R_a 逐渐略微减少。与之相比,图 3-13(d)、(e)和(f)中 SiO$_2$-g-P(PEGMA)(S1、S2 和 S3)在 THF 中所成膜的 AFM 图,都呈现出颗粒状的凸起,变化规律与水中成膜类似,R_a 依次略微减小,S1～S3 的粗糙度分别为 30.6nm、28.3nm 和 26.8nm。

对比 SiO$_2$-g-P(PEGMA)(S1～S3)在水中和 THF 中所成膜,可以发现在 THF 溶液中所成的膜的 R_a 要比其在水中所成膜的 R_a 小。这说明 SiO$_2$-g-P(PEGMA)在 THF 溶液中所成的膜的表面更为光滑。在 P(PEGMA)中的 C—C 主链为疏水性基团,而 PEG 侧链为亲水性基团,在水中 C—C 主链由于疏水性而不溶解,只有 PEG 侧链溶解性良好,因此在水中具有轻微的相分离,从而导致其在水中所成膜的表面相对更为粗糙。但在 THF 溶液中,P(PEGMA)中的 C—C 主链和 PEG 侧链都具有良好的溶解性,无相分离现象发生,因而其在 THF 中所成膜的表面相对更为光滑,即表现为表面粗糙度减小。

图 3-13(g)、(h)和(i)为 SiO$_2$-g-P(PEGMA)-b-P(12FMA)(S4～S6) 在水溶

图 3-13　SiO₂-g-P(PEGMA)在水中[S1(a)、S2(b)、S3(c)]和在 THF 中[S1(d)、
S2(e)、S3(f)]所成膜的 AFM 图；SiO₂-g-P(PEGMA)-b-P(12FMA)在水中
[S4(g)、S5(h)、S6(i)]和在 THF 中[S4(j)、S5(k)、S6(l)]所成膜的 AFM 图

液中所成膜的 AFM 图，表现出非常粗糙的表面和凸起的岛状结构，膜表面的粗
糙度分别为 178.4nm、156.8nm、125.3nm，膜表面粗糙度依次减小，表面的岛状
凸起结构也依次减少。这是由于 P(12FMA)链段为强疏水性链段，在水中不溶解，
而 P(PEGMA)链段则在水中溶解性良好，因此 SiO₂-g-P(PEGMA)-b-P(12FMA)在水
中成膜时，存在较大的相分离现象，从而导致膜表面岛状凸起结构较多，表面粗

糙度较大。但从 S4 到 S6，由于 P(PEGMA)链段含量的增加，P(12FMA)链段的疏水性作用得到了平衡，因此从 S4 到 S6，膜表面的粗糙度依次减小。

图 3-13(j)、(k)和(l)为 SiO_2-g-P(PEGMA)-b-P(12FMA)(S4～S6)在 THF 溶液中所成膜的 AFM 图。图中显示，S4～S6 在 THF 中所成膜的表面都均匀地分布着粒子状的微小凸起，且结构排列比较紧密，但其表面比较光滑，表面粗糙度比在水中所成膜的粗糙度要小得多，S4～S6 膜表面的粗糙度分别为 16.9nm、15.8nm 和 11.5nm。由于 P(PEGMA)和 P(12FMA)链段在 THF 溶液中都具有良好的溶解性，因此 SiO_2-g-P(PEGMA)-b-P(12FMA)在 THF 溶液中分散性良好，与 TEM 观察到具有均匀的纳米颗粒(图 3-10)的结果吻合。因此，在成膜过程中，SiO_2-g-P(PEGMA)-b-P(12FMA)能够形成紧密的粗糙度较小的表面。同时，随着 P(PEGMA)链段含量的增加，所有膜的表面粗糙度会逐渐降低，源于 P(PEGMA)链段含量增加时粒子表面聚合物的含量也随之增加，粒子相互间能够更好地相溶而形成更为紧密的低粗糙度表面。

由于膜表面的粗糙度对膜的动态水吸附行为起决定作用，用 QCM-D 曲线表征了 SiO_2-g-P(PEGMA)(S1～S3)和 SiO_2-g-P(PEGMA)-b-P(12FMA)(S4～S6)膜表面对水的吸附行为，如图 3-14 所示。吸附曲线达到平衡时，Δf 表示膜表面对水的吸附量，$\Delta D/\Delta f$ 的绝对值越大表示膜表面吸附层的黏弹性越大，也即表面吸附层的结构更为松散。图 3-14(a)为 SiO_2-g-P(PEGMA)在水中所成膜的 QCM-D 曲线，样品 S1、S2 和 S3 具有类似的吸附曲线，当水流过膜表面时，吸附曲线快速达到平衡并保持不再变化。这说明 P(PEGMA)链段分布在膜表面形成相对有序的结构，P(PEGMA)与水发生水合作用，迅速地在膜表面形成水合层，然后达到吸附平衡。膜达到吸附平衡时，从 S1 到 S3，其膜表面的粗糙度依次减小，因此表面吸附水的量也依次减小，分别为 Δf=–325.43Hz、–285.13Hz 和–261.94Hz，见表 3-4。但随着 P(PEGMA)含量从 S1 到 S3 的增加，其 $\Delta D/\Delta f$ 的绝对值依次增加，分别为 $\Delta D/\Delta f$=–0.3311×10^{-6}Hz^{-1}、–0.4615×10^{-6}Hz^{-1} 和–0.5688×10^{-6}Hz^{-1}(表 3-4)。这说明随着 P(PEGMA)含量的增加，SiO_2-g-P(PEGMA)膜表面吸附层的黏弹性变大，结构变得越来越松散。这是由于 P(PEGMA)在水中具有良好的溶解性，P(PEGMA)含量的增加使得其中的 PEG 侧链更多地分布在 SiO_2-g-P(PEGMA)膜的表面，因而 SiO_2-g-P(PEGMA)膜表面与水形成的水合层也越宽松，黏弹性也越大。

图 3-14(b)为 SiO_2-g-P(PEGMA)在 THF 中所成膜的 QCM-D 曲线。S1～S3 膜也具有类似的吸附曲线，首先迅速地吸附大量水，然后快速地达到吸附平衡，达到吸附平衡后，S1、S2 和 S3 膜表面对水的吸附量分别为 Δf=–295.98Hz、–277.60Hz 和–250.03Hz(表 3-4)。从 S1 到 S3，其膜表面对水的吸附量也依次减少，原因与在水中的所成膜表面相同。但相比于在水中所成的膜，SiO_2-g-P(PEGMA)在 THF 中所成

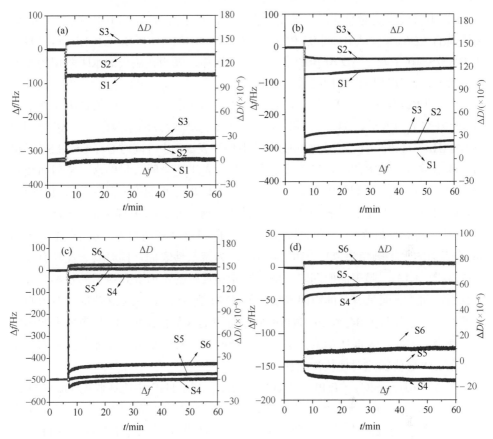

图 3-14　SiO₂-g-P(PEGMA)(S1～S3)在水中所成膜(a)和在 THF 中所成膜(b)的 QCM-D 曲线；
SiO₂-g-P(PEGMA)-b-P(12FMA)(S4～S6)在水中所成膜(c)和在 THF 中(d)所成膜的 QCM-D 曲线

表 3-4　SiO₂-g-P(PEGMA)-b-P(12FMA)的 QCM-D 测试结果及水接触角

样品	$\Delta f/\text{Hz}$		$\Delta D/\Delta f(\times 10^{-6}\,\text{Hz}^{-1})$		$\theta_\text{W}/(°)$	
	水	THF	水	THF	水	THF
S1(1/28.28)	−325.43	−295.98	−0.3311	−0.4019	—	—
S2(1/42.46)	−285.13	−277.60	−0.4615	−0.4767	—	—
S3(1/56.57)	−261.94	−250.03	−0.5688	−0.6275	—	—
S4(1/28.28/11.95)	−494.42	−173.11	−0.2811	−0.2904	30	61
S5(1/42.46/11.95)	−468.89	−152.16	−0.3134	−0.4025	28	55
S6(1/56.57/11.95)	−426.29	−122.18	−0.3610	−0.6272	22	44

膜的对水的吸附量有所减小，是因为 P(PEGMA)中的 C—C 主链在 THF 中具有良好
的溶解性，因而所成膜的表面粗糙度也相应有所减小，从而导致 SiO₂-g-P(PEGMA)

在 THF 中所成膜的对水的吸附量变得更小。但对于 SiO$_2$-g-P(PEGMA)在 THF 中所成膜的 $\Delta D/\Delta f$ 值，从 S1 到 S3 依次为 $\Delta D/\Delta f=$ -0.4019×10^{-6}Hz^{-1}、0.4767×10^{-6}Hz^{-1} 和-0.6275×10^{-6}Hz^{-1}。$\Delta D/\Delta f$ 值的绝对值依次增加，表明在膜表面水吸附层的黏弹性依次增加，其结构也越加松散。

图 3-14(c)为 SiO$_2$-g-P(PEGMA)-b-P(12FMA)在水中所成膜的 QCM-D 曲线，当 P(12FMA)引入后，S4、S5 和 S6 膜表面呈现出较高的水吸附量，Δf 分别为 -494.42Hz、-468.89Hz 和-426.29Hz，结果列于表 3-4 中。同时 S4、S5 和 S6 膜也都表现出类似的吸附曲线，当水流过表面时，先迅速吸附大量的水，随后曲线有微小的上升趋势后达到吸附平衡。吸附曲线表现出微小的上升是因为 P(12FMA)为强疏水链段，对水具有抵抗作用，导致少量吸附的水离开膜表面。S4、S5 和 S6 膜具有高的吸附水量，这与其表面具有大的粗糙度密切相关，由于 S4、S5 和 S6 膜表面的水接触角为 22°～30°(表 3-4)，为亲水性表面，同时其表面具有高的粗糙度(图 3-13)，膜表面的凹陷结构能够储存吸附的水而导致吸附的水不易离开膜表面，因此表面具有高的吸附水量。但从 S4 到 S6，其 $\Delta D/\Delta f$ 值的绝对值则依次增加，这是由于从 S4 到 S6，P(PEGMA)链段的含量依次增加，导致膜表面的粗糙度减少，因此，表面所形成的水合层的结构更为有序松散，黏弹性也越高，即体现在 $\Delta D/\Delta f$ 值的绝对值依次增加。

图 3-14(d)为 SiO$_2$-g-P(PEGMA)-b-P(12FMA)在 THF 中所成膜的 QCM-D 曲线。S4～S6 膜表现出类似的吸附曲线，与水溶液中所成膜相比，在 THF 中所成膜具有小得多的吸附水量，因此，S4～S6 的吸附水量 Δf 分别为-173.11Hz、-152.16Hz 和-122.18Hz。由于 P(12FMA)在 THF 溶液中具有良好的溶解性，同时 P(12FMA)在成膜过程中容易移到膜表面而发挥其强疏水性作用，因此 SiO$_2$-g-P(PEGMA)-b-P(12FMA)在 THF 中所成膜表面的疏水性会增加，对水起到抵抗作用，从而影响膜表面对水的吸附，同时其膜表面的粗糙度也要小得多(图 3-13)，因此膜表面水的吸附量则小得多。从表 3-4 中可以看到，S4～S6 在 THF 中所成膜表面的水接触角为 44°～61°，比其在水中所成膜的水接触角大(22°～30°，表 3-4)，因此印证了 SiO$_2$-g-P(PEGMA)-b-P(12FMA)在 THF 中所成膜表面的疏水性会增加的结果。同时，从 S4 到 S6，随着 P(PEGMA)含量的增加，其膜对水的吸附量依次减小，是由于从 S4 到 S6 膜表面的粗糙度依次减小(图 3-13)，从而影响表面对水的吸附量。表 3-4 显示，S4、S5 和 S6 膜的 $\Delta D/\Delta f$ 的值分别为-0.2904×10^{-6}Hz^{-1}、-0.4025×10^{-6}Hz^{-1} 和-0.6272×10^{-6}Hz^{-1}。从 S4 到 S6，其 $\Delta D/\Delta f$ 值的绝对值依次增加，这表明其膜表面吸附层的黏弹性逐渐增加，这是由于 P(PEGMA)链段含量的增加降低了 P(12FMA)链段的疏水作用，增加了表面水合层的黏弹性。同时，

SiO₂-g-P(PEGMA)-b-P(12FMA)在 THF 中所成膜的 $\Delta D/\Delta f$ 值的绝对值比其在水中所成膜的小，这是因为在 THF 中所成膜的表面疏水性增强，影响了表面与水的水合作用，因而影响了表面水合层的结构，使其结构的黏弹性减小。综合以上结果，SiO₂-g-P(PEGMA)-b-P(12FMA)具有明显的两亲性，膜表面的粗糙度影响膜表面对水的吸附。

3.6　SiO₂-g-P(PEGMA)-b-P(12FMA)的热稳定性

SiO₂-g-P(PEGMA)-b-P(12FMA)的热稳定性如图 3-15 所示。样品 S1、S2 和 S3 具有相似的分解温度，约为 220℃，失重率为 26.7%~35.8%。当在 SiO₂-g-P(PEGMA)上引入含氟链段 P(12FMA)后，SiO₂-g-P(PEGMA)-b-P(12FMA)具有更高的热分解温度。样品 S4 的热分解温度约为 320℃，失重率为 46%。样品 S4 中含氟链段 P(12FMA)的含量相对最高，热性能明显提升。对于 S5 和 S6，由于含氟链段 P(12FMA)的含量减少，热分解温度降低到 290℃，失重率分别为 54%和 61%。同时，从图中可以看到，SiO₂-g-P(PEGMA)-b-P(12FMA)的失重率比 SiO₂-g-P(PEGMA)大，说明含氟链段成功接枝到 SiO₂-g-P(PEGMA)上，也说明运用 SI-ATRP 法成功制备了两亲性 SiO₂-g-P(PEGMA)-b-P(12FMA)杂化材料。

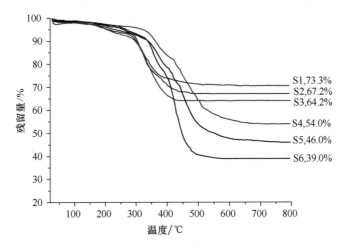

图 3-15　SiO₂-g-P(PEGMA)(S1~S3)和 SiO₂-g-P(PEGMA)-b-P(12FMA)
(S4~S6)的 TGA 曲线

3.7　两亲性膜的抗蛋白吸附性能

由于 PEGMA 修饰的表面具有良好的抗蛋白吸附能力，因此常被用于抗菌防污材料。膜表面吸附蛋白质的量越少，其抗菌防污能力就越好。鉴于此，运用 QCM-D 和 XPS 技术对 SiO$_2$-g-P(PEGMA)(S1、S2 和 S3)和 SiO$_2$-g-P(PEGMA)-b-P(12FMA)(S4、S5 和 S6)膜的抗蛋白性能进行了研究，以牛血清蛋白(BSA)作为测试蛋白，BSA 溶于 0.01mol/L 的缓冲液(PBS)(pH 7.4)，其浓度为 0.4g/L。QCM-D 测试时，首先加入 0.01mol/L 的 PBS 溶液直到稳定作为基线，然后加入 BSA 溶液，达到吸附平衡后再加入 PBS 溶液，直到达到平衡。测试温度为 20℃。QCM-D 结果见图 3-16，XPS 结果见图 3-17。

图 3-16(a)为 SiO$_2$-g-P(PEGMA)膜吸附 BSA 的 QCM-D 曲线。首先加入 0.01mol/L 的 PBS 缓冲液，待吸附达到平衡后，再加入 0.4g/L 的 BSA 缓冲液，待达到平衡后，再加入 PBS 缓冲液进行冲洗。从图可以看到，加入 BSA 溶液时，S1～S3 的 Δf 稍有增加，Δf 值分别为 –11.3Hz、–9.5Hz 和–8.3Hz(表 3-5)，表明膜表面有少量的 BSA 吸附。同时 S1、S2 和 S3 膜的 ΔD 值仅有轻微的增加(表 3-6)，进一步说明其膜表面吸附的 BSA 的量很少，证明 SiO$_2$-g-P(PEGMA)膜具有良好的抗蛋白性能。这要归因于 P(PEGMA)具有良好的亲水性，成膜时 PEG 侧链分布于膜的表面，当蛋白质溶液流过膜表面时，PEG 侧链与水水合形成水合层，阻止了蛋白质的靠近和吸附，因此 P(PEGMA)良好的亲水性和其 PEG 链的空间位阻效应使得 SiO$_2$-g-P(PEGMA)膜具有良好的抗蛋白性能。同时也发现，从 S1 到 S3 随着 P(PEGMA)含量的增加，其吸附的 BSA 的量 Δf 依次减小，说明随着 P(PEGMA)含量的增加，其抗蛋白性能得到了提升。

然而，两亲性嵌段共聚物的抗蛋白性能通常不仅受到亲水性链段性质的影响，也受到疏水性链段性质的影响。当 SiO$_2$-g-P(PEGMA)上引入疏水性链段 P(12FMA)后，其抗蛋白性能也可能会受到影响。SiO$_2$-g-P(PEGMA)-b-P(12FMA)(S4、S5 和 S6)膜的抗蛋白性能如图 3-16(b)所示。从图中可以看出，S4、S5 和 S6 具有类似的抗蛋白吸附曲线，S4、S5 和 S6 的 Δf 值分别为–22.3Hz、–20.9Hz 和–15.7Hz，同时，其 $\Delta D=0.44\times10^{-6}\sim1.36\times10^{-6}$，列于表 3-5。这些值也只有稍微的增加，说明 SiO$_2$-g-P (PEGMA)-b-P(12FMA)依然具有良好的抗蛋白性能。与 SiO$_2$-g-P(PEGMA)相比，SiO$_2$-g-P(PEGMA)-b-P(12FMA)的抗蛋白性能有少许下降。这是由于疏水性的 P(12FMA)链段削弱了 P(PEGMA)的亲水性，降低了 PEG 侧链的空间位阻效应和表面迁移率。但 SiO$_2$-g-P(PEGMA)-b-P(12FMA)依然具有低的 BSA 蛋白吸附量，说明引入疏水性的 P(12FMA)链段并没有明显降低 SiO$_2$-g-P(PEGMA)的抗蛋白性能。

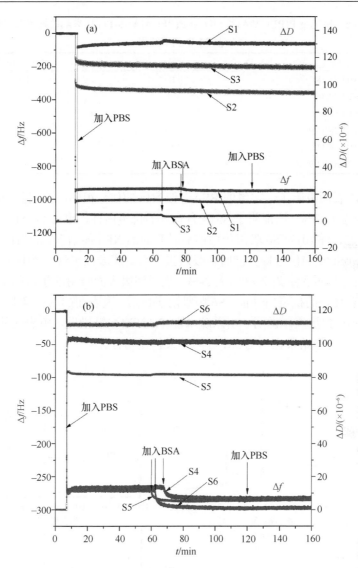

图 3-16　SiO$_2$-g-P(PEGMA)(S1～S3)和 SiO$_2$-g-P(PEGMA)-b-P(12FMA)(S4～S6)
的抗蛋白 QCM-D 吸附曲线

　　为了进一步证实 QCM-D 的结果和确定 BSA 吸附的量，对 SiO$_2$-g-P(PEGMA)
和 SiO$_2$-g-P(PEGMA)-b-P(12FMA)膜在吸附 BSA 蛋白前后进行了 XPS 表征。选取
抗蛋白性能最好的 S3 和 S6 进行了 XPS 测试，其结果如图 3-17 所示，元素分布
列于表 3-6 中。图 3-17(a)中 S3 吸附蛋白前膜表面的 XPS 能谱图清楚地显示 O1s、
C1s 和 Si2p 的信号峰；图 3-17(b)为 S3 吸附蛋白后膜表面的 XPS 能谱图，除了
O1s、C1s 和 Si2p 的信号峰外，也出现了 N1s 的信号峰，N1s 归属于 BSA 的信号

表 3-5　SiO$_2$-g-P(PEGMA)和 SiO$_2$-g-P(PEGMA)-b-P(12FMA)的抗蛋白吸附 QCM-D 测试结果

样品	Δf/Hz	ΔD/($\times 10^{-6}$)
S1(1/28.28)	−11.3	1.37
S2(1/42.46)	−9.5	0.11
S3(1/56.57)	−8.3	0.02
S4(1/28.28/11.95)	−22.3	1.36
S5(1/42.46/11.95)	−20.9	0.47
S6(1/56.57/11.95)	−15.7	0.44

峰，说明 S3 表面吸附了一定量的 BSA，但 N1s 的信号很弱，说明其吸附的 BSA 量很少，约为 1.83%。这证明了 S3 具有良好的抗蛋白性，也与 QCM-D 的结果相吻合。图 3-17(c)和(d)为 S6 吸附蛋白前后膜表面的 XPS 能谱图，清晰地显示 O1s、C1s、F1s 和 Si2p 的信号峰；同时在吸附蛋白后，膜表面出现了 N1s 的信号峰，其微弱的信号显示含量为 2.13%(表 3-6)，也说明膜表面吸附的蛋白的量很少，证实了 S6 具有良好的抗蛋白性能。S6 膜吸附蛋白后，膜表面的 N1s 含量比 S3 吸附蛋白后的 N1s 含量高，说明了引入疏水性 P(12FMA)链段后，膜表面的抗蛋白性能有所下降，这个结果也与 QCM-D 的结果相互吻合。

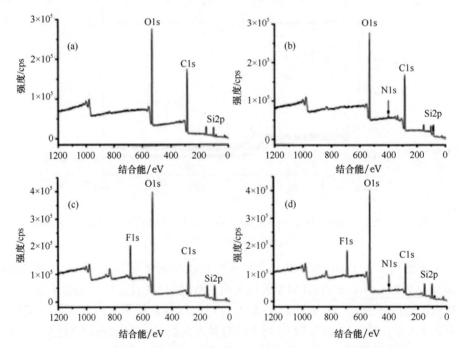

图 3-17　SiO$_2$-g-P(PEGMA)[S3 吸附蛋白前(a)后(b)]和 SiO$_2$-g-P(PEGMA)-b-P(12FMA)[S6 吸附蛋白前(c)和后(d)]的吸附蛋白前后的 XPS 图谱

表 3-6　SiO$_2$-g-P(PEGMA)和 SiO$_2$-g-P(PEGMA)-b-P(12FMA)吸附蛋白前后的元素分布

样品	C 含量/%	O 含量/%	F 含量/%	Si 含量/%	N 含量/%
S3(吸附蛋白前)	61.07	30.14	—	7.99	—
S3(吸附蛋白后)	60.93	29.54	—	6.94	1.83
S6(吸附蛋白前)	37.65	35.81	11.78	14.36	—
S6(吸附蛋白后)	36.62	37.30	9.06	14.62	2.13

3.8　两亲性杂化材料保护砂岩的应用

SiO$_2$-g-P(PEGMA)-b-P(12FMA)具有两亲性和良好的抗蛋白性能,可以作为涂层用于古砂岩的保护。因此研究了 SiO$_2$-g-P(PEGMA)-b-P(12FMA)对古砂岩自身吸水性能的影响。将 SiO$_2$-g-P(PEGMA)-b-P(12FMA)分散于乙醇中,配成 3wt%的浓度用于砂岩样品的保护。古代石窟砂岩样品(2.5cm×2.5cm×1cm)使用前在 110℃下干燥 24h,其质量记为 W_1,然后将样品浸在 3wt%的 SiO$_2$-g-P(PEGMA)-b-P(12FMA)乙醇溶液中 2h。干燥一周后将保护过的砂岩样品在水中浸泡 24h,取出,用滤纸将样品表面的水吸干,其质量记为 W_2。砂岩样品的吸水性 W_S =(W_2−W_1)/W_1。结果见表 3-7。空白样块的吸水率为 9.30%,经过 SiO$_2$-g-P(PEGMA)和 SiO$_2$-g-P(PEGMA)-b-P(12FMA)保护后的砂岩样块的吸水率稍微增加(10.65%～12.47%),但提高并不明显,说明 SiO$_2$-g-P(PEGMA)-b-P(12FMA)几乎不影响砂岩样块自身的吸水性,可以适用于砂岩样块的防护。

表 3-7　SiO$_2$-g-P(PEGMA)和 SiO$_2$-g-P(PEGMA)-b-P(12FMA)的吸水率

样品	空白样	S1	S2	S3	S4	S5	S6
吸水率/%	9.30	10.65	11.95	11.20	11.86	11.39	12.47

第 4 章　亲水性 SiO_2 基嵌段共聚物组装与性能

本章导读

　　亲水性嵌段共聚物在生物科学和先进功能材料等方面已经成为潜在新兴的研究领域。聚(乙二醇)甲醚甲基丙烯酸酯(PEGMA)和聚(乙二醇)甲基丙烯酸酯(PEG)均具有反应性官能团 PEG，可以通过活性可控聚合技术制备新型亲水性嵌段聚合物。基于 P(PEGMA)的抗蛋白防污链段特点，在 P(PEGMA)嵌段上继续修饰 P(PEG)嵌段，期望能获得具有良好亲水性和抗蛋白吸附性的亲水性嵌段聚合物。因此，本章通过溶胶-凝胶法获得 SiO_2 粒子，在 SiO_2 表面接枝溴异丁酸十一烷基氯硅烷酯获得 SiO_2 引发剂，通过 SI-ATRP 引发聚(乙二醇)甲基醚甲基丙烯酸酯(PEGMA)和聚(乙二醇)甲基丙烯酸酯(PEG)制备三种配比的 SiO_2-g-P(PEGMA)-b-P(PEG)亲水性杂化材料，如图 4-1 所示。然后，研究其温敏特性、pH 响应、表面性能、抗蛋白防污性能和清洗去除性能。

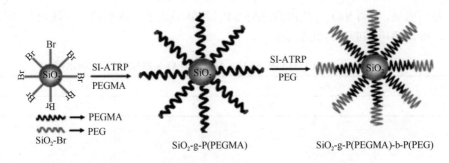

图 4-1　SiO_2-g-P(PEGMA)-b-P(PEG)杂化材料合成示意图

　　(1)当 SiO_2-Br 接枝引发剂密度为 0.244mmol/g，且控制 SiO_2/PEGMA/PEG 的摩尔比例为 1/42.46/19.44、1/42.46/38.88 和 1/42.46/77.76(S1~S3)时，亲水性杂化材料 SiO_2-g-P(PEGMA)-b-P(PEG)的分子量分别为 22 200g/mol、31 000g/mol 和 46 500g/mol。由于 P(PEGMA)链段和 P(PEG)链段在水溶液中良好的溶解性，S1~S3 都形成了 220nm 的 P(PEGMA)-b-P(PEG)壳层包覆在 SiO_2 粒子表面的球形粒子。而且，随着 P(PEG)链段含量的增加，粒子的壳层厚度明显增加，且均匀分散无团聚现象。

(2)SiO₂-g-P(PEGMA)-b-P(PEG)的临界溶解温度(LCST)随着 P(PEG)含量的增加依次降低(77～60℃)。当 pH＜5 时，溶液中的 H⁺与 P(PEGMA)及 P(PEG)中的氧原子间形成氢键而质子化，使得 SiO₂-g-P(PEGMA)-b-P(PEG)粒子之间溶解性变差，相互聚集，粒径变大，分散性变差。当 pH＞5 时，P(PEGMA)-b-P(PEG)在水中去质子化，不影响在水中的溶解性，粒径在溶液中基本不变化，粒子分散性良好。

(3)SiO₂-g-P(PEGMA)-b-P(PEG)的水溶液成膜后，膜表面呈现颗粒状的凸起。随着 P(PEG)链段含量的增加，膜表面 Si 元素含量减少，C 元素含量增加，说明 P(PEG)在表面的分布增加，而膜表面的颗粒状的凸起减少，粗糙度 R_a 也依次减小 (R_a=31.3nm、29.7nm 和 28.9nm)。但随着 P(PEG)含量的增加，膜表面水吸附量依次增加(Δf= –447.67Hz、–615.48Hz 和–836.11Hz)，其吸附层的黏弹性也依次增加 (ΔD=96.51×10⁻⁶、106.23×10⁻⁶ 和 121.12×10⁻⁶)。

(4)SiO₂-g-P(PEGMA)-b-P(PEG)的热分解温度为 220～250℃，失重率为 53.11%～71.68%。高含量的 P(PEG)使分子间作用力增强，也使 SiO₂ 粒子与聚合物之间的相容性更好，因而增加了 S1～S3 的热稳定性。

(5)P(PEG)的引入增加了 SiO₂-g-P(PEGMA)的抗蛋白吸附性能(Δf= –6.96～–7.25Hz)。SiO₂-g-P(PEGMA)-b-P(PEG)作为硅酸盐去除涂层时具有良好的乙醇清洗去除性能，不影响后续保护材料的使用。一次清洗后被清除掉 50%，三次清洗后剩余量为 3.08%～4.06%。

4.1　亲水性 SiO₂-g-P(PEGMA)-b-P(PEG) 粒子的合成与结构

本章所使用的主要化学试剂为聚乙二醇甲醚甲基丙烯酸甲酯(PEGMA)、聚乙二醇甲基丙烯酸甲酯(PEG)和硅酸乙酯(TEOS)。引发剂 SiO₂-Br 的合成参见 3.1.1 节引发剂合成部分，SiO₂-g-P(PEGMA)的合成参见 3.1.3 节的合成部分。PEGMA 在 12h 后的反应转化率为 82%，其合成条件和原料配比如表 4-1 所示。SiO₂-g-P(PEGMA)-b-P(PEG)的合成与 SiO₂-g-P(PEGMA)的合成步骤类似，PEG 在 12h 后的反应转化率为 80%。合成路线图如图 4-2 所示。

通过 ¹H NMR 证明了 P(PEGMA)成功接枝到 SiO₂ 粒子表面获得 SiO₂-g-P(PEGMA)，其详细信息参见 3.2.4 节。图 4-3 为 SiO₂-g-P(PEGMA)-b-P(PEG)的 ¹H NMR 图谱，可以清晰地看到 P(PEGMA)的信号特征峰，由于 PEG 与 PEGMA 仅末端的羟基不同，因此 P(PEG)氢谱的信号峰基本与 P(PEGMA)的信号峰重合，3.38ppm 的(峰 h)为甲氧基(—OCH₃)的信号峰；3.65ppm 的(峰 d)为 PEG 中羟基(—OH)和与—OCH₂CH₂—相连亚甲基(—CH₂—) 的信号峰；3.56ppm

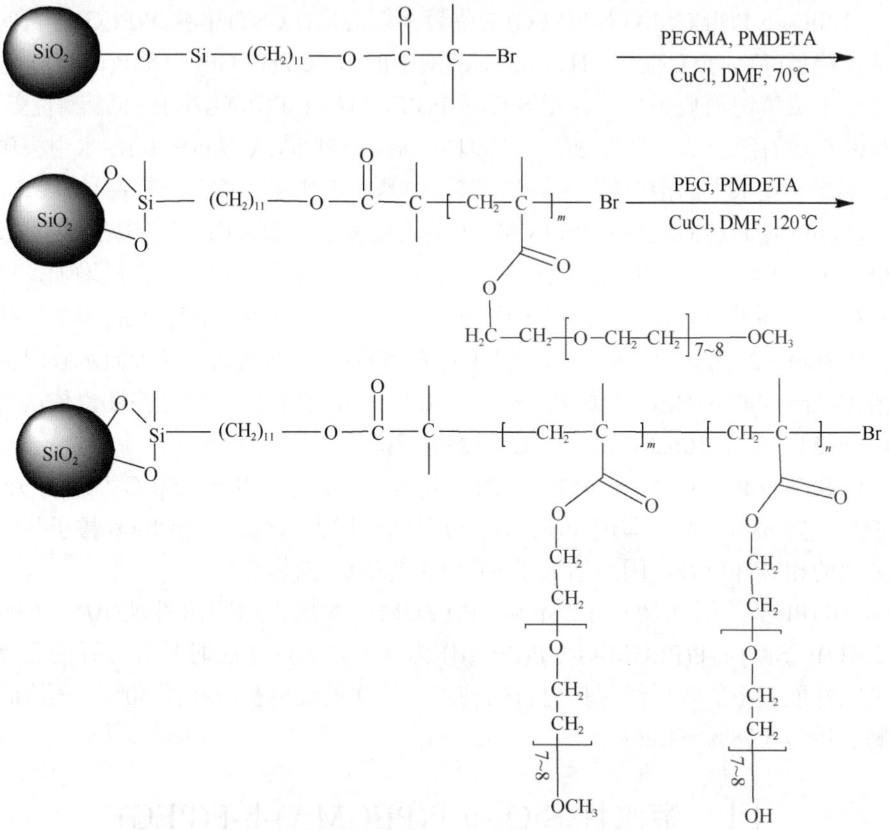

图 4-2　SiO$_2$-g-P(PEGMA)-b-P(PEG)的合成示意图

表 4-1　SiO$_2$-g-P(PEGMA)-b-P(PEG)的合成配比

样品 (SiO$_2$/PEGMA/PEG)	SiO$_2$-Br /mmol	PEGMA /mmol	PEG /mmol	CuCl /mmol	CuCl$_2$ /mmol	PMDETA /mmol	Ethanol/H$_2$O (3/1, v/v)/mL
S1(1/35.71/17.81)	0.1464	7.58	3.60	0.1464	0.0146	0.1464	24
S1(1/35.71/35.71)	0.1464	7.58	7.20	0.1464	0.0146	0.1464	24
S1(1/35.71/71.41)	0.1464	7.58	14.40	0.1464	0.0146	0.1464	24

(峰 e)为—OCH$_2$CH$_2$—的亚甲基的信号峰；4.21ppm(峰 c)为 PEG 侧链靠近—OC =O 的亚甲基(—CH$_2$—)的信号峰；0.841~1.020ppm(峰值 b)和 1.83~2.08ppm (峰值 a) 分别为 P(PEGMA)和 P(PEG)中 C—C 主链上—CH$_3$ 和—CH$_2$—的信号峰。

　　由于 P(PEG)氢谱的信号峰基本与 P(PEGMA)的信号峰重合，为了进一步证明 PEG 接枝到 SiO$_2$-g-P(PEGMA)上，对 SiO$_2$-g-P(PEGMA)和 SiO$_2$-g-P(PEGMA)-b-P (PEG)进行傅里叶变换红外光谱(FTIR)的表征，结果如图 4-4 所示。

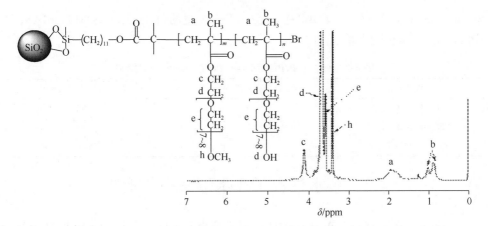

图 4-3　SiO$_2$-g-P(PEGMA)-b-P(PEG)的 ^{1}H NMR 图谱

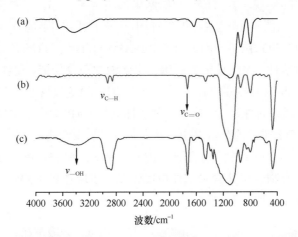

图 4-4　SiO$_2$ 粒子(a)、SiO$_2$-g-P(PEGMA)(b)和 SiO$_2$-g-P(PEGMA)-b-P(PEG)
(c)的 FTIR 图谱

图 4-4(a)为 SiO$_2$ 粒子的 FTIR 图谱，图 4-4(b)为 SiO$_2$-g-P(PEGMA)的 FTIR 图谱，图 4-4(c)为 SiO$_2$-g-P(PEGMA)-b-P(PEG)的 FTIR 图谱。对比图 4-4(a)和(b)，可以看出 SiO$_2$ 粒子表面接枝 P(PEGMA)后明显出现 P(PEGMA)中 C—H 和 C══O 的特征峰；对比图 4-4(b)和(c)，图 4-4(b)谱图中并未出现羟基的特征峰，而在 PEG 接枝到 SiO$_2$-g-P(PEGMA)后，谱图中 3408cm^{-1} 处出现了羟基(—OH)的特征峰，羟基属于 PEG 的特征峰，这个结果表明 PEG 成功接枝到 SiO$_2$-g-P(PEGMA)上。FTIR 图谱的结果说明成功制备了亲水性 SiO$_2$-g-P(PEGMA)-b-P(PEG)杂化材料。GPC 测试给出 SiO$_2$-g-P(PEGMA)(1/42.46)的分子量(M_n)为 15 400g/mol，进一步用 ^{1}H NMR 表征 SiO$_2$-g-P(PEGMA)-b-P(PEG)样品，S1～S3 分子量分别为 23 200g/mol、31 000g/mol

和 46 500g/mol，数据列于表 4-2 中。随着 PEG 含量的增加，SiO₂-g-P(PEGMA)-b-P(PEG)的分子量也随之增加。

表 4-2　SiO₂-g-P(PEGMA)-b-P(PEG)的分子量结果

样品	M_n(NMR)/($\times 10^4$g/mol)	M_n(theo)/($\times 10^4$g/mol)
S1(1/42.46/19.44)	2.32	2.88
S2(1/42.46/38.88)	3.10	3.85
S3(1/42.46/77.76)	4.65	5.80

4.2　亲水性粒子在水溶液中的形貌

SiO₂-g-P(PEGMA)-b-P(PEG)中的两嵌段都为亲水性，因此，选择水作为溶剂研究其在溶液中的形貌，其 TEM 分析结果如图 4-5 所示，三种聚合物都形成约 220nm 的球形粒子。图 4-4(a)为 S1 的 TEM 图，从图中可以清晰地看到 P(PEGMA)-b-P(PEG)壳层包覆在 SiO₂ 粒子表面，由于 P(PEGMA)链段和 P(PEG)链段在水溶液中都具有良好的溶解性，因此粒子的壳层在水溶液中充分伸展，使粒子间均匀分散。图 4-5(b)和(c)为 S2 和 S3 的 TEM 图，随着 P(PEG)链段含量的增加，粒子的壳层厚度明显增加，且向外延伸，粒子间分散性更好。P(PEG)链段的增加使 SiO₂-g-P(PEGMA)-b-P(PEG)粒子的亲水性也有所增加，壳层聚合物的含量增加，粒子的壳层向外延伸，且在水溶液中充分散开。因此，从 S1 到 S3，P(PEG)链段含量的进一步增加使得聚合物壳层的含量增加得比较多，表现在粒子的壳层厚度增加得比较明显，外延现象也比较明显。

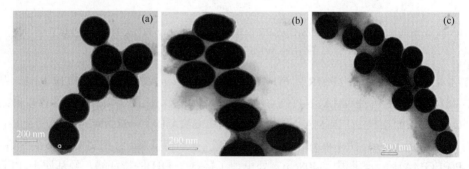

图 4-5　SiO₂-g-P(PEGMA)-b-P(PEG)(S1～S3，a～c)在水溶液中的 TEM 图

4.3　SiO₂-g-P(PEGMA)-b-P(PEG)的 LCST 值和 pH 响应性

P(PEGMA)链段的温敏性在 SiO₂-g-P(PEGMA)-b-P(PEG)中的体现见图 4-6。

样品 S1～S3 的 LCST 值分别为 77℃、65℃和 60℃，见表 4-3。从 S1 到 S3，随着 P(PEG)含量的增加，其 LCST 值依次降低。这是因为 P(PEGMA)与 P(PEG)可以形成分子间氢键，随着 P(PEG)含量的增加，分子间作用力增强，减少了 SiO₂-g-P(PEGMA)-b-P(PEG)与水分子间的水合作用，因此 SiO₂-g-P(PEGMA)-b-P(PEG)分子间相互聚集，粒径增大，而 LCST 值降低。

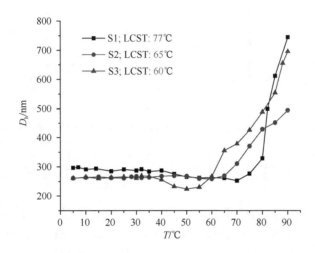

图 4-6　SiO₂-g-P(PEGMA)-b-P(PEG)(S1～S3)的 LCST 值的 DLS 测试曲线

表 4-3　SiO₂-g-P(PEGMA)-b-P(PEG)在水溶液中的 LCST 值

样品	S1(1/42.46/19.44)	S2(1/42.46/38.88)	S3(1/42.46/77.76)
LCST 值/℃	77	65	60

另外，P(PEG)侧链上的氧原子和末端具有的羟基能够与溶液中的 H⁺形成氢键，对 pH 具有响应性，其结果如图 4-7 所示。当粒径比较大时，SiO₂-g-P(PEGMA)-b-P(PEG)粒子之间相互聚集，在水溶液中的分散性变差。当 pH<5 时，粒径越来越大，说明粒子间聚集严重，分散性较差。当 pH>5 时，粒径基本不变化，粒子在溶液中分散性良好。这种差异是由于 P(PEG)侧链末端羟基的作用。当 pH<5 时，溶液中的 H⁺与氧原子间形成氢键，P(PEGMA)-b-P(PEG)在水中质子化，使得 P(PEGMA)-b-P(PEG)的溶解性变差，从而使得 SiO₂-g-P(PEGMA)-b-P(PEG)粒子间相互聚集，粒径增大。而 pH>5 时，P(PEGMA)-b-P(PEG)在水中去质子化，不影响其在水中的溶解性，因此 SiO₂-g-P(PEGMA)-b-P(PEG)粒子在水溶液中分散性良好，粒径基本不变化。

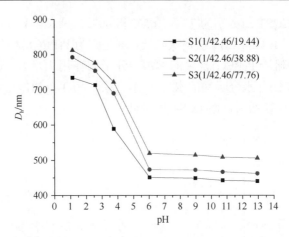

图 4-7　SiO$_2$-g-P(PEGMA)-b-P(PEG)(S1～S3)的 pH 与粒径的曲线图

4.4　亲水性膜表面形貌、化学组成和水吸附行为

对 SiO$_2$-g-P(PEGMA)-b-P(PEG)在水溶液中所成的膜进行了 XPS、AFM 和 QCM-D 测试，其中 XPS 和 AFM 结果如图 4-8 所示，QCM-D 结果如图 4-9 所示。

图 4-8 中样品 S1(1/42.46/19.44)、S2(1/42.46/38.88)和 S3(1/42.46/77.76)膜的 XPS 能谱显示，O1s、C1s 和 Si2p 结合能信号峰分别出现在 530.1eV、283.0eV 和 101.2eV 处。膜表面的化学元素主要由 O、C 和 Si 三种元素组成，其含量列于表 4-4 中。随着 P(PEG)链段含量的增加，膜表面硅的含量减少，说明 Si 元素在膜表面的分布减少；同时 C 元素的含量增加，说明 P(PEG)在膜表面的分布增加。这个结果也说明，随着 P(PEG)含量的增加，SiO$_2$ 粒子表面接枝的聚合物含量增多，导致 S3 在水溶液中粒子的壳层外延比较明显。

图 4-8 中的 AFM 图显示，S1、S2 和 S3 膜表面都呈现出颗粒状的凸起，同时从 S1 到 S3 其膜表面的颗粒状的凸起有所减少，其粗糙度也依次减小(R_a=31.3nm、29.7nm 和 28.9nm)。从 S1 到 S3，样品中 SiO$_2$ 含量相对逐渐降低，P(PEG)链段含量逐渐增加，同时 P(PEGMA)和 P(PEG)在水中具有良好的溶解性，因此在成膜时接枝的聚合物在表面分布越多，所成的膜表面相对更为光滑，膜表面粗糙度就逐渐略微减少。

SiO$_2$-g-P(PEGMA)-b-P(PEG)膜表面对水的 QCM-D 吸附行为如图 4-9 所示。样品 S1、S2 和 S3 具有类似的吸附曲线，当达到吸附平衡时，其表面吸附水的量 Δf 分别为–447.67Hz、–615.48Hz 和–836.11Hz(表 4-5)。吸附曲线快速达到吸附平衡说明 P(PEGMA)和 P(PEG)链段分布在膜表面并形成相对有序的结构。当水流过

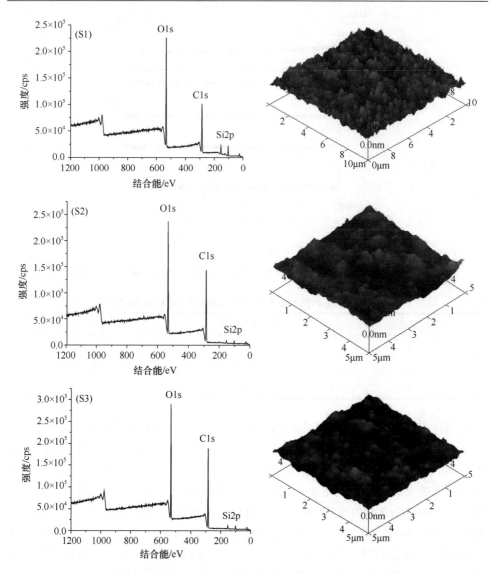

图 4-8 SiO$_2$-g-P(PEGMA)-b-P(PEG)的 XPS 能谱图和 AFM 图

表 4-4 SiO$_2$-g-P(PEGMA)-b-P(PEG)膜表面的元素分布

样品	元素含量/%		
	C	O	Si
S1	54.71	36.57	8.72
S2	63.28	32.48	4.24
S3	65.21	31.53	3.26

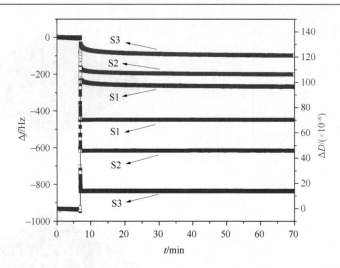

图 4-9 SiO_2-g-P(PEGMA)-b-P(PEG)(S1、S2 和 S3)的 QCM-D 曲线

表 4-5 SiO_2-g-P(PEGMA)-b-P(PEG)膜的 QCM-D 测试结果

样品	Δf/Hz	ΔD/($\times 10^{-6}$)
S1	−447.67	96.51
S2	−615.48	106.23
S3	−836.11	121.12

膜表面时，P(PEGMA)和 P(PEG)与水发生水合作用，迅速地在膜表面形成水合层，且水合层比较稳定，因而吸附曲线不再发生变化。由于从 S1 到 S3 膜表面的接枝聚合物的分布逐渐增多，其膜表面吸附水的量依次增大，水合作用克服了粗糙度稍微减小带来的影响，因而从 S1 到 S3，其膜表面的水吸附量依次增加。随着从 S1 到 S3 P(PEG)含量的增加，其 ΔD 的值也依次增加，分别为 96.51×10^{-6}、106.23×10^{-6} 和 121.12×10^{-6}(表 4-5)，表明随着 P(PEG)含量的增加，SiO_2-g-P(PEGMA)-b-P(PEG)膜表面的黏弹性变大，膜变得更为柔软。SiO_2 粒子表面接枝的聚合物量增多，成膜时更多的聚合物分布在膜的表面(表 4-4)，因而所成的膜就越柔软，吸附层黏弹性也越大，表现为 ΔD 值的增加。

4.5 亲水膜的抗蛋白吸附性能

SiO_2-g-P(PEGMA)-b-P(PEG)对牛血清蛋白(BSA)的 QCM-D 结果如图 4-10 所示。加入 BSA 溶液时，S1、S2 和 S3 的 Δf 稍有增加，分别为−7.25Hz、−7.05Hz 和−6.96Hz(表 4-6)。膜表面少量的 BSA 吸附说明 SiO_2-g-P(PEGMA)-b-P(PEG)膜具

有良好的抗蛋白性能。在 3.8 节中，SiO$_2$-g-P(PEGMA)(1/42.46)膜的抗蛋白性能为
$\Delta f=-9.5$Hz，对比 P(PEG)引入后 SiO$_2$-g-P(PEGMA)-b-P(PEG)的 Δf 值，可以发现
P(PEG)的引入增加了 SiO$_2$-g-P(PEGMA)的抗蛋白吸附性能。这是因为 P(PEG)与
P(PEGMA)具有类似的分子结构，良好的亲水性使它们在成膜时侧链分布于膜的
表面，当蛋白质溶液流过膜表面时，P(PEG)的引入增加了膜表面的水合作用，更
容易形成水合层，从而阻止了蛋白质的靠近和吸附，因此，P(PEG)的引入增加了
SiO$_2$-g-P(PEGMA)的抗蛋白性能。P(PEGMA)和 P(PEG)良好的亲水性及其 PEG 链
的空间位阻效应使得 SiO$_2$-g-P(PEGMA)-b-P(PEG)膜具有更好的抗蛋白吸附性能。
同时也发现，从 S1 到 S3，随着 P(PEG)含量的增加，其吸附的 BSA 的量 Δf 稍微
减小，说明随着 P(PEG)含量的增加，其抗蛋白性能稍微增加，说明 P(PEG)基本
不影响 SiO$_2$-g-P(PEGMA)-b-P(PEG)的抗蛋白吸附性能。

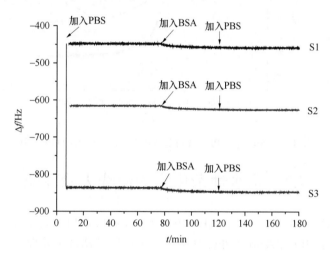

图 4-10　SiO$_2$-g-P(PEGMA)-b-P(PEG)(S1～S3)的抗蛋白吸附 QCM-D 曲线

表 4-6　SiO$_2$-g-P(PEGMA)-b-P(PEG)膜的抗蛋白吸附的 QCM-D 测试结果

样品	S1(1/42.46/19.44)	S2(1/42.46/38.88)	S3(1/42.46/77.76)
Δf/Hz	−7.25	7.05	6.96

4.6　SiO$_2$-g-P(PEGMA)-b-P(PEG)的热稳定性

SiO$_2$-g-P(PEGMA)-b-P(PEG)的热稳定性如图 4-11 所示。样品 S1 和 S2 具有相
似的分解温度 220℃，失重率分别为 70.91%和 53.11%。在 3.6 节中，SiO$_2$-g-P
(PEGMA)(1/42.46)的热分解温度为 220℃。与之对比，以及 S1 与 S2 对比，可以
看出，引入 P(PEG)链段后对 SiO$_2$-g-P(PEGMA)的热分解温度基本无影响。但对于

样品 S3，其热分解温度约为 250℃，失重率为 71.68%。这说明在 S3 中 P(PEG) 的引入提高了其热分解温度。S3 中 P(PEG)的含量最高，使分子间作用力增强，同时也使 SiO$_2$ 粒子与聚合物之间的相容性更好，因此提高了其热分解温度。在 3.7 节中，SiO$_2$-g-P(PEGMA)(1/42.46)的失重率为 32.80%，而 SiO$_2$-g-P(PEGMA)-b-P (PEG) (S1～S3)的失重率都比其高，说明 P(PEG)成功接枝到 SiO$_2$-g-P(PEGMA)上，也说明运用 SI-ATRP 法成功制备了亲水性 SiO$_2$-g-P(PEGMA)-b-P(PEG)杂化材料。

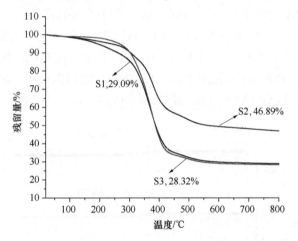

图 4-11   SiO$_2$-g-P(PEGMA)-b-P(PEG)(S1～S3)的 TGA 曲线

4.7   亲水性杂化膜的清洗去除性能

基于 SiO$_2$-g-P(PEGMA)-b-P(PEG)的吸水性和抗蛋白性有望作为可清洗去除涂层。SiO$_2$-g-P(PEGMA)-b-P(PEG)作为涂层使用时的清洗去除性能列于表 4-7 中。经过一次清洗后，SiO$_2$-g-P(PEGMA)-b-P(PEG)基本被清洗除掉 50%，经过三次清洗后，剩余 SiO$_2$-g-P(PEGMA)-b-P(PEG)的量基本不变，为 3.08%～4.06%，基本清洗干净。这说明 SiO$_2$-g-P(PEGMA)-b-P(PEG)作为涂层使用时，乙醇具有良好的清洗性能，不影响后续保护材料的使用。

表 4-7   SiO$_2$-g-P(PEGMA)-b-P(PEG)的清洗性能

清洗时间/min	剩余量/%		
	S1	S2	S3
10	46.00	47.97	48.53
20	23.47	24.76	25.01
30	3.45	3.86	4.06
40	3.02	2.99	3.08
50	3.02	2.98	3.08

第 5 章 硅烷基嵌段共聚物模板生长 SiO₂

本章导读

如前所述，共聚物/SiO₂ 杂化材料的制备通常分为"从表面接枝"和"接枝到表面"两种方法。本章基于"接枝到表面"的方法，在两种硅烷基嵌段共聚物模板上通过溶胶-凝胶(sol-gel)法生长 SiO₂，制备共聚物/SiO₂ 杂化材料。在两种模板中，一方面考虑聚 3-(三甲氧基甲硅烷基)丙基甲基丙烯酸酯(PMPS)作为共聚物的一个嵌段，依靠—Si(OCH₃)₃ 基团在碱或酸催化剂水解作用后与 TEOS 反应生成共聚物/SiO₂ 杂化材料；另一方面考虑聚(甲基丙烯酸甲酯)(PMMA)链段具有良好的成膜性能可以作为一个嵌段。因此，本章选择 MPS 和 MMA 作为聚合单体，首先通过 ATRP 技术制备两嵌段共聚物 F-PMMA-b-PMPS 和五嵌段共聚物 PDMS-b-(PMMA-b-PMPS)₂，然后通过溶胶-凝胶法即"接枝到表面"的方法与 TEOS 反应制备聚合物/SiO₂ 杂化材料。分析研究不同溶剂下的组装体对杂化粒子形貌的调控，以及 TEOS 的加入量对杂化粒子的结构、杂化膜的表面形貌、表面元素组成、表面润湿性和膜的热机械性能等的影响，综合分析比较不同杂化粒子对成膜机理和相态兼容性等的调控作用。

第一种模板是通过含氟引发剂(F-Br)引发 MMA 和 MPS 的 ATRP 反应制备两嵌段含共聚物 F-PMMA-b-PMPS，进而制备共聚物/SiO₂ 杂化材料 F-PMMA-b-PMPS/SiO₂，如图 5-1 所示。

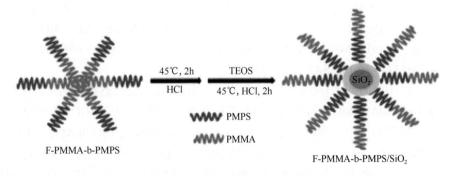

图 5-1   F-PMMA-b-PMPS/SiO₂ 杂化材料合成示意图

第二种模板是以双官能团聚硅氧烷引发剂(Br-PDMS-Br)依次引发 MMA 和

MPS 的 ATRP 反应制备五嵌段共聚物 PDMS-b-(PMMA-b-PMPS)$_2$(PDMM)。利用嵌段共聚物 PDMM 在 THF 和 THF/CH$_3$OH 中的不同组装体为模板，与 TEOS 通过溶胶-凝胶法制备得到两种结构可控、不同核壳形貌的壳层为 SiO$_2$ 的 PDMM@SiO$_2$ 和壳层为共聚物的 SiO$_2$@PDMM 杂化材料，如图 5-2 所示。

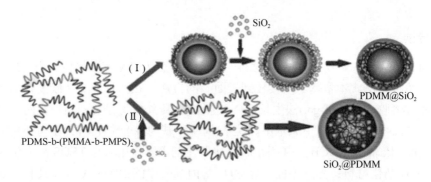

图 5-2　PDMM@SiO$_2$ 和 SiO$_2$@PDMM 合成示意图

(1)以分子量为 39 830g/mol 的两嵌段共聚物 F-PMMA-b-PMPS 模板制备具有一定疏水性能的 F-PMMA-b-PMPS/SiO$_2$ 杂化材料，其粒径约为 300nm，共聚物包覆在 SiO$_2$ 粒子表面，具有良好的分散性。

(2)由于 PMPS 中的—Si(OCH$_3$)$_3$ 基团与 TEOS 发生交联反应形成了共价键，限制了 PMPS 链段的迁移。因此，与 F-PMMA-b-PMPS 膜光滑表面相比(粗糙度为 4.09nm)，F-PMMA-b-PMPS/SiO$_2$ 膜表面形成了规整的圆锥凸起状形貌，表面粗糙度增加到 21.9nm。因此，F-PMMA-b-PMPS/SiO$_2$ 膜表面的接触角为 107°，高于 F-PMMA-b-PMPS 膜表面的接触角 99°。F-PMMA-b-PMPS/SiO$_2$ 膜的 QCM-D 吸附显示其 $\Delta f = -704$Hz，$\Delta D = 244 \times 10^{-6}$，与 F-PMMA-b-PMPS 膜相比($\Delta f = -2941$Hz，$\Delta D = 328 \times 10^{-6}$)，SiO$_2$ 加入后膜表面的水吸附量变小，说明 F-PMMA-b-PMPS/SiO$_2$ 膜表面对水的抵抗力变强，膜的刚性增加。而且，F-PMMA-b-PMPS/SiO$_2$ 开始热分解温度也由 F-PMMA-b-PMPS 的 200℃提高到 300℃，说明 SiO$_2$ 的加入明显提高了 F-PMMA-b-PMPS/SiO$_2$ 的热稳定性。

(3)以分子量为 27 615g/mol 的五嵌段共聚物 PDMM 模板制备杂化材料 SiO$_2$@PDMM 和 PDMM@SiO$_2$ 时，TEOS 加入后形成圆状或椭圆状的 SiO$_2$@PDMM 核壳形貌，且随着 TEOS 加入量的增加(10wt%~20wt%)，SiO$_2$@PDMM 的粒径受 SiO$_2$ 的影响逐渐减小。但是在混合溶剂 THF：CH$_3$OH(9：1)中形成 PDMM@SiO$_2$ 时，20wt% TEOS 条件下的聚集形态和粒径分布追踪分析表明，随着反应时间的延长，预水解的 TEOS 已经聚集到 PDMM 组装体的周围，并逐渐覆盖游离的 SiO$_2$ 粒子。

(4)由 SiO₂@PDMM 和 PDMM@SiO₂ 构筑的涂层表面粗糙度随着 TEOS 含量的增加而逐渐增大(60～80nm)，并分布着规则的杂化粒子凸起(40～60nm)。与 SiO₂@PDMM 相比，PDMM@SiO₂ 涂膜表面粗糙度显得更小。所以，SiO₂@PDMM 表面展现的是一种微纳相粗糙度，而 PDMM@SiO₂ 展现的是一种平坦的纳相粗糙度。随着 SiO₂ 含量的增加，膜断面中白色颗粒状粒子增加。PDMM@SiO₂ 断面呈现 SiO₂ 以堆积形式存在。SiO₂@PDMM 涂膜表面的接触角为 100°～101°，表面能为 22～24mN/m。而 PDMM@SiO₂ 的疏水性能更加优异，接触角为 114°～116°，表面能为 13～16mN/m。这说明了纳米相态的粗糙度和微米相态的粗糙度对表面疏水性作用不同。与 SiO₂@ PDMM 涂层相比(Δf=820Hz，ΔD=400×10⁻⁶，$\Delta D/\Delta f$= −0.5Hz⁻¹)，PDMM@SiO₂ 涂层具有更低的吸水量(Δf=300Hz)、更致密的吸水层结构(ΔD=10×10⁻⁶)和更低的黏弹性($\Delta D/\Delta f$= −0.32Hz⁻¹)。

(5)由于 SiO₂@PDMM 具有共聚物的壳层和无机粒子的内核，而 PDMM@ SiO₂ 具有共聚物的内核和无机粒子的外壳层，因此，无机成分能够起到很好的限制链段移动的作用，对热性能影响更大。SiO₂@PDMM 和 PDMM@SiO₂ 的 T_g 值分别为 113℃和 121℃，都高于嵌段共聚物 PDMM 的 T_g 值(87℃)。PDMM 的热分解发生在 295～410℃和 420～530℃。而 SiO₂@PDMM 主要的降解过程发生在 390～450℃，PDMM@SiO₂ 的主要降解过程发生在 390～450℃。但是后者的降解温度显著高于杂化材料 SiO₂@PDMM，表明无机组分在外壳时具有更好的热稳定性。

(6)随着 SiO₂ 的加入，杂化材料的机械储能模量显著增加，SiO₂@PDMM 和 PDMM@SiO₂ 的储能模量分别为 2040MPa 和 2350MPa。这是由于 SiO₂ 网络结构的形成，限制了链段的移动，加固了膜层结构，显著提高膜的机械拉伸储能模量。

5.1 F-PMMA-b-PMPS 嵌段聚合物模板的制备

5.1.1 制备 F-Br 引发剂

将茄形瓶在冰浴下抽真空，充氮气循环 3～5 次，在氮气保护下和 0℃冰浴条件下将称量好的 5.0g 1H,1H,2H,2H-全氟-1-癸醇(F-OH)，加入 12.0mL 甲苯后加热使其溶解并倒入反应瓶中。缓慢搅拌并加入 0.06g 4-(二甲基氨基)吡啶(DMAP)、1.5mL 三乙胺以及 1.8mL 2-溴代异丁酰溴(BiBB)，然后室温反应 12h。加入 BiBB 后生成白色悬浮液，12h 后生成淡黄色悬浮液。将悬浮液离心后收集上层清液，旋转蒸发掉溶剂得到粗产物。粗产物重新溶解于 CH₂Cl₂，用饱和 NaHCO₃ 溶液、HCl、蒸馏水充分洗涤。洗涤后的粗产品用 MgSO₄ 干燥，过滤得到上清液，旋转

蒸发掉 CH_2Cl_2，得到淡黄色油状产物含氟引发剂(F-Br)。合成路线图如图 5-3(Ⅰ)所示。

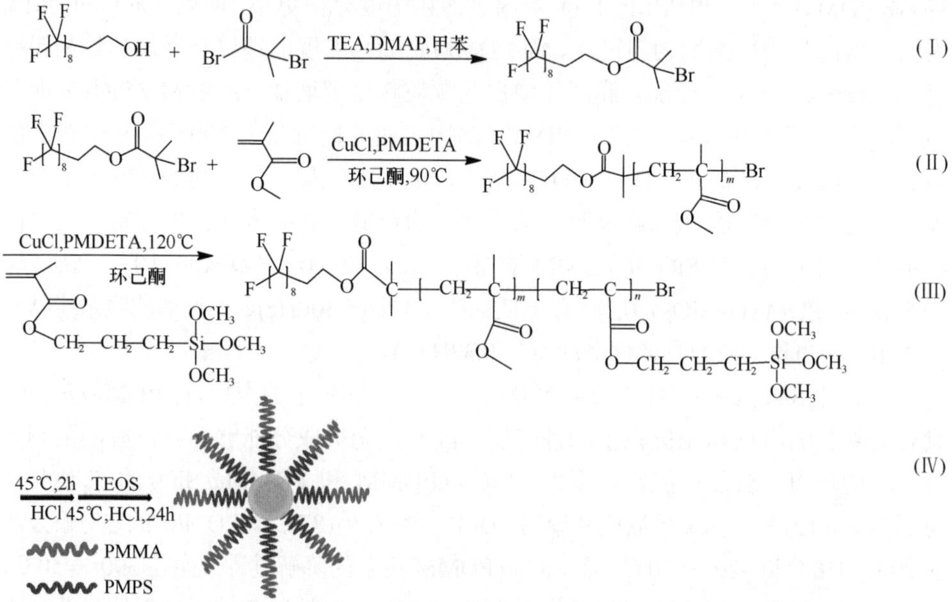

图 5-3　F-Br(Ⅰ)、F-PMMA(Ⅱ)、F-PMMA-b-PMPS(Ⅲ)和 F-PMMA-b-PMPS/SiO₂
(Ⅳ)的合成线路图

5.1.2　制备 F-PMMA-b-PMPS 模板

将精制好的 CuCl(0.3576mmol)加入茄形瓶中，抽真空，充氮气循环 3～5 次。再将称量好的 F-Br(0.3576mmol)、PMDETA(0.3576mmol)、甲基丙烯酸甲酯(MMA)(99.88mmol)混合物加入溶剂环己酮(20.0mL)中溶解，然后在氮气气氛下加入反应瓶中，磁力搅拌缓慢升温至 90℃，反应 12h 后再加入单体 3-(三甲氧基甲硅烷基)丙基甲基丙烯酸酯(MPS)(16.11mmol)，继续反应 12h，反应结束后自然降至室温，将得到的产物用 THF 稀释，经砂芯漏斗过滤除去 Cu²⁺，旋蒸除去多余的 THF，在甲醇中沉析出产物 F-PMMA-b-PMPS，烘箱中干燥后得白色粉状固体。合成路线图如图 5-3(Ⅱ)和(Ⅲ)所示。

5.2　F-PMMA-b-PMPS 模板生长 SiO₂

5.2.1　F-PMMA-b-PMPS/SiO₂ 的制备

F-PMMA-b-PMPS/SiO₂ 的合成线路图如图 5-3(Ⅳ)所示。将 2.0g F-PMMA-b-

PMPS 共聚物溶解在 40mL THF 中，加入 4.0mL 0.1mol/L 的 HCl，磁力搅拌反应 2h，然后加入 1.0mL TEOS，45℃下反应 12h，即可制得 F-PMMA-b-PMPS/SiO₂ 溶胶。

5.2.2　F-PMMA-b-PMPS 和 F-PMMA-b-PMPS/SiO₂ 的表征

图 5-4 为 F-Br 引发剂的 ^{1}H NMR 图谱，从图中可以看到在 2.55ppm(峰 a)和 4.48ppm(峰 b)处分别出现了两个亚甲基(—CH₂—)上氢的信号峰，在 1.96ppm(峰 c)处出现了—CH₂Br 上氢的信号峰，且峰 a∶b∶c 的积分面积比约 为 1∶1∶1，与 F-Br 引发剂结构式上的氢原子个数相符合，说明成功制备了 F-Br 引发剂。

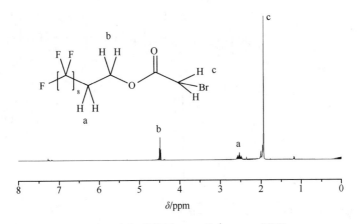

图 5-4　含氟引发剂(F-Br)的 ^{1}H NMR 图谱

图 5-5(A)为 F-PMMA 的 ^{1}H NMR 图谱，可以看到 PMMA 的信号特征峰，在 0.841ppm 和 1.020ppm(峰 b)出现了与碳原子相连的甲基(C—CH₃)上氢的信号峰；1.832～1.960ppm(峰 a)出现了亚甲基(—CH₂—)中氢的信号峰；3.600ppm(峰 c)出现了与氧原子相连的甲基(O—CH₃)上氢的信号峰，说明成功制备了 F-PMMA。图 5-5(B)为 F-PMMA-b-PMPS 的 ^{1}H NMR 图谱，除了 PMMA 中氢的信号峰外，同时出现了 PMPS 氢信号峰，在 4.12ppm(峰 f)处出现了与氧原子相连的亚甲基(O—CH₂—)氢信号峰，在 3.61ppm(峰 c′)出现了与氧原子相连的甲基(O—CH₃)氢信号峰，在 2.3ppm(峰 d)处出现了主链上亚甲基(—CH₂—)氢信号峰，在 1.98ppm(峰 e)左右出现了主链碳原子相连的甲基(C—CH₃)氢信号峰，在 1.80ppm(峰 g)左右处出现了亚甲基(—CH₂—)氢信号峰，在 0.68ppm(峰 h)左右处出现了与 Si 原子相连的亚甲基(—CH₂—)上氢的信号峰，表征结果证明成功制备了两嵌段 F-PMMA-b-PMPS 共聚物。

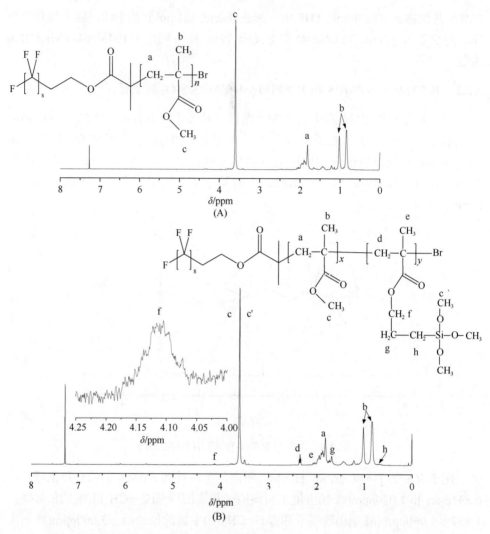

图 5-5　(A)F-PMMA 的 ^{1}H NMR 图谱；(B)F-PMMA-b-PMPS 的 ^{1}H NMR 图谱

　　GPC 测得 F-MMA 的分子量为 32 230g/mol，分子量分布 PDI 为 1.064，NMR 确定 F-PMMA-b-PMPS 的分子量为 39 830g/mol，结果列于表 5-1。这些结果表明，已经成功制备了按照预期配料比(表 5-1)的两嵌段共聚物 F-PMMA-b-PMPS。

表 5-1　F-PMMA 和 F -PMMA-PMPS 的分子量

合成模板样品	M_n(GPC)/($\times 10^4$g/mol)	M_n(NMR)/($\times 10^4$g/mol)	M_n(theo)/($\times 10^4$g/mol)
F-PMMA	3.223	—	3.126
F-PMMA-PMPS	—	3.983	4.350

F-PMMA-b-PMPS 和 F-PMMA-b-PMPS/SiO₂在 THF 溶液中的自组装形态如图 5-6 的 TEM 图形所示。图 5-6(a)中，F-PMMA-b-PMPS 在 THF 溶液中形成了 100～150nm 的球形粒子。由于 PMMA 在 THF 溶液中溶解性较差而 PMPS 在 THF 溶液中具有良好的溶解性，因此 PMMA 在 THF 溶液中收缩形成内核，而 PMPS 在 THF 溶液中比较伸展而形成壳层。所以，中间黑色的内核为 PMMA 链段，外壳浅色边缘壳层为 PMPS 链段。图 5-6(b)为 F-PMMA-b-PMPS/SiO₂的 TEM 图，当 F-PMMA-b-PMPS 上生长了 SiO₂粒子后，即 SiO₂表面包覆了 F-PMMA-b-PMPS，粒径约为 300nm，同时具有良好的分散性。TEM 结果说明已经成功制备了 F-PMMA-b-PMPS/SiO₂杂化材料。

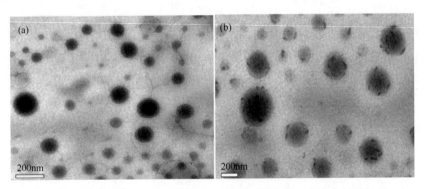

图 5-6　F-PMMA-b-PMPS(a)和 F-PMMA-b-PMPS/SiO₂(b)在 THF 溶液中的 TEM 图

5.3　F-PMMA-b-PMPS/SiO₂膜表面性质

5.3.1　膜表面元素分布和形貌特征

图 5-7(a)和(b)分别为 F-PMMA-b-PMPS 粉末和 F-PMMA-b-PMPS 膜表面的 XPS 能谱图，可以看到在 686.0eV、530.1eV、283.0eV 和 101.2eV 处的 F1s、O1s、C1s 和 Si2p 的结合能信号峰。同时从表 5-2 中可以看到，F-PMMA-b-PMPS 粉末中氟元素的含量为 1.41%，硅元素的含量为 7.45%。而 F-PMMA-b-PMPS 膜表面的氟元素含量为 1.75%，硅元素的含量为 7.92%，说明成膜过程中氟元素和含硅链段 MPS 都倾向于向表面迁移以降低膜的表面自由能。图 5-7(c)为 F-PMMA-b-PMPS/SiO₂膜表面的 XPS 能谱图，依然可以看到 F1s、O1s、C1s 和 Si2p 的结合能信号峰。同时从表 5-2 可以看到，F-PMMA-b-PMPS/SiO₂膜表面的硅元素的含量(5.79%)明显比 F-PMMA-PMPS 膜表面低，是因为 PMPS 中的—Si(OCH₃)₃基团与 TEOS 发生交联反应形成了共价键，限制了 PMPS 链段的迁移，因而膜表面的硅元素的含量降低了。

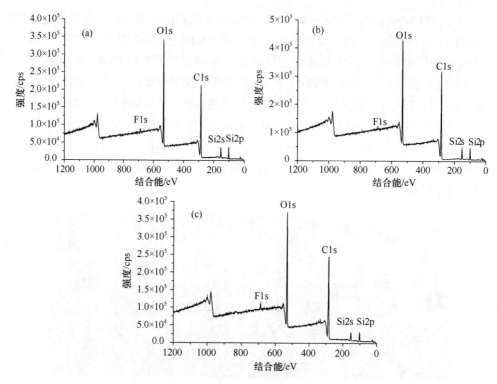

图 5-7　F-PMMA-b-PMPS 粉末(a)、F-PMMA-b-PMPS 膜(b)和 F-PMMA-b-PMPS/SiO₂ 膜(c)的 XPS 图

表 5-2　**F-PMMA-b-PMPS 和 F-PMMA-b-PMPS/SiO₂ 的元素分布及表面粗糙度**

样品	粗糙度/nm	元素含量/%			
		C	O	Si	F
F-PMMA-b-PMPS 粉末	—	62.04	29.09	7.45	1.41
F-PMMA-b-PMPS 膜	4.09	63.05	27.28	7.92	1.75
F-PMMA-b-PMPS/SiO₂ 膜	21.90	63.06	29.30	5.79	1.85

　　图 5-8 是 F-PMMA-b-PMPS 和 F-PMMA-b-PMPS/SiO₂ 在 THF 中成膜表面形貌的 AFM 图。图 5-8(a)中，F-PMMA-b-PMPS 膜表面较光滑，粗糙度仅为 4.09nm，见表 5-2。而 F-PMMA-b-PMPS/SiO₂ 膜表面形成了规整的圆锥凸起状形貌 [图 5-8(b)]，表面粗糙度增加到 21.90nm，见表 5-2。这是因为在成膜过程中氟元素向表面迁移，而 SiO₂ 倾向迁移到基底形成相分离，因而在这种作用下形成了比较粗糙的表面。

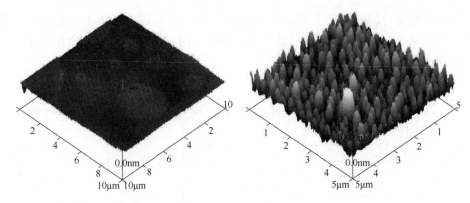

图 5-8　F-PMMA-b-PMPS(a)和 F-PMMA-b-PMPS/SiO₂(b)的 AFM 图

5.3.2　膜表面的润湿性和水吸附行为

表 5-3 是 F-PMMA-b-PMPS 和 F-PMMA-b-PMPS/SiO₂ 膜表面水的接触角和水吸附情况。从表中数据可以看出，F-PMMA-b-PMPS 和 F-PMMA-b-PMPS/SiO₂ 膜表面都具有一定的疏水性。F-PMMA-b-PMPS 膜表面的接触角为 99°，F-PMMA-b-PMPS/SiO₂ 膜表面的接触角则增加到 107°。因为 SiO₂ 与—SiOCH₃ 反应使得 PMPS 中的—SiOCH₃ 消失，而—SiOCH₃ 能够降低表面一定的疏水性，因而加入 SiO₂ 后其表面的疏水性得到了提升。

表 5-3　F-PMMA-b-PMPS 和 F-PMMA-b-PMPS/SiO₂ 的水接触角和 QCM-D 测试结果

样品	θ_W /(°)	Δf/Hz	ΔD/($\times 10^{-6}$)
F-PMMA-b-PMPS	99	−2941	328
F-PMMA-b-PMPS/SiO₂	107	−704	244

F-PMMA-b-PMPS 和 F-PMMA-b-PMPS/SiO₂ 膜表面水吸附行为的 QCM-D 曲线如图 5-9 所示。图 5-9(a)F-PMMA-b-PMPS 的 QCM-D 吸附曲线中，Δf 随水流过而迅速减小，说明膜表面吸附了一定量的水，然后 Δf 有一个很小的回升(5～8min)，说明含氟引发中氟迁移到表面对水起到了一定的抵抗作用，但很快 Δf 快速地降低，达到吸附平衡时 Δf = −2941Hz。这是由于含氟链段发生坍塌从而失去了对水的支撑作用，同时 PMPS 中的硅氧基(—SiOCH₃)能够与水作用，因而使得 Δf 快速降低。同时 ΔD=328×10⁻⁶(表 5-3)，说明 F-PMMA-b-PMPS 膜的黏弹性比较大，膜比较柔软。图 5-9(b)为 F-PMMA-b-PMPS/SiO₂ 膜的 QCM-D 曲线，在短时间内吸附曲线能够快速达到吸附平衡(Δf = −704Hz，ΔD=244×10⁻⁶，见表 5-3)，与 F-PMMA-b-PMPS 膜相比，SiO₂ 加入后膜表面的水吸附量变小，说明 F-PMMA-b-PMPS/SiO₂ 膜表面对水的抵抗力变强，即膜表面更为疏水，这与接

触角结果相吻合(表 5-3);同时 ΔD 也变得更小,说明 F-PMMA-b-PMPS/SiO$_2$ 膜的黏弹性变小,膜的刚性增加,这是由于 SiO$_2$ 与 PMPS 中的—SiOCH$_3$ 反应降低了膜的柔软性。

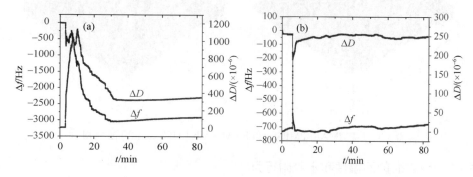

图 5-9　F-PMMA-b-PMPS(a)和 F-PMMA-b-PMPS/SiO$_2$(b)膜的 QCM-D 曲线

5.3.3　F-PMMA-b-PMPS/SiO$_2$ 热稳定性

为了研究 SiO$_2$ 的加入对 F-PMMA-b-PMPS 热性能的影响,分别测试了 F-PMMA-b-PMPS 和 F-PMMA-b-PMPS/SiO$_2$ 的 TGA 曲线,如图 5-10 所示。在 F-PMMA-b-PMPS 的 TGA 曲线上表现出两步热分解,第一步热分解为 PMMA 链段的分解,分解温度约为 250℃,第二步热分解为 PMPS 链段的分解,热分解温度约为 300℃,并最终基本分解完全。F-PMMA-b-PMPS/SiO$_2$ 的 TGA 曲线显示,当加入 SiO$_2$ 后,PMMA 和 PMPS 链段的热分解温度都有提升,分别提高到 300℃和 350℃。TGA

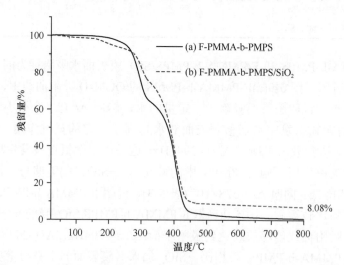

图 5-10　F-PMMA-b-PMPS(a)和 F-PMMA-b-PMPS/SiO$_2$(b)的 TGA 曲线

结果说明 SiO₂ 的加入明显提高了 F-PMMA-b-PMPS/SiO₂ 的热稳定性。

5.4　五嵌段共聚物模板 PDMS-b-(PMMA-b-PMPS)₂ 生长 SiO₂

5.4.1　PDMS-b-(PMMA-b-PMPS)₂ 的制备

PDMS-b-(PMMA-b-PMPS)₂ 的制备分为三个步骤。其一，用聚二甲基硅氧烷(HO-PDMS-OH，液态，M_n=4000g/mol)制备大分子硅油引发剂 Br-PDMS-Br。通过酰溴和 HO-PDMS-OH 进行酯化反应得到 Br-PDMS-Br，因酯化反应速率较快，所以在冰浴条件下进行，具体合成过程如图 5-11 所示。首先将四氟节门茄形瓶在冰浴下抽真空，充氮气并重复操作 3～5 次。在氮气下加入含有 HO-PDMS-OH(5.00g，0.001mol)、TEA(0.28mL，0.002mol)和 DMAP(0.37g，0.003mol)的 70mL THF 溶液。然后用注射器缓慢滴加 BiBB(0.62mL，0.005mol)。待滴加完毕，在室温下反应 24h，得乳白色悬浮液。将反应后的产物经离心分离，并收集上层液，再旋转蒸发掉溶剂。所得到的粗产品重新溶解在 CH₂Cl₂ 中，逐步经过饱和 NaHCO₃ 洗涤、萃取分离、无水 MgSO₄ 干燥、过滤、减压旋转蒸发浓缩等处理，最终得到白色黏稠状产物(产率为 80wt%)。

其二，合成三嵌段共聚物 MMA-b-PDMS-b-MMA。将精制的 CuCl 加入四氟节门茄形瓶中，抽真空鼓氮气循环 3～5 次，然后在氮气保护下加入含有 Br-PDMS-Br、MMA、PMDETA 和环己酮的溶液，磁力搅拌下，缓慢升温至 80℃，并持续反应 24h，如图 5-11 所示。将得到的产物在 40℃用大量 THF 稀释，经平均滤孔直径为 15～40μm 的砂芯漏斗过滤除去铜的配合物后，用旋转蒸发仪旋转蒸发掉多余的 THF，得到白色黏稠状液体。将白色黏稠液体慢慢滴加到强磁力搅拌的甲醇中沉析，过滤后，真空干燥得到白色粉状固体产物 MMA-b-PDMS-b-MMA(产率为 78wt%～83wt%)。具体合成路线如图 5-11 所示。

其三，利用上一步产物 MMA-b-PDMS-b-MMA 与 MPS 反应制备五嵌段共聚物 PDMS-b-(PMMA-b-PMPS)₂，具体合成路线如图 5-11 所示。将一定质量的白色粉状固体(PMMA-b-PDMS-b-PMMA)和精制的环己酮加入反应瓶中，待完全溶解后抽真空鼓氮气，循环 3～5 次，在氮气保护下加入含有 CuCl、MPS 和 PMDETA 的混合液体，升温至 120℃并反应 24h。将得到的产物用 THF 稀释，经平均滤孔直径为 15～40μm 的砂芯漏斗过滤后，用旋转蒸发仪减压浓缩，得到白色黏稠状液体。然后，用滴液漏斗将白色黏稠液体慢慢滴加到强磁力搅拌的甲醇中沉析，然后过滤，真空干燥得到白色粉状固体产物 PDMS-b-(PMMA-b-PMPS)₂(产率为 72wt%～79wt%)。PDMS-b-(PMMA-b-PMPS)₂ 的合成原料组成见表 5-4。

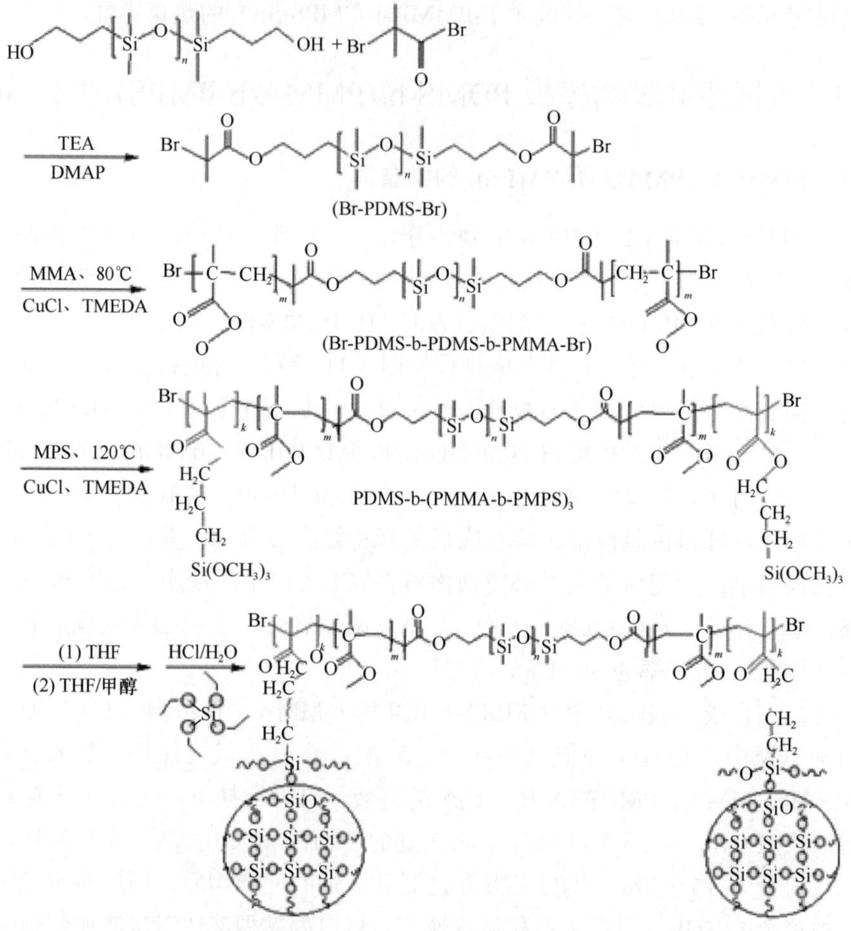

图 5-11　PDMS-b-(PMMA-b-PMPS)₂(PDMM)和 SiO₂@PDMM 及 PDMM@SiO₂ 的制备

表 5-4　嵌段共聚物 PDMS-b-(PMMA-b-PMPS)₂ 的制备条件和原料配比

第一步 PDMS-b-(PMMA)₂，80℃，24h			
样品	PDMS/g	MMA/g	CuCl/TMEDA/g	环己酮/g
S1		4.8781		10
S2	1.0	7.3172	0.0244/0.02834	12
S3		9.7562		15

第二步 PDMS-b-(PMMA-b-PMPS)₂，120℃，24h			
样品	PMMA-b-PDMS-b-PMMA/g	MPS/g	CuCl/TMEDA/g	环己酮/g
S4	3(S1)	0.3112		8
S5	3(S1)	0.6224		8
S6	3(S1)	1.2449	0.01235/0.01433	8
S7	4.25(S2)	0.6224		8
S8	4.98(S3)	0.6224		8

图 5-12 是三嵌段 PDMS-b-(PMMA)₂ 和五嵌段 PDMS-b-(PMMA-b-PMPS)₂ 共聚物的核磁图谱。谱图 5-12(A)表明，0.8～1.2ppm(a)和 1.8～2.1ppm(e)处分别对应的是共聚物分子链中—CH₃ 和—CH₂ 的特征信号峰；2.23ppm(c)处对应的是 PMMA 链段中—CH₂—的峰；0.07ppm(d)和 3.63ppm(b)对应的是硅油引发剂链段中 Si—CH₃ 和 PMMA 中 O—CH₃ 的峰。图 5-12(B)显示，随着 MPS 链段的引入，硅油链段中 Si—CH₃ 和 PMMA 链段中 O—CH₃ 的核磁峰仍然存在，但—CH₃ 和—CH₂ 的特征峰 0.8～1.2ppm(d，f)和 1.8～2.1ppm(j)强度明显增强，同时，4.10～4.14ppm(b)和 3.8ppm(a)处出现了 PMPS 链段中—COOCH₂ 和—Si(OCH₃)₃ 的特征峰。这些结果表明，成功获得了五嵌段共聚物 PDMS-b-(PMMA-b-PMPS)₂。

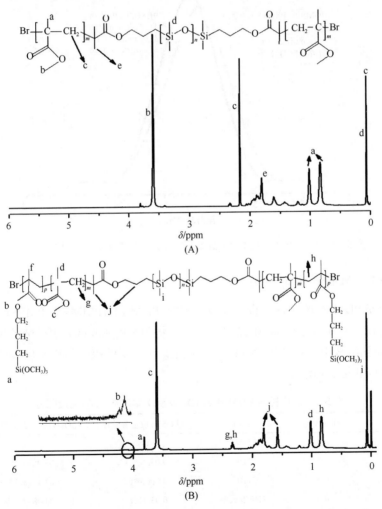

图 5-12　三嵌段共聚物 PDM(A)和五嵌段共聚物 PDMM(B)的核磁图谱

图 5-13 是不同产物的 SEC 流出曲线，三嵌段 PDMS-b-(PMMA)$_2$ 和五嵌段 PDMS-b- (PMMA-b-PMPS)$_2$ 共聚物均呈现单峰分布，且单峰尖锐，表明分子量分布很窄(PDI=1.46 和 1.38)，符合 ATRP 的反应原理。同时，五嵌段 PDMS-b-(PMMA-b-PMPS)$_2$ 的流出时间较三嵌段 PDMS-b-(PMMA)$_2$ 的流出时间短，说明五嵌段共聚物分子量较大。图 5-13 显示，PDMS-b-(PMMA)$_2$ 的分子量为 22 441g/mol(理论分子量为 29 298g/mol)，PDMS-b-(PMMA-b-PMPS)$_2$ 的分子量为 27 615g/mol(理论分子量为 29 258g/mol)，均与理论分子量基本吻合，进一步验证了成功得到五嵌段共聚物。

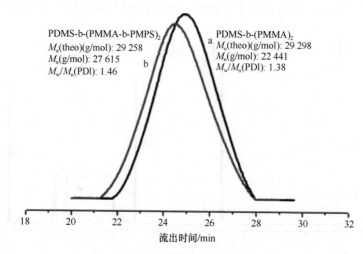

图 5-13 三嵌段共聚物 PDM(a)和五嵌段共聚物 PDMM 的 SEC 曲线(b)

5.4.2 PDMM 模板生长 SiO$_2$

SiO$_2$@PDMM 的制备：将五嵌段共聚物 PDMS-b-(PMMA-b-PMPS)$_2$(PDMM) 溶解于 THF 中，配成浓度为 10%的溶液，然后将预水解 30min 的正硅酸乙酯(TEOS) 缓慢滴加到溶液中，持续搅拌 4h 后获得 SiO$_2$ 在内层的核壳结构 SiO$_2$@ PDMM，如图 5-11 和表 5-5 所示。

表 5-5 杂化材料 PDMM@SiO$_2$ 和 SiO$_2$@PDMM 的反应配方

样品	PDMM/g	溶剂	TEOS/g(质量分数)	SiO$_2$ 理论含量/g(质量分数)
A	0.3	THF	0	0
B	0.3	THF	0.03(10%)	0.00864(2.88%)
C	0.3	THF	0.06(20%)	0.01728(5.76%)
D	0.3	THF/MeOH	0.03(10%)	0.00864(2.88%)
E	0.3	THF/MeOH	0.06(20%)	0. 1728(5.76%)

PDMM@SiO₂ 的制备：将五嵌段共聚物 PDMM 溶解于 THF，配成浓度为 10% 的溶液，然后向溶液中加入适量的甲醇，自组装过程稳定 30min，然后将预水解 30min 的正硅酸乙酯缓慢滴加到共聚物溶液中，持续搅拌 4h 后获得 SiO₂ 在外层 的核壳结构 PDMM@SiO₂，如表 5-5 所示。

FTIR 和 Si NMR 分析证明，Si—O—C 键的强度减弱而且在 1030cm⁻¹ 处的吸收消失都足以说明聚合物 PDMM 与 SiO₂ 结合(图 5-14)，因为 Si—O—C 的吸收峰在 1030cm⁻¹，而 Si—O—Si 在 1140cm⁻¹ 处消失。在图 5-15 中，Q^2、Q^3 和 Q^4 共振态在 –88～–115ppm 处有一个较宽的吸收峰，是由于 Si—O—Si 玻璃管产生的，在 –42ppm、–50ppm 和 60ppm 处的 T^1、T^2 和 T^3 分别是 PMPS 的—Si(OCH₃)₃ 官能团产生的。所以，Q^2、Q^3、Q^4、T^1、T^2 和 T^3 共振说明 PMPS 和 TEOS 形成了 Si—O—Si 网络结构，Q^2、Q^3 和 Q^4 覆盖成强度较大的宽峰，虽然减小但存在的 T 单位(T^1、T^2 和 T^3)进一步证明了 SiO₂ 粒子的生成。

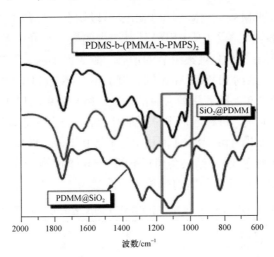

图 5-14　PDMM@SiO₂ 和 SiO₂@PDMM 的 FTIR 图谱

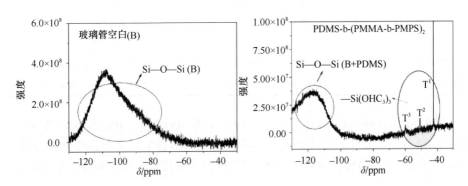

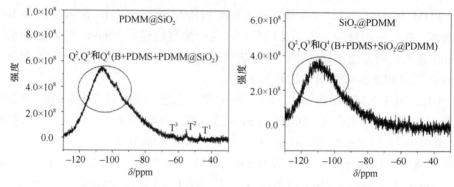

图 5-15　PDMM@SiO$_2$ 和 SiO$_2$@PDMM 的 Si NMR 图谱

5.5　SiO$_2$@PDMM 和 PDMM@ SiO$_2$ 在溶液中的聚集形态

由于 THF 对 PDMS、PMMA 和 PMPS 链段均有较好却不同的溶解性，而甲醇对几个嵌段的溶解性较差(因为甲醇具有较大的极性和介电常数)。因此，选择 THF 和甲醇为溶剂用于研究聚集组装的形态、膜表面形貌、粗糙度及膜性能。表 5-6 显示，五嵌段共聚物 PDMM 在不同比例的混合溶剂(THF/CH$_3$OH)中呈现不同的聚集形态和粒径分布。随着甲醇含量的增加，组装胶束的尺寸由 400nm 逐渐收缩减小到 252nm，但是，每种溶剂组分下都有 20nm 左右的低聚体存在。由于 DLS 是在液相中测得的结果，且共聚物在液相中是舒散状态，而 TEM 是固相测试的结果，胶束变形，因此 TEM 和 DLS 结果会稍有不同。当溶剂比例 THF：CH$_3$OH＝9：1 时，聚集组装体形貌和尺寸符合预期的构想，因此选为下一步合成杂化材料的模板。

表 5-6　杂化材料 PDMM@SiO$_2$ 和 SiO$_2$@PDMM 的反应配方以及 TEM 和 DLS 的粒径

样品	THF：CH$_3$OH(V：V)	PDMM/g	TEOS/g	TEM/nm	DLS/nm
PDMM	1：0	0.3	0	400～500	401.4(92.6%)，17.50(7.4%)
SiO$_2$@PDMM	1：0	0.3	0.03(10wt%)	170～200	213.8(76.9%)，45.01(23.1%)
SiO$_2$@PDMM	1：0	0.3	0.06(20wt%)	140～200	164.2(82.2%)，58.77(17.8%)
PDMM	9：1	0.3	0	300～350	367.4(91.4%)，20.25(8.6%)
PDMM@SiO$_2$	9：1	0.3	0.03(10wt%)	250～300	358.8(100%)
PDMM@SiO$_2$	9：1	0.3	0.06(20wt%)	200～250	457.8(100%)

图 5-16 为 SiO$_2$@PDMM 在不同 TEOS 含量 0wt%(a)、10wt%(b)和 20wt%(c)下的 TEM 形貌。由于链段中不同元素和链段组分的影响而呈现亮度不同的形貌。与图 5-16(a)中的 PDMM 组装体相比，TEOS 加入后[图 5-16(b)和(c)]，杂化粒子呈

现明显的 SiO₂ 内核和共聚物外壳的核壳形貌。这是因为嵌段共聚物 PDMM 与 TEOS 水解缩合形成 SiO₂ 后，由于受 SiO₂ 重力和溶解度的影响，SiO₂ 被 PDMM 链段包裹到内部，而 PDMM 包覆在 SiO₂ 的外壳，形成圆状或椭圆状的 SiO₂@PDMM 核壳形貌。且随着 TEOS 加入量的增加(10wt%～20wt%)，SiO₂@PDMM 的粒径受 SiO₂ 的影响逐渐减小，而粒子中 SiO₂ 粒径变化并不明显。图 5-16(d)中的 DLS 结果与 TEM 结果分析的粒径分布吻合，如表 5-6 所示。

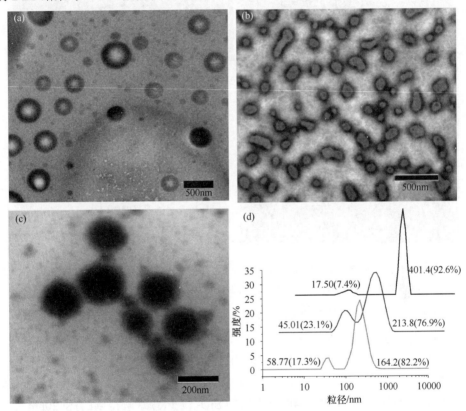

图 5-16　杂化材料 SiO₂@PDMM 在不同 TEOS 含量下的 TEM 形貌[TEOS 含量分别为 0wt%(a)，10wt%(b)，20wt%(c)]和 DLS 粒径分布(d)

图 5-17 显示，PDMM@SiO₂ 在混合溶剂 THF：CH₃OH(9：1)中不同含量 TEOS 时聚集形态和粒径分布。与图 5-17(a)中 PDMM 在 THF：CH₃OH=9：1 的聚集核壳形貌相比，图 5-17(b)和(c)可以明显地看到共聚物胶束的周围有黑色边缘，SiO₂ 粒子的黑色边缘厚度由图 5-17(b)到图 5-17(c)有明显的增加，DLS 显示粒径由 358.8nm 增加到 457.8nm，说明聚物胶束周围的确形成了 SiO₂ 粒子，且随着 TEOS 含量的增加，厚度明显增加，这是因为 TEOS 和 PMPS 链段中的甲氧基硅烷彼此水解缩合使得共聚物胶束周围生长 SiO₂ 层。

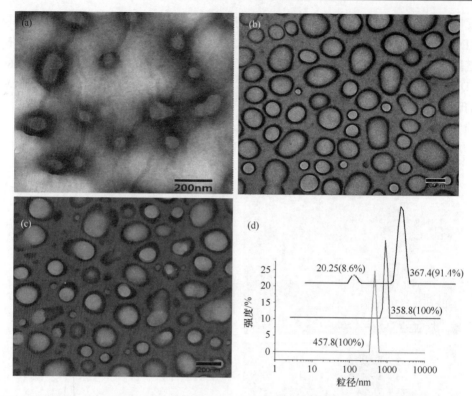

图 5-17 PDMM 在溶剂比例为 THF：CH₃OH=9∶1 的聚集形貌(a)，杂化材料 PDMM@SiO₂ 在
TEOS 含量为 10wt%(b)、20wt%(c)下的 TEM 形貌和相应的 DLS 粒径分布(d)

因此，为了进一步比较和研究两种杂化材料的形成机理和过程，对两种不同
结构的杂化粒子形成过程的中间态形貌和粒径分布进行追踪分析。PDMM@ SiO₂
在混合溶剂 THF：CH₃OH(9∶1)和 20wt% TEOS 条件下的聚集形态和粒径分布追
踪结果表明，反应时间为 0h 时，可以观察到三种形貌的粒子，分别为 320nm 左
右的较均匀的共聚物组装体、40nm 左右的 SiO₂ 粒子(预水解得到的)和 20nm 左右
的低聚体，与 DLS 结果显示的 386.1nm、68.35nm 和 20.38nm 吻合(图 5-17 中未
示出)。当反应时间为 2h 时，预水解的 TEOS 部分已经聚集到 PDMM 组装体的周
围，但覆盖并不均匀，说明反应已经发生但未反应完全，即体系未达到最终的平
衡状态。当反应时间为 4h 时，可以看到 PDMM 组装体周围分布有均匀的 SiO₂
壳层，且溶液中基本不存在游离的 SiO₂ 粒子，说明 TEOS 与 PDMM 胶束水解缩
合反应完全，且体系达到了稳定状态，如图 5-18 所示。然而，对于杂化粒子 SiO₂@
PDMM 来说，尽管当 TEOS 含量为 20wt%时，其聚集形态和粒径分布的形成过程
与 PDMM@SiO₂ 类似。随着反应的进行，溶液中预水解的 TEOS 逐渐与共聚物链

段中的 PMPS 中的—Si(OCH₃)₃ 官能团水解缩合。但是，由于共聚物胶束的不稳定性，受 SiO₂ 重力和溶解度差的影响，SiO₂ 被共聚物链段包含到内部，形成圆状或椭圆状的形貌。DLS 粒径分布结果也同样验证了这个过程。

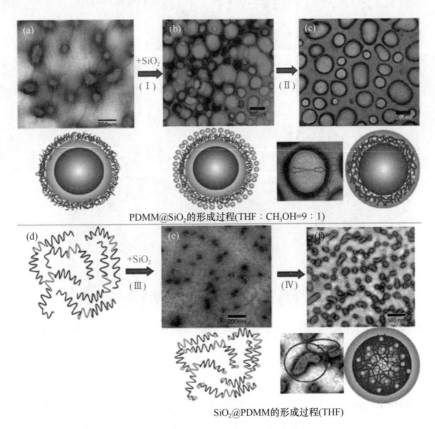

图 5-18　PDMM@SiO₂ 和 SiO₂@PDMM 形成过程示意图

5.6　PDMM@SiO₂ 和 SiO₂@PDMM 涂膜的表面性能

5.6.1　膜表面形貌和膜层结构

基于杂化粒子结构和形貌能够调控涂膜表面结构和形貌，通过 AFM 对 PDMM、PDMM@SiO₂ 和 SiO₂@PDMM 的涂膜表面形貌及粗糙度进行了比较研究，如图 5-19 所示。图 5-19(a)和(b)为 PDMM 的表面形貌，图 5-19(c)～(f)为 SiO₂@PDMM 中 TEOS 含量分别为 10wt%和 20wt%时的表面形貌及三维形貌，图 5-19(g)和(h)是 PDMM@SiO₂ 的表面形貌。PDMM 的涂膜表面[图 5-19(a)和(b)]显示

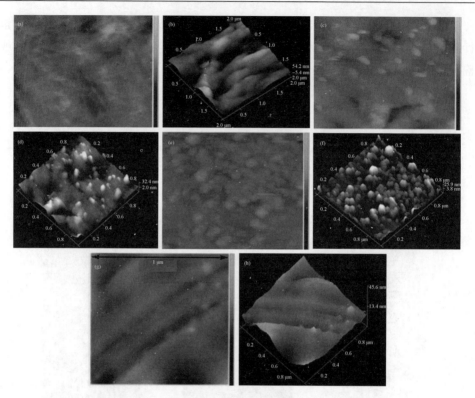

图 5-19　AFM 表面形貌图：PDMM(a，b)，SiO_2@PDMM(c～f)和 PDMM@SiO_2(g，h)

为平滑形貌，粗糙度约为 54nm。但从图 5-19(c)～(f)中可以看到有规则分布的杂化粒子(40～60nm 的凸起)均匀分散在表面上，粗糙度随着 TEOS 含量的增加而逐渐增大(60～80nm)。从图 5-19(g)和(h)中 PDMM@SiO_2 的表面形貌可以看出膜表面略有凸起。与 SiO_2@PDMM 相比，PDMM@SiO_2 涂膜表面显得粗糙度更小。这是由于 SiO_2@PDMM 表面展现的是一种微纳相粗糙度，而杂化材料 PDMM@SiO_2 展现的是一种平坦的纳相粗糙度。

　　为了进一步研究粒子的形成机理和 SiO_2 在共聚物模中的分散，对膜的断面形貌进行了分析。图 5-20 是不同 TEOS 含量(a)0wt%，(b)10wt%，(c)20wt%和(d)50wt%的膜断面形貌。图 5-20(a)展现了一种致密的结构，而图 5-20(b)和(c)表明了随着 SiO_2 含量的增加，断面形貌中白色颗粒状粒子相应地增加。尽管 PDMM@SiO_2 断面[图 5-20(d)]显示致密的形貌，但是 SiO_2 呈现堆积的形式。因此，图 5-20 显示，通过 TEOS 与 R($SiOCH_3$)$_3$ 之间的溶胶-凝胶反应形成的 Si—O—Si 键起到了主要作用。

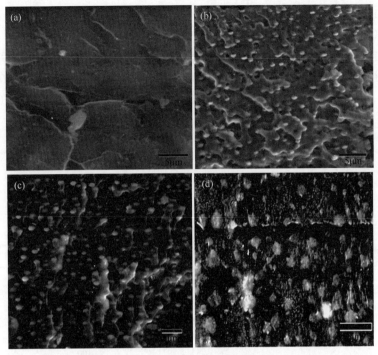

图 5-20　嵌段共聚物 PDMM(a)、不同含量 TEOS 杂化材料 SiO₂@PDMM(b，c)和 PDMM@SiO₂(d)的断面形貌

5.6.2　膜表面润湿性及对水的动态吸附行为研究

以 SiO₂@PDMM 膜为例，对膜表面元素进行了分析，如表 5-7 所示。随着 TEOS 含量的增加(样品 B、C)，膜表面 Si 元素逐渐增加，明显高于未引入 TEOS 的膜表面(样品 A)。同时发现表面具有良好的疏水作用，SiO₂@PDMM 涂膜表面的接触角为 $100°\sim101°$，表面能为 $22\sim24$mN/m，而 PDMM@SiO₂ 的疏水性能更加突出，接触角为 $114°\sim116°$，表面能为 $13\sim16$mN/m。这说明纳相态的粗糙度和微相态的粗糙度对表面疏水性作用不同。

表 5-7　不同 TEOS 含量的杂化材料膜的表面元素分析、接触角以及表面能

样品	TEOS/wt%	元素组成			接触角/(°)	γ_S/(mN/m)
		C	O	Si		
A	0	67.79	17.57	12.19	106	19.4
B(SiO₂@PDMM)	10	59.12	27.05	13.68	101	22.3
C(SiO₂@PDMM)	20	49.25	35.09	15.21	100	23.4
D(PDMM@SiO₂)	10	—	—	—	114	15.1
E(PDMM@SiO₂)	20	—	—	—	116	13.6

表面能的计算是通过公式 $1+\cos\theta = 2(\gamma_S/\gamma_L)^{1/2}\exp[-\beta(\gamma_L-\gamma_S)^2]$ 计算得到的。同时，采用 QCM-D 进一步研究了膜表面对水的吸附行为，如图 5-21 所示。与 PDMM 涂层相比[图 5-22(a)]，由于 SiO_2 的加入，杂化材料膜表面对水的吸附量明显降低，吸附表层更加稳定。与 SiO_2@ PDMM 涂层相比(Δf=820Hz，ΔD=400×10^{-6}，$\Delta D/\Delta f$= –0.5Hz^{-1})[图 5-22(c)]，PDMM@SiO_2 涂层[图 5-22(b)]具有更低的吸水量

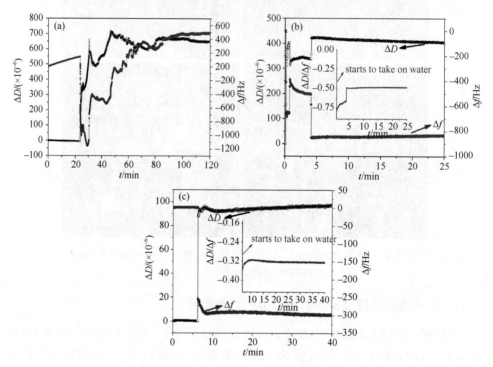

图 5-21　膜表面吸附水的 QCM-D 图、PDMM(a)、PDMM@SiO$_2$(b)、SiO$_2$@ PDMM(c)(TEOS 为 20%时)

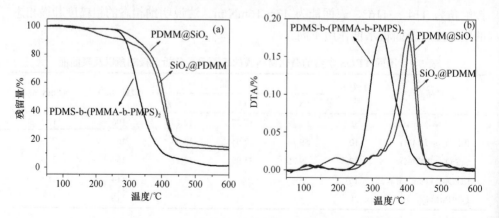

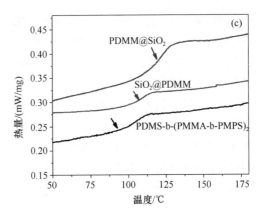

图 5-22　嵌段共聚物 PDMM，杂化材料 SiO₂@PDMM 和 PDMM@SiO₂ 的 TGA(a)、DTG(b) 和 DSC(c)测试曲线

(Δf=300Hz)、更致密的吸水层结构(ΔD=10×10^{-6})和更低的黏弹性($\Delta D/\Delta f$= −0.32Hz^{-1})。因此，PDMM@SiO₂ 粒子构筑的涂层的稳定性远大于 SiO₂@PDMM 涂层，这与上述讨论的表面粗糙度及疏水性完全一致。

5.7　PDMM@SiO₂ 和 SiO₂@PDMM 的热性能与机械性能

嵌段共聚物 PDMM、杂化材料 SiO₂@PDMM 和 PDMM@SiO₂ 的玻璃化转变温度(T_g)如图 5-22 所示。基于 PDMS、PMMA 和 PMPS 链段的 T_g 值分别为–120℃、105℃和–26℃，图 5-22 获得嵌段共聚物 PDMM 的 T_g 值为 87℃，说明 PMPS、PDMS 和 PMMA 之间存在相对较好的兼容性；而杂化材料 SiO₂@PDMM 的 T_g 值为 113℃，杂化材料 PDMM@SiO₂ 具有更高的 T_g 值(121℃)。这说明杂化材料的结构决定其玻璃化转变温度。杂化材料 SiO₂@PDMM 具有共聚物的壳层和无机粒子的内核，而杂化材料 PDMM@SiO₂ 具有共聚物的内核和无机粒子的外壳层，因此，外层无机成分能够起到很好的限制链段移动的作用，对热性能贡献更大。

对杂化材料的热稳定性也进行了热失重分析，从图 5-22 可以看出，嵌段共聚物 PDMM 的热分解分三步。第一步是在 150～200℃之间的分解，应是杂质水的存在引起的变化；第二步分解在 290℃左右，是由于 PMMA 和 PMPS 链段的分解，在 295～410℃之间的失重率大约是 88wt%；最后一步的分解发生在 420～530℃之间，是由于 PDMS 的降解，失重率大约是 10wt%。而对于杂化材料 SiO₂@PDMM 来说，主要的降解过程发生在 390～450℃，主要是由于共聚物主链段的降解，在温度达到 550℃时，材料的失重率不再发生变化，剩余 12% 的 SiO₂。尽管杂化材料 PDMM@SiO₂ 具有类似的降解过程，主要的降解过程发生在 390～450℃的共聚物部分的降解。但是后者的降解温度显著高于杂化材料 SiO$_2$@PDMM，表明无机组分在外壳时，具有更好的热稳定性。DSC 和 TGA 结果表明 SiO$_2$ 的加入，使得材料的 T_g 显著地增加，热分解温度也得到了提高。同时，SiO$_2$ 在外壳时，限制链段运动作用更强，显著地提高了杂化材料的热性能。

　　DMA 分析膜的动态拉伸的机械储能模量[图 5-23(a)]和相应的 Tan 值[图 5-23(b)]显示，随着 SiO$_2$ 的加入，机械储能模量显著增加(SiO$_2$@PDMM 为 2040MPa，PDMM@ SiO$_2$ 为 2350MPa)。这是由于 SiO$_2$ 网络结构的形成，限制了链段的移动，加固了膜层结构，显著提高膜的机械拉伸储能模量。图 5-23(b)中 SiO$_2$@PDMM 和 PDMM@SiO$_2$ 膜的 Tan 值，分别为 115℃和 122℃，这个结果与 DSC 测试得到的结果一致。

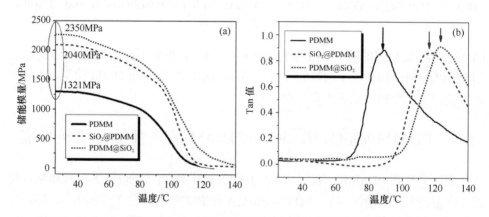

图 5-23　嵌段共聚物 PDMM、杂化材料 SiO$_2$@PDMM 和杂化材料 PDMM@SiO$_2$
膜的机械拉伸曲线及相应的 Tan 值

第 6 章　含氟硅烷基嵌段共聚物模板自水解 SiO$_2$

本章导读

　　基于嵌段共聚物的自组装特性而进行的软纳米材料研究已越来越受到重视。根据条件的不同，嵌段共聚物可以组装成如球形、圆柱体、双连体、棒状体、薄片、圆环体、囊泡、环状线圈或其他一些奇形怪状的形貌，从而构成性能各异的涂层。为了突出嵌段共聚物组装特性与链段的影响，也为了突出含氟链段与含有硅基链段的特性，本章通过自由基调聚法和 ATRP 法结合，首先利用甲基丙烯酸六氟丁酯(FMA)合成含氟低聚物引发剂 PFMA-Br，并依次引发甲基丙烯酸甲酯(MMA)和 γ-甲基丙烯酰氧基丙基三甲氧基硅烷(MPS)的两步 ATRP 反应，得到嵌段聚合物 PFMA$_m$-b-PMMA$_n$-b-PMPS$_p$。选择 PFMA$_{15.8}$-b-PMMA$_{328}$-b-PMPS$_{24.8}$ 在 THF/MeOH 混合溶剂中的组装体为模板，分别在 HCl 和 TEA 条件下进行自水解缩合，制备壳层为 Si—O—Si 键合的杂化材料 H1(TEA 条件下)和 H2(HCl 条件下)，如图 6-1 所示。探讨两种不同催化剂和三种不同溶剂四氢呋喃(THF)、氯仿(CHCl$_3$)和丁酮(MEK)溶剂中组装成形貌，对杂化粒子形貌和性能的影响，研究 H1 和 H2 膜表面形貌、表面元素含量分布、表面疏水性能、拉伸强度、黏接性能及热力学性能等。

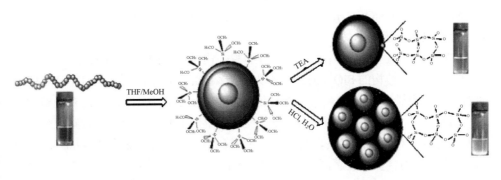

图 6-1　PFMA-b-PMMA-b-PMPS 在 TEA 和 HCl 中自水解制备 H1 和 H2

　　(1)溶剂对 PFMA$_{15.8}$-b-PMMA$_{328}$-b-PMPS$_{24.8}$ 的组装特性影响显示，在 THF 形成了 200nm 的内部深黑色 PFMA 链段和外壳 PMMA 与 PMPS 链段的壳状胶束，在 CHCl$_3$ 中形成 190nm 半球状核壳胶束，在 MEK 中形成 340nm 多核胶束且粒径明显大于 THF 和 $CHCl_3$ 中的胶束，说明嵌段聚合物在 MEK 中溶解度更好，是一种舒散状态的聚集形式。

(2)不同形貌的 $PFMA_{15.8}$-b-$PMMA_{328}$-b-$PMPS_{24.8}$ 胶束成膜后，成膜表面的含氟量都显著高于嵌段共聚物粉末，而 Si 元素含量低于粉末。$CHCl_3$ 成膜表面有最大含氟量(52.7%)和高度有序规整表面(R_a=0.31nm，均方根粗糙度 RMSR=10nm)，而 THF 膜含氟量稍低一些(44.07%)且规整度稍微差一些(R_a=3.17nm，RMSR=30nm)，MEK 膜表面具有最低含氟量(40.50%)和最不规整的表面形貌(R_a=4.38nm，RMSR=100nm)。

(3)尽管三种不同溶剂成膜表面都具有较高的前进接触角 θ_a(112°、120°和105°)和后退接触角 θ_r(109.8°、119°和 102°)，显示出优异的表面疏水性能。相比之下，$CHCl_3$ 成膜具有最高的前进接触角和后退接触角(θ_a=120°和 θ_r=119°)和最低的接触角滞后效应($\Delta\theta$=1°)。而 MEK 成膜具有最低的前进接触角和后退接触角(θ_a=105°和 θ_r=102°)以及最高的接触角滞后效应($\Delta\theta$=3°)。因此，含氟链段的表面迁移不仅可以调控表面形貌和元素含量，还能够显著提高膜表面润湿性。同时，$PFMA_{15.8}$-b-$PMMA_{328}$-b-$PMPS_{24.8}$ 在 THF 中所成膜具有更低的表面吸附水量(Δf=−425Hz)和更低的黏弹性($\Delta D/\Delta f$ = −0.31×10^{-6} Hz^{-1})。MEK 膜具有较高的吸附含量 Δf= −3240Hz 和较高的黏弹性 $\Delta D/\Delta f$ = −0.04×10^{-6} Hz^{-1}，而在 $CHCl_3$ 所成膜吸附水量和黏弹性居中，Δf = −1450Hz，$\Delta D/\Delta f$ = −0.1×10^{-6} Hz^{-1}。

(4)$PFMA_{15.8}$-b-$PMMA_{328}$-b-$PMPS_{24.8}$ 在三种不同溶剂下成膜的黏接力分别为 55N(THF)、54N($CHCl_3$)和 57N(MEK)，明显高于 $PFMA_{15.8}$-b-$PMMA_{328}$ 膜的黏接力(25N)，但略低于 E-$PMMA_{300.5}$-b-$PMPS_{28.0}$ 膜的黏接力(58N)。这说明聚合物中含有 PMPS 中的—$(SiOCH_3)_3$ 成分，能够提供较强的附着力，且 PFMA 的表面迁移并不会明显影响膜对基体的黏接力。

(5)H1 具有比较规整清晰的核壳型形貌，内核为 PFMA 和 PMMA，外壳为 Si—O—Si 键合结构的 SiO_2。H2 呈现鹅卵状多核壳型粒子。因此，H1 和 H2 膜表面的粗糙度明显低于 $PFMA_{15.8}$-b-$PMMA_{328}$-b-$PMPS_{24.8}$，且 H1 的表面有规整的凸起，粗糙度最小(R_a=0.47nm)。由于 H2 受粒子形貌影响，有少量的含氟成分迁移出来，造成相对较大的粗糙表面。相对于聚合物膜表面氟元素含量(44.07%)，H1 和 H2 膜表面的含氟量显著降低，约为 8%。H1 和 H2 膜表面接触角(θ_a=128°～119°，θ_r=127°～116°)都大于 $PFMA_{15.8}$-b-$PMMA_{328}$-b-$PMPS_{24.8}$，说明 H1 和 H2 具有更好的疏水性能。与 $PFMA_{15.8}$-b-$PMMA_{328}$-b-$PMPS_{24.8}$ 的拉伸储能模量 906MPa 相比，H1 和 H2 具有较高的拉伸储能模量(H1=1276MPa；H2=1454MPa)。这表明杂化材料含有 Si—O—Si 键合的无机成分，能够显著提高材料的机械拉伸储能模量。

6.1　自由基调聚法与 ATRP 结合制备含氟硅嵌段聚合物 PFMA-b-PMMA-b-PMPS

6.1.1　PFMA-b-PMMA-b-PMPS 的合成

自由基调聚法制备含氟低聚物引发剂 PFMA-Cl。将精制后的偶氮二异丁氰(AIBN)加入四氟节门茄形瓶中，60℃抽真空鼓氮气，重复此操作 3～5 次，然后在氮气保护下加入甲基丙烯酸六氟丁酯(FMA)、CBr₄ 和丁酮溶剂后充分搅拌，密封。将反应瓶移入 60℃油浴中反应 24h。反应结束后，旋转蒸发移去溶剂和未反应的单体。然后，加入适量 THF 溶解产物，并滴加到适量的甲醇中沉淀析出聚合物，过滤、洗涤，真空干燥至恒重，得固体含氟低聚物引发剂 PFMA-Cl(图 6-2 中的 S1～S5)，配方见表 6-1。通过图 6-3(B)的分析，PFMA-Cl 分子量为 3940g/mol 时选作下一步的合成引发剂。

ATRP 法制备嵌段聚合物 PFMA-b-PMMA。将精制后的 CuCl 加入四氟节门茄形瓶中，在 80℃抽真空鼓氮气，重复此操作 3～5 次，然后在氮气保护下加入含有 PFMA-Cl、MMA、TMEDA 和环己酮的溶液并持续反应 24h。将得到的产物在 40℃用 THF 稀释，经砂芯漏斗过滤后，用旋转蒸发仪在 50℃减压浓缩后得到白色黏稠液体。用滴液漏斗将白色黏稠液体慢慢加入强磁力搅拌的甲醇中沉析后过滤，真空干燥得到白色粉状固体产物 PFMA-b-PMMA-Cl(图 6-2 中的 S6)。

ATRP 法制备嵌段聚合物 PFMA-b-PMMA-b-PMPS。利用产物 PFMA-b-PMMA-Cl 与 MPS 反应制备 PFMA-b-PMMA-b-PMPS。将一定质量的白色粉状固体 PFMA-b-PMMA-Cl 和精制的环己酮加入茄形瓶中，待完全溶解后在室温下抽真空鼓氮气 3～5 次，在氮气保护下依次加入 CuCl、MPS 和 TMEDA 的混合液，升温至 120℃并反应 24h。将得到的产物用上述方法沉析、过滤、真空干燥后得到白色粉状固体产物 PFMA-b-PMMA-b-PMPS(图 6-2 中的 S7～S9)。具体合成配方见表 6-1。

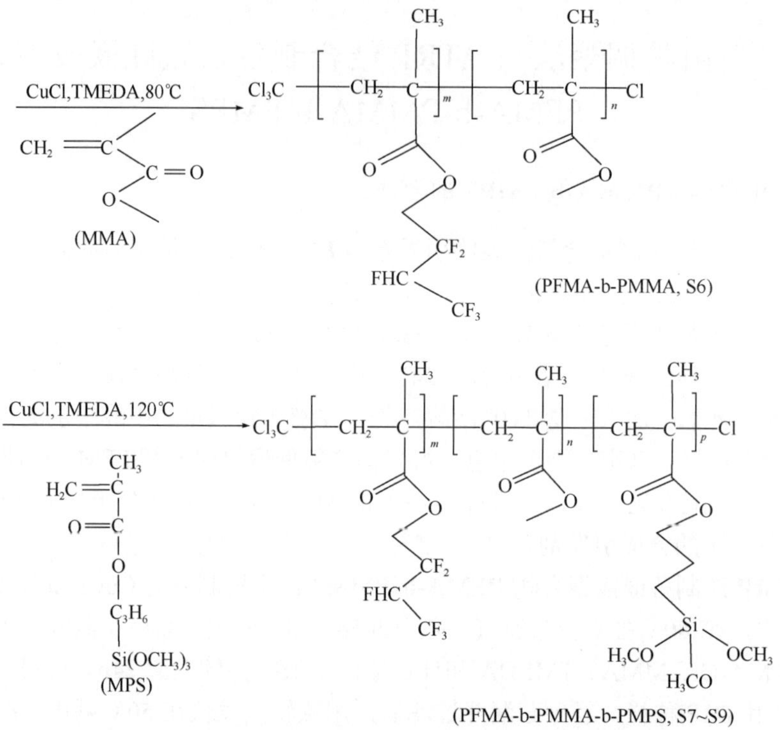

CuCl,TMEDA,80℃

(MMA)

(PFMA-b-PMMA, S6)

CuCl,TMEDA,120℃

(MPS)

(PFMA-b-PMMA-b-PMPS, S7~S9)

图 6-2 PFMA-b-PMMA-b-PMPS 的反应方程及合成示意图

表 6-1 PFMA-b-PMMA-b-PMPS 的聚合反应配方比例

样品	S1	S2	S3	S4	S5	S6	S7	S8	S9	S10
第一步，制备 PFMA$_m$-Cl(60℃，12h)										
FMA/g	3	3	3	3	3	—	—	—	—	—
AIBN/g	0.002	0.002	0.002	0.002	0.002	—	—	—	—	—
CCl$_4$/g	0.02	0.03	0.04	0.06	0.08	—	—	—	—	—
MEK/g	6	6	6	6	6	—	—	—	—	—
第二步，制备 PFMA$_m$-b-PMMA$_n$ 或 E-PMMA$_h$(80℃，24h)										
PFMA 或 EiBB/g	—	—	—	—	—	0.3	0.3	0.3	0.3	0.03
MMA/g	—	—	—	—	—	3	3	3	3	5.4
TMEDA/g	—	—	—	—	—	0.0177	0.0177	0.0177	0.0177	0.0363
CuCl/g	—	—	—	—	—	0.0076	0.0076	0.0076	0.0076	0.0154
MEK/g	—	—	—	—	—	6	6	6	6	10
第三步，制备 PFMA$_m$-b-PMMA$_n$-b-PMPS$_p$ 或 E-PMMA$_h$-b-PMPS$_k$(120℃，24h)										
PFMA-b-PMMA 或 E-PMMA/g	—	—	—	—	—	—	0.3	0.3	0.3	0.3
MPS/g	—	—	—	—	—	—	0.02	0.05	0.08	0.05
TMEDA/g	—	—	—	—	—	—	0.005	0.005	0.005	0.005
CuCl/g	—	—	—	—	—	—	0.002	0.002	0.002	0.002
环己酮/g	—	—	—	—	—	—	2	2	2	2

6.1.2　PFMA-b-PMMA-b-PMPS 的结构表征

图 6-3(A)是聚合物 PFMA 的红外谱图，C—F 的振动峰出现在 690cm^{-1} 和 1289cm^{-1}，而 C=O 的吸收峰出现在 1736cm^{-1}；与单体 FMA 相比，1642cm^{-1} 处的双键吸收峰消失了，表明调聚反应制备聚合物 PFMA。图 6-3(B)是 PFMA 的 ^{1}H NMR 谱图，4.5ppm 和 5.7ppm 的 c 和 d 峰分别是聚合物中—CH₂—CF₂—和—CF₂—CHF—的特征位移峰。图 6-3(C)和(D)中，聚合物 PFMA$_{15.8}$-b-PMMA$_{328}$ 在 3.70ppm 处出现了 MMA 链段中的—OCH₃ 的特征峰(g)，聚合物 PFMA$_{15.8}$-b-PMMA$_{328}$-b-PMPS$_{24.8}$ 在 4.02ppm 处出现了-PMPS 链段中—OCH₂—的峰(j)。红外和核磁结果证实了聚合物的嵌段结构。

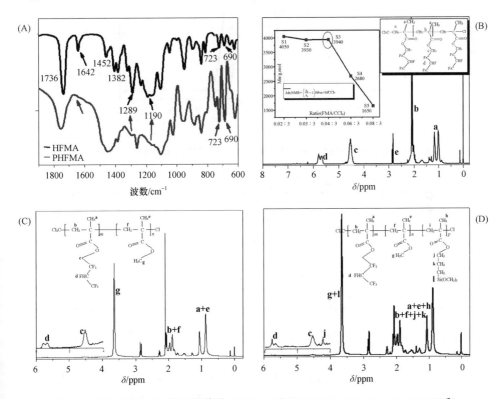

图 6-3　聚合物 PFMA 的红外谱图(FTIR)(A)及 PFMA(B)、PFMA-b-PMMA(C)和
PFMA-b-PMMA-b-PMPS(D)的氢核磁谱(^{1}H NMR)图

通过 GPC 测得嵌段聚合物的分子量和分子量分布如图 6-4 和表 6-2 所示。由图可以看出，共聚物的 GPC 流出曲线都呈现明显单峰分布。聚合物 PFMA$_m$-b-PMMA$_n$ 的流出时间最晚，得到的分子量最小，为 36 740g/mol，分子量分布 PDI

为 1.58。而随着 MPS 量的增加(S7～S9)，聚合物 PFMA$_m$-b-PMMA$_n$-b-PMPS$_p$ 的分子量逐渐增加(39 200g/mol、42 900g/mol、46 580g/mol)，分子量分布 PDI 分别为 1.80、1.45 和 1.42。因此，根据分子量的大小，计算得到链段的长短，分别为 m=15.8，n=328，p=10、24.8 和 36.7。作为对比，聚合物 E-PMMA-b-PMPS 的分子量和分子量分布分别为 36 620g/mol 和 1.04。

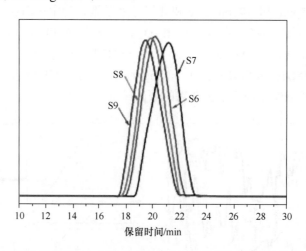

图 6-4　聚合物 PFMA-b-PMMA 和 PFMA-b-PMMA-b-PMPS 的 GPC 图

表 6-2　聚合物分子量及分子量分布

样品	设计的共聚物	获得的共聚物	M_n/(g/mol)	PDI
S6	PFMA$_m$-b-PMMA$_n$	PFMA$_{15.8}$-b-PMMA$_{328}$	36 740	1.58
S7		PFMA$_{15.8}$-b-PMMA$_{328}$-b-PMPS$_{10}$	39 200	1.80
S8	PFMA$_m$-b-PMMA$_n$-b-PMPS$_p$	PFMA$_{15.8}$-b-PMMA$_{328}$-b-PMPS$_{24.8}$	42 900	1.45
S9		PFMA$_{15.8}$-b-PMMA$_{328}$-b-PMPS$_{36.7}$	46 580	1.42
S10	E-PMMA$_h$-b-PMPS$_k$	E-PMMA$_{300.5}$-b-PMPS$_{28.0}$	36 620	1.04

6.2　溶剂对 PFMA-b-PMMA-b-PMPS 自组装的影响

为了更好地研究聚合物 PFMA-PMMA-b-PMPS 在溶液中的自组装行为与成膜性能之间的关系，通过 TEM 和 DLS 对聚合物在四氢呋喃(THF)、氯仿(CHCl$_3$)和丁酮(MEK)中的聚集形态进行了研究，如图 6-5 和表 6-3 所示。MEK、CHCl$_3$ 和 THF 的介电常数 ε 分别为 18.5、4.81 和 7.58，因此，MEK 具有最好的链段溶解性。而嵌段 PMPS 和 PMMA 在这三种溶液中具有相似的溶解性，PFMA 具有最差的溶解性。

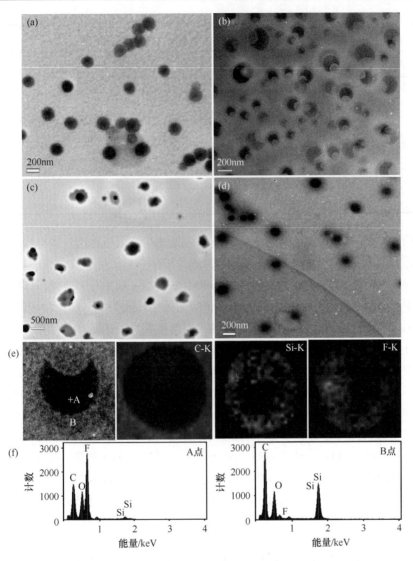

图 6-5　PFMA₁₅.₈-b-PMMA₃₂₈-b-PMPS₂₄.₈ 在不同溶剂中的自组装形貌 TEM 图[THF(a)、CHCl₃(b) 和 MEK(c)]，以及 PFMA₁₅.₈-b-PMMA₃₂₈ 在 THF 中的 TEM 形貌(d)和相应的成像分析(e)与电镜能谱(f)

　　图 6-5(a)为 PFMA₁₅.₈-b-PMMA₃₂₈-b-PMPS₂₄.₈ 在 THF 中的自组装形态，可以观察到 200nm 左右核壳状胶束。为了更好地确认这种核壳状胶束及各组分的分布，图 6-5(d)给出了 S1[PFMA₁₅.₈-b-PMMA₃₂₈]在 THF 中的聚集形貌，由于 S1 展现了 180～250nm 核壳状胶束，因此，可以推断 PFMA₁₅.₈-b-PMMA₃₂₈-b-PMPS₂₄.₈ 核壳状胶束的内部深黑色部分是 PFMA 链段的聚集体，外壳部分是 PMMA 和 PMPS

表 6-3 胶束形貌及粒径分布、表面粗糙度(R_a)、动态接触角(前进接触角 θ_a 和后退接触角 θ_r)、表面水吸附含量(Δf)、黏弹性($\Delta D/\Delta f$)和膜对基体的黏接力

样品	溶剂	粒径/nm	R_a/nm	$\Delta D/\Delta f$ ($\times 10^{-6}$ Hz^{-1})	Δf /Hz^{-1}	DCA (θ_a 和 θ_r)/(°)	黏接力/N
PFMA$_{15.8}$-b-PMMA$_{328}$ (S1)	THF	180～250	2.88	-0.045	-3250	100±2.3 97±1.9	25
PFMA$_{15.8}$-b-PMMA$_{328}$- b-PMPS$_{24.8}$ (S3)	THF (ε=7.58)	200 球形核壳	3.17	-0.31	-425	112±2.6 110±1.3	55
	CHCl$_3$ (ε=4.81)	半球形核壳	0.31	-0.10	-1450	120±3.2 119±2.0	54
	MEK (ε=18.5)	340 多核状球形核壳 结构	4.38	-0.04	-3240	105±1.3 102±3.1	57
E-PMMA$_{300.5}$-b- PMPS$_{28.0}$(S5)	THF	150	0.19	-0.037	-2750	94±1.5 88±2.9	58

链段的聚集体,PFMA 是因为溶解性最差,收缩在胶束核内部,PMMA 和 PMPS 具有较好且类似的溶解性,伸展在外侧。

图 6-5(b)是 PFMA$_{15.8}$-b-PMMA$_{328}$-b-PMPS$_{24.8}$ 在 CHCl$_3$ 中的自组装聚集形态,呈现半球状核壳胶束,粒径大约为 190nm,这可能是因为 PFMA$_{15.8}$-b-PMMA$_{328}$-b-PMPS$_{24.8}$ 在 CHCl$_3$ 中具有稍差的溶解性。根据溶解性差的链段易于收缩为内核,溶解性好的链段伸展为外壳的原理,这个半球状胶束内核部分是 PFMA,外壳部分是 PMMA 和 PMPS 链段。为了确认这种特殊的胶束形貌,对半球状核壳胶束进行了元素能谱和成像分析,元素成像[图 6-5(e)]清晰地表明 F 元素在内核呈半球形状存在,且周围是 C 和 Si 元素的外壳。A 和 B 点的元素含量结果表明,A 点深黑色半球状部分主要含量是来自 PFMA 链段的 F 元素,且明显高于 B 点,而 B 点的 Si 含量相对较高。结果表明半球状内核主要是 PFMA 链段,外壳部分主要是 PMMA 和 PMPS。图 6-5(c)是 PFMA$_{15.8}$-b-PMMA$_{328}$-b-PMPS$_{24.8}$ 在 MEK 中的组装行为,聚集形貌是 340nm 左右的多核状核壳胶束,且粒径都明显大于 THF 和 CHCl$_3$ 中,这说明嵌段聚合物在 MEK 中是一种舒散状态的聚集形式,溶解度更好。

6.3 PFMA-b-PMMA-b-PMPS 涂膜性能

6.3.1 膜表面形貌和粗糙度

为了进一步研究核壳胶束对膜性能的影响,将上述核壳胶束成膜,通过 AFM 测试进行表面形貌分析,并与聚合物 PFMA$_{15.8}$-b-PMMA$_{328}$(S1)和 E-PMMA$_{300.5}$-b-PMPS$_{28.0}$(S5)进行对比。图 6-6 和表 6-3 显示,PFMA$_{15.8}$-b-PMMA$_{328}$-b-PMPS$_{24.8}$ 在 THF 中成膜表面具有 3.17nm 的粗糙度和 30nm 表面均方根粗糙度(RMSR),且明显大于 CHCl$_3$ 溶剂所成的膜表面粗糙度(R_a= 0.31nm 和 RMSR= 10nm),但是小

于在 MEK 溶剂所成膜表面的粗糙度(R_a= 4.38nm 和 RMSR=100nm)。这种不同溶剂下成膜的表面粗糙度差异主要是由不同结构的核壳胶束决定的。在胶束成膜一开始，最初的核壳胶束受链段和溶剂间的强相互作用力影响，呈现出稳定状态。但是，随着溶剂挥发，链段开始发生迁移运动，球状(THF)和半球状(CHCl₃)的核壳胶束在成膜过程中更加有利于 PFMA 链段的表面迁移，而多核胶束(MEK)迁移较慢，且 EMK 具有最慢的挥发速度，因此，最终的氯仿膜表面具有最小的表面粗糙度，MEK 膜具有最大的表面粗糙度。

但是，PFMA$_{15.8}$-b-PMMA$_{328}$ 和 E-PMMA$_{300.5}$-b-PMPS$_{28.0}$ 在 THF 中成膜的结果表明，含有氟链段的聚合物 PFMA$_{15.8}$-b-PMMA$_{328}$ 膜表面也具有客观的粗糙度(R_a=2.88nm)[图 6-6(d)]。但是不含氟的聚合物膜 E-PMMA$_{300.5}$-b- PMPS$_{28.0}$ 由于缺少含氟成分的链段运动迁移，具有极小的表面粗糙度(R_a=0.19nm 和 RMSR=10nm)[图 6-6(e)]。

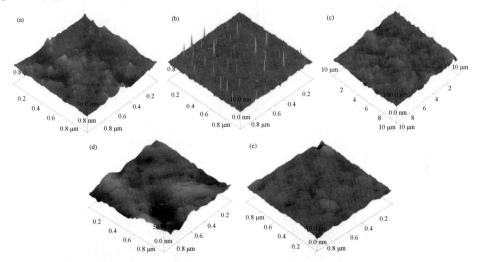

图 6-6　嵌段聚合物 PFMA$_{15.8}$-b-PMMA$_{328}$-b-PMPS$_{24.8}$ 在 THF(a)、CHCl₃(b)和 MEK(c)中成膜的表面形貌图，以及 PFMA$_{15.8}$-b-PMMA$_{328}$(d)和 E-PMMA$_{300.5}$-b-PMPS$_{28.0}$(e)在 THF 中成膜的表面形貌图

6.3.2　膜表面元素组成

针对不同溶剂下成膜的表面形貌和粗糙度显著不同，对 PFMA$_{15.8}$-b-PMMA$_{328}$-b-PMPS$_{24.8}$ 膜表面元素含量进行分析。图 6-7 结果表明，相对于嵌段聚合物粉末，三种溶剂下膜表面 F 元素含量显著提高，而 Si 元素含量降低。CHCl₃ 条件下成膜给出最大的氟含量(52.7%)，显示出高度有序和规整的表面(R_a=0.31nm)，而 THF 膜的规整度稍微差一些(R_a=3.17nm，44.07%氟含量)，MEK 具有最不规整的表面形

貌(最大的粗糙度 R_a=4.38nm)和最低的表面氟含量(40.50%)。这主要是由溶剂特性(介电常数)和挥发速度两方面因素造成的。由于溶剂极性能明显影响链段与链段间和链段与溶剂间的相互作用，具有最小的介电常数(ε=4.81)，$CHCl_3$ 更加有利于 PFMA 链段的运动和表面迁移，而 MEK(ε=18.5)具有最差的促进作用。另外，$CHCl_3$ 具有最快的挥发速度，MEK 具有最慢的挥发速度，因此，基于膜表面形貌、膜表面元素含量及溶剂特性的考虑，构筑的膜层表面形貌示意图如图 6-8 所示。

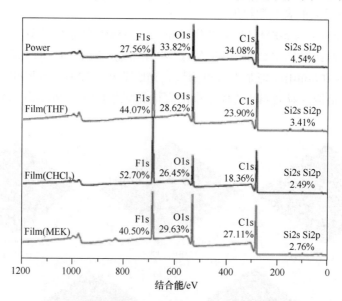

图 6-7　嵌段聚合物 $PFMA_{15.8}$-b-$PMMA_{328}$-b-$PMPS_{24.8}$ 在不同溶剂下成膜的表面元素含量

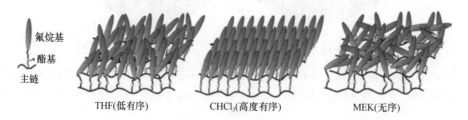

图 6-8　嵌段聚合物 $PFMA_{15.8}$-b-$PMMA_{328}$-b-$PMPS_{24.8}$ 在不同溶剂中成膜结构示意图

6.3.3　膜表面润湿性与动态吸水性能

图 6-9 是动态接触角分析测试这些膜表面润湿性能。与聚合物 $PFMA_{15.8}$-b-$PMMA_{328}$ (θ_a=100°和 θ_r=96.6°)和 E-$PMMA_{300.5}$-b-$PMPS_{28.0}$(θ_a=94°和 θ_r=88°)的动态接触角相比，聚合物 $PFMA_{15.8}$-b-$PMMA_{328}$-b-$PMPS_{24.8}$ 在三种不同溶剂下成膜都具有较高的前进接触角 θ_a(112°、120°和105°)和后退接触角 θ_r(109.8°、119°和102°)，

显示出更优异的表面疏水性能。相对于三种不同溶剂下的成膜而言，CHCl₃ 条件下具有最高的前进接触角与后退接触角(θ_a=120°和 θ_r=119°)和最低的接触角滞后效应($\Delta\theta$=1°)。这是因为氯仿膜表面具有最高的氟元素含量和最规整的膜表面。但是，受表面氟元素含量最低和无规表面影响，MEK 膜展现了最低的前进接触角与后退接触角(θ_a=105°和 θ_r=102°)和最高的接触角滞后效应($\Delta\theta$=3°)。因此氟链段的表面迁移不仅可以调控表面形貌和元素含量，而且能够显著提高膜表面润湿性。

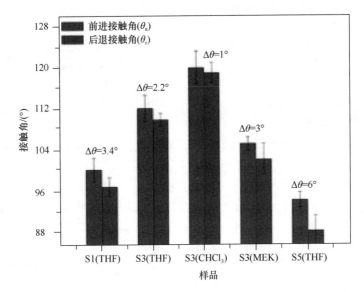

图 6-9　嵌段聚合物 PFMA₁₅.₈-b-PMMA₃₂₈-b-PMPS₂₄.₈ 的膜表面动态接触角

QCM-D 分析聚合物 PFMA₁₅.₈-b-PMMA₃₂₈-b-PMPS₂₄.₈ 膜表面对水的吸附行为和膜层黏弹态，如图 6-10 所示。PFMA₁₅.₈-b-PMMA₃₂₈ 膜[图 6-10(a)]经过两个动态吸附过程后(7.5～10min 和 20～30min)达到最终的平衡状态，此时吸附量为 Δf=−3250Hz 和黏弹态指数为 $\Delta D/\Delta f$=−0.045Hz⁻¹。而聚合物 E-PMMA₃₀₀.₅-b-PMPS₂₈.₀ 膜在 20min 时吸附达到平衡，吸附量和黏弹性分别为 Δf =−2750Hz⁻¹ 和 $\Delta D/\Delta f$ = −0.037Hz⁻¹。

PFMA₁₅.₈-b-PMMA₃₂₈-b-PMPS₂₄.₈ 在 THF 中成膜[图 6-10(c)]的吸附平衡过程较快，表面膜层紧密地排布，且对水具有一定的排斥性。相比于 PFMA₁₅.₈-b-PMMA₃₂₈ 和 E-PMMA₃₀₀.₅-b-PMPS₂₈.₀ 的表面吸附行为，PFMA₁₅.₈-b-PMMA₃₂₈-b-PMPS₂₄.₈ 的 THF 膜具有更低的表面吸附水含量(Δf= −425Hz)和更低的黏弹性($\Delta D/\Delta f$ = −0.31Hz⁻¹)。而 PFMA₁₅.₈-b-PMMA₃₂₈-b-PMPS₂₄.₈ 在 CHCl₃ 所成膜有两步比较缓慢的吸附过程[图 6-10(d)]，第一个过程从 10min 开始达到平衡直到 45min，$\Delta D/\Delta f$ = −0.4Hz⁻¹，表明此过程具有疏水性能和比较低的黏弹性。在 45min 后经过第二个动态吸附过

程达到最终平衡(100min)，此时 $\Delta f = -1450\text{Hz}$ 和 $\Delta D/\Delta f = -0.1\text{Hz}^{-1}$。黏弹性比第一过程有所降低。然而，MEK 膜在开始 40min，ΔD 随着 Δf 的降低而增加，最终经过较长的时间达到平衡，吸附过程非常缓慢[图 6-10(e)]，最终具有较高的吸附量($\Delta f = -3240\text{Hz}$)和较高的黏弹性($\Delta D/\Delta f = -0.04\text{Hz}^{-1}$)。比较聚合物膜层的吸附过程不难发现，PFMA 和 PMPS 链段的引入，能够有效地降低表面水吸附量，得到相对稳定的黏弹性表面和快速的平衡过程，同时 MEK 膜具有最高的表面水吸附量，THF 具有最低的表面水吸附量。

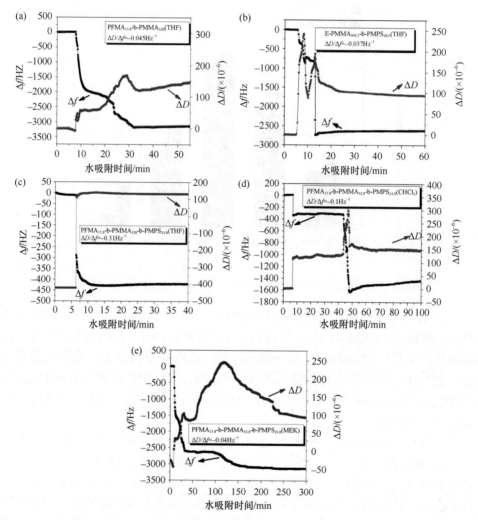

图 6-10　聚合物 PFMA$_{15.8}$-b-PMMA$_{328}$ 的 THF 膜(a)、E-PMMA$_{300.5}$-b-PMPS$_{28.0}$ 的 THF 膜(b)、
PFMA$_{15.8}$-b-PMMA$_{328}$-b-PMPS$_{24.8}$THF 膜(c)、CHCl$_3$ 膜(d)和 MEK 膜(e)对水的吸附行为

6.3.4　膜的黏接力

PFMA$_{15.8}$-b-PMMA$_{328}$、E-PMMA$_{300.5}$-b-PMPS$_{28.0}$ 和 PFMA$_{15.8}$-b-PMMA$_{328}$- b-PMPS$_{24.8}$ 对基体硅片的黏接力如图 6-11 所示。结果表明，PFMA$_{15.8}$- b-PMMA$_{328}$-b-PMPS$_{24.8}$ 在三种不同溶剂下成膜展现了大小基本相当的单位面积黏接力[55N(THF)、54N(CHCl$_3$)和 57N(MEK)]，且明显地高于 PFMA$_{15.8}$-b-PMMA$_{328}$ 的黏接力(25N)，但略低于 E-PMMA$_{300.5}$-b-PMPS$_{28.0}$ 的黏接力(58N)。这说明聚合物中含有 PMPS 的 —(SiOCH$_3$)$_3$ 官能团时，能够提供聚合物的黏接力。另外，PFMA 的表面迁移并不会影响膜对硅片的黏接力大小。

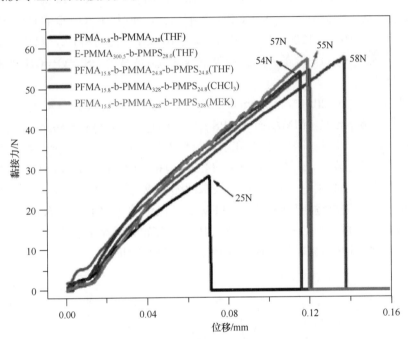

图 6-11　聚合物 PFMA$_{15.8}$-b-PMMA$_{328}$、PFMA$_{15.8}$-b-PMMA$_{328}$-b-PMPS$_{24.8}$(THF、CHCl$_3$ 和 MEK)
和 E-PMMA$_{300.5}$-b-PMPS$_{28.0}$ 对基体黏接力测试曲线

6.4　聚合物模板自水解制备杂化材料 H1 和 H2

以上研究显示，PFMA$_{15.8}$-b-PMMA$_{328}$-b-PMPS$_{24.8}$ 在 THF 中组装为球状规整的核壳胶束，内核为 PFMA 链段聚集体，外壳为 PMMA 和 PMPS 链段聚集体。当 V(THF)/V(MeOH)=9/1 时，PMPS 中—Si(OCH$_3$)$_3$ 将伸展到外壳，利用催化剂作用将—Si(OCH$_3$)$_3$ 水解缩合得到 Si—O—Si 键合的壳层。因此，首先将 PFMA$_{15.8}$-b-

PMMA$_{328}$-b-PMPS$_{24.8}$ 在 THF(2wt%)中溶解，然后逐滴加入甲醇，最终控制加入量为 V(THF)/V(MeOH)=9/1，保持 3h 后，注入适量的 0.5wt%的三乙胺(TEA)持续搅拌，室温反应 5 天，产物标号为 H1。如果注入适量 0.1mol/L HCl，持续搅拌室温反应 4h，产物标号为 H2，如图 6-1 所示。

H1 和 H2 的红外图谱 6-12 中出现了 1740cm^{-1} 处的 C=O 吸收峰，1453cm^{-1} 和 1382cm^{-1} 处的—CH$_2$—吸收峰，1289cm^{-1} 和 1190cm^{-1} 处的—CF$_2$ 和—CF$_3$ 伸缩振动吸收峰，1165cm^{-1} 处的 Si—O—C 伸缩振动吸收峰，以及 733cm^{-1} 处的—CF$_2$—CFH—CF$_3$ 特征红外吸收峰。而对于杂化材料 H1，1165cm^{-1} 处 Si—O—C 的伸缩振动吸收峰强度有所降低，但在 1100~1120cm^{-1} 处出现了 Si—O—Si 的红外吸收峰。这是由于在杂化材料 H1 中—Si—OCH$_3$ 水解缩合，使得 Si—O—C (1165cm^{-1})转化成 Si—O—Si(1100~1120cm^{-1})。类似的结果也出现在杂化材料 H2，但 H2 在 1100~1180cm^{-1} 处的 Si—O—Si 的伸缩振动吸收峰变宽，这是由—Si—O—CH$_3$ 水解缩合不完全造成的。

同时，在图 6-12(b)中，4.5ppm 和 5.7ppm 是 PFMA 链段中—OCH$_2$—和—CHF 的特征峰；3.6ppm 是 PMMA 和 PMPS 中—OCH$_3$ 的特征峰；3.8ppm 处是 PMPS 链段中—OCH$_2$—的特征峰。但是在杂化材料 H1 和 H2 中，3.5ppm 处—OCH$_3$ 的核磁峰强度显著降低，并且—OCH$_2$—(4.5ppm)和—CHF(5.7ppm)的吸收峰基本消失。这是因为 PMPS 中—Si(OCH$_3$)$_3$ 被水解缩合成—Si—O—Si 键，使得 3.5ppm 处—OCH$_3$ 的核磁峰强度显著降低。PFMA 链段中的—OCH$_2$—(4.5ppm)和—CHF(5.7ppm)被形成的 Si—O—Si 键合封锁到核内，使得信号峰显著降低，很难被核磁监测信号。红外和核磁结果表明，成功制备得到 H1 和 H2。

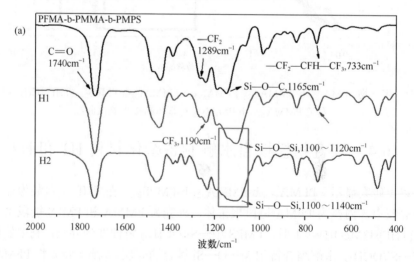

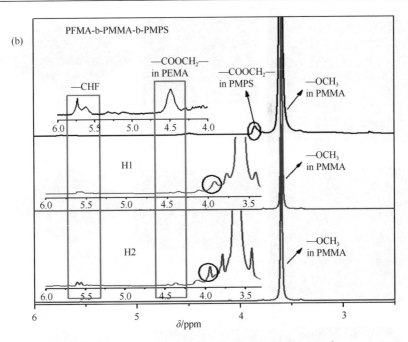

图 6-12　PFMA-b-PMMA-b-PMPS、H1 和 H2 的 FTIR 谱图(a)和 ¹H NMR 谱图(b)

6.5　H1 和 H2 膜表面性能

与聚合物 PFMA-b-PMMA-b-PMPS 的表面粗糙度(R_a=3.17nm，粗糙度曲线在 –4~8nm 之间波动)相比[图 6-13(a)]，H1 和 H2 膜表面的粗糙度明显较小[图 6-13(b) 和(c)]。H1 的表面有规整的凸起，粗糙度最小(R_a=0.47nm)，粗糙度曲线在–2~2nm 之间波动。这主要是因为 PFMA-b-PMMA-b-PMPS 中含有 PFMA 链段，在成膜过程中能够表面迁移，造成表面较大的粗糙度，而在形成 H1 和 H2 后，含氟组分已经被封锁在核内部，无法迁移出来，且得到的 Si—O—Si 键合的外壳具有较小的粗糙度。H2 的粗糙度为 0.80nm[图 6-13(b)]受粒子形貌影响，可能会有少量的含氟成分迁移出来，造成相对较大的粗糙表面。实际上，H1(TEA 催化)具有比较规整清晰的核壳型形貌，内核为 PFMA 和 PMMA，外壳为 Si—O—Si 键合的壳层[图 6-13(e)]。但 H2(HCl 催化)呈现鹅卵状多核壳粒子，内核为 PFMA 和 PMMA，外壳为 Si—O—Si 键合壳层。这是因为 TEA 具有缓慢的催化效果，形成的粒子比较均匀。而 HCl 催化效果比较快，因此在形成过程中造成胶束部分边缘水解缩合，且相互间粒子发生交联，形成多核壳结构的杂化粒子[图 6-13(f)]。

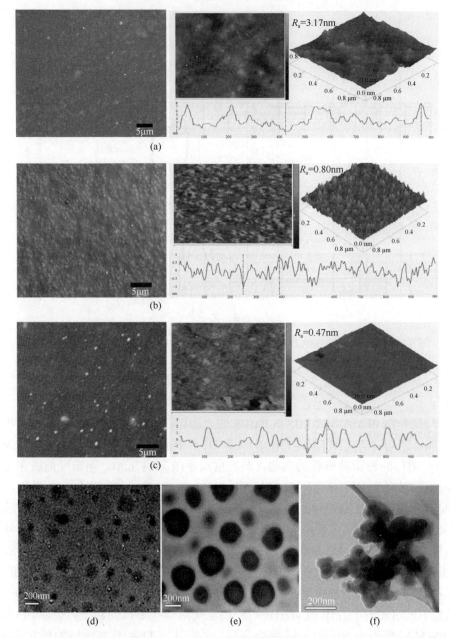

图 6-13　PFMA-PMMA-b-PMPS(a)、H2(b)、H1(c)膜表面的 SEM 和 AFM 图，以及对应的 TEM
形貌[PFMA-b-PMMA-b-PMPS(d)、H1(e)、H2(f)]

　　图 6-14 显示，相对于聚合物粉末的元素含量(F 含量为 27.56%，如图 6-7 所示)，
聚合物膜表面氟元素含量显著增加(44.07%)，而杂化膜 H1 和 H2 中 F 元素含量显

著降低，约为 8%，这是由于杂化粒子中氟成分被封锁在内核，在成膜过程中，氟链段很难迁移。表 6-4 显示，H1 和 H2 膜表面的接触角都大于 PFMA$_{15.8}$-b-PMMA$_{328}$-b-PMPS$_{24.8}$，说明 H1 和 H2 具有更好的疏水性能。

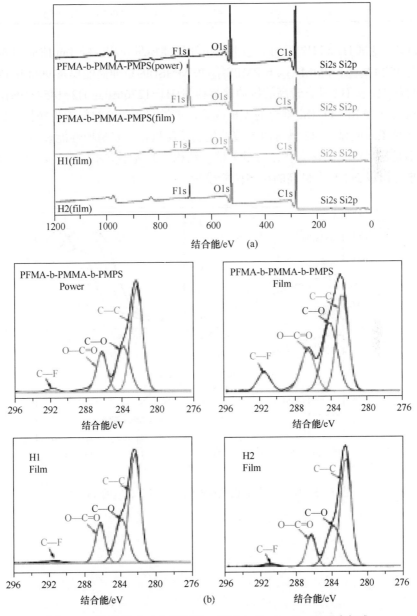

图 6-14　膜表面 XPS 分析结果，表示由 C、O、F、Si 元素组成

表 6-4　表面元素组成、动态水接触角(DCA)和表面粗糙度(R_a)

样品	表面元素组成/%				DCA(θ_a 和 θ_r)/(°)	R_a/nm
	F	C	O	Si		
H1	7.6	42.8	41.7	7.9	128±2.5，127±1.2	0.47
H2	8.4	43.3	42.1	6.1	119±1.7，116±3.1	0.80

　　DMA 测试 H1 和 H2 膜的动态机械拉伸储能模量和相应的 Tan 值如图 6-15 所示。与 PFMA$_{15.8}$-b-PMMA$_{328}$-b-PMPS$_{24.8}$(PFMMSi)的拉伸储能模量 906MPa 相比，杂化材料 H1 和 H2 具有较高的拉伸储能模量(H1=1276MPa；H2=1454MPa)，表明杂化材料含有 Si—O—Si 键合的无机成分，能够显著提高材料的机械拉伸储能模量。同时 Tan 值显示 H2 具有两个玻璃化转变温度，从热机械性能表明，H2 的结构并不是稳定规整的核壳状，而是多核壳结构，且壳层并不完整，聚合物能够伸展出来。所以 H2 具有最高的拉伸储能模量。

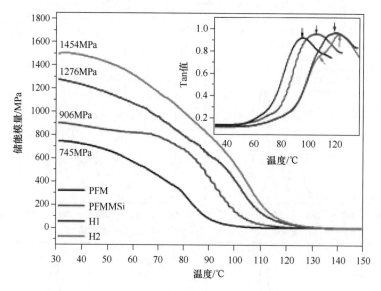

图 6-15　H1 和 H2 的机械拉伸储能模量和相应的 Tan 值

第7章 吡啶基嵌段共聚物模板生长 SiO₂

本章导读

超疏水表面是指表面静态接触角 SCA＞150°和滑动角 SA＜5°的表面。通常，可通过表面化学组成(有利于降低表面自由能)与表面微观形貌(有利于增加粗糙度)之间的协同效应而获得。实际上，表面几何因素是获得超疏水表面的必要条件。因此，多数的超疏水表面主要由蚀刻、模板、静电纺丝、电沉积、化学气相沉积和酸处理的方法构筑，但这些方法因使用昂贵的设备或多步进程而受到制约。然而，嵌段共聚物胶束蒸发过程的自迁移和相位分离产生的微米级结构制备超疏水表面是一种行之有效的方法，而且纳米粒子可用于构建不同润湿性表面形貌控制。以这种纳米胶束聚集体为模板沉积无机物可制备结构可控型嵌段共聚物/无机杂化纳米粒子，兼具有机材料的高黏结性、无机材料的强耐老化性和纳米材料的高渗透性等功能。更为重要的是，嵌段共聚物丰富的溶液自组装特性，将赋予嵌段共聚物/无机杂化纳米粒子良好的结构、形貌、尺寸和聚集行为可控性，从而为成膜表面性能的优化提供了保证，尤其提供了行之有效的途径。

基于这个原因，本章以嵌段共聚物聚苯乙烯-b-聚乙烯基吡啶(PS-b-P4VP)在溶液中自组装形成的纳米胶束为模板沉积无机物 SiO₂，制备核壳型 PS-b- P4VP/SiO₂杂化纳米粒子，讨论其一步成膜构建超疏水表面的可行性。分别以嵌段共聚物 P4VP-b-PS 在 THF/ H₂C₂O₄(aq)和 DMF/ H₂C₂O₄(aq)中自组装形成的胶束为模板沉积 SiO₂ 制备 SiO₂ 为核、P4VP-b-PS 为壳，以及 SiO₂ 为壳、P4VP-b-PS 为核的两种核壳型 P4VP-b-PS/SiO₂ 杂化纳米粒子，过程示意图如图 7-1 所示。系统研究共聚物的结构、溶液自组装行为和成膜表面疏水性质。

对于 SiO₂ 为核、P4VP-b-PS 为壳的核壳型 P4VP-b-PS/SiO₂ 杂化纳米粒子，当 SiO₂ 含量较高[m(TEOS)/m(P4VP-b-PS)=26.6]时，P4VP-b-PS/SiO₂ 杂化纳米粒子可一步成膜形成具有类似荷叶的微纳二次结构表面，表现出超疏水和低黏滞性能；当 SiO₂ 含量较低[m(TEOS)/m(P4VP-b-PS)=18.7]时，P4VP-b-PS/SiO₂ 杂化纳米粒子一步成膜和采用甲苯溶剂退火 30min 可获得具有纳米结构和微纳二次结构特征的表面，表现出超疏水和低黏滞性能。

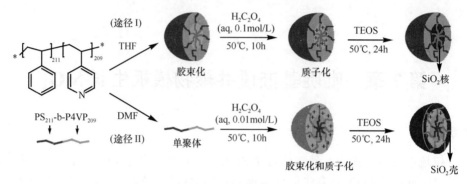

图 7-1　PS-b-P4VP/SiO₂ 杂化纳米粒子的制备过程示意图

7.1　PS-b-P4VP/SiO₂ 杂化纳米粒子的制备

　　分别称取 0.01g 的嵌段结构聚苯乙烯-b-聚乙烯基吡啶共聚物(PS-b-P4VP) ($M_{n(PS)}$=22 000；$M_{n(P4VP)}$=22 000)，在玻璃瓶中溶解于 1mL 的四氢呋喃或 N,N-二甲基甲酰胺；待溶解后逐滴(10μL/min)加入一定量的草酸水溶液，使 PS-b-P4VP 完成胶束化作用和使 P4VP 充分质子化。加完后，在 50℃磁力搅拌 10h；一次性加入一定量的 TEOS，再继续搅拌 24h，即得到 PS-b- P4VP/SiO₂ 杂化纳米粒子。总体讲，此制备过程分为两步，首先分别制备两种胶束模板，再获得两种 PS-b-P4VP/SiO₂ 杂化纳米粒子。其中，PS-b-P4VP 胶束模板的制备过程如图 7-2 所示，PS-b- P4VP/SiO₂ 杂化纳米粒子的制备过程如图 7-3 所示。

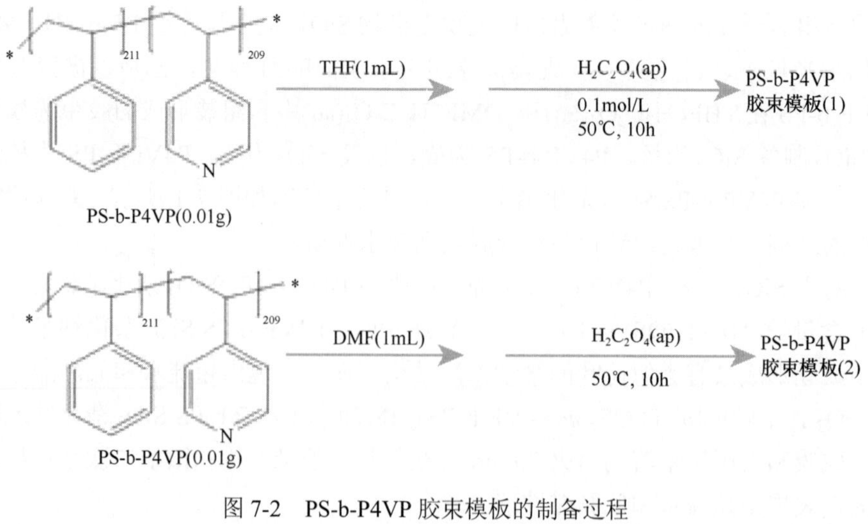

PS-b-P4VP(0.01g)　　THF(1mL)　　　H₂C₂O₄(ap)　　　PS-b-P4VP
　　　　　　　　　　　　　　　　　0.1mol/L　　　胶束模板(1)
　　　　　　　　　　　　　　　　　50℃, 10h

PS-b-P4VP(0.01g)　　DMF(1mL)　　　H₂C₂O₄(ap)　　　PS-b-P4VP
　　　　　　　　　　　　　　　　　50℃, 10h　　　胶束模板(2)

图 7-2　PS-b-P4VP 胶束模板的制备过程

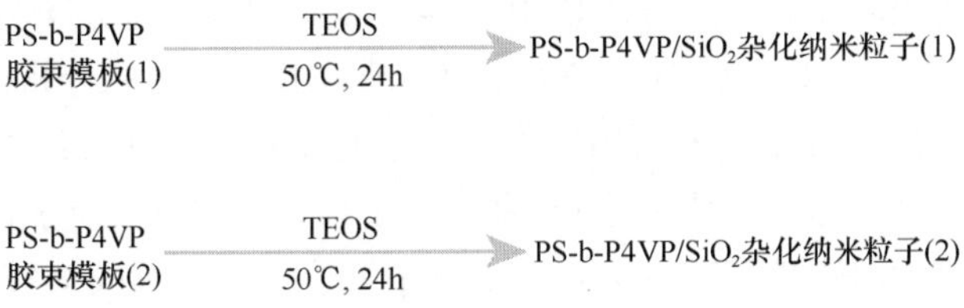

PS-b-P4VP
胶束模板(1) $\xrightarrow[\text{50℃, 24h}]{\text{TEOS}}$ PS-b-P4VP/SiO$_2$杂化纳米粒子(1)

PS-b-P4VP
胶束模板(2) $\xrightarrow[\text{50℃, 24h}]{\text{TEOS}}$ PS-b-P4VP/SiO$_2$杂化纳米粒子(2)

图 7-3 PS-b-P4VP/SiO$_2$ 杂化纳米粒子的制备过程

7.2 PS-b-P4VP 的粒径分布与组装形貌

7.2.1 PS-b-P4VP 的组装粒径

嵌段共聚物 PS-b-P4VP 溶解在 THF 中时溶液显蓝色，说明已经发生了溶液自组装胶束行为。这是因为 THF 是 PS 的良溶剂，却是 P4VP(当分子量大于 4000Da 时)的不良溶剂，因此在溶液中易于形成 PS 为壳、P4VP 为核的胶束聚集体。DLS 分析(图 7-4)显示，聚集体粒径呈现单峰分布，且分布较窄。当在此胶束溶液中加入 H$_2$C$_2$O$_4$(aq)(0.1mol/L)时，胶束粒径增大，且仍是单峰分布。从 H$_2$C$_2$O$_4$(aq)开始加入至加入体积为 80μL，胶束粒径从 67nm 增加到 123nm。PS 是疏水链段，而被草酸质子化的 P4VP 具有亲水性。因此随着水的加入，更多的 PS-b-P4VP 聚合物链段进入胶束中，且水也越来越多地聚集在胶束的核层，结果导致胶束粒径增大。当加入 H$_2$C$_2$O$_4$(aq)的体积超过 80μL 时，PS-b-P4VP 从溶液中沉淀出来。

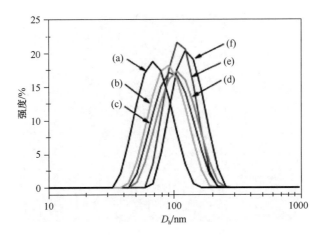

图 7-4 PS-b- P4VP(0.01g)在 THF/H$_2$C$_2$O$_4$(aq)中的粒径及粒径分布
V_{THF}= 1mL, $V_{\text{H}_2\text{C}_2\text{O}_4 \text{ (aq. 0.1mol/L)}}$=0(a), 40μL(b), 50μL(c), 60μL(d), 70μL(e), 80μL(f)

　　嵌段共聚物PS-b-P4VP溶解在DMF后溶液无色透明，说明DMF是PS和P4VP 的良溶剂。当在此溶液中加 $H_2C_2O_4$(aq)(0.1mol/L)时，DLS 分析(图 7-5)显示，PS-b-P4VP 在溶液中发生溶液自组装行为。但是从粒径分布曲线上可以看出，聚集体粒径呈现双峰分布。这是因为 PS 是疏水链段，而被草酸质子化的 P4VP 是亲水链段，因此 PS-b-P4VP 在 DMF/$H_2C_2O_4$(aq)溶液中易于形成 P4VP 为壳、PS 为核的核壳型胶束。此外，$H_2C_2O_4$ 是二元弱酸，因此当溶液中含有大量 $H_2C_2O_4$ 时，容易在质子化 P4VP 的同时，在胶束的壳层之间发生交联作用，即容易形成具有大粒径的胶束团簇体。溶液中团簇体形貌如图 7-6 所示。

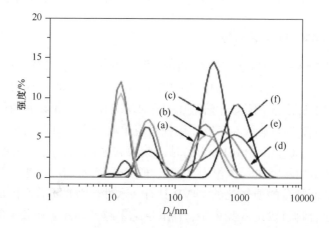

图 7-5　P4VP-b-PS(0.01g)在 DMF/$H_2C_2O_4$(aq)中的粒径及粒径分布

V_{DMF}=1mL，$V_{H_2C_2O_4 \text{(aq. 0.1mol/L)}}$=20μL(a)，40μL(b)，60μL(c)，80μL(d)，100μL(e)，120μL(f)

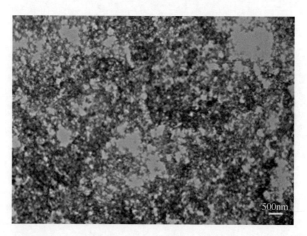

图 7-6　P4VP-b-PS(0.01g)在 DMF(1mL)/$H_2C_2O_4$(aq, 0.1mol/L, 60μL)中的聚集体形貌

　　当在 PS-b-P4VP 的 DMF 溶液中加入浓度较小的 $H_2C_2O_4$(aq)(0.01mol/L)时，

DLS 的测试结果显示胶束行为发生在 $H_2C_2O_4(aq)$的加入量为 50μL，且呈现单峰分布(图 7-7)。从 50μL 至 140μL，增加 $H_2C_2O_4(aq)$的加入体积，胶束直径从 66nm 增加到 91nm。但是当再继续增加 $H_2C_2O_4(aq)$的加入体积时，聚集体粒径又呈现双峰分布，溶液中开始发生交联行为。

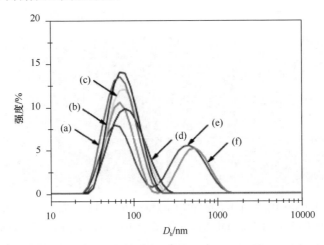

图 7-7　P4VP-b-PS(0.01g)在 DMF/$H_2C_2O_4$(aq)中的粒径及粒径分布

V_{DMF}= 1mL，　$V_{H_2C_2O_4 \text{(aq, 0.01mol/L)}}$= 50μL(a)，70μL(b)，100μL(c)，140μL(d)，150μL(e)，170μL(f)

7.2.2　PS-b-P4VP/SiO₂ 杂化纳米粒子的形貌

为了获得均匀的杂化纳米粒子，作为模板的 PS-b-P4VP 胶束聚集体应具有均匀的尺寸，并且具有足够的含水量。本研究选用在 THF(1mL)/$H_2C_2O_4$(aq，0.1mol/L，70μL)中形成的 P4VP-b-PS 胶束和在 DMF(1mL)/ $H_2C_2O_4$(aq，0.01mol/L，70μL)中形成的 P4VP-b-PS 胶束为模板。由图 7-8(a)中可以看出，P4VP-b-PS 在 THF/ $H_2C_2O_4$中自组装形成的胶束粒径较为均一，平均粒径为 50nm。图 7-8(b)显示，P4VP- b-PS 在 DMF/$H_2C_2O_4$ 中自组装形成的胶束粒径均一，平均粒径为 27nm。因为 TEM 观测胶束时，胶束处于干态且不受溶剂效应的影响，所以 TEM 测试的胶束粒径较 DLS 的测试结果(P4VP-b-PS 在 THF/$H_2C_2O_4$ 中自组装形成的胶束粒径为 109nm，在 DMF/ $H_2C_2O_4$ 中自组装形成的胶束粒径为 77nm)小。此外，由于 PS 与 P4VP 的电子密度相差较小，因此从 TEM 照片上看不出核壳型结构。

以 P4VP-b-PS 在 THF/$H_2C_2O_4$ 和 DMF/$H_2C_2O_4$ 溶液中自组装形成的胶束为模板，原位水解 TEOS(285μL)后获得的杂化纳米粒子 P4VP-b-PS/ SiO₂ 如图 7-9 所示。TEM 图 7-9(a)中黑色和灰色区域的对比以及图 7-9(b)中黑色和白色区域的对比表明杂化纳米粒子具有明显的核壳型结构。由于图 7-9(a)中的杂化纳米粒子之间互相连接，因此很难判断粒子的壳厚度，只能测定出粒子的核平均直径为 37nm。图 7-9(b)表明，杂化纳米粒子的平均直径为 38nm，厚度为 5nm。从电子密度考虑，TEM 图中的黑色区域应代表 SiO_2 的存在。因此从 $THF/H_2C_2O_4$ 溶液中制备出的杂化纳米粒子 SiO_2 聚集在核层，而从 $DMF/H_2C_2O_4$ 制备出的杂化纳米粒子 SiO_2 聚集在壳层。再结合 P4VP-b-PS 的溶液自组装行为可知，SiO_2 聚集在 P4VP 链段上。

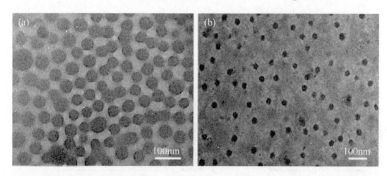

图 7-8　(a)P4VP-b-PS(0.01g)在 THF(1mL)/$H_2C_2O_4$(aq，0.1mol/L，70μL)中自组装形成的胶束；
(b)P4VP-b-PS(0.01g)在 DMF(1mL)/$H_2C_2O_4$(aq，0.01mol/L，70μL)中自组装形成的胶束

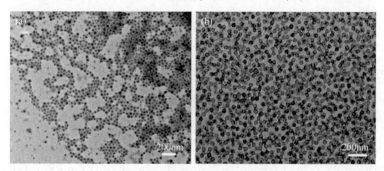

图 7-9　以 P4VP-b-PS 在 THF/$H_2C_2O_4$(aq)(a)和 DMF/$H_2C_2O_4$(aq)(b)中自组装形成的胶束为模板
沉积 SiO_2 所制备的 P4VP-b-PS/SiO_2

7.3　PS-b-P4VP 与 PS-b-P4VP/SiO_2 成膜性能比较

7.3.1　PS-b-P4VP 胶束成膜性能

将 PS-b-P4VP 在 $THF/H_2C_2O_4$ 和 $DMF/H_2C_2O_4$(aq)中自组装形成的胶束(图 7-8)在玻璃板上一步成膜。由 SEM 图 7-10(a)中可以看出，PS-b-P4VP 在 $THF/H_2C_2O_4$(aq)中自组装形成的胶束成膜表面粗糙且不均匀。从表面形貌的放大图 7-10(b)和(c)进一步可以看出，图 7-10(a)中的白色部分由大量粒径较大且不均匀的球形颗粒组

成。这些颗粒应该是 PS-b-P4VP 胶束在成膜过程中自发合并形成的。图 7-10(c)表明图 7-10(a)中的黑色部分具有橘皮状形貌，推测是 PS-b-P4VP 胶束在成膜过程彻底融合形成的。

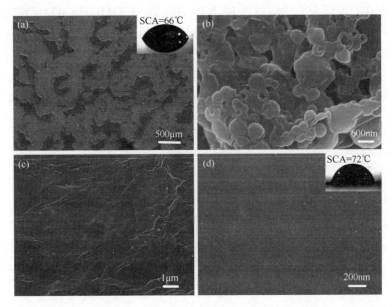

图 7-10　(a)PS-b-P4VP 在 THF/H₂C₂O₄(aq)中自组装形成的胶束一步成膜表面形貌和表面水接触角；(b)图(a)中白色部分的放大图；(c)图(a)中黑色部分的放大图；(d)PS-b-P4VP 在 DMF/H₂C₂O₄(aq)中自组装形成的胶束一步成膜表面形貌和表面水接触角

　　液体在固体表面的接触角不仅与固体表面张力有关，还与表面微观粗糙结构有关。对于在粗糙固体表面处于 Wenzel 态的液滴，当杨氏方程中的本征接触角 θ_{flat} 大于 90°时，增加表面粗糙度，接触角增大；而当 θ_{flat} 小于 90°时，增加表面粗糙度，接触角则减小。PS 和 P4VP 聚合物成膜表面对水的接触角分别为 82°和 55°，因此对于这种本征亲水性材料，图 7-10(a)所反映的粗糙表面将极大地降低其表面对水的接触角(接触角为 66°)。PS-b-P4VP 在 DMF/H₂C₂O₄(aq)中自组装形成的胶束一步成膜表面形貌如图 7-10(d)所示。由于 DMF 的挥发速度较慢，因此促进胶束之间的相互融合，结果使得成膜表面较为平整。这种表面平整性反而增大了表面对水的接触角(接触角为 72°)。

7.3.2　PS-b-P4VP/SiO₂ 成膜元素分布

　　采用一步成膜法，将 PS-b-P4VP/SiO₂ 杂化纳米粒子在玻璃板上成膜。采用 XPS 对膜层表面的化学组成进行分析，XPS 谱图如图 7-11 所示。结果表明，两个样品的 XPS 谱图均在电子结合能为 532.6eV、397.7eV、284.5eV、153.7eV 和 101.4eV 处分别出现了 O1s、N1s、C1s、Si2s 和 Si2p 的特征信号峰，说明共聚物膜层表面主要是由 C、O、N 和 Si 元素组成。从 XPS 对共聚物膜层表面各种元素的定量分析结果(表 7-1)可以看出，相对于 PS-b-P4VP/SiO$_2$ 在 DMF/H$_2$C$_2$O$_4$(aq)溶液中成膜表面，PS-b-P4VP/SiO$_2$ 在 THF/H$_2$C$_2$O$_4$(aq)溶液中成膜的表面具有较低的 N 元素含量，却有较高的 Si 元素含量。N 元素含量的降低进一步可以证明 THF/H$_2$C$_2$O$_4$(aq)溶液中 P4VP 位于 PS-b-P4VP/SiO$_2$ 的核层，成膜过程中难以迁移到表面。SiO$_2$ 也位于 THF/H$_2$C$_2$O$_4$(aq)溶液中 PS-b-P4VP/SiO$_2$ 的核层，但 Si 元素的含量较高。

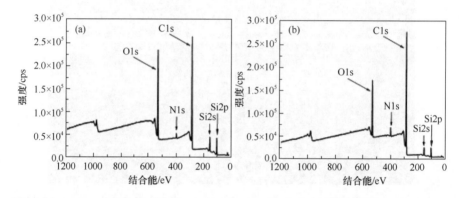

图 7-11 　(a)PS-b-P4VP/SiO$_2$[图 7-9(a)]在 THF/H$_2$C$_2$O$_4$(aq)溶液中成膜表面的 XPS 谱图；
(b)PS-b-P4VP/SiO$_2$[图 7-9(b)]在 DMF/H$_2$C$_2$O$_4$(aq)溶液中成膜表面的 XPS 谱图

表 7-1 　PS-b-P4VP/SiO$_2$ 膜层表面的化学组成

样品	溶剂	O/wt%	N/wt%	C/wt%	Si/wt%
PS-b-P4VP/SiO$_2$	THF/H$_2$C$_2$O$_4$(aq)	23.53	2.19	64.76	9.52
PS-b-P4VP/SiO$_2$	DMF/H$_2$C$_2$O$_4$(aq)	17.29	4.58	71.49	6.64

7.4 　PS-b-P4VP/SiO$_2$ 成膜表面形貌与疏水性

7.4.1 　PS-b-P4VP/SiO$_2$ 成膜表面形貌

　　PS-b-P4VP/SiO$_2$ 杂化纳米粒子[图 7-9(a)]在 THF/H$_2$C$_2$O$_4$(aq)溶液中一步成膜表面形貌如图 7-12 所示。图 7-12(a)表明成膜表面具有珊瑚状形貌，颗粒平均尺寸为 700nm。这种形貌赋予成膜高的静态接触角(160°)、低的滚动角(4°)和接触角滞后性(2°)(前进接触角/后退接触角=161°/159°)。由此可见，此表面具有超疏水和低黏滞性能。表面形貌的放大图 7-12(b)表明图 7-12(a)中的珊瑚状结构由紧密连接的 PS-b-P4VP/SiO$_2$ 组成。由此可以证明该表面具有类似荷叶表面的

微纳二次结构，所以表现出超疏水性能。值得注意的是，以 PS-b-P4VP 在 THF/
H₂C₂O₄(aq)自组装形成的纳米胶束为模板沉积 SiO₂ 所制备的核壳型 PS-b-P4VP/
SiO₂ 杂化纳米粒子中，聚合物链段聚集于外层，SiO₂ 聚集于内层。这种核壳型
结构使得聚合物链段易于在成膜过程中互相黏结以增加粒子之间的聚集，而内
层 SiO₂ 的存在又在一定程度上抑制了聚合物链段的彻底融合，结果形成这种典
型的微纳二次结构。

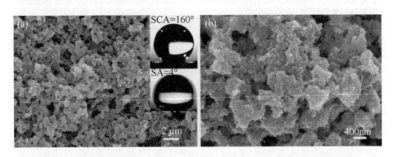

图 7-12　(a)PS-b-P4VP/SiO₂ 杂化纳米粒子[图 7-9(a)]在 THF/H₂C₂O₄(aq)溶液中一步成膜表面形
貌以及水滴在其表面的静态和动态行为；(b)图(a)表面形貌的放大图

　　以 P4VP-b-PS 在 THF/H₂C₂O₄(aq)溶液中自组装形成的胶束为模板，原位水解
TEOS(200μL)制备杂化纳米粒子 P4VP-b-PS/SiO₂。此杂化纳米粒子一步成膜后表
面形貌如图 7-13(a)所示。结果表明，成膜表面由大量疏松堆积的颗粒物组成，
颗粒物尺寸不均匀，主要在 2～10μm 之间。放大图 7-13(b)表明，颗粒的表面有
一些凸起物(尺寸不均匀，主要在 125～435nm 之间)。由此可以看出，成膜表面
具有微纳二次结构。但是微纳二次结构的不连续性和不均匀性导致成膜表面失
去了超疏水性质，表面对水的接触角为 123°。将此杂化膜 110℃退火 6h 后，表
面形貌如图 7-13(c)所示。膜层表面具有大量的尺寸不均匀(10～30 μm)的团簇
体。放大图 7-13(d)表明团簇体是由图 7-13(b)中的颗粒物聚集形成。PS 的玻璃化转变
温度为 105℃，P4VP 的玻璃化转变温度为 151℃，因此在 110℃退火，有利于
P4VP-b- PS/SiO₂ 杂化纳米粒子外层 PS 链段的运动，并在粒子之间相互缠结，进
而有利于颗粒之间的相互聚集而形成团簇体。这种结构使得成膜表面对水的接
触角增大[接触角为 135°，如图 7-13(c)所示]。当杂化膜在 110℃退火 12h 后，
表面形貌如图 7-13(e)所示，表明表面仍有大量尺寸不均匀的团簇体。放大图
7-13(f)表明团簇体的表面相对比较光滑平整。由此可以看出，退火时间的增加有
利于 PS 链段迁移到表面而形成连续相，导致表面粗糙度降低，水的接触角降低
[119°，如图 7-13(e)所示]。

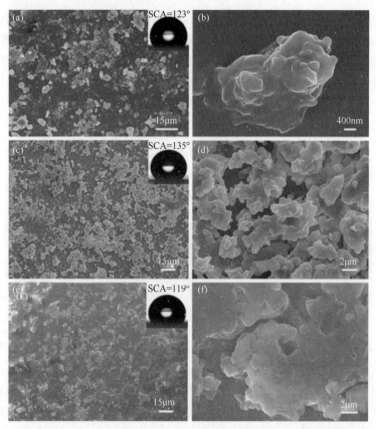

图 7-13　(a)PS-b-P4VP/SiO₂ 杂化纳米粒子一步成膜表面形貌和表面水的接触角；(b)图(a)中颗粒的放大图；(c)杂化粒子膜 110℃退火 6h 后的表面形貌；(d)图(c)中团簇体形貌的放大图；(e)杂化粒子膜 110℃退火 12h 后的表面形貌；(f)图(e)中团簇体形貌的放大图

7.4.2　PS-b-P4VP/SiO₂ 热处理膜表面疏水性

　　退火热处理不能使 SiO₂ 含量较低的 P4VP-b-PS/SiO₂ 杂化纳米粒子成膜表面具有超疏水性能。本研究还采用甲苯浸泡杂化膜的方法进行溶剂退火。将杂化膜在甲苯溶剂中退火 15min 后，表面形貌如图 7-14(a)所示。结果表明，成膜表面具有片状(或层状)结构。放大图 7-14(b)显示，片状结构由大量相互连接的纳米粒子组成。这种成膜表面形貌使得表面对水的接触角为 145°。值得注意的是，增加甲苯溶剂的退火时间，成膜表面[图 7-14(c)]对水的静态接触角可达到 151°，还具有低的滚动角(5°)和接触角滞后性(3°)(前进接触角/后退接触角=153°/150°)。这说明，此溶剂诱导的成膜表面具有典型的超疏水和低黏滞特征。从此表面的形貌图 7-14(c)可以看出，成膜表面具有海岛状结构。海岛状区域的尺寸不均匀，主要在 10～45μm 之间。放大图 7-14(d)表明，海岛状区域由大量的、紧密的、平均粒径为

71nm 的颗粒组成；而放大图 7-14(e)表明微米级尺寸的海岛状区域也是由此种纳米颗粒组成。由此可见，此成膜表面具有纳米结构和微纳二次结构双重特征。甲苯(P4VP-b-PS/SiO₂ 杂化纳米粒子外层 PS 链段的良溶剂)使得图 7-14(a)中不连续和不均匀的微纳二次结构重排而形成这种特殊的结构形貌。

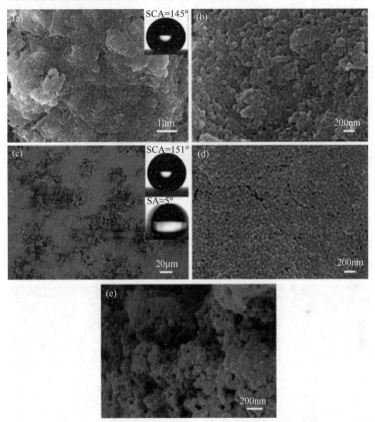

图 7-14　(a)PS-b-P4VP/SiO₂ 杂化纳米粒子膜在甲苯溶剂中浸泡 15min 后表面形貌和表面水的接触角；(b)图(a)形貌放大图；(c)杂化纳米粒子膜在甲苯溶剂中浸泡 30min 后的表面形貌及其表面水的静态接触角和动态接触角；(d，e)图(c)中白色平整区域和海岛状凸起区域的放大图

　　对比热处理退火和溶剂退火，不难发现热处理退火有利于成膜表面组成的聚集，而溶剂退火有利于成膜表面组成的分散。此外，由于所选用的制备 P4VP-b-PS/SiO₂ 杂化纳米粒子的材料在本质上都是亲水的，因此获得超疏水和低黏滞表面性能时，水液滴在成膜表面理论上应该处于 Cassie 态。Cassie 润湿模型提出，对于非常粗糙的固体表面，液体实际只与表面局部接触，液体与表面之间存在许多空气，接触面实际仅是空气和固体物质组成的复合表面。在 Cassie 态下，减小液体与固体的接触面积有利于提高疏水性能(图 7-15)。尽管具有微米结构、纳米结构

和微纳二次结构的表面均可表现出超疏水性质，但由于微纳二次结构表面可以截留大量空气而减小固-液接触面积使得其表面对水的接触角更大。对比具有典型微纳二次结构的超疏水表面[图 7-15(a)]和具有纳米结构、微纳二次结构双重特征的超疏水表面[图 7-15(c)]可知，图 7-13(a)中大量孔洞可以截留更多的空气而减少固体与液体的接触面积，因此使得此表面具有更加优异的超疏水性能。

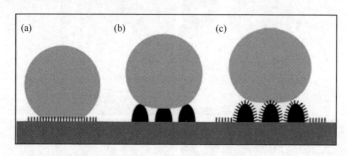

图 7-15　具有纳米结构(a)、微米结构(b)和微纳二次结构(c)的表面在水接触时的示意图

PS-b-P4VP/SiO$_2$ 杂化纳米粒子[图 7-9(b)]在 DMF/H$_2$C$_2$O$_4$(aq)溶液中一步成膜表面形貌如图 7-16 所示。图 7-16(a)表明成膜表面具有大量的裂纹。其中，成膜表面较为平整部分表面具有大量的、尺寸为 55～100nm 之间的颗粒[图 7-16(b)]。图

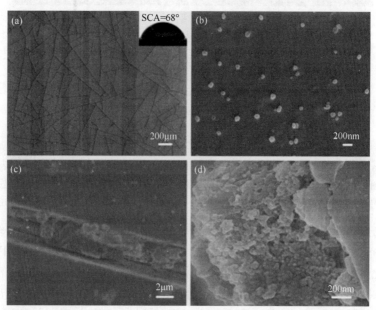

图 7-16　(a)PS-b-P4VP/SiO$_2$ 杂化纳米粒子[图 7-9(b)]在 DMF/H$_2$C$_2$O$_4$(aq)溶液中一步成膜表面形貌以及水滴在其表面的静态行为；(b)图(a)中平整部分的放大图；(c，d)图(a)中裂纹部分的放大图

7-16(c)和图 7-16(d)表明裂纹的宽度为 4μm,里面含有大量的与图 7-16(b)所示相同的颗粒。这种成膜表面形貌使得其表面对水具有小的静态接触角(68°)[图 7-16(a)]。这种现象说明, PS-b-P4VP/SiO₂ 杂化纳米粒子的核壳结构特征对成膜表面形貌具有重要的影响。以 P4VP-b-PS 在 DMF/H₂C₂O₄(aq)溶液中自组装形成的胶束为模板沉积 SiO₂,所获得的 PS-b-P4VP/SiO₂ 杂化纳米粒子中, SiO₂ 主要富集于杂化纳米粒子的壳层。在成膜过程中, PS-b-P4VP 难以从杂化纳米粒子的内层迁移出来而形成连续膜,反而在收缩过程中将 SiO₂ 析出,同时形成大量裂纹。由于析出的 SiO₂ 主要存在于裂纹内,因此在采用 XPS 测试成膜表面化学组成时,表面的 SiO₂ 含量较低。

以上对两种杂化纳米粒子的成膜表面形貌和疏水性能分析可知,具有高含量 SiO₂ 且富集于核层的 PS-b-P4VP/SiO₂ 杂化纳米粒子,可一步成膜而形成超疏水和低黏滞性能的表面;对于具有低含量 SiO₂ 且富集于核层的 PS-b-P4VP/SiO₂ 杂化纳米粒子,一步成膜后不能直接形成超疏水表面;尽管热处理退火可在一定程度上起到提高表面疏水性的作用,却不能实现超疏水性能;一定时间的溶剂退火作用可使得其获得超疏水、低黏滞表面;对于 SiO₂ 富集于壳层 PS-b-P4VP/SiO₂ 杂化纳米粒子而言,一步成膜表面不具有疏水性质。两种 PS-b-P4VP/SiO₂ 杂化纳米粒子成膜后,表面与水接触时的示意图如图 7-17 所示。

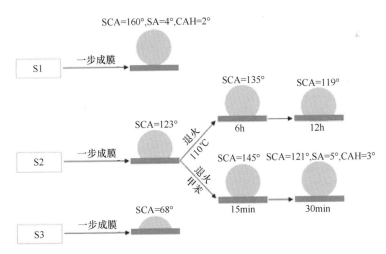

图 7-17 以 P4VP-b-PS 在 THF/H₂C₂O₄(aq)溶液中自组装形成的胶束为模板,原位水解 TEOS (285μL)制备的杂化纳米粒子 P4VP-b-PS/SiO₂(S1);以 P4VP-b-PS 在 THF/H₂C₂O₄(aq)溶液中自组装形成的胶束为模板,原位水解 TEOS(200μL)制备的杂化纳米粒子 P4VP-b-PS/SiO₂(S2);以 P4VP-b-PS 在 DMF/H₂C₂O₄(aq)溶液中自组装形成的胶束为模板,原位水解 TEOS(2850μL)制备的杂化纳米粒子 P4VP-b-PS/SiO₂(S3)

第二篇

线形 PDMS 基嵌段共聚物组装与性能

第 8 章　PDMS 及 PDMS 基嵌段共聚物

本章导读

　　聚二甲基硅氧烷(polydimethylsiloxane，PDMS)是指聚硅氧烷链段上与硅相连的两个基团为甲基。由于主链上硅氧原子间相互作用，PDMS 分子主链呈现螺旋状结构，与硅原子相连的两个甲基向主链外排列并围绕着硅氧键螺旋旋转。PDMS 聚合物的摩尔质量以及摩尔体积比较大($75.5cm^3/mol$)，PDMS 链段之间的分子间作用力较低，从而使其分子的内聚能密度、表面张力、表面能、溶解参数和介电常数都较低。由于 PDMS 主链中硅氧键(Si—O)的键长大于碳碳键(C—C)的键长，还有 2 个甲基屏蔽，该链段表现得非常柔软，且体系的自由体积大，有利于小分子气体的通过，所以用作涂膜时具有良好的透气性能。通常情况下，PDMS 的玻璃化转变温度为$-123℃$，Si—O—Si 聚合物主链如果含有非极性的甲基官能团，就会表现出高的脂溶性和疏水性。与 C—O 键($85.5kcal/mol$)、C—C 键($82.6kcal/mol$)和 Si—C 键($76kcal/mol$)的解离能相比，Si—O 键的解离能($110kcal/mol$)较高，因此 PDMS 具有良好的热稳定性。另外，PDMS 具有极好的可见光和紫外光透明性、极好的成膜性能和物理化学惰性。本章重点介绍 PDMS 结构特点，以及 PDMS 作为大分子引发剂和大分子单体合成嵌段聚合物的主要方法。

8.1　PDMS 结构特点及用途

8.1.1　硅基聚合物结构特点

　　硅基聚合物的快速发展原因之一是其结构调控性能之间的关系是其他类聚合物不易达到的。硅基聚合物中的基本单元是 Si—O—Si 主链。从化学键的角度看，聚硅氧烷中硅氧键键能比碳碳键的键能高，所以聚硅氧烷类高分子比碳链类高聚物更加稳定；从分子结构来看，硅氧键的结构具有一定的极性，每个结构单元电子云会偏向氧原子，造成聚硅氧烷结构内聚能密度低，这样的结构赋予聚硅氧烷诸多优良的性能，如柔软性、耐高低温、耐氧化性、耐候性等。聚硅氧烷类聚合物基本结构如下：

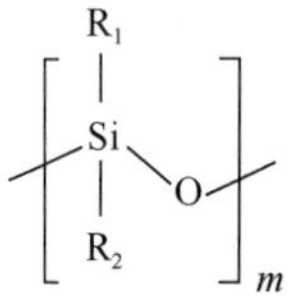

可以看出,这一类聚合物属于半无机、半有机的高分子化合物,同时具有有机聚合物和无机聚合物的双重特性,如耐高低温、绝缘性、疏水性、生理惰性等,是其他非复合型高分子材料所不能及的。因此,聚硅氧烷类聚合物在航天军工、国防工业、电子电气、建筑、机械制造、能源化工、纺织轻工、医药医疗、农业等领域都得到了相当广泛的应用。由于聚氧烷的类别不同,硅基聚合物可以分为以下三类:

(1)非活性聚硅氧烷类材料。与硅原子所连的基团,全是非活性甲基基团。这类材料不能与其本身交联,有较好的稳定性,聚合度较大时其链段柔软,可以用作柔软剂。

(2)活性聚硅氧烷类材料。如聚甲基氢基硅氧烷、端基为羟基的 PDMS、两端烯基封端的聚硅氧烷等。硅氢、羟基、烯基都是活性基团,可以对聚硅氧烷类材料引入其他基团进行改性。

(3)活性基团改性聚硅氧烷类材料。改性聚硅氧烷上有机官能团可以与其他活性基团反应。如环氧基改性、羟基改性、活性氨基改性、聚醚改性等一系列聚硅氧烷聚合物材料。

8.1.2 常见 PDMS 结构

PDMS 一般指端基为羟基时的聚二甲基硅氧烷,现在也指烯基或其他活性基团封端的聚二甲基硅氧烷。常见的有甲基封端的 PDMS、乙烯基封端的 PDMS、单乙烯基封端的 PDMS 非对称结构、单乙烯基官能团的 PDMS 对称结构、双环氧封端的 PDMS、单环氧封端的 PDMSE、醇(羟基)封端的 PDMS、单羟基封端的 PDMS、单分散乙烯基封端的 PDMS、乙烯基封端三氟 PDMS 等,常见的 PDMS 结构如图 8-1 所示。

8.1.3 PDMS 用途

PDMS 类聚合物的用途主要体现在以下几方面:

(1)PDMS 膜材料。PDMS 由于其柔软的链段和优异的表面性能在涂膜材料中应用广泛。PDMS 聚合物材料作为膜材料时,由于其摩尔体积较大,故材料具有较好的透气散热性能,而且已经证明,PDMS 渗透通量很高,可以优先选择性透过有机相,可用作半渗透膜用于有机相和无机相的相分离、保护材料等。美国道康宁公司已经成功地将 PDMS 膜用于过滤海水中的油类物质。PDMS 材料可通过有机活性官能团改性,从而使其膜材料的性能更加优越,目前对 PDMS 材料改性常用方法有:在其膜材料中填充其他性质优良的化合

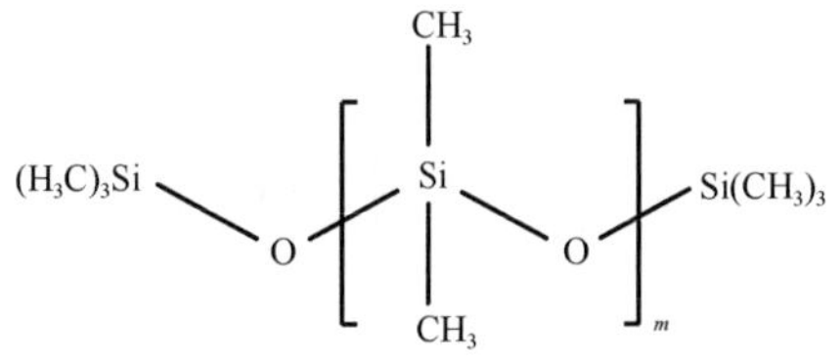

甲基封端的PDMS

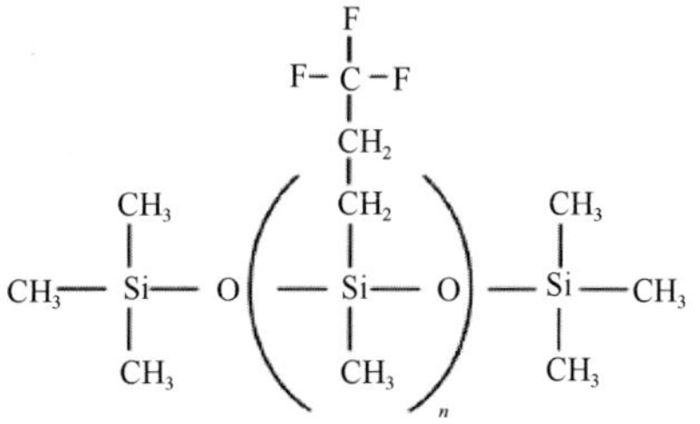

甲基封端的含氟PDMS

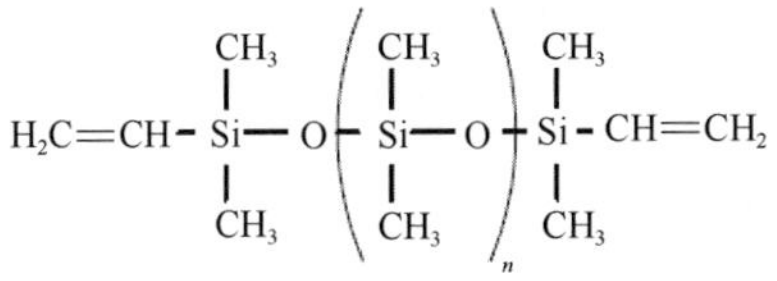

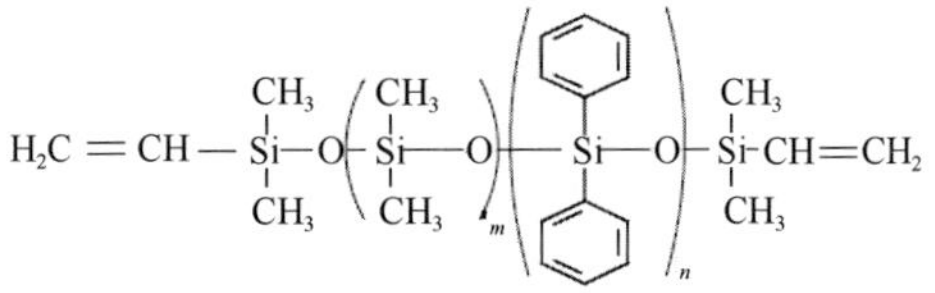

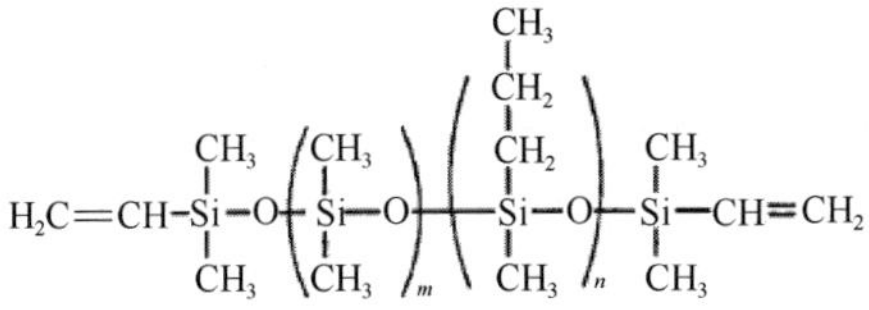

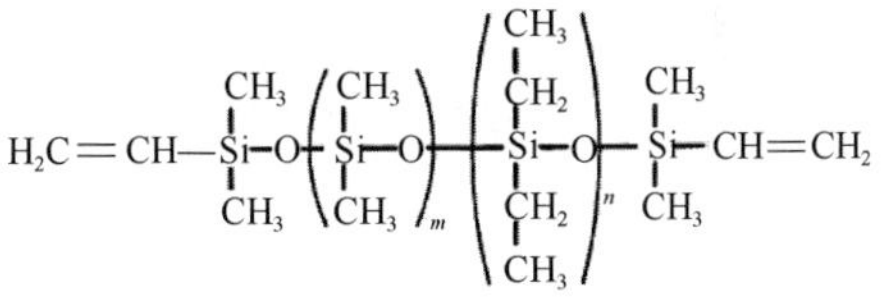

乙烯基封端的PDMS

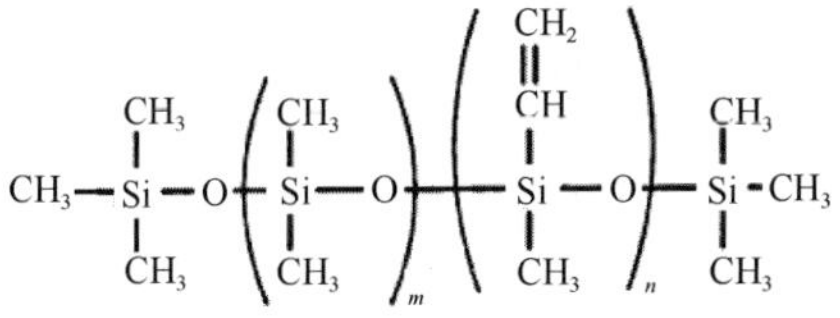

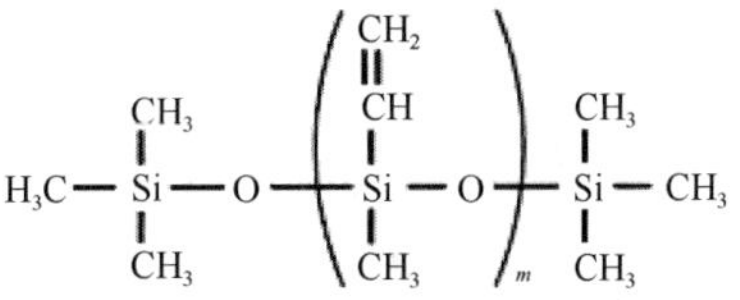

三甲基封端乙烯基甲基硅氧烷PDMS

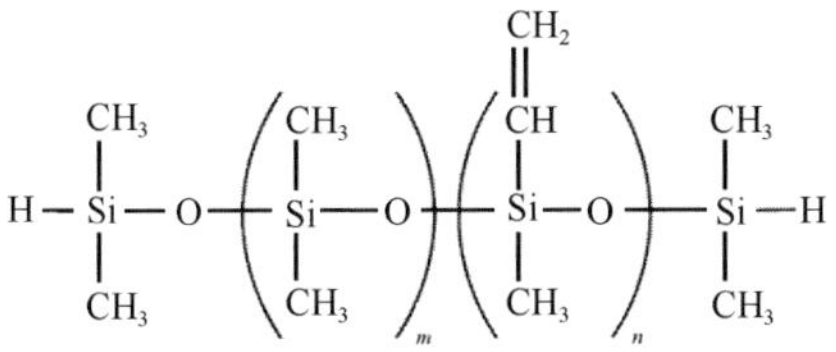

氢端基乙烯基甲基硅氧烷PDMS

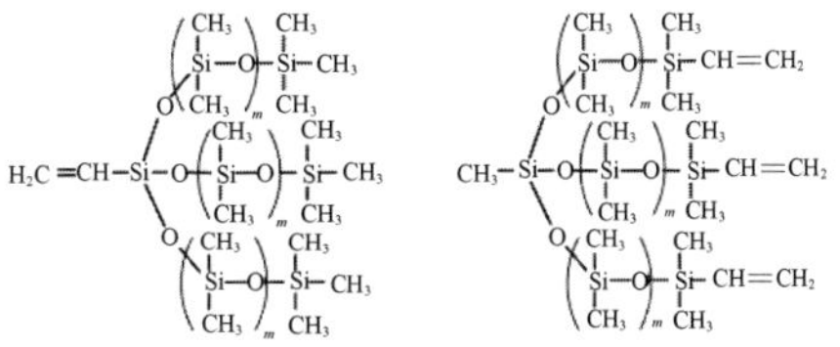

乙烯基T型结构PDMS

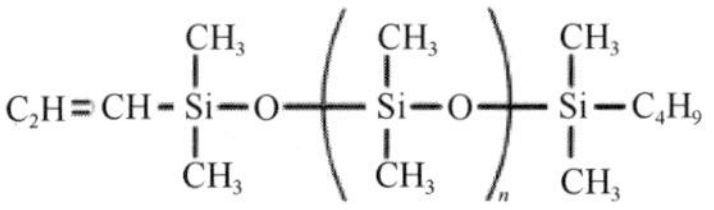

单乙烯基封端的PDMS非对称结构

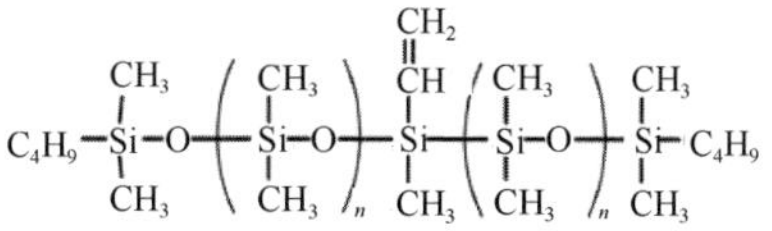

单乙烯基官能团的PDMS对称结构

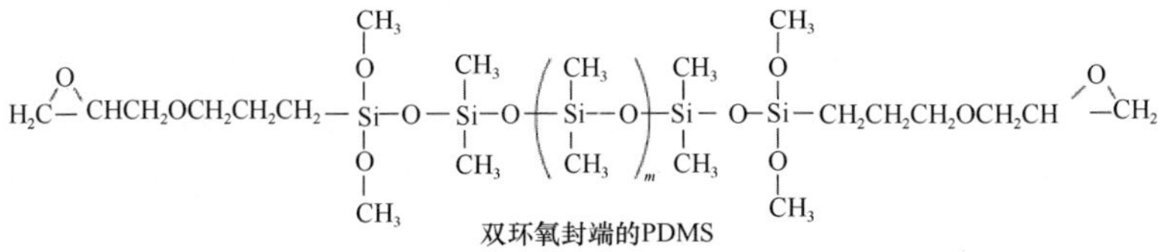

双环氧封端的PDMS

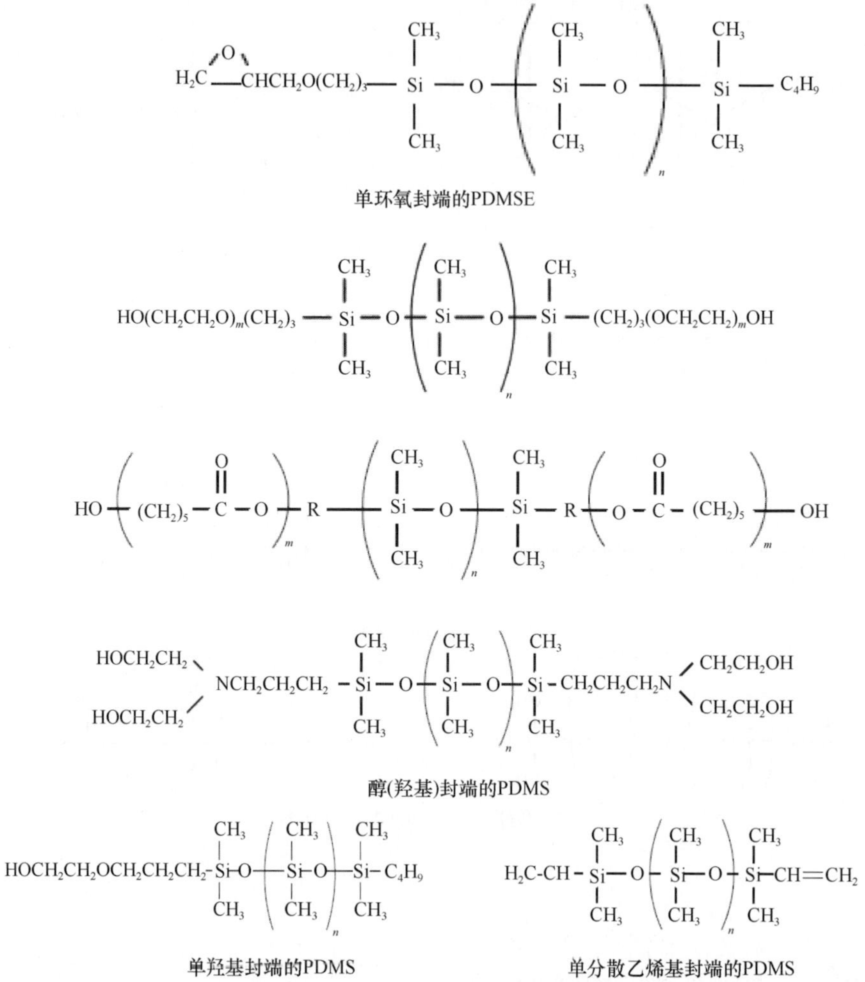

单环氧封端的PDMSE

醇(羟基)封端的PDMS

单羟基封端的PDMS

单分散乙烯基封端的PDMS

图 8-1　PDMS 结构

物，将其他化学性质活泼或者惰性的官能团或者小分子接枝到聚二甲基硅氧烷上，与其他活性单体进行共聚等，如烯基封端的 PDMS 与 MMA 共聚得到的共聚物性质稳定，不与基质反应，有良好的疏水疏油性能，透气性良好，在保护中有很好的应用。

(2)PDMS 杂化材料。将聚二甲基硅氧烷有机聚合物与其他性能优良的无机化合物利用化学或者物理的方法进行复合而成为有机-无机杂化材料，这种材料既有有机聚合物的优良性质，也有无机化合物的优良性质，因此也成为众多科研者深入研究的对象。例如，聚二甲基硅氧烷和二氧化硅的复合材料(PDMS/SiO$_2$)，利用纳米二氧化硅接枝于聚二甲基硅氧烷表面或者将聚二甲基硅氧烷接枝于二氧化硅表面，是目前研究者研究的热门课题，其材料透光性能良好，机械力学性能也比原材料明显提升。

(3)PDMS 改性其他聚合物。聚丙烯酸酯类聚合物具有良好的成膜性能，但由于其链段刚性太大，成膜较脆，用含有活性基团的聚二甲基硅氧烷与其共聚合成出 PDMS-PMMA 软硬链段聚合物，不论无规还是嵌段聚合物，成膜后各项性能均优于纯 MMA 聚合物膜，其柔韧性、透气性以及耐水性都有很大改善。因此，可以通过用聚二甲基硅氧烷改性其他有互补优异性能的化合物，合成出性能更加强大的材料。

8.2　PDMS 引发 ATRP 制备嵌段聚合物

8.2.1　PDMS 引发剂的制备

大多数 PDMS 大分子引发剂是由硅氢加成机理制成。最普遍的大分子引发剂是氯或溴异丁酸酯封端的 PDMS，如图 8-2 所示。在 ATRP 法中，配位体的作用是促进碳-卤素键的均裂。最常用的配位体如联二吡啶(bpy)、二甲基联二吡啶(dMbpy)、二(5-壬基-2,2′-联吡啶)(dNbpy)、五甲基二乙烯基三胺(PMDETA)、1,1,4,7,10,10-六甲基三亚乙基四胺(HMTETA)、三苯基膦(PPh$_3$)。

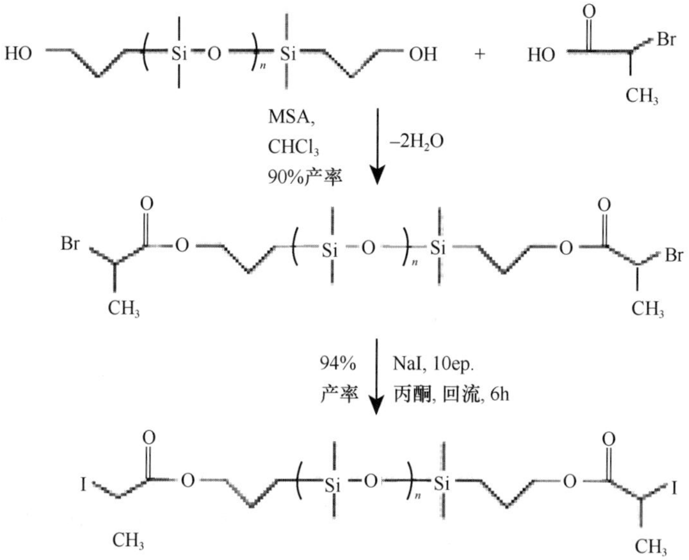

图 8-2　PDMS 引发剂的制备

8.2.2　PDMS 引发嵌段共聚物的制备

PDMS 用于两嵌段和三嵌段共聚物的合成如表 8-1 所示。表 8-1 引发剂 1(M_n = 1800～10 000g/mol)在 130℃的苯基醚中，使用 CuCl/ dNbpy 催化剂体系，聚合苯乙烯和甲基丙烯酸丁酯，获得三嵌段共聚物 PS-b-PDMS-b-PS。随着分子量逐渐增大，最终分散系数变为 1.33。当使用较高分子量 PDMS(1800～10 000g/mol)时，苯乙烯转化率和聚合速率降低，多分散性指数增加。当催化剂浓度增加时，聚合速率、最终的单体转化率、多分散性指数均变大。表 8-1 的大分子引发剂 2 和引发剂 3 以类似的方式制备，单官能团的 PDMS 制得大分子引发剂 2，双官能团的 PDMS 制得大分子引发剂 3，使用这两种大分子引发剂(8000g/mol)在 120℃用 NiBr$_2$(PPH$_3$)$_2$ 作催化剂引发包括甲基丙烯酸甲酯(MMA)、正丙烯酸丁酯(n-BuA)、叔丙烯酸丁酯(t-BuA)、三甲基甲硅烷甲基丙烯酸酯(TMSMA)、三甲基甲硅烷酯(TMSA)以及三甲基甲硅烷-丙烯酸乙酯(TMSEA)等单体聚合获得 AB 和 ABA 嵌段共聚物。

表 8-1　PDMS 用于两嵌段和三嵌段共聚物的合成

编号	大分子引发剂	合成方法	PDMS M_r范围 /(g/mol)	单体
1		PDMS+H—Br	1 800，6 400，10 000	Styrene，BuMA
2		酯化	6 200，8 000，9 500	MMA，t-BuMA，n-BuA，t-BuA，TMSMA，TMSEA，EEMA，TMSA
3		酯化	2 100，5 000	MMA，DMAEMA
4		—Si—Cl+HO—R—Br	8 200	BMA
5	R=n-Buorpoly (styrene)	氢化硅烷化	670-5 800	MMA+n-BuA，OEGMA，n-BuA，Styrene，MMA，HEMA-TMS
6		氢化硅烷化	8 800	MMA
7		氢化硅烷化	8 200	MMA，HEMA-TMS
8		酸化	2 200	MMA，DMAEMA
9		氢化硅烷化	4 500，9 800	Styrene，MMA，n-BuA，i-BnA
10		氢化硅烷化	885，6 200	MMA，Styrene，i-BnA，n-BuA

也可聚合叔甲基丙烯酸丁酯(t-BuMA)和 1-乙氧基乙酯(EEMA)，但催化剂的失活导致了单体转化率较低(<20%)。表 8-1 的大分子引发剂 2(6200g/mol)在 65℃下使用 CuBr/HMTETA 的催化剂体系，可获得 70%以上单体转化率，得到 1.25 的分子量分散指数。通过使用大分子引发剂 2 和 3(5000g/mol)在 90℃在甲苯中加入 CuBr/正丙基-2-吡啶甲醇催化剂体系，观察到分子量随着转化率线性变化并且获得单峰。大分子引发剂 3(2100~5000g/mol)可获得分子量良好控制的预期三嵌段共聚物。

表 8-1 的大分子引发剂 4(8200g/mol)在 110℃使用 CuCl/dNbpy 催化剂体系聚合二苯基醚和甲基丙烯酸丁酯，获得完整的引发剂效率和单峰分子量分布。当大分子引发剂 4 的浓度增加，聚合速率和单体转化增加。此外，当催化剂浓度增加，聚合速率以及 PDI 增加，聚合速率和大分子引发剂成比例。

表 8-1 大分子引发剂 5(640~3950g/mol)与大分子引发剂 2 链端相同，在 20℃ CuBr/Me$_6$TREN(三[2-(二甲基氨基)乙基]胺)或 CuBr/ PMDETA(N,N,N′,N″,N‴-五甲基)或 90℃ CuBr/N(正丙基)-2-吡啶基乙胺作用下，显示出分子量控制不佳。ATRP 配体的活性的进展的顺序 N1<N2<N3<N4(其中 1、2、3、4 是指在配体 N 原子数)。大分子引发剂 5[(R)-正丁基]在 90℃使用 CuBr/dNbpy 催化剂体系合成 PDMS-b-PMMA 时，分子量随转化的增加，最终的 PDI 为 1.17。

大分子引发剂 5(R=PS)也可用于合成共聚物 PS-b-PDMS-b-PBuA 和 PS-b-PDMS-b-PMMA 三嵌段共聚物。表 8-1 大分子引发剂 6(8800g/mol)可使用 CuBr/PS8-dMbpy 或者 CuBr$_2$/Me$_6$TREN 混合催化剂体系，MMA 与聚合的 2-溴丙封端的 PDMS 比用 2-溴异丁封端的 PDMS 反应更快。这一出人意料的结果是因为异丁基具有更不稳定的 C—Br 键，比 2-溴丙基更具反应活性。大分子引发剂 9(9800g/mol)在 130℃下使用 CuCl/dNbpy 催化剂体系，获得约 70%的苯乙烯转化率，以及第一阶动力学图的线性证实在整个聚合生长自由基的浓度恒定。整个分子量分布向更高分子量移动。表 8-1 大分子引发剂 10 在 130℃下，采用二甲苯使用 CuCl/联吡啶的催化剂体系时，用于苯乙烯和 MMA 的聚合，观察到较低的引发剂效率。

8.3　PDMS 其他聚合物

8.3.1　PDMS 侧基聚合物

当使用大分子单体获得侧链聚合物时，侧链之间的间隔可由大分子单体和共聚单体的反应比来确定。当甲基丙烯酸酯封端的 PDMS(M_n =2200g/mol，PDI = 1.18)和 MMA(5/95，摩尔分数)通过 ATRP(2-溴异丁酸乙酯作为引发剂)反应时，保持 PDMS 在共聚物的比例，可保证分支沿着聚合物主链均匀分布。当在 90℃批量使用 2-溴异丁酸乙酯作为引发剂和 CuCl/dNbpy 作为催化剂，由于 PDMS 大分子单体和不断增长的 PMMA 之间的不相容性，相分离现象增加。当使用甲苯的混合催化剂体系(其中催化剂的 CuBr/ PS8-dMbpy 被固定在交联的聚苯乙烯)时，MMA 的消耗比使用均相催化剂体系更快。侧链聚合物大分子引发剂是通过一个侧乙烯基官能化的 PDMS 氢化硅烷与 2-(4-氯甲苯基)二甲基硅烷聚合制备的(图 8-3)。苯乙烯散装或与大分子引发剂甲苯聚合，表现出良好的效率(>97%)。然而，每 PDMS 链引发位点的可变数量负责一个相当高的 PDI(2～3)。

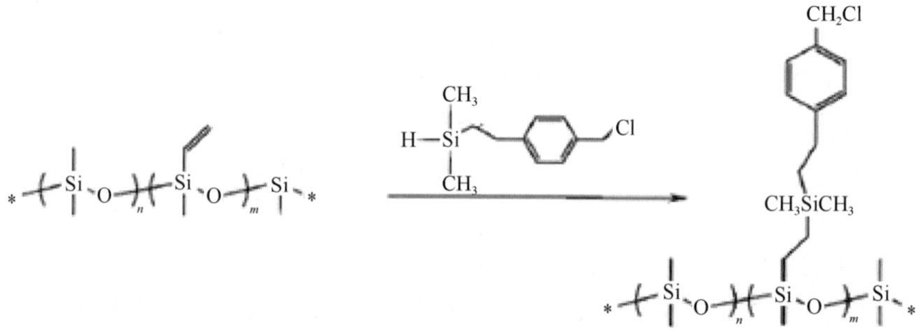

图 8-3　大分子引发剂从侧基引发 ATRP 接枝聚合

8.3.2　PDMS 表面引发聚合物

除了本体或溶液接枝共聚，也可以从 PDMS 表面引发 ATRP 聚合，如由 2-溴异丁酰官能化的三氯硅烷接枝到硅晶片的表面上。或者通过用 UV/臭氧处理(图 8-4)将在 PDMS 膜表面上的反应性基团，然后将用于进一步的 ATRP 表面接枝反应。

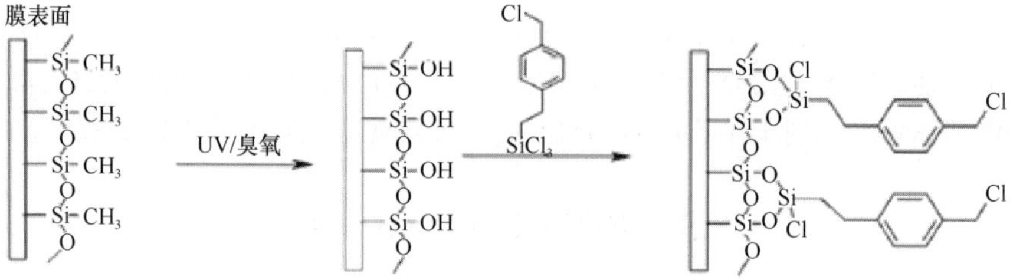

图 8-4　通过 ATRP 的表面引发 RAFT 聚合

总之，采用 ATRP 方法从 PDMS 大分子引发剂引发聚合或与 PDMS 大分子单体聚合是常用的研究路线，它已被应用于广泛的单体的聚合反应。ATRP 还给出了从 PDMS 链复杂架构的控制合成有趣的结果，并以相对低的 PDI 和可接受的单体转化率，得到所希望的共聚物体系结构。

参 考 文 献

[1] Pouget E, Tonnar J, Lucas P. Well-architectured poly(dimethylsiloxane)-containing copolymers obtained by radical chemistry. Chem Rev, 2010, 110: 1233-1277.
[2] Nendza M. Hazard assessment of silicone oils (polydimethylsiloxanes, PDMS) used in antifouling-/foul-release-products in the marine environment. Marine Pollution Bulletin, 2007, 54(8): 1190-1196.
[3] Jo B H, van Lerberghe L M, Motsegood K M. Three-dimensional micro-channel fabrication in polydimethylsiloxane (PDMS) elastomer. J Microelectromech Syst, 2000, 9(1): 76-81.

第9章 含氟链段对 PDMS 基丙烯酸酯嵌段共聚物的影响

本章导读

在制备 PDMS 基含氟嵌段聚合物时，人们总是期望使用相对较少含氟量的单体构建疏水疏油表面。由于含氟/硅聚合物的结构设计是调控表面性能的主要手段，如果将含硅链段置于嵌段聚合物的末端，将会提供聚合物优异的疏水性，以及与硅基基体的良好相容性。而如果将含氟链段置于嵌段聚合物的末端，会提供涂膜优异的疏水性能。为此，本章基于低表面能、良好的成膜性和热稳定性等综合因素的考虑，设计了以羟基硅油(HO-PDMS-OH)作为起点，采用 ATRP 的合成方法，将不同的含氟甲基丙烯酸酯类(FMA)引入聚合物，从而使聚合物同时具有 F 和 Si 两种都对降低表面张力有贡献的元素，达到含氟与含硅聚合物协同提高表面性能的目的。考虑到含氟链段与含硅链段直接连接共聚物的溶解性较差，在 PDMS 和 PFMA 之间置于中间嵌段 PMMA 以便于提高共聚物的溶解性及最终的成膜性能。含氟/硅聚合物二者表面迁移竞争或协同作用会使 PFMA 链段或 PDMS 链段向表面迁移对成膜性能的影响，不仅对构建含氟/硅聚合物表面提供新的尝试，而且为含氟/硅聚合物的表面调控提供研究基础。所以，本章采用两步 ATRP 分别合成由 PDMS、PMMA 和四种不同链段的含氟甲基丙烯酸酯单体[甲基丙烯酸三氟乙酯(3FMA)、甲基丙烯酸六氟丁酯(6FMA)、甲基丙烯酸八氟戊酯(8FMA)、甲基丙烯酸十二氟庚酯(12FMA)]，制备得到五嵌段含氟/硅丙烯酸酯共聚物 PDMS-b-(PMMA-P3FMA)$_2$、PDMS-b-(PMMA-b-P6FMA)$_2$、PDMS-b-(PMMA-b-P8FMA)$_2$ 和 PDMS-b-(PMMA-b-P12FMA)$_2$，为了便于描述，将这些共聚物表示为 PDMS-b- (PMMA-b-PFMA)$_2$。重点研究四种 PDMS-b-(PMMA-b-PFMA)$_2$ 在溶液中的不同纳米尺寸胶束(micelle)或单聚体(unimer)(图 9-1)，以及含氟链段长度对涂膜性能和热稳定性能的影响。

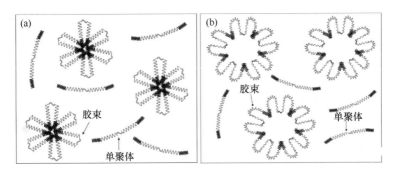

图 9-1　PDMS-b-(PMMA-b-PFMA)₂ 在不同溶液中的聚集体

(1)在四种共聚物的理论含氟量均为 10%前提下进行合成，最终获得单体转化率为 49%～60%，分子量(M_n)为 $8.02\times10^4\sim9.16\times10^4$g/mol。PDMS-b-(PMMA-b-PFMA)₂ 共聚物都呈现典型的单峰分布，并且聚合物分子量分布很窄(PDI=1.04～1.12)，测定值与理论分子量相差不大，充分说明了 PDMS-b-(PMMA-b-PFMA)₂ 符合 ATRP 反应的结果。

(2)在 $CHCl_3$ 溶液中，PDMS-b-(PMMA-P3FMA)₂、PDMS-b-(PMMA-b-P6FMA)₂ 和 PDMS-b-(PMMA-b-P8FMA)₂ 溶液的粒径分布都是以单聚体占据为主，大分子胶束和囊泡只占很少的比例，而 PDMS-b-(PMMA-b-P12FMA)₂ 溶液则相反。这说明了前三种共聚物中含氟链段的侧链长度有限，单个分子含氟量少，在溶液中较容易溶解。

(3)四种共聚物 PDMS-b-(PMMA-b-PFMA)₂ 膜表面自由能都低于三嵌段共聚物 PMMA-b-PDMS-b-PMMA，说明含氟链段的引入能够有效地降低共聚物的表面能。其中，PDMS-b-(PMMA-b-P12FMA)₂ 膜的表面自由能最低(22.3mN/m)，且膜表面有高含量的氟元素分布，说明了长含氟链段 P12FMA 的引入对降低表面能最突出。而 PDMS-b-(PMMA-P3FMA)₂、PDMS-b-(PMMA-b-P6FMA)₂、PDMS-b-(PMMA-b-P8FMA)₂ 膜表面有大量的 Si 元素分布，说明 F 元素对降低表面自由能的能力要大于 Si 元素，并且说明一种聚合物中若同时含有 Si 和 F 元素，在成膜过程中，两种链段会出现竞争表面迁移的关系。

(4)若聚合物中主要是低氟链段时，熵驱动占主要地位，使得 Si—O 链段自由地向表面迁移。而当聚合物中主要是高氟链段时，则焓驱动占主要地位，含氟链段向表面迁移。而 PDMS-b-(PMMA-b-P12FMA)₂ 中的含氟侧链足够长，表面迁移的过程中降低体系的焓值，使得表面含氟量更高。另外，含氟链段在 $CHCl_3$ 中的溶解性较差，在组装的胶束中形成内核，成膜过程中组装胶束坍缩，造成含氟链段迁移至表面，形成高含氟量的低表面能表面。

(5)四种共聚物的热稳定性都高于三嵌段共聚物 PMMA-b-PDMS-b-PMMA。这说明含氟嵌段的引入提高共聚物的热稳定性。其中 PDMS-b-(PMMA-b-P12FMA)$_2$ 具有最好的热稳定性。

9.1　PDMS-b-(PMMA-b-PFMA)$_2$ 的 ATRP 合成

9.1.1　大分子引发剂 Br-PDMS-Br 的制备

ATRP 大分子引发剂 Br-PDMS-Br 的制备路线如图 9-2 所示。在合成原料及配比选择中，选择分子量为 5000 的含有双羟基的硅油(HO-PDMS-OH，PDMS，M_n=5000g/mol)与 2-氯丙酰氯(CPC)反应制备用于引发单体聚合反应的大分子引发

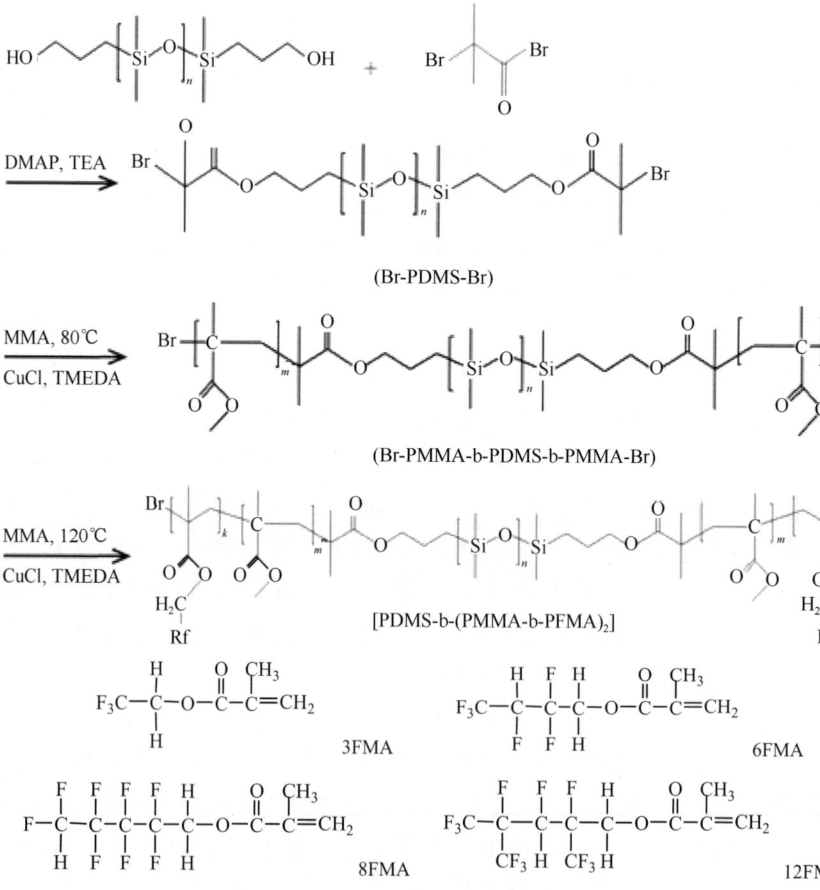

图 9-2　五嵌段 PDMS-b-(PMMA-b-PFMA)$_2$ 共聚物的合成路线图

Rf: —CF$_3$，—CF$_2$CFHCF$_3$，—CF$_2$CF$_2$CF$_2$CF$_2$H，—CF(CF$_3$)CFHCF(CF$_3$)$_2$

剂。有机硅和有机氟材料较差的溶剂溶解性，易造成聚合物在反应过程中出现低温不溶解现象。所以，在聚合物中引入甲基丙烯酸甲酯(MMA)以提高共聚物的溶解性，同时改善共聚物的成膜性。调整 MMA/PDMS 的质量比分别为 2.75/1、4/1、6/1、8/1 和 10/1 时发现，含氟硅嵌段共聚物的成膜性能随着 MMA/PDMS 质量比的增大而提高。共聚物在 MMA/PDMS 的质量比大于 6/1 时具有良好的成膜性。如果 PMMA 量过多，整个共聚物就会呈现出 PMMA 的性质，不仅表现出最终共聚物的膜性能柔韧性能较差(脆性大)，而且会导致共聚物分子链过长，给后续引进 PFMA 链段带来困难。但是 PMMA 的量太少，最终的五嵌段含氟/硅共聚物溶解性较差。因此，选择 PMMA：PDMS=10：1。

ATRP 大分子引发剂 Br-PDMS-Br 的制备条件和原料配比见图 9-2。为了合理地控制反应速率和防止酰氯水解反应的影响，合成时首先将四氟节门茄形瓶在冰浴下抽真空并鼓氮气处理，重复此操作 3～5 次。在氮气保护下加入含有羟基磷油 (HO-PDMS-OH，M_n=5000g/mol)(5.00g，0.001mol)、TEA(0.28mL，0.002mol)和 4-二甲氨基吡啶(DMAP)(0.37g，0.003mol)的 THF(70mL)溶液。然后用微量注射器迅速加入 2-溴代异丁酰溴(BiBB)(0.62mL，0.005mol)，待出现白色沉淀后，升温至室温并反应 18h，得乳白色悬浮液。将反应后的上层清液与白色沉淀离心分离，滤除沉淀，收集上层清液，并旋转蒸发出溶剂。所得到的粗产品重新溶解在 CH_2Cl_2 中，经饱和 $NaHCO_3$ 洗涤、萃取分离、无水 $MgSO_4$ 干燥、过滤、减压旋转蒸发浓缩等处理，得到白色黏稠状产物(产率为 70.7wt%)。

9.1.2　五嵌段共聚物 PDMS-b-(PMMA-b-PFMA)₂ 的制备

PDMS-b-(PMMA-b-PFMA)₂ 合成的第一步是制备 MMA-PDMS-MMA，具体合成路线如图 9-2 所示。将精制后的 CuCl 加入四氟节门茄形瓶中，在 80℃抽真空鼓氮气，重复此操作 3～5 次，然后在氮气保护下加入含有 Br-PDMS-Br、MMA、TMEDA 和环己酮的溶液并持续反应 24h。将得到的产物在 40℃用 THF 稀释，经平均滤孔直径为 15～40μm 的砂芯漏斗过滤后，用旋转蒸发仪在 50℃减压浓缩后得到白色黏稠液体。用滴液漏斗将白色黏稠液体慢慢加入强磁力搅拌的甲醇中沉析后过滤，真空干燥得到白色粉状固体产物 MMA-PDMS-MMA(产率为 67.2wt%～73.3wt%)。

利用上述产物 MMA-PDMS-MMA 与不同含氟单体 FMA 反应制备含氟硅五嵌段共聚物 PDMS-b-(PMMA-b-PFMA)₂。按照含氟量占 10%的定量关系选择每种单体的用量，见表 9-1。将三嵌段共聚物 Br-PMMA-b-PDMS-b-PMMA-Br 和大部分溶剂环己酮加入茄形瓶中，搅拌升温使加料完全溶解，降温后加入精制过的 CuCl，再抽真空，充氮气循环 3 次，用注射器分别加入甲基丙烯酸三氟乙酯(3FMA)、甲基丙烯酸六氟丁酯(6FMA)、甲基丙烯酸八氟戊酯(8FMA)和甲基丙烯酸十二氟庚酯(12FMA)和四甲基乙二胺(TMEDA)以及少部分的溶剂环己酮，缓慢升温至120℃，反应 24h 后降温至 50℃，将得到的产物用四氢呋喃稀释，经砂芯漏斗过滤除去 Cu^{2+}后，旋蒸除去多余的四氢呋喃，得到的浓溶液在甲醇中沉析，于烘箱中 60℃干燥，获得白色粉状固体。具体路线见图 9-2。

表 9-1　四种嵌段共聚物合成配方和分子量及其分布表

嵌段共聚物	单体量/g	PDMS-b-(PMMA)$_2$/g	CuCl/g	TMEDA/g	CYC/g	产率/%	M_n(theo)/10^4	M_n(GPC)/10^4	PDI
PDMS-b-(PMMA-b-P3FMA)$_2$	3FMA(2.09g)	5	0.014	0.033	12	58	8.27	8.36	1.12
PDMS-b-(PMMA-b-P6FMA)$_2$	6FMA(1.404g)	5	0.014	0.033	12	52	7.47	8.81	1.05
PDMS-b-(PMMA-b-P8FMA)$_2$	8FMA(1.23g)	5	0.014	0.033	12	49	7.26	8.02	1.04
PDMS-b-(PMMA-b-P12FMA)$_2$	12FMA(1.064g)	5	0.014	0.033	12	60	7.07	9.16	1.08

在设计五嵌段含氟/硅共聚物时，四种共聚物的 PDMS 链段以及 PMMA 链段都相同，唯一不同之处在于含氟单体 FMA 的差异。调整反应中单体的用量，使得每种共聚物最终的含氟量均为 10%。为此，反应中所用的单体量略有不同，见表 9-1。

9.1.3　PDMS-b-(PMMA-b-PFMA)$_2$ 的结构与分子量表征

双官能团聚硅氧烷 Br-PDMS-Br 对五嵌段含氟硅嵌段共聚物 PDMS-b-(PMMA-b-PFMA)$_2$ 的合成极其重要，它不仅是五嵌段含氟硅嵌段共聚物的中间链段，而且是含氟硅嵌段共聚物制备过程中大分子引发剂。图 9-3 是 HO-PDMS-OH和 Br-PDMS-Br 的红外光谱图(FTIR)。两个 FTIR 谱图在 1095cm^{-1} 和 1021cm^{-1}处出现线性 Si—O—Si 的伸缩振动吸收峰；在 2963cm^{-1} 处出现 C—H(Si—CH$_3$)的伸缩振动吸收峰；在 1261cm^{-1} 处出现 C—H(Si—CH$_3$)的变形振动吸收峰；在1410cm^{-1} 处出现 C—H(Si—CH$_2$)的变形振动吸收峰。对比两者的 FTIR 发现，图9-3(a)中 3294cm^{-1} 处 O—H 键的伸缩峰在图 9-3(b)中消失；相对于图 9-3(a)，图9-3(b)在 1746cm^{-1} 处出现了 BiBB 的 C=O 双键的伸缩振动峰。由此可证明HO-PDMS-OH 与 BiBB 已成功反应制备出大分子引发剂 Br-PDMS-Br。

图 9-4 是 PMMA-b-PDMS-b-PMMA 的 FTIR 图谱。FTIR 谱图分别在 2954cm^{-1}处出现 MMA 中 C—H 的伸缩振动吸收峰，在 1444cm^{-1} 和 1388cm^{-1} 处出现 MMA中 C—H 的变形振动吸收峰，在 1731cm^{-1} 处出现 MMA 中 C=O 的伸缩振动吸收峰，在 1028cm^{-1} 处出现 Si—O—Si 的不对称伸缩振动吸收峰。由此证明，MMA单体在大分子引发剂的作用下发生聚合。

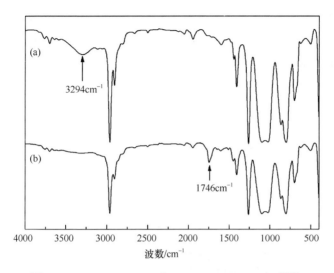

图 9-3　HO-PDMS-OH(a)和 Br-PDMS-Br(b)FTIR 图谱

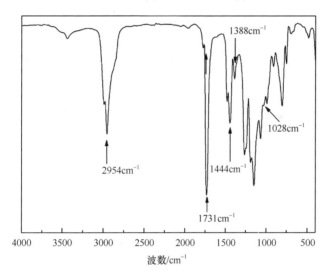

图 9-4　PMMA-b-PDMS-b-PMMA 的 FTIR 图谱

PDMS-b-(PMMA-b-PFMA)$_2$ 的 ^{1}H NMR 图谱如图 9-5 所示。分别在 0.05ppm 处出现 PDMS 中硅甲基(Si—CH$_3$)氢的强信号峰，在 3.63ppm 处出现 MMA 单体中甲氧基(—OCH$_3$)氢的强信号峰。由于含氟聚合物在普通溶剂中溶解性很差，溶解时含氟聚合物通常以胶束或其他聚集体等形式分散在溶液中，含氟链段被包裹在聚集体内层。随着含氟链段长度的增加，含氟嵌段共聚物在溶液中形成的聚集体稳定性增强。因此，采用 ^{1}H NMR 技术检测含氟链段中的氢相对较困难。在场强叠加 128 次之后，将局部图放大才可看出在 4.55ppm 和 5.69ppm 处出现 DFHM 单体中亚甲氧基(—OCH$_2$)和 CFH 氢的信号峰。由此说明，PDMS、PMMA 和 PDFHM 三种单体发生共聚，但由积分面积计算出的实际单体比例远小于实际的质量分数。

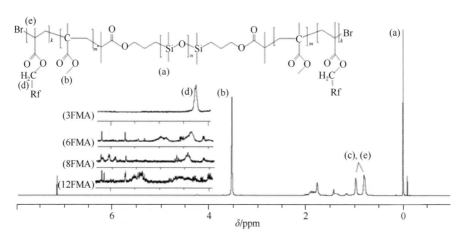

图 9-5　五嵌段含氟/硅共聚物在 CDCl$_3$ 中的 ^{1}H NMR 图

图 9-5 的 ^{1}H NMR 分析显示，δ_H=4.2ppm 处为–CH$_2$—Rf 的特征峰，说明含氟单体已经被成功地引入共聚物中。但是含氟的链段对其邻近的 CH$_2$(δ_H= 4.2ppm)有很强的屏蔽作用，从而使得相应的峰强度和其在共聚物中的量不成比例。并且，随着含氟单体中氟含量的增加，共聚物分子会在氯仿溶液中形成以含氟链段为核的胶束，这更进一步影响了含氟链段特征峰的表达，因而表现在核磁图上是随着含氟单体中氟含量的增加，所对应的峰强度逐渐下降。

GPC 图显示，四种共聚物都呈现出典型的单峰分布，且分子量分布很窄(图 9-6，PDI 低于 1.15)。根据表 9-1 的 GPC 分子量来看，测定值与理论分子量相差不大，也进一步说明四种共聚物按照 ATRP 聚合机理进行反应。另外，由表 9-1 可知，随着含氟单体中氟含量的增加，GPC 测出的分子量变得更大。这是因为随着共聚物中含氟单体链段中氟含量的集中，共聚物在 THF 溶液中更倾向于形成一些复杂的自组装结构，占有体积变得更大。PDMS-b-(PMMA-b-P12FMA)$_2$ 的分子量(M_n)为 $9.16×10^4$g/mol(表 9-1)，进一步证实了 PMMA-b-PDMS-b-PMMA 与 FMA 发生了嵌段共聚合。此外，选用链末端含有溴的大分子引发剂在 CuCl 的作用下引发单体聚合，C—Cl 在自由基失活时形成，由于其反应活性较低，再次引发的链增长速率较慢，增加了引发剂的引发效果，明显地突显了 PDMS-b-(PMMA-b-PFMA)$_2$ 制备过程 ATRP 反应的活性可控特征。

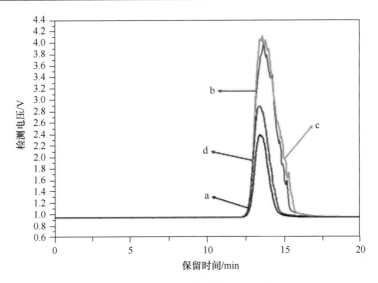

图 9-6　五嵌段共聚物的 GPC 图

a. PDMS-b-(PMMA-b-P3FMA)₂；b. PDMS-b-(PMMA-b-P6FMA)₂；c. PDMS-b-(PMMA-b-P8FMA)₂；
d. PDMS-b-(PMMA-b-P12FMA)₂

9.2　含氟链段对膜表面性能的影响

表 9-2 是不同共聚物的膜表面接触角及表面能分析结果。可以看出，四种共聚物膜的表面能都低于三嵌段共聚物 PMMA-b-PDMS-b-PMMA，一方面说明 F 元素的引入显著降低了膜表面的自由能，另一方面也说明 F 元素在降低表面能的能力方面要优于 Si 元素。从接触角的数据来看，共聚物 PDMS-b-(PMMA-b-P3FMA)₂、PDMS-b-(PMMA-b-P6FMA)₂ 和 PDMS-b-(PMMA-b-P8FMA)₂ 对水的接触角都高于 PDMS-b-(PMMA)₂，而对十六烷的接触角相似。长链聚合物膜的接触角小于短链聚合物膜的接触角，但是长链长链聚合物膜的疏油性非常突出。由此来看，主要是膜表面固体的极性力 γ_s^p 降低，最终膜的表面能 γ 下降。但是 PDMS-b-

表 9-2　五种共聚物在 CHCl₃ 成膜表面的接触角及表面能

嵌段共聚物	θ_W	θ_H	γ_s^d /(mN/m)	γ_s^p /(mN/m)	γ /(mN/m)
PDMS-b-(PMMA)₂	97	13	26.9	4.71	31.61
PDMS-b-(PMMA-b-P3FMA)₂	106	16	26.54	0.42	26.96
PDMS-b-(PMMA-b-P6FMA)₂	105	13	26.9	0.6	27.5
PDMS-b-(PMMA-b-P8FMA)₂	105	14	26.79	0.76	27.55
PDMS-b-(PMMA-b-P12FMA)₂	97	46	19.82	2.45	22.27

(PMMA-b-P12FMA)₂ 表现出与其他三种五嵌段含氟/硅共聚物不同的特点。与 PMMA-b-PDMS-b-PMMA 相比，该共聚物膜对水的接触角无明显变化，但是对十六烷的接触角明显提高，即膜表面固体色散力 γ_s^d 的降低对表面能的下降起了更大的作用。

通过对四种共聚物的 XPS 图对比(图 9-7)，可以看出 PDMS-b-(PMMA-b-P3FMA)₂、PDMS-b-(PMMA-b-P6FMA)₂ 和 PDMS-b-(PMMA-b-P8FMA)₂ 都有明显的 Si2s 和 Si2p 特征峰，说明成膜过程中，Si—O 迁移至表面促使表面的 Si 元素含量提高。从表 9-3 的元素含量数值来看，PDMS-b-(PMMA-b-P3FMA)₂、PDMS-b-(PMMA-b-P6FMA)₂ 表面的 Si 元素含量都超过了 30%。而 PDMS-b-(PMMA-b-P12FMA)₂ 图上的 Si 含量微乎其微，F 元素含量却相当明显，但是表 9-3 中 PDMS-b-(PMMA-b-P12FMA)₂ 中 F 含量却达到了 20.85%。由表 9-3 可以发现，表面 Si 元素更大程度地降低表面的极性力，从而达到降低表面自由能的目的。而 Si 元素则是通过降低膜表面的色散力，来降低表面自由能。如果在同一共聚物中，当二者的含量都足够大时，两者处于竞争关系。因为在 PDMS-b-(PMMA-b-P12FMA)₂ 中，只有很少量的 Si(7.44%)迁移至表面，所以 F 迁移更能降低表面的自由能。而含氟少的单体引入对降低体系的自由能似乎贡献有限。对于 PDMS-b-

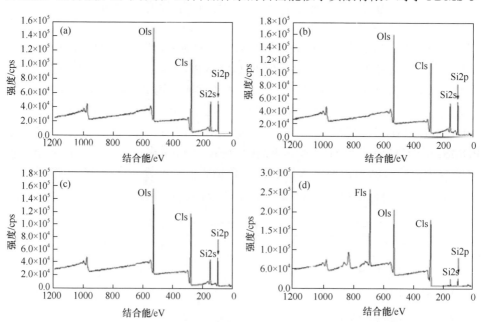

图 9-7 四种含氟/硅共聚物膜的空气界面 XPS 图：(a)PDMS-b-(PMMA-b-P3FMA)₂；(b)PDMS-b-(PMMA-b-P6FMA)₂；(c)PDMS-b-(PMMA-b-P8FMA)₂；(d)PDMS-b-(PMMA-b-P12FMA)₂

表 9-3　五种嵌段共聚物薄膜表面的化学元素组成

嵌段共聚物	F 元素含量/%	Si 元素含量/%	C 元素含量/%	O 元素含量/%
PDMS-b-(PMMA)$_2$	—	38.72	39.48	21.8
PDMS-b-(PMMA-b-P3FMA)$_2$	—	37.7	38.67	23.62
PDMS-b-(PMMA-b-P6FMA)$_2$	—	33.55	41.82	24.64
PDMS-b-(PMMA-b-P8FMA)$_2$	1.5	27.17	46.16	27.17
PDMS-b-(PMMA-b-P12FMA)$_2$	20.85	7.44	50.57	21.14

(PMMA-b-P3FMA)$_2$、PDMS-b-(PMMA-b-P6FMA)$_2$、PDMS-b-(PMMA-b-P8FMA)$_2$
等含氟量较少的含氟链段而言，若要达到能够和 Si 竞争的地步，必须有大量的含
氟链段往表面迁移，这样会降低体系的熵值，从而不利于整个膜体系能量的降低，
故那些低含氟单体所构成的含氟共聚物膜表面由 Si 占据。此外，表 9-3 还显示，
Si 含量随着所加入的氟单体中氟含量的增加而递减。这也进一步说明，高氟链段
的引入会降低 PDMS 链段向表面迁移的比例。

9.3　溶液中聚集体分布与膜表面能的关系

　　为了更深入地分析共聚物在溶液中的聚集体对表面能的影响，采用 DLS 对四
种五嵌段含氟/硅共聚物溶液(0.1g/mL)进行了表征，结果如图 9-8 所示。图中的两
个峰分别对应的是共聚物溶液中两种不同直径的聚集体。其中直径在 10nm 左右
的一般对应于聚合物的单分子聚集体，而直径在 100～1000nm 之间的一般对应于
嵌段共聚物的自组装胶束或者囊泡等更复杂的组装体。

　　由于氯仿对 PDMS-b-(PMMA-P3FMA)$_2$[图 9-8(a)]、PDMS-b-(PMMA-b-
P6FMA)$_2$[图 9-8(b)]和 PDMS-b-(PMMA-b-P8FMA)$_2$[图 9-8(c)]共聚物具有良好的
溶解性，它们在氯仿溶液中的自组装体以单分子组装体为主(79.0%)，只有很少量
的聚合物分子参与自组装形成了更大的胶束或者囊泡(直径大约 100nm)。然而，
PDMS-b-(PMMA-b-P12FMA)$_2$ 共聚物在氯仿溶液[图 9-8(d)]中的聚集形式与上述
三种共聚物不同，溶液中只有很少量的单分子聚集体(直径大约 16nm)，绝大多数
都是经过自组装形成的胶束及囊泡(D_h=300nm)。这说明 P12FMA 链段在氯仿溶液
中的溶解能力很差，并且发生了复杂的自组装行为，形成了大的胶束及囊泡聚集
体。这个结果也说明，氯仿可以溶解侧链含氟量较少的含氟链段，但对侧链含氟
量更大的含氟链段则溶解能力有限。另外，由于 PDMS-b-(PMMA-P3FMA)$_2$、
PDMS-b-(PMMA-b-P6FMA)$_2$ 和 PDMS-b-(PMMA-b-P8FMA)$_2$ 在氯仿中得到了充
分的溶解，在成膜过程中，单聚体中的 Si—O 链段因迁移能力强，表面迁移的过
程中占据优势。又因含氟链段的氟含量较低，氟含量分散，含氟链段若向表面

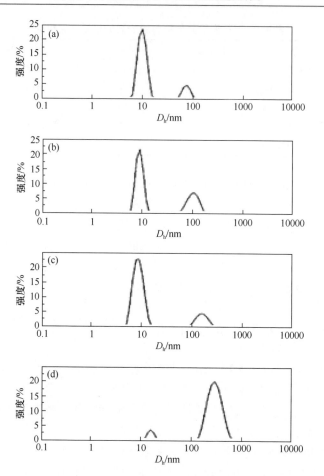

图 9-8　四种含氟/硅共聚物在 CHCl$_3$ 溶液中的激光扫描粒径分布图：(a)PDMS-b-(PMMA-
P3FMA)$_2$，(b)PDMS-b-(PMMA-b-P6FMA)$_2$；(c)PDMS-b-(PMMA-b-P8FMA)$_2$；
(d)PDMS-b-(PMMA-b-P12FMA)$_2$

迁移，则会使体系的熵值降低，不足以弥补由此带来的焓值下降，根据公式
$\Delta G = \Delta H - T\Delta S$，$\Delta G$ 不能取得最小值。所以 Si—O 链段向表面迁移的过程是熵驱动
过程。

在 PDMS-b-(PMMA-b-P12FMA)$_2$ 的氯仿溶液中，大部分共聚物分子通过自组
装作用形成了大胶束和囊泡(93%)，降低了溶液中的单聚体的数量(仅 7%)，限制
了成膜过程中 PDMS 链段向表面的迁移。此外，PDMS-b-(PMMA-b-P12FMA)$_2$ 含
有较长的含氟支链，向表面迁移的过程中降低体系的焓值。此时，熵值的下降与
焓值下降不足以抗衡，所以氟链段向表面的迁移符合自由能最低原则，这是长链
的含氟支链链段向表面迁移的焓驱动过程。此外，含氟链段在氯仿中溶解性能很

差，因而形成了相当多的自组装聚集体，不溶的含氟链段在这些聚集体中充当核，在成膜过程中，由于这些自组装胶束或囊泡的坍缩，含氟链段迁移至表面，形成高含氟量的低表面能表面。

事实上，由于嵌段组分之间的不相容性，组装成膜时会出现相分离行为。但这种微相分离现象只有当由此获得的含氟两嵌段共聚物中某一组分超过一定含量时才会出现。含氟链段在一般溶剂中溶解性较差，在溶液中易形成以含氟嵌段组分为核、非氟嵌段组分为壳的核壳型胶束结构，由此导致在成膜过程中，更多的非氟聚合物在共聚物表面富集，表面自由能升高。由于含氟链段的表面迁移作用，含氟嵌段共聚物会自发地发生表面和界面分离，在表面形成高度有序的含氟基团富集层，从而降低表面自由能。同时，由于含氟嵌段共聚物中各个嵌段之间性质的差异，共聚物在溶剂中倾向于发生自组装行为而形成不同结构和不同形貌的聚集体，进而影响聚合物的性质。因此，构筑新型含氟嵌段共聚物并控制其在溶剂中自组装行为是实现低含氟量、高性能的含氟共聚物材料的重要手段。

上述分析显示，具有长氟碳侧链的共聚物具有更加优异的表面性能。含氟侧链越长，含氟基团在表面的富集厚度越大，氟含量由表及内依次降低，膜最外层的氟含量最高。随着氟烷基侧链中 CF_2 结构单元个数的增加，氟烷基侧链在相分离区域的结晶度上升，含氟基团在膜层表面的排列有序度增加。但是具有短含氟链段的嵌段共聚物更有利于含氟组分向表面迁移。值得注意的是，优异的膜表面性能主要依赖于—CF_3 基团在涂膜表面的紧密堆积程度，因此应选用末端基带有—CF_3 的含氟链段制备含氟嵌段共聚物。

为了得到更好的疏水疏油效果，膜层表面应具有一定的粗糙度。成膜方式也影响膜的最终性能。聚合物的成膜方式主要有旋转成膜、浸渍成膜、溶液浇铸成膜、化学吸附成膜、等离子体沉积成膜、化学气相沉积成膜、表面引发聚合成膜。其中，以化学吸附方式成膜仅可形成单分子膜层；以等离子体沉积、化学气相沉积方式成膜虽然有利于控制膜层厚度，但成膜条件苛刻(低压)，设备要求高，膜层表面元素的组成不确定。对于含氟嵌段共聚物，目前的研究主要以旋转、溶液浇铸和浸渍方式成膜为主。浇铸成膜具有更好的成膜性能和表面性能。旋转涂膜时，更多的含氟侧链趋向于在表面平行排列，而非垂直定向排列，由此导致大量的碳氢组分暴露在共聚物表面，共聚物的表面性能下降。

9.4　含氟量对热稳定性的影响

根据图 9-9 热失重分析曲线可以看出，四种含氟/硅共聚物的热稳定性都高于 PMMA-b-PDMS-b-PMMA，充分说明含氟链段的引入提高了聚合物的热稳定性。

在四种含氟共聚物中，显然氟单体中氟含量较少的 PDMS-b-(PMMA-b-P3FMA)₂ 的热稳定性最差，随着链段单元中氟含量的增加，热稳定性开始增加，PDMS-b-(PMMA-b- P12FMA)₂ 则表现出最佳的热稳定性。然而 PDMS-b-(PMMA-b-P6FMA)₂ 的热稳定性略好于 PDMS-b-(PMMA-b-P8FMA)₂，这可能和 P8FMA 链段太长以及侧链末端 H 有关，导致该共聚物相对其他三种更容易被分解。

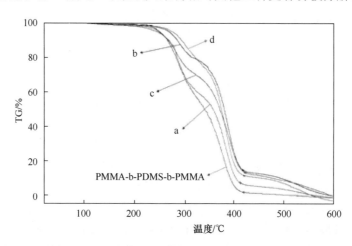

图 9-9　五嵌段含氟/硅丙烯酸酯共聚物与 PMMA-b-PDMS-b-PMMA 的热失重曲线对比图：
a. PDMS-b-(PMMA-P3FMA)₂；b. PDMS-b-(PMMA-b-P6FMA)₂，c. PDMS-b-(PMMA-b-P8FMA)₂；
d. PDMS-b-(PMMA-b-P12FMA)₂

以 PDMS-b-(PMMA-b-P12FMA)₂ 为例，讨论不同含氟单体含量对玻璃化转变温度(DSC)曲线和热重(TG)曲线，如图 9-10 所示。左图的 DSC 曲线上出现了 PDMS 的熔融峰和一个玻璃化转变温度(T_g=74~84℃)。P12FMA 均聚物的玻璃化转变温度为 46℃，而当与玻璃化转变温度高的均聚物 PMMA(T_g=105℃)形成嵌段共聚物后，共聚物的玻璃化转变温度升高。从右图的 TG 曲线可以看出，PDMS-b-(PMMA-b-P12FMA)₂ 的热分解过程分三步进行。其中，在305~417℃之间包括第一步和第二步两个失重过程，但两步热分解的失重台阶没有被明显分开，发生部分重叠。305~417℃之间的失重率为 87wt%~89wt%，应该对应于 PMMA 和 P12FMA 的热分解温度。第三步热分解发生在434~556℃之间，失重率为 10 wt%~12wt%，应该对应 PDMS 的热分解温度。此外，样品 B、样品 C 和样品 D 的热重曲线显示，氟单体含量对含氟硅五嵌段共聚物的热分解温度影响不明显。而共聚物 PMMA-b-P12FMA 的热重曲线显示其热分解过程分两步进行。第一步热分解发生在 271~312℃之间，对应 PMMA 的热分解过程。第二步热分解发生在 370~415℃之间，对应 P12FMA 的热分解过程。同样，PMMA-b-P12FMA 的热分解温度受氟单体含量的影响不大。因此，含氟硅五嵌段共聚物具有更好的热学稳定性。

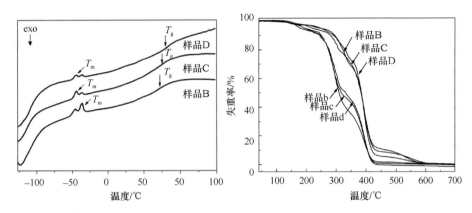

图 9-10　左图：PDMS-b-(PMMA-b-P12FMA)$_2$(样品 B，C 和 D)的 DSC 曲线；右图：PDMS-b-(PMMA-b-P12FMA)$_2$(样品 B，C 和 D)和 PMMA-b-P12FMA(样品 b，c 和 d，与 B，C 和 D 同样含量 12FMA)的 TG 曲线

　　五嵌段共聚物 PDMS-b-(PMMA-b-P12FMA)$_2$ 热学稳定性和玻璃化转变温度较高的特性可用 PMMA 和 P12FMA 之间的相容性进行解释。在 PMMA-b-P12FMA 嵌段共聚物中，两个链段之间是强不相容的，PMMA 和 P12FMA 在共聚物中分别表现出各自特有的热学性能。而在嵌段共聚物 PDMS-b-(PMMA-b-P12FMA)$_2$ 中，两个 PMMA 链段由中间嵌段 PDMS 连接。由于 PDMS 在共聚物中的体积分数较小，两个 PMMA 链段产生非共价键吸引力。为了抵消此共价键吸引力，PMMA 和 P12FMA 之间必须表现出一定的相容性。五嵌段共聚物 PDMS-b-(PMMA-b-P12FMA)$_2$ 在 305～417℃之间两个失重部分的重叠，以及五嵌段共聚物中一个介于 P12FMA 和 PMMA 均聚物之间玻璃化转变温度的出现证实了合成的嵌段共聚物中 P12FMA 和 PMMA 链段具有一定的相容性。PMMA 和 P12FMA 之间的相容性一方面使得 P12FMA 中氟原子对共聚物主链的保护作用加强，共聚物的热学稳定性提高，另一方面在 PMMA 的作用下使得共聚物的玻璃化转变温度升高。

第 10 章　溶剂对 PDMS 基共聚物组装特性的影响

本章导读

　　溶剂的性质制约了嵌段共聚物在溶液中的链结构运动，进而制约了共聚物的组装和表面结构及性质。根据溶解性的差异，含氟嵌段共聚物在有机溶剂中主要以三种方式存在：①含氟嵌段组分为核，非氟嵌段组分为壳的胶束结构(溶剂溶解性较差)；②含氟嵌段共聚物低聚体(溶剂溶解性良好)；③两种聚集态结构并存(溶剂溶解性适中)。这种在溶剂中的特殊聚集态结构使得含氟嵌段共聚物的表面结构及性质受制于两种相反因素的控制。胶束结构的存在使得非氟链段核组分在成膜时暴露在聚合物/空气界面，从而导致表面自由能增加；而低聚体的存在在一定程度促使含氟链段在成膜时更加高度有序地在膜层表面富集和排列，结果使表面自由能降低。

　　因此，本章利用 PDMS 依次引发单体 MMA 和甲基丙烯酸十二氟庚酯(12FMA)获得线性五嵌段共聚物 PDMS-b-(PMMA-b-P12FMA)$_2$，见图 10-1。分别选择氯仿(CHCl$_3$)、三氟甲苯(TFT)、四氢呋喃(THF)以及氯仿与三氟甲苯的 1∶1 混合物(CHCl$_3$-TFT)作为成膜溶剂，研究 PDMS-b-(PMMA-b-P12FMA)$_2$ 在不同溶剂中的自组装行为以及与膜表面形貌的关系，成膜机理以及膜表面对水的动态吸附行为。

　　(1)受链段和溶剂性质的影响，PDMS-b-(PMMA-b-P12FMA)$_2$ 在氯仿溶液自组装形成球形核壳型胶束和低聚体，而在二氧六环中自组装形成扁球形双层核壳型

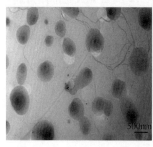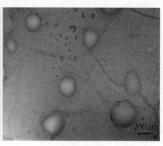

图 10-1　五嵌段聚合物 PDMS-b-(PMMA-b-P12FMA)$_2$ 在氯仿和二氧六环溶液中自组装及表面形貌

胶束和低聚体。其中，在二氧六环中的球形胶束颗粒较大，而在氯仿中的低聚体浓度较大。随着 PMMA/PDMS 质量比的增加，共聚物在溶剂中的低聚体浓度增大，PDMS-b-(PMMA-b-P12FMA)$_2$ 具有低的表面自由能(17～25mN/m)，且表面自由能随着氟单体含量和 PMMA/PDMS 质量比的增加而降低，并与成膜溶剂密切相关。低聚体对共聚物表面自由能的影响比大胶束颗粒大。低聚体通过增强氟元素和硅元素的表面迁移能力而降低共聚物的表面自由能。

(2)PDMS-b-(PMMA-b-P12FMA)$_2$ 在成膜过程中，氟元素和硅元素向表面迁移，以形成低自由能的表面。而以氯仿为成膜溶剂成膜更有利于氟元素和硅元素向表面迁移。随着 PMMA/PDMS 质量比的增加，氟元素和硅元素向表面迁移的趋势增强。中间嵌段 PDMS 改善 PMMA 和 P12FMA 相容性，使得氟原子对主链的保护作用加强，含氟硅五嵌段共聚物热稳定性提高。

(3)四种溶剂 CHCl$_3$、TFT、THF 以及 CHCl$_3$-TFT 对共聚物膜性能的影响结果显示，THF 及 CHCl$_3$-TFT 溶液成膜的表面能(17.9mN/m 和 18.2mN/m)比 CHCl$_3$ 成膜的表面能(22.3mN/m)低。而 THF 的膜表面含氟量最高，CHCl$_3$-TFT 次之，CHCl$_3$ 成膜表面含氟量最低，说明含氟量与表面能成反比。PDMS-b-(PMMA-b-P12FMA)$_2$ 在 THF 溶液中主要呈现单聚体分布(直径约为 15nm)，而在 CHCl$_3$ 溶液中则有相当比例(93%)的大组装体胶束(直径约为 300nm)，在 TFT 中主要是直径为 74nm 的胶束，CHCl$_3$-TFT 中主要是直径为 17nm 的单聚体。CHCl$_3$ 溶液中的大分子胶束呈半球状，各为含硅链段及未能被 PDMS 链段所包覆的 PMMA 链段。TFT 溶液中的胶束以 PDMS 为核，THF 溶液中无大分子胶束存在，而 CHCl$_3$-TFT 中的大胶束含量也较少(与 CHCl$_3$ 类似)。这说明溶液中的胶束对最终成膜性能有决定性的影响，胶束所占比例越大，表面能越高。

(4)由于在 PDMS-b-(PMMA-b-P12FMA)$_2$ 溶液中，P12FMA 链段向表面迁移主要是焓的驱动，因而溶液中单聚体越多，含氟链段往表面迁移越容易，导致表面能越低。在成膜的过程中，稀溶液中的胶束或者囊泡会进一步融合，在膜表面集聚，因而在膜表面留下圆饼状突起，其中以 TFT 作成膜溶剂表现得最为典型。

10.1　五嵌段含氟共聚物 PDMS-b-(PMMA-b-P12FMA)$_2$ 的制备

ATRP 大分子引发剂 Br-PDMS-Br、三嵌段共聚物 MMA-PDMS-MMA 以及五嵌段共聚物 PDMS-b-(PMMA-b-P12FMA)$_2$ 的制备条件和原料配比见图 10-2。为了比较 PDMS/PMMA 和 P12FMA 的影响，合成 PDMS-b-(PMMA-b-P12FMA)$_2$ 的六

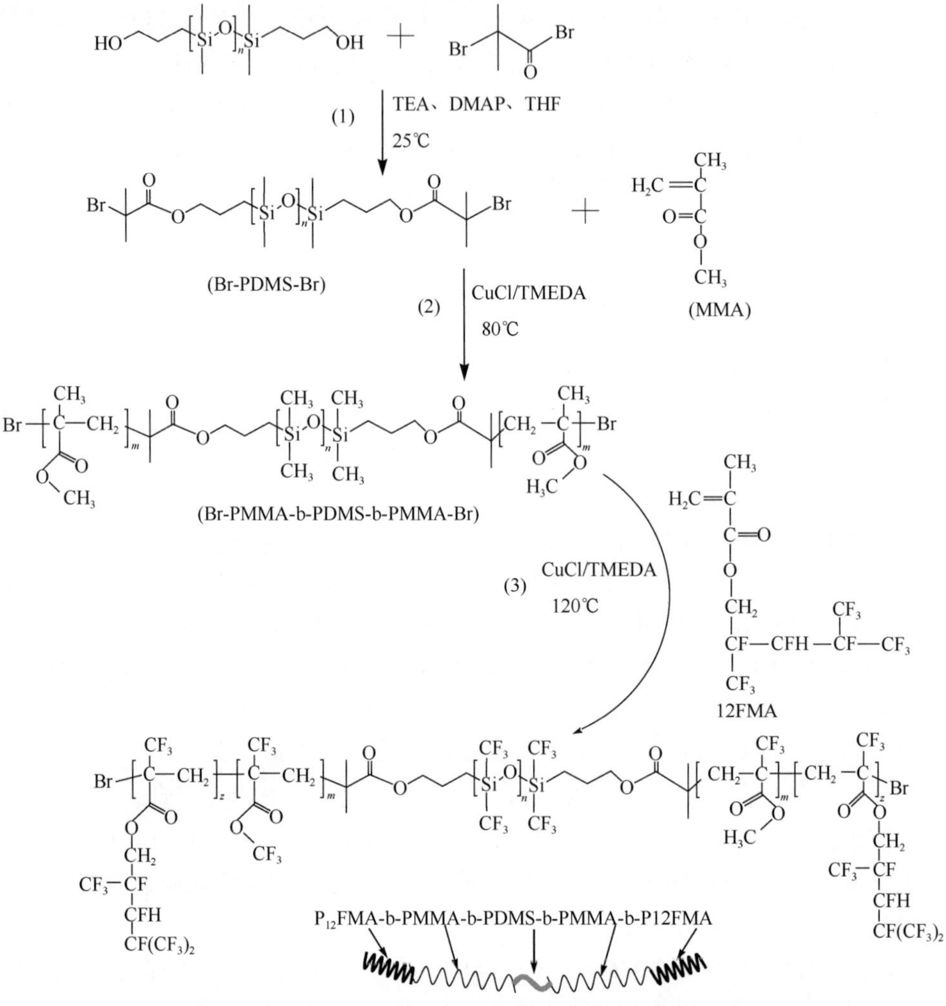

图 10-2　PDMS-b-(PMMA-b-P12FMA)₂ 的合成路线

个样品 A～F,原料组成见表 10-1。将一定质量的白色粉状固体(PMMA-b-PDMS-b-PMMA)和精制的环己酮加入茄形瓶中,待完全溶解后在室温下抽真空鼓氮气 3～5 次, 在氮气保护下依次加入 CuCl、DFHM 和 TMEDA 的混合液体,升温至 120℃并反应 24h。 将得到的产物用 THF 稀释, 经平均滤孔直径为 15～40μm 的砂芯漏斗过滤后,用旋转蒸发仪在 50℃减压浓缩以得到白色黏稠液体。之后, 用滴液漏斗将白色黏稠液体慢慢加入强磁力搅拌的甲醇中沉析, 然后过滤, 真空干燥得到白色粉状固体产物 PDMS-b-(PMMA-b-P12FMA)₂(产率为 70.08wt%～76.43wt%)。

表 10-1　PDMS-b-(PMMA-b-P12FMA)₂ 的制备条件和原料配比

	样品 A	样品 B	样品 C	样品 D	样品 E	样品 F
PMMA-b-PDMS-b-PMMA，80℃，24h						
Br-PDMS-Br/g	2	2	2	2	2	2
MMA/g	12	12	12	12	16	20
CuCl/g	0.038	0.038	0.038	0.038	0.019	0.038
TMEDA /g	0.088	0.088	0.088	0.088	0.046	0.092
环己酮/g	14.00	14.00	14.00	14.00	18.00	22.00
PDMS-b-(PMMA-b-P12FMA)₂，120℃，24h						
PMMA-b-PDMS-b-PMMA/g		5	5	5	5	5
DFHM/g	—	0.77	1.25	1.67	1.25	1.25
CuCl/g	—	0.014	0.014	0.014	0.012	0.009
TMEDA/g	—	0.033	0.033	0.033	0.029	0.021
环己酮/g	—	11.54	12.5	13.34	12.5	12.5

　　分子量分布见表 10-2。相对于三嵌段共聚物 PMMA-b-PDMS-b-PMMA，五嵌段共聚物 PDMS-b-(PMMA-b-P12FMA)₂ 具有较高的分子量。当氟单体在共聚物中的含量从 13.3wt% 增加到 25wt% 时，分子量（M_n）从 171 600g/mol 增加到 212 700g/mol，进一步证实 PMMA-b-PDMS-b-PMMA 与 12FMA 发生了嵌段共聚合。此外，选用链末端含有溴的大分子引发剂在 CuCl 的作用下引发单体聚合，C—Cl 在自由基失活时形成，由于其反应活性较低，再次引发的链增长速率较慢，增加了引发剂的引发效果，突显了 PDMS-b-(PMMA-b-P12FMA)₂ 制备过程 ATRP 反应的活性可控特征。从表 10-2 中也可以看出，随着氟单体含量 12FMA 的增加，共聚物的分子量增加。但当氟单体在共聚物中的含量从 20wt% 增加到 25wt% 时，共聚物分子量变化不大。

表 10-2　氟硅五嵌段共聚物的分子量及其多分散性

样品编号	12FMA 含量/wt%	M_w/M_n	M_z/M_n	$M_n/(\times 10^5 \text{g/mol})$	$M_w/(\times 10^5 \text{ g/mol})$
样品 A	0	1.391	2.886	0.856	1.190
样品 B	13.3	1.258	1.635	1.716	2.159
样品 C	20	1.277	2.228	2.051	2.620
样品 D	25	1.233	2.957	2.127	2.623

10.2　PDMS-b-(PMMA-b-P12FMA)₂ 在溶液中的自组装行为

　　选用样品 C（M_n=205 100g/mol，共聚物链长为 294nm）为研究对象，观测其在氯仿和二氧六环溶剂中的自组装行为。由 TEM 图 10-3(a) 可以看出，PDMS-b-

(PMMA-b-P12FMA)₂ 在氯仿溶剂中自组装形成球形核壳型胶束，胶束平均直径约为 175nm。其中黑色部分代表核层 P12FMA，白色部分代表壳层 PMMA。由于 PDMS 的含量较少，因此，TEM 难以清楚地分辨其聚集行为。而从 TEM 图 10-3(b) 中可以看出，PDMS-b-(PMMA-b-P12FMA)₂ 在二氧六环溶剂中自组装形成扁球形双层核壳型胶束和低聚体，胶束长轴和短轴的平均长度分别为 476nm 和 393nm。其中，球形中心黑色部分代表第一个核层 P12FMA，相邻白色部分代表第一个壳层 PMMA，黑色环形部分代表第二个核层 P12FMA，最外层白色部分代表第二个壳层 PMMA。同样，TEM 难以清楚地分辨其聚集行为。

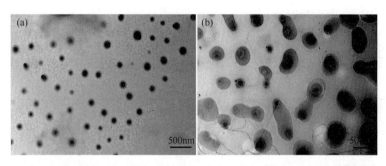

图 10-3　PDMS-b-(PMMA-b-P12FMA)₂(样品 C)在氯仿(a)和二氧六环(b)中的自组装形态

　　根据 PDMS-b-(PMMA-b-P12FMA)₂ 中各个嵌段在氯仿和二氧六环中的溶解性差异，理论上讲，PDMS-b-(PMMA-b-P12FMA)₂ 在氯仿溶液中易于形成以 P12FMA 为核、以 PDMS 和 PMMA 为壳的球形胶束聚集体；而在二氧六环溶液中，易于形成以 P12FMA 和 PDMS 为核、以 PMMA 为壳的球形胶束聚集体。但由于二氧六环的极性(介电常数 $\varepsilon=2.21$)较氯仿(介电常数 $\varepsilon=4.7$)小，胶束中极性链段(PMMA 和 P12FMA)与溶剂二氧六环之间的作用力降低，胶束的聚集数目比在氯仿溶液中多。在高聚集数目的情况下，PDMS-b-(PMMA- b-P12FMA)₂ 在二氧六环溶液中更倾向于形成扁球形胶束以最大程度地降低嵌段共聚物和二氧六环溶剂之间的界面自由能。基于此种理论分析，再结合 TEM 自组装形貌图，推测给出了 PDMS-b-(PMMA-b-P12FMA)₂ 在氯仿中自组装球形胶束的结构示意图如图 10-4(a)所示，以及在二氧六环中自组装扁球形胶束的结构示意图如图 10-4(b)所示。

　　PDMS-b-(PMMA-b-P12FMA)₂ 在溶液中形成的聚集体粒径和粒径分布(DLS) 如图 10-5 所示。从粒径分布曲线上可以看出，聚集体直径呈现双峰分布。根据 TEM 分析，聚集体直径较大处应对应于形成的核壳型胶束。而聚集体直径较小处 (12~14nm)应代表溶液中的可溶性 PDMS-b-(PMMA-b-P12FMA)₂ 分子，即低聚体。球形胶束的粒径尺寸分析表明，在氯仿中形成的胶束直径[图 10-5(a)和图 10-5(c)]小于在二氧六环中形成的胶束直径[图 10-5(b)和图 10-5(d)]，与 TEM 的测

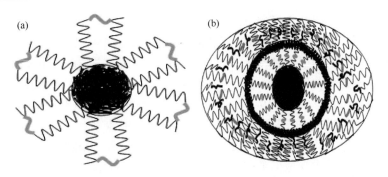

图 10-4　PDMS-b-(PMMA-b-P12FMA)$_2$(样品 C)在氯仿中球形胶束(a)和在二氧六环中扁球形胶
束(b)的结构示意图：〰〰P12FMA；～PDMS；〰〰〰〰PMMA

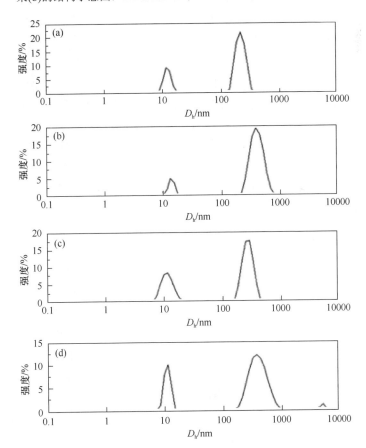

图 10-5　PDMS-b-(PMMA-b-P12FMA)$_2$ 在溶剂中的粒径及粒径分布
样品 C [20wt% DFHM，m(PMMA)：m(PDMS)=6：1]：(a)氯仿；(b)二氧六环
样品 F [20wt% DFHM，m(PMMA)：m(PDMS)=10：1]：(c)氯仿；(d)二氧六环

试结果一致。当 PDMS-b-(PMMA-b-P12FMA)₂ 中 PMMA/ PDMS 的质量比从 6/1 增加到 10/1 时，共聚物在氯仿中的胶束直径从 224nm[图 10-5(a)]增加到 281nm [图 10-5(c)]，共聚物在二氧六环中的胶束直径从 415nm[图 10-5(b)]增加到 428nm [图 10-5(d)]。此外，当 PMMA/PDMS 的质量比为 10/1 时，在二氧六环中有极少一部分胶束团聚体形成[图 10-5(d)]。通过信号峰的峰面积对比共聚物在溶剂形成的低聚体浓度可以发现，共聚物在氯仿中形成的低聚体浓度大于在二氧六环中形成的低聚体浓度。随着 PDMS-b-(PMMA-b-P12FMA)₂ 中 PMMA/PDMS 质量比的增加，共聚在溶液中形成的低聚体浓度增加。TEM 和 DLS 所分析的 PDMS-b-(PMMA-b-P12FMA)₂ 在溶液中的自组装行为对共聚物的表面性质具有极其重要的影响。

10.3　链段组成对涂膜表面性能的影响

以氯仿和二氧六环作为成膜溶剂制备含氟硅五嵌段共聚物涂膜，分别测试其对水和十六烷的接触角，并计算其表面自由能，测试结果如表 10-3 所示。相对于非含氟嵌段共聚物，含氟嵌段的加入明显改善了共聚物对水和十六烷的浸润性。由于十六烷的非极性，它对非极性有机氟材料的加入尤为敏感，在共聚物涂膜表面的接触角变化较大。含氟硅嵌段共聚物对水和十六烷的接触角随氟单体 12FMA 含量的增加而增大，表面自由能随氟单体 12FMA 含量的增加而减小。但当氟单体含量从 20wt%增加到 25wt%时，共聚物对水和十六烷的接触角变化较小，表面

表 10-3　含氟硅五嵌段共聚物的表面接触角及表面自由能

样品编号	溶剂	12FMA 含量/wt%	m(PMMA)/ m(PDMS)	水接触角 /(°)	十六烷接触角 /(°)	表面自由能 /(mN/m)
样品 A	氯仿	0	6/1	96.2	16	27.9
样品 B	氯仿	13.3	6/1	100.7	32.8	24.4
样品 C	氯仿	20	6/1	103.1	38.4	22.7
样品 D	氯仿	25	6/1	103.7	41.5	21.9
样品 E	氯仿	20	8/1	115.5	47.1	19.5
样品 F	氯仿	20	10/1	116.6	56.3	16.8
样品 A	二氧六环	0	6/1	92.5	12.7	29.1
样品 B	二氧六环	13.3	6/1	99.2	27.9	25.6
样品 C	二氧六环	20	6/1	101.1	30.8	24.7
样品 D	二氧六环	25	6/1	101.6	33.2	24.1
样品 E	二氧六环	20	8/1	102.5	50.1	20
样品 F	二氧六环	20	10/1	105.8	51.3	19.1

自由能差别不大。根据分子量测试结果推测其主要原因是当氟单体 12FMA 的含量增加到 25wt%时，共聚物的聚合度改变较小，过量的氟单体并没有被引入共聚物链中。此结果说明仅依赖氟单体的含量改善共聚物的表面性能是很有限的。

但应当注意的是，PDMS-b-(PMMA-b-P12FMA)$_2$ 中 PMMA/PDMS 质量比对共聚物的表面性质具有重要的影响。共聚物的表面性质随着 PMMA/PDMS 质量比的增大而显著提高。由此说明，采用分子量大的 PMMA-b-PDMS-b-PMMA 作为引发剂引发 12FMA 制备的含氟硅嵌段共聚物 PDMS-b-(PMMA-b-P12FMA)$_2$ 具有更加优异的表面性质。此外，对比以氯仿和二氧六环作为成膜溶剂所制备的含氟硅五嵌段共聚物涂膜的表面性质发现，由氯仿作为成膜溶剂所制备的含氟硅五嵌段共聚物涂膜具有更加优异的表面性质。

以上分析表明，增加含氟硅嵌段共聚物 PDMS-b-(PMMA-b-P12FMA)$_2$ 中氟单体的含量和 PMMA/PDMS 的质量比，以及改变共聚物的成膜溶剂均可以改善共聚物的表面性质。事实上，共聚物膜的表面性质与其在溶剂中的自组装行为密切相关。TEM 和 DLS 的分析结果显示，PDMS-b-(PMMA-b-P12FMA)$_2$ 在二氧六环中形成的胶束颗粒尺寸大，而在氯仿中形成的低聚体浓度高。含氟硅嵌段共聚物涂膜表面能的分析结果显示，以低聚体含量高的氯仿溶液成膜时，共聚物具有较低的表面自由能。由此说明，低聚体对共聚物表面性质的影响作用较大。由于随着 PDMS-b-(PMMA-b-P12FMA)$_2$ 中 PMMA/PDMS 质量比的增加，共聚在溶液中形成的低聚体浓度增加，所以共聚物表面自由能随着 PMMA/PDMS 质量比的增加而降低。

事实上，共聚物的表面性质与膜层表面的化学组成密切相关。采用 XPS 对膜层表面的化学组成进行分析，XPS 谱图如图 10-6 所示。结果表明，所有样品的 XPS 谱图均在电子结合能为 685.5eV、528.5eV、281.5eV 和 98.5eV 处分别出现了 F1s、O1s、C1s 和 Si2p 的特征信号峰，说明共聚物膜层表面主要是由 C、O、F 和 Si 元素组成。从样品的谱图也可以看出，以氯仿为成膜溶剂的膜层表面[图 10-6(a)和图 10-6(c)]F1s 的特征信号峰强度高于以二氧六环为成膜溶剂的膜层表面[图 10-6(b)和图 10-6(d)]F1s 的特征信号峰强度。这说明 PDMS-b-(PMMA-b-P12FMA)$_2$ 氯仿成膜表面的氟元素含量高于二氧六环成膜表面。随着 PDMS-b-(PMMA-b-P12FMA)$_2$ 中 PMMA/PDMS 的质量比从 6/1[图 10-6(a)和图 10-6(b)]增加到 10/1[图 10-6(c)和图 10-6(d)]，膜层表面 F1s 的特征信号峰强度增加。

从 XPS 对共聚物膜层表面各种元素的定性分析结果(表 10-4)可以看出，共聚物表面的氟元素和硅元素含量远远高于理论含量。其中，以氯仿为成膜溶剂的共聚物涂膜表面的氟元素含量是理论含量的 3 倍。而以二氧六环为成膜溶剂的共聚物涂膜表面的氟元素含量是理论含量的 2 倍左右。对于硅元素，共聚物表面的含

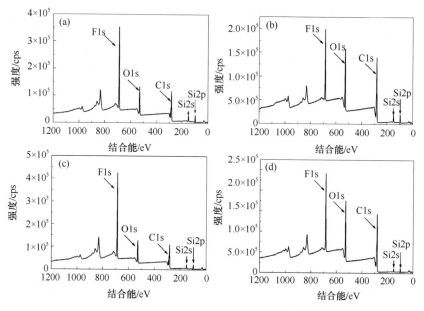

图 10-6　PDMS-b-(PMMA-b-P12FMA)$_2$ 的 XPS 图谱。样品 C [m(PMMA)：m(PDMS)=6：1]在氯仿(a)和二氧六环(b)成膜；样品 F[m(PMMA)：m(PDMS)=10：1]在氯仿(c)和二氧六环(d)成膜

表 10-4　含氟硅五嵌段共聚物膜层表面的化学组成

样品编号	溶剂	12FMA 含量/wt%	m(PMMA)/m(PDMS)	C 含量/wt%	O 含量/wt%	F 含量/wt%	Si 含量/wt%
样品 C	氯仿	20	6/1	39.19 (52.36)	16.16 (26.72)	35.57 (11.4)	9.08 (6.42)
样品 C	二氧六环	20	6/1	49.86 (52.36)	22.50 (26.72)	19.97 (11.4)	7.67 (6.42)
样品 F	氯仿	20	10/1	38.47 (53.12)	14.61 (26.88)	40.11 (11.4)	6.8 (3.8)
样品 F	二氧六环	20	10/1	49.40 (53.12)	22.36 (26.88)	23.43 (11.4)	4.8 (3.8)

注：括号内数据表示元素的理论含量。

量均是理论含量的 1 倍，但以氯仿为成膜溶剂的共聚物涂膜表面的硅元素含量较高。此外，随着 PDMS-b-(PMMA-b-P12FMA)$_2$ 中 PMMA/PDMS 的质量比的增加，共聚物表面的氟元素和硅元素含量增加。因此，含氟硅嵌段共聚物 PDMS-b-(PMMA-b-P12FMA)$_2$ 在成膜时，氟元素和硅元素向表面迁移，以形成低的表面自由能。而以氯仿为成膜溶剂成膜更有利于氟元素和硅元素向表面迁移，从而使得以氯仿为成膜溶剂的膜层表面自由能较低。结合共聚物在氯仿和二氧六环溶剂中的自组装行为可以得出，低聚体通过改变共聚物表面的氟元素和硅元素含量来改变共聚物的表面自由能。

10.4　溶剂对膜表面性能的调控作用

PDMS-b-(PMMA-b-P12FMA)$_2$ 共聚物在不同的溶剂中存在明显的自组装行为，可以预测不同的成膜溶剂会影响膜的表面性能。因而在上述研究的基础上，进一步通过不同成膜溶剂对 PDMS-b-(PMMA-b-P12FMA)$_2$ 膜的影响，研究溶剂对膜性能的调控作用。由于含氟链段与含硅链段以及丙烯酸酯链段溶解性能的差异，基于氯仿对 PDMS-b-(PMMA-b-P12FMA)$_2$ 中的含氟链段溶解能力较弱，分别使用对含氟链段溶解性能较好的三氟甲苯(TFT)、四氢呋喃(THF)以及三氟甲苯和氯仿按 1∶1 的混合溶剂(CHCl$_3$-TFT)对膜表面能的影响。

10.4.1　溶剂对表面能的影响

表 10-5 是不同溶剂成膜的接触角及表面自由能。四种成膜溶剂都能得到表面自由能比较低的膜。但是，在降低表面自由能方面，THF 溶液得到的膜表面自由能最低(17.92mN/m)。单一的 CHCl$_3$ 和 TFT 溶液所得到的膜表面能相对较高，在 22.3mN/m 左右。但是 CHCl$_3$-TFT 所成膜的表面自由能下降到 18.18mN/m，说明二者的复合可以达到降低成膜表面自由能的作用。从表 10-5 的接触角的数据来看，THF 成膜较 CHCl$_3$ 和 THF 成膜的表面自由能下降很多，主要是膜表面的极性力 γ_s^d 的降低使得最终的表面自由能下降。而对于膜表面的色散力则可以认为几乎无明显下降(从 2.45mN/m 降至 2.4mN/m)。TFT 成膜的表面自由能和 CHCl$_3$ 成膜几乎相同，但是膜表面固体的极性力 γ_s^d 较之上升(从 19.82mN/m 升至 21.25mN/m)，表面固体色散力则下降(从 2.45mN/m 下降至 1.05mN/m)，二者平衡的结果导致总体的表面自由能仍然近似相当。CHCl$_3$-TFT 成膜表面自由能降低与 THF 成膜仅靠表面固体的极性力 γ_s^d 降低自由能不同，是表面固体的极性力(从 19.82mN/m 降至 16.78mN/m)和色散力共同下降(从 2.45mN/m 降至 1.41mN/m)的结果。这些结果说明四种溶剂成膜表面的元素排布和形貌有显著差异。

表 10-5　PDMS-b-(PMMA-b-P12FMA)$_2$ 用不同溶剂成膜的接触角及表面自由能

溶剂	θ_W	θ_H	γ_s^d/(mN/m)	γ_s^p/(mN/m)	γ/(mN/m)
CHCl$_3$	97	46	19.82	2.45	22.27
THF	101	60	15.53	2.4	17.92
TFT	102	41	21.25	1.05	22.29
CHCl$_3$+TFT	104	56	16.78	1.41	18.18

图 10-7 是 PDMS-b-(PMMA-b-P12FMA)₂ 在不同的成膜溶剂中所成膜的 XPS 扫描图。可以看出，PDMS-b-(PMMA-b-P12FMA)₂ 在 THF 和 CHCl₃-TFT 溶剂中所成膜表面的 F1s 的峰高于 O1s 和 C1s，说明这两种溶剂成膜效果较好，结合表 10-6 的数据也可以验证，来自这两种溶剂的膜表面含氟量较高。而 TFT 所成的膜中不仅 F 含量高达 37.78%，同时 Si 含量也达到 8.96%，两者的数据都高于 CHCl₃ 所成的膜表面。这也是其显著区别于另外两种溶剂(THF 和 CHCl₃-TFT)之处。对比表 10-6 的接触角数据，可以发现来自这两种溶剂的膜表面自由能相差较小。在 THF 膜表面 F 含量高达 53.03%，Si 含量可以忽略不计，说明 THF 溶剂能够使 P12FMA 链段最大限度地迁移至表面以达到降低表面自由能的作用。在混合 CHCl₃-TFT 溶剂中，P12FMA 链段能够被 TFT 溶解，而 CHCl₃ 可以溶解 PDMS 链段和 PMMA 链段，从而使得 P12FMA 链段可以更自由地向表面迁移。

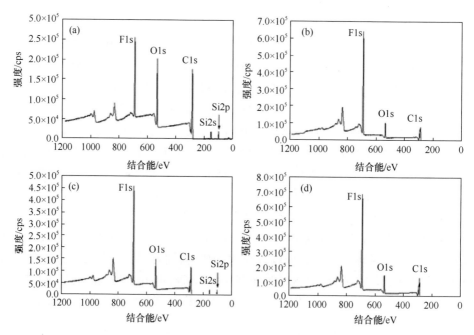

图 10-7 PDMS-b-(PMMA-b-P12FMA)₂ 在不同成膜溶剂中所成膜的 XPS 扫描图
(a)CHCl₃；(b)THF；(c)TFT；(d)CHCl₃-TFT(CHCl₃：TFT=1：1)

10.4.2 溶剂对共聚物自组装聚集体分布和形貌的影响

图 10-8 显示，THF 和 CHCl₃-TFT 溶剂能够使共聚物形成粒径较小的单聚体，而在 CHCl₃ 和 TFT 溶液中，共聚物则通过复杂的自组装过程形成尺寸更大的囊泡结构。在 CHCl₃ 和 CHCl₃-TFT 溶液中，分布图上都有两个峰对应两个不同直径的

表 10-6　在不同溶剂中所成膜表面元素分布

溶剂	F 含量/%	Si 含量/%	C 含量/%	O 含量/%
CHCl₃	20.85	7.44	50.57	21.14
THF	53.03	0.28	36.75	9.94
TFT	37.78	8.96	38.43	14.83
CHCl₃-TFT	44.44	1.19	41.9	12.47

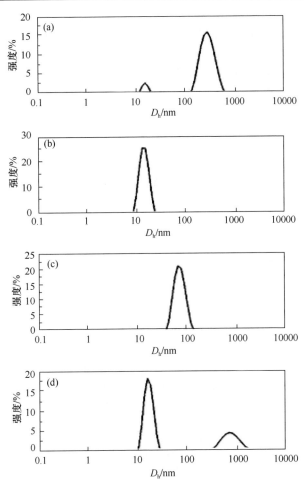

图 10-8　PDMS-b-(PMMA-b-P12FMA)₂ 在 CHCl₃(a)、THF(b)、TFT(c)、
CHCl₃-TFT(d)溶液中的粒径分布图

自组装体。共聚物在 CHCl₃ 溶液中主要组装成粒径更大的囊泡聚集体(直径大约为
300nm)，而在 CHCl₃-TFT 溶液中则以单聚体(70%)为主。另外，在只有单峰的两

种溶液中，THF 溶液中形成单峰的粒径(直径大约 10nm)小于 TFT 溶液中组装而成的粒径(直径大约 74nm)。并且在 TFT 中组装而成的胶束和在氯仿溶液中形成的大不相同，这暗示 PDMS 链段可能在 TFT 中溶解性能较差，从而形成软的"核"，而 P12FMA 链段形成胶束的壳层，这非常有利于含氟链段在成膜过程中向表面迁移，从而使得表面具有高含氟量，进一步降低表面自由能，但也出现了聚集体坍缩，硅链段迁移至表面的现象。因此，$CHCl_3$-TFT 溶剂同时对 PDMS 链段、PMMA 和 P12FMA 链段都有很好的溶解能力。所以在复合溶剂中，主要是以单聚体(70%)为主，单聚体中的含氟链段在成膜过程中自由地向表面迁移，提供高含氟量、低表面能的界面。

图 10-9 是 PDMS-b-(PMMA-b-P12FMA)$_2$ 在不同溶液中的自组装体形貌的透射电镜观察结果。在 $CHCl_3$ 溶液中[图 10-9(a)]所成的聚集体明显地表现出大小不同的两种类型。粒径分布与图 10-8 类似，其中粒径较小的聚集体分布比较均匀，但也出现明显的两种颜色，PMMA 由于表面是 C、O 元素，构成颜色浅的部分。颜色深的部分代表 PDMS 链段，其表面的 Si 元素电子云密度比较大，而 F 元素电子云密度也较大，但由于含氟链段溶解性较差，组装成胶束的核。PDMS 链段形成半球状的堆砌，主要是由于含 Si 的链段太少，而大分子胶束太多，造成 PDMS

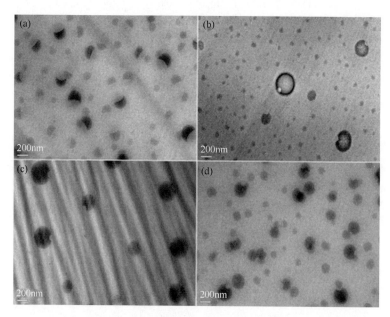

图 10-9　PDMS-b-(PMMA-b-P12FMA)$_2$ 溶解在不同溶剂中的透射电镜照片：
(a)$CHCl_3$；(b)THF；(c)TFT；(d)$CHCl_3$-TFT

链段不能完全地覆盖表面。在 THF 中的粒径形貌图中[图 10-9(b)]，小胶束占绝大多数，与图 10-9(b)中的粒径分布图十分吻合，但也发现很少的大自组装体。由于 THF 对 PDMS-b-(PMMA-b-P12FMA)₂ 的每个链段溶解性接近，所以，即便是所成的大自组装体，其内部也十分松散，因而表现出中间发白(PDMS 链段)、边缘发黑(P12FMA 链段)的现象。但是也存在 PDMS 及 P12FMA 链段不能完全覆盖表面的情况，造成大的组装体表面会有比较小的缺口，实际显示的是 PMMA 链段在缺口处的弥补。在 TFT 中[图 10-9(c)]，PDMS-b-(PMMA-b- P12FMA)₂ 几乎都是粒径在 100～200nm 的自组装体，与图 10-8(c)中粒径的分布极为吻合。图 10-9(c)中的组装体颜色很深，且越往中间颜色越深。由于 PDMS 和 P12FMA 链段中 Si、F 表面电子云密度较高，推测自组装体内部的分子排布可能是核心的部分为 PDMS，最外面是 P12FMA，因为在透射电镜下，P12FMA 的颜色要略浅。PDMS-b-(PMMA-b-P12FMA)₂ 在 CHCl₃-TFT 溶剂中的组装体[图 10-9(d)]粒径大小和图 10-8(d)分布也极为类似。该溶剂中的组装体分为大小两种。粒径较小的组装体都比较圆，很少有缺口出现，说明组装体的表面已基本被 P12FMA 和 PDMS 均匀分布。粒径较大的组装体则显然出现分层现象，即可能出现核-壳-冠结构，壳的部分有些残缺，可能组成壳的 PDMS 量不足以完全覆盖在核表面，导致构成冠的 PMMA 填补于此，形成颜色比较浅的缺口。

10.4.3　溶剂对膜表面形貌和动态吸水的影响

　　PDMS-b-(PMMA-b-P12FMA)₂ 在不同溶剂中成膜。扫描电镜观察如图 10-10 所示。在 CHCl₃ 溶液中成膜的表面[图 10-10(a)]有一些小的圆饼状聚集体，直径大约在 15μm，直径较大的在 30μm 左右。推测这些圆饼状聚集体可能就是在随着稀溶液挥发溶剂变成浓溶液进而成膜的过程中，溶液中的自组装聚集体发生进一步的融合，形成更大的聚集体。这些聚集体在内部的溶剂挥发以后，出现坍缩，形成圆饼状的聚集体残留。相对来说，THF 溶液的成膜效果最好[图 10-10(b)]，表面十分光滑，是由于 PDMS-b-(PMMA-b-P12FMA)₂ 在 THF 中的溶解性能较好，共聚物全部铺展成膜。然而，由于 PDMS-b-(PMMA-b-P12FMA)₂ 在 TFT 溶液中几乎都是直径在 74nm 左右的聚集体，因而在成膜过程中，这些聚集体有很强的进一步融合的趋势，形成更大的聚集体，所以形成如图 10-10(c)大小圆饼分布十分均匀的表面，粒径较小的在 20μm 左右，较大的则大约在 50μm。在图 10-10(d)中，PDMS-b-(PMMA-b-P12FMA)₂ 在 CHCl₃-TFT 溶剂中成膜的表面只有粒径大约在 15μm 的圆饼状聚集体。与图 10-9(d)联系来看，该共聚物溶液中的大粒径聚集体数量有限，在成膜过程中，从稀溶液往浓溶液过渡时，融合成更大的聚集体的数量较少。

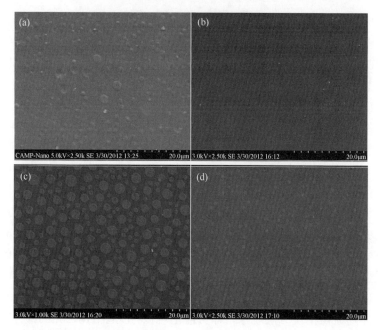

图 10-10　PDMS-b-(PMMA-b-P12FMA)$_2$ 在不同成膜溶剂中所成膜的表面扫描电镜图：
(a)CHCl$_3$；(b)THF；(c)TFT；(d)CHCl$_3$-TFT

为了更好地研究 PDMS-b-(PMMA-b-P12FMA)$_2$ 在不同聚合物溶液中自组装体对成膜性能的影响，对四种不同成膜溶剂的共聚物膜进行 QCM-D 测试。图 10-11(a) 清晰地显示了 CHCl$_3$ 成膜溶剂的膜发生的两次吸附过程(Δf 和 ΔD 曲线)。第一次吸附发生在测试开始的前 10min，第二次吸附进行的时间较第一次吸附的时间长。这说明膜在水的浸湿下的不稳定性。ΔD 的行为在第一个阶段上升，而在第二阶段开始缓慢地下降，说明了膜表面的含氟链段坍塌以后，水层开始紧紧贴在新形成的膜表面。CHCl$_3$ 作为成膜溶剂所成膜的吸水过程的示意图如图 10-12(a) 所示。

THF 作为成膜溶剂的薄膜吸水曲线见图 10-11(b)。尽管其对水的吸附也分两步进行，但刚开始时膜表面高 F 含量导致其只有极少量水的吸附。而在大约稳定 40min 后，Δf 出现一个急剧的下降，暗示膜表面由于水的参与发生重构，导致发生类似图 10-12(a)的过程。这可能暗示来自 CHCl$_3$ 的膜比来自 THF 的薄膜更稳定一些。图 10-11(c)显示 TFT 膜对水吸附量更小，与其具有很低的表面自由能相关。非但如此，该膜对水的吸附是随着时间的延长而逐渐减少(Δf 一直在上升)，这也暗示该膜表面在水的作用下也发生重构，该重构过程使得对水分的吸收逐渐减少，一些倾斜 P12FMA 链段在水的作用下，变成垂直分布，从而使得对水的吸附减少，

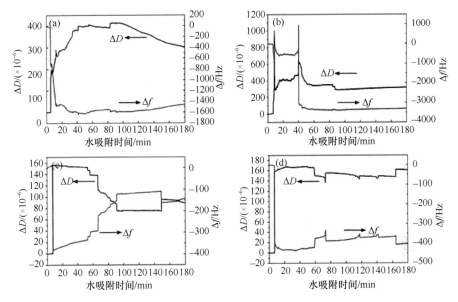

图 10-11　四种成膜溶剂的 PDMS-b-(PMMA-b-P12FMA)$_2$ 膜表面吸水的 Δf 和 ΔD 变化曲线：
(a)CHCl$_3$；(b)THF；(c)TFT；(d)CHCl$_3$-TFT

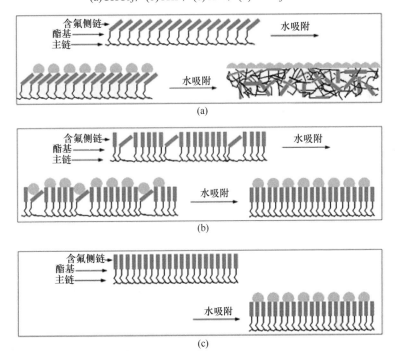

图 10-12　不同成膜溶剂所得的 PDMS-b-(PMMA-b-P12FMA)$_2$ 膜面对水分的吸收示意图：
(a)THF 和 CHCl$_3$；(b)TFT；(c)CHCl$_3$-TFT

图 10-12(b)是其吸水过程的示意图。图 10-11(d)是来自 CHCl$_3$-TFT 膜对水吸附曲线。可以看出，该膜对水分几乎无吸收，并且在整个测试时间内，都未发生明显的曲线变化。这说明膜表面大部分垂直分布着 P12FMA 链段，因其对水有很好的稳定性。图 10-12(c)模拟了该薄膜对水的吸附过程，说明 CHCl$_3$-TFT 溶剂成膜表面对水有相当的稳定性。

第11章 PDMS基共聚物的合成动力学与表面润湿性

本章导读

在众多的合成PDMS基嵌段共聚物中,ATRP具有按照预期目标控制分子量的大小及分布的优点,被广泛用来合成各种结构可控的聚合物。但是,含PDMS基嵌段聚合物的ATRP合成关键是反应速率与转化率的控制。ATRP合成丙烯酸酯的速率在1h达到90%的转化率,而丙烯腈在1s就可以达到此转化率,苯乙烯需要10h才能达到90%的转化率。对于含氟单体的反应速率常数为 $1.6 \times 10^{-4} \sim 2.9 \times 10^{-4} s^{-1}$。由于ATRP反应服从一级反应动力学,相关的方程式为 $\ln([M_0]/[M])=kt$,可以通过测定反应过程中单体量的变化测定单体的反应速率。为了研究PDMS基聚合物的反应动力学,以及由动力学的差异造成聚合物性能的差异,本章以 PDMS 基大分子引发剂Br-PDMS-Br引发MMA和三种不同链段的丙烯酸酯单体(3FMA、12FMA和MPS,统称 R),合成五嵌段 PDMS 基共聚物 PDMS-b-(PMMA-b-PR)$_2$;研究 PDMS-b-(PMMA-b-PR)$_2$共聚物结构、反应动力学及表面润湿性能,采用气相色谱研究不同单体的 ATRP 反应动力学,通过膜表面对水(WCA)和十六烷(HCA)的前进接触角与后退接触角分析研究五嵌段聚合物成膜的表面润湿性,如图 11-1 所示。

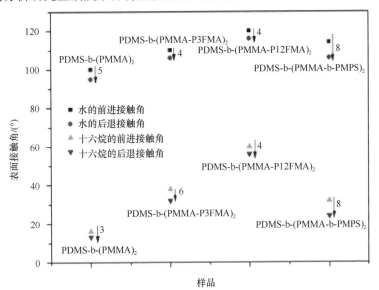

图 11-1　PDMS 基五嵌段聚合物 PDMS-b-(PMMA-b-PR)$_2$膜表面的润湿性

(1)气相色谱对单体动力学分析结果表明，3FMA 的反应速率为 $8.053×10^{-5}s^{-1}$，并具有75%的单体转化率，显著高于 12FMA 的反应速率和转化率($4.417×10^{-5}s^{-1}$ 和 35%)，但是远小于含硅单体 MPS 的反应速率和转化率($1.9389×10^{-4}s^{-1}$ 和 96%)。

(2)PDMS-b-(PMMA-b-P12FMA)$_2$ 膜表面氟富集(20.9wt%)，因此具有最高的疏水接触角 WAC(前进接触角和后退接触角分别为 120° 和 116°)和疏油接触角 HCA(前进接触角和后退接触角分别为 60° 和 56°)。PDMS-b-(PMMA-b-P3FMA)$_2$ 膜表面润湿性相对较差(水的前进接触角和后退接触角分别为 110º 和 106º，对十六烷的前进接触角和后退接触角分别为 38° 和 32°)。但是含硅聚合物 PDMS-b-(PMMA-b-PMPS)$_2$ 膜具有较大的粗糙度(R_a=138nm)，滞后接触角为 8°。因此氟富集的表面和高粗糙度有助于较低的表面水和油的润湿性，硅富集的表面将有助于水的润湿性。

11.1　PDMS-b-(PMMA-b-PR)$_2$ 的制备与结构表征

11.1.1　PDMS-b-(PMMA-b-PR)$_2$ 的制备

选择 PMMA∶PDMS=10∶1 合成 PDMS-b-(PMMA-b-PR)$_2$ 的制备合成路线如图 11-2 所示。将 2.61g(20mmol)的三嵌段共聚物 Br-PMMA-b-PDMS-b-PMMA-Br 和大部分溶剂环己酮加入茄形瓶中，搅拌升温，待溶解完毕后降温。加入精制过的 0.014g CuCl，再抽真空，充氮气循环 3 次，用注射器加入单体 1.22g MPS(2.09g 3FMA 或 1.064g 12FMA，见表 11-1)和 TMEDA 以及少部分的溶剂环己酮，缓慢升温至 120℃，反应 24h 后再自然降温至 50℃，将得到的产物用 THF 稀释，经砂芯漏斗过滤除去 Cu^{2+}后，旋蒸除去多余的 THF，得到的浓溶液在甲醇中沉析后于烘箱中 60℃干燥，获得白色粉状固体。以 3FMA、12FMA 和 MPS 为单体获得的五嵌段共聚物的产量分别为 58%、60%和 72%。

11.1.2　PDMS-b-(PMMA-b-PR)$_2$ 的结构与分子量表征

图 11-3 是嵌段聚合物 PDMS-b-(PMMA-b-P3FMA)$_2$、PDMS-b-(PMMA-b- P12FMA)$_2$ 和 PDMS-b-(PMMA-b-PMPS)$_2$ 的 ^{1}H NMR 图谱。^{1}H NMR 分析显示，PDMS 中的 Si—CH$_3$ 基团在 0.07ppm 处、PMMA 中的 O—CH$_3$ 基团在 3.63ppm 处、PFMA 中的 O—CH$_2$ 和—CFH 分别在 4.55ppm 和 5.69ppm 处有特征吸收峰，说明含氟单体已经被成功地引入共聚物中。但由于含氟的链段对其邻近的—CH$_2$ 有很强的屏蔽作用，从而使得相应的 CH$_2$—Rf 在 4.55ppm 峰强度和其在共聚物中的量不成比例。并且，随着含氟单体中氟含量的增加，共聚物分子会在氯仿溶液中形成以含氟

链段为核的胶束,影响了含氟链段特征峰的检测。而对于聚合物 PDMS-b-(PMMA-b-PMPS)$_2$,δ_H 在 3.8ppm(g)处出现了单体 PMPS 链段中—Si(OCH$_3$)$_3$ 的特征吸收峰,且双键的吸收峰消失。结果表明,聚合物均能够成功合成。进一步的 ^{13}C NMR 分析(图 11-4)显示了五嵌段的结构。

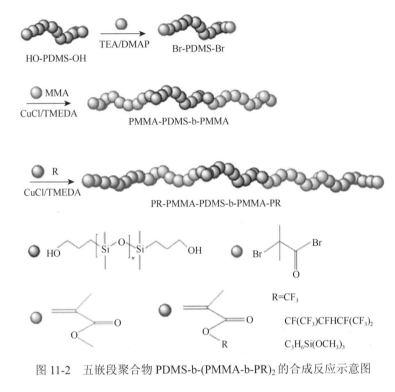

图 11-2　五嵌段聚合物 PDMS-b-(PMMA-b-PR)$_2$ 的合成反应示意图

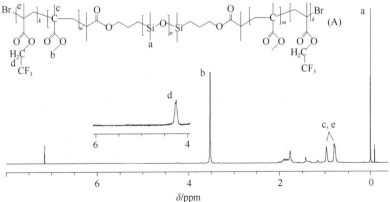

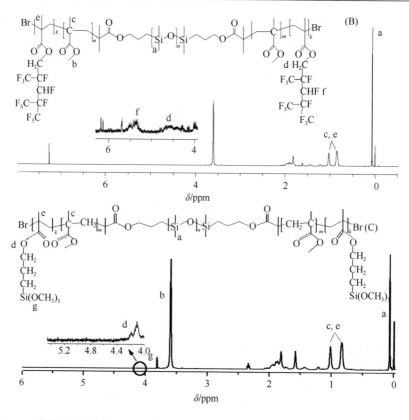

图 11-3　嵌段聚合物 PDMS-b-(PMMA-b-P3FMA)$_2$(A)、PDMS-b-(PMMA-b-P12FMA)$_2$
(B)和 PDMS-b-(PMMA-b-PMPS)$_2$(C)在 CDCl$_3$ 中的 ^{1}H NMR 图谱

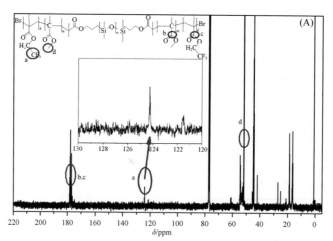

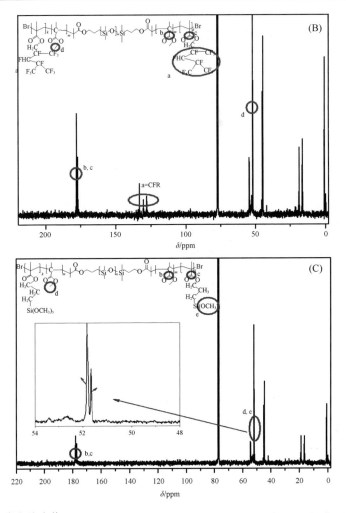

图 11-4　嵌段聚合物 PDMS-b-(PMMA-b-P3FMA)$_2$(A)、PDMS-b-(PMMA-b-P12FMA)$_2$
(B)和 PDMS-b-(PMMA-b-PMPS)$_2$(C)在 CDCl$_3$ 中的 ^{13}CNMR 图谱

　　通过 GPC 分析显示，三种共聚物都呈现出典型的单峰分布。表 11-1 的 GPC 分子量测定值与理论分子量接近，且分子量分布(PDI)相对较小(PDI=1.08～1.46)，进一步说明嵌段共聚物按照 ATRP 聚合机理进行反应。因此通过 ^{1}H NMR、^{13}C NMR 和 GPC 综合证明，链段 PDMS、PMMA 和 PFMA 成功通过 ATRP 法聚合形成五嵌段聚合物，ABCBA 结构形式与理论设计是相一致的。

表 11-1   PDMS-b-(PMMA-b-PR)₂ 的配方细节、产率、分子量及分布

聚合物	单体(质量)	产率/%	M_n(theo)/($\times 10^4$)	M_n(GPC)/($\times 10^4$)	PDI
PDMS-b-(PMMA-b-P3FMA)₂	3FMA(2.09g)	58	8.27	8.36	1.12
PDMS-b-(PMMA-b-P12FMA)₂	12FMA(1.064g)	60	7.07	9.16	1.08
PDMS-b-(PMMA-b-PMPS)₂	MPS(1.22g)	72	2.85	2.76	1.46

11.2   不同单体的 PDMS-b-(PMMA-b-PR)₂ 反应速率测定

11.2.1   反应速率测定方法建立

由于 ATRP 反应属于一级反应，服从方程式 $\ln([M_0]/[M])=kt$。通过测定反应过程中单体量的变化测定单体的反应速率。由于在上述合成五嵌段共聚物的最后一步反应过程中，加入 FMA 或 MPS 单体，环己酮的量恒定，仅有单体的量发生变化。因而，通过测定 GC 曲线中环己酮及单体各个特征峰的面积比值，可以得出 ATRP 聚合反应的速率。实验过程中，每隔 1.5h，用取样器从茄形瓶中取出一定量的反应物，并滴入甲醇沉析。取沉析后的甲醇上清液，用 GC 测定上清液中残留的单体以及环己酮。

已知，在一定的条件下，被分析物质的质量 m 与色谱峰的面积成正比，所以对于单体及环己酮有下列关系式：

$$m_F=k_F S_F, \quad m_C=k_C S_C \tag{11-1}$$

式中，m_F 为取样中的单体质量；m_C 为取样中的环己酮质量；k_F 为单体特征峰对应的质量系数；k_C 为环己酮特征峰对应的质量系数；S_F 为 GC 曲线中单体特征峰的面积；S_C 为 GC 曲线中环己酮特征峰对应的面积。

由于环己酮为溶剂，在反应过程中质量恒定，单体的质量与环己酮的质量比为

$$\frac{m_F}{m_C} = \frac{k_F S_F}{k_C S_C} \tag{11-2}$$

所以

$$m_F = \frac{k_F S_F}{k_C S_C} \cdot m_C = K \cdot \frac{S_F}{S_C} \cdot m_C \tag{11-3}$$

由于 $V_C = m_C/\rho$，样品中单体的浓度 M 为

$$M = \frac{m_F}{M_F \cdot V_C} = \frac{\rho k_F S_F}{M_F k_C S_C} = K \frac{S_F}{S_C} \tag{11-4}$$

式中，M 为样品中单体的浓度；V 为取样的总液体体积；M_F 为单体的摩尔质量；

k_C 为液体体积和环己酮质量的对比系数。

如果定义反应开始时单体的浓度为 M_0，则

$$\ln([M_0]/[M])=\ln(S_{F0}/S_{C0})(S_C/S_F) \tag{11-5}$$

因而，只需测定单体特征峰和环己酮特征峰的面积比即可算出 $\ln([M_0]/[M])$，进而以 $\ln([M_0]/[M])$ 对时间 t 作图，求出斜率 k，即表观反应速率。在此，通过讨论 3FMA、12FMA 及 MPS 为单体获得五嵌段共聚物的反应速率。

11.2.2　GC 检测 ATRP 反应过程浓度的变化量

为了确定含氟丙烯酸酯单体和环己酮的保留时间，首先对样品中可能有的物质进行对比分析，再根据这些已经标定清楚的峰比对未知的样品峰，即可知道样品中各个物质的种类及其含量，结果如图 11-5 所示。GC 分析表明，环己酮 CYC 的流出保留时间出现在 5.5～6min，单体的保留时间分别出现在 3FMA(2.5～3min)、MPS(4～4.7min)和 12FMA(6.5～7.2min 处双峰)。

图 11-5(a)是环己酮的 GC 图，图 11-5(b)是 3FMA 的 GC 图，图 11-5(d)是 12FMA 甲醇溶液的 GC 图，图 11-5(c)是 3FMA 共聚物溶液的 GC 图，图 11-5 (e)是 12FMA 共聚物溶液的 GC 图。图 11-5(c)和(e)分别是 3FMA 和 12FMA 在聚合过程中所取的一个样品甲醇溶液峰。另外，因为单体的量随时间变化，图 11-6 也分别检测了 3FMA、12FMA 和 MPS 在 GC 曲线中的保留时间和以 MPS 为例，在反应 0h、1h 和 4h 时的 GC 曲线。

11.2.3　PDMS 引发五嵌段末端的反应速率

由 GC 所得面积代入式(11-5)计算 $\ln([M_0]/[M])$，并以此对采样时间作图。3FMA 的反应速率曲线如图 11-7(a)所示，根据[M]/[M_0]可得出反应单体的转化率。图 11-7 显示，随着反应的进行，转化率曲线逐渐趋于平缓，最终达到 75%。为谨慎起见，实际反应进行了 24h，以保证反应进行完全。根据 $\ln([M_0]/[M])$-t 图中的散点图，拟合出一条过原点的直线，直线方程如图右上角所示，得出斜率为 0.2899，即 3FMA 反应速率为 0.2899h^{-1}(8.053×10^{-5}s^{-1})。12FMA 的反应速率曲线如图 11-7(b) 所示。由于反应到达某一临界点后，反应速率趋于零。为了计算反应速率，只选取 3h(0h、1h、2h 和 3h)以前的点，计算出反应速率 0.159h^{-1}(4.417×10^{-5}s^{-1})。此聚合的反应速率与 3FMA 相差较多，说明侧链太长的甲基丙烯酸酯类单体在反应时，由于自身体积较大，运动速度慢，导致反应所需的碰撞动能不足，进而反应速率较慢。此外，35%的反应转化率也说明 12FMA 在聚合达到一定程度后，由于含氟链段在环己酮中溶解性能不佳，会出现含氟链段的缠绕，导致活性点被包埋，不利于下一步的反应，因而反应速率很慢，转化率也较低。而对于含硅单体 MPS

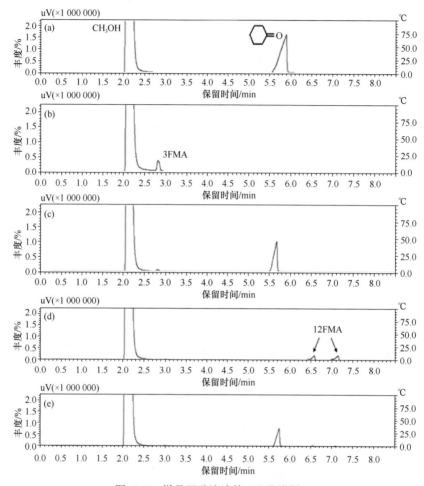

图 11-5　样品甲醇溶液的 GC 曲线图：
(a)环己酮；(b)3FMA；(c)3FMA 聚合样品；(d)12FMA；(e)12FMA 聚合样品

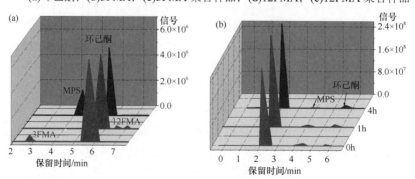

图 11-6　溶剂环己酮、3FMA、12FMA 和 MPS 在 GC 曲线中的保留时间(a)和以 MPS 为例，
在反应 0h、1h 和 4h 时的 GC 曲线(b)

的反应速率，曲线结果 11-7(c)表明，在 5h 之后，反应速率达到临界，趋于零(与单体 12FMA 的速率曲线类似)，但是其反应速率最大为 0.698h^{-1}(1.9389×10^{-4}s^{-1})且转化率达到了 96%，表明 MPS 作为 ATRP 反应单体，具有较高的动力学活性。

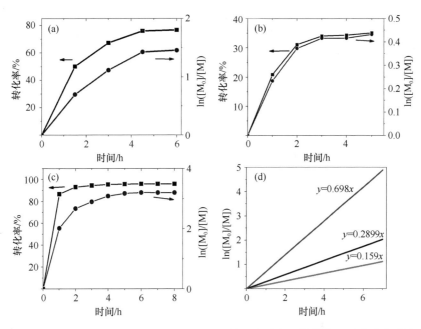

图 11-7　单体 3FMA(a)、12FMA(b)和 MPS(c)的反应速率、转化率及反应速率曲线(d)

通过比较三种不同长度和不同种类的单体(3FMA、12FMA 和 MPS)[图 11-7(d)]，不难看出，含长侧链的单体具有较慢的反应活性和较低的链段聚合转化率。同时含硅单体 MPS 的反应速率和反应转化率都高于 3FMA 和 12FMA，这表明含氟单体反应活性较低，链段运动比较缓慢，聚合速率慢，转化率低。已发表的文献显示，3FMA(8.053×10^{-5}s^{-1})和 12FMA(4.417×10^{-5}s^{-1})的反应速率较慢，转化率也较低：3FMA、8FMA 和 17FMA 的反应速率常数在 1.6×10^{-4}～2.9×10^{-4}s^{-1} 之间。本研究速率低于文献报道数据，这是由于本研究中是作为五嵌段聚合物的最终部分的链段，因此活性较低。

11.3　PDMS-b-(PMMA-b-PR)$_2$ 膜表面润湿性

通过水(WCA)和十六烷(HCA)的动态接触角(DCA)分析三种不同五嵌段聚合物在 THF 中成膜的表面润湿性，如图 11-8 所示。含长氟链段的聚合物 PDMS-b-(PMMA-b-P12FMA)$_2$ 膜表面具有最高的水的前进接触角 θ_a(120°)与后退接触角

θ_r(116°)及最高的十六烷的前进接触角 θ_a(60°)与后退接触角 θ_r(56°)，表明其膜表面具有最好的疏水疏油性能。相对于三嵌段聚合物 PDMS-b-(PMMA)$_2$ 的表面润湿性 (WCA：θ_a=100°和 θ_r=95°，HCA：θ_a=16°和 θ_r=13°)，PDMS-b-(PMMA-b-P3FMA)$_2$ 和 PDMS-b-(PMMA-b-PMPS)$_2$ 具有更高的表面润湿性(WCA=114°～106°和 HAC=38°～24°)，这表明末端链段的引入，均能显著提高表面润湿性。同时接触角滞后效应 $\Delta\theta(=\theta_a-\theta_r)$ 也表明，PDMS-b-(PMMA-b-P12FMA)$_2$ 和 PDMS-b-(PMMA-b-P3FMA)$_2$ 具有较小的滞后角($\Delta\theta_W$=4°和 $\Delta\theta_H$=6°)，小于聚合物 PDMS-b-(PMMA-b-PMPS)$_2$ 膜表面滞后角($\Delta\theta$=8°)。这表明含氟链段聚合物膜具有较小的滞后角，且具有更好的表面疏水疏油性能。

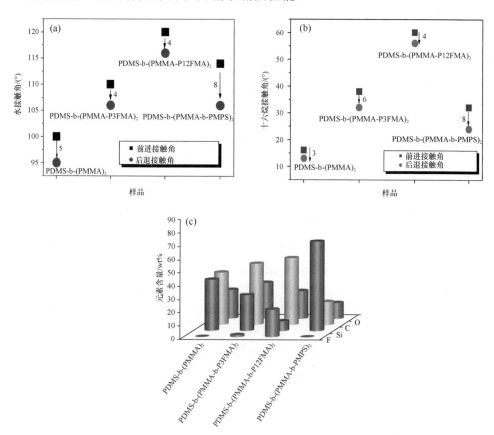

图 11-8　PDMS-b-(PMMA-b-PR)$_2$ 膜表面对水(a)和十六烷(b)的动态接触角及表面元素组成(c)

　　同时通过 XPS 对膜表面元素进行了分析验证，如图 11-8(c)和图 11-9 所示。聚合物 PDMS-b-(PMMA-b-P3FMA)$_2$ 膜表面的氟硅含量为 27.2wt% Si 和 1.5wt% F，硅含量较高，这是因为 PDMS 链段和 3FMA 链段均能够发生成膜表面迁移，但 PDMS 较为灵活,易于表面迁移,而且 3FMA 链段较短,氟含量较低,因此硅含量较高,氟含量较少。另外,聚合物 PDMS-b-(PMMA-b-P12FMA)$_2$ 膜表面具有较高的氟含量(20.9wt%),显著高于理论得到的氟含量(11.85wt%),这是因为 12FMA 链段较长,氟含量较高,链段易于表面迁移,造成较高的氟含量,进而能够显著提高表面润湿性。

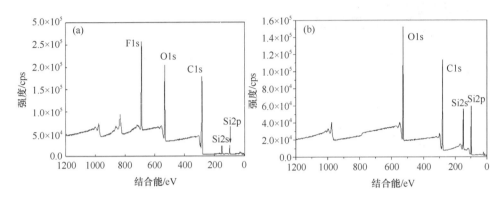

图 11-9　PDMS-b-(PMMA-b-P12FMA)$_2$(a)和 PDMS-b-(PMMA-b-PMPS)$_2$(b)膜表面的 XPS 图

众所周知,表面润湿性受表面粗糙度和表面元素共同调控影响,因此通过 AFM-3D 对膜表面形貌进行分析,如图 11-10 所示。聚合物 PDMS-b-(PMMA-b-PMPS)$_2$ 具有最高的表面均方差粗糙度(R_a=138nm),其对水的接触角为 114°,而含氟聚合物 PDMS-b-(PMMA-b-P12FMA)$_2$ 具有最小的表面粗糙度(R_a=2.0nm)和最好的疏水疏油性能(120°),这表明,表面粗糙度对膜表面润湿性起到显著的调控影响。

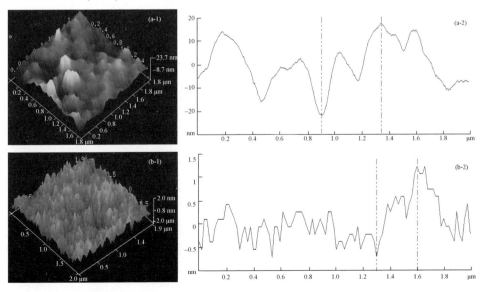

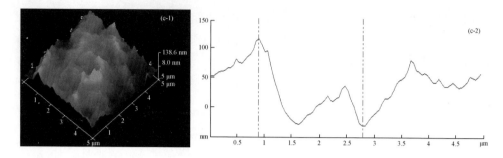

图 11-10　三种不同嵌段聚合物 PDMS-b-(PMMA-b-P3FMA)$_2$(a-1 和 a-2)、PDMS-b-(PMMA-b-P12FMA)$_2$(b-1 和 b-2)和 PDMS-b-(PMMA-b-PMPS)$_2$(c-1 和 c-2)膜表面的 AFM 图(3D)和粗糙度曲线

第三篇

笼形 POSS 基嵌段共聚物组装与性能

第 12 章　POSS 及 POSS 基聚合物自组装

本章导读

近年来，随着多面低聚倍半硅氧烷(polyhedral oligomeric silsesquioxanes，POSS) 及其衍生物合成技术的成熟，POSS 纳米复合材料成为新发展起来的一种高性能有机-无机杂化材料，将 POSS 引入聚合物中合成 POSS 基高分子材料已经引起了人们的广泛兴趣。基于多面体聚倍半硅氧烷的特点发展起来的新型 POSS 基聚合物，不仅保持了原有聚合物材料的优点，还赋予新颖的无机组分耐热、耐压、阻燃和高硬度等特性，有效地拓宽了高分子材料的应用范围。从总体来看，笼形 POSS 化合物及其杂化材料不仅综合了有机组分和无机组分各自的优越性能，还具有两者的协同效应而产生的新性能。因此，随 POSS 合成方法的成熟和简化，POSS 已经在电子、光学、医药、材料等高科技领域显示出巨大的潜在应用价值，尤其在涂膜材料方面，显示了其优越性。尽管有机高分子材料具有良好的柔韧性、光学透明性、成膜性和溶解性，但耐候性差；而无机材料具有良好的机械强度、耐热性、耐溶剂性、耐氧化性、高机械强度等，但溶解性和加工性较差。如果能够将有机高分子材料与无机材料的性能优势巧妙结合起来，则形成具有机高分子材料和无机材料优异性能的同时，还会因有机组分与无机组分结合而产生上述两类材料不具有的优越的力学性能和光学特性等的新型纳米杂化材料。POSS 正是提供了一种利用化学方法连接有机高分子和无机材料两者特定部位的同时，实现改变材料组成与结构的可能性，使得有机组分与无机组分在分子水平上达到有机结合。POSS 组分在纳米尺度上的均匀分散，可优化组分之间的相互作用，从而给材料的物理化学性能带来特殊变化，这是制备功能性新材料的重要手段，也是目前材料科学中最富有活力的研究领域之一。本章首先介绍 POSS 的结构与纳米尺度特点和 POSS 基纳米嵌段聚合物的可控聚合制备方法，如原子转移自由基聚合 (ATRP)、可逆加成-链断裂转移聚合(RAFT)、化学点击反应(click reaction)等，然后介绍 POSS 基聚合物自组装特性与组装涂膜表面的特点及应用。

12.1　POSS 结构特点

POSS 是一种新型的含有 Si-O-Si 骨架、无机笼形结构内核及连接在硅原子的有机反应性基团 R 外壳的纳米尺度结构，被认为是最小的二氧化硅(SiO_2)粒子。

POSS 具有不同结构形式的笼形结构，其中八角 POSS 分子[通式为$(RSiO_{1.5})_8$，称为 T_8 笼]是合成 POSS 基聚合物的主要分子。POSS 笼子的大小为 1～3nm、Si—Si 原子间距离为 0.5nm、有机基团 R—R 间的距离为 1.5nm，位于六面体角上的 Si 原子均可通过化学反应带上一个或者多个不同反应性或非反应性基团，赋予其反应性与功能性，从而得到不同性能的 POSS 基聚合物，如图 12-1 所示。R 反应官能团使 POSS 具有分子可设计性和裁剪性。因此，POSS 在提供化学法连接有机高分子和无机材料的同时，实现了改变材料组成与结构的可能性，使得有机组分与无机组分在分子水平上达到有机结合。研究证明，反应性 POSS 可通过自由基聚合、缩聚聚合以及开环聚合等方法引入聚合物中，形成的 POSS 基聚合物显著提高了基体的性能。外围有机反应性基团能够实现活性聚合制备 POSS 基嵌段聚合物，不但可以充分发挥笼形 POSS 纳米粒子优良的耐候性、透气性、疏水疏油性与环境友好性以及在纳米尺度上改善聚合物强度与耐溶剂性等特性，而且 POSS 基嵌段聚合物有利于其在不同溶剂中自组装成具有特殊性能的涂膜材料。本章在介绍 POSS 结构特点的基础上，介绍 POSS 基聚合物的合成方法和组装涂层性能。

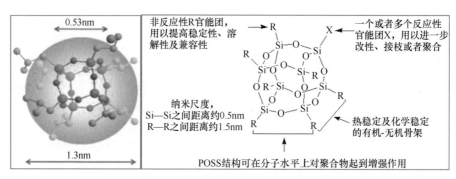

图 12-1 聚倍半硅氧烷 POSS 的结构与反应特性

POSS 分子的所有结构都符合通式$(RSiO_{1.5})_n$(其中 n= 6、8、10、12 等偶数)，图 12-2 是 POSS 无规、梯形、树枝形、笼形或部分笼形等结构，其中图 12-2(c) 的六面体笼形 POSS 是众多倍半硅氧烷分子中最为典型的一种，每个 POSS 分子顶角均含有 8 个 Si 原子，高度对称的—Si—O—Si—笼组成了倍半硅氧烷的无机骨架，外围的有机基团 R 可以是氢、饱和烷烃基、烯烃基、芳基，或者是烷烃基、烯烃基、芳基和亚芳基的官能团衍生物，提高 POSS 化合物的兼容性和溶解性，其结构类似于二氧化硅类中的分子筛和沸石，介于二氧化硅与硅树脂(R_2SiO)之间，是最小的二氧化硅粒子，具有良好的热稳定性，同时，POSS 具有新奇的量子钻穿效应、小尺寸效应、透气笼形结构等二氧化硅所不具有的特性，是目前所有倍半硅氧烷结构中研究最广泛的。

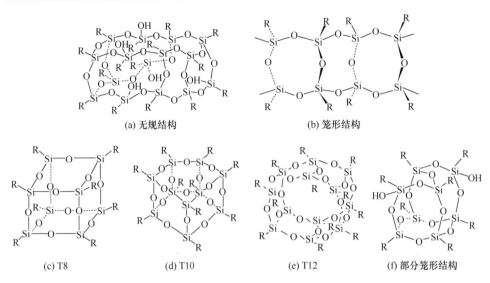

(a) 无规结构　　　　　　　　(b) 笼形结构

(c) T8　　　　(d) T10　　　　(e) T12　　　　(f) 部分笼形结构

图 12-2　倍半硅氧烷 $T_{8\sim12}$ POSS 结构图以及 T_8 常见功能

一方面，T_8-POSS 空的刚性笼子呈现了无机硅氧骨架的优越性，可以充当具有良好光学性能、热性、机械性能、阻燃性、介电性能、磁性和声学性质的纳米粒子。另一方面，T_8-POSS 分子可以是单官能团单体、双官能团共聚单体、接枝单体、表面改性剂、交联剂等，连接的 R 为一个或多个(2~8 个)反应性基团，使 POSS 通过化学结合、聚合、交联或物理共混引入聚合物基体，随 R 多少的不同而形成蝌蚪形、哑铃形、星形等不同结构的聚合物。POSS 具有很好的热稳定性，如七异丁基氨丙基聚倍半硅氧烷(ap-POSS-NH$_2$，$C_{31}H_{71}NSi_8O_{12}$)在 221℃开始分解，失重率为 5%，八甲基丙烯酸酯基聚倍半硅氧烷$[(C_7H_{11}O_2)_8(SiO_{1.5})_8]$在 386℃开始分解，失重率仅为 5%。一般四氢呋喃、甲苯与氯仿等普通有机溶剂是 POSS 化合物的良溶剂，但丙酮、己烷、醚类、四氯化碳和甲基异丁基甲酮(MIBK)等不能溶解 POSS 化合物。由于 POSS 是一类新型有机-无机纳米结构杂化材料，它的出现为纳米杂化材料研究领域开辟了一个崭新的方向，使得有机-无机杂化材料的制备更加灵活多样。因此，人们对这类材料寄予了很大的期望。已有众多科研工作者将其引入有机高分子材料或者改性材料的某些性能，从而推动了新型有机-无机杂化材料的研究开发与实际应用。

12.2　POSS 基聚合物的合成

从微观角度来看，POSS 分子 1.5nm 纳米尺度的特性意味着近乎两倍的分子间距离。毫无疑问，将 POSS 引入线形或网络状聚合物中，可以改变分子间的相互作用、分子的拓扑结构和最终的分子链段以及链段的运动等。事实证明，微观的改性可以引起聚合物宏观的物理性能以及模量、强度、玻璃化转变温度、热稳定性、尺寸稳定性等的增强。这是因为将带有活性基团的 POSS 引入聚合物体系中，硅笼外围有机基团的存在使得 POSS 与聚合物之间兼容性良好，同时改善聚合物材料的阻燃性、耐热性、耐水性、介电性能、力学性能、抗原子氧化性等，获得综合性能良好的功能性 POSS 基聚合物纳米杂化材料。图 12-3 为三种主要POSS 基聚合物结构设计。

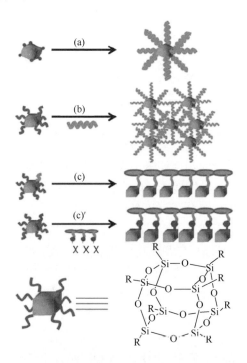

图 12-3　三种常见 POSS 基纳米杂化材料：POSS 为大分子引发剂合成星形材料(a)；
多官能团 POSS 合成交联状(b)；单官能化 POSS 连接于聚合物主链(c)[1]

　　POSS 基纳米聚合物杂化材料的制备主要包括传统的交联耦合、物理共混(机械共混或者活性共混)和活性自由基聚合(LRP)，如开环聚合(ROP)、原子转移自由基聚合(ATRP)、可逆加成-链断裂转移聚合(RAFT)、化学点击反应(click reaction)、硅氢加成反应等。在此，主要介绍"活性"可控自由基聚合反应制备具有规整拓扑结构的 POSS 基纳米聚合物杂化材料。

　　常见的 POSS 基聚合物是 POSS 单官能团引发的蝌蚪形或单臂聚合物、POSS作为末端链段的聚合物以及 POSS 作为内核的多臂星形聚合物。图 12-4 为三种主要 POSS 基聚合物结构设计。单臂蝌蚪形 POSS 基聚合物常用 RAFT 和 ATRP 方法制备；哑铃型拓扑结构 POSS 封端聚合物的制备方法主要有化学点击反应与 ATRP 结合、化学点击反应与 RAFT 结合、耦合反应与阴离子聚合等；而多臂星形 POSS 基聚合物常采用多官能团的 POSS、以核优先(core-first)利用 ATRP 生长聚合物臂。从结构上来说，几个从中心核伸展出来的线形聚合物臂增加了星形聚合物嵌段的密度(如 8 臂、16 臂和 32 臂，图 12-4)，由于空间限制，聚合物臂的末端官能团居于分子的外围，会引起性质明显差异。

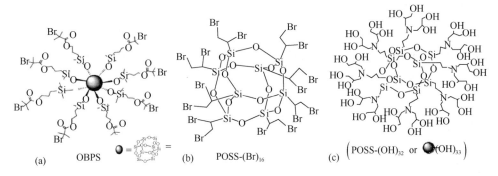

图 12-4　多臂星形 POSS 基聚合物结构：8 臂(a)、16 臂(b)、32 臂(c)[2]

12.2.1　POSS 的 ATRP 反应

　　ATRP 法是合成结构规整、分子量可控的具有不同拓扑结构(线形的无规或嵌段、接枝、星形、树枝状大分子和梯度共聚物等)、不同组成和不同功能化的结构确定的聚合物最为常用的方法之一，在聚合物杂化材料的合成方面有着广阔的应用前景。2000 年，Pyun 和 Matyjaszewski[3]利用双官能团或三官能团的 4-甲苯基-2-溴代异丁酸丁酯为引发剂，通过 ATRP 反应首次用 POSS 基甲基丙烯酸酯(MA-POSS)制备得到多分散性极低的均聚物、三嵌段共聚物与星形共聚物。曾经报道以星形 POSS/PMMA-Cl 为大分子引发剂，CuCl 和 2,2-联吡啶为催化体系引发苯乙烯聚合成星形嵌段共聚物 PMMA-b-PS 获得结构规整的 POSS/PS 共聚物。以甲基-2-溴代异丁酸乙酯为 ATRP 引发剂，以商用甲基丙烯酸酯功能化的 POSS(iBuPOSSMA)为单体获得高聚合度的 POSSMA 单体均聚物。在此基础上，首次获得具有高聚合度 P(iBuPOSSMA)$_{25\sim490}$ 链段的甲基丙烯酸甲酯(MMA)或苯乙烯(St)两嵌段共聚物 P(iBuPOSSMA)-b-P(MMA) 和 P(iBuPOSSMA)-b-PS (图 12-5)。

　　POSS 外围有机基团实现了 POSS 与聚合物之间的化学键合作用，消除了无机粒子的团聚和两相界面结合力弱的问题。因此，含甲基丙烯酰氧基活性反应基团的 POSS 成为合成 POSS 基聚合物的重要单体。将含有氨基的聚倍半硅氧烷

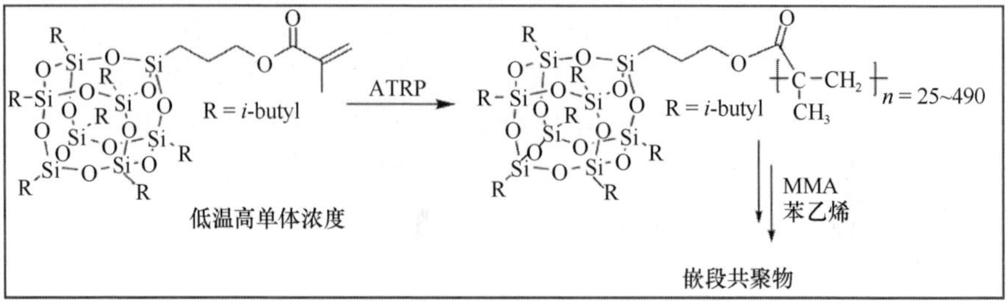

图 12-5　ATRP 反应制备高聚合度 P(iBuPOSSMA)链段[4]

(ap-POSS-NH₂)与溴代异丁酰溴酯化反应制备 ATRP 引发剂 ap-POSS-Br，进而引发 2-二甲氨基甲基丙烯酸乙酯(DMAEMA)合成 POSS-PDMAEMA，或以笼形 POSS (OBPS)作为 ATRP 引发剂，依次引发 PEGMA 和 MA-POSS 制备两亲性有机-无机杂化膜聚合物(SPP)，突出 MA-POSS 的疏水性能，获得具有去生物污染、油污染的能力。但是，目前大部分研究工作仅限于聚合物单一性能提高的研究，如热机械性能、低表面性能等。

　　已有报道以八氯丙基聚倍半硅氧烷(POSS-Cl₈)为引发剂，MMA 和三氟乙基甲基丙烯酸甲酯(TFEMA)为反应单体，通过两步 ATRP 反应合成了两种不同类型的八臂星形 POSS 氟化丙烯酸酯 POSS-(PTFEMA)₈ 和 POSS-(PMMA-b-PTFEMA)₈，并以此聚合物制备疏水的蜂窝状多孔膜。以两端含 ATRP 活性原子 Cl 的 4,4′-六氟异亚丙基邻苯二甲酸酐-2,3,5,6-四甲基对苯二胺(6FDA-TeMPD)为引发剂，引发甲基丙烯酰氧基苯基聚倍半硅氧烷(MPPOSS)制备得到三嵌段共聚物 P(MPPOSS)-b- PI-b-P(MPPOSS)，随着链段中 MPPOSS 的增大，膜的密度降低，膜表面对水的静态接触角增大至 100°以上，同时能够增加膜的透明度。该三嵌段共聚物对气体 CO₂/H₂ 的分离选择性大于 PI。当以八角含活性 Br 的 POSS 为引发剂，引发单体甲基聚乙氧烯醚甲基丙烯酸酯(PEGMA)和 MMA 聚合制备无规共聚物，将其涂于超滤膜表面，以提高超滤膜的抗污能力。该星形聚合物与对应的线形共聚物相比，抗污能力更强，原因是星形聚合物氧碳原子比例和与蛋白质的交互作用力小。若以八溴功能化 POSS(OBPS)为引发剂制备星形嵌段共聚物，其薄膜涂层、抗生物、抗油性、表面抗污等更优异，如图 12-6 所示。

12.2.2　POSS 的 RAFT 反应

　　含有丙烯酰基异丁基聚倍半硅氧烷(APOSS)或 MA-POSS 是常用的 POSS 基反应单体。如利用 RAFT 法引发 POSS 单体和 4-乙烯吡啶或者苯乙烯(St)制备含 POSS 的新型杂化 pH 响应性嵌段共聚物 PMAiBuPOSS-b-P4VP 和　PMAiBuPOSS-

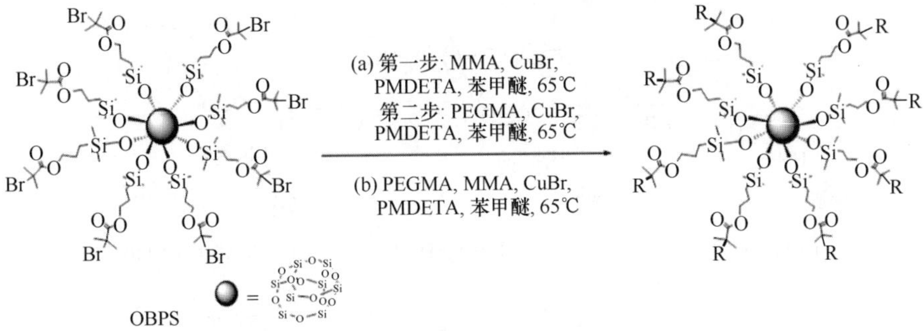

图 12-6　星形嵌段共聚物的合成[5]

b-PS-b-P4VP。随着 pH 的增加，聚集体会产生独特的圆点状相分离，并且可以调节链段的长度和结构这种组装形貌。如以 AIBN 为引发剂，通过 RAFT 法使 PEGMA 和 MA-POSS 单体聚合制备有机-无机嵌段和无规共聚物，研究 POSS 含量对聚合物形貌和锂离子导电性的影响。当 MA-POSS 引入均聚物 P(PEGMA) 时，尽管玻璃化转变温度依然为–60℃，但是固态嵌段共聚物电解液的离子导电性比无规共聚物电解液增大一个数量级。通过苯乙烯和马来酰亚氨异丁基 POSS 的一步 RAFT 反应制备得到的具有高聚合度和低多分散性的交替共聚物 PSMIPOSS，其分子量大小可由链转移剂的量来控制。同时，利用一步 RAFT 法也能够得到带有苯乙烯链段的交替共聚物 PSMIPOSS-b-PS。以简单的三步反应制备得到分子间氢键作用形式存在的含双硅醇键的氟功能化 POSS 化合物，将其与二氯硅烷反应制备不同功能的含氟 POSS，同时通过调节其结构，与丙烯酸酯类结合可获得具有疏水疏油性低表面能的嵌段聚合物，以及增强耐磨性与强度。利用 RAFT 法将 F-POSS-MA 大分子单体与 MMA 结合得到具有耐润湿性的 F-POSS/MMA 共聚物纳米复合材料，来增强材料的表面性能，并应用于棉质纤维表面得到超疏水疏油性能的表面。将含有氨基的聚倍半硅氧烷 POSS-NH$_2$ 与 2-甲基丙烯酰氧基二丁酸单乙酯酰氯(HEMA-COCl)反应制备含有双键的聚倍半硅氧烷 HEMAPOSS，之后与硫代苯甲酸枯酯(CDB)反应得到 PHEMAPOSS 链聚合度为 45 的 RAFT 大分子链转移剂，进而引发甲基丙烯酸丁酯(tBMA)得到嵌段聚合物 PHEMAPOSS- b-PtBMA，将 PtBMA 中的酯键在三氟乙酸中水解得到两亲性聚合物 PHEMAPOSS- b-PMAA，如图 12-7 所示。通过调节疏水链段与亲水链段的比例获得不规则聚集体，球形、树枝柱状的核壳形态胶束。

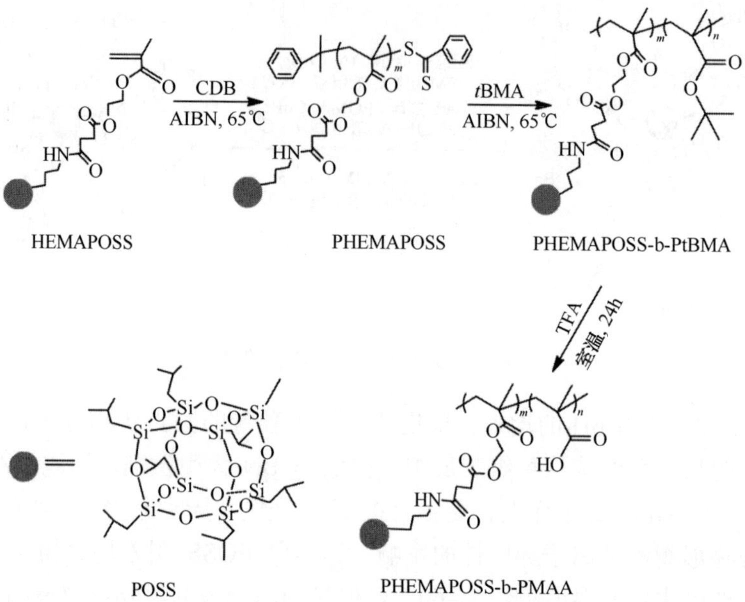

图 12-7　RAFT 反应制备 POSS 基两嵌段共聚物[6]

12.3　POSS 基聚合物自组装

　　在过去的几十年里，自组装以其能够产生纳米尺度的有序结构或模板而在科学领域引起广泛的研究兴趣。自组装过程可以氢键、协同配位作用、静电作用、范德华力、增溶剂效应等非共价键作用自发地自组装为各种各样的聚集形貌，如球形(囊泡或核壳)、圆柱状、薄片状、螺旋状聚集体或胶束溶液，同时，可以通过调节不同聚合物构型和过程参数如温度、pH 和媒介物来构筑聚合物的聚集形貌。采用纳米尺度的无机增强剂粒子和 POSS 等来制备性能优异的有机-无机杂化材料已经成为关注的焦点。其拥有独特性能的有序组装聚集体或者模板在医药、微电子、光学等领域显示出潜在的应用价值。因此，研究 POSS 基聚合物的溶液自组装成为调控聚合物性能与形貌的重要手段之一。图 12-8(a)～(c)为空心球形、柱状、核壳形胶束组装体，包括由 POSS 无机体在选择性溶剂中坍塌核形成壳状的纳米结构、非对映的 PMMAs 在两个或三个聚合物链之间自组装形成螺旋形立体复杂构型以及协同的有机 PMMA 自组装和无机 POSS 纳米簇聚集形成核壳状纳米微球，如图 12-8(d)～(f)所示。

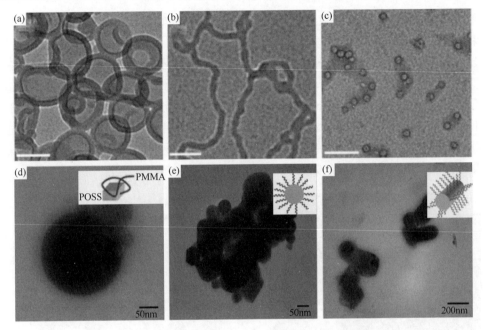

图 12-8　三种胶束组装形貌(a～c)；MA-POSS/PMMA 纳米聚合物在不同溶液中的胶束
组装形貌(d～f)[7]

　　大部分的自组装研究都是嵌段共聚物中的疏水链段与亲水链段在溶液中的组装，而 POSS 基聚合物中 POSS 链段为疏水性链段，POSS-POSS 之间相互作用形成微相分离及 POSS 微区域，可以通过调节聚合物分子链段长度、溶剂、温度、浓度、酸、碱、盐、静电作用等进行调控，得到不同组装形貌的胶束形态。如两亲性荧光聚合物 POSS-PBI-PNIPAM 中疏水性的 POSS 单元和聚苯并咪唑(PBI)及水溶性温敏的聚 N-异丙基丙酰胺链段(PNIPAM)在水溶液中自组装为由亲水性 PNIPAM 和疏水性 POSS 组成的核壳型胶束结构，在 645nm 能够发射出红色的荧光，并通过调节温度提高该自组装纳米粒子的荧光强度。这说明聚合物结构设计对其在溶液中的组装形貌非常重要。又如含有亲水性聚氧乙烯、疏水性 POSS 和温敏性丙烯酰胺的三嵌段聚合物 PEO-b-P(MA-POSS)-b-PNIPAA$_m$ 在水溶液中自组装为 40nm 的以 PEO/PNIPAA$_m$ 为冠和 P(MA-POSS)为核的球形纳米聚集体，此球形纳米粒子的尺寸会随着 PNIPAA$_m$ 链段增长而减小。两亲性两嵌段 PEG$_{10K}$-b-P(MA-POSS)和三嵌段共聚物 P(MA-POSS)-b-PEG$_{10K}$-b-P(MA-POSS)在四氢呋喃(THF)与水混合溶剂中以低聚体的形式存在，30min 后，形成小聚集体(R_h<2nm)，最后，在 THF 挥发完全的 24h 内，聚集体增大至一个平衡值。嵌段聚合物形成的胶束是动力学不稳定状态(没有冻结)，稀释时倾向于恢复为单个共聚物链。两嵌

段共聚物倾向于形成的胶束为单个花状，三嵌段共聚物则组装成连接的大花状胶束，凝胶点发生在 8.8wt%，而当在两嵌段共聚物中加入少量的三嵌段共聚物，就会出现花状胶束凝胶连在一起的现象。以叠氮封端的聚苯乙烯衍生物得到含有氨基的苯乙烯衍生物，结合开环反应得到 PS-PPLG，再经点击反应获得有机-无机超分子自组装嵌段聚合物 PS-b-(PPLG-g-POSS)，其中侧链连接的 POSS 能够稳定多肽的二级螺旋结构。多级组装的两嵌段共聚物导致微相分离的柱状结构；六边形柱状结构包覆的特定纳米多肽链段的螺旋构型调整聚合物的柱状方向；POSS 的聚集导致形成六边形晶格结构，如图 12-9 所示。

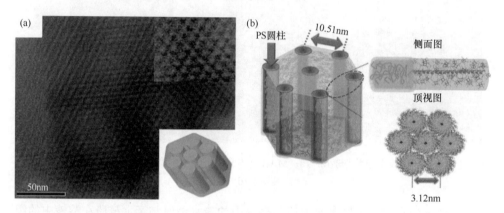

图 12-9　PS-b-(PPLG-g-POSS)的 TEM 图(a)和自组装示意(b)[8]

12.4　POSS 基聚合物特性

POSS 基聚合物的表面性能主要取决于膜表面的化学组成及链段结构。事实证明，在聚合物中引入少量 POSS，就能实现聚合物热性能、机械性能、耐水性、耐候性等的有效改善，制备出各种性能优越的功能材料。将 POSS 以各种形式引入聚合物体系提升聚合物的综合使用性能，主要集中在以下几方面：

(1)提高聚合物材料的热机械性能。POSS 的无机中心为—Si—O—Si—构成的刚性笼形，能增强聚合物的力学强度和耐热性，并且能够限制聚合链段运动，从而提高聚合物机械模量。如将 DOPO-POSS 加入聚碳酸酯(PC)中制得 DOPO-POSS/PC 复合材料，随着 DOPO-POSS 载入量的增加，复合材料的屈服应力、弯曲强度和模量明显提高，而断裂强度和拉伸明显降低。

(2)提高聚合物材料的气体渗透性。如果聚合物含有 POSS 重复单元时，杂化膜材料对 O_2 和 N_2 渗透系数提高，但是选择性稍微降低。如当聚苯乙烯膜中的 POSS 增大至 20wt%时，膜的渗透性进一步提高，膜对 He/CH_4、CO_2/CH_4 和 O_2/N_2 这些气体的渗透选择性增加。

(3)提高材料的结晶度。对于超高分子量的聚乙烯/POSS 纳米复合材料，随着 POSS 的加入，其结晶度和片层厚度增大，这表明在链增长过程中 POSS 可以作为成核试剂来提高材料的结晶度。

(4)提高材料的耐磨性与自清洁能力。POSS 在提高聚合物涂膜表面的疏水疏油性能方面具有很大的优势。如利用表面修饰有氟烷基的纳米二氧化硅和含氟癸基聚倍半硅氧烷(PD-POSS)两步化学滴涂法在纤维表面成膜，获得抵抗物理化学损害的自清洁双疏性纤维涂层材料。该涂层对水、十六烷和无水乙醇的接触角依次为 171°、175°和 151°，且长时间保持不变；经过 100 次循环的清洗和 5000 次循环的马丁戴尔摩擦实验后依然保持疏水疏油性能；将处理过的纤维在 140℃下经 0.5h 的烘烤和真空等离子与加热处理后表面性能也不变，说明该涂层具有自我修复功能。

12.5　POSS 基聚合物组装涂膜

12.5.1　POSS 交联填充膜材料

功能化的 POSS 单体常作为纳米添加剂来提高涂膜材料的表面疏水疏油性能和热稳定性能等。图 12-10 显示，通过硫醇和含有 POSS 的碳氟链段(F_2-POSS-SH_6)作为反应性纳米添加剂，利用简单的一步法获得有复杂褶皱图案表面的光固化涂层材料。F_2-POSS-SH_6能够自组装迁移至紫外固化液体丙烯酸酯树脂的顶层，引起树脂表层与主体之间不同类型的交联反应而形成错配收缩的表面。该表面在 F_2-POSS-SH_6 含量仅 1%时，显示出超低的表面自由能(4.1mN/m)，这种简单、

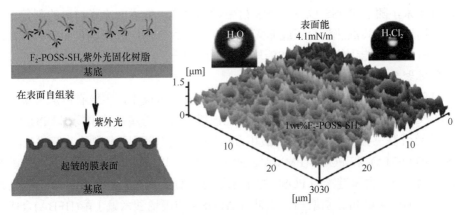

图 12-10　POSS 作为纳米添加剂制备超低表面能涂层[9]

可行的方法获得的自清洁光固化涂层材料具有超疏水疏油表面。如果将 POSS 混入 PDMS 橡胶机械性能和热稳定性大幅度提高，拥有八羟基功能化的 POSS 是制备典型聚氨酯弹性体的理想三维交联核。在 POSS 负载量为 4wt%～6wt%时，对聚氨酯体系的形貌与动力学的影响不是连续的，而是呈梯形变化的，导致空间诱导由微相分离向纳米相分离转变，但降低了机械模量，同时降低了微相分离，这表明硬聚集域的形成比化学交联对聚合物的增强更为有效。

12.5.2　POSS 透光防腐杂化膜材料

POSS 可在纳米尺度上改善材料的热塑性、阻燃性、耐水性、透光性、耐热性、机械性能、介电性能以及抗原子氧化性等，从而获得综合性能良好的杂化膜材料。如含氟 POSS 聚合物旋涂于玻璃片上，得到光学透明的膜，通过 POSS 之间的脂肪碳链可以调节膜的透光性。如果得到的 POSS 化合物含有两种不同的侧链随机排布，它的结晶能力被压制，导致形成光学透明膜。

在防腐蚀保护方面，许多飞行部件都是由铝合金尤其是铝合金 2024(AA2024) 制得，而铝合金的防腐蚀是工业上的一大难题。传统上，利用以六价铬为膜转化剂，即牺牲阳极保护法来防腐蚀，但是六价铬是致癌物质，会从涂层表面脱落至环境中，进而污染饮用水。如果以自由分子或者封装的形式引入该材料，不但能够体现出材料较强的疏水防潮性和防腐耐蚀性，而且可以通过 POSS 与羟基封端的聚丁二烯的氢化比例来调控涂膜的硬度，具有显著的阻隔、快速固化和牢固黏附于基体等特性，获得表面防腐效果良好的涂膜材料。

12.5.3　POSS 低表面能涂膜材料

最常见的低表面能材料大多是通过引入氟、硅元素或氟硅化合物的途径来获得。近年来，随着 POSS 以及 POSS 衍生物的出现，低表面涂膜材料的制备更加灵活，通过活性共混法将含氟或非氟 POSS 引入聚合物中获得低表面膜材料，通过活性官能团功能化的氟化 POSS 与其他单体聚合，或将非氟功能化的 POSS 与含氟单体聚合制备超疏水涂膜表面。

目前，关于 POSS 基含氟聚合物的可控合成报道很少，主要有链形与星形结构，如 POSS 基多分散性极低的均聚物、三嵌段共聚物与星形共聚物，以 POSS-Cl_8 为引发剂引发三氟乙基甲基丙烯酸甲酯(TFEMA)合成不同类型的八臂星形结构 POSS-$(PTFEMA)_8$ 和 POSS-$(PMMA-b-PTFEMA)_8$，以及四臂形 POSS 基丙烯酸八氟戊酯聚合物。含氟链段与 POSS 的排斥作用有助于 POSS 聚集，POSS 含量增加时，水及油的接触角分别增加。如果将 APOSS 与丙烯酸六氟丁酯(HFBA)合成五嵌段共聚物 PDMS-b-$(PAPOSS-b-PHFBA)_2$，不但增加膜表面的粗糙度，而且引起滞后接触角明显降低，说明 POSS 与含氟嵌段的引入提高了聚合物的非润湿性。

用含氟 POSS 聚合物可以制备得到透明且超疏水的涂层，具有较好的抗污、耐酸性能。其中，调控 POSS 基含氟嵌段聚合物自组装形貌是一个关键问题，主要是溶剂对聚合物组装形态及聚集粒径分布的调控，以及 POSS 链段与含氟链段迁移竞争对组装形貌的影响。已经证明，当 POSS 化学键合到聚合物上时，POSS-POSS、POSS-聚合物之间的相互作用除了产生热稳定性和分子水平增强的 POSS 改性聚合物外，最突出的是 POSS 基聚合物能够形成由主要粒子构成的纳米级特征及由聚集体构成的微米级特征的层次形态(hierarchical morphology)以及表面多尺度粗糙度 (multiple scales of roughness) 的 超 疏 水 疏 油 表 面 (superhydrophobic and superoleophobic surfaces)。

研究表明，由于含氟基团在成膜过程中趋于在膜层表面富集和定向排列(图 12-11)，因此，通过溶剂调控链段组装，进而调控表面组成与结构，可以获得不同的表面能(分层形貌)及疏水疏油性。实际上，含氟端基的长度可以改变表面的微纳结构：丁基含氟链段仅获得微米表面(micro)，辛基含氟链段仅获得纳米表面(nano)，但是己基含氟链段可获得微相和纳相双重尺度表面(micro/nano double scale)而具有超疏水性。随着含氟链段降低，膜表面的微米结构增强。从分子水平的观点来看，为了获得低表面能，含氟聚合物膜表面应尽可能多地被—CF_3 覆盖，因为取代基的表面张力顺序为 CH_2(36dyn/cm①)>CH_3(30dyn/cm)>CF_2(23dyn/cm) >CF_3(15dyn/cm)。所以，带有 CF_3 端基的含氟聚合物主要用于疏水表面的涂膜材料。

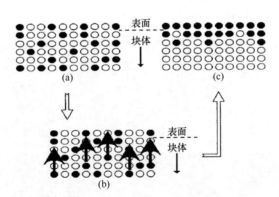

图 12-11　含氟官能团表面迁移示意图：●具有低表面能的含氟分子；○基础聚合物；
(a)开始；(b)迁移中；(c)最终

---

① dyn 为非法定单位，1dyn=10^{-5}N。

当 POSS 基聚三氟丙烯酸乙酯(PTFEA)嵌段聚合物为八臂星形和链形时，尽管都可以形成 PTFEA 的纳相结构，但星形结构的纳相尺寸远远小于链形结构。聚合物结构对组装粒子的形貌有很大影响，蝌蚪形三嵌段聚合物 FPOSS-PS-b-PEO 在二氧六环/水溶剂中，随着水量增加，组装成非常规的圆柱体、二维六面体纳米片、侧式胶束等形貌(图 12-12)，超疏水的 F-POSS 笼子促进环形线圈的形成。这些组装导致表面组成与形貌不同，如图 12-13 所示，F-POSS 含量的增加导致表面粗糙度增加，从而明显提高表面疏水性能。20wt%的 F-POSS 不仅可以提高黏接

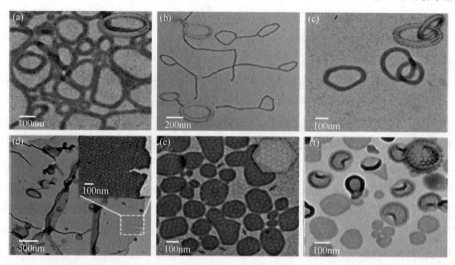

图 12-12　FPOSS-PS-b-PEO 在二氧六环/水中组装的 TEM 图：圆环形与蝌蚪形(a)、哑铃形(b)、连锁环(c)、二维纳米片(d，e)和侧式胶束(f)(红色-FPOSS，绿色-PS，蓝色-PEO)[10]

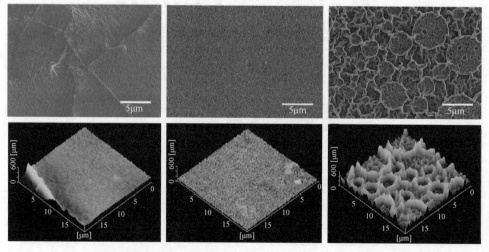

图 12-13　F-POSS 含量为 1wt%、2wt%和 6wt%时的 SEM 与 3D-AFM 图像[11]

力，而且可以明显提高涂层对水、乙二醇、二甲亚砜、二碘甲烷、菜籽油和十六烷的接触角，获得透明的超疏水性(WCA=157.3℃，低滑动角 SA＜5℃)。所以，F-POSS 涂层的接触角(θ_a 和 θ_r)明显高于含氟聚合物本身(聚四氟乙烯)，且接触角随含氟链段的增长而明显增大(表面能降低)，如图 12-14 所示。与非氟的 POSS 相比，七氟己基 F-POSS、十三氟辛基 F-POSS 以及十七氟癸基 F-POSS 显示出非常高的稳定性，其中十七氟癸基 F-POSS 最稳定，说明含氟链段长度增加 F-POSS 的稳定性。研究也证明，即便是单氟烷基化的 F-POSS，也由于表面具有纳米结构的凸起分布而显示荷花效应和自洁功能。F-POSS 因同时满足化学组成(chemical composition)与粗糙度(roughness)，而可以使微纳结构 F-POSS 表面达到超疏水或者无润湿表面(water contact angle，WCA＞150°)。

前进接触角 (θ_a)	水 (γ_{lv} = 72.1 mN/m)	二碘甲烷 (γ_{lv} = 50.7 mN/m)	菜籽油 (γ_{lv} = 35.5 mN/m)	十六烷 (γ_{lv} = 27.5 mN/m)	辛烷 (γ_{lv} = 21.6 mN/m)
F-POSS 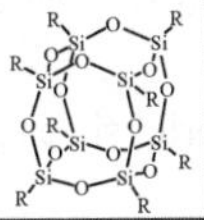	122° ± 2° 	100° ± 2° 	88° ± 3° 	88° ± 1° 	67° ± 1° 
氟橡胶 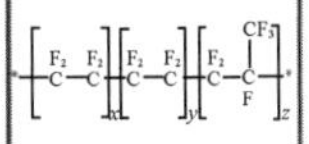	110° ± 2° 	80° ± 2°	71° ± 3°	58° ± 2° 	16° ± 3° 

图 12-14　F-POSS 与氟橡胶在硅片上的前进接触角比较[12]

参 考 文 献

[1] Wang F, Lu X, He C. Some recent developments of polyhedral oligomeric silsesquioxane (POSS)-based polymeric materials. J Mater Chem, 2011, 21(9): 2775-2782.

[2] Raftopoulos K N, Koutsoumpis S, Jancia M, et al. Reduced phase separation and slowing of dynamics in polyurethanes with three-dimensional POSS-based cross-linking moieties. Macromolecules, 2015, 48(5): 1429-1441.

[3] Pyun J, Matyjaszewski K. The synthesis of hybrid polymers using atom transfer radical polymerization: Homopolymers and block copolymers from polyhedral oligomeric silsesquioxane monomers. Macromolecules 2000, 33(1): 217-220.

[4] Raus V, Čadová E, Starovoytova L, et al. ATRP of POSS monomers revisited: Toward high-molecular weight methacrylate-POSS (Co) polymers. Macromolecules, 2014, 47(21): 7311-7320.

[5] Kim D G, Kang H, Han S, et al. Bio- and oil-fouling resistance of ultrafiltration membranes controlled by star-shaped block and random copolymer coatings. Rsc Adv, 2013, 3(39): 18071-18081.

[6] Hong L, Zhang Z, Zhang W. Synthesis of organic/inorganic polyhedral oligomeric silsesquioxane-containing block copolymers via reversible addition-fragmentation chain transfer polymerization and their self-assembly in aqueous solution. Ind Eng Chem Res, 2014, 53(26): 10673-10680.

[7] Hang W, Müller A H E. Architecture, self-assembly and properties of well-defined hybrid polymers based on polyhedral oligomeric silsequioxane(POSS). Prog Polym Sci, 2013, 38(8): 1121-1162.

[8] Lin Y C, Kuo S W. Hierarchical self-assembly structures of POSS-containing polypeptide block copolymers synthesized using a combination of ATRP, ROP and click chemistry. Polym Chem, 2012, 3(4): 882-891.

[9] Gan Y, Jiang X, Yin J. Self-wrinkling patterned surface of photocuring coating induced by the fluorinated POSS containing thiol groups(F-POSS-SH)as the reactive nanoadditive. Macromolecules, 2012, 45(18): 7520-7526.

[10] He J, Yue K, Liu Y, et al. Fluorinated polyhedral oligomeric silsesquioxane-based shape amphiphiles: Molecular design, topological variation, and facile synthesis. Polym Chem, 2012, 3: 2112-2120.

[11] Meuler A J, Chhatre S S, Nieves A R, et al. Examination of wettability and surface energy in fluorodecyl POSS/polymer blends. Soft Matter, 2011, 7: 10122-10134.

[12] Mabry J M, Vij A, Iacono S T, et al. Fluorinated polyhedral oligomeric silsesquioxanes (F-POSS). Angew Chem Int Ed, 2008, 47: 4137-4140.

第 13 章　POSS 封端结构嵌段共聚物组装与性能

本章导读

　　基于 POSS 基嵌段聚合物的结构组成、链段排布、界面结合、成膜条件等影响涂膜材料性能的主要因素，有效地结合 POSS 的耐高低温性、与硅质基体的相容性和丙烯酸酯的优良成膜性等优点，期望获得适合于硅质基体良好相容性的 POSS 基嵌段聚合物。如果将笼形 POSS 硅链段与丙烯酸酯 PMMA 成膜链段结合，可获得 POSS 基聚合物杂化材料。这类聚合物因对环境和溶剂的响应性的差异而形成不同胶束而构筑具有疏水特性的表面。首先通过含有氨基的 POSS(ap-POSS-NH$_2$)与 2-溴代异丁酰溴(BiBB)酯化制备得到笼形 ATRP 大分子引发剂(ap-POSS-Br)，再以 CuCl 和五甲基二乙烯基三胺(PMDETA)为催化体系，两步 ATRP 反应依次引发甲基丙烯酸甲酯(MMA)和甲基丙烯酰氧基七异丁基聚倍半硅氧烷(MA-POSS)制备得到不同 POSS 含量的两嵌段 POSS 封端杂化聚合物 ap-POSS-PMMA$_m$-b-P(MA-POSS)$_n$，如图 13-1 所示。分析研究了其自组装聚集体形貌和粒径分布，进而采用浇铸法将这些胶束构成具有低表面自由能和疏水特性的涂膜表面，研究成膜过程中链段的迁移特性，以期获得兼具 POSS

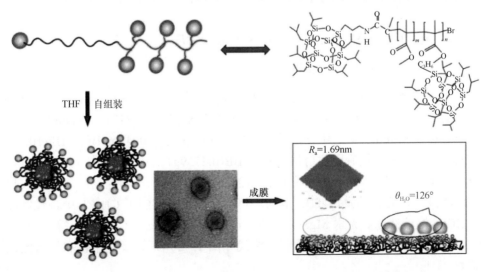

图 13-1　ap-POSS-PMMA$_{152}$-b-P(MA-POSS)$_{4.3, 8.4, 10.0}$ 在溶液中组装成膜

纳米小尺寸效应、表面与界面效应、光学与耐热性能和有机聚合物柔韧性的高性能涂膜材料。

(1)以笼形大分子引发剂 ap-POSS-Br 依次引发 MMA、MA-POSS 的 ATRP 反应,获得共聚物 ap-POSS-PMMA$_m$-b-P(MA-POSS)$_n$,当 MA-POSS 含量为 22.5wt%、36.8wt%、46.6wt%时，获得 ap-POSS-PMMA$_{152}$-b-P(MA-POSS)$_n$(n=4.3,8.4,10.0),共聚物实测分子量与理论分子量吻合。

(2)所得共聚物 ap-POSS-PMMA$_{152}$-b-P(MA-POSS)$_n$ 在 THF 溶液中能够组装成以 ap-POSS 和 MA-POSS 为核、PMMA 为壳的 120～150nm 的核壳胶束；当 MA-POSS 的含量增加至46.6wt%时,共聚物组装成150～200nm 的以 P(MA-POSS) 为核、PMMA 为壳和 ap-POSS 为冠的核壳冠状胶束。

(3)随着 P(MA-POSS)链段的增长,这些胶束溶液成膜表面的粗糙度由 0.288nm 增大至 1.690nm，水的静态接触角由 106°增大至 112°～126°，表面自由能由 19.40mN/m 降低至 8.71mN/m,并且具有低的膜层吸附水量(Δf=-600Hz)与低的黏弹态(ΔD=75×10^{-6})。

(4)增加 MA-POSS 含量时,共聚物 ap-POSS-PMMA$_{152}$-b-P(MA-POSS)$_n$ 的热稳定性显著提高，玻璃化转变温度(T_g=124℃)和热降解温度(T_d=400℃)明显高于 ap-POSS-PMMA$_{152}$(105℃和350℃),也远大于 ap-POSS-PMMA$_m$。因此, ap-POSS-PMMA$_m$-b-P(MA-POSS)$_n$ 可作为优异性能的涂膜材料。

13.1　ap-POSS-PMMA$_m$-b-P(MA-POSS)$_n$ 的合成与表征

13.1.1　ap-POSS-PMMA$_m$-b-P(MA-POSS)$_n$ 的合成

1. 笼形 POSS 引发剂 ap-POSS-Br 的制备

将有四氟节门的茄形瓶在冰浴下抽真空，充氮气并循环 3～5 次，在氮气保护下将加有氨丙基异丁基倍半硅氧烷(ap-POSS-NH$_2$)(0.8745g，1mmol)、TEA(0.1518g,1.5mmol)、4-二甲氨基吡啶(DMAP)(0.513g, 0.0042mol)的 THF(10mL)溶液加入反应瓶，然后用注射器滴加 BiBB(0.2759g,1.2mmol)。待滴加完毕后,升温至室温继续反应 24h，得乳白色悬浊液。反应后的产物经离心、过滤收集上层清液，再旋转蒸发出 THF 溶剂。将粗产品重新溶解于 CH$_2$Cl$_2$ 中，经饱和 NaHCO$_3$ 溶液洗涤、无水 MgSO$_4$ 干燥，过滤，旋转蒸发出 CH$_2$Cl$_2$ 后得产物 ap-POSS-Br(产率约为 81%)。具体制备路线如图 13-2 所示，反应条件和原料配比见表 13-1。

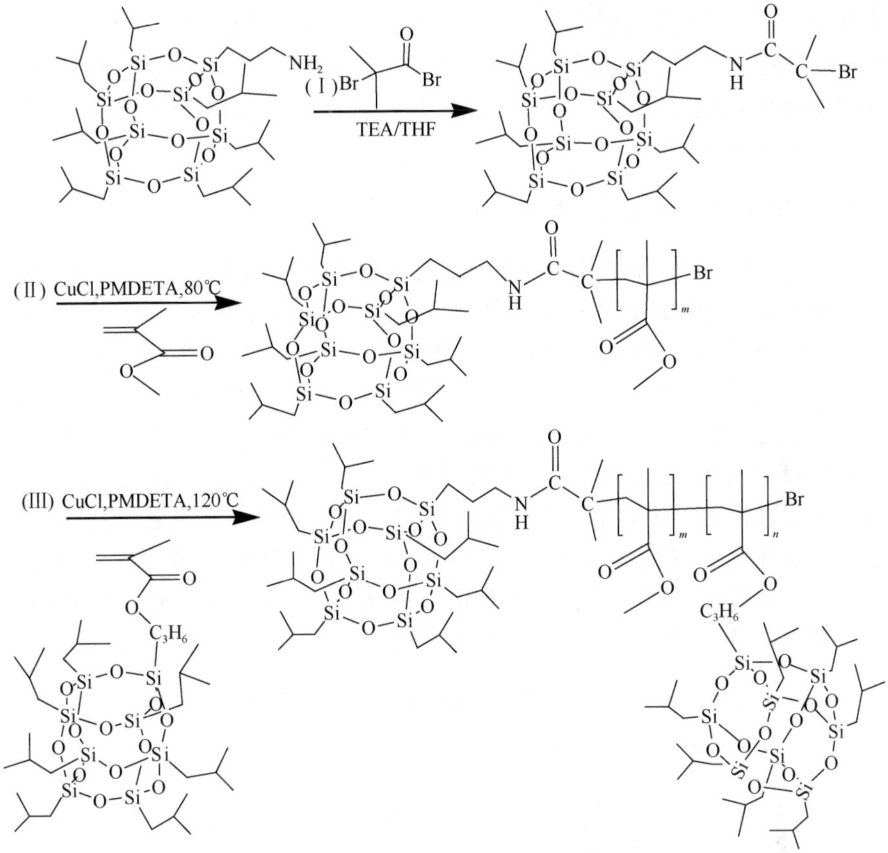

图 13-2　嵌段共聚物 ap-POSS-PMMA$_m$-b-P(MA-POSS)$_n$ 的合成路线图

表 13-1　共聚物合成配方

样品	ap-POSS-PMMA$_m$/g	MA-POSS/g	CuCl/g	PMDETA/g	CYC/g	产率/%
S1	—	—	—	—	—	75
S2	1.1024	0.2492	0.0053	0.0092	5	73
S3	1.1024	0.4984	0.0053	0.0092	5.5	68
S4	1.1024	0.7476	0.0053	0.0092	6	58

2. ap-POSS-PMMA$_m$ 的合成

将 0.0439g 的 CuCl 和上一步制备得到的 ap-POSS-Br(0.3617g)加入茄形瓶中，抽真空，充氮气循环 3~5 次，在氮气气氛下，用注射器加入溶解有五甲基二乙烯三胺(PMDETA)(0.0764g)和 MMA(7.06g)的环己酮(CYC，10g)溶液，在磁力搅拌下，缓慢升温至 80℃，于油浴中反应 24h 后，自然降温至 50℃，将得到的产物用

THF 稀释，经砂芯漏斗过滤除去 Cu^{2+} 的配位化合物后，旋转蒸发除去多余的 THF 并在大量甲醇中沉析，减压抽滤后置于真空干燥箱中 25℃下干燥，得白色粉状固体 ap-POSS-PMMA$_m$(S1)，产率为 75%。具体的制备路线如图 13-2 所示，反应条件和原料配比见表 13-1。

3. ap-POSS-PMMA$_m$-b-P(MA-POSS)$_n$ 的制备

利用上一步产物 ap-POSS-PMMA$_m$ 与 MA-POSS 反应制备嵌段共聚物 ap-POSS-PMMA$_m$-b-P(MA-POSS)$_n$，具体合成路线如图 13-2 所示。将一定质量的白色粉状固体 ap-POSS-PMMA、甲基丙烯酰氧基异丁基聚倍半硅氧烷(MA-POSS)和精制的 CYC 加入茄形瓶中，待完全溶解后在室温下抽真空鼓氮气 3～5 次，在氮气保护下依次加入 CuCl 和配体 PMDETA，置于油浴中程序升温至 120℃，并在磁力搅拌下反应 24h。将所得产物用 THF 稀释，经平均滤孔直径为 15～40μm 的砂芯漏斗过滤后，40℃下用旋转蒸发仪减压浓缩，得到无色黏稠液体。之后，将此黏稠液体用滴液漏斗慢慢加入强磁力搅拌的甲醇中沉析后进行减压抽滤，并置于真空干燥箱 25℃下烘干，得到白色粉状固体产物 ap- POSS- PMMA$_m$-b-P(MA-POSS)$_n$。具体的制备过程中的反应条件和原料配比见表 13-1。

13.1.2　ap-POSS-PMMA$_m$-b-P(MA-POSS)$_n$ 的结构与分子量表征

1. 笼形引发剂 ap-POSS-Br 的表征

首先，由 ap-POSS-Br 的红外谱图(图 13-3)可以看出，ap-POSS-NH$_2$ 经过 BiBB 酯化之后，位于 3390～3500cm^{-1} 的氨基伸缩振动吸收峰以及 890cm^{-1} 的面外弯曲振动吸收峰全部消失，出现了—NH—CO—中的—CO—在 1650cm^{-1} 和—NH—在 3300cm^{-1} 的伸缩振动特征吸收峰。依据这些特征峰以及 1100cm^{-1} 处—Si—O—Si—的伸缩振动吸收峰，可以确定已经制得引发剂 ap-POSS-Br。

其次，引发剂 ap-POSS-Br 的核磁谱图(图 13-4)显示，ap-POSS-NH$_2$ 中—NH$_2$ 的 2.73ppm 特征峰消失，而在 6.75ppm 和 1.96ppm 处出现了新的特征峰，这是引发剂 ap-POSS-Br 中—NHCO—和—C(CH$_3$)$_2$Br 的峰位移。同样，在图 13-5 的 TGA 曲线上，发现当 ap-POSS-NH$_2$ 与 2-溴代异丁酰溴酯化反应制备得到的引发剂 ap-POSS-Br 重量损失较大。因为引发剂链接的有机基团在高温下分解，造成质量损失较高，更进一步说明已经获得了引发剂 ap-POSS-Br。

2. ap-POSS-PMMA$_m$-b-P(MA-POSS)$_n$ 的核磁表征

在核磁谱图 13-6 中，ap-POSS-PMMA$_m$ 的氢核磁谱图[图 13-6(A)]的峰位移 0.65ppm(a)、1.05ppm(c)和1.78ppm(d)是引发剂 ap-POSS 中 Si—CH$_2$—、—CH(CH$_3$)$_2$ 和—CH(CH$_3$)$_2$ 中氢核磁峰的化学位移；3.65ppm(e)是 PMMA 中 O—CH$_3$ 的核

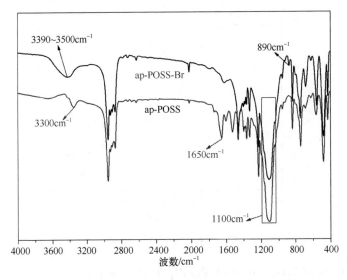

图 13-3　ap-POSS-NH$_2$ 和 ap-POSS-Br 的红外谱图

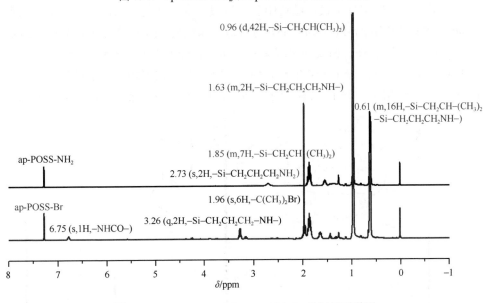

图 13-4　ap-POSS-NH$_2$ 和 ap-POSS-Br 的氢核磁谱图

磁峰的化学位移；而在图 13-6(B)中，当 P(MA-POSS)链段引入聚合物中后，0.65ppm(a)、1.05ppm(c)和 1.78ppm(d)三处的峰强度明显增强(略有偏移)；新出现的 3.75ppm(f)是 P(MA-POSS)链段中—COOCH$_2$—的化学位移，基于分子结构中存在主要官能团的化学位移峰值，可以确定已经通过 ATRP 法制备得到了嵌段共聚物 ap-POSS-PMMA$_m$-b-P(MA-POSS)$_n$。

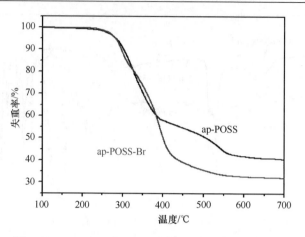

图 13-5　ap-POSS-NH$_2$ 和 ap-POSS-Br 的热重分析曲线

3. ap-POSS-PMMA$_m$-b-P(MA-POSS)$_n$ 的分子量表征

为了进一步确定分子设计结构中各个链段及其之间的关系，对所制备的共聚物 ap-POSS-PMMA$_m$-b-P(MA-POSS)$_n$ 进行分子量测定。图 13-7 分子量分布曲线显示，所有共聚物的 SEC 曲线均呈现单峰分布，且峰形尖锐。随着分子量的增大，即 POSS 含量的增加，S1～S4 的流出时间缩短，说明共聚物的分子量是按照理论设计方式逐渐增大。理论设计分子结构与链段比例为 ap-POSS-PMMA$_{200}$、

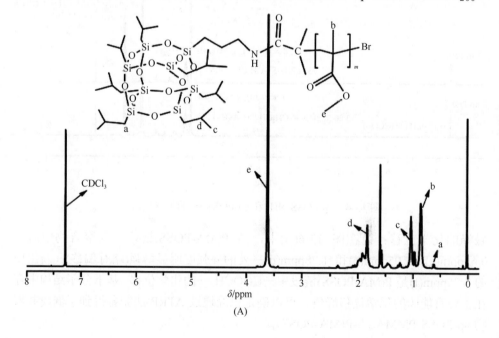

(A)

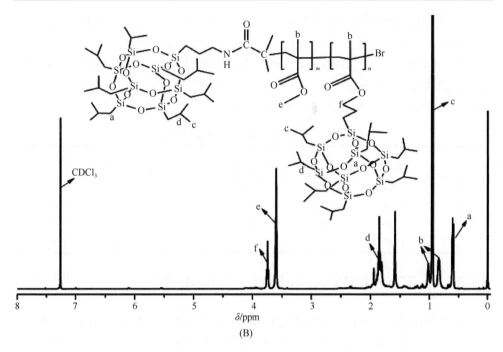

图 13-6　ap-POSS-PMMA$_m$(A)和 ap-POSS-PMMA$_m$-b-P(MA-POSS)$_n$(B)的 ^{1}H NMR 图

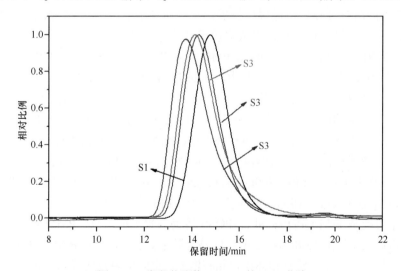

图 13-7　嵌段共聚物 S1~S4 的 SEC 曲线

ap-POSS-PMMA$_{200}$-b-P(MA-POSS)$_5$、ap-POSS-PMMA$_{200}$-b-P(MA-POSS)$_{10}$ 和 ap-POSS-PMMA$_{200}$-b-P(MA-POSS)$_{15}$。根据 SEC 分子量测试结果计算，测定值与理论分子量相差不大(表 13-2)，P(MA-POSS)$_n$ 链段的聚合度依次为 0、4.3、8.4 和 10.0，

且分子量分布(PDI)低于 1.2，也进一步说明四种共聚物均能按照 ATRP 聚合机理进行反应。另外，由表 13-2 中数据可知，随着 MA-POSS 含量的增加，分子量由 19 480g/mol 增长至 24 770g/mol。通过对 SEC 数据结果计算，发现实际 MA-POSS 聚合度的增加幅度逐渐减小。这是因为随着共聚物链段的增长，硅笼体积效应增加，空间位阻增大，使得聚合度增加幅度减小。

表 13-2　嵌段共聚物的分子量及其分散性

样品	M_w/M_n (PDI)	$M_n/$ ($\times 10^4$g/mol)	$M_w/$ ($\times 10^4$g/mol)	推测的聚合物的结构(SEC)
S1	1.071	1.603	1.717	ap-POSS-PMMA$_{152}$
S2	1.046	1.948	2.038	ap-POSS-PMMA$_{152}$-b-P(MA-POSS)$_{4.3}$
S3	1.160	2.435	2.825	ap-POSS-PMMA$_{152}$-b-P(MA-POSS)$_{8.4}$
S4	1.050	2.477	2.601	ap-POSS-PMMA$_{152}$-b-P(MA-POSS)$_{10}$

13.2　ap-POSS-PMMA$_m$-b-P(MA-POSS)$_n$ 在溶液中自组装形貌

聚合物在 THF 溶液中的形貌如图 13-8 所示。S1(ap-POSS-PMMA$_m$)的组装结果用于对比分析。如图 13-8(a)所示，S1 形成 80～100nm 的铲子状的胶束形貌，PMMA 为铲子的头部，ap-POSS 位于尾部形成 15～30nm 的深色区域。由于 PMMA 在 THF 中的溶解性较好，链段以舒展形式分布在溶液中；ap-POSS 在 THF 中的溶解性较差，容易聚集，从而造成嵌段聚合物链段之间的相分离。

图 13-8(b)和(c)显示，ap-POSS-PMMA$_m$-b-P(MA-POSS)$_5$ 在 THF 溶液中组装成 150～200nm 的核壳状的方形胶束，而 ap-POSS-PMMA$_m$-b-P(MA- POSS)$_{10}$ 形成 120～150nm 的核壳状的圆形胶束，其中 ap-POSS 和 P(MA-POSS)组装聚集形成深色的核，PMMA 组装形成浅色的外壳。与样品 S1 相比，随着 MA-POSS 含量从 22.5wt%(S2)、36.8wt%(S3)、46.8wt%(S4)依次增加，组装胶束由样品 S2 的方形核壳状逐渐转变成样品 S3 的圆形核壳状，而这种转变在样品 S4 中表现更为突出。样品 S4 在溶液中形成 150～200nm 的核壳冠状胶束，如图 13-8(d)所示，形成大约 50nm 浅色壳层和 100～150nm 的深色核。从 TEM 结果分析，形成这样的胶束形态的原因很可能是 P(MA-POSS)和 ap-POSS 容易聚集形成内核，PMMA 链段倾向于舒展而形成的，如图 13-8(b)和(c)所示的核壳胶束。然而，随着 P(MA-POSS)链段的进一步增长，整个分子质量和体积也相应增大，空间位阻效应限制了长分子链的运动而导致 P(MA-POSS)卷曲，同时 PMMA 和 P(MA-POSS)之间存在相分离，ap-POSS 和 P(MA-POSS)链段距离远来不及与 P(MA-POSS)结合。因而，样品 S4 形成了 P(MA-POSS)为核、PMMA 为壳、ap-POSS 为冠的核壳冠状胶束。图 13-9 形象地表示聚合物 ap-POSS-PMMA$_m$-b-P(MA-POSS)$_n$ 在 THF 溶液中的不同胶束组装形貌。

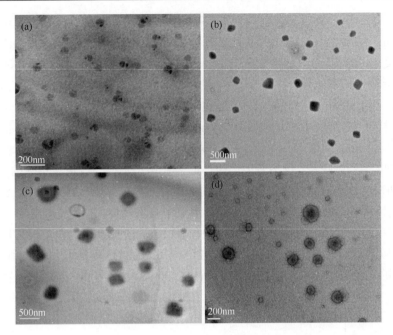

图 13-8 样品 S1～S4(a～d)在 THF 中的自组装形态

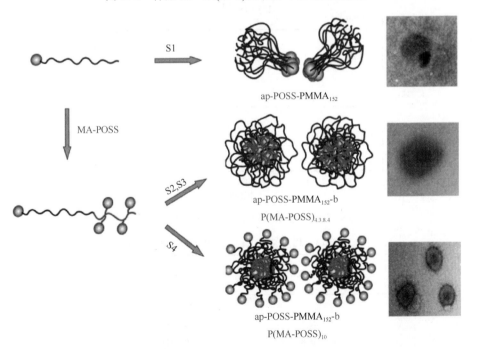

图 13-9 样品 S1～S4 在 THF 中的自组装胶束结构示意图

为了进一步分析组装粒子的分布,采用 DLS 深入了解胶束组装体在溶液中的粒径分布,结果如图 13-10 所示。所有样品均为双峰分布,且大粒径的组装胶束分布强度达 90%以上。对比 TEM 结果与 DLS 粒径分布结果(表 13-3),不难发现两种表示结果基本一致,样品 S1~S4 的平均粒径依次分别为 155.1nm、190.1nm、295.3nm 和 159.8nm。样品 S1 的 THF 溶液中平均粒径为 6.5nm 的低聚体占到 10.4%,样品 S2 溶液中平均粒径为 7.5nm 的低聚体占到 4.6%,样品 S3 溶液中平均粒径为 13.5nm 的低聚体占到 1.6%,样品 S4 溶液中平均粒径为 6.6nm 的低聚体占到 2.5%,这说明聚合物溶液中低聚体的粒径增长规律与胶束聚集体的一致性。同时,P(MA-POSS)链段的长度对胶束的形成有很大的影响。TEM 与 DLS 分析结果也显示,即使 POSS 基聚合物在 THF 溶液中易于聚集,但是仍然会存在直径为 10nm 左右的低聚体。在两嵌段共聚物中,第二个嵌段加入量的大小很大程度上改变了它与其他链段之间的分离程度。P(MA-POSS)链段的长度不仅影响其与 PMMA 的相分离,还影响 ap-POSS 和 P(MA-POSS)之间的相分离,从而在胶束形

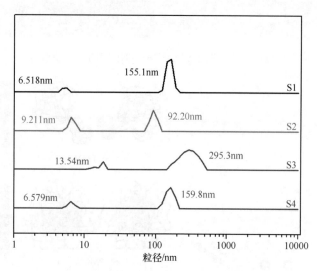

图 13-10　样品 S1~S4 在 THF 中的粒径分布

表 13-3　样品 S1~S4 的自组装胶束粒径分布

样品	MA-POSS/wt%	单聚体与胶束粒径	
		TEM/nm	DLS/nm
S1	0	80~100	155.1
S2	22.5	150~200	190.1
S3	36.8	120~150	295.3
S4	46.6	150~200	159.8

成过程中降低界面张力，达到 ap-POSS 和 P(MA-POSS)分离的一种核壳冠状胶束形貌。这意味着，当 P(MA-POSS)链段长度达到一定程度，聚合物各个链段之间就会出现明显的相分离。

13.3　胶束组装成膜的表面形貌与粗糙度

聚合物在溶剂中形成的胶束聚集体在膜的表面性能中扮演着重要的角色。其 AFM 三维形貌如图 13-11 所示。ap-POSS-PMMA$_m$ 膜表面呈现出均匀分布的凸起和孔洞[图 13-11(a)]，造成膜表面粗糙度 R_a=0.288nm，形成 5nm 的高度形貌。然而，随着 MA-POSS 含量的增加，样品 S2～S3 膜表面粗糙度 R_a 由 0.816nm[图 13-11(b)]增加到 0.829nm[图 13-11(c)]，形貌高度增长到 10nm。MA-POSS 含量更高的样品 S4，膜表面比较粗糙，R_a=1.690nm，形貌高度增加至 20nm，如图 13-11(d)所示。共聚物膜表面粗糙度的增加很可能是由 THF 溶液中的聚集体控制的。聚合物中两端的 POSS 很可能聚集，迁移至聚合物膜的表面，导致膜表面粗糙度的明显增大，Mya 也报道此现象，并解释 POSS 向膜表面迁移造成表面粗糙度增大。

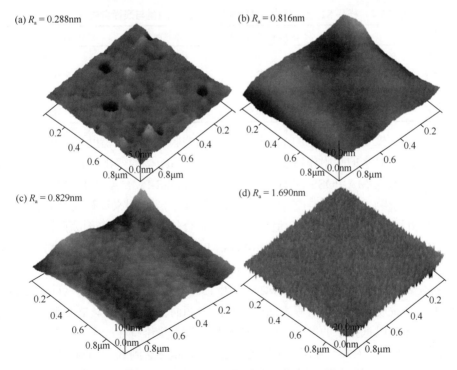

图 13-11　样品 S1～S4 膜表面的 AFM 图

13.4　膜表面润湿性和动态吸附水过程

膜表面粗糙度与其表面对水的接触角有关，粗糙度越大的表面，对水的接触角越大，表面自由能相应越低。样品 S1～S4 膜表面的静态接触角以及据此计算出的膜表面自由能如表 13-4 所示。与样品 S1 膜表面的接触角为 106°、表面自由能为 19.40mN/m 相比，样品 S2～S4 膜表面水的静态接触角依次为 112°、114°和126°，相应的表面自由能依次为 16.05mN/m、14.95mN/m 和 8.71mN/m。这些数据及变化规律说明，MA-POSS 的加入能够显著增大聚合物膜表面的疏水性，降低膜表面的自由能。

接触角计算公式如下

$$1 + \cos\theta = 2\sqrt{(\gamma_s / \gamma_1)} \exp\left[-\beta(\gamma_1 / \gamma_s)2\right]$$

式中，β 是一个常数，为 0.000 124 7$(m^2/mJ)^2$；θ 为固体表面的接触角；γ_1 为液体的表面张力；γ_s 为固体的表面张力。

表 13-4　样品 S1～S4 膜在 THF 溶剂表面的接触角与表面自由能

样品	溶剂	MA-POSS 含量/wt%	水接触角/(°)	表面自由能/(mN/m)
S1	THF	0	106	19.40
S2	THF	22.5	112	16.05
S3	THF	36.8	114	14.95
S4	THF	46.6	126	8.71

实际上，聚合物溶液中的组装聚集不仅影响膜表面的粗糙度和接触角，也会影响膜层表面对水的吸附作用以及膜表面吸附水后结构的变化。在此，用 QCM-D 进一步深入探究 MA-POSS 的加入对聚合物 ap-POSS-PMMA$_m$-b-P(MA-POSS)$_n$ 膜表面性能的影响。如图 13-12 所示。在吸附曲线中，Δf 用来计算吸附水的质量，ΔD 用来衡量膜的软硬程度(ΔD 值越大，说明聚合物成膜中膜层形成了富水而松散的结构排列)。分别选择样品 S1(ap-POSS-PMMA$_m$)和 S3[ap-POSS-PMMA$_m$-b-P(MA-POSS)$_{10.0}$]对比研究聚合物膜层对水吸附过程。

首先，在样品 S1 吸附曲线的动态吸附 150min 内[图 13-12(a)]，刚开始 ΔD 值突然增大，说明开始进水时膜表面受到水的浸润而富有黏弹性，之后膜层结构很快发生变化，以抵挡水的继续入侵，从而膜层吸水量维持在一个平衡状态，说明膜表面对水的吸附及相互作用很快达到稳定结构，最终达到 $\Delta f = -3000$Hz，$\Delta D = 75 \times 10^{-6}$，并且平衡时样品 S1 的 $\Delta D/\Delta f$ 比值维持在 -0.02Hz^{-1} 不再变化。而在样品 S3 吸附曲线[图 13-12(b)]的前 70min 动态吸附过程中，由于球形组装胶束的稳定性对

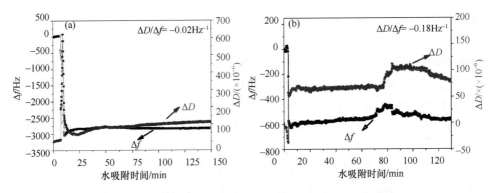

图 13-12　样品 S1(a)和样品 S3(b)膜层对水的 QCM-D 曲线

膜层表面的影响使得吸附过程维持在平衡状态，$\Delta f= -600\text{Hz}$，$\Delta D=160\times10^{-6}$，且 $\Delta D/\Delta f= -0.18\text{Hz}^{-1}$，说明膜层吸附水的量基本达到饱和值，但是随着吸附水在膜层表面的继续积累，$75\sim80\text{min}$ 之间 ΔD 和 Δf 曲线均呈现上升趋势，说明此平衡状态被打破，膜表面构型发生变化，导致吸水量的增加；而在 80min 后吸水量逐渐下降，进而又维持在一个平衡值，这是因为在膜层构型重组时，聚合物链段中 P(MA- POSS)能够充分迁移至膜层顶部，从而有效地对抗水分吸附作用，吸附水的量最终又回到饱和值(-600Hz)。

其次，在聚合物膜层吸水过程中，$\Delta D/\Delta f$ 值与时间的变化曲线可以说明动态吸水过程中膜层的结构变化。对比样品 S1 和 S3 的吸附曲线，当吸附过程达到最终平衡时，S1 的吸附曲线中 $\Delta f= -3000\text{Hz}$，远远小于样品 S3 膜层达到平衡时的 $\Delta f(-600\text{Hz})$，$\Delta D=75\times10^{-6}$ 小于样品 S3 的 $\Delta D(160\times10^{-6})$。因此，样品 S3 的 $\Delta D/\Delta f$ 值(-0.18Hz^{-1})小于样品 S1 的 $\Delta D/\Delta f(-0.02\text{Hz}^{-1})$，说明 P(MA-POSS)链段的引入能够提供给共聚物膜层表面更低的吸水量，膜层排列更加紧密以及使共聚物膜具有更低的黏弹性。随着吸附过程中水的不断进入，样品 S3 膜表面的累积水量超过膜的最大承载量，使得组装膜表面坍塌，对水的抵抗能力变差。此时，吸附表面进行重组，聚合物中的 POSS 笼子主动迁移至膜层最顶部排出多余的水分，导致 $75\sim85\text{min}$ 过程中 $\Delta D/\Delta f$ 值下降，并最终 $\Delta D/\Delta f$ 保持在 -0.18Hz^{-1} 左右。因此，吸附动态曲线表明，将 P(MA-POSS)链段引入两嵌段聚合物中能够降低膜表面的吸水量和黏弹性。正如 AFM 结果分析那样，P(MA-POSS)链段向膜表面的迁移，形成紧密结构，提高膜表面的粗糙度的同时降低了膜表面的润湿性(降低表面自由能与吸水量)与黏弹性。

13.5　ap-POSS-PMMA$_m$-b-P(MA-POSS)$_n$ 的热稳定性

通过热重分析仪(TGA)(图 13-13)和差示扫描量热仪(DSC)(图 13-14)测定共聚物

ap-POSS-PMMA$_m$-b-P(MA-POSS)$_n$ 的热性能。图 13-13 显示，样品 S1 的热降解行为发生在 100～450℃之间，表现为两个质量损失过程：第一个质量损失过程在 280～350℃之间，为聚合物中侧链的分解，失重率约为 34.0wt%；第二个质量损失过程在 350～420℃之间，是 PMMA 主链的分解，失重率约 65.0wt%。对于共聚物 ap-POSS-PMMA$_m$-b-P(MA-POSS)$_{5~15}$(S2～S4)来说，由于 P(MA-POSS)链段的引入，热降解温度均有所提高，侧链的降解温度分别发生在 300～375℃、300～385℃ 和 300～400℃，且失重率依次为 24.5wt%、30.0wt%和 35.5wt%；主链的降解温度分别发生在375～430℃、385～450℃和 400～450℃，失重率依次为 72.0wt%、64.5wt%和 53.5wt%。所剩残余应该是 POSS 笼的降解物，失重率依次约为 4.0wt%、6.5wt%和 8.0wt%。

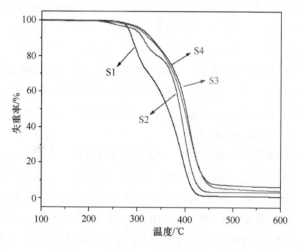

图 13-13　样品 S1～S4 的 TGA 曲线

对共聚物 ap-POSS-PMMA$_m$-b-P(MA-POSS)$_n$ 的热重分析曲线分析(图 13-13)发现，样品 S1 的重量损失曲线呈现两个过程，而当共聚物中的 P(MA-POSS)链段逐步增长，样品 S2～S4 中第一个热失重过程变弱，逐步融合成为一个过程，说明共聚物各个组分之间的兼容性随着 P(MA-POSS)链段的增长而更好。总之，P(MA-POSS)的加入，明显地提高了共聚物 ap-POSS-PMMA$_m$-b-P(MA-POSS)$_n$ 的热稳定性。如图 13-14 所示，样品 S1～S4 的玻璃化转变温度(T_g)分别位于 105℃、110℃、115℃和 124℃。共聚物的 T_g 数据结果说明 MA-POSS 含量的增加能够提高其玻璃化转变温度，同时，测试曲线中只存在一个 T_g 值，也说明共聚物中 PMMA 链段与 P(MA-POSS)链段之间的兼容性良好。这些结果也证实了以上对热重曲线结果推测正确。

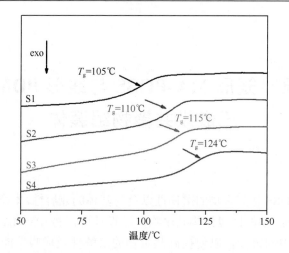

图 13-14　样品 S1～S4 的 DSC 曲线

第14章 笼形 MA-POSS 与线形 PDMS 构筑三嵌段共聚物组装体

本章导读

为了增强 POSS 基共聚物的柔韧性以及与基体的兼容性,本章构筑线形 PDMS 和笼形 P(MA-POSS)的嵌段结构共聚物。在设计中,将 PMMA 置于 PDMS 和 P(MA-POSS)的中间链段,以便提高共聚物的溶解性及成膜性能。两个含硅链段 PDMS 和 P(MA-POSS)分别处于共聚物端基以便充分发挥含硅链段的表面迁移作用获得低表面能的膜表面。为此,采用溴代异丁酰溴与单羟基硅油(PDMS-OH)进行酯化反应获得 PDMS-Br 引发剂,并依次引发甲基丙烯酸甲酯(MMA)和甲基丙烯酰氧基七异丁基聚倍半硅氧烷(MA-POSS)来获得嵌段共聚物 PDMS-b-PMMA$_m$-b-P(MA-POSS)$_n$,从而使聚合物中同时具有两种软硬不同的含硅链段。在此基础上,通过四氢呋喃(THF)和氯仿(CHCl$_3$)为成膜溶剂来调控疏水疏油表面涂层,如图 14-1 所示。分析对比膜表面的疏水性能、表面的元素分布情况、表面自由能、热性能、机械拉伸性能等。

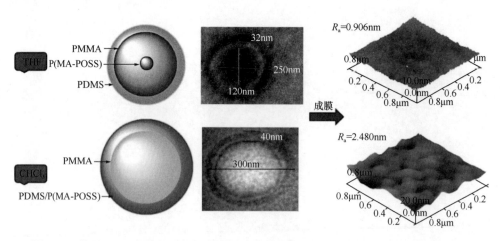

图 14-1　笼形 POSS 与线形 PDMS 构筑三嵌段共聚物 PDMS-b-PMMA$_m$-b-P(MA-POSS)$_n$

(1)以线形大分子 PDMS-Br 为引发剂依次引发 MMA、MA-POSS 的 ATRP 合成共聚物 PDMS-b-PMMA$_{408}$-b-P(MA-POSS)$_n$(n=4.5,8.2,13.6),聚合度 n=4.5、8.2

和 13.6 时的分子量为 50 090～53 560g/mol，与理论设计分子量基本吻合。

(2)随着 POSS 含量由 9.48wt% 增加至 23.93wt%，PDMS-b-PMMA$_{408}$-b-P(MA-POSS)$_n$ 的储能模量也由 648MPa 增加至 902MPa，远高于 PDMS-b-PMMA$_{408}$ (579MPa)。T_g 值由 120℃ 提高到 137℃，且只出现一个 T_g 峰值，说明链段之间相互兼容，共聚物具有优异的热性能与机械拉伸性能。MA-POSS 的加入能够显著提高共聚物的玻璃化转变温度，因为 P(MA-POSS)链段引起聚合物链段的缠绕以及限制链段的运动，从而提高共聚物的储能模量。

(3)溶剂对共聚物 PDMS-b-PMMA$_{408}$-b-P(MA-POSS)$_{8.2}$ 自组装形貌影响分析显示，在 THF 溶液中主要组装成以 P(MA-POSS)为核、PMMA 为壳和 PDMS 为冠的 220nm 的胶束，而在 CHCl$_3$ 溶液中组装成以 PMMA 为核、PDMS 和 P(MA-POSS)为壳的 200～500nm 核壳状胶束。尽管 CHCl$_3$ 和 THF 均能促进成膜过程中共聚物中 PDMS 和 P(MA-POSS)$_{8.2}$ 含硅链段向膜表面的竞争迁移，但由于 PDMS-b-PMMA$_{408}$-b-P(MA-POSS)$_{8.2}$ 在 CHCl$_3$ 和 THF 溶液中具有不同的自组装形貌，从而导致膜表面性能的差异。

(4)CHCl$_3$ 溶液成膜表面粗糙度(2.480nm)、硅含量(14.62%)、对水的接触角(120°)及膜层吸附水含量(Δf=−2300Hz)和膜表面硬度(ΔD=26×10^{-6})均高于 THF 溶液成膜的表面(0.906nm，7.86%，114°，Δf=−1540Hz，ΔD=52×10^{-6})。同时，P(MA-POSS)在膜表面的富集能增加吸附层的储水量而不增加膜的黏弹性。

(5)CHCl$_3$ 和 THF 均能促进 PDMS-b-PMMA$_{408}$-b-P(MA-POSS)$_{8.2}$ 中 P(MA-POSS)和 PDMS 两种含硅链段向膜表面的竞争迁移，但 THF 有利于 PDMS 链段向膜表面迁移，而 CHCl$_3$ 有利于 P(MA-POSS)链段的迁移。所以，可通过溶剂以及 P(MA-POSS)链段调节 PDMS-b-PMMA$_{408}$-b-P(MA-POSS)$_n$ 膜的表面性能，得到溶剂依赖的涂膜材料，用于非润湿表面、抗老化以及其他表面保护应用。

14.1　PDMS-b-PMMA$_m$-b-P(MA-POSS)$_n$ 的合成与结构表征

14.1.1　PDMS-b-PMMA$_m$-b-P(MA-POSS)$_n$ 的合成

1. 大分子引发剂 PDMS-Br 的制备

硅油大分子引发剂 PDMS-Br 的合成和制备如图 14-2(I)所示。将有四氟节门的茄形瓶在冰浴下抽真空，充氮气循环 3～5 次，加入含有羟基硅油(PDMS-OH)(M_n=5000g/mol，80～90cSt^{①})(5.00g，1mmol)、三乙胺(TEA，0.1518g，1.5mmol)、

---

① cSt 为非法定单位，1cSt=1mm^2/S。

4-二甲氨基吡啶(DMAP，0.513g，0.0042mol)的 THF(10mL)溶液，然后滴加 2-溴代异丁酰溴(BiBB，0.2759g，1.2mmol)，升温至室温继续反应 24h，得乳白色悬浊液。反应后的产物经离心、过滤收集上层清液，再旋转蒸发出 THF 溶剂。粗产品重新溶解于 CH₂Cl₂ 中，经饱和 NaHCO₃ 溶液洗涤、无水 MgSO₄ 干燥，过滤，旋转蒸发出 CH₂Cl₂ 后得产物 PDMS-Br(产率约为 82%)。

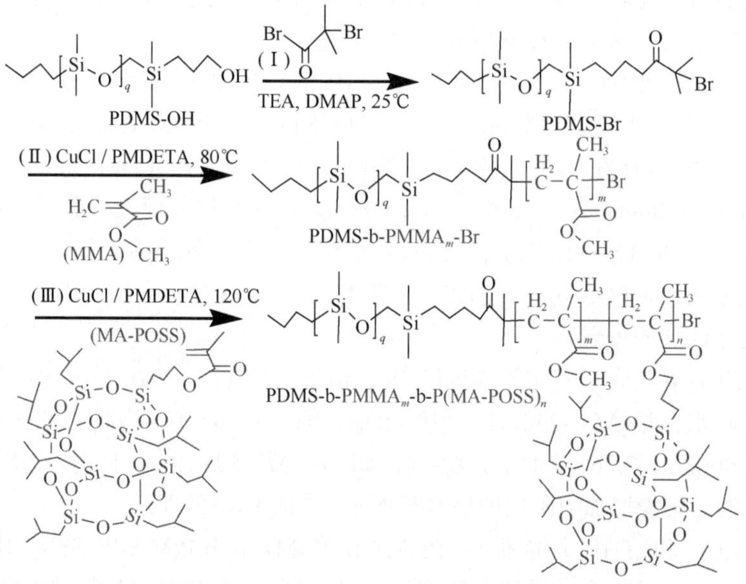

图 14-2 PDMS-b-PMMA$_m$-b-P(MA-POSS)$_n$ 的合成路线图

2. PDMS-b-PMMA$_m$-b-P(MA-POSS)$_n$ 的合成

1) PDMS-b-PMMA$_m$ 的合成

将精制的 CuCl(0.02g，0.2mmol)和大分子引发剂 PDMS-Br(1.0547g，0.2mmol)加入茄形瓶中，抽真空，充氮气循环 3～5 次。然后，在氮气气氛保护下，加入含有五甲基二乙烯三胺(PMDETA，0.0384g)和甲基丙烯酸甲酯(MMA，8.3060g，80mmol)的环己酮(CYC，25g)溶液，置于油浴中缓慢升温至 80℃，反应 24h 后，待反应自然降温至 50℃，将得到的产物用 THF 稀释，经平均滤孔直径为 15～40μm 的砂芯漏斗过滤除去 Cu²⁺ 配位化合物，旋转蒸发除去多余的 THF，用滴液漏斗将白色黏稠液体慢慢加入强磁力搅拌的甲醇中沉析过滤，于烘箱中 25℃下真空干燥得到白色粉状固体产物 PDMS-b-PMMA$_m$(S1)。具体的合成路线如图 14-2(II)所示。

2)PDMS-b-PMMA$_m$-b-P(MA-POSS)$_n$ 的合成

利用上一步产物 PDMS-b-PMMA$_m$-Br 与甲基丙烯酰氧基异丁基聚倍半硅氧烷

(MA-POSS)反应合成不同 MA-POSS 含量的嵌段共聚物 PDMS-b-PMMA$_m$-b-P(MA-POSS)$_n$,具体合成路线如图 14-2(III)所示,反应中各原料配比如表 14-1 所示。将一定质量的白色粉状固体 PDMS-b-PMMA$_m$、MA-POSS 和精制的环己酮加入茄形瓶中,待完全溶解后,在室温下加入一定量的 CuCl,抽真空鼓氮气 3~5 次,在氮气保护下加入 ATRP 反应配体 PMDETA,置于油浴中,缓慢升温至 120℃,反应 24h。将得到的产物经过净化处理、沉析过滤并于烘箱中 25℃真空干燥得到白色粉状固体产物 PDMS-b-PMMA$_m$-b-P(MA-POSS)$_n$(S2~S4)。在表 14-1 所设计的嵌段共聚物中,四种共聚物的硅油链段和 PMMA 链段都相同,唯一变化的是 P(MA-POSS)链段的差异,通过改变 P(MA-POSS)链段的长度来调节共聚物的各项性能。

表 14-1 嵌段共聚物合成配方

样品	PDMS-b-PMMA$_m$/g	MA-POSS/g	CuCl/g	PMDETA/g	CYC/g	产率/%
S1	—	0	—	—	—	82
S2	1.1	0.0944	0.002	0.0035	3.0	78
S3	1.1	0.1897	0.002	0.0035	3.5	71
S4	1.1	0.3776	0.002	0.0035	4.0	68

14.1.2 PDMS-b-PMMA$_m$-b-P(MA-POSS)$_n$ 的结构表征

由 PDMS-OH 与 PDMS-Br 的红外谱图(图 14-3)可以看到,PDMS-OH 中位于 3700~3500cm^{-1} 的羟基伸缩振动吸收峰及位于 1100cm^{-1} 左右的—Si—O—Si—和—Si—C—的伸缩振动吸收峰。而 PDMS-Br 的红外谱图中,羟基的伸缩振动吸收峰消失,同时出现了位于 1650cm^{-1} 的羰基的伸缩振动吸收峰,说明已经成功合成了大分子引发剂 PDMS-Br。

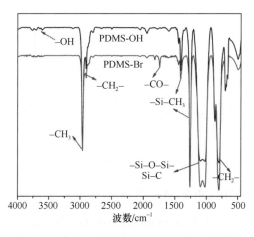

图 14-3 大分子引发剂 PDMS-Br 的红外谱图

在核磁谱图 14-4 中，图 14-4(A)PDMS-b-PMMA$_m$ 的氢核磁谱图显示，0.12ppm(a)是硅油链段中 Si—(CH$_3$)的化学位移峰；PMMA 链段中—CH$_3$(b)的化学位移峰出现在 0.81ppm 和 1.01ppm，—OCH$_3$(c)的化学位移峰出现在 3.65ppm。而对于图 14-4(B)的 PDMS-b-PMMA$_m$-P(MA-POSS)$_n$氢核磁图谱，除了 PMMA 链段的特征核磁峰以外，还出现了 0.65ppm(e)、0.98ppm(f)和 1.80ppm(g)三个 POSS 中的特征化学位移峰，是 MA-POSS 笼外围的—CH$_2$—CH(CH$_3$)$_2$ 的特征峰，并且新出现的核磁峰 3.75ppm(d)是 P(MA-POSS)链段中—COOCH$_2$—的化学位移峰。这些结果证明已经获得嵌段共聚物 PDMS-b-PMMA$_m$-b-P(MA-POSS)$_n$。

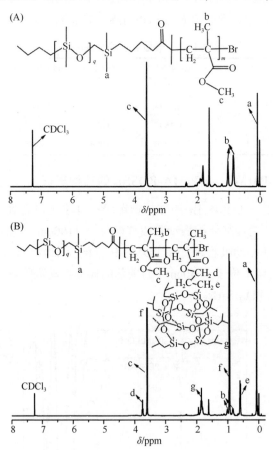

图 14-4　PDMS-b-PMMA$_m$(A)和 PDMS-b-PMMA$_m$-b-P(MA-POSS)$_n$(B)的 ^{1}H NMR 谱图

14.1.3　PDMS-b-PMMA$_m$-b-P(MA-POSS)$_n$ 的分子量表征

为了确定获得的嵌段共聚物 PDMS-b-PMMA$_m$-b-P(MA-POSS)$_n$ 是否按照预设的分子量生长及分子结构中 PMMA 链段与 P(MA-POSS)链段的比例关系，对制备的共聚物进行分子量测定。从四种共聚物的 SEC 流出曲线(图 14-5)可以看出，随着 MA-POSS 含量的增加，共聚物的流出时间逐渐变小，且每一条曲线中只存在一个比较尖锐的峰形，说明分子量分布较窄。在三嵌段共聚物的分子设计中，分子结构 PDMS-b-PMMA$_m$-b-P(MA-POSS)$_n$ 中 m/n=0,5,10 和 15；根据表 14-2 的 SEC 分子量数据，通过计算发现，共聚物中 m/n=0,4.5,8.2 和 13.6，与理论分子量基本一致，也进一步说明四种共聚物均能按照 ATRP 聚合机理进行反应。另外，随着 MA-POSS 含量的增加，M_w 由 50 090g/mol 增长至 58 650g/mol。通过对 SEC 数据结果的深入分析，发现实际 P(MA-POSS)的聚合度的增加幅度基本不变。这说明在此反应体系中硅油链段作为引发剂的效果突出，并没有因为硅笼体积效应的增加，而增大空间位阻，以及减小聚合度增加幅度。

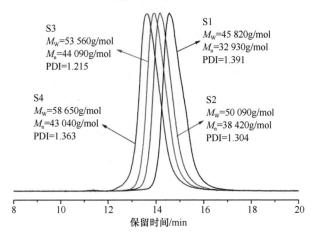

图 14-5　共聚物 PDMS-b-PMMA$_m$-b-P(MA-POSS)$_n$ 的 SEC 流出曲线图

表 14-2　嵌段共聚物的分子量及其分散性

样品	MA-POSS 含量 /wt%[a]	M_w (×10^{4}g/mol)[b]	M_w (×10^{4}g/mol)[c]	M_n (×10^{4}g/mol)[c]	M_w/M_n (PDI)
S1	0	4.500	4.582	3.293	1.391
S2	9.48	4.980	5.009	3.842	1.304
S3	17.33	5.440	5.356	4.409	1.215
S4	23.93	5.920	5.865	4.304	1.363

注：a 表示 MA-POSS 在共聚物中的质量百分比；b 表示理论分子量；c 表示实际测试分子量。

14.2　热性能与机械拉伸性能

共聚物 PDMS-b-PMMA$_{408}$-b-P(MA-POSS)$_n$(S1～S4)的 DSC 热性能如图 14-6 所示。首先，PMMA 的 T_g 值出现在 105℃，两嵌段 PDMS-b-PMMA$_{408}$ 的 T_g 出现

在 95℃。其次，由于线形的 PDMS 链段与 P(MA-POSS)之间的协同效应被多笼 P(MA-POSS)链段所掩盖，导致共聚物 S2～S4 的 T_g 值的提高主要由 MA-POSS 含量决定。当共聚物 S2～S4 中 MA-POSS 含量由 9.48wt%增加至 23.93wt%时，样品 S2～S4 的 T_g 值分别为 120℃、129℃和 137℃，并且每一条分析曲线都只出现一个 T_g 值，说明 P(MA-POSS)链段的加入能够显著提高共聚物的 T_g 值，并且与聚合物链段之间的兼容性良好。本章研究中，PMMA 位于中间链段，能够连接线形 PDMS 和 P(MA-POSS)嵌段，利用有机硅油链段的低摩擦性平衡或降低 PDMS 链段与 P(MA-POSS)链段之间因不兼容而存在的相互排斥作用，从而达到 PDMS 和 P(MA-POSS)链段之间在 PDMS-b- PMMA$_{408}$-b-P(MA-POSS)$_n$ 中良好的兼容性。

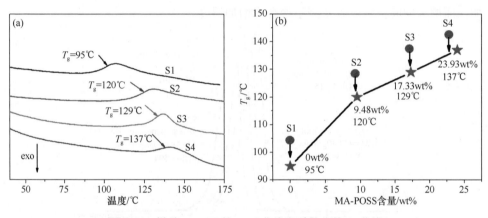

图 14-6　样品 S1～S4 的 DSC 曲线和质量分数-T_g 曲线

同时，通过动态机械分析测定样品 S1～S4 的动态机械性能，获得共聚物的储能模量[图 14-7(a)]和耗损因子[图 14-7(b)]，以考察共聚物硬度与韧性的均衡。

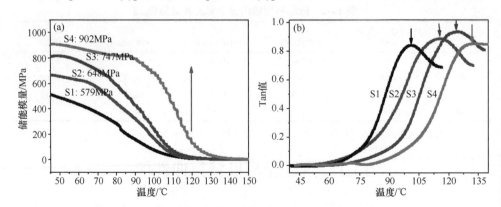

图 14-7　S1～S4 的机械拉伸曲线(a)和相应 Tan 值随温度变化曲线(b)

随着 MA-POSS 含量的增加，样品 S1～S4 的储能模量从 579MPa(S1)增长至 648MPa(S2)、747MPa(S3)以及 902MPa(S4)。这主要是因为 P(MA-POSS)链段引起了聚合物链段的缠绕以及链段运动的限制，从而提高了共聚物的储能模量与 T_g 值。从 Tan 值温度曲线中也可以看出，随着聚合物链段中 MA-POSS 含量的增加，共聚物 T_g 由 95℃(S1)增加至 117℃(S2)、126℃(S3)和 137℃(S4)，这与 DSC 曲线中共聚物的玻璃化转变温度保持一致，同样说明 MA-POSS 的加入能够显著提高共聚物的玻璃化转变温度，且明显提高聚合物链段之间的兼容性。

14.3　溶剂对组装膜表面形貌与化学组成的影响

为了研究溶剂 THF 和 CHCl₃ 以及 MA-POSS 含量对提高共聚物膜性能作用，选取 S1(PDMS-b-PMMA)和 S3[PDMS-b-PMMA-b-P(MA-POSS)$_{8.2}$]为典型代表研究共聚物的膜表面形貌(AFM)和表面元素分布(XPS)。图 14-8(a)所示的 S1 膜表面相对平滑，具有 0.464nm 的粗糙度和 5nm 高度形貌。但是 S3 膜表面粗糙度显得

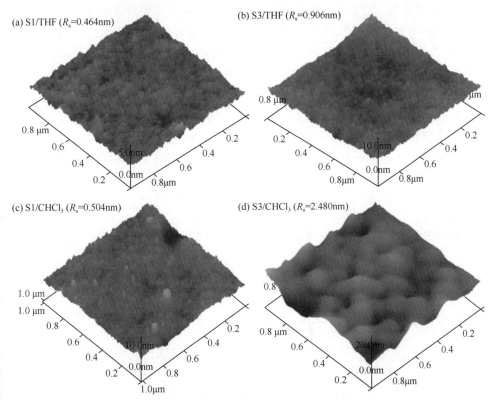

图 14-8　THF 为溶剂的 S1(a)和 S3(b)膜和 CHCl₃ 为溶剂的 S1(c)和 S3(d)膜表面的 AFM 图像

更大(R_a=0.906nm 和 10nm 的高度形貌)，且表面分布均匀的凹凸颗粒[图 14-8(b)]。这说明 P(MA-POSS)笼形链段能够迁移至膜的表面，以提高膜表面的粗糙度，与报道的聚合物(MA-CSSQ)-b-PMMA 中 POSS 的迁移一致。这种 POSS 笼的迁移现象进一步被以 CHCl$_3$ 为成膜溶剂的 PDMS-b-PMMA$_{408}$-b-P(MAPOSS)$_{8.2}$ 所证实。以 CHCl$_3$ 为成膜溶剂时，S3 膜表面显著地分布均匀的凹凸结构，且粗糙度 R_a=2.480nm 和 20nm 高度形貌[图 14-8(d)]，而 S1 膜表面粗糙度 R_a=0.504nm 和 10nm 高度形貌[图 14-6(c)]。另外，AFM 结果说明 CHCl$_3$ 作为成膜溶剂更有利于 P(MA-POSS)链段的迁移，因为以 CHCl$_3$ 为成膜溶剂时，S3 膜表面的 R_a 粗糙度(R_a=2.480nm)比以 THF 为成膜溶剂的 S1 膜表面的粗糙度(R_a=0.504nm)大很多。

为了进一步验证 POSS 笼的迁移，对共聚物的粉末以及 THF 和 CHCl$_3$ 为溶剂的膜表面进行 XPS 测试膜表面的元素分布及组成。图 14-9 为 S1 和 S3 膜表面的 XPS 测试结果。对比图 14-9(a)和(b)发现，无论是 THF 还是 CHCl$_3$ 为成膜溶剂，S1 和 S3 膜表面的 Si 含量均明显高于其粉末状态(3.06%和 4.27%)，说明含硅链段 PDMS 与 P(MA-POSS)均有向膜表面迁移的能力。对于 S1 来说，THF 溶液成膜时，膜表面 Si 含量为 15.70%，CHCl$_3$ 溶液成膜时，膜表面硅元素含量为 16.91%，说明成膜过程中两种溶剂对 PDMS 链段向表面的迁移倾向基本相同，导致膜表面富集的 Si 含量相近。然而，对于加入第三链段 P(MA-POSS)的 S3，CHCl$_3$ 为成膜溶剂时膜表面的 Si 含量(14.62%)远远高于 THF 为成膜溶剂时膜表面的 Si 含量(7.86%)，这说明对于 PDMS 和 P(MA-POSS)链段向膜表面的迁移率来说，溶剂 CHCl$_3$ 优于 THF。主要原因归结于两方面：一方面，CHCl$_3$ 的挥发速率大于 THF，推动了含硅链段向膜表面的迁移；另一方面，THF 的极性大于 CHCl$_3$，导致不同组装胶束链段之间溶解性差异。因此，在 S3 的成膜过程中，P(MA-POSS)和 PDMS

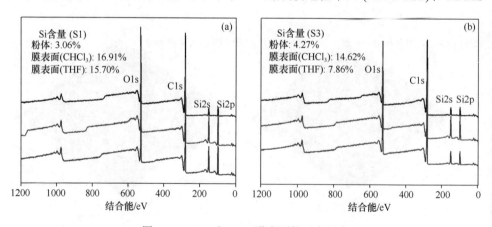

图 14-9 S1(a)和 S3(b)膜表面的元素组成

链段的强烈迁移导致膜表面粗糙度的增大以及 CHCl$_3$ 作为成膜溶剂能够更大程度地提高膜的粗糙度(2.480nm)，THF 为成膜溶剂时 S3 膜表面粗糙度为 0.906nm。同时，通过两图的对比，发现线形的 PDMS 链段比含有 POSS 笼的 P(MA-POSS) 链段向膜表面的迁移能力强，从而导致膜表面分布更多的 PDMS 和仅一部分 P(MA-POSS)。

事实上，这种迁移与 S3 在不同溶剂的溶液组装胶束有关。TEM 和 DLS 分析样品 S3 的溶液胶束组装如图 14-10 和图 14-11 所示。在 THF 溶液中，S3 呈现出以 P(MA-POSS)为核、PMMA 为壳和 PDMS 为冠的 220nm 的核壳冠状胶束[图 14-10(a)]，并且通过 DLS 曲线(图 14-11)得出该组装粒子大小为 241.2nm。这些胶束的形成表明共聚物中 P(MA-POSS)链段的溶解性最差而聚集到胶束最中心。然而，S3 在 CHCl$_3$ 溶液中展现出以 PMMA 为核，PDMS 和 P(MA-POSS)为 50nm 厚度的壳层的 200~500nm 的特殊的核壳状胶束，且 DLS 曲线中该胶束粒子大小为 283.0nm(图 14-10)，主要是因为 PDMS 和 P(MA-POSS)有较好的兼容性，能够迁

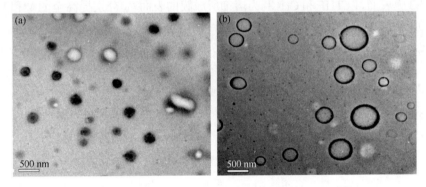

图 14-10　S3 在 THF(a)与 CHCl$_3$(b)溶液中的 TEM 形貌

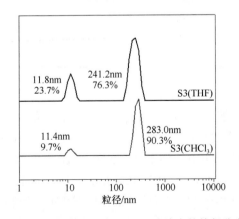

图 14-11　S3 在 THF 与 CHCl$_3$ 溶液中的粒径分布

移并容易聚集在胶束的外层。因此，CHCl$_3$溶液中处于壳层的PDMS和P(MA-POSS)链段比THF溶液中处于核的P(MA-POSS)链段有更强的倾向迁移至膜的表面，从而导致以CHCl$_3$为成膜溶剂的S3膜表面具有更高的Si含量(14.62%)、表面粗糙度(2.480nm)，而THF为成膜溶剂时，膜表面的硅含量仅为7.86%，粗糙度为0.906nm。

14.4　POSS含量对膜表面润湿性与水动态吸附行为的影响

通过共聚物膜表面对水的静态接触角(θ_W)以及对十六烷接触角(θ_H)的测定，以及据此计算膜表面的表面自由能如表14-3所示。以CHCl$_3$为溶剂的S1膜表面呈现出比THF为溶剂的膜表面较高的θ_W和θ_H，这是因为CHCl$_3$为成膜溶剂时，PDMS在膜表面的富集导致较高硅含量(16.91%)和较高的膜表面粗糙度(0.504nm)。而THF为成膜溶剂时，膜表面硅含量15.70%，膜表面粗糙度为0.464nm。然而，对于S3膜表面，以THF和CHCl$_3$为溶剂所成膜的表面θ_W分别提高至114°和120°；θ_H分别为30°和26°，都是因为PDMS和P(MA-POSS)链段在膜表面的聚集。事实上，对于S3来说，CHCl$_3$为成膜溶剂的θ_W(120°)较高，THF为成膜溶剂的θ_H(30°)较高，说明P(MA-POSS)在很大程度上起到了提高疏水性的作用。当然，这也可能是因为CHCl$_3$更有利于P(MA-POSS)向膜表面的迁移，而THF更有利于PDMS向膜表面的迁移。PDMS能够提供疏水疏油表面，但是P(MA-POSS)存在很多异丁基，导致其强疏水性和弱疏油性。

表 14-3　水和十六烷的接触角和相应的表面自由能

样品	溶剂	R_a/nm	θ_W/(°)	θ_H/(°)	γ_s/(mN/m)
S1(PDMS-b-PMMA$_{408}$)	THF	0.464	108	20	26.10
	CHCl$_3$	0.504	110	22	25.63
S3[PDMS-b-PMMA$_{408}$-b-P(MA-POSS)$_{8.2}$]	THF	0.906	114	30	24.09
	CHCl$_3$	2.480	120	26	25.39

比较S1和S3膜表面硅元素，S3膜表面的硅含量低于S1，主要是由分子量增加所引起。但是S3膜表面的θ_W和θ_H均高于S1膜表面。因此，一定有其他一些控制因素影响膜表面的粗糙度。如表14-3所示，在THF和CHCl$_3$溶液中，S3膜表面有较高的表面粗糙度(CHCl$_3$：2.480nm；THF：0.906nm)，而S1膜表面的粗糙度较低(CHCl$_3$：0.504nm；THF：0.464nm)，所以CHCl$_3$溶液成膜的S3显示出更高的疏水性(θ_W=120°)。以水(极性溶剂)和十六烷(非极性溶剂)作为测试溶剂来获得接触角值，并计算相应的表面自由能(γ_s)列于表14-3中。S3的膜表面自由能

低于 S1 的膜表面自由能,特别是 THF 溶液成膜,这与之前报道的结果一致。低表面能值说明聚合物膜表面存在大量的含硅基团聚集体。

另外,通过石英微晶天平(QCM-D)测定 PDMS-b-PMMA$_m$-b-P(MA- POSS)$_n$ 膜层对水的吸附速率、吸附质量和吸附层的特性,即黏弹性。

以 THF 溶液成膜的 S1 吸附曲线[图 14-12(a)]显示,Δf 随着 ΔD 在前 20min 过程中先升高后降低,说明膜的黏弹性随时间延长而增大。但是,25min 以后的吸附曲线中,S1 膜的吸附的水化层保持在 $\Delta f = -800$Hz,黏弹性 ΔD 保持在平衡值 105×10^{-6},膜表面形成紧密稳定的结构。在以 THF 溶液成膜的 S3 吸附曲线中[图 14-12(b)],尽管 Δf 随着 ΔD 的升高而降低与 S1 一致,但是吸附曲线在 15min 后很快达到了平衡,获得吸附层的水的含量 $\Delta f = -1540$Hz 高于 S1,但是相应的黏弹性 $\Delta D = 52 \times 10^{-6}$ 低于 S1($\Delta D = 105 \times 10^{-6}$),这说明 P(MA-POSS)链段中 POSS 笼能够降低膜的黏弹性,增强加固膜层表面,获得较硬的膜层表面。以上分析结果进一步说明 P(MA-POSS)链段迁移至膜层表面,不仅能够提高膜表面的粗糙度(S3 的粗糙度 $R_a = 0.906$nm 大于 S1 的粗糙度 $R_a = 0.464$nm 和提高膜表面的疏水性(S3 的接触角 $\theta_W = 114°$ 大于 S1 的接触角 $\theta_W = 108°$),还使膜的表面能够增加对水的吸附,表现出储水性能,但是吸附的水不能进入膜层结构的深层。因此,形成黏弹性比 S1

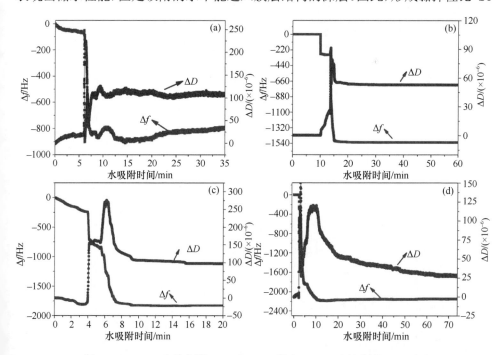

图 14-12　THF 为溶剂的 S1(a)和 S3(b)膜和 CHCl$_3$ 为溶剂的 S1(c)和
S3(d)膜的 QCM-D 曲线

较低的紧密结构的膜层表面。以 CHCl$_3$ 溶液成膜时，S1 和 S3 膜表面，除了水的吸附量和平衡时间不同外，吸附曲线的趋势类似，如图 14-12(c)和(d)所示。S3 膜对水的吸附量($\Delta f = -2300$Hz)也比 S1 膜表面对水的吸附量($\Delta f = -1750$Hz)大，但是吸附曲线中，S3 的吸附平衡时间(12min)大于 S1 的平衡时间(9min)。然而，S3 膜层表面的吸附曲线中，ΔD 呈现持续的降低，一直到 60min 以后，黏弹性 ΔD 保持在最后的平衡值 (26×10^{-6})小于 S1($\Delta D = 100 \times 10^{-6}$，9min)。这说明 CHCl$_3$ 溶液成膜时，S3 膜表面结构比 S1 膜表面结构更加紧密。

　　两种溶剂成膜的 S3 膜层吸附曲线对比显示，THF 溶剂所成膜的吸附曲线中，$\Delta f = -1540$Hz，$\Delta D = 52 \times 10^{-6}$；CHCl$_3$ 为成膜溶剂的 S3 吸附曲线中，$\Delta f = -2300$Hz，$\Delta D = 26 \times 10^{-6}$。这表明 CHCl$_3$ 溶液成膜表面比 THF 溶液成膜表面具有更高的吸附水量和更低的黏弹性。此吸附过程以 CHCl$_3$ 为溶剂时，可进一步提高共聚物链段中 P(MA-POSS)向膜表面的迁移量，由于在共聚物 THF 溶液中形成 P(MA-POSS)为核、PMMA 为壳和 PDMS 为冠的胶束形态，而在 CHCl$_3$溶液中组装为 PMMA 为核、PDMS 和 P(MA-POSS)为壳的胶束形态能够储藏吸附的水而不增加膜的黏弹性。

第 15 章　多臂 POSS 基嵌段共聚物组装与性能

本章导读

　　将多臂 POSS 单体引入聚合物中可制备枝形、星形、核壳形结构的聚合物。在星形聚合物中，最常见的多臂 POSS 基聚合物是八臂类型的结构。但是，据报道多臂 POSS 基聚合物的分散性较大，因此，制备结构可控的多臂 POSS 基聚合物具有一定的挑战性。本章以 16 臂星形 POSS 引发剂[POSS-(Br)₁₆]依次引发 MMA 和 MA-POSS 制备 POSS 封端的 16 臂星形结构聚合物 s-POSS-PMMA-b-P(MA-POSS)，如图 15-1 所示。本章研究不同 MA-POSS 含量对聚合物组装形态、膜表面形貌、粗糙度、润湿性和热性能及机械性能的影响，以及不同溶剂 THF、CHCl₃ 和 MEK 对聚合物组装聚集形态、膜表面形貌与粗糙度和表面润湿性的影响。

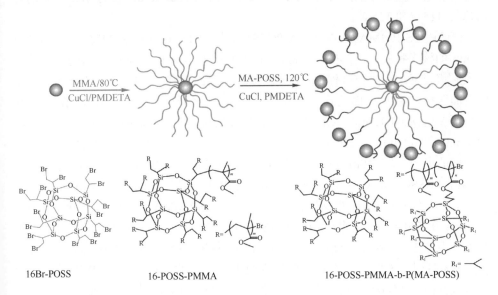

图 15-1　16 臂星形 POSS 基结构嵌段共聚物 s-POSS-PMMA-b-P(MA-POSS)

　　(1)随 MA-POSS 的含量增大，s-POSS-PMMA-b-P(MA-POSS)分子量分别为 29 230g/mol、34 690g/mol、44 840g/mol 和 53 310g/mol，分子量分布高于单枝聚合物，但远低于报道的 PDI，分布(PDI=1.261，1.388，1.302 和 1.406)。在多分支的 POSS 顶角端，受空间位阻的影响，MA-POSS 的聚合度最高能够达到 25.4(理

论设计为 32)，分别获得 s-POSS-PMMA$_{277.3}$-b-P(MA-POSS)$_n$(n=5.8,16.5,25.4)。

(2)在 THF 中，s-POSS-PMMA$_{277.3}$-b-P(MA-POSS)$_{5.8}$ 呈现 140~170nm 的核壳胶束，只有 5.8/16 的分支被 MA-POSS 占据，而 s-POSS-PMMA$_{277.3}$-b-P(MA-POSS)$_{16.5}$ 为 340~360nm 的核壳胶束，壳层约为 40nm，MA-POSS 成功地占据每个分支，s-POSS-PMMA$_{277.3}$-b-P(MAPOSS)$_{25.4}$ 含有较多含量的 MA- POSS，为 200~220nm 的多核壳结构。

(3)随着 MA-POSS 的加入和含量增加，膜表面呈现出明显的凸起和凹陷，R_a=0.438~1.41nm。这是因为 POSS 在成膜过程中能够往表面迁移，增大表面粗糙度，且随着 POSS 含量增大，表面迁移量越大，粗糙度也越大。膜表面水接触角为 108°~120°，十六烷接触角为 28°~58°，具有较低的表面能(16.16~24.46mN/m)，且随着 POSS 含量增大，接触角增大，表面能降低。

(4)s-POSS-PMMA$_{277.3}$-b-P(MA-POSS)$_{5.8, 16.5, 25.4}$ 开始降解的温度分别为 250℃、255℃和 270℃。第二个降解过程从 350℃逐渐增大到 365℃、375℃和 380℃，表明 MA-POSS 的加入能够显著提高热力学降解温度。T_g 分别位于 112℃、118℃和 125℃。膜的动态拉伸模量分别为 1160MPa、1420MPa 和 1600MPa。膜的 Tan 值分别为 109℃、115℃和 125℃。

(5)s-POSS-PMMA$_{277.3}$-b-P(MA-POSS)$_{16.5}$ 在 THF、CHCl$_3$ 和 MEK 中分别呈现 360nm 的核壳状胶束、330~370nm 太阳状核壳状胶束和 200nm 左右的三层结构核壳冠状胶束。在成膜过程中，POSS 易于往表面迁移，THF 更加有利于 POSS 的表面迁移，MEK 表面迁移速率最慢。所以，相比于具有很多突起和凹陷的 THF 膜表面来说(R_a=1.12nm)，CHCl$_3$ 和 MEK 膜表面相对较为平整，粗糙度分别为 0.291nm 和 0.57nm。THF 成膜表面具有较高的水和十六烷的接触角(114°和 54°)和较低的表面能(17.48mN/m)。而 CHCl$_3$ 和 MEK 膜表面展现了较低的接触角。

(6)s-POSS-PMMA$_{277.3}$-b-P(MA-POSS)$_{16.5}$ 在 THF 成膜的水吸附量 Δm= 4600ng/cm^2，黏弹态参数为 $\Delta D/\Delta f$= –0.19Hz^{-1}，都显著低于 s-POSS-PMMA$_{277.3}$(S1，Δm=7900ng/cm^2，$\Delta D/\Delta f$= –0.075Hz^{-1})。这表明 MA-POSS 的加入和表面迁移，能够起到显著的抗水吸附能力。CHCl$_3$ 成膜表面吸附水含量和黏弹态参数最低，Δm=3800ng/cm^2 和 $\Delta D/\Delta f$= –0.36Hz^{-1}，表明膜具有最好的抗水吸附和稳定的膜层结构。MEK 成膜的吸附量最高(Δm=6500ng/cm^2)，黏弹态参数为 $\Delta D/\Delta f$= –0.15Hz^{-1}，抗水吸附能力最差。

15.1　星形聚合物 s-POSS-PMMA-b-P(MA-POSS)的制备与结构

15.1.1　s-POSS-PMMA-b-P(MA-POSS)的制备

将精制后的 0.4185g CuCl(4.185mmol)加入四氟节门茄形瓶中，抽真空鼓氮气，重复此操作 3~5 次, 然后在氮气保护下加入含有 POSS-(Br)$_{16}$(0.5g, 0.2616mmol, M_n=1911g/mol)、甲基丙烯酸甲酯(MMA, 8.3704g, 83.70mmol)、N,N,N',N',N''-五甲基二亚乙基三胺(PMDETA, 0.9710g, 4.185mmol)和甲苯(15g)的溶液, 升高反应温度至 80℃, 并持续反应 24h。将得到的产物在 30℃下用 THF 稀释, 经平均滤孔直径为 15~40μm 的砂芯漏斗过滤后, 用旋转蒸发仪在 40℃下减压浓缩得到白色黏稠液体。用滴液漏斗将白色黏稠液体慢慢加入强磁力搅拌的甲醇中, 沉析后过滤, 真空干燥得到白色粉状固体产物 s-POSS-PMMA, 产率为82%。

然后, 利用第一步产物 s-POSS-PMMA 与甲基丙烯酰氧基异丁基聚倍半硅氧烷(MA-POSS, M_n=947.3g/mol)反应制备星形两嵌段共聚物 s-POSS-PMMA-b-P(MA-POSS), 具体合成路线如图 15-2 所示。将一定质量的白色粉状固体s-POSS-PMMA 和 CuCl 加入四氟节门茄形瓶中, 在室温下抽真空鼓氮气, 重复此操作 3~5 次, 在氮气保护下依次加入精制的甲苯、MA-POSS 和 PMDETA 的混合液体, 升温至 100℃, 反应 24h。将得到的产物用 THF 稀释, 经平均滤孔直径为 15~40μm 的砂芯漏斗过滤后, 用旋转蒸发仪在 40℃ 减压浓缩得到白色黏稠液体。之后, 用滴液漏斗将白色黏稠液体慢慢加入强磁力搅拌的甲醇中沉析, 然后过滤, 真空干燥得到白色粉状固体产物 s-POSS-PMMA-b-P(MA-POSS), 具体反应条件及原料配比见表 15-1。

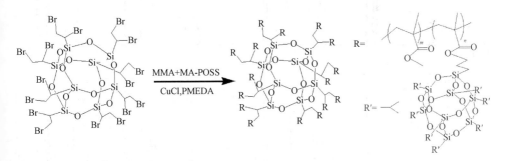

图 15-2 星形嵌段共聚物 s-POSS-PMMA-b-P(MA-POSS)合成示意图

表 15-1 星形嵌段共聚物 s-POSS-PMMA-b-P(MA-POSS)的反应配方

样品	POSS-(Br)$_{16}$/g	MMA/g	s-POSS-PMMA$_m$/g	MA-POSS/g	CuCl/g	PMDETA/g	甲苯/g
S1	0.5	8.3704	—	—	0.4185	0.9710	15
S2	—	—	0.5	0.1296	0.0137	0.02381	2
S3	—	—	0.5	0.2593	0.0137	0.02381	2
S4	—	—	0.5	0.5185	0.0137	0.02381	2

15.1.2　s-POSS-PMMA-b-P(MA-POSS)的结构表征

图 15-3 是 POSS-(Br)$_{16}$、s-POSS-PMMA 和 s-POSS-PMMA-b-P(MA-POSS)的核磁图谱。从图 15-3(A)中 POSS-(Br)$_{16}$ 的氢核磁谱图可以看出，化学位移 δ 在 3.65ppm(b)是 Si—CH—的特征信号峰，3.8ppm 和 4.05ppm(a^2 和 a^1)处是—CH$_2$—的特征信号峰。从图 15-3(B)中聚合物 s-POSS-PMMA 的氢核磁谱图发现，在 3.8ppm 和 4.05ppm 处与溴相连的—CH$_2$—的特征信号峰消失了，且在 3.60ppm(a)处出现了 PMMA 中—OCH$_3$ 的特征信号峰，1.86ppm(b)是 POSS 中 Si—CH〈 的特征峰，0.85ppm(c)和 1.56ppm(d)分别是 PMMA 中—CH$_3$ 和—CH$_2$—的特征峰。核磁结果表明成功制备得到聚合物 s-POSS-PMMA。从图 15-3(C)中嵌段聚合物 s-POSS-PMMA-b-P(MA-POSS)的氢核磁图谱可以看出，3.82ppm(a)处新出现的信号峰是嵌段聚合物链段 P(MA-POSS)中—O—CH$_2$—的特征信号峰，而 MA-POSS 单体中＝CH$_2$ 的特征信号峰 5.5ppm 和 6.2ppm 完全消失[图 15-3(D)]，表明成功合成了聚合物 s-POSS-PMMA-b-P(MA-POSS)。

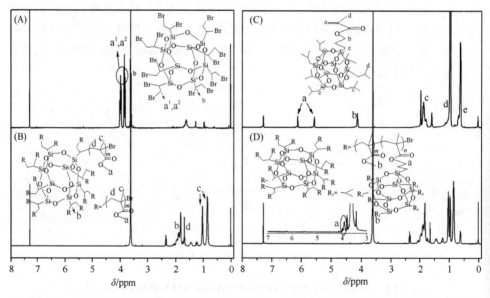

图 15-3　S-POSS(A)、s-POSS-PMMA(B)和 s-POSS-PMMA-b-P(MA-POSS)(C)的氢核磁谱图

图 15-4 是聚合物分子量分布曲线，具体的分子量分布和分散指数如表 15-2 所示，所有聚合物在流出过程中都是以单峰形式存在，且峰形比较尖锐，而且随着分子量设计的逐步增加，流出时间从 S4～S1 依次增加，这说明随 MA-POSS 的含量增大，分子量逐渐增大(S1～S4 的分子量分别为 29 230g/mol、34 690g/mol、44 840g/mol

和 53 310g/mol)，相应的 PDI 分别为 1.261、1.388、1.302 和 1.406。这些 PDI 值都小于文献报道的数据。聚合物理论分子量设计与实际的分子量与聚合度接近，表明在多分支的 POSS 顶角端，受空间位阻的影响，MA-POSS 的聚合度最高能够达到 25.4(理论设计为 32)。

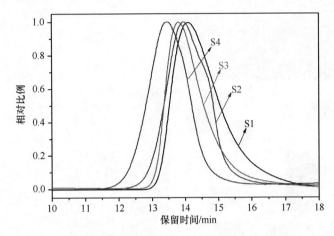

图 15-4　s-POSS-PMMA-b-P(MA-POSS)(S1～S4)的分子量分布曲线

表 15-2　s-POSS-PMMA-b-P(MA-POSS)的分子量和分子量分布

样品	SEC 确定的共聚物结构	M_w/(g/mol)	M_n/(g/mol)	PDI(M_w/M_n)
S1	s-POSS-PMMA$_{277.3(320)}$	29 230	23 190	1.261
S2	s-POSS-PMMA$_{277.3}$-b-P(MA-POSS)$_{5.8(8)}$	34 690	24 990	1.388
S3	s-POSS-PMMA$_{277.3}$-b-P(MA-POSS)$_{16.5(16)}$	44 840	34 450	1.302
S4	s-POSS-PMMA$_{277.3}$-b-P(MA-POSS)$_{25.4(32)}$	53 310	37 910	1.406

注：括号内表示理论投放量。

15.2　溶液中自组装形态与疏水疏油表面

由于溶剂 THF 对 PMMA 和 POSS 组分的溶解性具有较明显的差异，因此造成了嵌段不同组分间的微相分离，进而影响聚合物在溶液中的组装形态和尺寸分布。通过 TEM 和 DLS 研究 S1～S4 在 THF 中的组装形貌和粒径。图 15-5、图 15-6 和表 15-3 给出 S1～S4 的 TEM 图、组装示意图和 DLS 粒径分布图。受 POSS 和 PMMA 溶解性差异的影响，S1(s-POSS-PMMA)[图 15-5(a)]呈现 150～200nm 的 POSS 内核和 PMMA 外壳的核壳状胶束，与 DLS 粒径结果(136.3nm)基本一致[图 15-6(b)]。S2[s-POSS-PMMA$_{277.3}$-b-P(MA-POSS)$_{5.8}$]组装成 140～170nm 的核壳胶束[图 15-6(b)]，说明只有 5.8/16 的分支被 MA-POSS 占据，而 MA-POSS 和 POSS-(Br)$_{16}$ 具有相对差的溶解度，因此会形成 MA-POSS 和 POSS-(Br)$_{16}$ 为内核、PMMA

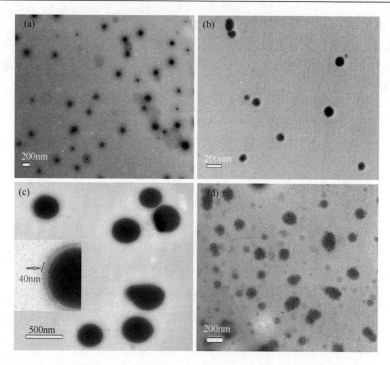

图 15-5　S1～S4(a～d)在 THF 中的胶束形貌的 TEM 图形

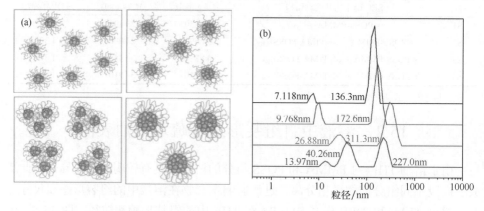

图 15-6　S1～S4 在 THF 中的胶束形貌示意图(a)与 DLS 胶体粒径分布图形(b)

表 15-3　样品在 THF 溶剂中胶束粒径和形貌比较

项目	S1	S2	S3	S4
胶束尺寸(TEM/nm)	150～200	140～170	340～360	200～220
形貌	核壳	核壳	核壳	多核壳
胶束/单聚体尺寸(DLS/nm)	136.3/7.1	172.6/9.7	311.3/26.88	227.0/40.26

为外壳的结构，如图 15-6(a)所示。由于 PMMA 链段受 MA-POSS 链段的牵制，所以有部分伸展到外侧，另有少量的围绕在内核周围。

样品 S3[s-POSS-PMMA$_{277.3}$-b-P(MA-POSS)$_{16.5}$]组装为 340～360nm 的核壳胶束，壳层约为 40nm 左右[图 15-5(c)]，与 DLS 结果基本一致(311.3nm)[图 15-6(b)]。造成这种形貌的原因可能是聚合物本身具有 16 个分支，MA-POSS 成功地占据每个分支，因此受到 MA-POSS 和 POSS-(Br)$_{16}$ 溶解性较差的影响，迁移到内侧形成内核，而 PMMA 受到终端 MA-POSS 的牵制，紧紧地围绕在内核周围，形成较厚的壳层，如图 15-6(a)所示。但是随着 MA-POSS 在聚合物中含量增大，样品 S4[s-POSS-PMMA$_{277.3}$-b-P(MAPOSS)$_{25.4}$]含有较多的 MA-POSS，链段末端的移动和灵活度受限制，不易迁移到内侧，但是溶解度较差，因此少量分子间快速聚集，最终形成 POSS 黑色球体镶嵌到整个聚集体中。形貌展现为多核壳结构，粒径为 200～220nm[图 15-5(d)]。

S1 膜表面的 AFM-3D 形貌显示平整[图 15-7(a)，R_a=0.367nm]，粗糙度曲线在 $-0.6～0.6$nm 波动(表 15-4)。随着 MA-POSS 的加入和含量增加(S2～S4)，膜表面呈现出明显凸起和凹陷，图 15-7(b)～(d)分别显示膜表面粗糙度 R_a=0.438nm(S2)、1.12nm(S3)和 1.41nm(S4)。这主要是因为 POSS 在成膜过程中能够向表面迁移，

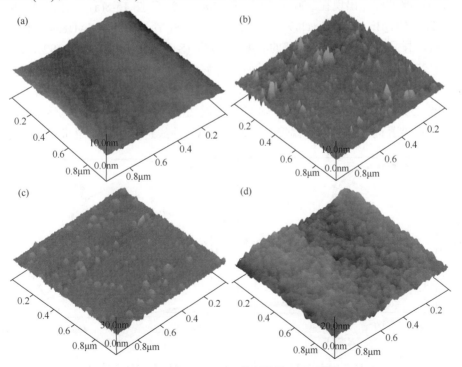

图 15-7　S1～S4(a～d)膜表面的 AFM 形貌

表 15-4　S1～S4 膜的表面粗糙度、表面润湿性、表面吸水性

项目	S1	S2	S3	S4
溶剂	THF	THF	THF	THF
粗糙度/nm	0.367	0.438	1.12	1.41
粗糙度曲线/nm	−0.6～0.6	−0.7～0.9	−2.0～3.4	−2.2～3.5
水接触角/(°) 十六烷接触角/(°)	112/28	108/50	114/54	120/58
表面能/(mN/m)	24.46	19.11	17.48	16.16

增大表面粗糙度，且随着 POSS 含量增大，表面迁移量越大，粗糙度也相应地越大。接触角测试结果表明，S1～S4 都具有很好的疏水疏油性能，水接触角为 108°～120°，十六烷接触角为 28°～58°，膜表面都具有较低的表面能(16.16～24.46mN/m)，且随着 POSS 含量增大，接触角逐渐增大，表面能逐渐降低。

15.3　s-POSS-PMMA-b-P(MA-POSS)的热学性能

s-POSS-PMMA-b-P(MA-POSS)的热学降解行为显示，POSS-(Br)$_{16}$ 呈现两个显著的降解过程，出现在 300～400℃ 和 400～550℃[图 15-8(a)]，分别对应的是—CHBr—CH$_2$Br(约为 45wt%失重率)和 Si—O—Si 骨架(约为 27wt%的失重率)的热分解。样品 S1～S4 开始降解的温度从 235℃(S1)依次增大到 250℃(S2)、255℃(S3)和 270℃(S4)，对应于 PMMA 的侧链降解。第二个降解过程从 350℃(S1)逐渐增大到 365℃(S2)、375℃(S3)和 380℃(S4)，对应于 P(MA-POSS)和 Si—O—Si 骨架的热降解。最终剩余量随着 MA-POSS 的含量增加而增加。结果表明，MA-POSS 的加入能够显著提高热学降解温度。同时，DTG 曲线进一步对结果进行了补充和

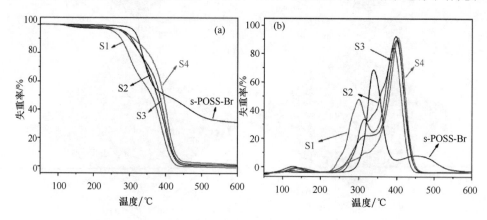

图 15-8　S1～S4 的热力学降解曲线 TGA(a)和 DTG 曲线(b)

验证，随着 MA-POSS 含量的加入和逐步增加，两个显著的降解过程逐渐融合为一个过程，说明链段间兼容性变得更好。

DSC 结果表明 S1～S4 的玻璃化转变温度(T_g)分别位于 105℃、112℃、118℃和 125℃，表明 MA-POSS 含量增加能显著提高玻璃化转变温度，同时图中仅有唯一的玻璃化转变温度，表明链段之间有良好的兼容性(图 15-9)。

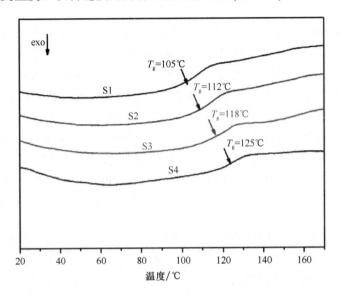

图 15-9　S1～S4 的 DSC 曲线

S1～S4 的动态拉伸机械储能模量[图 15-10(a)]和相应的 Tan 值[图 15-10(b)]显示，随着 MA-POSS 的含量的增加，机械储能模量逐渐增加从 842MPa(S1)依次增加到 1160MPa(S2)、1420MPa(S3)和 1600MPa(S4)。这是由于 MA-POSS，能够限制

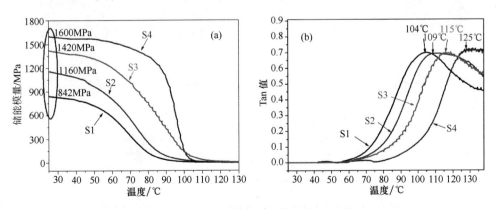

图 15-10　S1～S4 的机械拉伸储能模量和相应的 Tan 值

链段的移动，显著提高膜的机械拉伸储能模量。膜的 Tan 值随着 MA-POSS 的加入和含量增加，分别为 104℃、109℃、115℃和 125℃，这个结果与 DSC 测试得到的结果是一致的。

15.4　溶剂对 s-POSS-PMMA$_{277.3}$-b-P(MA-POSS)$_{16.5}$膜性能的影响

以 S3[s-POSS-PMMA$_{277.3}$-b-P(MA-POSS)$_{16.5}$]为代表，以 THF、CHCl$_3$ 和 MEK 为溶剂，进一步研究溶剂对自组装体形貌和粒径的影响。正如前述，样品 S3 在 THF 中呈现 360nm 的核壳状胶束，而在 CHCl$_3$ 中形成 330～370nm 太阳状类核壳状胶束[图 15-11(a)]，这是由于 PMMA 在 CHCl$_3$ 中溶解性更好，因此 PMMA 链段向周边更加舒展。但是，在 MEK 中组装体呈现 200nm 左右的三层结构的核壳冠状胶束，核和冠状由 POSS 组成，壳层是由溶解性极好的 PMMA 组成的，如图 15-11(b)所示。三种不同溶剂下不同的组装体是由链段在不同溶剂中的溶解性差异和链段的灵活运动造成的。在 THF 和 CHCl$_3$ 中，PMMA 具有更好的溶解性，链段灵活性和移动性更好，因此能够形成壳层，紧紧地包住溶解性差的 POSS 部分。

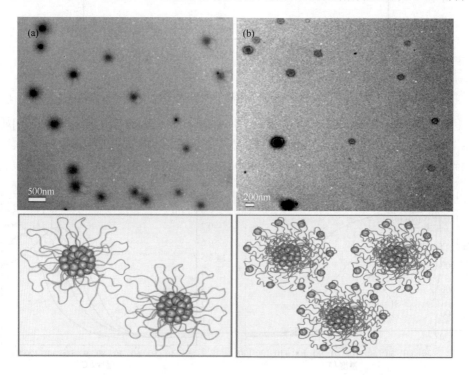

图 15-11　S3 在 CHCl$_3$(a)和 MEK(b)中的 TEM 图及组装形貌

　　然而在 MEK 中，P(MA-POSS)链段具有一定的重量，更加容易聚集，且受空间位阻的影响，MA-POSS 不能及时地迁移到内侧，因此形成核壳冠状三层结构胶束。

　　XPS 表面元素分析结果表明，在成膜过程中，表面硅元素含量高于纯聚合物粉末(2.75%)，这表明 POSS 易于往表面迁移，THF 膜表面硅元素含量最高为6.01%，MEK 膜表面硅元素含量最少(4.02%)。结果表明，THF 更加有利于 POSS 的表面迁移，MEK 表面迁移速率最慢。这种表面迁移过程会造成表面形貌不同，相比于具有很多突起和凹陷的 THF 膜表面来说(R_a=1.12nm)，CHCl$_3$ 和 MEK 膜展现了一个相对较为平整的表面，粗糙度分别为 0.291nm[图 15-12(a)]和 0.57nm[图 15-12(b)]。

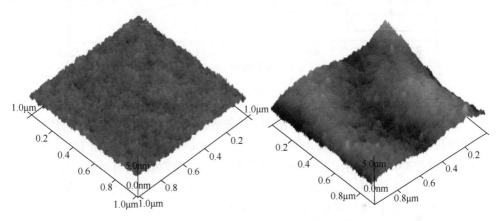

图 15-12　S3 在 CHCl$_3$(a)和 MEK(b)成膜的表面形貌

　　表 15-5 表明，THF 成膜表面具有较高的水和十六烷的接触角(114°和 54°)和较低的表面能(17.48mN/m)。而 CHCl$_3$ 和 MEK 膜表面有较低的接触角。这主要是由表面粗糙度和表面 POSS 迁移(表面硅元素)造成的。THF 膜表面具有最大的表面粗糙度(R_a=1.12nm)，同时也具有最高的硅元素含量(6.01%)，而 CHCl$_3$ 膜和 MEK 膜表面具有较低的粗糙度和较低的硅元素含量，因此接触角较小，表面能较高(图 15-13)。

表 15-5　S3 膜在不同溶剂中的表面粗糙度、表面润湿性、表面吸水性等性能比较

项目	THF	CHCl$_3$	MEK
粗糙度/nm	$-2.0\sim3.4$	$-0.6\sim0.8$	$-0.1\sim1.2$
水接触角(°)/十六烷接触角(°)	114/54	104/22	100/20
表面能/(mN/m)	17.48	25.94	26.74
$\Delta m/(ng/cm^2)$	4600	3800	6500
$\Delta D/\Delta f/Hz^{-1}$	-0.19	-0.36	-0.15

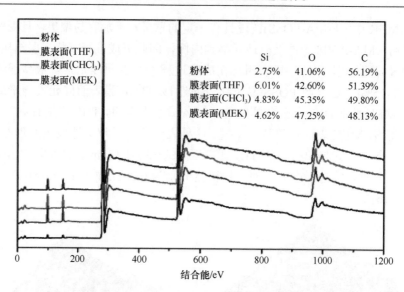

图 15-13　S3 在 CHCl₃ 和 MEK 成膜的表面元素分析

	Si	O	C
粉体	2.75%	41.06%	56.19%
膜表面(THF)	6.01%	42.60%	51.39%
膜表面(CHCl₃)	4.83%	45.35%	49.80%
膜表面(MEK)	4.62%	47.25%	48.13%

为了进一步研究共聚物在不同溶剂下的膜表面对水的吸附行为和结构特性，对不同溶剂成膜表面的水吸附行为和吸附量进行了 QCM-D 研究，如图 15-14 所示。S1(s-POSS-PMMA，THF)在 5～50min 的平衡过程表明膜对水具有很强的排斥能力，在 50～65min 的过程中，ΔD 值随着 Δf 的减小而增大，表明此时膜层结构发生坍塌后重组。S3 在 THF 成膜在 9～12min 内 ΔD 值随着 Δf 的减小而增大直到达到最终的平衡稳定状态，最终膜的水吸附量能够达到 $\Delta m=4600\text{ng/cm}^2$，黏弹态参数为 $\Delta D/\Delta f= -0.19\text{Hz}^{-1}$，都显著低于 S1($\Delta m=7900\text{ng/cm}^2$，$\Delta D/\Delta f= -0.075\text{Hz}^{-1}$)。这表明 MA-POSS 的加入和表面迁移，能够起到显著的抗水吸附能力。而对于 CHCl₃ 成的膜表面，30min 后达到平衡的表面吸附水含量和黏弹态参数最低，分别为 $\Delta m=3800\text{ng/cm}^2$ 和 $\Delta D/\Delta f= -0.36\text{Hz}^{-1}$，表明此膜表面具有最好的抗水吸附和

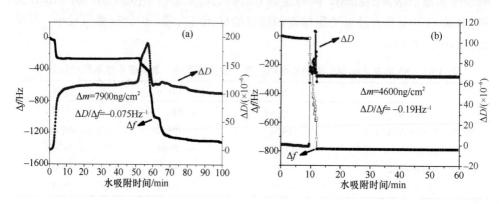

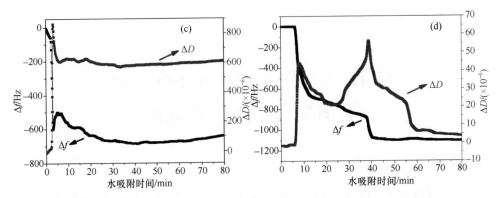

图 15-14　水在聚合物 S1 在 THF 成膜(a)及 S3 在 THF(b)、CHCl$_3$(c)和 MEK(d)成膜的表面 Δf 和 ΔD(15MHz)吸附曲线

最稳定的膜层结构。MEK 成膜的吸附量最高(Δm=6500ng/cm^2)，黏弹态参数最大($\Delta D/\Delta f$= –0.15Hz^{-1})。相比较这三种溶剂成膜的水吸附行为，CHCl$_3$ 具有最低的表面吸附量和最低的黏弹性，具有最好的抗水吸附能力和最稳定的膜层结构。MEK 具有最高的水吸附和黏弹态，抗水吸附能力最差。

第16章 拓扑结构对POSS基含氟聚合物的性能调控

本章导读

基于POSS基的笼形无机结构特点，以及含氟聚合物的良好抗污染性、热稳定性及优异的耐候性和耐化学腐蚀性，构筑POSS与含氟链段化学结合的POSS基含氟聚合物，进行表面裁剪构筑疏水疏油的表面涂层，不但保留含氟材料和POSS材料原有的优点，还具有耐热、耐压、高硬度等特性，拓宽了其应用范围。然而，这些性能受POSS基含氟聚合物的拓扑结构及最终组装副态的影响。

鉴于这些考虑，本章以星形多枝和线形POSS引发剂引发甲基丙烯酸甲酯(MMA)和甲基丙烯酸十二氟庚酯(DFHM)单体，合成线形POSS基两嵌段含氟聚合物 ap-POSS-PMMA-b-PDFHM 和星形POSS基两嵌段含氟聚合物 POSS-(PMMA-b-PDFHM)$_{16}$，如图16-1所示。重点研究不同拓扑结构POSS基含氟嵌段共聚物的结构与性能的关系。

(1)POSS-(Br)$_{16}$ 和 POSS-Br 引发剂引发 MMA 和 DFHM 的 ATRP 反应的产率

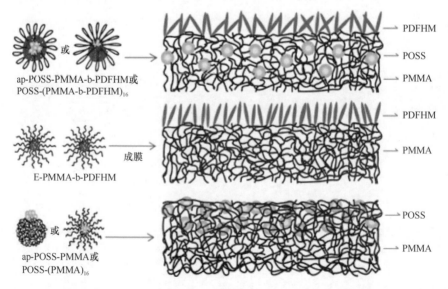

图16-1 ap-POSS-PMMA-b-PDFHM 和 POSS-(PMMA-b-PDFHM)$_{16}$ 的成膜机理示意图

分别为 58%和 72%，分子量分别为 23 730g/mol 和 35 070g/mol，分子量分布分别为 1.115 和 1.320。

(2)在 THF 溶液中，POSS-(PMMA-b-PDFHM)$_{16}$ 形成 255nm 球形胶束，ap-POSS-PMMA-b-PDFHM 形成 160nm 的核壳结构球形胶束。外壳厚度为 70~80nm。受链段间溶解度的差异的影响，POSS/PDFHM 溶解性较差，因此收缩到内侧为内核，PMMA 溶解性较好，伸展在外侧为外壳。

(3)这些胶束成膜过程中，PDFHM 和 POSS 都能够向表面迁移，但是含氟链段 PDFHM 迁移速率较快，而且 POSS 笼形结构限制了 POSS 的迁移速率，形成表面富集氟，底层富集 POSS 的涂层。ap-POSS-PMMA-b-PDFHM 膜表面氟元素含量(61.56%)显著高于 POSS-(PMMA-b-PDFHM)$_{16}$ 膜表面氟元素含量(41.39%)和粉末(15.05%)，所以 ap-POSS-PMMA-b-PDFHM 含氟组分迁移受链段间限制比较小，比星形聚合物的迁移小，造成表面含氟量较高。同时膜表面硅元素含量(0.82%)低于粉末(0.97%)。相同的结果也出现在 ap-POSS-PMMA-b-PDFHM 膜表面。氟元素主要在表层 10μm 富集，硅元素主要集中在中上半部分，随膜层厚度的增加，氟与硅元素含量逐渐降低。

(4)POSS-(PMMA-b-PDFHM)$_{16}$ 膜表面呈现有规则的凸起和凹陷，其表面粗糙度 R_a=4.9nm，粗糙度曲线在–15~10nm 之间波动。ap-POSS-PMMA-b-PDFHM 膜表面的粗糙度更大，R_a=18.5nm，粗糙度波动曲线在–100~100nm 之间波动。因为在成膜过程中单支链段含氟组分迁移比星形聚合物更为明显，造成表面氟元素富集，进而提高了表面粗糙度。

(5)两种拓扑结构的 POSS 基含氟聚合物都具有很好的疏水疏油性能。POSS-(PMMA-b-PDFHM)$_{16}$ 膜表面的水接触角为 122°，十六烷接触角为 56°。而单支聚合物 ap-POSS-PMMA-b-PDFHM 膜表面的水接触角为 112°，十六烷接触角为 66°，表面能为 14.25mN/m。POSS-(PMMA-b-PDFHM)$_{16}$ 膜的水吸附行为为($\Delta D/\Delta f$=–0.27× 10^{-6}Hz^{-1} 和 Δf=–290Hz)比 ap-POSS-PMMA-b-PDFHM 膜具有更加柔软的吸附层($\Delta D/\Delta f$=–0.15×10^{-6}Hz^{-1})和稍微高的水吸附含量(Δf=–315Hz)。

(6)热降解行为显示，POSS-(PMMA-b-PDFHM)$_{16}$ 在 200~300℃之间的峰强度降低明显，350~450℃的峰显著增强，且趋向于融合，表明链段之间具有很好的兼容性。ap-POSS-PMMA-b-PDFHM(420℃)的热降解温度略高于 POSS-(PMMA-b-PDFHM)$_{16}$(410℃)。

16.1　不同拓扑结构 POSS 基含氟聚合物的制备与表征

16.1.1　星形结构 POSS-(PMMA-b-PDFHM)$_{16}$ 的合成

利用 POSS-(PMMA)$_{16}$ 与 MMA 和 DFHM 反应制备星形结构 POSS 基嵌段共

聚物 POSS-(PMMA-b-PDFHM)₁₆，具体合成路线如图 16-2 所示。将一定质量的
白色粉状固体 POSS-(PMMA)₁₆(5g，0.1471mmol)和精制的甲苯(10g)加入茄形瓶
中，待完全溶解后在室温下抽真空鼓氮气 3~5 次，在氮气保护下依次加入
CuCl(0.4071g，2.3536mmol)、DFHM(1.882g，0.4705mmol)和 PMDETA(0.2354g，
2.3536mmol)的混合液体，升温至 100℃，反应 24h。将得到的产物用 THF 稀释，
经滤孔直径为 15~40μm 的砂芯漏斗过滤后，用旋转蒸发仪在 40℃ 减压浓缩得到
白色黏稠液体。之后，将白色黏稠液体慢慢加入磁力搅拌的甲醇中沉析，然后过滤，
真空干燥得到白色粉状固体产物 POSS-(PMMA-b-PDFHM)₁₆，产率约为 58%。

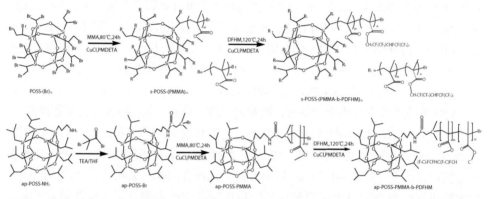

图 16-2　嵌段共聚物 ap-POSS-PMMA-b-PDFHM 和 POSS-(PMMA-b-PDFHM)₁₆ 的合成路线

16.1.2　线形结构 ap-POSS-PMMA-b-PDFHM 的合成

首先利用氨丙基异丁基聚倍半硅氧烷(ap-POSS-NH₂)制备 ap-POSS-PMMA，
并与 DFHM 反应制备线形结构两嵌段共聚物 ap-POSS-PMMA-b-PDFHM，具体合
成路线如图 16-1 所示。将一定质量的白色粉状固体 ap-POSS-PMMA(4.410g)和精
制的甲苯(10g)加入茄形瓶中，待完全溶解后在室温下抽真空鼓氮气 3~5 次，在
氮气保护下依次加入 CuCl(0.04g)、DFHM(3.2g)和 PMDETA(0.0696g)的混合液体，
升温至 100℃，反应 24h。后续处理同 16.1.1 节。ap-POSS-PMMA-b-PDFHM 的
产率约为 72%。作为对比，采用同样的方法，制备了 E-PMMA-b-PDFHM，具体的
合成条件和原料配比如表 16-1 所示。

16.1.3　不同拓扑结构含氟嵌段共聚物的结构表征

图 16-3(A)是 POSS-(PMMA-b-PDFHM)₁₆ 的 ¹H NMR 图谱，并与 POSS-(Br)₁₆ 和
POSS-(PMMA)₁₆ 比较。POSS-(Br)₁₆ 的氢核磁谱图显示，3.65ppm(b)出现了 Si—CH
中氢的特征信号峰，3.8ppm 和 4.05ppm(a² 和 a¹)是—CH₂—中氢的特征信号峰。而
POSS-(PMMA)₁₆ 的 ¹H NMR 谱图显示，3.60ppm(a)、0.85ppm(c)和 1.56ppm(d)

表 16-1 不同拓扑结构的 POSS 基嵌段聚合物的合成条件

前段聚合物	引发剂/g	MMA/g	DFHM/g	(CuCl/PMDETA)/g	环己酮/g
POSS-(PMMA)₁₆	0.5(POSS-(Br)₁₆)	8.3704	—	0.4185/0.9710	15
POSS-(PMMA-b-PDFHM)₁₆	5(POSS-(PMMA)₁₆)	—	1.882	0.2354/0.4078	10
ap-POSS-PMMA	0.5426(ap-POSS-Br)	5.30	—	0.06585/0.114	10
ap-POSS-PMMA-b-PDFHM	4.410(ap-POSS-PMMA)	—	3.2	0.02751/0.04759	10
E-PMMA-b-PDFHM	5(E-PMMA)	—	1.067	0.02973/0.05067	10

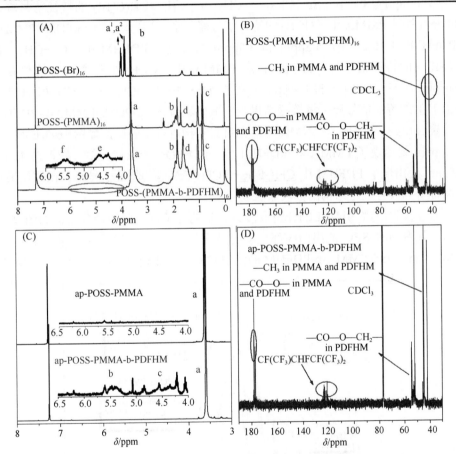

图 16-3 POSS-(PMMA-b-PDFHM)₁₆ 的 ¹H NMR(A)、¹³C NMR(B) 和 ap-POSS-PMMA-b-PDFHM 的 ¹H NMR(C)、¹³C NMR(D)

处分别出现了 PMMA 中—OCH₃、—CH₃ 和—CH₂ 的特征信号峰，1.86ppm(b) 处出现了 POSS 中 Si—CH 的特征信号峰。5.5ppm 和 4.5ppm 处分别出现了 PDFHM 中—O—CH₂— 和—CHF— 的特征信号峰，在 0.85ppm 处是 PMMA 和 PDFHM 中 R—CH₃ 的特征信号峰。这些结果表明合成了嵌段聚合物 POSS-(PMMA-b-PDFHM)₁₆。

另外，POSS-(PMMA-b-PDFHM)$_{16}$ 的 ^{13}C NMR 图谱显示[图 16-3(B)]，178.5ppm 处是 PMMA 和 PDFHM 中—$\underline{C}$O—O—的碳的特征信号峰，120～125ppm 处是 PDFHM 中 $\underline{C}$F($\underline{C}$F$_3$)$\underline{C}$HF$\underline{C}$F($\underline{C}$F$_3$)$_2$ 碳的特征信号峰，证明了聚合物 POSS-(PMMA-b-PDFHM)$_{16}$ 的化学结构。

图 16-3(C)是 ap-POSS-PMMA 和 ap-POSS-PMMA-b-PDFHM 的核磁图谱。从 ap-POSS-PMMA 的 ^{1}H NMR 图谱可以看出，0.60ppm、1.05～0.98ppm 和 1.86ppm 处出现了 ap-POSS 中—Si—CH$_2$、—CH$_3$ 和—CH$_2$—CH(CH$_3$)$_2$ 的特征信号峰，3.60ppm 处是 PMMA 中—OCH$_3$ 的特征信号峰。对于嵌段聚合物 ap-POSS-PMMA-b-PDFHM[图 16-3(C)]，5.5ppm 和 4.5ppm 处出现了 PDFHM 中—O—CH$_2$—和—CHF—的特征信号峰，3.60ppm 是 PMMA 中—OCH$_3$ 的特征信号峰位置，0.60ppm、1.05～0.98ppm 和 1.86ppm 分别是 POSS 中—Si—CH$_2$、—CH$_3$ 和—CH$_2$—CH(CH$_3$)$_2$ 的特征信号峰。氢核磁结果表明嵌段聚合物 ap-POSS-PMMA-b-PDFHM 成功聚合得到。同时，^{13}C NMR 图谱也对其结构进行了验证，如图 16-3(D)所示，178.5ppm 处出现了 PMMA 和 PDFHM 中—$\underline{C}$O—O—的碳特征信号峰，在 120～125ppm 处出现了 PDFHM 中 $\underline{C}$F($\underline{C}$F$_3$)$\underline{C}$HF$\underline{C}$F($\underline{C}$F$_3$)$_2$ 碳的特征信号峰。核磁结果表明制备得到具有规整结构的嵌段聚合物。

通过排阻色谱测试(SEC)分析嵌段聚合物的分子量和分子量分布，如图 16-4 所示。共聚物的 SEC 流出曲线都呈现明显的单峰分布，相对于聚合物 ap-POSS-PMMA，ap-POSS-PMMA-b-PDFHM 的流出时间相对比较早。因此 ap-POSS-PMMA

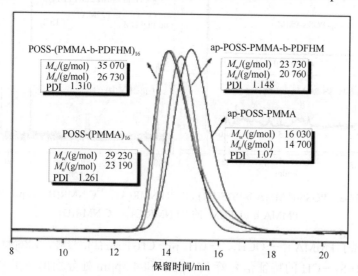

图 16-4 ap-POSS-PMMA、ap-POSS-PMMA-b-PDFHM、POSS-(PMMA)$_{16}$ 和 POSS-(PMMA-b-PDFHM)$_{16}$ 的聚合物分子量流出曲线图

的分子量为 16 030g/mol，ap-POSS-PMMA-b-PDFHM 的分子量为 23 730g/mol，两者都具有窄的分子量分布(PDI 分别为 1.07 和 1.148)。星形聚合物的结果见表 16-2，POSS-(PMMA)$_{16}$ 的分子量为 29 230g/mol，POSS-(PMMA-b-PDFHM)$_{16}$ 的分子量为 35 070g/mol，分子量分散指数 PDI 分别为 1.261 和 1.310。SEC 结果也表明，聚合物 E-PMMA-b-PDFHM 的分子量及分子量分布分别为 38 000g/mol 和 PDI=1.115(E-PMMA 分子量为 28 460g/mol 和 PDI=1.044)(表 2-2)。

表 16-2　嵌段聚合物分子量及分子量分散指数

聚合物	M_w/($\times 10^4$g/mol)	M_n/($\times 10^4$g/mol)	PDI
E-PMMA-b-PDFHM	3.800	3.413	1.115
ap-POSS-PMMA	1.603	1.470	1.070
ap-POSS-PMMA-b-PDFHM	2.373	2.076	1.148
POSS-(PMMA)$_{16}$	2.923	2.319	1.261
POSS-(PMMA-b-PDFHM)$_{16}$	3.507	2.673	1.310

16.2　拓扑结构与溶液自组装的关系

16.2.1　POSS-(PMMA-b-PDFHM)$_{16}$ 的自组装

图 16-5(a)是 POSS-(PMMA)$_{16}$ 的 TEM 形貌，呈现球形核壳状胶束，胶束平均直径约为 110nm。由于 POSS 笼形结构易于聚集，因此，其中黑色区域代表核层 POSS 部分，周围暗色区域为伸展到外围 PMMA 组分。而对于嵌段聚合物 POSS-(PMMA-b-PDFHM)$_{16}$，核壳形貌展现更为均匀且轮廓更明显，胶束平均直径约为 200nm，壳层厚度约为 70nm。受链段间溶解度的差异，POSS 和 PDFHM 溶解性较差，在组装过程中迁移到内核；PMMA 溶解性较好，能够伸展在外侧，为外壳。从粒径分布曲线(DLS)可以看出[图 16-5(c)]，聚合物 POSS-(PMMA)$_{16}$ 的聚集体呈现双峰分布，大粒径(136.3nm)对应球形核壳状胶束(与大多数)，小粒径(7.118nm)

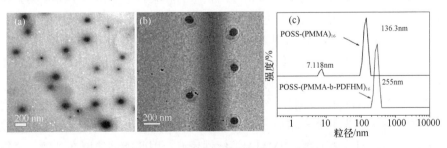

图 16-5　POSS-(PMMA)$_{16}$(a)和 POSS-(PMMA-b-PDFHM)$_{16}$(b)的
TEM 自组装形貌和 DLS 粒径分布曲线(c)

对应溶液中存在的低聚体。而聚合物 POSS-(PMMA-b-PDFHM)$_{16}$ 在 THF 中形成的球形胶束直径(255nm)明显大于 POSS-(PMMA)$_{16}$ 在 THF 中的胶束直径(136.3nm)，与 TEM 的测试结果对应。

同时，为了进一步验证所得到的球形胶束形貌和组分，对 POSS-(PMMA-b-PDFHM)$_{16}$ 在 THF 中的自组装聚集体进行了 TEM-EDX 测试分析(图 16-6)。从元素分布图可以清晰地看出，球形内核部主要是 PDFHM 中的 F 元素和 POSS 中的 Si 元素，C 元素分散在整个聚集体内，且外壳部分含量最高。通过对核壳内外取点测元素分析(A 点和 B 点)，表明聚合物 POSS-(PMMA-b-PDFHM)$_{16}$ 在 THF 中是以 PDFHM 和 POSS 为核和 PMMA 为壳的球形核壳状胶束存在。

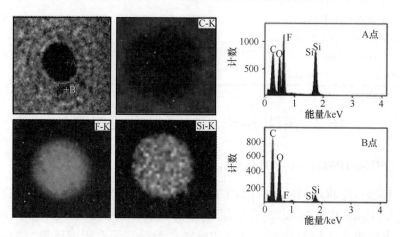

图 16-6　POSS-(PMMA-b-PDFHM)$_{16}$ 在 THF 中的自组装形貌及组装体能谱分析

16.2.2　ap-POSS-PMMA-b-PDFHM 的自组装

在研究 ap-POSS-PMMA-b-PDFHM 在 THF 中的自组装特性时，将 ap-POSS-PMMA 和 E-PMMA-b-PDFHM 进行分析和比较。图 16-7(a)显示 ap-POSS-PMMA 的平均直径约为 150nm，为铲子状相分离状态的胶束。这是由于 POSS 具有笼形结构，且易于聚集，因此其中黑色小区域代表 POSS 部分，大面积黑色区域为相态兼容性较差的 PMMA 组分。图 16-7(b)是 ap-POSS-PMMA-b-PDFHM 的 TEM 形貌，展现了均匀的球形多核壳结构，胶束平均直径约为 160nm。POSS/PDFHM 溶解性较差，因此迁移收缩到内侧为内核，PMMA 溶解性较好，伸展在外侧为外壳。因为 POSS 作为 ATRP 引发剂，含量较少，而 DFHM 在聚合物中含量较高，因此推测小区域的内核为 POSS 聚集成分，大区域的内核为 PDFHM 聚集成分，彼此间兼容性较差，相分离显著。PMMA 溶解性较好，因此能够伸展在外侧。聚集体的粒径结果同样在 DLS 测试得到验证[图 16-7(d)]。

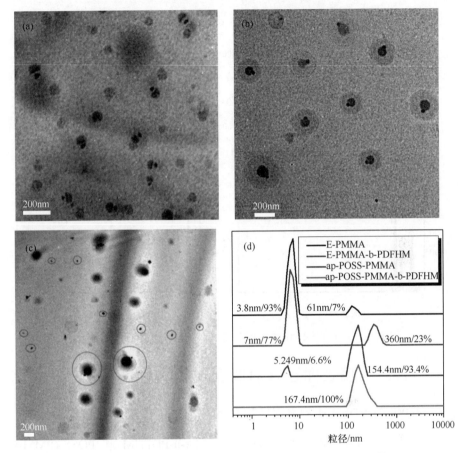

图 16-7　ap-POSS-PMMA(a)、ap-POSS-PMMA-b-PDFHM(b)
和 E-PMMA-b-PDFHM(c)的自组装形貌(c)与粒径分布(d)

　　图 16-7(c)是聚合物 E-PMMA-b-PDFHM 的 TEM 形貌,为大小不等的球形核壳结构,聚集体为平均直径约为 10nm 的低聚体和 360nm 的胶束。由粒径分布曲线可以看出[图 16-7(d)],ap-POSS-PMMA 的聚集体呈现双峰分布,粒径较大处(154.4nm)对应球形核壳状胶束(5.93%),粒径较小处的聚集体平均直径约为 7.118nm。而 ap-POSS-PMMA-b-PDFHM 在 THF 中形成的球形胶束直径(167.4nm)明显大于 ap-POSS-PMMA 在 THF 中的胶束直径(154.4nm),且聚集体呈现单峰分布,与 TEM 的测试结果保持一致。TEM 和 DLS 分析得到的聚合物在溶液中的自组装行为将对共聚物膜的膜层结构和表面性质具有重要影响。ap-POSS-PMMA-b-PDFHM 在 THF 中组装体的 TEM-EDX 分析(图 16-8)显示,元素能谱图 A 点、B 点和 C 点的元素差异。受组分间溶解性和兼容性的差异,球形小内核部分(A 区域)主要成分为 Si 元素,主要来自 POSS。较大的内核(B 区域)主要是 PDFHM 中的 F 元素聚集,外壳成分(C 区域)

主要是 C 元素和 O 元素，因此推测壳层主要是 PMMA。

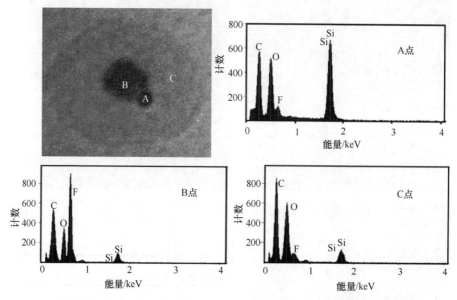

图 16-8　ap-POSS-PMMA-b-PDFHM 在 THF 中的组装体能谱分析

16.3　膜表面迁移对膜层结构和性能的影响

16.3.1　POSS 与 PDFHM 的表面迁移竞争

　　以 THF 作为成膜溶剂制备 ap-POSS-PMMA-b-PDFHM 和 POSS-(PMMA-b-PDFHM)$_{16}$ 的聚合物涂膜，分别通过 AFM、XPS 和 DCA 分析测试其表面形貌及粗糙度，表面元素组成和其对水和十六烷的接触角，并由公式计算其表面自由能。作为对比，E-PMMA-b-PDFHM、POSS-(PMMA)$_{16}$ 也进行了相应的分析测试。图 16-9(a)是聚合物 POSS-(PMMA)$_{16}$ 相对平整的涂膜表面(R_a=0.367nm)，粗糙度曲线在–0.6～0.6nm 之间波动。但是 POSS-(PMMA-b-PDFHM)$_{16}$ 膜表面呈现规则的凸起和凹陷，且具有较大的表面粗糙度(R_a=4.9nm)，粗糙度曲线在–15～10nm 之间波动[图 16-9(b)]。而 E-PMMA-b-PDFHM 膜表面具有少量凸起，表面相对平整[图 16-9(d)，R_a=3.70nm]，粗糙度曲线在–1.5～2.25nm 之间波动。这主要是因为在成膜过程中，PDFHM 和 POSS 都能向表面迁移，但是 PDFHM 向表面迁移的速度大于 POSS，迁移造成表面氟链段显著增大，氟元素富集，进而提高表面粗糙度。

　　与星形聚合物 POSS-(PMMA-b-PDFHM)$_{16}$ 膜表面相比，单支聚合物 ap-POSS-PMMA-b-PDFHM 膜表面呈现了更加有规则的凸起和凹陷[图 16-9(c)]，粗糙度更大(R_a=18.5nm)，粗糙度曲线在–100～100nm 之间波动。这主要是因为在成膜过程中，单支链段含氟组分迁移受链段间限制比较小，迁移相比星形聚合物更为明显，造成表面氟元素富集更突出，进而提高了表面粗糙度。

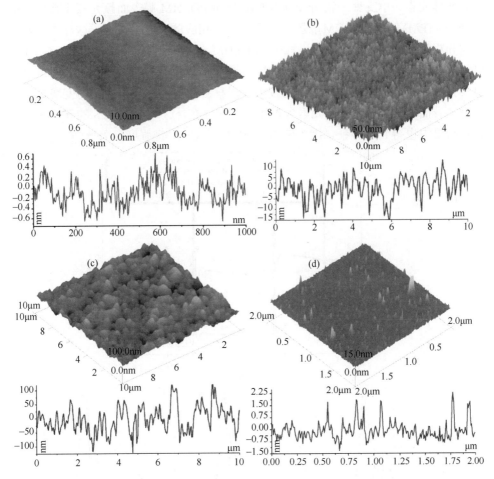

图 16-9　POSS-(PMMA)$_{16}$(a)、POSS-(PMMA-b-PDFHM)$_{16}$(b)、ap-POSS-PMMA-b-PDFHM(c) 和 E-PMMA-b-PDFHM(d)的 AFM-3D 图

　　XPS 也同样验证了迁移成膜原理(图 16-10)。星形聚合物 POSS-(PMMA-b-PDFHM)$_{16}$ 膜表面氟元素含量为 41.39%，显著高于 POSS-(PMMA-b-PDFHM)$_{16}$ 粉末中氟元素含量(15.05%，表面迁移增长率为 175%)，同时膜表面硅元素含量约为 0.82%，低于粉末中硅元素含量(0.97%)。相同的结果也出现在 ap-POSS- PMMA-b-PDFHM 膜表面氟元素含量为 61.56%[图 16-10(a)]，显著高于 ap-POSS-PMMA-b-PDFHM 粉末中氟元素含量(9.81%，表面迁移增长率为 527%)，同时膜表面硅元素含量约为 0.09%，显著低于粉末中硅元素含量(0.97%)。造成膜表面氟硅元素差距

的主要原因可能是在成膜过程中，迁移速率比较快，而且 POSS 笼形结构限制了 POSS 的迁移速率，导致表面粗糙度增大的同时，氟元素也在表面富集，掩盖了膜表面硅元素。单支聚合物 ap-POSS-PMMA-b-PDFHM 膜表面氟元素显著高于星形 POSS-(PMMA-b-PDFHM)$_{16}$ 膜表面氟元素，相应的硅元素较低，这与成膜表面形貌和粗糙度相吻合。在成膜过程中，PDFHM 和 POSS 都能够向表面迁移，并且 PDFHM 向表面迁移的速率快于 POSS，迁移造成表面粗糙度显著增大，但是单支链段含氟组分迁移受链段间限制比较小，迁移更明显，造成表面粗糙度增大，氟元素在表面富集，掩盖了硅元素含量在表面的分布，这一点在 XPS 的碳元素高斯拟合结果中也得到了验证，因为图 16-10(b)中的 C—F 键强度显著增强。

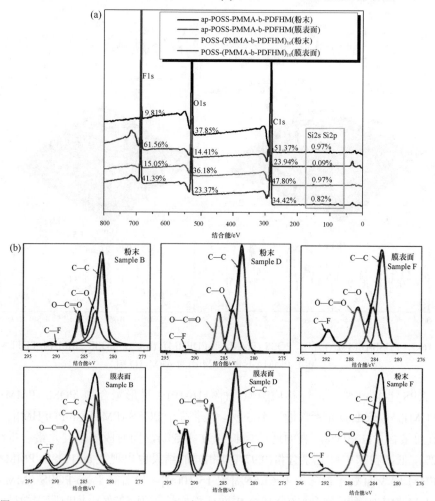

图 16-10　　ap-POSS-PMMA-b-PDFHM 与 POSS-(PMMA-b-PDFHM)$_{16}$ 粉末和膜表面元素分析(a)和对碳元素的高斯拟合分析图(b)

16.3.2　迁移竞争对膜层结构的影响

　　膜层结构主要是受链段组分、组装结构、溶剂和元素迁移速率等综合因素影响。在成膜过程中，含氟组分 PDFHM 和含 POSS 组分都具有表面迁移的特点，因此通过膜层断面的结构和氟硅元素组成对膜层结构、元素迁移和成膜机理进行推断分析。图 16-11(a)为 POSS-(PMMA)$_{16}$ 的 SEM 断面结构，断裂面形貌比较均匀，硅元素主要集中在上半部分，随膜层由表及里的深入，硅含量逐渐降低。图 16-11(b)为 POSS-(PMMA-b-PDFHM)$_{16}$ 的断面结构形貌，除了均匀致密的断裂面外，氟元素主要在表层 10μm 富集，硅元素主要集中在中上半部分，随膜层厚度的增加，氟与硅元素含量逐渐降低。图 16-11(c)为 ap-POSS-PMMA 的 SEM 断面结构，断裂面均匀，硅元素主要集中在上半部分。图 16-11(d)为 E-PMMA-b-PDFHM 的断面结构，断裂面均匀，氟元素主要在表层富集；图 16-11(e)为 ap-POSS-PMMA-b-PDFHM 的断面结构，断裂面均匀致密，氟元素主要在表层富集，硅元素主要集中在中上半部分。基于膜层结构和元素分布的初步分析比较，可以推测在成膜过

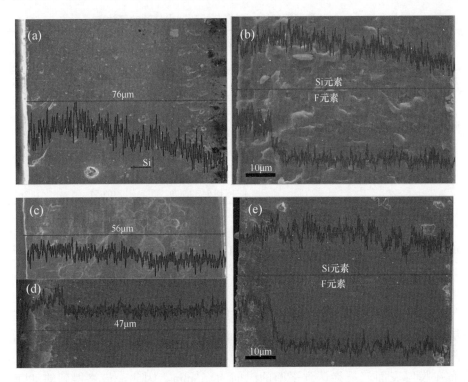

图 16-11　POSS-(PMMA)$_{16}$(a)、POSS-(PMMA-b-PDFHM)$_{16}$(b)、ap-POSS-PMMA(c)和 E-PMMA-b-PDFHM(d)和 ap-POSS-PMMA-b-PDFHM(e)的断面形貌和氟硅元素含量分布曲线

程中，氟元素表面迁移的速率较快于含硅元素的迁移速率，因此氟元素在表面富集，导致硅元素主要分布在中上层。

16.3.3　迁移竞争对疏水性能的影响

接触角结果表明(表 16-3)，POSS-(PMMA-b-PDFHM)$_{16}$ 膜具有良好的疏水疏油性能(水接触角为 122°，十六烷接触角为 56°)，显著高于 POSS-(PMMA)$_{16}$ 膜对水和油的接触角(水接触角为 112°，十六烷接触角为 28°)。相应的表面能(16.85mN/m)也明显小于 POSS-(PMMA)$_{16}$ 膜(24.46mN/m)。而单支聚合物 ap-POSS-PMMA-b-PDFHM 膜表面具有较好的疏水和最好的疏油性能(水接触角为 112°，十六烷接触角为 66°，表面能为 14.25mN/m)，显著高于 E-PMMA-b- PDFHM 膜对水和油的接触角(水接触角为 108°，十六烷接触角为 54°，表面能为 18.26mN/m)。造成这种差距的主要原因是共聚物 ap-POSS-PMMA-b-PDFHM 和 POSS-(PMMA-b-PDFHM)$_{16}$ 膜表面具有较大的表面粗糙度和氟元素含量，因此具有比较好的疏水疏油效果和较低的表面能。

表 16-3　膜表面粗糙度、元素分析和对水与油的接触角

嵌段共聚物	状态	元素含量/wt% C/O/F/Si	θ_W/θ_H	γ/(mN/m)
POSS-(PMMA)$_{16}$	膜	—	112/28	24.26
POSS-(PMMA-b-PDFHM)$_{16}$	粉末	47.80/36.18/15.05/0.97	—	—
	膜	34.42/23.37/41.39/0.82	122/56	16.85
ap-POSS-PMMA-b-PDFHM	粉末	51.37/37.85/9.81/0.97	—	—
	膜	23.94/14.41/61.56/0.09	112/66	14.25
E-PMMA-b-PDFHM	粉末	58.04/23.47/18.49/0	—	—
	膜	43.46/18.64/37.90/0	108/54	18.26

为了进一步研究聚合物膜表面对水的吸附行为和黏弹性，对 POSS-(PMMA-b-PDFHM)$_{16}$ 和 ap-POSS-PMMA-b-PDFHM 在 THF 成膜条件下的水吸附和黏弹性进行了 QCM-D 测试，曲线如图 16-12 所示。图 16-12(a)是 POSS-(PMMA-b-PDFHM)$_{16}$ 在 THF 下成膜的 QCM-D 图，可以看出，在 0~40min 之间，随着 Δf 的降低，ΔD 逐渐升高，这表明在此段时间内，受含氟表面富集的影响，水在吸附层表面是宽松的排布。然而在 40~50min 时，随着 Δf 的增加，ΔD 先增加后突然降低，表明在此时间区间内，含氟组分起到了决定性的作用，其能够有规则地排布在膜层表面，最终达到平衡的时间为 55min。因此，最终得到的 POSS-(PMMA-b-PDFHM)$_{16}$ 膜具有较为坚硬的黏弹性($\Delta D/\Delta f$=−0.27×10^{-6}Hz^{-1})和更加少的膜层吸附水含量(Δf=−290Hz)。相对而言，POSS-(PMMA)$_{16}$ 膜具有更软的吸附层

$(\Delta D/\Delta f= -0.077\times10^{-6}\mathrm{Hz}^{-1})$和更高的吸附水含量$(\Delta f=-1300\mathrm{Hz})$，见图 16-12(b)。

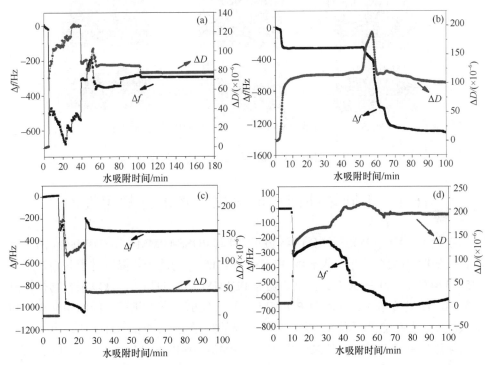

图 16-12　POSS-(PMMA-b-PDFHM)$_{16}$(a)、POSS-(PMMA)$_{16}$(b)、ap-POSS-PMMA-b-PDFHM(c) 和 E-PMMA-b-PDFHM(d)聚合物膜对水的 QCM-D 吸附曲线

图 16-12(c)是嵌段聚合物 ap-POSS-PMMA-b-PDFHM 膜的吸附曲线，在 10～ 25min 时间段内，随着 Δf 的降低，ΔD 逐渐增大，这表明膜层在水吸附初期具有 明显的抵抗排斥能力。膜层表面水吸附在 25min 就能达到平衡，明显快于聚合物 POSS-(PMMA-b-PDFHM)$_{16}$ 的吸附，这可能是因为聚合物 ap-POSS-PMMA-b- PDFHM 膜具有更高的表面氟含量，能够更好地排斥水的吸附。与不含 POSS 成分 的 E-PMMA-b-PDFHM 膜[$\Delta f=-650\mathrm{Hz}$，$\Delta D/\Delta f=-0.29\times10^{-6}\mathrm{Hz}^{-1}$，图 16-12(d)]对比 分析，两种含 POSS 和 PDFHM 组分的嵌段聚合物 ap-POSS-PMMA-b-PDFHM 和 POSS-(PMMA-b-PDFHM)$_{16}$ 的膜都具有较硬的膜吸附层和更低的水吸附含量，这 是因为 POSS 笼形结构对膜表面吸附层起到了增强硬度、降低黏度的作用。相比 较聚合物 POSS-(PMMA-b-PDFHM)$_{16}$ 膜的吸附行为($\Delta D/\Delta f= -0.27\times10^{-6}\mathrm{Hz}^{-1}$ 和 $\Delta f=-290\mathrm{Hz}$)，ap-POSS-PMMA-b-PDFHM 膜具有更加柔软的吸附层($\Delta D/\Delta f= -0.15\times10^{-6}\mathrm{Hz}^{-1}$)和稍微高的水吸附含量($\Delta f=-315\mathrm{Hz}$)。吸附过程表面的结构变化 见图 16-13。

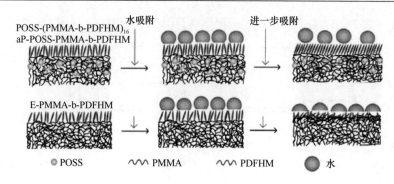

图 16-13　膜层吸水动态示意图

16.4　不同拓扑结构嵌段聚合物的热稳定性能

嵌段聚合物 ap-POSS-PMMA-b-PDFHM 和 POSS-(PMMA-b-PDFHM)$_{16}$ 的热降解行为如图 16-14 所示。聚合物 POSS-(PMMA)$_{16}$ 的两个热降解过程分别发生在 235～340℃ 和 340～450℃。但是，随着 PDFHM 链段的加入，嵌段聚合物初始热降解的温度显著增大。这表明 PDFHM 的加入能够显著促进链段间的相互缠绕和交联程度，提高热降解温度，提高了聚合物的热稳定性。同时 DTG 曲线也很好地对结果进行补充和验证，从聚合物 POSS-(PMMA-b-PDFHM)$_{16}$ 的 DTG 曲线看出，

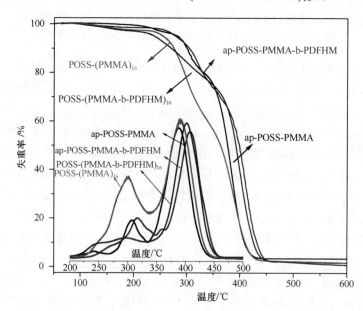

图 16-14　ap-POSS-PMMA-b-PDFHM 和 POSS-(PMMA-b-PDFHM)$_{16}$ 的热降解 TGA 和 DTG

处于 200~300℃间的峰强度降低明显，350~450℃的峰显著增强，且趋向于融合，表明链段之间具有很好的兼容性。

相对于聚合物 ap-POSS-PMMA(310℃和 390℃)的热降解，聚合物 ap-POSS-PMMA-b-PDFHM 的热降解温度(融合到 420℃)同样显著增大，且兼容性得到提高。而且，ap-POSS-PMMA-b-PDFHM(410℃)的热降解温度略高于 POSS-(PMMA-b-PDFHM)$_{16}$(410℃)，这是由于链状结构 ap-POSS-PMMA-b-PDFHM 比星形结构链段运动更灵活，能造成更大的交联度。

第 17 章　POSS 改性环氧聚合物溶液与性能

本章导读

　　环氧聚合物以其优异的热性能及黏接性能而著称，但其却因高交联密度产生的低粗糙度和热固性树脂在机械性能上的缺点限制应用范围。在环氧中引入 POSS 制备环氧-POSS 杂化结构来可以有效地改善环氧的缺点。在制备环氧聚合物时，广泛应用的是甲基丙烯酸缩水甘油酯(GMA)，它是一种含有环氧基和双键的双官能团单体，分子内的环氧基可以和亲核类物质反应，双键可以方便地引入聚合物中。然而，因为 GMA 的可固化性质，高含量的 GMA 由于团聚或凝结作用，不可避免地会降低共聚物的成膜性能而影响膜的透明度。因此，如何控制 POSS 基GMA 共聚物的成膜性能和黏接力之间的平衡关系尚缺乏深入研究。因此，本章以MA-POSS 和 GMA 为单体，通过自由基聚合反应制备 POSS 改性环氧共聚溶液P(GMA-MAPOSS)，研究它们在氯仿溶液的组装与涂层性能，如图 17-1 所示，并研究 MAPOSS 含量对共聚物在氯仿溶剂中所成膜的形貌、表面透光性、透气性热稳定性和黏接性能的影响。

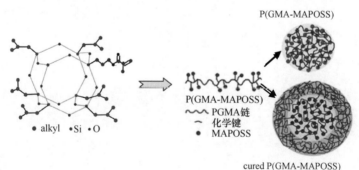

图 17-1　P(GMA-MAPOSS)溶液与组装涂层示意图

　　(1) 在 POSS 基改性环氧共聚物溶液 P(GMA-MAPOSS) 中，m(GMA)/m(MAPOSS)分别为 1/0.2、1/0.4 和 1/1。随着 MAPOSS 量的增加，P(GMA-MAPOSS)分子量分别是 4589g/mol、10 954g/mol、29 715g/mol 和 38 185g/mol，分子量分布较宽(PDI= 1.4～1.8)，符合溶液聚合方法的特点。

　　(2)MAPOSS 的团聚限制了 PGMA 链的运动，进而缠绕在 MAPOSS 链段，使

P(GMA-MAPOSS)的氯仿溶液组装为 250nm 核壳胶束，仅有极少量的低聚体。加入固化剂后的 P(GMA-MAPOSS)溶液组装为 250nm 的核壳结构。P(GMA-MAPOSS)和固化反应 P(GMA-MAPOSS)的氯仿溶液在紫外-可见光区的透光率高达 98%以上，所以 MAPOSS 纳米笼子的引入并未降低共聚物溶液的透光性能。

(3)P(GMA-MAPOSS)能够形成均一粗糙的膜表面，是因为体积较大的 MAPOSS 笼子容易在膜表面团聚，形成一定尺寸的团聚体。表面粗糙度的增加同时提高了膜表面疏水性，SCA=100.15°～112.35°。

(4)P(GMA-MAPOSS)的热分解温度为 304.9～347.2℃。随着 MAPOSS 量的增加，PGMA 链的缠绕越严重，残余量逐渐提高。玻璃化转变温度为 76～115℃。固化后的 P(GMA-MAPOSS)生成的—OH 可以引发其他环氧基团发生开环固化反应，从而导致交联密度的提高而形成网状结构，所以表现出更好的热性能，玻璃化转变温度从 103℃升高到 120℃。另外，随着 MAPOSS 量的增加，P(GMA-MAPOSS)的黏接力逐渐降低(767.6～643.2Pa)，固化的 P(GMA-MAPOSS)具有最好的黏接力(816.1Pa)。

(5)被 P(GMA-MAPOSS)保护过的砂岩样块的孔隙基本保持不变。这是因为 MAPOSS 的引入限制 PGMA 链的运动，导致 PGMA 链不能紧密地缠绕在一起，所以 MAPOSS 之间、PGMA 链之间以及 MAPOSS 与 PGMA 链之间都有可能形成空隙；除此之外，MAPOSS 本身的笼状结构也可能会提供空隙。所以，MAPOSS 可以改善环氧材料本身透气性差的缺点，说明 P(GMA-MAPOSS)可用作透明且透气的涂层。

17.1　P(GMA-MAPOSS)的合成与结构表征

17.1.1　P(GMA-MAPOSS)的合成

采用经典的溶液聚合方法合成 P(GMA-MAPOSS)。按照一定比例将 MAPOSS、GMA 单体和引发剂 AIBN 溶解在一定量的丁酮中，然后加入放有磁子的圆底烧瓶，70℃下搅拌反应 8h 后，旋蒸除去多余的溶剂，剩余的黏稠状反应液在过量的甲醇中沉析，抽滤，真空干燥 24h，得到白色粉末，产率约为 82%，反应过程如图 17-2 所示。将一定量的 P(GMA-MAPOSS)共聚物、固化剂 PMDETA 和溶剂 CHCl₃ 在 50℃下反应 2h，得到预固化液。具体反应过程示意图和配方如图 17-2 和表 17-1 所示。

17.1.2　P(GMA-MAPOSS)的化学结构表征

通过 FTIR 和 ¹H NMR 分析确定了 P(GMA-MAPOSS)无规共聚物的化学结构，

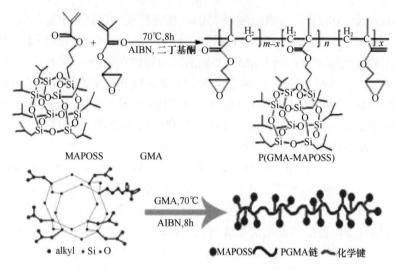

图 17-2　P(GMA-MAPOSS)的合成示意图

表 17-1　P(GMA-MAPOSS)合成配方

样品	m(GMA∶MAPOSS)	AIBN/%	M_n/(g/mol)	M_w/(g/mol)	PDI	产率/%
S1	1∶0	1.0	4589	6467	1.41	82.2%
S2	1∶0.2	1.0	10954	19054	1.74	82.0%
S3	1∶0.4	1.0	29715	50197	1.69	81.8%
S4	1∶1.0	1.0	38185	68155	1.78	81.9%
S5	0.2g P(GMA-MAPOSS)(样品 3)+ 0.05g PMDETA + 2.0g CHCl₃					

FTIR 谱图如图 17-3(a)所示，与 PGMA 相比，1148.0cm^{-1} 处 Si—O—Si 特征峰的出现证明 MAPOSS 的成功引入；当 P(GMA-MAPOSS)发生开环固化反应后，3410.3cm^{-1} 处是—OH 特征峰，因此可以说明环氧基团被打开。PGMA 和 P(GMA-MAPOSS)的 ^{1}H NMR 表征结果如图 17-3(b)所示，2.74ppm 和 2.89ppm (c，—CH₂—O)，3.25ppm(d，—CH—O)，3.78ppm 和 4.4ppm 5(e，—O—CH₂—)处的特征峰来自 GMA 组分，0.71ppm(a，—Si—CH₂—)和 3.87ppm(f，—O—CH₂—CH₂—Si—)处的特征峰来自 MAPOSS 单体，0.98ppm(b，—CH₃)来自 GMA 和 MAPOSS 单体，且 6.2ppm 和 5.5ppm 处双键特征峰消失。所有这些结果可以证明成功获得 P(GMA-MAPOSS)。

除此之外，采用 GPC 测试 P(GMA-MAPOSS)共聚物的多分散性(PDI)及分子量[图 17-3(c)]，样品 S1～S4 随着 MAPOSS 投入量的增加，分子量依次增加，分别是 4589g/mol、10 954g/mol、29 715g/mol 和 38 185g/mol，分子量分布较宽(PDI= 1.4～1.8)，符合溶液聚合方法的特点，表明 MAPOSS 被成功引入聚合物体系中。

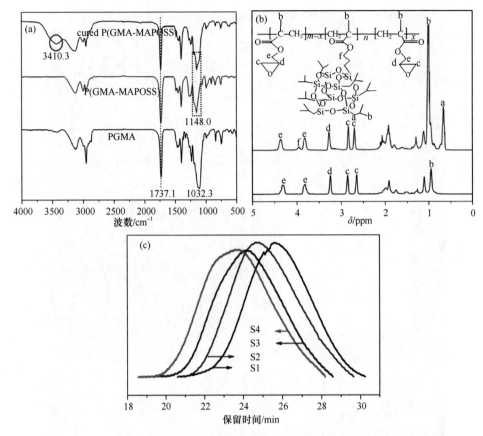

图 17-3　P(GMA-MAPOSS)的 FTIR 谱图(a)、^{1}H NMR 图(b)和 GPC 曲线(c)

17.2　P(GMA-MAPOSS)共聚物膜的表面形貌和润湿性能

通过扫描电镜(SEM)对 PGMA[图 17-4(a)，S1]、P(GMA-MAPOSS) [图 17-4(b)，S3]和固化 P(GMA-MAPOSS)[图 17-4(c)，S5]在氯仿中成膜后的表面形貌进行了表征。从图中可以看出，与 PGMA 自聚物平整均一的膜表面相比，P(GMA-MAPOSS)膜表面的粗糙度较大。由 SEM 图可知，1～1.5μm 的 MAPOSS 聚集体不均匀地分布在 PGMA 基质中。表面粗糙度增加同时膜表面对水的润湿能力提高，静态接触角(SCA)如图 17-5 所示，S1～S4 的接触角分别为 100.15°、104.00° 和 112.35°，均高于样品 1(SCA=89.95°)。由 TEM、DLS 图像可知，PGMA[图 17-4(d)和图 17-6(a)]组装为粒径均一的 100nm 的球体，P(GMA-MAPOSS)[图 17-4(f)]中由于 MAPOSS 的团聚限制了 PGMA 链的运动，进而缠绕在 MAPOSS 的周围组装为 200nm 球体，且仅有少量的低聚体[图 17-6(b)]存在。

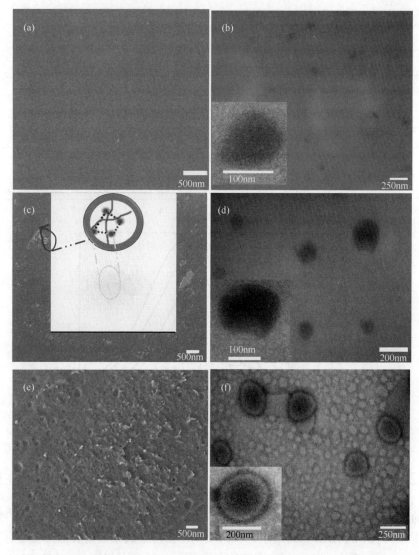

图 17-4　样品 S1(PGMA，a)、样品 3[P(GMA-MAPOSS，b)]、样品 S5[固化
P(GMA-MAPOSS，c)]的 SEM 图和对应的 TEM 图(d，e，f)

固化反应的 P(GMA-MAPOSS)[图 17-4(c)，S5]由于形成的三维网络结构
(图 17-7)限制了 MAPOSS 的运动，进而阻碍了 MAPOSS 的团聚现象，所以膜表
面为微粗糙状，未观察到 MAPOSS 团聚体的形成，且微结构的形成提高了静态接
触角(SCA=108.20°)，在图 17-4(f)的 TEM 图中组装为 250nm 的核壳结构。这是因
为环氧开环后形成大量的羟基，可能引发其他的环氧基开环，进而导致开环的
PGMA 链仅缠绕在 MAPOSS 的周围组装为核壳结构(图 17-7)。

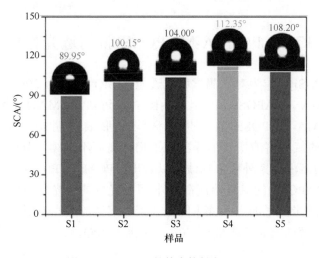

图 17-5　S1～S5 的静态接触角(SCA)

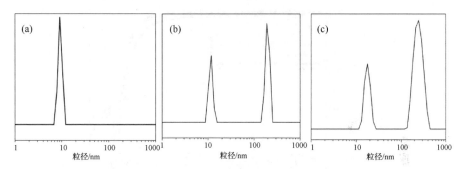

图 17-6　样品 1(PGMA，a)、样品 3[P(GMA-MAPOSS，b)]，样品 5
[固化 P(GMA-MAPOSS，c)]的 DLS 图

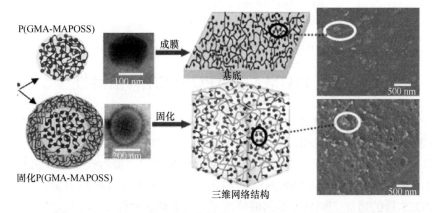

图 17-7　P(GMA-MAPOSS)和固化 P(GMA-MAPOSS)成膜示意图

17.3 P(GMA-MAPOSS)膜的透光性能

以 PGMA-SiO$_2$ 作为对比测试膜的透光性(SiO$_2$ 粒径为 20nm，GMA：SiO$_2$ 的质量比=GMA：MAPOSS 质量比)。由图 17-8 可知，PGMA、P(GMA-MAPOSS) 和固化 P(GMA-MAPOSS) 的氯仿溶液均可形成透明均一的完整膜，而 PGMA-SiO$_2$ 的氯仿溶液所成的膜出现了相分离而不连续，且膜呈现不透明白色。从共聚物溶液的紫外吸收曲线可以看出，PGMA、P(GMA-MAPOSS)和固化 P(GMA-MAPOSS)的氯仿溶液在紫外-可见光区的透光率高达 98%以上，所以 MAPOSS 纳米笼子的引入并未降低共聚物溶液的透光性能。然而，PGMA-SiO$_2$ 的氯仿溶液的透光率却低于 70%，是因为 SiO$_2$ 较大的粒径阻碍了紫外光的透过。

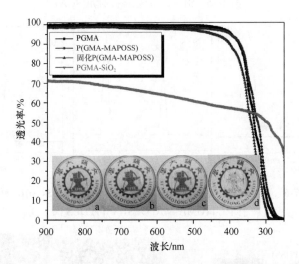

图 17-8　P(GMA-MAPOSS)膜的紫外吸收曲线和透光性比较

17.4 P(GMA-MAPOSS)的热稳定性

PGMA、P(GMA-MAPOSS)和固化 P(GMA-MAPOSS)的热稳定分析结果见图 17-9 的 TGA 热失重和 DSC 玻璃化转变温度。从图 17-9(a)的 TGA 曲线可知，S1～S4 的 $T_{50\%}$分别是 304.9℃、337.9℃、347.2℃和 83.7℃，最后残余量分别是 0.1%、1.1%、3.8%和 11.8%，MAPOSS 的加入提高了共聚物的热残余量，并且随着 MAPOSS 量的增加，PGMA 链的缠绕严重，残余量逐渐提高。除此之外，P(GMA-MAPOSS)的热分解曲线与 PGMA 的热分解曲线趋势一致，说明 MAPOSS 的加入并没有改变聚合物的热分解机理。当 P(GMA-MAPOSS)经过固化后，具有最好的热稳定性，$T_{50\%}$提高到 407.4℃，最后残余量为 17.4%，原因是三维网络的形成提高了交联密度，限制链运动的效果更加明显。

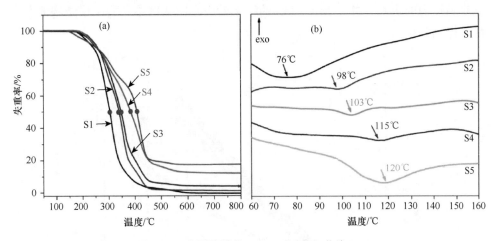

图 17-9　共聚物膜的 TGA(a)和 DSC 曲线(b)

图 17-9(b)为样品的 DSC 曲线，S1～S4 的玻璃化转变温度分别是 76℃、98℃、103℃和115℃，MAPOSS 的加入对玻璃化转变温度的影响主要有以下三个原因，首先，MAPOSS 的笼状结构提供大体积，从而可以限制 PGMA 链的运动；其次，纳米尺寸的 MAPOSS 与 PGMA 链之间的界面作用可以产生纳米效应；最后，MAPOSS 的引入提高了与 PGMA 链之间的缠绕和交联作用。因此，热稳定性的提高不仅证明了 P(GMA-MAPOSS)的成功合成，也说明了 MAPOSS 和 PGMA 之间良好的兼容性。P(GMA-MAPOSS)发生固化后表现出更好的热稳定性，玻璃化转变温度从 103℃升高到 120℃。

17.5　P(GMA-MAPOSS)的黏接性能

采用万能拉力机测量了共聚物对硅片的黏接力，黏接面积为 1cm×1cm，硅片一侧通过商用胶与模具相连，另一侧用 10%的样品溶液与模具相连，室温下干燥12h，然后真空下 80℃干燥 24h，拉力机的拉伸速度为 1.0mm/min，实验结果如图 17-10 所示。S1～S4 的黏接力分别为 767.6Pa、748.2Pa、722.4Pa 和 643.2Pa。可以看出，首先，随着MAPOSS 量的增加，黏接力逐渐降低，是因为随着 MAPOSS 量的增加，共聚物所成膜的表面润湿性能逐渐增强，换言之，样品溶液与硅片表面的接触作用减弱；其次，随着 MAPOSS 量的增加，GMA 的相对含量逐渐降低，导致与硅片表面的氢键作用减弱，因此，以上两个作用的综合影响，最终使共聚物的黏接力逐渐减弱。然而，固化 P(GMA-MAPOSS)具有最好的黏接力(816.1Pa)，这是因为固化后形成的大量羟基与硅片表面的氢键作用强于润湿性能对黏接力的影响，并且 MAPOSS 的纳米效应和固化网络结构中锚结构的存在都可提高黏接力。

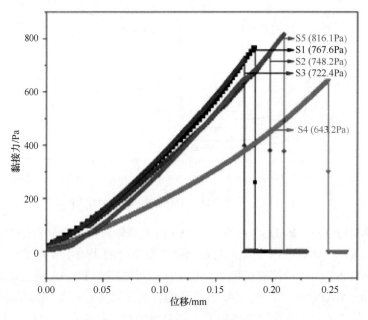

图 17-10　P(GMA-MAPOSS)的黏接力曲线图

17.6　P(GMA-MAPOSS)膜的透气性能与保护功效

由于 MAPOSS 单体中笼状结构的存在，期望可以改善环氧材料本身透气性差的缺点，因此以干燥的砂岩样块作为对比实验，分别测试用传统环氧 E-51 和 P(GMA-MAPOSS)预固化液处理后砂岩样块的孔径分布变化，结果如图 17-11 所示。从图中可知，空白砂岩样块的孔径主要分布在 20nm 和 17 300nm 处，被传统环氧 E-51 处理后，20nm 处的孔基本被环氧堵塞而消失，17 300nm 处孔的数量也明显减少；然而，被 P(GMA-MAPOSS)处理过的砂岩样块17 300nm 处孔的数量基本保持不变，这是因为 MAPOSS 之间、PGMA 链之间、PGMA 之间以及 MAPOSS 与 PGMA 链之间都有可能形成空隙；除此之外，MAPOSS 本身的笼状结构也可能提供空隙。这说明 MAPOSS 的确可以改善环氧材料本身透气性差的缺点。

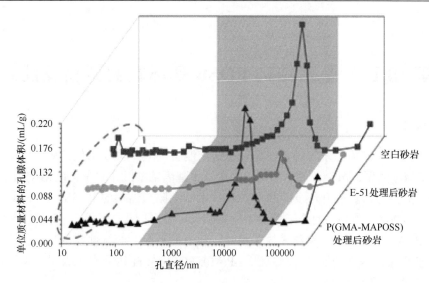

图 17-11　P(GMA-MAPOSS)处理过的砂岩样块的孔径分布图

第18章 坠形结构POSS基环氧共聚物及性能

本章导读

将POSS作为坠子笼绑定在环氧主链中制备环氧-POSS杂化结构就可避免高含量GMA团聚或凝结作用。因此，本章以甲基丙烯酸缩水甘油酯(GMA)为单体，结合溶液聚合、环氧开环反应和ATRP技术制备坠形结构的POSS基环氧共聚物PGMA-g-P(MA-POSS)的分子量为19 839g/mol，如图18-1所示。讨论POSS含量对PGMA-g-P(MA-POSS)纳米粒子尺寸、膜表面形貌、润湿性能、基体黏接力、热性能及保护砂岩的影响。PGMA-g-P(MA-POSS)接枝共聚物在涂层和黏结剂领域具有潜在的应用。

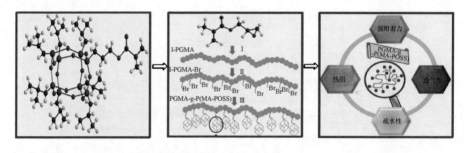

图18-1 溶液聚合、环氧开环和ATRP技术制备PGMA-g-P(MA-POSS)

(1)PGMA-g-P(MA-POSS)的分子量为19 839g/mol，在THF溶剂中组装为115～800nm的紧缩形态胶体。随着MA-POSS含量的增加，组装体粒径逐渐增大。然而，PGMA-g-P(MA-POSS)开环反应后，组装体的尺寸均呈现减小趋势(160～600nm)。揭示组装行为不仅与不同组分在溶剂中的溶解性差异相关，还与羟基和POSS的相背效应有关。

(2)PGMA-g-P(MA-POSS)膜表面的形貌和表面性能受组装体的尺寸分布和POSS含量的影响，表面粗糙度为0.19～4.1nm。MA-POSS的含量逐渐提高，膜表面的团聚体不仅在数量上有所增加，而且团聚体的尺寸增大，因此，膜表面对水的润湿性能逐渐增加(103.4°～117°)。固化反应后的三维网状结构限制了POSS的运动，使得POSS的团聚受阻，团聚体减少，膜表面粗糙度降低(0.14～0.19nm)；但高含量POSS不能自由分散而倾向于团聚，所以会导致粗糙度增大(0.63～14.4nm)，膜表面的润湿性能均有所提高(110.8°～122.9°)。当适量的MA-POSS引入聚合物基质后，形成了 POSS 笼在聚合物基质中均一分散的纳米尺寸形貌。

(3)所有 PGMA-g-P(MA-POSS)样品的玻璃化转变温度(96～136℃)均高于 GMA 自聚物的玻璃化转变温度(76℃)，证实了 MA-POSS 和 PGM 间良好的兼容性。但是，随着 MA-POSS 含量的继续增加，玻璃化转变温度明显降低(115.1～96.3℃)，这是由于大量 POSS 团聚体促使相分离现象，MA-POSS 和 PGMA 链间的兼容性降低。热分解历程改变主要发生在 160～300℃、300～400℃、400～500℃和 500～600℃四个温度范围内。

(4)疏水性的 MA-POSS 对黏接力的减小效应与含硅组分 MA-POSS 和基体间良好的兼容性对黏接力的增大效应是相反的，两种效应综合决定材料最终的黏接性能。与传统商用环氧(393N)相比，虽然 PGMA-S-P(MA-POSS)的黏接力(216～333N)有所下降，但是良好兼容性带来的黏接力增大效应要强于良好的疏水性带来的黏接力减小效应，因此随着 MA-POSS 含量的提高，黏接性能也逐渐增强。

(5)与传统环氧固化物的孔径主要分布在 181 469～819 592nm 范围相比，PGMA-g-P(MA-POSS)固化物的孔径除了以上孔径范围内有更多数量的分布外，在 72 505～305 303nm 范围内有新孔出现，新孔的出现和旧孔数量的增多均可证明 MA-POSS 的引入可以改善环氧材料的透气性。引入 MA-POSS 后，不论是固化材料本身的孔径还是处理后砂岩样块的孔径均有所改善，充分证明了 MA-POSS 中的 POSS 笼可以提高 PGMA 链和 MA-POSS 间的体积效应。具有大体积的 MA-POSS 引入 PGMA 基质中阻碍了固化 PGMA 链的交联和缠绕，使其无法紧密交联，所以在固化的 PGMA 链间会存在一定的空隙。除此之外，MA-POSS 的团聚也会在 MA-POSS 间形成空隙。总之，MA-POSS 的引入可以有效地改善纯环氧的透气性。

18.1　PGMA-g-P(MA-POSS)的制备与结构表征

18.1.1　PGMA-g-P(MA-POSS)的制备

首先，通过溶液聚合获得甲基丙烯酸缩水甘油酯(GMA)的自聚物(l-PGMA)，然后部分环氧开环制备得到大分子引发剂(PGMA-Br)，最后用大分子引发剂引发 MA-POSS 发生 ATRP 反应，生成坠形结构 POSS 基环氧接枝共聚物 PGMA-g-P(MA-POSS)。

l-PGMA 自聚物的合成：通过溶液聚合方法合成 l-PGMA 自聚物，将一定量的 GMA 单体、AIBN 引发剂(4wt%)溶解在丁酮溶剂中，然后加入放有磁子的圆底烧瓶中，65℃下搅拌反应 5h。反应完毕后降温冷却，并旋蒸出多余的溶剂至反应液呈现黏稠状，然后将反应液在过量甲醇中沉析，抽滤，真空干燥 24h，得到白色固体, 产率约为 85.02%, 分子量是 8865g/mol, PDI=1.34。具体反应过程示意图如图 18-2 所示。

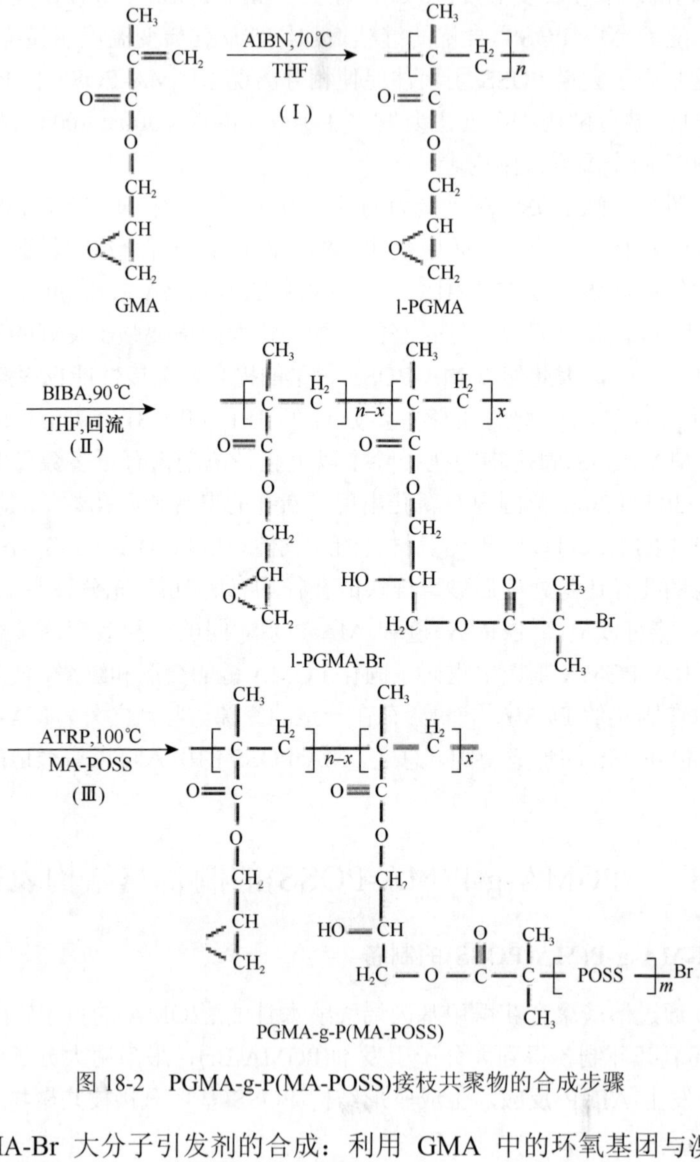

图 18-2　PGMA-g-P(MA-POSS)接枝共聚物的合成步骤

l-PGMA-Br 大分子引发剂的合成: 利用 GMA 中的环氧基团与溴代异丁酸(BIBA)中的羧基发生环氧开环反应, 并引入 Br 端, 生成 ATRP 大分子引发剂。具体实验方法为: 分别将 0.1mmol、1.0mmol、3.0mmol、10.0mmol 的 BIBA 与 1.0mmol 的 l-PGMA 溶解在 5mL THF 溶剂中, 加入装有回流冷凝装置和磁子的圆底烧瓶中, 50℃条件下反应 30h。待反应结束, 旋蒸出多余溶剂, 剩余反应液在过量乙醚中沉析，得到 l-PGMA-Br 白色粉末，真空干燥 24h，分别制备得到未开环的环氧基与 Br 端摩尔比为 10/1、1/1、1/3、1/10 的 l-PGMA-Br 大分子引发剂。

PGMA-g-P(MA-POSS)接枝共聚物的 ATRP 合成：通过原子转移自由基聚合反应(ATRP)，按照一定物质量比称取 MA-POSS 单体、联二吡啶(Bpy)配体和氯化亚铜(CuCl)催化剂，放入有磁子的茄形反应瓶中并密封，然后抽真空，通氮气，循环三次后，注入一定量的环己酮，在氮气气氛下，常温搅拌约 30min，使 Bpy 配体和 CuCl 充分配位，以免开环副反应的发生(表 18-1)。搅拌至反应物呈均一溶液后，注入溶有一定量 l-PGMA-Br 大分子引发剂的环己酮溶液，慢慢升温至 100℃，反应 8h。反应结束后，停止加热，并通空气，加入过量的 THF 稀释，搅拌 24h，使反应完全结束。然后将上述稀释后的反应液流经氧化铝柱，以除去其中的配体和铜离子，流出的无色反应液旋蒸浓缩，最后在过量的甲醇中沉析，真空干燥，得到白色粉末固体产品(S1～S4)。

表 18-1　PGMA-g-P(MA-POSS)接枝共聚物的合成配方

样品	l-PGMA 的制备	l-PGMA-Br 大分子引发剂的制备		PGMA-g-P(MA-POSS)接枝共聚物的制备				
	摩尔比	PGMA/g	BIBA/g	MA-POSS/g	CuCl/g	Bpy/g	引发剂/g	环己酮/g
S1	1：0.04	1.79	0.1	3.23	0.17	0.56	3.0	7.0
S2	1：0.04	3.26	1.0	3.12	0.16	0.54	0.6	6.0
S3	1：0.04	2.17	1.0	1.9	0.50	1.65	1.5	4.5
S4	1：0.04	1.75	1.0	2.4	0.64	2.10	1.5	5.5

固化过程：将一定量的 PGMA-g-P(MA-POSS)、固化剂三乙胺和溶剂 THF 在 50℃下反应 24h，得到预固化液。

18.1.2　PGMA-g-P(MA-POSS)的结构表征

图 18-3 为每一步反应产物的 ^{1}H NMR 谱图及 FTIR 谱图。在图 18-3(a) l-PGMA 的核磁谱图中，3.8ppm(a)和 4.3ppm(a′)是—O—CH$_2$—的亚甲基上的氢，3.2ppm(b) 为环氧基团中次甲基(—CH—)的氢，2.63ppm(c)和 2.84ppm(c′)为环氧基团中亚甲基(—CH$_2$—)的氢；在图 18-3(b) l-PGMA-Br 大分子引发剂的核磁谱图，当环氧基团与甲基丙烯酸发生开环反应后，主要有三种氢发生变化，4.15ppm(d)是—O—CH$_2$—中亚甲基上的氢，3.5ppm(e)为环氧基团开环后生成的次甲基(—CH—)上的氢，1.85ppm(f)是甲基丙烯酸中—CH$_3$ 的氢，结合图 18-3(d)l-PGMA-Br 的 FTIR 图中 3400～3500cm^{-1} 处是—OH 特征峰，说明已获得 l-PGMA-Br。图 18-3(c)为 PGMA-g-P(MA-POSS)的核磁谱图，其中，3.75ppm(g)为 MA-POSS 中—Si—(CH$_2$)$_2$—CH$_2$—O 的氢，且在图 18-3(d)的 PGMA-g-P(MA-POSS)红外谱图中 1100cm^{-1} 处

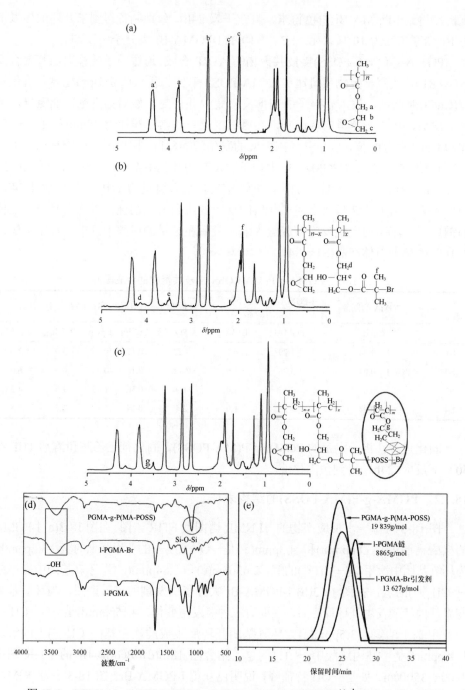

图 18-3　PGMA(a)、l-PGMA-Br(b)、PGMA-g-P(MA-POSS)(c)的 ¹H NMR 及 FTIR
谱图(d)，S2 每步反应产物的分子量曲线(e)

峰的出现，证明—Si—O—Si—结构已经被引入目标产物中。以上结果说明，均已成功获得中间产物和目标产物。除此之外，以 S2 为例，对每步反应产物的分子量进行了确定[图 18-3(e)]。l-PGMA 分子量为 8865g/mol，按照理论比例(未开环环氧与 Br 端摩尔比为 1/1)计算投料后，制备得到的 l-PGMA-Br 大分子引发剂的分子量为 13 627g/mol，计算可得未开环环氧与 Br 端摩尔比为 1.19/1，接近理论比值，进而证明该反应的可控性。最后，经过 ATRP 技术接入 MA-POSS 后，PGMA-g-P(MA-POSS)的分子量为 19 839g/mol。

18.2　PGMA-g-P(MA-POSS)的组装形貌及粒径分布

图 18-4(a)～(d)是 PGMA-g-P(MA-POSS)在 THF 溶液中形成的组装体形貌，S1～S4 主要为球形组装体，粒径分别为 115nm、136nm、400nm 和 800nm。随着 MA-POSS 含量的增加，S1～S4 的组装体粒径逐渐增大，这是因为 MA-POSS 高含量带来大的体积效应结果与表 18-2 中的 DLS 结果相一致。从 TEM 形貌图中可

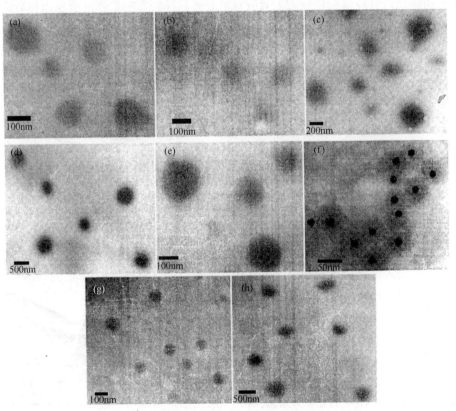

图 18-4　S1～S4 固化前(a～d)和固化后(e～h)的 TEM 图

表 18-2　PGMA-g-P(MA-POSS)在 THF 溶液中的尺寸分布

样品	固化前		固化后	
	TEM/nm	DLS/nm	TEM/nm	DLS/nm
S1	115	128.1(85.2%)	167	172.0(90.7%)
S2	136	121.4(94.1%)	60	62.6(86.8%)
S3	400	414.8(86.4%)	145	165.4(87.6%)
S4	800	761.4(92.5%)	600	643.9(91.3%)

以看出，所有样品的组装体呈现非紧缩形态。然而，PGMA-g-P(MA-POSS)发生开环固化反应后，除 S1 外(167nm)，S2～S4 组装体的尺寸均呈现减小的趋势(分别为 60nm、145nm 和 600nm)固化后组装体的尺寸大小受两种效应的影响，其一，固化后形成的羟基在 THF 溶液中有良好的溶解性，会导致组装体粒径增大；其二，三维网状结构的形成会限制 PGMA 链的缠绕和 MA-POSS 的团聚效应，会导致组装体尺寸的减小。对于 S1，PGMA 在分子组成中占有更高的组成比，固化后形成大量的羟基，且羟基的粒径增大效应对组装体粒径的影响更强，所以固化后的粒径变大。相反地，S2～S4 固化后，三维网状结构的限制效应对组装体粒径的影响强于羟基的粒径增大效应，所以最终导致粒径较小。S2 由于 GMA 和 MA-POSS 的合适比例，固化后的组装体呈现明显的核壳结构，其中由于 POSS 中硅原子的原子序数较大，所以组装为黑色区域的核部分，外围的灰色壳层为 PGMA 有机组分。TEM 表征结果揭示了组装行为不仅与不同组分在溶剂中的溶解性差异相关，还与羟基和 POSS 的相背效应有关。

18.3　膜表面形貌和润湿性能

PGMA-g-P(MA-POSS)膜的形貌和表面性能受组装体的尺寸分布和 POSS 无机相的影响，图 18-5 为 AFM 的三维图、水的静态接触角(SCA)以及膜表面结构示意图。固化前，S1～S4 的 R_a 分别是 0.19nm、0.21nm、0.33nm 和 4.1nm。虽然 S1 和 S2 的表面粗糙度很相近，但是从三维图中可以看出，在相同的扫描范围，膜表面形貌存在明显差异，S2 膜表面的聚集体尺寸明显大于 S1，这是因为 S2 中更高的 POSS 笼效应。由于 MA-POSS 中含有一个反应性侧链和七个惰性侧链，因此具有团聚倾向，且 S4 中含有最大量的 MA-POSS，所以团聚现象最为严重，导致表面粗糙度最大。由膜表面结构示意图可知，从 S1 到 S4，随着 MA-POSS 含量提高，膜表面的团聚体不仅在数量上有所增加，且每个团聚体的尺寸也有所增大，所以 S1～S4 的粗糙度依次增大。从接触角结果可以看出，随着疏水性组分 POSS 含量的增加和膜表面粗糙度的提高，膜表面对水的润湿性能逐渐增加

(SCA 分别是 103.4°、106.2°、112.1°和 117°)。

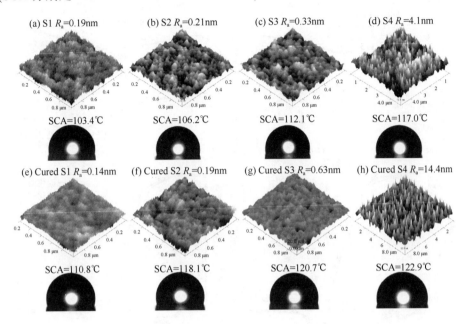

图 18-5 样品 1～4 固化前(上)后(下)的原子力显微镜三维图、膜表面示意图及 SCA

当固化反应发生后，S1 和 S2 共聚物膜的粗糙度略微降低，然而，S3 和 S4 共聚物膜的粗糙度却明显增大，这主要是与 POSS 笼的量及三维网状结构(如膜表面示意图所示)的形成有关系。由于 S1 和 S2 中的 POSS 含量相对较少，三维网状结构的形成限制了 POSS 的运动，使得 POSS 的团聚受阻，所以团聚体减少，粗糙度降低(分别是 0.14nm 和 0.19nm)；然而，由于 S3 和 S4 中的 POSS 含量较高，且三维网状结构的形成使得大量的 POSS 不能自由分散而倾向于团聚，所以会导致粗糙度增大(分别是 0.63nm 和 14.4nm)。同时，由于三维网状结构的存在和固化后粗糙度变化的双重影响，固化后膜表面的润湿性能均有所提高(SCA 分别是 110.8°、118.1°、120.7°和 122.9°)。

18.4 固化前后的热稳定性能比较

POSS 的显著优势是可以改善材料的热稳定性能，但是，当 POSS 含量不合适时，POSS 的团聚现象会导致相分离现象发生。对于固化反应，三维网状结构的形成可以提高交联密度且限制链的运动，因此对热稳定性能有利。图 18-6(a)和(b)分别是共聚物固化前后的 DSC 历程曲线，所有样品的玻璃化转变温度均高于

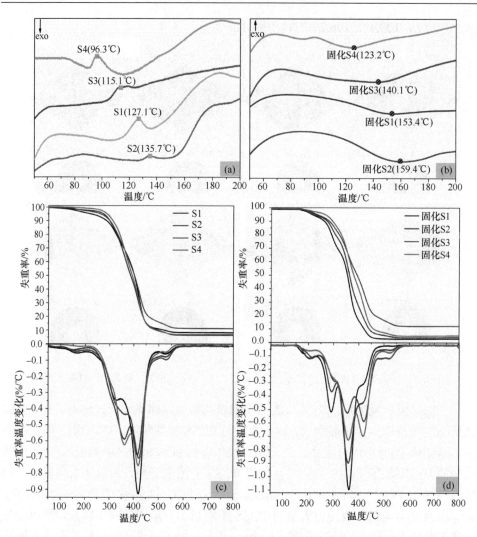

图 18-6　S1～S4 固化前(a)后(b)的 DSC 曲线及 S1～S4 固化前
(c)后(d)的 TGA 和 DTG 曲线

GMA 自聚物的玻璃化转变温度(76℃)，与前述理论相一致；这主要归因于以下三点：首先，笼形的 MA-POSS 具有体积效应可以限制 PGMA 链的运动；其次，MA-POSS 和 PGMA 链间的界面作用能够形成纳米效应；最后，MA-POSS 的引入可以提高与 PGMA 链的缠绕和交联作用，最终导致玻璃化转变温度升高。因此，PGMA-g-P(MA-POSS)相比于 PGMA 玻璃化转变温度的提高不仅证明了 PGMA-g-P(MA-POSS)的成功制备，同时也证实了 MA-POSS 和 PGM 间良好的兼容性。但是，随着 MA-POSS 含量的继续增加，S3(115.1℃)和 S4(96.3℃)的玻璃化转变温度却明显降低，原因很可能是当 MA-POSS 的含量过大时，大量 POSS 团聚体存在使得相分离现象发生，导致 MA-POSS 和 PGMA 链间的兼容性降低。因此，热稳定性能随之减弱。然而，从图 18-6(b)可知，固化后三维网状结构的形成限制了 PGMA 链和 MA-POSS 的运动，使得玻璃化转变温度均高于固化前。

与此同时，具有不同 MA-POSS 含量的 PGMA-g-P(MA-POSS)固化前后的热分解机理如图 18-6(c)和(d)所示。无论是固化前后，在 100℃前均无质量损失，以此说明样品是完全无水的。从图中曲线可看出，固化前，质量损失主要发生在 150～600℃温度范围内。通过文献可知，PGMA 自聚物的热分解过程主要有两步，分别在 160～320℃和 320～460℃温度区间。但是当 MA-POSS 引入 PGMA 主链形成坠形 PGMA-g-P(MA-POSS)后，从 DTG 曲线可以看出除了以上两个热分解过程外，在 500～600℃温度范围内产生了一个明显的热分解过程，这可能是与 MA-POSS 侧链上的碳链热分解有关，同时该热分解过程的出现也阐明了 MA-POSS 的成功引入。固化后，由于三维网状结构的形成，PGMA 链和 MA-POSS 的运动受到阻碍，缠绕、交联密度提高，固化共聚物的热分解过程变得更加复杂，热分解历程发生改变，主要发生在 160～300℃、300～400℃、400～500℃和 500～600℃四个温度范围内。据文献报道，POSS 可以减弱材料的热传导和阻碍热分解产物的扩散。随着 POSS 含量的增加，硅和碳的量也会增加，所以最终残留量会增加，故 S1 的残留量低于 S2；然而，S3 和 S4 的残留量却少于 S2，这是因为相分离现象导致样品的兼容性降低。热稳定性能结果证明了，MA-POSS 的引入和三维网状结构的形成可以有效地改善材料的热稳定性能，但是 MA-POSS 量相对较大时，热稳定性能反而会降低。

18.5　PGMA-g-P(MA-POSS)的黏接性能

PGMA-g-P(MA-POSS)固化物和传统商用环氧的黏接力曲线如图 18-7 所示。MA-POSS 属于典型的纳米硅成分，与被黏接基体硅片之间存在良好的兼容性。相反地，界面间的黏接力与表面的润湿性能紧密相关，表面越是亲水，意味着黏接剂在界面间铺展的程度更大，形成的黏接力越大。因此，疏水性的 MA-POSS 对黏接力的减小效应与含硅组分 MA-POSS 与基体间良好的兼容性对黏接力的增大效应是相反的，两种效应综合决定材料最终的黏接性能。从图中黏接力数据可知，与传统商用环氧(393N)相比，疏水性组分 MA-POSS 的引入可以降低材料的黏接力(216～333N)。但是，由于良好兼容性带来的黏接力增大效应要强于良好的疏水性带来的黏接力减小效应，因此从 S1 到 S4 随着 MA-POSS 含量的提高，黏接性能也逐渐增强。

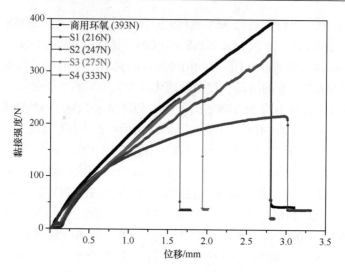

图 18-7　S1～S4 固化后的黏接力测试结果

18.6　膜的透气性能与保护功效

图 18-8(a)和图 18-8(b)分别是 PGMA-s-P(MA-POSS)及固化材料处理砂岩样块后的孔径变化图。从图 18-8(a)可以看出，传统环氧固化物的孔径主要分布在181 469～819 592nm 范围内，然而，PGMA-g-P(MA-POSS)固化物的孔径除了以上孔径范围内有更多数量的分布外，在 72 505～305 303nm 范围内有新孔出现，新孔的出现和旧孔数量的增多均可证明 MA-POSS 的引入可以改善环氧材料的透气性。

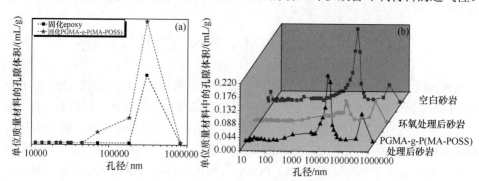

图 18-8　PGMA-g-P(MA-POSS)与 E-51 固化材料(a)及用不同材料固化液
处理砂岩石块(b)的透气性

图 18-8(b)为用固化液处理砂岩样块的孔径变化。空白砂岩样块主要含有20nm、17 300nm 和 303 956nm 三种尺寸的孔，但是，当用传统环氧固化液处理后，

孔径为 20nm 的微孔被堵塞而消失，17 300nm 处的孔的数量明显减少，303 956nm 处的大孔数量基本不变；当用 PGMA-g-P(MA-POSS)处理砂岩样块后，由于固化后 PGMA 链的相互缠绕，20nm 处的微孔被堵塞而基本消失，然而孔径为 17 300nm 的孔的数量与空白砂岩样块相比基本没有变化，303 956nm 处的大孔数量同样也基本不变，综上所述，引入 MA-POSS 后，不论是固化材料本身的孔径还是处理后砂岩样块的孔径均有所改善，这也充分证明了 MA-POSS 中的 POSS 笼可以提高 PGMA 链和 MA-POSS 间的体积效应。另外，将具有大体积的 MA-POSS 引入 PGMA 基质中阻碍了固化 PGMA 链的交联和缠绕，导致其无法紧密交联，所以在固化 PGMA 链间会存在一定的空间。除此之外，MA-POSS 的团聚也会在 MA-POSS 间形成空间，基于以上所述原因，MA-POSS 的引入可以有效地改善纯环氧的透气性。

第四篇

硅基聚合物乳液与硅基改性传统材料

第 19 章   硅基核壳结构聚合物乳液

本章导读

本章首先介绍几种乳液聚合方法，包括种子乳液聚合、核壳乳液聚合、微乳液聚合；然后介绍核壳型乳液结构设计与形貌控制方法，核壳型聚合物乳液的成膜特征；最后，讨论硅基改性核壳型含氟共聚物乳液，以及核壳型 SiO_2 基含氟聚合物乳液的合成与性能研究。

19.1   乳 液 聚 合

乳液聚合方法由 Hofman、Gottlob、Dinsomore 等在 1909 年发现后，已经逐步发展成一种重要的高分子化合物合成方法。与其他聚合方法相比，乳液聚合以水作介质，价廉安全，乳胶黏度较低，有利于搅拌传热、管道输送和连续生产；而且聚合速率快，产物分子量高，聚合可以在较低的温度下进行。常规乳液聚合体系主要由单体、水、水溶性引发剂、水溶性乳化剂四部分组成。当然在应用过程中，还需要加入其他一些助剂。聚合过程通常是共聚合，一般有一种主要单体和第二或第三种功能单体。引发体系通常是过硫酸盐类，有时会采用氧化还原体系引发聚合。

引发成核的聚合场所是乳液聚合机理的核心问题，在聚合反应发生前，单体和乳化剂分别以下列三种状态存在(图 19-1)：微量单体和乳化剂以分子分散态真正溶解于水中，构成连续水相；部分乳化剂形成胶束，直径为 4～5nm，单体增溶在胶束内，形成直径为 6～10nm 的增溶胶束，构成胶束相；大部分单体分散成液滴，直径为 1000nm。由此可见，乳液聚合体系存在水相、胶束相、单体液滴三相，此三相均有可能引发成核，最后发育为聚合物乳胶粒，究竟哪一相占主导的成核场所，则与单体在水中的溶解性能、引发剂的溶解性能、乳化剂的种类和用量等因素有关。聚合开始后，可根据乳胶粒的生长情况与反应速率的变化，将聚合过程分为增速期、恒速期、降速期三个阶段。在机理上，有胶束成核、均相成核和液滴成核等方式。在实施方法上有间歇法、半连续法和连续法。通过改变聚合过程中的各种影响因素，如单体的种类、配比和浓度，引发剂的种类和浓度，助剂的添加与配比，温度，搅拌强度，单体和助剂的加料方式等操作条件改进聚合物性能。

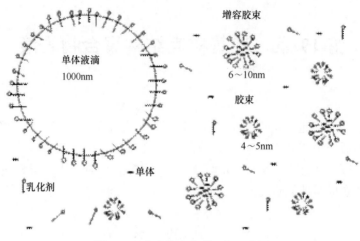

图 19-1　乳液聚合体系三相示意图

19.1.1　种子乳液聚合

　　种子乳液聚合就是先将少量单体按常规乳液聚合制得粒径 50～150nm 的种子乳胶粒,然后将少量种子胶乳(1%～3%)加入种子乳液聚合的配方中,即要求新加入的反应体系中,水、单体、引发剂的比例不变,但是要限制乳化剂的加量,要求加入量恰好能补充加入的种子乳胶粒增长所需乳化剂量,而不至于生成新的胶束,导致乳胶粒粒径的分布不均。种子乳胶粒加入后,将会被单体溶胀,已经形成的乳胶粒使其更容易吸附水相中产生的自由基,从而引发聚合,使种子乳液进一步增长,最终可以达到 1～2μm。另外,长大的乳胶粒内可能同时存在多个自由基,从而引起凝胶效应。种子乳液聚合可以增大粒径,同时由于其特殊的工艺,制得的粒子趋于单分散性。利用这一特性,可以将两种不同粒径的种子乳液同时进行种子乳液聚合,这样最终产物就是一大一小两种单分散的粒径分布。

19.1.2　核壳乳液聚合

　　在种子乳液的聚合过程中,如果将后续聚合过程中所加的单体换为其他单体,选取的两种单体应该在核与壳的界面处形成化学接枝层,这样可以增加两者的相容性。同种子乳液聚合相同,关键是控制后续乳化剂的加入量,避免形成新的胶束,进而成核发育成新的小粒子。

　　核层与壳层的单体一方面应该视目标聚合物的特性而定;另一方面还应考虑聚合过程中的其他因素,如乳化剂的选择、乳化工序,尤其是溶剂极性与单体极性的差异，由此来综合考虑聚合反应的实施条件。一般核壳结构的聚合物有两种类型：①软核硬壳，如将二烯、丙烯酸丁酯等软单体用于核层的聚合，甲基丙烯酸甲酯、苯乙烯、丙烯腈等用于壳层的共聚，就可以形成软核硬壳的乳胶粒；②硬核软壳聚合物，硬核赋予漆膜强度，软壳则可以调节最低成膜温度，获得的乳液可用于涂料方面。

19.1.3　微乳液聚合

微乳液聚合可用来制备粒径分布为 10～100nm 的乳胶粒。所谓微乳液，即若两种或两种以上互不相溶液体经混合乳化后，分散液滴的直径在 5～100nm 之间，则该体系称为微乳液。微乳液为透明分散体系，其形成与胶束的加溶作用有关，又称"被溶胀的胶束溶液"或"胶束乳液"。微乳液的形成一般需要外加强有力的剪切搅拌来制得稳定的微乳液(如剪切搅拌机或超声波)。通常由油、水、表面活性剂、助表面活性剂和电解质等组成透明或半透明的液状稳定体系。分散相的粒径小于 100nm。其特点是分散相质点大小在 0.01～0.1μm，粒径分布大小均匀，光学显微镜不可见；微粒呈球状；微乳液呈半透明至透明，热力学稳定，流动性良好；与油、水在一定范围内可混溶。分散相为油、分散介质为水的体系称为 O/W 型微乳状液，反之则称为 W/O 型微乳状液。

微乳液聚合一般加入少量的单体，乳化剂的用量相对较多(有大量的表面活性剂，并需加入辅助表面活性剂)。聚合开始后，尚未成核的液滴中的单体不断向增溶胶束中扩散，在增溶胶束中溶胀直至消失。微液滴的比表面积与粒径为 10nm 的增溶胶束相当，二者相互竞争水相中形成的自由基，液滴成核与胶束成核并存。微乳液聚合形成的乳胶粒粒径较小，表面张力低，具有较好的渗透、润湿、流平等性能。

19.2　核壳型乳液结构设计与聚合方法

19.2.1　核壳型乳液结构设计

核壳型聚合物乳液，是指乳胶粒子内部(核)和外层(壳)组成的多相复合乳胶分散体系。与普通的具有均相结构的聚合物乳液和共混乳液相比，核壳型聚合物乳液在流变性、最低成膜温度、玻璃化转变温度、表面性能、黏接性能、力学性能和加工性能等方面都具有显著的优越性，已成为构筑高性能聚合物的重要成分。

通过合理设计乳胶粒的核层和壳层组成，能够获得具有独特性质的核壳型聚合物乳液。核壳型乳胶粒子的制备方法主要有种子乳液聚合法、逐步异相凝聚法、大分子单体法、沉淀聚合法和嵌段共聚法，制备过程如图 19-2 所示。其中，种子乳液聚合法是制备水性核壳型结构共聚物乳胶粒子的主要方法，即在第一阶段制备种子(核)乳胶粒，然后在第二阶段加入单体进行乳液聚合而形成壳层。根据第二批单体的加入方式不同，种子乳液聚合方法又分为间歇种子乳液聚合法、半连续种子乳液聚合法、连续种子乳液聚合法和平衡溶胀种子乳液聚合。其中，间歇种子乳液聚合法是指按配方一次性将种子乳液、水、乳化剂、壳层单体加入反应器中进行聚合的方法。半连续种子乳液聚合法是将第二批单体在一定时间内均匀加入(滴加速率小于聚合速率)反应体系中，这种聚合方法可使反应体系温度恒定、聚合反应速率平稳、乳胶粒间絮凝概率小、乳液稳定性高，吸附在种子乳胶粒的表面或附近的第二批单体的浓度很低，不利于第二批单体向种子乳胶粒内部迁移，更有利于核壳型共聚物乳液的形成。连续种子乳液聚合法是指在搅拌下将单体、引发剂加入种子乳液中，然后将所得的混合液体连续滴加到溶有乳化剂的水中进行的聚合。平衡溶胀种子乳液聚合法是将壳层单体加入种子乳液中，在一定温度下溶胀一段时间，然后加入引发剂进行的聚合。

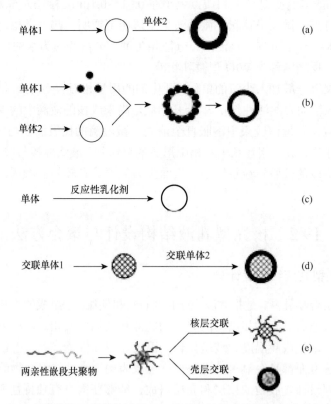

图 19-2　核壳型乳胶粒子的制备过程：(a)种子乳液聚合法；(b)逐步异相凝聚法；
(c)大分子单体法；(d)沉淀聚合法；(e)嵌段共聚法[1]

19.2.2　核壳乳液形貌控制

核壳乳液乳胶粒结构形态受多种因素的影响,如单体亲水性、加料方式、引发剂、壳阶段乳化剂的滴加速度、种子乳胶粒的黏度和分子量,此外还有固含量、搅拌速度、单体的滴加速度、离子强度等。这些因素可归纳为热力学和动力学两大因素。因此,复合乳胶粒子的形态结构取决于热力学有利的聚合物位置(核层或壳层)以及非平衡形态的动力学演化过程。

1. 单体亲水性的影响

单体的亲水性对乳胶粒的结构形态有较大的影响。亲水性较大的单体更倾向于靠近水相而定位于乳胶粒的外层,疏水性的单体则倾向于远离水相而定位于乳胶粒核层。故以疏水性单体为核层单体,以亲水性单体为壳层单体进行两阶段乳液聚合,亲水性单体倾向于在乳胶粒外层聚集,从而得到具有正常核壳结构的乳胶粒;反之,由于壳层疏水性聚合物可能向种子乳胶粒内部迁移,从而有可能形成非正常的结构形态(如草莓型、雪人型、翻转型)乳胶粒。

2. 进料方式的影响

在种子乳液聚合第二阶段,壳层单体的进料方式对乳胶粒的结构形态影响较大。一般来说,壳单体的加入可以采用三种方式:半连续法、间歇法和预溶胀法。这三种进料方式造成单体在种子乳胶粒的表面及内部的浓度分布有所不同,从而对乳胶粒的结构形态产生较大的影响。其中半连续法由于壳层单体边滴加边聚合,当滴加速率小于聚合反应速率时,单体一旦扩散到乳胶粒表面就会发生聚合反应,故有利于形成正常的核壳结构乳胶粒。采用间歇法一次性加入全部壳层单体,这种情况下得到的乳胶粒形态由乳胶粒内部黏度决定,即乳胶粒内部黏度很大时单体、自由基及壳聚合物难于扩散到乳胶粒内部,形成正常核壳结构的乳胶粒;当乳胶粒内部黏度不足时,壳层单体会因在乳胶粒内部聚合而形成均相乳胶粒或翻转核壳结构乳胶粒。

3. 引发剂的影响

引发剂的类型直接影响最终粒子的形态。乳液聚合过程中,聚合物分子或自由基链端会带有引发剂残迹,引发剂的类型实际上主要影响聚合反应过程中自由基的亲水亲油性,从而影响最终的粒子形态。例如,采用亲水性 KPS 引发剂不同用量,可以分别得到半月型、三明治型和正常核壳型 P(St/MMA)粒子。

4. 核壳聚合物之间接枝程度和交联度的影响

聚合物之间的接枝反应有利于核壳结构的形成,这是因为接枝共聚物在核-

壳之间形成过渡层，降低了核-壳间的界面张力，因而接枝程度越高，越易形成核壳结构。通过形成互穿交联网络，减少乳胶粒因核与壳亲水性差异而导致结构翻转的可能，因而能制备出正常规整的核壳型结构。

另外，聚合工艺的影响、单体加料速率、聚合反应速率、种子乳胶粒的黏度和分子量以及加热等工艺条件都会影响乳胶粒的形态。

5. 乳化剂

乳化剂的种类和用量对乳液性质具有明显的影响。例如，在阴离子乳化剂十二烷基硫酸钠(SDS)和脂肪醇聚氧乙烯醚(OS-15)的复配作用下，采用预乳化半连续种子乳液聚合工艺，制得了核层为 BA 和 MMA 共聚物，壳层为 BA、MMA 和甲基丙烯酸全氟乙酯共聚物的核壳型含氟共聚物。当复合乳化剂含量从 3.0wt%增加到 6.0wt%时，核壳乳胶粒子粒径从 95.9nm 减小到 86.4nm。当控制乳化剂总含量为 3.7wt%时，核壳乳胶粒子粒径随着 m(OS-15)/m(SDS)的减小而减小，即从 m(OS-15)/m(SDS)等于 1/4 时的 100.4nm 减小到仅含 SDS 时的 59.8nm。这是由于在混合乳化剂体系中，阴离子乳化剂的含量控制胶束的表面积，而不是离子乳化剂的含量控制胶束的体积，且在相同浓度条件下，阴离子乳化剂的表面积控制因素占主导地位。因此，SDS 的含量越高，乳胶粒子越多，乳胶粒径越小。此外，氟单体的含量对共聚物的性能起着至关重要的作用。随着氟单体含量从 0.83wt%增加到 6.67wt%，共聚物对水的前进接触角从 98.1°增加到 105.4°，后退接触角从 36.9°增加到 48.2°，吸水率从 19.71wt%降低到 13.16wt%，表面性能提高，但聚合物乳液的离心稳定性和电解质稳定性逐渐降低。因此，共聚物中氟单体的含量存在最佳值。受含氟单体种类的限制，对于一些不含双键的含氟结构单元，可以通过简单的酰化反应或酯化反应制备乙烯基含氟单体。

19.3　核壳型聚合物乳液的成膜特征

乳胶膜的最终性能不仅取决于乳胶粒的结构形态及组成，而且更多地依赖于乳液的成膜过程。传统乳液的成膜过程实际上是一种乳胶粒的相互聚结过程，主要包括溶剂挥发、乳胶粒挤压、变形、凝聚、聚合物链段扩散，以及最终连续涂膜的形成。从理论上讲，核壳乳胶粒的核层和壳层分别由两种不相互扩散(即不相溶)的聚合物组成。如果是水性核壳型结构的均匀球形聚合物乳液，原子力显微镜(AFM)和荧光非辐射能量转移(NRET)测试表明其物理成膜过程如图 19-3 所示。在一定温度下，随着水分的挥发，聚合物乳胶粒首先克服彼此之间的静电斥力和空间位阻力而相互靠近，直至紧密接触。经挤压变形后，乳胶粒的壳层部分优先相互融合、相互渗透，使其聚结为一体形成连续相，而核层部分则作为分散相聚集在薄膜内部，形成一类特殊的微相分离结构。核层部分能否相互渗透而使聚合物乳胶粒融合聚结为连续的薄膜取决于热处理温度及乳胶粒壳层厚度。因此，与共混材料相似，核壳型聚合物乳液形成的涂膜材料具有多相结构，即由一种聚合物形成的连续相和另一种聚合物形成的分散相组成。因此，可以通过合理设计乳胶粒的核层和壳层组成，使核壳型聚合物乳液提供普通乳液不具有的独特性质。

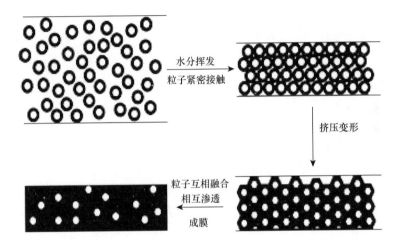

图 19-3　水性核壳型结构聚合物乳液的成膜过程：黑色部分表示壳层；白色部分表示核层[2]

　　核壳乳液形成的膜通常由两相组成，一相为连续相，另一相为分散于连续相的分散相，或两相均为微小相区随机分布存在。虽然通过复合效应，有可能形成较为理想的相结构，使材料具有优越的复合性能，但两相之间的相互作用使得核壳乳液的成膜过程较常规乳液更为复杂。目前关于复合胶乳成膜的研究较少，且大多是两种均聚物构成的复合体系。研究表明，核壳乳液成膜后是亚稳态，存在继续相分离的可能性，随着时间的推移或者使用环境的变化，该材料性能会发生变化，甚至失去原有使用价值，这种变化有可能是由相结构变化引起的。Meincken 和 Samderson 通过 AFM 研究一定温度下核壳乳胶粒子随时间融合成膜的过程，球形粒子变成均匀胶膜，证实了核壳乳液的成膜过程与常规乳液相似，也是由乳胶粒子的充填、变形和扩散融合三个过程构成的。成膜温度对核壳乳液成膜有重要影响，不同温度下核壳乳液的成膜形貌如图 19-4 所示。当成膜温度低于壳层的 T_g 时，乳胶粒子保持完整的球形结构，随着成膜温度的升高(高于壳层 T_g)，壳层变形融合成膜，核层均匀分散在壳层形成的连续相中，当温度高于核层 T_g 时，核层也变形融合，最后形成平整均匀的薄膜。

图 19-4　非交联核壳乳液不同温度下的成膜形态：(a)2℃；(b)30℃；(c)42℃；(d)80℃[3]

　　乳液的成膜条件会对其成膜性能产生重要影响。温度直接影响乳胶膜的性能，升温或热处理有利于乳液成膜。这是因为温度升高，高分子运动被活化，高分子链段间自由体积增大，有利于链段松弛产生相互扩散和贯穿而成膜。如果成膜温度过高，链段容易发生链间滑移。在这种情况下，成膜速率虽然加快，但由于分子链段运动几乎毫无约束，链段物理缠结度降低，易导致两相相分离及相结构重组，此时核层与壳层由于分别聚集将会产生较大相分离，因而膜内部甚至表面会产生微裂纹或小空穴，最终引起乳液膜吸水率、透光率、力学性能变差。

　　乳化剂含量、乳胶粒子粒径大小、壳层聚合物的 T_g 和乳液固含量也对乳液成膜性能有重要影响。乳胶粒的粒径越小，凝聚半角越大，这意味着该乳液越容易凝聚成膜，因此乳胶粒粒径小的乳液以及乳化剂含量高的乳液都有利于成膜。而壳层聚合物具有较低 T_g 或交联度，在成膜过程中随着水分的挥发，在紧密排列阶段壳层聚合物链段容易运动，乳胶粒子发生相互缠结进而很快能融合形成连续的膜。

19.4　核壳型含氟聚合物乳液

　　基于含氟聚合物低电容、低可燃性、低折射率、低表面自由能(即疏水、疏油性)、突出的热稳定性(−27～300℃)、良好的抗氧化和耐候性等，含氟聚合物在众多领域得到广泛应用，如在工业建筑领域用作防紫外线和噪声的内外墙涂料，在航空航天领域用于极低温度下航天飞机盛放液态氢所需的容器，在化学工程用于高性能薄膜，在光学纤维中用作内核和附层材料。

　　采用可控聚合方法实现对含氟聚合物的分子设计，在多尺度下有效控制含氟聚合物的结构组成，从而实现含氟聚合物的多功能化。通过控制化学组成、结构形式及粒子形态来调节含氟聚合能的性能，可控结构的含氟聚合物主要突出在核壳结构、嵌段结构和聚合物自组装等方面。核壳型乳液在流变性、表面性能、最低成膜温度、玻璃化转变温度、黏接性能、力学性能等方面都比普通均相聚合物乳液具有显著的优越性。成膜时核与壳层因微相分离而自组装，核相主要分布在膜下层，而壳层组分主要分散在膜表面。所以，通常将含氟聚合物设计为外壳层以降低膜的表面能。其中，膜表面的最外原子层对膜表面性质起决定性作用，不同基团对表面能的降低顺序为—CF_3>—CF_2—>—CH_3>—CH_2—。因此，为了获得低表面能，含氟聚合物膜表面应尽可能多地被—CF_3 覆盖。实际上，极小的氟含量就可以明显改变聚合物膜表面的疏水疏油性。目前，已经普遍接受的观点是，含氟聚合物的低表面能是因为相分离引起含氟链段向表面迁移。从分子水平的观点来看，—CF_3 官能团紧密排列在膜表面也有利于降低表面能。有文献报道，—C_8F_{17} 在金表面的单层氟密度可以达到 $1.48×10^{15}$F atoms/cm^2。X 射线光电子能谱分析显示，高含氟量集中分布在膜表面 3.8nm 的范围内。

如采用种子乳液聚合工艺制备了核层为 PMMA，壳层为 BA、MMA 和甲基丙烯酸酯十二氟庚酯(DFHM)共聚物的核壳型含氟丙烯酸酯共聚物乳液，如图 19-5(a)所示。在低用量可聚合反应性表面活性剂单体烯丙氧基羟丙磺酸钠(CH_2＝$CHCH_2OCH_2CH(OH)CH_2SO_3Na$，COPS-1)和阴离子乳化烷基酚醚硫酸铵盐的作用下，采用种子乳液聚合工艺制备了壳层为甲基丙烯酸十七氟癸酯(FMA)、BA 和 MMA 共聚物，核层为 BA 和 MMA 共聚物的核壳型含氟丙烯酸酯共聚物乳液[图 19-5(b)]，制备的含氟丙烯酸酯共聚物乳液具有明显的核壳型结构和均匀的粒径分布。同时由于避免乳化剂带来的负面影响，该类聚合物具有优异的表面性能。XPS表明，氟原子主要聚集在聚合物/空气界面和聚合物/基体界面，尤其是聚合物/空气界面，氟原子在聚合物膜层表面的含量几乎是理论值的两倍。随着氟单体含量的增加，聚合物的表面性能也随之提高。相对于含氟组分富集于核层的含氟聚合物(表面自由能为 39.01mN/m)，含氟组分富集于壳层更有利于降低涂膜的表面自由能(28.18mN/m)。相对于采用 SDS 和辛基苯基聚氧乙烯醚(OP-10)复合乳化剂制备的核壳型含氟丙烯酸酯共聚物，反应性 DNS-86 乳化剂赋予共聚物乳液更好的耐电解质稳定性。

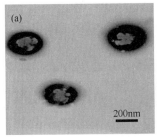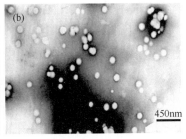

图 19-5　核壳型含氟丙烯酸酯共聚物乳胶粒的 TEM 图[4, 5]

含氟共聚物的表面润湿性能不仅与氟单体含量有关，还与非氟共聚单体的化学结构密切相关。含氟共聚物的含量为 13wt%时，所有共聚物的表面自由能大致为 10mN/m，几乎与全氟烷基丙烯酸酯均聚物的表面自由能相当。链段影响的趋势反映出非氟甲基丙烯酸烷基酯中烷基侧链越长，羰基在表面的暴露程度越小，共聚物的表面自由能越低。事实上，共聚物的润湿性不仅可以用对水的接触角表征，还可以用滚动角(接触角滞后现象)表征。研究表明，接触角越大并不意味着滚动角越小。对于带有活动主链和侧链的含氟共聚物，在低润湿条件下，含氟基团在固体表面有序密集排列，润湿性能较差；而在高润湿条件下，含氟基团在固体表面呈无规则排列，润湿性能提高。实践证明，含氟聚合物固体表面的润湿性能并不完全取决于含氟基团在涂膜表面的排布与分布，还要考虑极性液体和非极性液体与固体表面的界面作用力，如色散作用和极化作用。当含氟聚合物表面与极性液体接触时，由于存在极性作用力，含氟基团易迁移到聚合物内部，而聚合物中极性基团则易迁移到固体表面以降低界面能；但与非极性液体接触时，其与碳氢组分有强色散作用力，同样也会致使含氟基团迁移到聚合物内部。因此，通过形成交联网络结构固定含氟基团在涂膜表面的排布是改善含氟聚合物表面润湿性能稳定的重要途径。此外，含氟聚合物中氟碳组分和碳氢组分的相容性较差，交联结构的形成有利于克服成膜过程的宏观相分离。

19.5　硅氧烷基核壳型乳液

19.5.1　硅氧烷结构特点

聚硅氧烷最突出也最受关注的特性是在高温条件下具有优良的耐热性能和突出的热稳定性，同时还可以在低温下保持良好的弹性。很多聚硅氧烷的玻璃化转变温度在–150～–70℃之间，而它们开始不可逆降解的上限温度高达 300～350℃以上。大多数—C—C—型有机聚合物的玻璃化转变温度不会低于–70℃，而降解温度很少能超过 150～200℃。相比之下，聚硅氧烷的潜在使用温度范围至少提高了 150～200℃。聚硅氧烷的这些优异性能直接起源于它们的构成：重复单元、链段、整个大分子的基本结构单元、所固有的一些最基本的特殊相互作用。

聚硅氧烷基本的化学键(Si—O 键)部分离子化，带有部分双键的特性。线形聚硅氧烷中典型的 Si—O 键长为(1.64±0.03)Å，比 C—C 键长，但小于硅原子半径(1.17Å)和氧原子半径(0.66Å)之和，可见 Si—O 键并非简单的 σ 键。研究表明，硅原子的低能空 3d 轨道和氧原子 p 轨道的部分交叠。由于原子间较大的尺寸差异，氧原子的孤对电子偏向硅原子，使得两原子间除了形成正常的 σ 键外，同时还存在 d_π-p_π 键，因此，Si—O 键带有了双键的性质。同时，Si—O 键带有部分离子键特性，是由于硅原子的电负性为 1.8，而氧原子的电负性为 3.5，根据鲍林原理，二者差异较大而具有了部分离子键的特性。这些使得 Si—O 键的键能大约为 453.6kJ/mol，远高于 C—C 键(346.9kJ/mol)、C—O 键(357.8kJ/mol)，使得聚硅氧烷与其他有机聚合物中常见的键相比，可承受更高的温度，具有更高的热稳定性。

19.5.2　硅氧烷基核壳型乳液的制备

制备硅氧烷基聚合物乳液主要采用物理改性法和化学改性法。物理改性法在一定程度上可以体现两种材料的优点，但是两种材料极性存在较大差异，容易造成两种材料的分相，导致乳液成膜后，透光性能、力学性能、耐水耐溶剂性能降低。化学改性法是在两种材料间通过化学键将二者结合起来，使材料在更加微观的层面结合，并且可以利用化学共聚法，合成出核壳结构、交联网络结构等微观上具有特殊结构的功能乳液，达到分子级别的改性。根据改性使用的有机硅与改性路径的不同，可大概分为以下三种类型。

(1)接枝缩聚法：利用带羟基、氨基、烷氧基或环氧基等活性基团的硅氧烷的活性基团，使其与丙烯酸酯链上引入的活性基团(氨基、羟基、羧基等)发生分子间的缩聚反应接枝共聚物。

(2)自由基聚合法：制备含双键的硅氧烷，使含双键的硅氧烷低聚物与丙烯酸酯类单体进行共聚，生成侧链含有硅氧烷的梳形聚合物或主链上含有硅氧烷的共聚物。这类含双键的硅氧烷可以由侧链中含有乙烯基的环硅氧烷通过开环反应进行制备。环硅氧烷的开环机理按照催化剂种类可以分为阴离子催化开环聚合反应和阳离子催化开环聚合反应。阴离子催化开环聚合反应是在碱性催化剂(亲核试剂)作用下，使环硅氧烷开环聚合成线形聚硅氧烷的过程。阳离子催化开环聚合反应是在酸性催化剂(亲电试剂)作用下，使环硅氧烷开环聚合成线形聚硅氧烷的过程。一般认为，阳离子开环聚合反应是以亲核试剂如(H^+)与环硅氧烷中的氧原子上的孤对电子配对，生成氧𨦯离子，然后 Si—OH^+—Si 键受热断裂开环，生成链的一端含有 Si^+ 的活性链段，该活性链段作为亲核试剂又可进攻新的环硅氧烷，使其开环，进而扩链，直至遇到阴离子，发生链终止反应，整个反应过程处于动态平衡。如利用八甲基环四硅氧烷与四甲基四乙烯基环四硅氧烷进行开环重排，合成出带乙烯基的低聚硅氧烷，然后与其他单体合成出硅丙乳液。

(3)硅氢加成法：利用含活泼氢的有机硅烷或有机硅氧烷与带有不饱和双键的丙烯酸酯进行硅氢加成反应而将有机硅链引入丙烯酸酯聚合物中。有机硅氧烷分子中，硅的电负性比氢小，而碳的电负性比硅大，所以硅氢键中氢带有负电荷。这种硅氢键键能增大，具有很好耐热性的同时又有很高的反应活性，在催化剂存在下可以与胺、酸、硅醇以及水发生亲核反应，还可以和不饱和键进行加成反应。

19.6　硅基改性核壳型含氟共聚物乳液

19.6.1　硅氧烷改性核壳型含氟共聚物乳液特性

鉴于含硅聚合物材料优异的耐高低温性、耐候性和透气性，采用有机硅改性含氟聚合物，可以提高含氟聚合物的表面性能、耐高低温性能和透气性，同时改善含硅聚合物材料耐有机溶剂、耐酸碱腐蚀性和机械性能较差的缺陷，从而获得两种体系优势互补的新型含氟/硅共聚物材料。

含乙烯基的硅烷偶联剂可与多种乙烯基单体进行乳液共聚，如在反应性乳化剂苯乙烯磺酸钠(NaSS)和 COPS-1 的作用下，采用种子乳液聚合，通过在第二批单体中加入 DFHM 和乙烯基三乙氧基硅烷[CH_2＝$CHSi(OC_2H_5)_3$，VTES]，制备壳层富集含氟和含硅组分的核壳型 LIPN 乳液。TEM 表明乳胶粒具有球形核壳型结构，且粒径分布均匀；当 VTES 含量从 0wt%增加到 0.66wt%，乳胶粒径从 130.9nm增加到 147.3nm，即随着 VTES 含量的增加，交联密度增大，导致乳胶粒径增大。AFM 的研究表明随着 DFHM 和 VTES 含量的增加，共聚物薄膜表面的粗糙度增加，但对共聚物的表面性能影响不大。XPS 的测试结果显示，共聚物表面富集着大量的氟原子和硅原子，表面浓度远大于本体浓度。因此，含氟硅共聚物表现出优异的性能，且随着硅单体含量的增加，更多的氟原子被固定在固体表面，共聚物的热稳定性增强，静态接触角及动态接触角增大。如果采用微波辐射乳液聚合方法，以 γ-(甲基丙烯酰氧)丙基三甲氧基硅烷(MPTMS)改性核壳型含氟丙烯酸酯共聚物，有机硅的添加提高了共聚物乳液的耐寒性。此外，也可选用乙烯基含氟硅单体直接制备核壳型含氟硅共聚物乳液。

19.6.2　核壳型 SiO_2 基含氟聚合物乳液

当采用无机纳米粒子改性聚合物材料时，最终获得的改性材料性能的优劣实际上主要取决于纳米颗粒的组成及复合材料的微观结构。用价格低廉的 SiO_2 无机材料对聚合物实施改性，可以明显提高聚合物材料的机械性能、耐紫外性能、耐热稳定性能、耐冲刷性能及自清洁性能，使纳米 SiO_2 溶胶原位表面有机化，并以其为种子乳液合成纳米 SiO_2/含氟丙烯酸酯类共聚物核壳乳液，作为壳层的含氟共聚物嵌段容易迁移到膜-空气界面，赋予乳液膜优异的疏水疏油性；核层的纳米 SiO_2 分散于丙烯酸酯共聚物基体中，提供耐紫外性能、高硬度和高韧性能；同时，丙烯酸酯类共聚物与硅质基体具有良好的黏接性。值得注意的是，现有的纳米 SiO_2/含氟丙烯酸酯类共聚物核壳乳液的核壳结构实际上较多的是多核的核壳结构以及偏心的核壳结构，由于纳米 SiO_2 种子乳液并未实现真正意义的单分散性甚至并未完全地被聚合物包覆而存在于壳层区域，在一定条件下纳米 SiO_2 会发生二次团聚影响整个复合乳液的稳定性，并影响最终乳液膜的性能。因而，获得良好液相分散性的纳米 SiO_2 是制备单核壳结构纳米 SiO_2/含氟丙烯酸酯类共聚物乳液的关键。此外，现有文献报道中多以溶胶-凝胶法原位合成纳米 SiO_2 溶胶并作为种子乳液原料，工艺较为复杂，在一定程度上限制了纳米 SiO_2/含氟丙烯酸酯类共聚物核壳乳液的广泛应用。若直接采用成品气相法纳米 SiO_2 则可简化工艺，且气相法纳米 SiO_2 表面的羟基含量相对较少，同时具有超小的粒径和超大的比表面积，使得由其制备的复合材料能够从真正意义上体现出纳米材料的特性。为了进一步提高气相法纳米 SiO_2 与高分子的相容性，采用硅烷偶联剂表面改性的气相法纳米 SiO_2 为原料，最终制备的改性纳米 SiO_2/含氟丙烯酸酯类共聚物核壳乳液，能充分发挥无机纳米粒子和共聚物的双重性能。

例如，采用 TEOS 经溶胶-凝胶反应制备出平均粒径为 18nm 的 SiO_2 颗粒，然后以此为种子制备出壳层富集含氟共聚物的核壳型有机-无机复合含氟硅乳液。为了改善核层组分和壳层组分的相容性，采用硅烷偶联剂(MPTMS)对溶胶-凝胶法制备的纳米 SiO_2 进行表面改性，其中 MPTMS 在纳米 SiO_2 表面的接枝率为 $0.1716mmol/m^2$。TEM 表明，最终获得的球形乳胶粒子具有明显的核壳型结构，平均粒径为 170~190nm，但粒径较小的 SiO_2 颗粒容易聚集，导致 50%的乳胶粒呈现出多核结构。此外，由于受 MPTMS 在 SiO_2 表面接枝率的影响，乳胶粒的核并没有完全位于球形颗粒的中心。TGA 和静态接触角测试表明由于改性纳米 SiO_2 颗粒的交联作用，随着 SiO_2 含量的增加，共聚物热稳定性和疏水性提高，但含量过高的 SiO_2 会降低聚合物乳液的稳定性和表面性能。如果在反应性乳化剂烯丙氧基壬基酚聚氧乙烯(10)醚硫酸铵(DNS-86)的作用下制备核壳型纳米 SiO_2/含氟聚合物复合乳液，种子 SiO_2 的含量、反应性乳化剂的浓度、含氟单体(DFHM)和有机硅单体γ-(甲基丙烯酰氧)丙基三异丙氧基硅烷(MAPTIPS)的引入对乳胶粒的粒子形态有很大影响。根据反应条件的控制，不但可以形成正常的球形核壳型乳胶粒子，还可形成雪人型、草莓型和夹心型粒子。研究还发现，即使是以未改性的 SiO_2 作为种子，通过乳液聚合也可制备出核壳型有机-无机复合含氟硅乳液。但由于聚合物不能完全包覆未改性纳米 SiO_2，因此最终形成的共聚物涂膜材料出现了明显的相分离，从而抑制了含氟基团的表面迁移能力。

如何有效地获得以纳米 SiO_2 为无机组分的无机-有机复合材料，充分发挥纳米 SiO_2 所赋予材料特殊的纳米效应以及有效地增强共聚物基体的性质，以及如何突显含氟共聚物疏水疏油的优异表面性能，最终获得室温成膜的高性能涂膜材料，是材料设计中值得考虑的问题。无机纳米 SiO_2 和含氟聚合物两相的疏水性或表面张力的差异，更有利于壳层中的氟组分优先迁移到表面，为设计并研制含氟量少、表面性能优异的室温成膜高性能涂膜材料提供了理论依据，而无机纳米 SiO₂ 与无机基体良好的相容性，弥补了含氟共聚物与基体黏结性差的缺陷；壳层以软、硬单体和含氟单体为主要成分，既赋予涂膜优良的成膜性，又能在含氟量较少的情况下，提高涂膜疏水疏油性能。

参 考 文 献

[1] Winnik M A, Zhaot C L, Shaffer O, et al. Electron microscopy studies of polystyrene-poly(methyl methacrylate)core-shell latex particles. Langmuir, 1993, 9: 2053-2066; Ottewill R H, Schofield A B, Waters J A, et al. Preparation of core-shell polymer colloid particles by encapsulation. Colloid Polym Sci, 1997, 275: 274-283; Bucsi A, Forcada J, Gibanel S, et al. Monodisperse polystyrene latex particles functionalized by the macromonomer technique. Macromolecules, 1998, 31: 2087-2097; Li W H, Stolver H D H. Monodisperse cross-linked core-shell polymer microspheres by precipitation polymerization. Macromolecules, 2000, 33: 4354-4360; Matsuoka H, Matsutani M, Mouri E, et al. Polymer micelle mormation without Gibbs monolayer formation: Synthesis and characteristic behavior of an amphiphilic diblock copolymer having strong acid groups. Macromolecules, 2003, 36: 5321-5330.
[2] Marion P, Beinert G, Juhue D, et al. Core-shell latex particles containing a fluorinated polymer in the shell. 2. Internal structure studied by fluorescence nonradiative energy transfer. Macromolecules, 1997, 30: 123-129.
[3] Meincken M, Sanderson R D. Determination of the influence of the polymer structure and particle size on the film formation process of polymer by atomic force microscopy. Polymer, 2002, 43(18): 4947-4855.
[4] Cui X J, Zhong S L, Wang H Y. Synthesis and characterization of emulsifier-free core-shell fluorine-containing polyacrylate latex. Colloids Surf A, 2007, 303: 173-178.
[5] Zhang C C, Chen Y J. Investigation of fluorinated polyacrylate latex with core-shell structure. Polym Int, 2005, 54: 1027-1033.

第 20 章 聚硅氧烷接枝核壳型含氟丙烯酸酯共聚物乳液

本章导读

由于核壳型含氟乳液共聚物中各个链段相区间的热力学不相容性，它们比一般含氟共聚物具有更加优异的含氟链段表面迁移能力和更低的表面自由能。尽管有不少研究者从多个方面研究了含氟聚合物的表面性能，但对低表面能核壳型含氟乳液共聚物的分子结构、分子组成、成膜条件等因素的密切相关性，仍然处于不明朗阶段。因此，本章主要研究聚硅氧烷接枝改性核壳型含氟丙烯酸酯共聚物乳液。采用半连续种子乳液聚合方法，选用非离子乳化剂(TX-10)和含氟阴离子乳化剂(SPFOS)作为复合乳化剂，甲基丙烯酸十二氟庚酯(12FMA)为含氟单体，丙烯酸丁酯(BA)和甲基丙烯酸甲酯(MMA)为非氟单体，合成核壳型含氟丙烯酸酯共聚物 BA/MMA/12FMA 乳液；在此研究基础上，使八甲基环四硅氧烷 $[D_4，Si_4O_4(CH_3)_8]$阳离子开环聚合获得聚硅氧烷，并利用聚硅氧烷的端—OH 与硅烷偶联剂 20-(甲基丙烯酰氧)丙基三甲氧基硅烷(MPTMS，$C_{10}H_{20}O_5Si$)中的—OCH_3缩合反应制备核壳型聚硅氧烷接枝含氟丙烯酸酯共聚物乳液，即核壳型含氟硅丙烯酸酯共聚物乳液 BA/MMA/12FMA/MPTMS/D_4，如图 20-1 所示。综合分析共聚物乳液的结构和形态、共聚物涂膜的表面性质及涂膜表面和断面的元素组成和分配、热稳定性及力学性质。最后，对获得的核壳乳液与嵌段聚合物的性能进行比较分析。

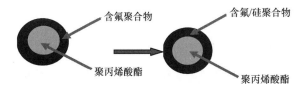

图 20-1 核壳结构乳液 BA/MMA/12FMA/MPTMS/D_4 的合成

(1)从乳液聚合的稳定性和涂膜表面的耐水性考虑，TX-10/SPFOS 型复合乳化剂的 HLB 值应确定为 14.18，用量配比为 1.00g/0.10g，质量比为 10/1。为了保证 D_4 完全聚合及提高共聚物表面对水的接触角和降低乳液凝胶率，催化剂 DBSA 与

D_4 的质量比为 1/22.5。当控制有机硅 D_4 的含量为 2.84wt%~4.36wt%时，共聚物乳胶粒均匀球形分布，核壳型结构粒子粒径为 110~120nm，壳层厚度为 15~25nm。

(2)乳液在成膜过程中，氟元素向表面迁移(氟元素在涂膜表面含量的实验测试值是理论值的 3 倍)，以形成低的表面自由能。当氟单体 12FMA 的含量为 9.64wt%~12.63wt%时，共聚物涂膜表面对水的接触角在 100°~102°之间，对正十六烷的接触角在 58°~61°之间，表面自由能在 17.4~18.6mN/m 之间，明显改善了共聚物的热稳定性和柔韧性。与具有低含氟量(9.17wt%~10.34wt%)的含氟丙烯酸酯共聚物相比，硅基含氟共聚物中有机硅的加入有利于改善共聚物的热稳定性和柔韧性。

(3)硅基含氟核壳结构共聚物乳胶膜表现出优异的疏水性能，其表面对水具有高的结构稳定性、较低的吸附量($4.8×10^4ng/cm^2$)、较大的前进接触角(103°)和后退接触角(99°)及较小的接触角滞后性($\Delta\theta=4°$)；而单一含氟丙烯酸酯共聚物乳胶膜表现出优异疏油性能，其表面对十六烷具有高的结构稳定性、较低的吸附量($3.0×10^4ng/cm^2$)、较大的前进接触角(64°)和后退接触角(62°)及较小的接触角滞后性($\Delta\theta=2°$)。与之相比的嵌段共聚物中，以氯仿为成膜溶剂的含氟硅丙烯酸酯嵌段共聚物涂膜表现出优异的疏水性能，其表面对水具有高的结构稳定性、较低的吸附量($8.6×10^4ng/cm^2$)、较大的前进接触角(122°)和后退接触角(118°)及较小的接触角滞后性($\Delta\theta=4°$)；而以二氧六环为成膜溶剂的含氟硅丙烯酸酯嵌段共聚物涂膜表现出优异的疏油性能，其表面对十六烷具有高的结构稳定性、较低的吸附量($8.4×10^4ng/cm^2$)、较大的前进接触角(52°)和后退接触角(50°)及较小的接触角滞后性($\Delta\theta=2°$)。

20.1 硅氧烷基核壳乳液 BA/MMA/12FMA/MPTMS/D_4 的制备与条件选择

20.1.1 BA/MMA/12FMA/MPTMS/D_4 的制备

在制备聚硅氧烷接枝改性核壳型含氟丙烯酸酯共聚物乳液的过程中，考虑到最终乳液的稳定性和膜的耐水性，首先选用阴离子含氟乳化剂全氟辛基磺酸钠(SPFOS)与非离子乳化剂 TX-10 作为复合乳化剂，采用半连续种子乳液聚合法制备核壳型含氟丙烯酸酯共聚物乳液 BA/MMA/12FMA，并通过测试乳液的稳定性和膜的耐水性确定 SPFOS/TX-10 的最佳配比。合成具体投料见表 20-1，具体合成路线如图 20-2 所示。

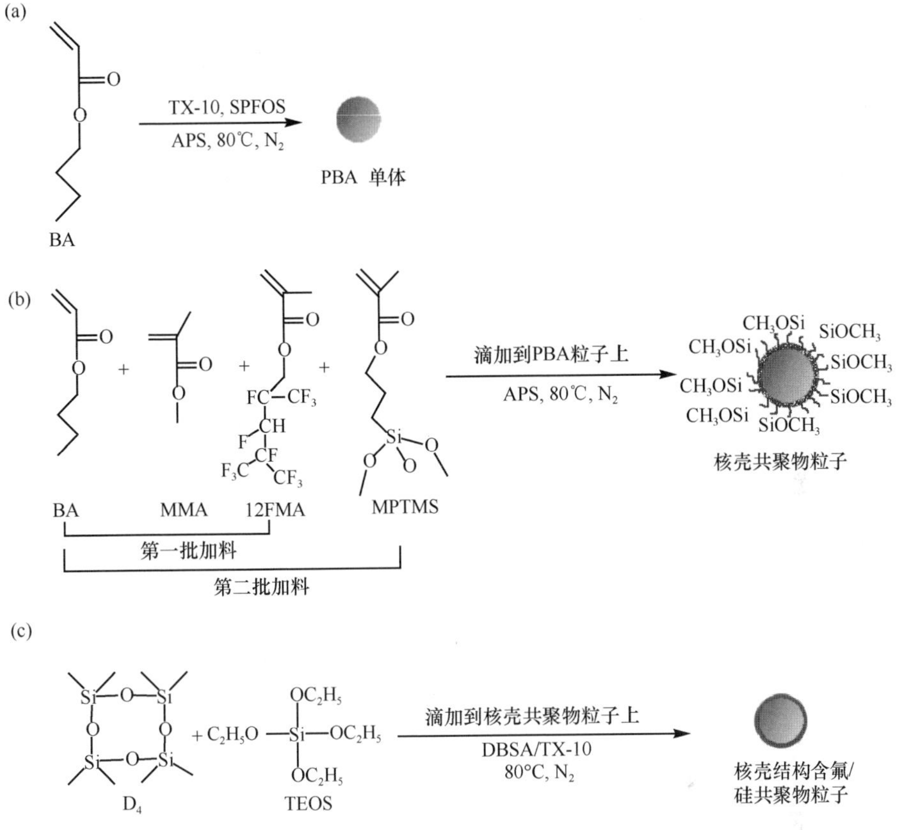

图 20-2 核壳型含氟硅丙烯酸酯共聚物的合成路线图

在制备核壳型含氟丙烯酸酯共聚物乳液 BA/MMA/12FMA 壳层的合成后期，加入 20-(甲基丙烯酰氧)丙基三甲氧基硅烷(MPTMS)与之共聚；然后加入八甲基环四硅氧烷(D₄)，使其在十二烷基苯磺酸(DBSA)的作用下，阳离子开环聚合获得聚硅氧烷；同时利用聚硅氧烷的端—OH 与 MPTMS 中—OCH₃ 缩合反应制备聚硅氧烷接枝核壳型含氟丙烯酸酯共聚物乳液，即核壳型含氟硅丙烯酸酯共聚物乳液。

具体合成步骤如下：用 NaOH(5wt%)对各种单体进行洗涤处理(去阻聚剂)。向反应容器中加入去离子水、NaHCO₃ 和复合乳化剂(SPFOS/TX-10)，待溶解后，加入单体 BA，在 50℃进行预乳化 0.5h。将乳化好的 BA 缓慢升温到 80℃，在 N₂ 的保护下开始加入第一份引发剂 APS，控温反应 0.5h。0.5h 后，开始用恒压滴液漏斗滴加 75wt%第二份单体(BA/MMA/12FMA)和 APS，滴加时间为 2.5~3h。将剩余的 25wt%第二份单体(BA/MMA/12FMA)、APS 和 MPTMS 在高速搅拌的状态下控制 1.5~2h 内滴加完毕；将复合乳化剂 DBSA/ TX-10 的水溶液加入上述乳液体系，然后在高速搅拌的状态下用恒压滴液漏斗缓慢加入 D₄ 和 TEOS，滴加时间为 1～1.5h。反应结束后，降温出料获得聚硅氧烷接枝核壳型含氟硅丙烯酸酯共聚物乳液，即核壳型含氟硅丙烯酸酯共聚物乳液。具体合成路线如图 20-2 所示，合成中的具体投料见表 20-1。

表 20-1　核壳型含氟硅丙烯酸酯共聚物乳液的制备条件和原料配比

	CS1	CS2	CS3	CS4	CS5	CS6	CS7	CS8
反应第一步								
BA/g	10.00	10.00	10.00	10.00	10.00	10.00	10.00	10.00
MMA/g	0	0	0	0	0	0	0	0
TX-10/ SPFOS/g	1.00/0.10	1.00/0.10	1.00/0.10	1.00/0.10	0.97/0.096	0.97/0.096	0.97/0.096	0.97/0.096
NaHCO₃/g	0.10	0.10	0.10	0.10	0.10	0.10	0.10	0.10
APS/g	0.05	0.05	0.05	0.05	0.05	0.05	0.05	0.05
去离子水/g	55.00	55.00	55.00	55.00	55.00	55.00	55.00	55.00
反应第二步								
BA/g	5.00	5.00	5.00	5.00	5.00	5.00	5.00	5.00
MMA/g	10.00	10.00	10.00	10.00	10.00	10.00	10.00	10.00
MPTMS/g	0	0.30	0.30	0.30	0	0.30	0.30	0.30
12FMA/g	4.00	4.00	4.00	4.00	3.00	3.00	3.00	3.00
APS/g	0.095	0.095	0.095	0.095	0.09	0.09	0.09	0.09
去离子水/g	5.00	5.00	5.00	5.00	2.80	2.80	2.80	2.80
反应第三步								
DBSA/TX-10/g	0	0.04/0.027	0.06/0.04	0.08/0.053	0	0.04/0.027	0.06/0.04	0.08/0.053
去离子水/g	0	6.67	10.00	13.33	0	6.67	10.00	13.33
TEOS/g	0	0.10	0.15	0.20	0	0.10	0.15	0.20
D₄/g	0	0.90	1.35	1.80	0	0.90	1.35	1.80
固含量/wt%	26.96	29.48	30.37	29.20	26.07	27.17	27.59	28.74

20.1.2　乳化剂的选择及用量

在水性含氟聚合物乳液的合成过程中，若乳化剂用量过多，尤其是阴离子乳化剂用量过大，成膜后阴离子乳化剂会富集而形成渗水通道，进而影响涂膜的耐水性。因此，在保证聚合物乳液高稳定性和高转化率的情况下，应尽量降低乳化剂的含量。

氟碳表面活性剂是一类非极性基团为氟碳链(即碳氢链上的氢原子全部或部分被氟原子取代)，而极性基团是与普通表面活性剂结构相似的表面活性剂。目前的氟碳表面活性剂有阴离子、阳离子、非离子和两性四种。研究中选用氟碳阴离子表面活性剂全氟辛基磺酸钠 SPFOS 和非离子乳化剂 TX-10 复配作为核壳型含氟硅丙烯酸酯共聚物乳液的乳化剂，以降低乳液聚合中乳化剂的用量，尤其是阴离子乳化剂的用量。表面活性剂分子中同时含有亲油基团和亲水基团，二者的相对大小决定了整个表面活性剂的亲水亲油性。每一种乳化剂都有一个亲水和亲油平衡值 HLB，以表征其性质及作用。对于水包油型(O/W 型)乳化剂，表面活性剂的 HLB 值范围应控制在 8～18 之间。因此此乳液聚合过程中可以用 HLB 值调节乳化剂的用量和配比。非离子乳化剂 TX-10 的 HLB 值为 14.5，阴离子型乳化剂全氟辛基磺酸钠($C_8F_{17}SO_3Na$，SPFOS)的 HLB 值根据基数法计算(HLB值 = $\sum$亲水基的基数 $-\sum$亲油基的基数 $+7$)为 11.04，SPFOS 中各个结构单元的基数如表 20-2 所示。

表 20-2　亲水基和亲油基的基数

亲水基	亲水基基数	亲油基	亲油基基数
—SO_3Na	11.00	—CF_2—	−0.870
—	—	—CF_3	−0.870

注：负值表示亲油性，计算时应取绝对值代入。

SPFOS 和 TX-10 复配后的 HLB 值为

$$\text{HLB值} = \text{HLB}_{\text{SPFOS}} \times \frac{m_{\text{SPFOS}}}{m_{\text{SPFOS}} + m_{\text{TX-10}}} + \text{HLB}_{\text{TX-10}} \times \frac{m_{\text{TX-10}}}{m_{\text{SPFOS}} + m_{\text{TX-10}}} \quad (20\text{-}1)$$

根据式(20-1)调节 SPFOS/TX-10 复合乳化剂的 HLB 值在 13～15 之间，通过测试含氟丙烯酸酯共聚物涂膜表面对水的接触角和乳液聚合过程中的凝胶率，确定 SPFOS 和 TX-10 的最佳配比，结果见表 20-3。当阴离子乳化剂 SPFOS 的含量较低时，乳液机械和化学稳定性较差，乳胶粒子易产生絮凝，凝胶率大。随着阴离子乳化剂 SPFOS 含量的增加，反应体系稳定性增大，凝胶率下降，但涂膜表面对水的接触角急剧下降，耐水性变差。从乳液聚合的稳定性和涂膜表面的耐水性考虑，根据表 20-3 的实验测试数据，TX-10/SPFOS 型复合乳化剂的 HLB 值应确定为 14.18，用量配比为 1.00g/0.10g，质量比 10/1。

表 20-3　TX-10/SPFOS 对含氟丙烯酸酯共聚物乳液制备及性能的影响

TX-10(g)/SPFOS(g)	HLB	水接触角/(°)	凝胶率/wt%
1.13/0.01	14.47	92.5	8.33
1.11/0.05	14.36	96.8	2.47
1.00/0.10	14.18	99.1	1.50
0.90/0.20	13.86	84.0	1.33
0.80/0.30	13.65	—	0.60

20.1.3　D_4 阳离子开环聚合

将核壳型含氟丙烯酸酯共聚物乳液的壳层部分单体与含双键的硅烷偶联剂

MPTMS 共聚，然后采用阳离子乳液聚合的方法，制备端羟基聚硅氧烷(图 20-3)。利用聚硅氧烷的端羟基(–OH)与核壳乳液的烷氧基(–OCH$_3$)反应，制备核壳型含氟硅丙烯酸酯共聚物乳液。D$_4$ 的阳离子开环聚合反应实质分为三步：

(1)D$_4$ 在酸催化下开环生成低摩尔质量的线形硅氧烷。

(2)作为反应活性中心的线形硅氧烷继续与 D$_4$ 反应。

(3)线形硅氧烷之间的缩合反应。

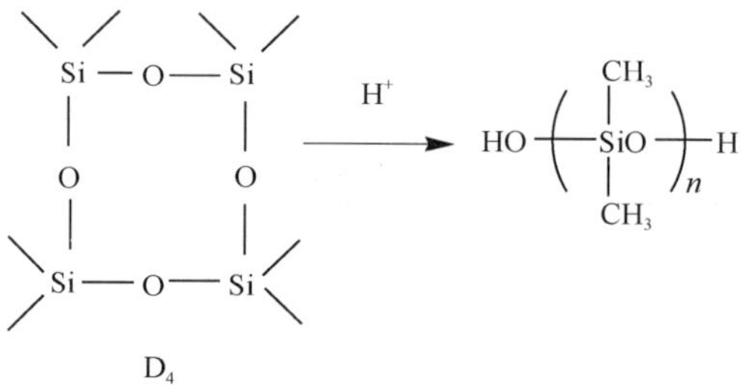

图 20-3　阳离子开环聚合过程

十二烷基苯磺酸(DBSA)在 D$_4$ 的阳离子开环聚合反应中一方面向体系提供亲核试剂(H$^+$)，发挥催化剂的作用；另一方面，经过与 TX-10 复配作为乳化剂(DBSA/TX-10 的质量比为 3/2)，发挥稳定有机硅乳液的作用。DBSA 同时也是一种阴离子乳化剂，其用量的多少直接影响共聚物表面的疏水性能。从表 20-4 可以看出，随着 DBSA 含量的降低，共聚物的疏水性提高，但凝胶率同时增大。因此，在保证 D$_4$ 完全聚合的条件下(乳液表层无浮油)，应尽可能降低 DBSA 的含量。从共聚物表面对水的接触角和乳液凝胶率方面进行综合分析，最终确定 D$_4$/DBSA 的质量比为 22.5。

表 20-4　D$_4$/DBSA 对含氟硅丙烯酸酯共聚物乳液性能的影响

D$_4$(g)/DBSA(g)	9	13.5	22.5	33.75
水接触角/(°)	88.0	99.5	101.6	102.0
凝胶率/wt%	0.63	0.74	0.82	1.16
乳液外观	无浮油	无浮油	无浮油	无浮油

20.2　共聚物乳液形貌与结构表征

由不含硅的核壳型含氟丙烯酸酯共聚物乳液(S1)的 TEM 图[图 20-4(a)]可以看出，在复合乳化剂 SPFOS/TX-10(HLB=14.18)的作用下采用半连续种子乳液聚合，所获得的乳胶粒呈球形分布，且粒径分布均匀。当用 pH=2 的磷钨酸盐(PAT)以体积比 1：1 的配方对待测乳液进行染色后，乳胶粒呈现明显的核壳型结构，如图

20-4(b)所示。其中，白色部分表示核层 PBA，暗灰色和黑色部分表示壳层
P(BA/MMA/12FMA)。核壳型结构粒子的粒径为 90～100nm，壳层厚度为 7～10nm。
含氟硅丙烯酸酯共聚物乳液的粒子形态如图 20-4(c)(S2，D_4 为 0.9g)、图 20-4(d)

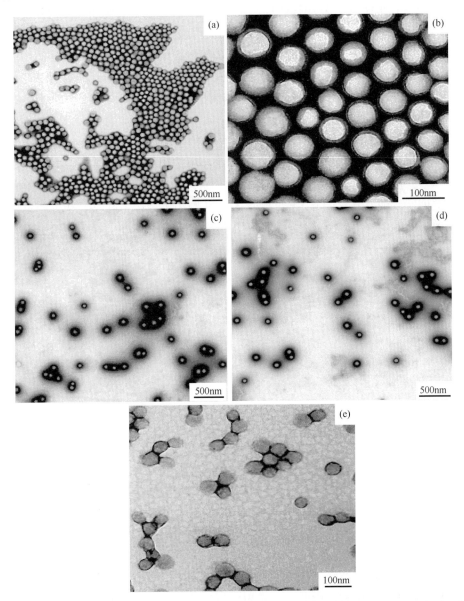

图 20-4　乳胶粒子的 TEM 图：(a)BA/MMA/12FMA(S1)；(b)pH=2 染色后乳胶粒核壳型形貌，
其中白色部分表示核层 PBA，暗灰色和黑色部分表示壳层 P(BA/MMA/12FMA)；(c)S2，D_4 为
0.9g；(d)S3，D_4 为 1.35g；(e)S4，D_4 为 1.8g

(S3，D_4 为 1.35g)和图 20-4(e)(S4，D_4 为 1.8g)所示。TEM 分析表明，乳胶粒具有典型的核壳型结构。其中，白色部分表示核层 PBA，暗灰色和黑色部分表示壳层共聚物 BA/MMA/12FMA/MPTMS/D_4。核壳结构粒子的粒径为 110～120nm，壳层厚度为 15～25nm。相对于含氟丙烯酸酯共聚物乳液，含氟硅丙烯酸酯共聚物乳胶粒壳层厚度的增加说明了聚硅氧烷已成功接枝到含氟丙烯酸酯共聚物乳液上。但从图 20-4(e)发现，由于共聚物乳胶粒的聚集，乳胶粒界面之间的清晰程度降低。这主要是由于开环反应形成的聚硅氧烷端羟基反应活性较高，在相同的反应条件下，当 D_4 含量过多时，大量硅羟基的存在导致线形硅氧烷之间的缩合作用增强，乳胶粒子易团聚交联，从而使乳胶粒子聚集在一起。

此外，由含氟丙烯酸酯共聚物和含氟硅丙烯酸酯共聚物的 DSC 曲线(图 20-5)也可看出，共聚物具有两个玻璃化转变温度。这一结果进一步证明共聚物具有核壳型结构。正是由于在交联剂正硅酸乙酯(TEOS)的作用下，含氟硅丙烯酸酯共聚物乳液的壳层部分具有部分交联的 Si—O—Si 网络结构，使得 BA/MMA/12FMA/MPTMS/D_4 壳层玻璃化转变温度高于 BA/MMA/12FMA。

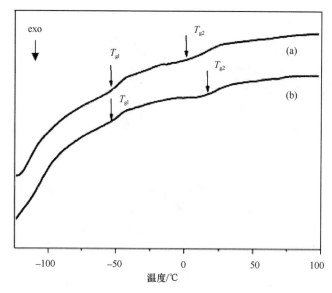

图 20-5 (a)BA/MMA/12FMA 的 DSC 曲线；(b)BA/MMA/12FMA/MPTMS/D_4 的 DSC 曲线

由于含氟硅丙烯酸酯共聚物乳液在固化过程中形成了网络结构，共聚物在常规有机溶剂中难以溶解。因此，宜采用红外光谱对共聚物的化学结构进行表征。图 20-6 是共聚物乳液的 FTIR 谱图。其中，图 20-6(a)是核壳型非氟丙烯酸酯共聚物(BA/MMA)的 FTIR 图谱，图 20-6(b)～(d)分别是核壳型共聚物 BA/MMA/

12FMA、BA/MMA/12FMA/MPTMS 和 BA/MMA/12FMA/MPTMS/D$_4$ 的 FTIR 图谱。图 20-6(a)～(d)均在 2958cm^{-1} 和 2874cm^{-1} 处出现 C—H(CH$_2$)的特征伸缩振动吸收峰；在 1454cm^{-1} 和 1388cm^{-1} 处出现 C—H(CH$_2$)的特征变形振动吸收峰；在 1734cm^{-1} 处出现 C=O 的特征伸缩振动吸收峰。相对于非氟丙烯酸酯共聚物 BA/MMA 的 FTIR 图 20-6(a)～(d)在 691cm^{-1} 处出现了 C—F 的特征变形振动吸收峰，而图 20-6(c)～(d)中 1636cm^{-1} 处 C=C 的吸收峰消失，由此说明 12FMA 和 MPTMS 发生了共聚反应。相对于 BA/MMA/12FMA/ MPTMS 的 FTIR 图 20-6(c)，BA/MMA/12FMA/MPTMS/D$_4$的 FTIR 图 20-6(d)中 3445cm^{-1} 处–OH 的吸收峰消失，1122cm^{-1} 处 Si—O—Si 的伸缩振动吸收峰有所增强，表明 MPTMS 与 D$_4$ 发生了水解缩合反应。由于 D$_4$ 单体中—CH$_3$ 的含量较高，因此在图 20-6(d)中 842cm^{-1} 和 750cm^{-1} 处 C—H 的吸收峰加强。从图 20-6(d)也可看出，811cm^{-1} 处出现了 Si—(CH$_3$)$_2$ 的吸收峰。图 20-6(d)确认形成了含氟硅丙烯酸酯共聚物。

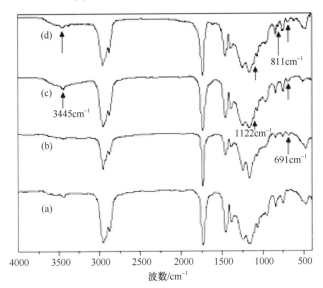

图 20-6　FTIR 谱图：BA/MMA(a)、BA/MMA/12FMA(b)、BA/MMA/12FMA/MPTMS(c)
和 BA/MMA/12FMA/ MPTMS/D$_4$(d)

20.3　共聚物表面和断面性质

　　表面性质是评价材料综合性能的一个重要指标，而表面自由能是表征材料表面性质的重要途径。静态接触角是液体与固体界面间相互作用和润湿性能的表征，它不但与液体的表面张力有关，而且与固体的表面自由能有关，通过固体表面对待测液体的静态接触角可以计算固体的表面自由能，进而评价固体的表面性质。

通过测试含氟丙烯酸酯共聚物和含氟硅丙烯酸酯共聚物涂膜表面对水和十六烷的静态接触角及表面自由能,评价所制备共聚物材料的表面性质,结果见表 20-5。含氟丙烯酸酯聚合物乳液在制备过程中使用了含氟乳化剂 SPFOS,乳化剂的用量(SPFOS 在所有体系中的平均含量为 0.35wt%)降低,因此,当氟单体含量仅为 10.34wt% 和 13.33wt% 时,含氟丙烯酸酯共聚物的表面接触角可达到 100.2° 和 99.1°,表现出优异的疏水性能。

表 20-5　12FMA 和 D$_4$ 含量对共聚物表面性能的影响

项目	S1	S2	S3	S4	S5	S6	S7	S8
12FMA 含量/g	4(13.33)	4(12.63)	4(12.42)	4(12.20)	3(10.34)	3(9.81)	3(9.64)	3(9.17)
D$_4$ 含量/g	0	0.9(2.84)	1.35(4.19)	1.8(5.75)	0	0.9(2.94)	1.35(4.36)	1.8(6.01)
水接触角/(°)	100.2	101.8	102.0	94.0	99.1	100.2	101.7	92.7
正十六烷接触角/(°)	59.7	60.8	61.3	56.6	57.1	57.9	59.3	54.6
表面自由能/(mN/m)	18.21	17.79	17.36	20.91	19.12	18.63	17.90	21.81

注:括号内数据表示单体的理论含量。

　　从表 20-5 也可以看出,含氟硅丙烯酸酯共聚物涂膜的表面性质优于含氟丙烯酸酯聚合物,且与含氟单体 12FMA 和有机硅 D$_4$ 的用量有关。随着含氟单体的用量从 3g 增加到 4g,有机硅的用量从 0.9g 增加到 1.35g,含氟硅丙烯酸酯共聚物涂膜表面的疏水疏油性能提高,表面自由能下降。但当有机硅的用量增加到 1.8g 时,共聚物的疏水疏油性能反而下降,表面自由能增加。

　　上述液体接触角和固体表面自由能的测试反映了被测液体与共聚物涂膜之间的界面特性,而这种特性与聚合物表面的化学组成和结构有关。X 射线光电子能谱(XPS)是检测固体聚合物表面(1~3nm)化学组成的有效方法。由含氟丙烯酸酯共聚物(S1)和含氟硅丙烯酸酯共聚物(S2~S4)表面的 XPS 光谱(图 20-7)可看出,共聚物表面由 C、F、O 和 Si 元素组成。随着有机硅 D$_4$ 用量的增加,Si2p 的特征信号峰增强。在图 20-7(d)中,Si2p 的特征信号峰最强,C1s 的特征信号峰最弱,而 F1s 的特征信号峰几乎消失。XPS 对含氟硅丙烯酸酯共聚物表面元素的定性测试结果如表 20-6 所示。对于 D$_4$ 用量少的含氟硅丙烯酸酯共聚物(S2 和 S3,D$_4$ 用量分别为 0.9g 和 1.35g),涂膜表面的 C、O 和 Si 元素含量都低于本体含量,F 元素含量却是本体含量的 3 倍。而对于 D$_4$ 用量多的共聚物(S4,D$_4$ 用量为 1.8g),涂膜表面的化学组成恰好相反。C 和 F 元素含量远远低于本体含量,而 O 和 Si 元素的含量远远高于本体含量,尤其是 Si 元素的含量。当 Si 元素在本体中的含量为 2.26wt% 时,表面实际含量已达到 44.63wt%。

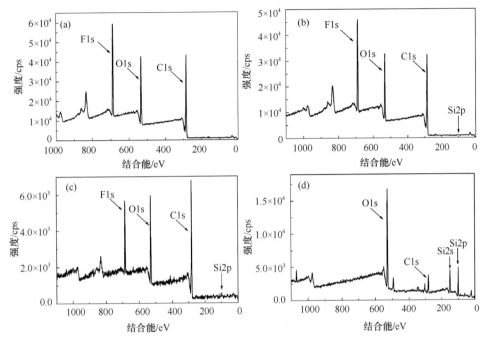

图 20-7　含氟丙烯酸酯共聚物 S1(a)和含氟硅丙烯酸酯共聚物 S2(b)、
S3(c)和 S4(d)表面的 XPS 宽扫描谱图

表 20-6　共聚物薄膜的 XPS 分析

样品	C/wt%	O/wt%	F/wt%	Si/wt%
S1	55.39(59.38)	19.02(25.07)	25.58(7.60)	0
S2	55.06(57.17)	20.06(23.97)	24.24(7.20)	0.63(1.22)
S3	53.99(55.54)	21.45(23.98)	22.97(7.08)	1.59(1.81)
S4	11.97(54.90)	42.91(23.82)	0.49(6.94)	44.63(2.26)

注：括号内数据表示元素的理论含量。

　　由含氟硅丙烯酸酯共聚物 S2(D_4用量为 0.9g)和 S4(D_4用量为 1.8g)的 O1s 高分辨 XPS 谱图(图 20-8)可知，对于有机硅 D_4用量低的共聚物，高分辨 O1s 谱图在电子结合能为 533.8eV 和 535.2eV 处分别出现了 C=O 和 C—O 的特征信号峰；对于有机硅 D_4用量高的共聚物，高分辨 O1s 谱图在电子结合能为 532.6eV 处出现了 Si—O—Si 的特征信号峰。所以，高分辨 O1s 的 XPS 分析结果合理地解释了接触角和表面自由能随有机硅 D_4用量的变化关系。F 原子和 Si 原子在表面的富集均有利于改善共聚物的表面性能，尤其是 F 原子。当有机硅 D_4 的用量较低时，由于生成的小分子量硅氧烷与共聚物基体具有良好的相容性，有机硅链段不易迁移到表面，而具有低表面能的含氟链段优先迁移到共聚物表面，共聚物的表面性质提高；与之相反，当有机硅 D_4 的用量较高时，由于生成的聚硅氧烷分子量较大，与共聚物基体相容性较差，且有机硅链段具有良好的柔韧性，所以导致成膜过程中有机硅链段优先迁移到共聚物膜的表面，造成共聚物的表面自由能升高，表面性能下降。

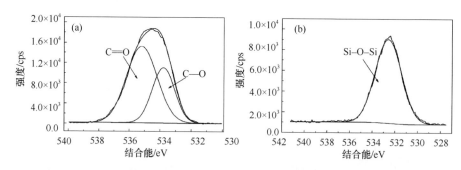

图 20-8　含氟硅丙烯酸酯共聚物表面 O1s 的高分辨 XPS 谱图：(a)S2；(b)S4

　　为了进一步理解共聚物的表面性质，采用 EDX 分析了 F 元素和 Si 元素在断面上的分布。含氟丙烯酸酯共聚物(S1)断面的 EDX 分析图 20-9(a)显示，F 原子主要集中于靠近空气表面厚度为 5μm 的区域。含氟硅丙烯酸酯共聚物(S3)的断面 EDX 分析显示，F 原子主要集中于靠近空气表面厚度为 8μm 的区域[图 20-9(b)]，Si 原子则沿着断面均匀分布[图 20-9(c)]。由此可以证明，在 D_4 用量较少时，含氟硅丙烯酸酯共聚物主要依靠 F 原子和 Si 原子的共同作用改善共聚物的表面性质。

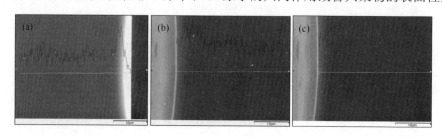

图 20-9　含氟丙烯酸酯共聚物(S1)的断面 F 元素分配(a)，含氟硅丙烯酸酯共聚物(S3)的
断面 F 元素分配(b)和硅元素分配(c)

20.4　硅基共聚物乳液的热学和力学性能

　　采用热重分析对含氟丙烯酸酯共聚物的热稳定性进行研究，结果见图 20-10。当氟单体含量为 4g 时[图 20-10(a)]，共聚物的热重曲线几乎重叠。含氟丙烯酸酯共聚物 S1 和含氟硅丙烯酸酯共聚物 S3～S5 的初始热分解温度分别为 375℃、

378℃、380℃和 383℃，表明有机硅的加入并未明显提高共聚物的热学性能。图 20-10(b)显示，当氟单体含量为 3g 时，含氟丙烯酸酯共聚物的初始热分解温度为 339℃，而含氟硅丙烯酸酯共聚物的初始热分解温度在 380~385℃之间，表明有机硅的加入改善了共聚物的热学性质。但 D$_4$ 含量的增加对含氟硅丙烯酸酯共聚物热稳定性的影响并不十分突出，共聚物的热重曲线几乎重叠。综合 TGA 的测试结果可以发现，聚硅氧烷仅在共聚物中氟单体含量较低时改善共聚物的热稳定性能；共聚物的热稳定性并不随有机硅 D$_4$ 含量的增加呈明显增强的趋势。这是由于 D$_4$ 含量增加时，聚硅氧烷末端羟基数目的增加在一定程度上会降低共聚物的热稳定性。

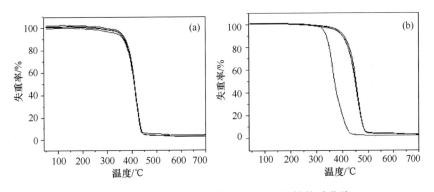

图 20-10　(a)S1~S4 的热重曲线；(b)S5~S8 的热重曲线

拉伸试验的测试结果表明，共聚物 BA/MMA/12FMA/MPTMS/D$_4$ 的拉伸强度比共聚物 BA/MMA/DFH 的拉伸强度低[图 20-11(a)]，这主要归因于聚硅氧烷分子间较小的作用力。但有机硅可以赋予薄膜良好的柔韧性，从图 20-11(b)可以看出，随着 D$_4$ 含量的增加，共聚物 BA/MMA/12FMA/MPTMS/D$_4$ 的断裂伸长率增大。

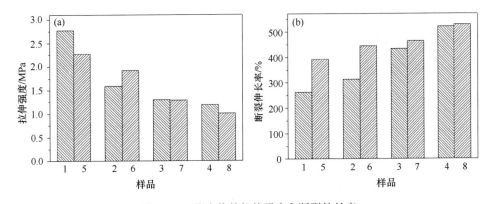

图 20-11　聚合物的拉伸强度和断裂伸长率
▨ 表示含有 4g 12FMA 的聚合物；▨ 表示含有 3g 12FMA 的聚合物

20.5　乳液与嵌段聚合物的性能对比分析

20.5.1　表面微观形貌与表面化学组成对比

表面结构反映固体表面几个原子层内原子的排列取向、形状及大小等重要信息，决定着固体表面的物理和化学性质。因此，通过分析测试壳型乳液和嵌段型共聚物膜的表面微观形貌、表面吸附行为和表面接触角滞后现象，揭示表面结构控制与表面性能的关系。

图 20-12 是核壳型和嵌段型含氟/硅共聚物涂膜表面的 AFM 图。涂膜表面的均方根粗糙度(RMS)值均小于 1nm，含氟/硅共聚物涂膜表面均匀平整。含氟硅共聚物乳胶膜表面具有柱状突起物。含氟硅嵌段共聚物涂膜表面呈现团簇状结构，且以氯仿为成膜溶剂的含氟硅嵌段共聚物涂膜表面的团簇状物分布较集中和致密。从共聚物膜层表面的化学组成(表 20-7)推断，共聚物涂膜的表面形貌与共聚物的链结构、成膜溶剂及表面的氟和硅元素含量有关。对于乳胶膜而言，由于含氟/硅丙烯酸酯共聚物乳液在成膜过程中有机硅网络结构的形成及其对全氟烷基侧链在表面的固定作用，其乳胶膜表面相对于含氟丙烯酸酯共聚物乳胶膜表面具有更加密集有序的含氟基团排列结构。对于嵌段共聚物涂膜而言，由于含氟/硅丙烯酸酯嵌段共聚物在氯仿溶剂中大量低聚体的形成及其对含氟基团表面迁移行为的推动作用，含氟基团在其表面的堆砌和排列较在二氧六环成膜膜层表面更加密集有序。综合对比共聚物涂膜的表面形貌和表面化学组成，可以看出，由于含氟硅嵌段共聚物氯仿成膜膜层表面的氟元素含量最高，因此含氟基团在其表面的堆积最为密集。

图 20-12　核壳型 BA/MMA/12FMA/MPTMS/D$_4$(a)、PDMS-b-(PMMA-b-12FMA)$_2$
以二氧六环(b)和以氯仿为成膜溶剂(c)的表面的 AFM 图

20.5.2　表面对水的吸附行为和结构特性对比

核壳型乳胶膜表面对水和十六烷的吸附行为和吸附量如图 20-13 所示。水和十六烷在含氟硅共聚物乳胶膜表面迅速达到吸附平衡。由于 BA/MMA/12FMA/

表 20-7　聚合物涂膜样品及化学组成

样品	表面自由能 /(mN/m)	膜表面元素含量/%	
		F	Si
BA/MMA/12FMA/MPTMS/D$_4$ (w(12FMA)=12.42%，w(D$_4$)=4.19%)	17.36	22.97	1.59
PDMS-b-(PMMA-b-12FMA)$_2$. (二氧六环) (PMMA/PDMS=10/1，w(12FMA)=20%)	19.1	23.43	4.8
PDMS-b-(PMMA-b-12FMA)$_2$. (氯仿) (PMMA/PDMS=10/1，w(12FMA)=20%)	16.8	40.11	6.8

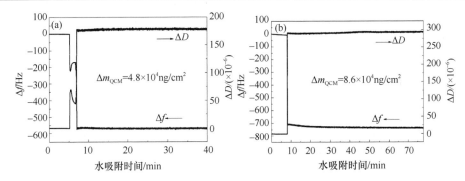

图 20-13　核壳型 BA/MMA/12FMA/MPTMS/D$_4$ 膜表面对水(a)和十六烷(b)的 Δf 和 ΔD(15MHz)

MPTMS/D$_4$ 乳胶膜具有低的表面自由能，因此其表面对水的吸附量为 4.8×10^4ng/cm^2 [图 20-13(a)]。由膜对水的 Δf 和 ΔD 吸附曲线可以看出，ΔD 值随着 Δf 的减小而增大。这说明核壳型 BA/MMA/12FMA/MPTMS/D$_4$ 乳液在成膜过程中，由于有机硅网络结构的形成及其对全氟烷基侧链在表面的固定作用，全氟烷基侧链在与水分子接触时仍以垂直结构紧密排列在涂膜表面，乳胶膜表面形成一层较为疏松的水分子吸附层。推测核壳型含氟和含氟硅丙烯酸酯共聚物乳胶膜表面对水分子的吸附模型如图 20-14 所示。同时，图 20-13(b)中乳胶膜对十六烷的 Δf 和 ΔD 吸附曲线显示，ΔD 值均随着 Δf 的减小而增大，表明 BA/MMA/12FMA/MPTMS/D$_4$

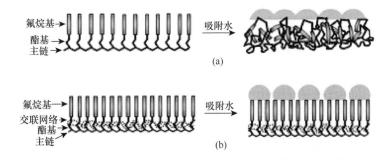

图 20-14　核壳型含氟共聚物乳胶膜(a)和含氟硅共聚物乳胶膜(b)表面的水吸附模型

乳胶膜对十六烷的抵抗能力小于对水的抵抗能力。总之，水和十六烷在核壳型 BA/MMA/12FMA/MPTMS/D$_4$乳胶膜表面的 Δf 和 ΔD 吸附曲线表明，乳胶膜具有高的表面结构稳定性和低的水吸附量。

嵌段共聚物涂膜表面对水和十六烷的吸附行为和吸附量如图 20-15 所示。氯仿成膜表面对水的吸附量[8.6×10^4ng/cm^2，图 20-15(b)]和对十六烷的吸附量[6.6×10^4ng/cm^2，图 20-15(d)]明显小于以二氧六环成膜表面对水的吸附量[1.5×10^6ng/cm^2，图 20-15(a)]和对十六烷的吸附量[8.4×10^4ng/cm^2，图 20-15(c)]。同时，从图 20-15 也可以看出，ΔD 值均随着 Δf 值的减小而增大，这表明被吸附的水和十六烷在涂膜表面的排列较为疏松。但图 20-15(a)中 Δf 的变化曲线显示，水在以二氧六环为成膜溶剂的膜层表面的吸附可分为两个过程。这种现象表明共聚物涂膜在与水接触的初始阶段(低润湿阶段)，含氟基团主要以垂直结构在膜层表面排列。而在高润湿条件下，表面垂直排列的全氟烷基侧链塌陷，转变为表面平行或无规排列结构。同时，图 20-15(a)中 ΔD 的变化曲线显示，在第一个吸附平衡过程中，ΔD 值随着 Δf 的减小而增大。但在第二个吸附平衡过程中，ΔD 值随着 Δf 的减小而减小。这说明水分子在涂膜表面的排列状态随着全氟烷基侧链在涂膜表面的排列结构变化而变化。当全氟烷基侧链在涂膜表面垂直排列时，被吸附的水分

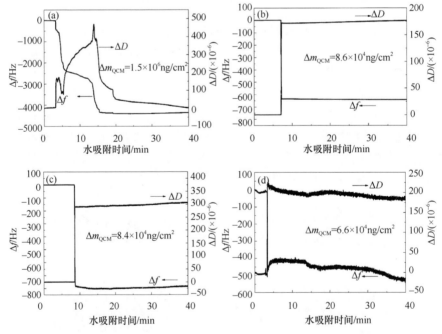

图 20-15　以二氧六环和氯仿成膜溶剂 PDMS-b-(PMMA-b-12FMA)$_2$涂膜表面的 Δf 和 ΔD(15MHZ)水吸附曲线(a，b)，以及十六烷吸附曲线(c，d)

子在涂膜表面的排列较为疏松。当全氟烷基侧链在涂膜表面平行或无规排列时，被吸附的水分子在涂膜表面的排列较为紧密。此外，图 20-15(a)中 ΔD 值在吸附时间大约为 5min 处的突然降低是一种当涂膜对水吸附量较多时，表面全氟烷基侧链的突然摇摆振动现象。推测含氟硅丙烯酸酯嵌段共聚物涂膜表面对水分子的吸附模型如图 20-16 所示。总之，水和十六烷在以二氧六环和氯仿为成膜溶剂的 PDMS-b-(MMA-b-12FMA)$_2$ 涂膜表面的 Δf 和 ΔD 吸附曲线表明，以氯仿为成膜溶剂的 PDMS-b-(MMA-b-12FMA)$_2$ 涂膜具有高的表面结构稳定性以及低的水和十六烷吸附量。

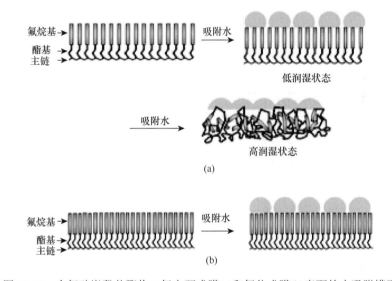

图 20-16　含氟硅嵌段共聚物二氧六环成膜(a)和氯仿成膜(b)表面的水吸附模型

20.5.3　表面接触角滞后现象对比

作为涂膜材料的含氟共聚物在疏水疏油方面的实际应用中，应考虑共聚物涂膜表面的接触角滞后现象。通过测试共聚物表面的动态接触角，即前进接触角(θ_a)和后退接触角(θ_r)可以表征共聚物表面的接触角滞后现象。固体表面的前进接触角越大，表明固体越不容易被液体湿润。后退接触角越小，表明固体越不容易变干。前进接触角和后退接触角的差值 $\Delta\theta$ 越大，说明液体在涂膜表面越难流淌。$\Delta\theta$ 值越小，表明液滴越易在涂膜表面滚动直至滑落，此种共聚物表面具有突出的疏水疏油性能。

核壳型及嵌段型共聚物膜层表面的动态接触角和接触角滞后性测试结果如表 20-8 所示。结果表明，水分子液滴在含氟硅共聚物乳胶膜及含氟硅嵌段共聚物涂膜表面的 $\Delta\theta$ 值较小，说明表面对水的接触角滞后性较小，水分子液滴易于在表面滚动。而水分子液滴在含氟共聚物乳胶膜表面的 $\Delta\theta$ 值较大，说明表面对水的接触角滞后性较大，液滴难于在表面流淌和滚动。此外，十六烷液滴在含氟共聚物乳胶膜和含氟硅嵌段共聚物二氧六环成膜表面的Δθ值较小，滞后性较小，液滴易于在表面滚动；而十六烷液滴在含氟硅共聚物乳胶膜及含氟硅嵌段共聚物氯仿成膜表面的Δθ值较大，滞后性较大，液滴难于在表面流淌和滚动。

表 20-8　含氟及含氟硅丙烯酸酯共聚物膜层表面的动态接触角

样品	水			十六烷		
	前进接触角 θ_a /(°)	后退接触角 θ_r /(°)	接触角滞后 $\Delta\theta$ /(°)	前进接触角 θ_a /(°)	后退接触角 θ_r /(°)	接触角滞后 $\Delta\theta$ /(°)
S1	101	87	14	64	62	2
S2	103	99	4	68	62	6
S3	107	103	4	52	50	2
S4	122	118	4	56	46	10

固体表面的粗糙不平及表面的不均匀性或多相性是引起接触角滞后的重要原因。AFM 的测试结果表明，共聚物表面的粗糙度并不是引起接触角滞后的主要原因。由于含氟基团的表面迁移作用，含氟/硅共聚物涂膜表面并非全部由含氟基团覆盖，共聚物表面具有微相分离结构。由于在相界面处存在着能垒，共聚物涂膜表面的液滴周界总是趋于停留在相的交界处。此时所观测到的前进接触角主要反映与液滴亲和能力弱即表面能较低的那部分固体的表面性质，而后退接触角则主要反映与液体亲和力强即表面能较高的那部分固体的表面性质。由表 20-8 可知，相对于其他共聚物涂膜，水分子在含氟共聚物乳胶膜表面及十六烷在含氟硅嵌段共聚物氯仿成膜表面的后退接触角很低，这是导致接触角滞后的主要原因。在含氟共聚物乳胶膜表面，含氟基团在表面排列的规整度较低，较多的酯基官能团裸露在膜层表面，由于酯基与水的作用力较大，后退接触角 θ_r 减小，滞后性增加。而在含氟硅嵌段共聚物氯仿成膜表面，尽管含氟基团在表面排列的规整度较高，但由于表面大量有机硅官能团的存在及其较差的耐溶剂性，十六烷在其表面的后退接触角 θ_r 减小，滞后性增加。

综合前进接触角、后退接触角及接触角滞后性的测试结果，不难看出含氟硅嵌段共聚物氯仿成膜表面对水具有较大的前进接触角(122°)和后退接触角(118°)及较小的水接触角滞后性(Δθ=4°)。而含氟共聚物乳胶膜表面对十六烷具有较大的前进接触角(64°)和后退接触角(62°)及较小的十六烷接触角滞后性(Δθ=2°)。含氟/硅嵌段共聚物膜层表面具有优异的疏水性能，而核壳型含氟共聚物乳胶膜表面具有优异的疏油性能。

第 21 章　聚硅氧烷@含氟丙烯酸酯共聚物乳液

本章导读

　　考虑到乳液聚合法在含硅链上引入含氟基团的困难，将环硅氧烷的开环聚合物作为核，含氟丙烯酸酯共聚物作为壳，获得核壳结构的含氟/硅丙烯酸酯共聚物乳液，不但会降低合成难度，也是有效地获得硅基含氟丙烯酸酯共聚物乳液的有效方法。因此，本章以八甲基环四环硅氧烷(D_4)、四甲基四乙烯基环四硅氧烷(D_4^V)为含硅单体，以十二烷基苯磺酸(DBSA)和辛基苯基聚氧乙烯醚(TX-10)为复合乳化剂，通过阳离子催化环硅氧烷开环反应，获得含有双键和端羟基的线形聚硅氧烷乳液。以此为种子乳液，以甲基丙烯酸甲酯(MMA)、丙烯酸丁酯(BA)和不同的含氟丙烯酸酯(FA)为壳层反应单体，进行含氟丙烯酸酯与丙烯酸酯单体的壳层共聚，最终获得以聚硅氧烷为核、含氟丙烯酸酯共聚物为壳的核壳结构乳液 $P(D_4/D_4^V)$@P(BA/MMA/FA)，见图 21-1。讨论 D_4、D_4^V 不同用量、不同含氟单体种类[甲基丙烯酸三氟乙酯(3FMA)、甲基丙烯酸六氟丁酯(6FMA)、丙烯酸六氟丁酯(6FA)、甲基丙烯酸十二氟庚酯(12FMA)]对乳液结构和溶膜表面性能的影响。

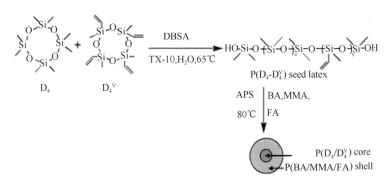

图 21-1　含氟硅核壳结构乳胶粒 $P(D_4/D_4^V)$@P(BA/MMA/FA)合成示意图

　　(1)为了获得性能良好的环硅氧烷开环聚合物种子乳液，D_4+D_4^V 总量应控制在水量的 6.7wt%。当 D_4 含量为 0.8g 壳层单体为 12g(其中 MMA 用量为 4g，BA 为 6g，含氟单体 2g)时，乳胶粒径为 70～80nm，核层厚度为 40～50nm。

　　(2)从 6FA、3FMA、6FMA 到 12FMA，含氟链段长度不等，乳液形貌不同。以 6FA 为含氟单体的共聚物乳胶粒之间有明显的团聚融合现象，平均粒径约为

79.11nm；以 12FMA 为含氟单体的乳胶粒基本保持独立的形貌，平均粒径为 77.56nm；以 3FMA 为含氟单体的乳胶粒分散性较好，基本呈球状分布，但存在许多较大的空隙，平均粒径为 90.45nm；以 3FMA 为含氟单体的乳胶粒融合现象明显，平均粒径为 69.29nm。

(3)由 P(BA/MMA/6FA) 为壳层的乳液形成的膜表面分布着长条状结构，而以 P(BA/MMA/3FMA) 和 P(BA/MMA/6FMA) 为壳层的乳液的膜表面有聚集体存在，但是以 P(BA/MMA/12FMA) 为壳层的乳液膜表面光滑。由于乳液成膜时含氟组分在膜表面富集，氟元素在表面的含量为理论含量的 4 倍以上，并赋予共聚物膜较低的表面自由能(19.36mN/m)及良好的疏水疏油性。P(BA/MMA/12FMA) 为壳的乳液获得最高的含氟量(41.0%)，P(BA/MMA/3FMA)、P(BA/MMA/6FMA) 和 P(BA/MMA/12FMA) 分别获得 38.6%、27.4% 和 38.6% 含氟量，说明了含氟链段的迁移。$P(D_4/D_4^V)$@P(BA/MMA/12FMA) 乳液获得高的水接触角(102°)，高于其他几个膜表面(92°)，而且高的十六烷接触角(53°)，也高于其他(18°~20°)。所以，$P(D_4/D_4^V)$@P(BA/MMA/12FMA) 获得最小表面能(19.36mN/m)，其他膜表面能为 28~29mN/m。$P(D_4/D_4^V)$@P(BA/MMA/12FMA) 膜在吸附水后的稳定性大于其他三个膜表面。

(4)$P(D_4/D_4^V)$@P(BA/MMA/12FMA) 存在–119.8℃、–1.5℃ 2 个玻璃化转变温度。–119.8℃处为线形聚硅氧烷的玻璃化转变温度，而–1.5℃处的玻璃化转变温度是 P(MMA-BA-DFHM)共聚物的玻璃化转变温度，理论计算的 P(MMA-BA-DFHM)玻璃化转变温度为–1.285℃，与实验测得的–1.5℃十分吻合。膜附着力的顺序为 12FMA＞6FMA＞3FMA。

21.1　环四硅氧烷阳离子开环聚合制备 $P(D_4/D_4^V)$种子

21.1.1　$P(D_4/D_4^V)$种子的合成

环硅氧烷的开环聚合是获得聚硅氧烷@含氟丙烯酸酯共聚物乳液的关键步骤，为了与后续合成协调，选用阳离子作为催化剂。选用八甲基环四硅氧烷(D_4)、四甲基四乙烯基环四硅氧烷(D_4^V)进行阳离子乳液开环聚合，如图 21-2 所示。首先在 50mL 洁净烧杯中称量少许辛基苯基聚氧乙烯醚(TX-10)和十二烷基苯磺酸(DBSA)(TX-10 作为非离子型乳化剂与阴离子乳化剂 DBSA 复配使用)，DBSA 在作为阴离子型乳化剂的同时，也向体系提供亲核试剂(H^+)，发挥催化剂的作用；称量完毕后，向该烧杯中加入 30g 去离子水，使两种乳化剂充分溶解。待烧杯中乳化剂彻底溶解后，向其中加入环硅氧烷单体 D_4 和 D_4^V，然后将烧杯置于

KQ2200DE 型数控超声振荡器中，功率为 99%，同时用玻璃棒搅拌，使得单体更易于分散在乳胶束中，另外也将大液滴通过搅拌打碎成更小的液滴，并被乳化剂保护起来。待乳液体系均匀且稳定后，用塑料膜和皮筋将烧杯封口，在超声振荡器中，升温至 65℃，在功率为 99% 时，反应 2～4h 后最终获得带有双键和端羟基的聚硅氧烷 $P(D_4/D_4^V)$。

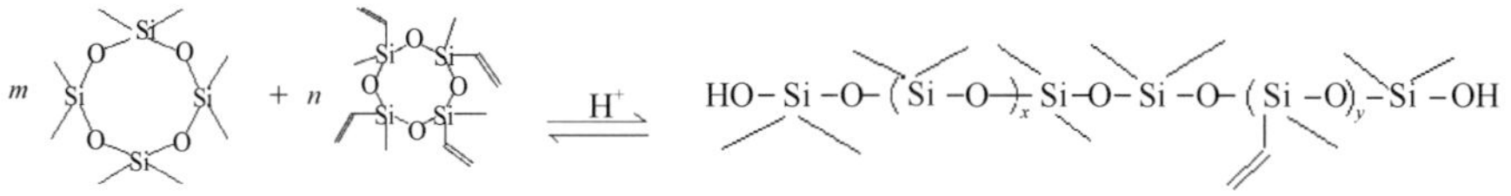

图 21-2　D_4 与 D_4^V 制备 $P(D_4/D_4^V)$ 种子

D_4 与 D_4^V 单体在开环聚合中的适宜用量为 2g 之内(D_4 和 D_4^V 的总量控制在水量的 6.7%)。D_4^V 单体有四个乙烯基，是一种高效的交联剂，将其含量定在 0.2g，而 D_4 的含量则可在小于 1.8g 的范围内变动。

21.1.2　乳化剂种类、用量、配比的选择

由于 D_4 和 D_4^V 在水中溶解性差，所以若要将其分散在水中，需要借助于适当的乳化剂。因为采用阳离子开环聚合反应，考虑到阳离子型乳化剂会与体系中的催化剂(H^+)有静电排斥作用，不利于催化剂向胶束或微液滴内移动，会阻碍反应的进行，故不宜选取阳离子型乳化剂。而非离子型乳化剂与阴离子型乳化剂的复配组合具有比单一非离子型乳化剂或阴离子型乳化剂更好的乳化效果。DBSA 与 TX-10 进行复配使用，利用超声技术乳化，可以获得具有优异稳定性的硅氧烷乳液，同时又作为催化剂提供亲核试剂(H^+)。

乳化剂用量在低浓度范围内时，表现出用量越多，对单体的增溶性越明显，不出现俗称的"漂油现象"。漂油现象就是由于体系中存在较大的液滴，且稳定性很差，逐渐在表面聚集所致。为避免第二步反应中存在过多的乳化剂而导致新的胶束成核发生，第一步反应的乳化剂应力求含量最少。但若过少，则会导致第二步反应中乳胶粒表面乳化剂包裹不全，进而导致凝胶现象，影响乳液品质。将乳化剂的用量固定在 1.1wt%，该用量恰好为通常乳化剂临界胶束浓度的 10 倍左右。

当固定水量为 30g 的情况下，环硅氧烷单体总量($D_4+D_4^V$)大于 2g 时，即使增加乳化剂用量也很难避免漂油现象，由此可将环硅氧烷单体的用量限定在 2g 之内。然而，D_4^V 单体具有四个乙烯基，从某种程度上说，是一种高效的交联剂。所以，如果其绝对用量过多，很容易使乳液出现絮凝乃至凝胶现象。通过实验，将其量定在 0.2g，此时乳液无明显的絮凝。D_4 的量则可在小于 1.8g 的范围内变动，

$D_4 + D_4^V$ 总量适宜控制在水量的 6.7%。

21.1.3　pH 对乳液开环反应的影响

因为反应中用 H^+ 作为催化剂，H^+ 的量依靠溶液的 pH 调节。因此，DBSA 的用量多少直接关系到体系的 pH 变化。在确保复合乳化剂用量不超过 1.1wt% 的前提下，通过调整 DBSA 的用量来调整乳液的 pH，分别获得了 pH 为 2.69 和 2.51 的乳液。此外通过向体系中加入硫酸来进一步调整乳液的 pH，通过 PHS-2C 数字酸度测量，pH 分别为 1.31、1.58、1.69。

当体系中 DBSA 含量为水的 0.45wt% 时，体系的 pH=2.51。当反应至 3h，单体转化率可达 75%。而当 DBSA 含量为水的 0.22wt% 时，体系 pH=2.69，单体转化率最高只有 50%。因此，增加 DBSA 有助于提高环四硅氧烷开环反应的转化率。但通过 DBSA 改变体系的 pH 效果有限，通常需要借助外加酸的作用形成强酸体系。通过进一步向体系中加入硫酸来增加 H^+ 浓度。当体系的 H^+ 浓度升高到 pH=1.31 时，反应的平衡转化率可以在短时间内达到 95% 以上，且不再随时间的推移有明显变化。当 pH=1.58 和 1.69 时，体系的转化率一般在 60% 左右，在这两个酸度下，添加硫酸的效果与体系中只有 DBSA 作为催化剂时的效果类似。以上分析显示，体系中 H^+ 的浓度增加，不仅有利于反应平衡转化率的提高，而且可缩短达到平衡所需的时间。但从乳液成膜后的表面形貌来看，体系中只存在 DBSA 时，乳液成膜均匀透明。

pH=2.51 的乳液成膜的透明度大于 pH=2.69 乳液成膜。这是因为，pH=2.51 时，DBSA 含量为水的 0.45wt% 时，单体转化率可高至 75%。而 pH=2.51 时，DBSA 含量为水的 0.22wt% 时，单体转化率仅为 50% 左右，乳液很难形成完整透明的膜。

虽然酸度提高到一定程度有助于乳液平衡转化率的提高，但是加入硫酸后将严重影响成膜性能，表面形成大量球状堆积物。这很可能是由于加入硫酸后，体系中电离出大量的 H^+，从而抑制了阴离子表面活性剂十二烷基苯磺酸的解离，其静电排斥作用减弱，体系中分散的小液滴聚集和团聚，最终导致膜表面形成球状堆积物。为了避免液滴团聚现象，通过调整 DBSA 的用量来获得乳液较高的平衡转化率，并最终确定 DBSA 的用量为水的 0.43wt%。

21.1.4　$P(D_4/D_4^V)$ 种子的结构分析

图 21-3 显示，对于 D_4，在 2964cm^{-1} 处有 Si—CH$_3$ 的伸缩振动峰，在 1261cm^{-1} 处有 Si—CH$_3$ 的不对称变角振动峰，在 809cm^{-1} 处有强的 Si—CH$_3$ 的 (Si—C) 和 CH$_3$ 平面摇摆振动峰，在 1074cm^{-1} 处为 Si—O—Si 的反对称伸缩振动峰。而对于 D_4^V，除去图 21-3(a) 中—SiCH$_3$、Si—O—Si 的特征吸收峰依然保留外，在 3055cm^{-1} 处

出现 Si—CH═CH$_2$ 的(═CH)伸缩振动峰，在 1597cm^{-1} 处为 C═C 的伸缩振动峰，在 1407cm^{-1} 处出现═CH$_2$ 的剪式振动峰，在 1008cm^{-1} 处出现了(═CH)的变角振动吸收峰，在 960cm^{-1} 处出现了═CH 的非平面摇摆振动吸收峰。而 P(D$_4$/D$_4^V$)的红外图谱显示，在 3054cm^{-1}、1606cm^{-1}、1409cm^{-1}、1004cm^{-1}、948cm^{-1} 处依然保留 Si—CH═CH$_2$ 的各种特征吸收峰。此外，在 3399cm^{-1} 处，出现了新的 Si—OH 的缔合 OH 伸缩振动峰，在 1034cm^{-1} 处出现了缔合 OH 伸缩振动峰，在 835cm^{-1} 处出现了(Si—O)的伸缩振动峰。一般来说，Si—O—Si 的反对称伸缩振动峰在 1100～1000cm^{-1} 至少出现一个强的特征吸收峰，但对于环硅氧烷类化合物而言，随着环张力增加，吸收频率降低。例如，三环体的环硅氧烷，该强峰出现在 1020～1010cm^{-1} 间，而四环体或高环体硅氧烷该特征峰出现在 1090～1080cm^{-1} 之间。图中在 1112cm^{-1} 处出现了较强的吸收峰，应为环四硅氧烷开环后形成的强 Si—O—Si 反对称伸缩振动峰。因为形成的开环聚合物中，部分甲基被乙烯基取代，而乙烯基的 π 电子云分布在双键上下两侧，距核较远，易变形，与甲基相比，很有可能使得紧邻的 Si 原子上电子云密度增多，从而使得 Si—O—Si 反对称伸缩振动力常数增强，因此振动频率向高频位方向位移。以上分析显示，环硅氧烷已经开环聚合，形成了含双键的线形聚硅氧烷，但是线形聚硅氧烷的分子量并不是很高，这一点可从乳液成膜呈现黏糊状得到印证。从红外图谱中看到，并没有出现长链线形硅氧烷的特征吸收峰，即原特有的 Si—O—Si 的反对称伸缩振动峰会分别在

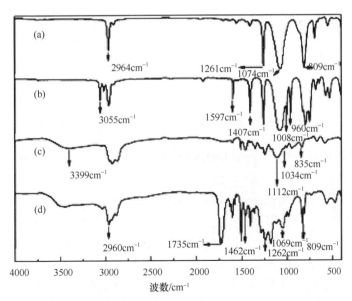

图 21-3　D$_4$(a)、D$_4^V$(b)、P(D$_4$/D$_4^V$)(c)和 P(D$_4$/D$_4^V$)@P(BA/MMA/12FMA)(d)的红外图谱

1087cm^{-1} 与 1020cm^{-1} 处分裂成强度几乎相等的宽峰。P(D$_4$-D$_4^V$)种子的粒径分布在 40～50nm 之间，玻璃化转变温度为–123℃。DSC 图谱进一步证明，已发生开环反应，并生成了线形聚硅氧烷。

21.2   P(D$_4$/D$_4^V$)@P(BA/MMA/FA)乳液的合成及其结构

21.2.1   P(D$_4$/D$_4^V$)@P(BA/MMA/FA)乳液的合成

首先用 NaOH(5wt%)对丙烯酸酯类单体进行洗涤，以去除阻聚剂。将一定量的甲基丙烯酸甲酯(MMA)、丙烯酸丁酯(BA)和含氟丙烯酸酯单体共混。其中，四种含氟单体用来作为合成甲基丙烯酸三氟乙酯(3FMA)、甲基丙烯酸六氟丁酯(6FMA)、丙烯酸六氟丁酯(6FA)、甲基丙烯酸十二氟庚酯(12FMA)(图 21-4)。称取相对所加单体质量分数为 0.5%的过硫酸铵，溶解在 5mL 水中。

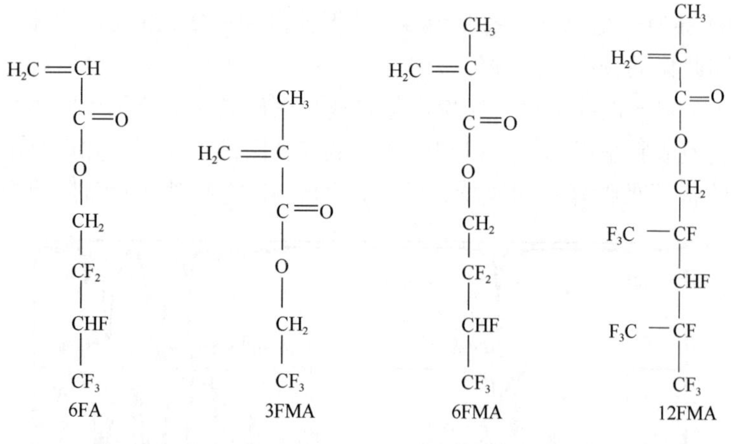

图 21-4   6FA、3FMA、6FMA 和 12FMA 含氟单体的结构图

将所获得的环硅氧烷的 P(D$_4$/D$_4^V$)乳液种子加入四口烧瓶中，通入保护性气体氮气，加冷凝水循环，机械搅拌转速为 200r/min 左右，当体系温度加热至 70℃时，向乳液中滴加少量引发剂过硫酸铵，以抵消体系中存在的阻聚剂，同时使体系继续升温至 80℃，当体系温度稳定在 80℃后，用恒压滴液漏斗将反应单体混合物加入反应体系中，整个滴加时间控制在 2h 左右；单体加入后，可看到乳液呈现亮蓝色。引发剂每隔 15min 滴加 0.5mL。待单体滴加完毕，继续反应 1h。共进行了 6 组配方实验，如表 21-1 所示。样品的固含量均在 29%左右，转化率大于 90%。总体来说，当 D$_4$ 含量超过 0.8g 后，乳液的固含量与产率出现了较大变化。所得乳液性能稳定，放置一年无分层、漂油、絮凝等现象发生。

表 21-1　聚硅氧烷/含氟丙烯酸酯核壳结构共聚物制备条件和原料配比

	S1	S2	S3	S4	S5	S6
种子乳液聚合，一次性加料，65℃于超声中反应 2h						
去离子水 /g	30	30	30	30	30	30
十二烷基苯磺酸(DBSA)/g	0.13	0.13	0.13	0.13	0.13	0.13
辛基苯基聚氧乙烯醚(TX-10)/g	0.2	0.2	0.2	0.2	0.2	0.2
八甲基环四硅氧烷(D$_4$)/g	0.2	0.4	0.6	0.8	1.0	1.2
四甲基四乙烯基环四硅氧烷(D$_4^V$)/g	0.2	0.2	0.2	0.2	0.2	0.2
壳层乳液聚合，半连续式加料，与 80℃反应 3h						
丙烯酸丁酯(BA)/g	6	6	6	6	6	6
甲基丙烯酸甲酯(MMA)/g	4	4	4	4	4	4
甲基丙烯酸十二氟庚酯(DFHM)/g	2	2	2	2	2	2
过硫酸铵(APS)/g	0.06	0.06	0.06	0.06	0.06	0.06
乳液性能						
固含量/%	29.05	28.75	29.45	29.78	27.86	31.19
转化率/%	92.15	94.54	95.78	95.82	88.71	98.3

　　整个壳层聚合过程的关键是防止新的乳胶粒生成。首先,在壳层聚合过程中,除单体外,不再补加乳化剂,采用第一步乳液聚合中剩余的少量乳化剂来提供乳胶粒及液滴成核所形成颗粒在长大过程中所需的乳化剂。其次,采用半连续种子乳液聚合。即在壳层单体的滴加过程中,严格控制单体的滴加速度和含量,利用种子乳胶粒较大的表面积将单体捕捉到乳胶粒内部,使加入的壳层单体在种子乳胶粒中迅速反应,而在整个体系中的浓度相对维持在较低水平,这种聚合方法不仅可以避免新胶粒的形成,而且可以避免壳层单体的预乳化工艺和补加乳化剂。

　　同时,为了便于比较,还合成了壳层中不含氟单体、无环硅氧烷单体的阳离子开环聚合直接进行壳层单体的乳液聚合、甲基丙烯酸甲酯与丙烯酸丁酯共聚、聚硅氧烷乳液与含氟丙烯酸酯乳液物理共混等不同乳液。

21.2.2　P(D$_4$/D$_4^V$)@P(BA/MMA/FA)的结构

　　图 21-3(d)是 P(D$_4$/D$_4^V$)@P(BA/MMA/12FMA)的红外图谱。由于氟与碳的质量接近,C—F 吸收峰容易受到邻近基团的影响,所以不容易确定吸收带位移的数值。一般对脂肪族的 C—F 键而言,通常含一个氟的氟化物(—CF),其伸缩振动峰在 $1100 \sim 1000 \mathrm{cm}^{-1}$ 有吸收,而对(—CF$_2$)在波数为 $1280 \sim 1120 \mathrm{cm}^{-1}$ 有吸收,对(—CF$_2$)在 $1360 \sim 1330 \mathrm{cm}^{-1}$ 有吸收,且这些吸收峰均较强。对于 DFHM,由其结构图可知,只包含了氟代亚甲基这一种氟代碳基团。

与 12FMA 单体在 $1280\sim1120\text{cm}^{-1}$ 之间存在的最强吸收峰 1246cm^{-1}，以及 1296cm^{-1}、1149cm^{-1} 两个吸收峰相比，以及与 D_4 与 D_4^V 开环反应后产物的红外图谱对比，$P(D_4/D_4^V)@P(BA/MMA/12FMA)$ 在 3055cm^{-1}、3016cm^{-1}、1597cm^{-1}、1407cm^{-1}、1008cm^{-1}、960cm^{-1} 处的 $Si—CH=CH_2$ 的各类特征吸收峰都已消失，在 1462cm^{-1} 处出现了 $Si—C_2H_5$ 的不对称变角振动频率吸收峰，说明了 $Si—CH=CH_2$ 中的双键已经彻底反应完全。而 2960cm^{-1}、1262cm^{-1}、809cm^{-1} 处的 $Si—CH_3$ 特征吸收峰仍保留，值得注意的是在 1069cm^{-1} 处，重新出现 $Si—O—Si$ 特征吸收峰，应该是由于 $Si—CH=CH_2$ 中的双键重新回到 1100cm^{-1} 以内。在 1735cm^{-1} 处出现强的饱和脂肪酸酯的特征吸收峰，说明所有的双键已经参加了聚合反应。而在 1247cm^{-1} 处存在共同的强吸收峰，1296cm^{-1}、1149cm^{-1} 两个吸收峰消失或被掩盖，这说明 1247cm^{-1} 为甲基丙烯酸十二氟庚酯的特征吸收峰。可知，第一步阳离子开环反应形成的线形含双键聚硅氧烷已经与含氟丙烯酸酯及丙烯酸酯类单体通过双键聚合形成了共聚物。聚合物中出现了 12FMA 的特征吸收峰，而且，阳离子开环反应产物中存在的 $Si—CH=CH_2$，在最终核壳聚合物中消失，说明第 2 章硅烷阳离子开环反应形成的线形含双键聚硅氧烷在第二步自由基催化的聚合反应过程中，与 MMA、BA、12FMA 发生了共聚反应。

乳液 $P(D_4/D_4^V)/P(BA/MMA/12FMA)$ 的 $^1H\,NMR$ 图谱(图 21-5)分别显示 12FMA 和 CHF、BA 中的 $O—CH_2—$，MMA 中的 $O—CH_3$ 和 $P(D_4/D_4^V)$ 中的 $Si—OH$，表示已经成功合成 $P(D_4/D_4^V)/P(BA/MMA/12FMA)$ 乳液。

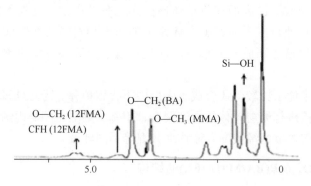

图 21-5 $P(D_4/D_4^V)/P(BA/MMA/12FMA)$ 的 $^1H\,NMR$ 谱图

利用 DSC 对合成的乳胶膜进行分析，除了可以确定乳胶膜的玻璃化转变温度外，还可以从另一个角度证实乳胶粒确实存在核壳结构，结果如图 21-6 所示。从图中可以看到，$P(D_4/D_4^V)$ 的玻璃化转变温度(T_g)在 $-120℃$ 处，与文献报道的 $-122℃$ 接近。图中的相变结晶温度(T_c)和熔点(T_m)分别在 $-50\sim50℃$ 处。与 $P(D_4/D_4^V)$ 的 T_g

相比，2 个 T_g 值 $T_{g1} = -120℃$ 和 $T_{g2} = -2℃$，证明了 P(D_4/D_4^V)@P(BA/MMA/12FMA) 乳液的核壳结构，T_{g1} 对应的是 P(D_4/D_4^V)，而 $T_{g2} = -2℃$ 对应的是 P(MMA/BA/ 12FMA)。而且，$T_{g2} = -120℃$ 与用 Fox 方程计算的 T_g 十分接近。

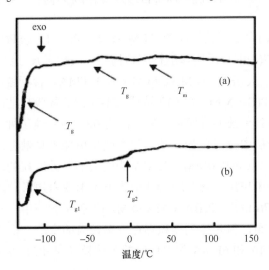

图 21-6　P(D_4/D_4^V)(a)和 P(D_4/D_4^V)@P(BA/MMA/12FMA)(b)的 DSC 曲线

通过理论计算，相溶性良好的共聚物，其玻璃化转变温度可由下式进行计算：

$$\frac{1}{T_g} = \frac{w_1}{T_{g1}} + \frac{w_2}{T_{g2}} + \frac{w_3}{T_{g3}}$$

式中，T_g 为共混物的玻璃化转变温度；T_{g1}、T_{g2}、T_{g3} 分别为各个单体均聚物的玻璃化转变温度；w_1、w_2、w_3 为各种单体在共聚物中所占的质量分数。

由于聚硅氧烷与聚丙烯酸酯类聚合物相溶性较差，所以该公式只适用于相溶性较好的丙烯酸酯类聚合物。式中，$T_{g1}=373K$ 为 MMA 的玻璃化转变温度；$T_{g2}=218K$ 为 BA 的玻璃化转变温度；$T_{g3}=338K$ 为 12FMA 的玻璃化转变温度。而 w_1、w_2、w_3 分别对应各单体的相对质量分数，分别为 33.3%、50%、16.7%。将数值代入上式，计算得到壳层共聚物的玻璃化转变温度为 $-1.285℃$，与实验测得的 $-1.5℃$ 十分吻合。这说明壳层加入的三种单体，相溶性很好，确实通过化学共聚生成了均匀的共聚物。乳胶膜的两个玻璃化转变温度进一步佐证了乳胶粒的核壳结构。这两个玻璃化转变温度分别是核层的 $-120℃$ 和壳层的 $-2.0℃$，都低于室温，在正常使用过程中，一般处于高弹态，该种状态可以使乳胶膜具有更好的变形性，能更好地适应基材的热胀冷缩，并随之发生相应的变形，这无疑可以改善乳胶膜的耐候性。

21.3　含氟链段对 $P(D_4/D_4^V)$@P(BA/MMA/FA)乳液形貌与粒径分布的影响

图 21-7(a)～(d)为不同乳胶粒的 TEM 图像。$P(D_4/D_4^V)$@P(BA/MMA/12FMA)乳液结构在图 21-7(d)中显示明显的核壳结构，乳胶粒子尺寸约为 70nm，壳层的厚度为 10～20nm。从 6FA、3FMA、6FMA 到 12FMA，含氟链段长度增加，乳液形貌变化不同。以 P(BA/MMA/6FA)为壳[图 21-7(a)]的乳胶粒之间有明显的团聚融合现象，很难观测到单独的乳胶粒形貌。因为 6FA 与其他三种单体相比，少了甲基的成分，整个壳层中链段更加柔顺，使乳胶粒更加容易融合，其平均粒径约为80nm。图 21-7(b)为以 P(BA/MMA/3FMA)为壳层的乳液胶粒的堆积，基本保持独立的形貌，但是由于挤压，乳胶粒会变形为五边形或六边形。随着含氟链段长度的增加，在图 21-7(c)的以 P(BA/MMA/6FMA)为壳层乳液中，分散性明显得到改善，基本呈球状分布，但是排列堆积存在许多较大的空隙，很可能最终成为乳胶膜的缺陷结构。3FMA 和 6FMA 作单体时的乳液粒径尺寸为 70～90nm。图 21-7(d)

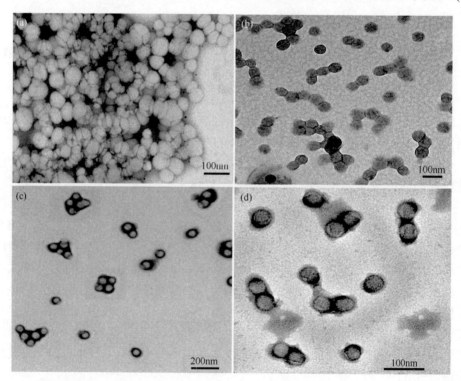

图 21-7　$P(D_4/D_4^V)$@P(BA/MMA/FA)乳液的 TEM 图：(a)6FA；(b)3FMA；(c)6FMA；(d)12FMA

是以 P(BA/MMA/12FMA)为壳层乳液的乳胶粒分布，乳胶粒都单独以规整球体状态存在。这是因为硬单体 12FMA 引入壳层，使链段的刚性增强，融合性降低，平均粒径达到 70nm。图 21-8 显示，P(D$_4$/D$_4^V$)@P(BA/MMA/FA)乳液粒径随单体含量的增加而增大。图 21-9 的 DLS 分析显示，6FA、3FMA 和 6FMA 合成的乳液都呈现双峰分布，主要分布着 79nm、90nm、80nm 的粒子和极少量的大聚集体。而以 P(BA/MMA/12FMA)为壳层的乳液[图 21-9(d)]分布着均匀的 70nm 粒子，与 TEM 图吻合。所以，高含量的—CF$_3$ 对均匀的乳液粒子有贡献。

　　另外，核壳结构的粒径分布在 70～80nm 之间，几乎为核层粒径 40～50nm 的两倍，单独从球形的体积计算公式出发，最终核壳结构的乳胶粒的体积应该为核层体积的 8 倍，而壳层单体所加入的质量为核层单体的 12 倍，二者十分接近。这也可以佐证了聚硅氧烷形成了核层，MMA/BA/12FMA 共聚物形成了壳层。从

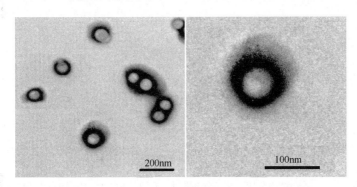

图 21-8　P(D$_4$/D$_4^V$)@P(BA/MMA/12FMA)乳液粒径随单体含量的增加而增大

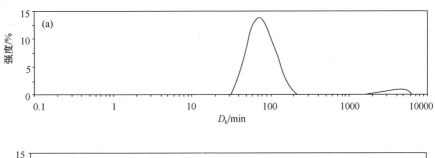

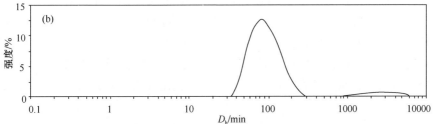

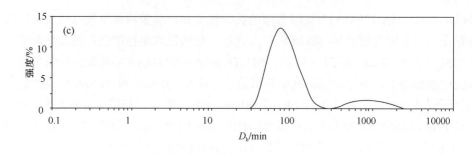

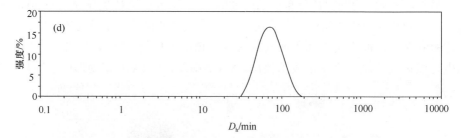

图 21-9 $P(D_4/D_4^V)@P(BA/MMA/FA)$乳液在 $CHCl_3$ 溶液的聚集体粒径分布图：
(a)6FA；(b)3FMA；(c)6FMA；(d)12FMA

溶解度的角度分析，丙烯酸酯类单体在水中的相溶性优于环硅氧烷类单体，所以环硅氧烷单体作为核，而丙烯酸酯类单体作为壳层，与热力学规律相符合。

21.4 含氟链段对涂膜表面形貌与性能的影响

为了观测乳胶膜的表面形貌，并分析膜与空气界面以及膜与玻璃板界面的元素分布和横断面元素分布，对乳液所成膜进行 SEM-EDX 分析。图 21-10 是不同样品乳胶膜的 SEM 分析图示。表 21-2 是元素分布情况。图 21-10 分别为 6FA、3FMA、6FMA 和 12FMA 单体乳液成膜的表面结构。从图中可以看出，由以 P(BA/MMA/6FA)为壳层乳液[图 21-10(a)]形成的膜表面分布着长条状结构，而以 P(BA/MMA/3FMA)[图 21-10(b)]和 P(BA/MMA/6FMA)[图 21-10(b)]为壳层的乳液的膜表面有聚集体存在，但是以 P(BA/MMA/12FMA)[图 21-10(d)]为壳层的乳液膜凹面光滑，因为 $P(D_4/D_4^V)@P(BA/MMA/12FMA)$乳液允许含氟官能团的表面迁移，且聚硅氧烷链段的柔顺性在成膜过程中受到的阻力相对较小，同样也会有在膜表面富集的趋势，所以体系中硅含量增加，膜表面含氟单体所占的比例或表面积相对减少。而在无含氟单体存在的情况下，含硅膜比 P(MMA-BA)膜具有更好的疏水性。

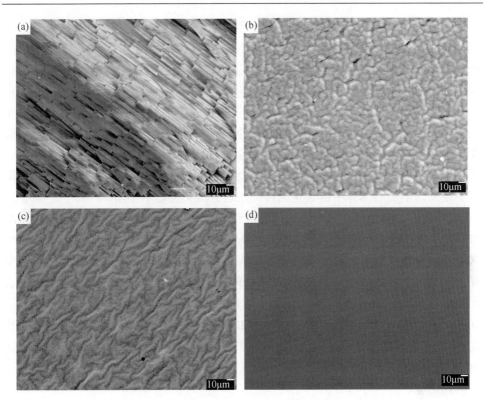

图 21-10　P(D$_4$/D$_4^V$)@P(BA/MMA/FA)膜表面 SEM 图像：
(a)6FA；(b)3FMA；(c)6FMA；(d)12FMA

表 21-2　涂膜表面接触角、表面能、元素含量

性能	6FA	3FMA	6FMA	12FMA
水接触角/(°)	92	92	92	102
十六烷接触角/(°)	20	18	18	53
表面能/(mN/m)	28.48	28.73	28.73	19.36
实验测得含氟量/wt%	38.6(34.2)*	27.4(24.3)	38.6(34.4)	41.0(34.7)
理论测得含氟量/wt%	7.4**	5.2	7.0	8.8
实验测得含硅量/wt%	5.9(7.4)*	7.4(7.4)	5.3(7.0)	5.6(9.0)
理论测得含硅量/wt%	2.7	2.7	2.7	2.7

* 括号里的数据是膜与玻璃界面的数值。

** 理论含氟量与含硅量的计算如下(表 21-1 的样品 4)：

$$w_F = \frac{m(FA)}{m(D_4) + m(D_4^V) + m(BA) + m(MMA) + m(FA)} \times \frac{m(F)}{m(FA)} \times 100\%$$

$$w_F = \frac{m(D_4) + m(D_4^V)}{m(D_4) + m(D_4^V) + m(BA) + m(MMA) + m(FA)} \times \frac{m(Si)}{m(D_4) + m(D_4^V)} \times 100\%$$

表 21-2 中，所有样品氟元素在表面的含量均超过其理论值，几乎为理论含量的 4 倍以上。从热力学角度来看，含氟侧链在膜表面富集，有利于膜的表面能降低。氟元素在膜表面的富集现象是因为，含氟的脂肪碳链被氟原子呈螺旋状包埋起来，将碳碳主链完全屏蔽起来，同时这种屏蔽效应使得 C—C 键之间的自由旋转受到限制，使碳碳主链呈现很强的刚性，因此，含氟脂肪族的侧链较易在膜表面趋向于直立的状态存在，突兀地伸向表面。硅元素在膜表面也存在富集现象，但随着硅含量的提高，这种富集现象明显减弱。这是由于聚硅氧烷的链段非常柔顺，所以在膜的融合过程中，很容易填补其他聚合物的缝隙，在膜表面出现富集现象，但随着单体中硅含量的提高，这种富集会趋于平衡。

以 P(BA/MMA/12FMA)为壳的乳液获得最高的含氟量(41.0%)，P(BA/MMA/3FMA)、P(BA/MMA/6FMA)和 P(BA/MMA/12FMA)获得 38.6%、27.4%和 38.6%含氟量，充分说明了含氟链段的迁移。从表 21-2 可以看出，在含氟单体用量完全相同的情况下，6FA、3FMA 和 6FMA 单体比 12FMA 单体获得乳液膜对水的表面接触角降低了 10°，而与十六烷的接触角为 30°左右，对应的表面自由能升高了 10mN/m 左右。$P(D_4/D_4^V)$@P(BA/MMA/12FMA)乳液获得较高的水接触角(102°)(其他的为 92°)和高的十六烷接触角(53°)(其他的为 18°~20°)。所以，$P(D_4/D_4^V)$@P(BA/MMA/12FMA)膜表面获得最小的表面能(19.36mN/m)，其他膜表面能为 28~29mN/m。

因为提供膜表面疏油性的基团主要是含氟的脂肪族侧链，由于它特殊的结构特点，它在膜表面定向排列，从而对其他基团形成屏蔽效应。但发挥这种屏蔽效应的前提是，要求含氟脂肪侧链必须达到一定长度。6FA、3FMA 和 6FMA 与12FMA 相比，脂肪族侧链过短，所以会出现表面接触角变小及表面能增大的现象。但是含氟基团要体现出其特有的表面活性，其功能链段的长度必须达到某一临界值，否则未改善膜表面活性，反而活性会降低。由于硅氧烷链段的柔顺性，在玻璃基材与膜界面上适当变形富集，可以使膜与基材的接触面积更大，膜形貌也会更加平整，从而增加了膜的附着力。氟元素在两个界面的含量基本维持稳定。

$P(D_4/D_4^V)$@P(BA/MMA/FA)膜表面的 QCM-D 吸水曲线见图 21-11。$P(D_4/D_4^V)$@P(BA/MMA/6FA)、$P(D_4/D_4^V)$@P(BA/MMA/3FMA)和 $P(D_4/D_4^V)$@P(BA/MMA/6FMA)膜表面的 ΔD 值随着 Δf 的降低而降低，说明了吸水膜的不稳定性。吸附表面的单分子水层呈铺开状态，是因为表面含氟量太少。但是，在图 21-11(a)~(c)中，ΔD先增加而后减少的现象说明了吸附层开始时紧紧排列在表面，突然的 ΔD 减少是由于含氟官能团在后期不能抵抗大量的吸附水，说明随着吸附水的增加，膜表面的吸附层发生了变化。但是，在图 21-10(d)中，Δf 与 ΔD 都随着时间的延长而增加，说明吸附的水松散地排列在表面，也说明涂膜表面是紧密的结构，并且，ΔD 值随着 Δf 的增加而增加说明了 $P(D_4/D_4^V)@P(BA/MMA/12FMA)$ 乳液在吸附水后是稳定的。与图 21-11(c)和(d)比较，图 21-11(a)和(b)的吸水量较高。12FMA 单体提供聚合物乳液最小的吸水量，与其最低的表面自由能对应。

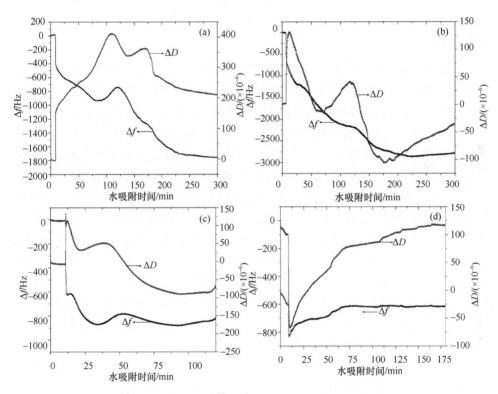

图 21-11　不同外壳结构 $P(D_4/D_4^V)@P(BA/MMA/FA)$膜的 QCM-D 吸附曲线：
(a)6FA；(b)3FMA；(c)6FMA；(d)12FMA

第 22 章　SiO₂ 基核壳结构含氟聚合物乳液

本章导读

以纳米 SiO₂ 作为种子引入乳液聚合体系前需用硅烷偶联剂对其进行表面改性以达到降低核壳两相的界面能的目的。而核壳之间的化学键合能够有效地抑制纳米 SiO₂ 基共聚物核壳结构乳液在成膜过程的二次团聚，提高 SiO₂ 在共聚物基体中的分散性，有利于发挥其纳米特性。因此，利用纳米 SiO₂ 与无机材料基体的良好相容性、纳米颗粒对聚合物基体增强增韧作用以及含氟共聚物疏水疏油的突出表面性能，设计并研制含氟量少、表面性能优异的室温成膜高性能涂膜材料。本章组合硅、氟、丙烯酸组分的卓越性能设计新型的改性纳米 SiO₂/含氟丙烯酸酯共聚物核壳结构乳液。首先以高稳定性的纳米 SiO₂ 悬浮液为原料，乙烯基三甲氧基硅烷、γ-甲基丙烯酰氧基丙基三甲氧基硅烷为改性剂，合成出不同接枝结构的改性纳米 SiO₂ 粒子；然后以改性纳米 SiO₂ 为种子乳液，采用半连续种子乳液聚合法获得以改性 SiO₂ 为核，以甲基丙烯酸甲酯(MMA)、丙烯酸丁酯 BA 和甲基丙烯酸三氟乙酯(3FMA)共聚物为壳的改性纳米 SiO₂/ P(MMA/BA/3FMA)核壳乳液，如图 22-1 所示。动态跟踪乳液成膜过程中乳胶粒形貌变化情况，并据此展开关于核壳乳液形貌控制与形成机制、膜结构与性能及其影响因素的深入研究。分析膜中各元素尤其是 F 和 Si 元素梯度定量分布信息，进而推测核壳组分在成膜过程的自迁移行为，重点表征乳液膜的表面性能、力学性能、热学性能。

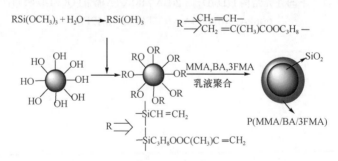

图 22-1　SiO₂/P(MMA/BA/3FMA)核壳乳液

(1)获得稳定性较高的纳米 SiO₂ 悬浮液的最佳参数为：pH=9，冰浴条件下采用超声波和机械搅拌联用的分散方式，分散时间为 30min。以该纳米 SiO₂ 水悬浮液为原料，采用偶联剂联合物理改性法，在加热回流条件下合成出单层结构接枝层改性纳米 SiO₂ 和多层结构接枝层改性纳米 SiO₂。纳米 SiO₂ 表面接枝率可控制在 5.6wt%～33.0wt%。

(2)采用半连续种子乳液聚合方法，获得了以改性 SiO₂ 为核，以 MMA、BA 和 3FMA 共聚物为壳的改性纳米 SiO₂/P(MMA/BA/3FMA)。当控制初始温度为 75℃，壳层聚合温度 80℃，缓冲剂的量为 0.15wt% 和引发剂的量为 0.3wt%～0.5wt% 的情况下，改性纳米 SiO₂ 用量为 0.5wt%～1.0wt% 和 3FMA/BA/MMA 配比为 3：4：3 时，乳液能兼具良好的稳定性与成膜性能。核壳乳胶粒粒径分布均匀，平均粒径为 45nm。当改性 SiO₂ 的相对含量高于 1.0wt% 时，乳胶粒形貌会由典型核壳结构变为孪生型甚至花瓣型核壳结构。当乳化剂含量降低到 1.2g 时，乳胶粒呈现石榴型多核核壳结构，且粒径分布变为多分散型。

(3)动态跟踪该核壳乳液的成膜过程显示，乳胶粒形貌从高度分散状态到有序紧密排列再到最终边界消失而融合。不同改性 SiO₂ 在共聚物基体中的分散性有显著差异，以 SDBS/TX-10 为分散稳定剂获得的改性 SiO₂ 为核的乳液膜中 SiO₂ 粒子甚至团聚体都以纳米级均匀分散在基体中，且与共聚物基体具有良好的界面黏接性。该核壳乳液膜断面上改性 SiO₂ 的分散性明显高于物理混合乳液膜断面，共聚物基体的黏接性能也较强。膜表面 F 元素含量最高可达 18.48wt%，远高于其理论含量 10.18wt%，F 元素表面自迁移富集显著，且成膜过程中 F 元素和 Si 元素向表面迁移富集存在竞争机制。对于低表面接枝率的改性 SiO₂ 为核的核壳乳液成膜过程中 F 元素倾向于在表面富集而 Si 元素富集于膜-玻璃板界面；但对于高表面接枝率改性 SiO₂ 为核的核壳乳液，膜表面 Si 富集明显提高。

(4)随着氟单体含量的依次增加(10wt%～50wt%)，膜表面自由能呈现先降低后略有升高的趋势，尤其是 30wt% 3FMA 时表面自由能有最低值(17.19mN/m)；而随着改性 SiO₂ 含量从 0.5wt% 增大到 2.5wt%，表面自由能先下降后升高，最终几乎不变，尤其是 1.0wt% 改性 SiO₂ 含量时表面自由能最低值为 21.09mN/m。这说明氟组分 3FMA 对膜表面性能的影响更为显著。

(5)随着核壳乳液膜中 SiO₂ 添加含量的增加，膜的拉伸强度以及断裂伸长率都是先急剧升高后猛然降低，最后出现略微增长的态势，且核壳乳液膜的拉伸强度高于纯共聚物乳液膜和物理混合乳液膜的拉伸强度，说明改性 SiO₂ 能聚合物对共聚物基体起到显著的增强增韧效果。

(6)核壳乳液膜的玻璃化转变温度(14℃)低于物理混合乳液膜(19℃)，因而含氟链段更容易从壳层迁移到膜-空气界面，更有利于其发挥优异表面性能；核壳乳液膜在最高热解速率时的热解温度为 390℃，高于共混乳液的热解温度(383℃)。由于核壳乳液膜-空气界面有着比共混乳液更为紧密的 CF₃ 链段排布结构有关，热稳定性较高的氟链段能减缓膜内部因热而造成的化学键的破坏，因而核壳乳液膜的热稳定性较好。

22.1 纳米 SiO_2 的分散与表面改性

22.1.1 单层结构与多层结构接枝纳米 SiO_2

采用硅烷偶联剂对纳米 SiO_2 进行表面改性的方式，向纳米 SiO_2 表面引入不饱和碳碳双键官能团(C=C)，使之能与后续的聚合单体发生作用，最终得到纳米 SiO_2/含氟聚合物核壳结构乳液。而表面改性成功的前提是纳米 SiO_2 在改性体系中达到良好的分散效果，即获得较高分散性的纳米 SiO_2 悬浮液。通过考察分散方式、分散时间、pH 等对纳米 SiO_2 分散的影响，确定最优的分散条件和方式。采用乙烯基三甲氧基硅烷[VMS, CH_2=CHSi$(OCH_3)_3$]VMS]、γ-甲基丙烯酰氧基丙基三甲氧基硅烷[MPMS, CH_2=C(CH_3)COO$(CH_2)_3$Si$(OCH_3)_3$]两种不同硅烷偶联剂对气相法 SiO_2 进行表面改性，乙酸为水解剂(pH=4)、三乙胺或氢氧化钠为缩合剂(pH=9)，获得不同结构的改性纳米 SiO_2。通过研究硅烷偶联剂种类与用量、水解缩合剂与pH、分散稳定剂对改性纳米 SiO_2 表面接枝层结构和改性纳米 SiO_2 分散稳定性的影响，获得兼顾合适结构和较高分散稳定性的改性纳米 SiO_2，获得可控结构的核壳乳液。

1. 单层结构接枝层改性纳米 SiO_2 的合成

将气相法纳米 SiO_2 加入水中进行充分分散，配成纳米 SiO_2 浓度为 0.01mol/L 的纳米 SiO_2 悬浮液。在配制该纳米 SiO_2 悬浮液过程中，通过氢氧化钠和乙酸调节体系的 pH。将所得纳米 SiO_2 悬浮液加入四口烧瓶，再将 VMS 或 MPMS 加入瓶中，与纳米 SiO_2 悬浮液混合均匀后，用乙酸调节体系使 pH=4，在 N_2 保护下加热回流 2h 得到改性纳米 SiO_2 悬浮液。冷却后，用离心分离机以 5000r/min 的转速对该悬浮液进行 5min 的离心分离处理，倒出上层清液，取出白色沉淀并将其置于烘箱抽真空干燥，将其碾细即得单层结构接枝层改性纳米 SiO_2 粉体。该产品按硅烷偶联剂依次编号为 M1 和 M2。

2. 多层结构接枝层改性纳米 SiO_2 的合成

向上述所得纳米 SiO_2 悬浮液中加入 0.24g 分散稳定剂(包括聚乙烯基吡咯烷酮PVP、十二烷基硫酸钠 SDS/辛基酚聚氧乙烯醚 TX-10、十二烷基苯磺酸钠SDBS/TX-10、六偏磷酸钠 SHMP)，采用超声波联合机械搅拌方法分散 30min，并将醇水溶液(pH=4)中常温预水解 2h 的硅烷偶联剂 MPMS 加入含分散稳定剂的纳米 SiO₂ 悬浮液，用氢氧化钠调节 pH=9，在 N₂ 保护下加热回流 2h 得到改性纳米 SiO₂ 悬浮液。将其放置过夜，待产生大量白色絮状物后，抽真空过滤、干燥并用研钵将其研细，即得多层结构接枝层改性纳米 SiO₂ 粉体。该产品按分散稳定剂种类(PVP、SDS+TX-10、SDBS+TX-10、SHMP)依次编号为 P1~P4，未加入分散稳定剂制得的多层结构接枝层改性纳米 SiO₂ 粉体记为 P。

以上所得的单层结构接枝层改性纳米 SiO₂(M1、M2)和多层结构接枝层改性纳米 SiO₂(P1~P4)的主要配方如表 22-1 所示。

表 22-1　改性纳米 SiO₂ 实验主要配方

配方	M1	M2	P1	P2	P3	P4	P
纳米 SiO₂/g	4	4	4	4	4	4	4
VMS/g	1.75	—	—	—	—	—	—
MPMS/g	—	2.92	2.92	2.92	2.92	2.92	2.92
表面活性剂(0.24g)	—	—	PVP	SDS/TX-10	SDBS/TX-10	SHMP	—
接枝率(GR)/%	4.3	5.6	16.7	17.6	12.9	12.5	10.8

22.1.2　分散条件选择

1. 采取超声分散与机械搅拌联合的方式

超声分散是一种纳米粉体液相分散的常用分散方式，利用超声空化作用产生的巨大冲击力和微射流来削弱纳米粉体表面能从而达到有效防止粒子团聚，最终实现充分分散的效果。但在实际操作中发现超声波除了能促进纳米粒子的分散外，也会加速体系的分相，即纳米粒子软团聚体尚未分散即发生快速沉降。因为搅拌所提供的上升力可以阻止悬浮液中的纳米粒子及其团聚体的快速沉降，这样在超声波的作用下，软团聚体逐步被粉碎，得到粒径分布较为均一的纳米 SiO₂ 悬浮液。

2. 分散时间

分散时间控制为 30min 较好，此时能够有效地去除已有团聚体，冰浴条件控制温度也不会造成新团聚体的产生。分散时间为 15min 时，波长 700~1000nm 范围有两个明显特征峰，即存在两个粒径范围的团聚体。但随着超声波时间的延长，当分散时间达到 30min 时，700nm 以上的团聚峰已经基本消失，再延长超声波时间也没有明显的变化，反而超声波时间过长如 105min 时在 900nm 附近出现了新的团聚峰，且此时也能直观观察到悬浮液底部明显的沉降现象。这是因为持续超声波会导致液相过热，加速粒子的布朗运动，使颗粒碰撞概率增加，进而加剧团聚的产生。为抑制这种热效应引起的纳米粒子再次团聚，采取冰浴方式，控制超声分散时温度不高于30℃，能够有效降低沉降程度。

3. 体系 pH 对纳米 SiO_2 分散的影响

pH 为 10 时，纳米 SiO_2 悬浮液中纳米 SiO_2 粒子在全波数范围内的吸光度普遍都较高，而继续升高至 pH=11，吸光度反而下降，说明强碱性会使 SiO_2 粒子因溶解而有质量损失，故随着纳米 SiO_2 粒子的浓度下降，吸光度也有相应的下降现象。因此，pH=10 分散稳定性最高。但考虑到 pH≥9.23 时 SiO_2 粒子开始溶解，会增加体系的复杂性，因此最终选择的较适合分散的体系酸度为 pH=9。

4. 改性剂种类与用量对纳米 SiO_2 表面改性的影响

改性前纳米 SiO_2 在水中团聚体的平均粒径为 362.7nm，其 PDI 指数为 0.377，含有部分大团聚颗粒[图 22-2(a)]。VMS 或 MPMS 的硅氧基通过水解能与纳米 SiO_2 表面的羟基发生反应且接枝到纳米 SiO_2 表面。这两种硅烷偶联剂都含有 C=C 双键，因而可与后续乳液聚合的丙烯酸类单体形成共价键，最终形成纳米 SiO_2/含氟丙烯酸酯类共聚物核壳乳液。因此，硅烷偶联剂的种类对纳米 SiO_2 改性效果以及后续核壳结构都有重要影响。硅烷偶联剂 VMS 或 MPMS 都能以接枝方式对纳米 SiO_2 表面羟基起遮蔽保护效应，能有效降低水中 SiO_2 团聚体的尺寸，平均粒径由改性前的 362.7nm 分别降至 345.4nm 和 232.3nm，PDI 指数也由改性前的 0.377 分别降至 0.263 和 0.209[图 22-2(b)和(c)]。该结果也显示了不同改性剂对改性 SiO_2

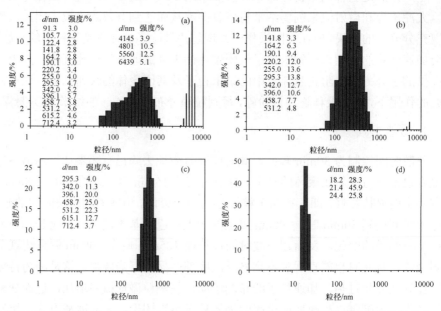

图 22-2　改性前(a)与不同改性 VMS(b)、MPMS(c)、MPMS(d)在酸性催化剂的粒径分布

在水中聚集体尺寸的影响有显著差异。通过与硅烷偶联剂 VMS 的分子结构对比，MPMS 的分子链较长，对纳米 SiO₂ 表面羟基遮蔽保护效应较强，即体现在 MPMS 改性 SiO₂ 水中聚集体平均粒径更小，粒径分布也更窄。

硅烷偶联剂的用量对改性 SiO₂ 表面接枝层结构也有着重要影响。真正起偶联作用的是痕量的偶联剂所形成的单分子层，形成单分子层所需偶联剂的用量 w 可以根据式(22-1)进行估算。

$$w = \frac{A_{SiO_2}}{A_{ca}} \times 100\% \tag{22-1}$$

式中，A_{SiO_2} 和 A_{ca} 分别是 SiO₂ 和偶联剂的比表面积。

已知 SiO₂ 的比表面积 $A_{SiO_2}=230\text{m}^2/\text{g}$，VMS 和 MPMS 的比表面积分别为 $526\text{m}^2/\text{g}$ 和 $316\text{m}^2/\text{g}$，可以根据式(22-1)可估算出形成单分子层所需 VMS 和 MPMS 的相对用量(占 SiO₂ 的质量分数)为 43.7wt% 和 72.8wt%。而为使硅烷偶联剂在改性体系中实现均匀分布，偶联剂溶液的浓度控制在 0.5%~1.0% 为宜。

5. 水解缩合催化剂对纳米 SiO₂ 表面改性的影响

虽然酸和碱都对硅烷偶联剂水解反应有催化作用，但由于硅烷偶联剂水解生成的硅羟基间易发生缩合作用，特别是碱性催化剂下会加快缩合反应，当选用乙酸为水解缩合催化剂制备的改性 SiO₂ 在水中团聚体(软团聚)呈单峰分布，仅有极少量的微米级团聚体，其多分散指数(PDI)为 0.209，说明改性 SiO₂ 表面单层结构硅烷偶联剂接枝层在一定程度上能抑制纳米粒子团聚的发生[图 22-2(d)]。而当采用乙酸催化水解、氢氧化钠催化缩合制备的改性 SiO₂ 时，使用碱性催化剂，加快了缩合反应速率，加剧了改性 SiO₂ 之间的交联作用，进而引起其水相分散的 PDI 急剧增加至 0.922，甚至超过改性前的 PDI 值(0.263)；但同时在碱性体系(pH = 9)下纳米粒子表面带负电荷，有利于纳米粒子的分散，因此部分纳米粒子在改性过程中能始终保持较小的粒径。所以，选取乙酸作为水解缩合催化剂能更有利于控制形成单层的硅烷偶联剂接枝层的改性 SiO₂。而多层结构接枝层的改性 SiO₂ 粒径及其粒径分布较难控制，需要通过分散稳定剂的位阻效应以控制改性 SiO₂ 之间的交联，得到兼顾高接枝率和较高分散稳定性的多层结构接枝层的改性 SiO₂。

22.1.3　接枝改性 SiO₂ 的结构表征与接枝率

单层结构 VMS 接枝改性 SiO₂ 的红外谱图如图 22-3(A)所示。(a)代表硅烷偶联剂 VMS 的红外谱图，2956cm⁻¹ 和 2874cm⁻¹ 分别是—CH₃ 的非对称和对称吸收振动峰，3066cm⁻¹ 和 1622cm⁻¹ 分别对应烯烃的 C—H 和 C=C 的伸缩振动峰，1101cm⁻¹ 处的窄峰是 Si—O—C 对称伸缩振动峰，1412cm⁻¹ 是乙烯基的面内弯曲振动峰，822cm⁻¹ 和 775cm⁻¹ 处强峰为乙烯基的 C—H 面外弯曲振动峰，但与烯烃标准谱图位置略有出入，可能是受邻近甲氧基基团的影响。由(b)谱图可以看出，改性前的纳米 SiO_2 在 3431cm⁻¹ 出现 Si—OH 的特征峰，1101cm⁻¹(宽峰)、808cm⁻¹ 和 470cm⁻¹ 为 Si—O—Si 的特征峰。而最终获得的 VMS 改性纳米 SiO_2 的红外谱图(c)中可以看到：1101cm⁻¹(宽峰)、771cm⁻¹ 和 465cm⁻¹ 对应 Si—O—Si 的三个特征峰。1629cm⁻¹、1412cm⁻¹ 分别对应乙烯基的 C=C 的伸缩振动和面内弯曲振动峰，说明改性后的体系仍根据 C=C 的存在，为而后与乳液聚合单体的反应提供理论依据。2963cm⁻¹ 处的弱峰位置初步判断其是 C—H 峰，再参照改性前纳米 SiO_2 谱图(b)的同区域无峰值，因而判断该峰对应着 VMS 谱图 2956cm⁻¹ 处峰的—CH_3 非对称振动峰，但峰的强度明显很小，说明原 VMS 的大部分甲氧基因水解成 Si—OH 而消失，这与硅烷偶联剂改性的机理吻合。而 3066cm⁻¹ 处 Si—OH 特征峰强度略有减小，整体上 Si—OH 数减少，说明发生羟基缩合反应，但仅凭这点无法证实是 VMS 自身缩聚的结果还是 VMS 与纳米 SiO_2 表面硅羟基缩合的结果。

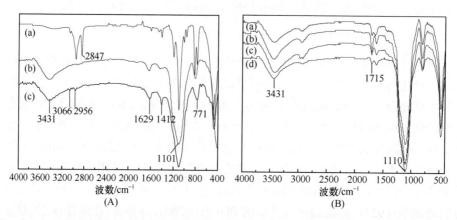

图 22-3　(A)VMS 改性前(a)后(b)纳米 SiO_2 的红外谱图，(c)VMS 改性后纳米 SiO_2(M1)；(B)MPMS 改性 SiO_2 的红外谱图：(a)P1(PVP)，(b)P2(SDS/TX-10)，(c)P3(SDBS/TX-10)，(d)P4(SHMP)

　　MPMS 改性 SiO_2 的红外谱图见图 22-3(B)。无论采取何种分散稳定剂制得的多层结构 MPMS 接枝层改性纳米 SiO_2(P1~P4)都有 C—H(2963~2918cm⁻¹ 之间)、C=O(1715cm⁻¹)和 Si—O—C(1110cm⁻¹)的特征峰。由于该类改性纳米 SiO_2 在红外测试前均采取索氏抽提处理以去除物理吸附在纳米 SiO_2 表面的 MPMS，因而可证实 MPMS 和纳米 SiO_2 之间实现化学键合，MPMS 确实接枝在纳米 SiO_2 表面。

　　通过煅烧法测算各改性 SiO_2 样品 M2、P1~P4 的接枝率见于表 22-1。以乙酸为水解剂制得的改性 SiO_2(M2)接枝率远低于以乙酸为水解剂、氢氧化钠为缩合剂制得的改性 SiO_2(P1~P4)。这也验证了样品 M2 表面的硅烷偶联剂接枝层为单层结构，样品 P、P1～P4 为多层结构接枝层改性 SiO₂。从该表中还可以看出，P1～P4 的接枝率都高于样品 P，这说明加入分散稳定剂更有利于纳米 SiO₂ 的液相分散，进而有利于改性过程中硅烷偶联剂与纳米 SiO₂ 表面充分接触，且能较为均匀地接枝到每个纳米 SiO₂ 表面，最终表现为表面接枝率提高。但在分散稳定剂含量固定的情况下，样品 P1、P2、P3、P4 之间的接枝率存在差异，这主要是受分散稳定剂种类的影响。以 SDS/TX-10 为分散稳定剂制备的改性 SiO₂(P2)接枝率高达17.6%。这是因为 SDS/TX-10 复配体系通过空间位阻效应和静电排斥效应的双重作用有效抑制纳米 SiO₂ 在改性体系中的团聚，提高其在水性悬浮液中的分散稳定性，因而硅烷偶联剂得以与其充分接触，进而高效接枝到纳米 SiO₂ 表面。此外，以 PVP 为分散稳定剂制备的改性 SiO₂(P1)的接枝率也比较高，这与聚乙烯吡咯烷酮水性高分子链段的空间位阻效应相关。值得注意的是，同样具有空间位阻效应和静电排斥效应双重分散稳定作用的 SDBS/TX-10 复配体系获得的改性 SiO₂(P3)却与只具备静电排斥稳定作用体系的改性 SiO₂(P4)的接枝率接近，这说明静电效应对纳米 SiO₂ 的分散稳定起主导作用。因为在 pH=9 的改性体系中纳米 SiO₂ 表面带负电荷，因而对于含量较低的阴离子型分散稳定剂特别是 SHMP 负电荷高，较难吸附到纳米 SiO₂ 表面对其起到稳定分散作用，最终导致接枝率降低，仅为12.5wt%。因此，在低分散稳定剂含量下，SDS/TX-10 复配体系比 SDBS/TX-10复配体系好。

　　为了进一步对比高含量的复配分散稳定剂对改性 SiO₂ 接枝率的影响，固定TX-10 含量，分别将 SDS 和 SDBS 含量由原来的 0.08g 提高到 0.8g，可以有效提高阴离子乳化剂尤其是 SDBS 在负电荷 SiO₂ 表面的吸附量。结果显示，高 SDBS含量获得的样品接枝率最高，达到 33.0wt%；而高 SDS 含量时的样品接枝率为24.4wt%，也高于低 SDS 含量时样品 P2 的接枝率。综合来看，在低分散稳定剂含量下选取 SDS/TX-10 或 PVP 都能获得较高的接枝率。高含量复配分散稳定剂体系中 SDBS/TX-10 要优于 SDS/TX-10 体系。

22.2　SiO₂/P(MMA/BA/3FMA)核壳乳液的合成与结构

22.2.1　SiO₂/P(MMA/BA/3FMA)核壳乳液的合成

　　向制得的改性纳米 SiO₂ 中加入适量去离子水及乳化剂[保持辛基苯基聚氧乙烯醚(TX-10)∶十二烷基硫酸钠(SDS)=2∶1]，超声波振荡 5min，将该分散均匀的水溶液加入装有温度计、搅拌器、滴液漏斗及冷凝装置的四口瓶中，N₂ 保护下升温至 75℃后，加入过硫酸铵(APS)、NaHCO₃，在逐步滴加用 NaOH 洗涤过的甲基丙烯酸甲酯(MMA)、丙烯酸丁酯(BA)、甲基丙烯酸三氟乙酯(3FMA)。单体滴加完毕后，升温至 80℃。整个滴加时间控制在 3h 内。其中不加入改性纳米 SiO₂(M2) 的 P(MMA/BA/3FMA)纯共聚物乳液记为 A，改性纳米 SiO₂(M2)与 A 简单共混制得的改性纳米 SiO₂/P(MMA/BA/3FMA)共混乳液，记为 B。分别研究核壳乳液聚合单变量、改性纳米 SiO₂ 用量、改变非氟单体 BA/MMA 配比、改变 3FMA 的用量、改变乳化剂的总用量等对乳液的影响。

22.2.2　SiO₂/P(MMA/BA/3FMA)核壳乳液的结构表征

VMS 改性纳米 SiO₂/含氟聚合物核壳乳液红外谱图如图 22-4 所示。从图 22-4(c) 可以看出 1735cm⁻¹ 处的 C=O 伸缩振动吸收峰是最强峰，说明 C=O 基团未参与乳液聚合反应，即反应前后 C=O 基团数目应该不变。又由于含氟单体 3FMA 占乳液聚合单体总量的 30wt%，因而可以根据这一规律调节纳米 SiO₂/含氟聚合物核壳乳液红外曲线(c)和含氟单体红外曲线(b)比例，采用半定量比较方式进一步获取纳米 SiO₂/含氟聚合物核壳乳液的化学组成信息。但是 MPMS 改性纳米 SiO₂ 含有 C=O 官能团，会干扰定量的标准，因此最终通过调节使曲线(c)在 1735cm⁻¹ 处的 C=O 峰高为曲线(b)在 1740cm⁻¹ 处的 C=O 峰高的 3 倍，重点考察 VMS 改性纳米 SiO₂(M1)为核的纳米 SiO₂/含氟聚合物核壳乳液与含氟单体 FTIR 的化学结构变化。曲线(c)与曲线(b)对比可以看出：纳米 SiO₂/含氟聚合物核壳乳液 2959cm⁻¹ 和 2875cm⁻¹(C—H 特征峰)处的峰强度远高于同在邻近位置的含氟单体中 C—H

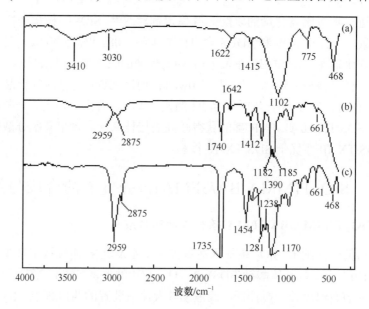

图 22-4　改性纳米 SiO₂/P(MMA/BA/3FMA)核壳乳液的红外谱图：
(a)改性纳米 SiO₂(M1)；(b)含氟单体 3FMA；(c)改性纳米 SiO₂/P(MMA/BA/3FMA)核壳乳液

(—CH$_3$)的峰强，因而可以说明该核壳乳液中—CH$_3$ 基团有所增加。同时，通过与曲线(a)代表的 VMS 改性纳米的 SiO$_2$、曲线(b)代表的含氟单体 3FMA 的红外谱图进行对照，还可发现只有核壳乳液的红外谱图在 1600cm^{-1}(C=C 特征峰)附近没有峰，说明乳液膜中没有双键基团。基于以上两点，表明改性纳米 SiO$_2$ 与 3FMA 单体都参与聚合反应。

改性纳米 SiO$_2$/P(MMA/BA/3FMA)核壳乳液 ^{1}H NMR 谱图如图 22-5 所示。3.63ppm 和 4.02ppm 处分别出现了 MMA 中 O—CH$_3$ 上的氢特征信号峰和 BA 中 O—CH$_2$ 上氢的特征信号峰。而在 4.38ppm 处出现了 3FMA 中 O—CH$_2$ 上氢的特征信号峰。改性纳米 SiO$_2$/ P(MMA/BA/3FMA)核壳乳液(N4)中乳胶粒形貌如图 22-6 所示。其中，以单层结构接枝层改性纳米 SiO$_2$(M2)为种子乳液合成的纳米

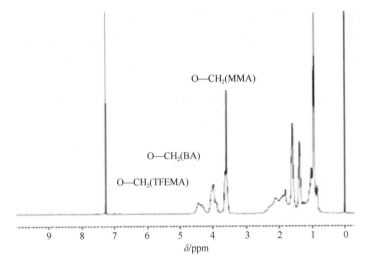

图 22-5　改性纳米 SiO$_2$/P(MMA/BA/3FMA)核壳乳液的 ^{1}H NMR 图谱

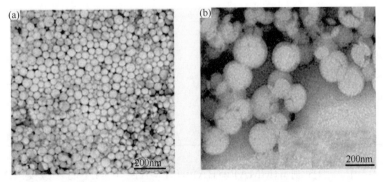

图 22-6　改性纳米 SiO$_2$/P(MMA/BA/3FMA)核壳乳液(N4)的 TEM 图

$SiO_2/P(MMA/BA/3FMA)$核壳乳液 N4 的乳胶粒粒径分布较为均一，平均粒径大约为 45nm。对图(a)进行区域放大即得到图(b)。如图 22-6(b)所示，乳液的乳胶粒部分呈现核壳结构(白色区域为核层，黑色区域为壳层)，含氟共聚物壳层的厚度仅为 5nm 左右；另一部分乳胶粒在 TEM 中显示为全黑色球体，即纯聚合物乳胶粒子，这说明在核壳乳液过程中仍有部分聚合单体与含双键的改性 SiO_2 之间未发生反应，而是发生单体自聚。因此乳化剂用量对乳胶粒形貌结构有着重要影响。

22.3　合成条件对乳液形貌的影响

22.3.1　单体配比对 $SiO_2/P(MMA/BA/3FMA)$核壳乳液形貌及粒径的影响

在单体配比的选择中，首先要根据各种共聚单体在共聚物中的作用、产品的要求及玻璃化转变温度原则来初步确定各个单体用量，而后通过具体实验来调整。在固定含氟单体用量情况下，非含氟单体配比对乳液聚合过程尤其是最终乳液膜性能有直观影响。因此，采取单因素变量实验(M1~M5 配方)，考察非氟单体 BA 与 MMA 配比对膜性能的直观影响(MA/MMA=10/4，8/6，7/7，6/8，4/10)，结果见表 22-2。随着 BA 用量的增加，乳液的成膜性能变好，但 BA 用量太大时，涂膜较软，表面发黏。随着 MMA 用量的增加，涂层的硬度增大，但过大的比例会使聚合物乳液的成膜性能变差，涂膜不连续、透明性差。综合考虑，选用非氟丙烯酸单体 BA/MMA 配比为 4∶3(M2)。

表 22-2　核壳乳液聚合的配方中改变非氟单体配比

配方及性能	M1	M2	M3	M4	M5
改性纳米 SiO_2(M2)/g	0.1	0.1	0.1	0.1	0.1
BA/g	10	8	7	6	4
MMA/g	4	6	7	8	10
3FMA/g	6	6	6	6	6
TX-10/g	1.8	1.8	1.8	1.8	1.8
SDS/g	0.9	0.9	0.9	0.9	0.9
APS/g	0.10	0.10	0.10	0.10	0.10
$NaHCO_3$/g	0.03	0.03	0.03	0.03	0.03
H_2O/g	60	60	60	60	60
涂膜性能	膜软，发黏	透明光亮，韧性好	膜硬，透明	膜较硬，透明略差	膜脆，完全开裂

表 22-3 中，当控制 $w(MMA)/w(BA)/w(3FMA)= 1.3/1/1$ 时，改变 MMA、BA 和 3FMA 的量为 16g、18g 和 20g(6.4/4.8/4.8，S1；7.2/5.4/5.4，S2；8.0/6.0/6.0，S3)，

表 22-3　核壳乳液聚合的配方中固定 MMA 与 BA 配比，改变 3FMA 的用量

配方	N1	N2	N3	N4	N5
改性纳米 SiO₂(M2)/g	0.1	0.1	0.1	0.1	0.1
BA/g	10.34	9.06	8	6.93	5.74
MMA/g	7.76	6.94	6	5.07	4.26
3FMA/g	2	4	6	8	10
TX-10/g	1.6	1.6	1.6	1.6	1.6
SDS/g	0.8	0.8	0.8	0.8	0.8
APS/g	0.06	0.08	0.09	0.11	0.12
NaHCO₃/g	0.03	0.03	0.03	0.03	0.03
H₂O/g	60	60	60	60	60

粒子尺寸为 60～70nm 的典型单峰分布如图 22-7(a)所示，但是，当 MMA、BA 和 3FMA 的量增加到 22g[图 22-7(b)，8.8/6.6/6.6，S4]和 24g[图 22-7(c)，9.6/7.2/7.2，S5]，呈现双峰分布，S4 样品的粒径为 25nm(87%)，核为 80nm(13%)，而 S5 的粒径为 21nm(73%)，核为 80nm(27%)。高含量容易引起乳液粒子之间的交联。图中的小粒径是由于少量的 MMA，BA 和 3FMA 聚合成 P(MMA/BA/3FMA)。

　　图 22-8(a)～(c)中 TEM 形貌显示，单体的量控制在 16g、18g 和 20g 时，获得粒径均一的 50nm 核壳结构粒子，与 22-7(a)的 DLS 结果一致。SiO₂/P(MMA/BA/3FMA)聚合物外壳层逐渐生长[图 22-8(a)～(c)]，因为 SiO₂ 的量与聚合物单体

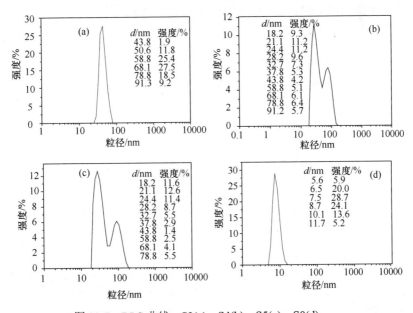

图 22-7　DLS 曲线：S3(a)；S4(b)；S5(c)；S0(d)

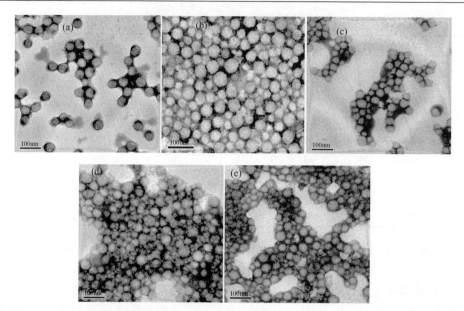

图 22-8　SiO₂/P(MMA/BA/3FMA)粒子的 TEM 图像：(a)S1；(b)S2；(c)S3；(d)S4；(e)S5

量匹配，未获得聚合物本身的粒子。然而，当 P(MMA/BA/3FMA)的量控制在 22g
和 24g[图 22-8(d)和(e)]，尽管大多数是 50nm SiO₂/P(MMA/BA/3FMA)粒子，但是
仍然有少量的纯聚合物粒子(黑色区域)。

22.3.2　改性纳米 SiO₂ 用量对乳液稳定性及形貌的影响

通过改变改性纳米 SiO₂ 用量而保持其他配方不变的单因素变量实验(配方见
表 22-4 中 S1～S5)，发现改性纳米 SiO₂ 用量在很大程度上影响乳液体系的稳定性。

表 22-4　核壳乳液聚合改变改性纳米 SiO₂ 的用量

配方及性能	A	S1	S2	S3	S4	S5
改性纳米 SiO₂(M2)/g	0	0.1	0.2	0.3	0.4	0.5
BA/g	8	8	8	8	8	8
MMA/g	6	6	6	6	6	6
3FMA/g	6	6	6	6	6	6
TX-10/g	1.8	1.8	1.8	1.8	1.8	1.8
SDS/g	0.9	0.9	0.9	0.9	0.9	0.9
APS/g	0.10	0.10	0.10	0.10	0.10	0.10
NaHCO₃/g	0.03	0.03	0.03	0.03	0.03	0.03
H₂O/g	60	60	60	60	60	60
乳液外观		半透明泛蓝光	半透明略泛蓝光	白色略泛蓝光	白色	白色
乳液凝胶情况		无	极少量	少量	较多	很多
乳液放置稳定性		稳定	稳定	较稳定	较稳定	不稳定

随着改性纳米 SiO$_2$ 用量的加大，乳液外观从开始的半透明泛蓝到最后的乳白色，而且当改性纳米 SiO$_2$ 用量达到 2.5wt%时乳液放置 3 天就明显分层。改性纳米 SiO$_2$ 用量也影响乳液最终的成膜外观。随着改性纳米 SiO$_2$ 用量的加大，乳液膜外观从开始的平整、透明到最后的表面不平整、透明性变差。综合考虑，改性纳米 SiO$_2$ 最佳用量为 0.5wt%～1.0wt%。

　　种子乳液聚合过程中乳胶粒形貌受改性 SiO$_2$、乳化剂、单体之间配比的影响。过量的乳化剂除了能稳定改性 SiO$_2$ 的同时，也会自聚形成空胶束，在乳液聚合过程中形成以空胶束为核的纯聚合物乳胶粒和以改性 SiO$_2$ 为核的核壳乳胶粒共存的形貌。当单体相对含量过多时，纯聚合物乳胶粒的概率增加，而单体相对含量过少也不能完整包覆改性 SiO$_2$ 核。所以，改变改性 SiO$_2$ 含量(占单体质量分数)，考察其对乳胶粒形貌的影响，见图 22-9(a)～(f)。当改性 SiO$_2$ 用量极低(0.5wt%)时，图 22-9(a)和(b)显示形成的是具有完整聚合物壳层的核壳型和少量纯聚合物共存的特殊形貌；当改性 SiO$_2$ 用量增至 2.0wt%时，图 22-9(c)和(d)中的核壳结构乳胶粒的壳层变得局部不连续，乳胶粒出现明显的粘连，多为两个或三个乳胶粒为一个整体的孪生型核壳形貌；继续增加改性 SiO$_2$ 用量到 2.5wt%，由图 22-9(f)可以看出此时核壳结构乳胶粒的壳层已经完全不连续，形成草莓型核壳结构，而图 22-9(e)所示的乳胶粒间粘连现象也更为突出。

　　基于以上结果，改性 SiO$_2$ 用量对乳胶粒形貌的影响方式机制的示意图如图 22-10 所示。改性 SiO$_2$ 在含有乳化剂的水相中分散时会形成三种结构胶束：(I)含单个改性 SiO$_2$ 的增溶胶束；(II)不含改性 SiO$_2$ 的空胶束；(III)含多个改性 SiO$_2$ 的增溶胶束。其中(I)结构胶束中的改性 SiO$_2$ 表面含有双键，而含乙烯基的丙烯酸酯类单体以单体液滴形式不断通过水相扩散到胶束中，水相中的引发剂在适当温度下分解产生的自由基进入胶束中从而引发改性 SiO$_2$ 与丙烯酸酯类单体的共聚反应，即形成以单个改性 SiO$_2$ 为核、含氟共聚物 P(MMA/BA/3FMA)为壳这种单核的典型核壳结构乳胶粒(a)。当改性 SiO$_2$ 含量较低(如 0.5wt%)时，乳化剂足以使所有的改性 SiO$_2$ 均匀分散以最终形成单核的核壳乳胶粒(a)，过剩的乳化剂还会自发形成空胶束，简称(II)型胶束。由于(II)结构胶束中不含有改性 SiO$_2$ 会成为丙烯酸单体自聚的场所，从而形成不含改性 SO$_2$ 的纯聚合物乳胶粒，可记为(c)型非核壳乳胶粒。这也与图(a)、(b)的电镜形貌相吻合。当改性 SiO$_2$ 含量增加，空胶束减少，最终的(c)型非核壳乳胶粒所占比例也相应降低。但由于体系中乳化剂用量固定，当改性 SiO$_2$ 含量持续增加，会使乳化剂有效分散改性 SiO$_2$ 的效能不断降低，因此会形成含多个改性 SiO$_2$ 的(III)型胶束。以此类胶束为聚合反应场所生成的是孪生型核壳乳胶粒，记为(d)型乳胶粒。这与图(c)和(d)观察到的乳胶粒形貌是一致的。当改性 SiO$_2$ 含量为 2.5wt%时，最终形成的是壳层非连续分布的草莓型乳胶

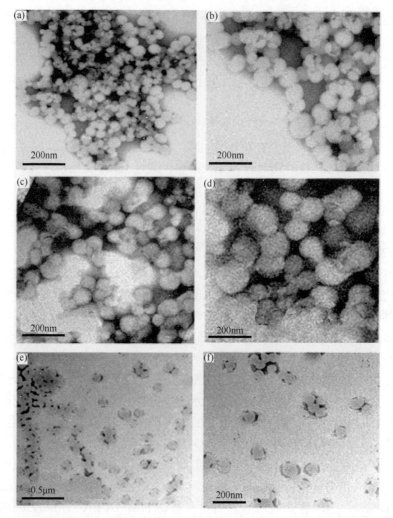

图 22-9　改性改性 SiO_2 用量对纳米 SiO_2/P(MMA/BA/3FMA)核壳乳液形貌的影响：
(a，b)0.1g 改性 SiO_2；(c，d)0.4g 改性 SiO_2；(e，f)0.5g 改性 SiO_2

粒(b)。这是因为改性 SiO_2 含量过高，形成的含改性 SiO_2 胶束数目大大增加，丙烯酸酯类单体在每一个胶束中的相对含量下降，当引发剂引发单体聚合时，不足以改性 SiO_2 表面形成连续的共聚物壳层；同时由于单体含量的不足也不会形成纯聚合物乳胶粒(c)。这也与改性 SiO_2 含量为 2.5wt%的 TEM 图(e)和(f)中显示的乳胶粒结构可以相互印证。

22.3.3　乳化剂含量对乳液稳定性及形貌的影响

由图 22-11 和表 22-5 可知，当乳化剂含量降低时乳胶粒粒径逐渐增大，粒径

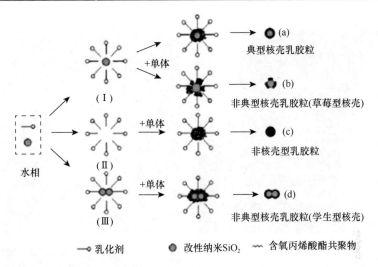

图 22-10　改性 SiO₂ 用量对改性纳米 SiO₂/P(MMA/BA/3FMA)核壳乳液形貌影响的示意图

分布也由单分布转而变成多分布。如图 22-11(a)和(b)所示，乳化剂含量较高时，多层结构接枝层改性纳米 SiO₂(P3)为种子乳液合成的核壳乳液 R1 中的乳胶粒几乎都呈现核壳结构，其平均粒径可达为 50nm，略大于以单层结构接枝层改性纳米 SiO₂ 为种子乳液合成的核壳乳液的乳胶粒粒径。这是因为多层结构接枝层改性纳米 SiO₂ 接枝率普遍高于单层结构接枝层改性纳米 SiO₂，特别是以 TX-10 和 SDBS 复配乳化剂为分散稳定剂制得的多层结构接枝层改性纳米 SiO₂，其接枝率高达 33.0wt%，这意味着该改性纳米 SiO₂ 本身的粒径会略有增大，以此 SiO₂ 为种子乳液的粒径自然也有所增大，最终表现为核壳乳液乳胶粒核层与壳层部分尺寸也都会有一定程度的增长，即该核壳乳胶粒的粒径仅比单层结构接枝层改性纳米 SiO₂ 为种子乳液的核壳乳胶粒粒径高出 5nm。

如图 22-11(c)所示，当乳化剂配比不变时，乳化剂的总含量从 2.4g 降低到 1.2g，此时核壳结构乳液呈现两种粒径分布。其中小粒径乳胶粒呈现较为规则的球形形貌，其平均粒径为 50nm，通过与图 22-11(b)对照，其形貌和尺寸都与高含量乳化剂(2.4g)时所形成的乳胶粒一致；而大粒径乳胶粒为不太规则的类球形形貌，其平均粒径可达 100nm。由图 22-11(d)可以看出，大粒径乳胶粒实际是由多个小粒径乳胶粒包合而成的，而这些小粒径乳胶粒都是核壳结构。但由于这些乳胶粒壳层(黑色区域)很薄，因而在 TEM 图中大粒径乳胶粒内部隐约有小粒径乳胶粒壳层的痕迹，这也是整个大粒径乳胶粒的内部区域与外部区域衬度不显著的原因。从图中还可观察到核壳小粒径乳胶粒之间存在明显的间隔，但整体上以类球状排列。通过这种密集排布进而堆积形成核层，小粒径核壳乳胶粒群外围继续接枝聚合物

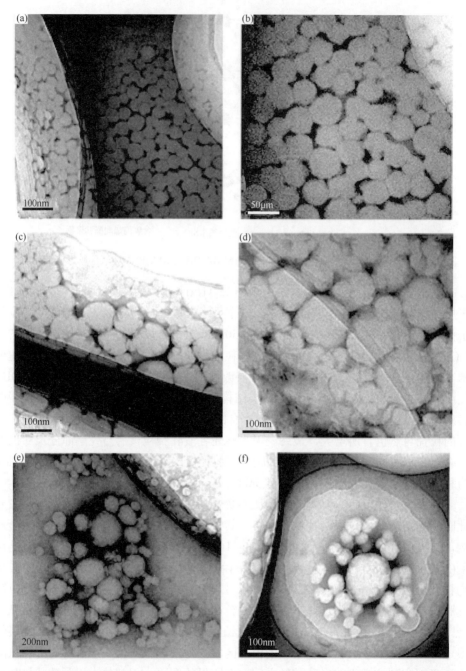

图 22-11　不同乳化剂含量对改性纳米 SiO_2/P(MMA/BA/3FMA)核壳乳液(R1~R3)形貌的影响:
(a, b)2.4g TX-10/SDS(1.6/0.8); (c, d)1.2g TX-10/ SDS(0.8/0.4); (e, f)0.6g TX-10/ SDS(0.4/0.2)

表 22-5 核壳乳液聚合的配方中固定乳化剂配比,改变乳化剂的总用量

配方	R1	R2	R3
改性纳米 SiO₂(P3)/g	0.2	0.2	0.2
BA/g	8	8	8
MMA/g	6	6	6
3FMA/g	6	6	6
TX-10/g	1.6	0.8	0.4
SDS/g	0.8	0.4	0.2
APS/g	0.10	0.10	0.10
NaHCO₃/g	0.03	0.03	0.03
H₂O/g	60	60	60

最终形成含氟丙烯酸酯共聚物壳层,这与一般多核核壳乳胶粒的结构和成因有所区别,记为石榴型多核核壳结构乳胶粒。当继续降低乳化剂含量,由多个小粒径乳胶粒包合而成的大粒径乳胶粒粒径增大到 150nm 左右,如图 22-11(f)所示。从图 22-11(e)中还可以看出,乳胶粒的粒径分布变得更加不均匀。

为阐述这类大粒径乳胶粒的产生机制,提出这种特殊形貌乳胶粒的形成示意(图 22-12)。(a)代表典型核壳结构乳胶粒,其对应着 TEM 图中较高乳化剂含量(2.4g)下的小粒径核壳乳胶粒,因此白色球体代表 SiO₂,黑色圆环代表含氟丙烯酸酯共聚物;(b)代表壳层长大的小粒径核壳乳胶粒;(c)代表紧密排列的过渡态乳胶粒;

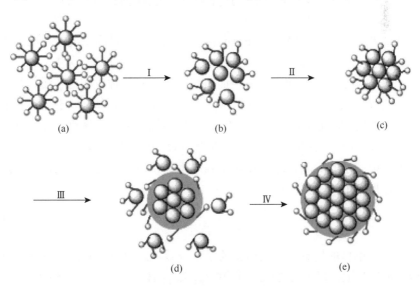

图 22-12 不同乳化剂含量对纳米 SiO₂/P(MMA/BA/3FMA)核壳乳液
(R1～R3)形貌影响的示意图

(d)代表形成的较大粒径石榴型多核核壳乳胶粒；(e)代表大粒径石榴型多核核壳乳胶粒。而Ⅰ、Ⅱ、Ⅲ和Ⅳ则代表典型核壳结构乳胶粒转变为石榴型多核核壳乳胶粒所经历的四个阶段，即分别为小粒径核壳乳胶粒长大阶段、小粒径核壳乳胶粒紧密堆积阶段、石榴型多核核壳乳胶粒形成阶段和石榴型多核核壳乳胶粒长大阶段。

在小粒径核壳乳胶粒长大的第Ⅰ阶段，核壳乳胶粒即乳胶粒(a)的壳层厚度增长，乳胶粒的粒径增大，使得乳化剂难以覆盖在粒子全表面，乳化剂在粒子表面排列开始由竖直紧密型方式转为平铺疏松型排列，形成乳胶粒(b)。由于对乳胶粒稳定分散的起主导作用的空间位阻效应被削弱，乳胶粒开始互相靠拢，进入小粒径核壳乳胶粒紧密堆积的第Ⅱ阶段。可以看出这种包含若干个小粒径核壳乳胶粒的乳胶粒(c)的边缘还很不规则，随着更多单体液滴转移到该类乳胶粒中参与共聚反应，此时的乳胶粒粒径增大，胶粒边缘逐步变得圆润，最终形成类球状的石榴型多核核壳结构乳胶粒即乳胶粒(d)，这个阶段也就是石榴型多核核壳乳胶粒形成的第Ⅲ阶段。同样在最后一个阶段(石榴型多核核壳乳胶粒长大的第Ⅳ阶段)，由于乳胶粒(d)表面积随着粒径增大而急剧增加，乳化剂在胶粒表面排列更为疏松，因而将会有更多小粒径核壳乳胶粒进入乳胶粒(d)内部并通过堆积排列，从而形成最终大粒径石榴型多核核壳结构乳胶粒即乳胶粒(e)。

22.4 乳液成膜过程的 TEM 跟踪分析

改性纳米 SiO_2/P(MMA/BA/3FMA)核壳乳液在成膜过程中乳胶粒的形貌会发生变化，但由于受温度和溶剂的影响，这一变化很难被 TEM 观测。考虑到溶剂成膜时 $CHCl_3$ 溶剂的挥发速率过快，而自然成膜中水的挥发相对较慢，故选用自然成膜工艺过程来考察乳液的变化情况，同时需要测试的温度低于核壳乳液膜的玻璃化转变温度。因此需要初步确定 SiO_2/含氟丙烯酸酯类共聚物核壳乳液膜的玻璃化转变温度。由于该核壳乳液膜中的纳米 SiO_2 为无机组分，乳液膜的玻璃化转变温度主要由壳层共聚物的玻璃化转变温度确定。而壳层共聚物的理论玻璃化转变温度可以根据 FOX 方程算出：

$$\frac{1}{T_g} = \frac{m_1}{T_{g1}} + \frac{m_2}{T_{g2}} + \frac{m_3}{T_{g3}} + \cdots \tag{22-2}$$

式中，m_i 为 i 单体的均聚物占共聚物的质量分数；T_{gi} 为 i 单体的均聚物玻璃化转变温度，单位为 K。根据式(22-2)，已知 $T_{g\,PMMA}= 105℃$，$T_{g\,PBA}= -55℃$，$T_{g\,P3FMA}= 82℃$壳层共聚物(BA/MMA/3FMA)质量比例为 4：3：3 时，共聚物玻璃化转变温度的理论值为 14.9℃。因而测试温度控制在＜14℃为宜。在该测定条件下通过

TEM 技术观测到核壳乳液在成膜过程中乳胶粒的形貌变化情况，如图 22-13 所示。

从图 22-13(a)看出，初始阶段乳胶粒子间有着明显的距离。随着水分挥发，

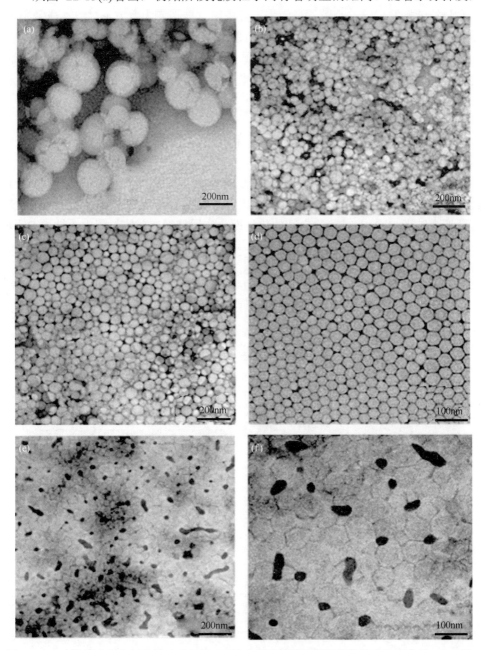

图 22-13　改性纳米 SiO₂/P(MMA/BA/3FMA)核壳乳液成膜过程的乳胶粒形貌变化的 TEM 图：
(a)疏松分散；(b)距离缩短；(c)有序排列；(d)六方堆积；(e，f)边界融合

乳胶粒间距缩短，如图 22-13(b)所示。当乳胶粒间距缩短到一定程度，形成了较为有序的排列方式。但此时乳胶粒还基本保持球形形貌，乳胶粒间略留有空隙。而水分持续挥发，这些空隙逐渐消失，乳胶粒从球形变为六方形最终形成紧密堆积，剩余的小空隙为六方堆积时的缺陷[图 22-13(d)]。由于紧密堆积时壳层共聚物间充分接触，因而可通过链段运动而缠结，乳胶粒边界消失[图 22-13(e)和(f)]，最终形成共聚物基体。由于该核壳乳胶粒平均粒径仅为 45nm，仅通过 TEM 技术无法获得膜的全部结构信息。

22.5 核壳乳液膜的断面结构及特征

图 22-14(a)和(b)为共混乳液膜断面的 SEM 图，图 22-14(c)和(d)则呈现出核壳乳液膜断面的形貌。与物理混合乳液相比，改性纳米 SiO_2/P(MMA/ BA/3FMA)核壳乳液中纳米 SiO_2 与共聚物之间的化学键合作用使得在成膜过程中改性 SiO_2 周

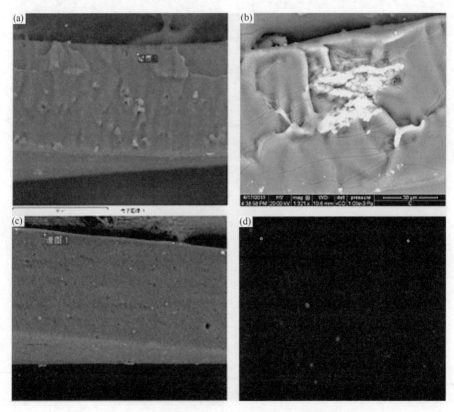

图 22-14 改性纳米 SiO_2/P(MMA/BA/3FMA)乳液断面的 SEM 图：
(a，b)核壳乳液；(c，d)物理混合乳液

围的共聚物能更有效阻止改性 SiO₂ 二次团聚的发生，最终形成的膜材料中改性 SiO₂ 在共聚物基体的分散性会显著提高。

从图 22-14(a)和(b)中都可以清楚看到在共聚物基体(灰色区域)中纳米 SiO₂ 粒子明显团聚体(白色区域)，其聚集尺寸已达到微米级，且在团聚体周围的断口很粗糙，说明 SiO₂ 聚集体与共聚物之间界面黏接性不好。从图 22-14(c)和(d)中可以看到改性 SiO₂/含氟丙烯酸酯共聚物核壳乳液膜断面中部区域分布有若干圆形粒子和圆坑，这是断裂过程中刚性纳米 SiO₂ 从柔韧性较好的共聚物基体中整颗拔出造成的。由于 SiO₂ 与共聚物聚集体之间界面黏接良好，因而被 SiO₂ 拔出时表面实际还包覆有一些共聚物，粒子周围的断口很光滑，而 SiO₂ 拔出后在共聚物基体留的坑孔也很光滑。

不同分散稳定剂制备出的改性 SiO₂ 对核壳乳胶膜断口形貌也有极大影响。现以膜 P1(PVP 为分散稳定剂制备的改性 SiO₂)、膜 P3(SDBS/TX-10 为分散稳定剂制备的改性 SiO₂)为例，其断面形貌如图 22-15 所示。其中图 22-15(a)为膜 P1 断面图，图 22-15(b)为图 22-15(a)局部放大图；图 22-15(c)为膜 P3 断面图，图 22-15(d)为

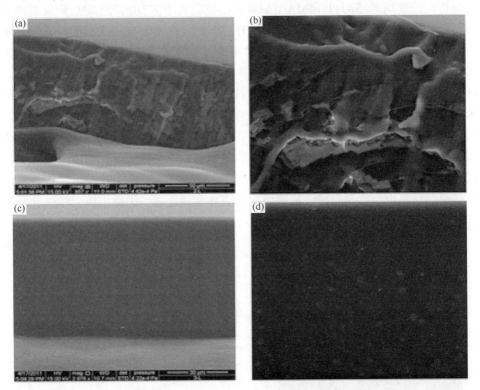

图 22-15　不同改性 SiO₂ 对改性纳米 SiO₂/ P(MMA/BA/3FMA)核壳乳液断面影响的 SEM 图：
(a，b)核壳乳液膜 P1；(c，d)核壳乳液膜 P3

图 22-15(c)局部放大图。从图 22-15(a)和图 22-15(b)中可以看到断面不齐整,整个断面都有纳米级粒子即 SiO₂ 呈单分散状均匀分布在共聚物基体上。此外,垂直于横截面还有大量尖角形突起的"锯齿"花纹,而在锯齿突起区域还留有纳米粒子被拔出后的不规则坑孔,这说明乳液膜 P1 中大部分 SiO₂ 粒子能够均匀分散在共聚物基体中,但它与共聚物界面黏结性较差。图 22-15(c)和图 22-15(d)所示,以 SDBS/TX-10 为分散稳定剂的乳液膜 P3 断面光滑,可以清晰地看到大量单分散纳米 SiO₂ 粒子和少量 SiO₂ 团聚体留下尺寸为纳米级的坑孔,且这些坑孔与共聚物基体接合边缘很光滑。这说明以 SDBS/TX-10 为分散稳定剂获得的最终乳液膜 P3 能使 SiO₂ 粒子和 SiO₂ 团聚体都以纳米级均匀分散在共聚物基体中,且纳米 SiO₂ 与共聚物基体还具有良好的界面黏接性。

22.6　核壳乳液膜的化学组成与核壳组分自迁移

图 22-16 为改性纳米 SiO₂/P(MMA/BA/3FMA)核壳乳液膜表面的化学组成结构分析。改性纳米 SiO₂/P(MMA/BA/3FMA)核壳乳液(N3)所成的膜连续且表面平整,膜表面的主要元素包括碳(C)、氧(O)、氟(F)。此 N3 乳液选取的配方中氟单体 3FMA 含量为 30wt%,因此可以估算出 F 元素理论含量(占单体的质量分数)为 10.18wt%,而经 EDX 元素定量检测出膜表面 F 元素的实际含量高达 18.48wt%,远高于其理论含量。这种膜表面 F 元素富集现象实际上与 F 元素分布在壳层的纳米 SiO₂/P(MMA/BA/3FMA)核壳结构有直接关系。对于核壳结构乳液而言,纳米 SiO₂ 核层和 P(MMA/BA/3FMA)共聚物壳层之间的界面能因硅烷偶联剂的偶合作用而大为降低,因而在水相中为热力学稳定状态,不会因极性作用造成核壳翻转进而促使含氟链段深埋在核层中。另外,极性较高的纳米 SiO₂ 核层以及核壳界面的硅烷偶联剂也会抑制壳层含氟链段向核壳界面处迁移。因而,核壳结构乳胶粒

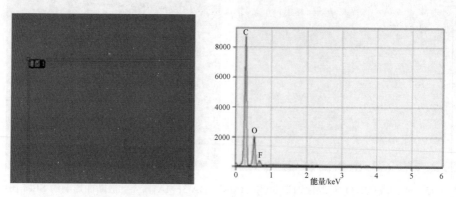

图 22-16　改性 SiO₂/P(MMA/BA/3FMA)核壳乳液膜(N3)的 SEM 和 EDX 分析

中含氟组分在接近外围壳层的区域排布。这也就意味着含氟链段由外层壳层迁移到膜-空气界面无须穿越整个壳层区域，其迁移耗能小。

为进一步证实核壳结构对最终乳液膜化学组成影响的特异性，本实验采取相同配方制备出改性纳米 SiO₂/P(MMA/BA/3FMA)物理混合乳液膜记为 B，对其表面进行 SEM 和 EDX 测试，结果如图 22-17 所示。初步的观察显示，透明的无规共混乳液膜 B 表面有大量白色不透明颗粒；经 SEM 分析证明膜 B 表面有大量微凸起的粒状物；再对该粒状物区域进行 EDX 检测，发现含一定的 Si 元素。这些现象证实了粒状物为纳米 SiO₂ 粒子及其团聚体(团聚体为微米尺度)。因此，与无规共混乳液相比，SiO₂/含氟丙烯酸酯共聚物以核壳结构复合更有利于保证成膜过程纳米粒子以非第二聚集态方式较为均匀且单独分散在共聚物基体中，因此在 EDX 的测量精度下核壳乳液膜表面检测不到这种被大量聚合物屏蔽的单分散纳米 SiO₂ 粒子，故改性纳米 SiO₂/P(MMA/BA/3FMA)核壳乳液(N3)表面未检出 Si 元素。

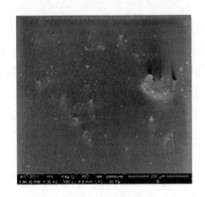
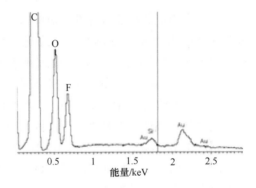

图 22-17　改性纳米 SiO₂/P(MMA/BA/3FMA)物理共混乳液膜(B)的 SEM 和 EDX 分析

由前面所述，改性纳米 SiO₂/P(MMA/BA/3FMA)核壳乳液在成膜过程中，随着水分的挥发，乳液中乳胶粒由高度分散状态变为近距离密集排列，直到紧密排列，最终边界融合形成完整连续的膜。这个过程中聚合物分子链段发挥了很重要的作用。而含有纳米 SiO₂ 的丙烯酸酯共聚物乳液中由于纳米 SiO₂ 的存在，势必会对聚合物分子链段运动产生一定的影响，因而含氟单体 3FMA 和纳米 SiO₂ 对膜中元素梯度分布会有显著的影响。表 22-6 显示，随着 3FMA 含量的增加(表 22-3 中的 N2、N3、N4)，膜-空气界面的 F 含量相应增加且都高于理论值。特别的是 3FMA 含量为 25wt%(占总单体的质量分数)，膜表面的 F 含量高达 18.48wt%，远高于 10.18wt%的理论值。发生这种现象的原因与两个因素有关。首先，物体表面有自发降低表面能的趋势，即从热力学上通过表面能低的—CF₃ 含氟链段紧密排列并尽可能伸向空气-膜界面的方式更有利于降低表面张力。其次，这种显著的 F

表面迁移现象与核壳结构这一特殊形貌有关。SiO_2 核与聚合物壳之间是通过偶联剂实现化学键合,因而比起 SiO_2/聚合物共混体系的核壳直接键合方式,含氟链段运动的自由空间更充分,因此有利于壳层含氟链段表面迁移的进程。从图中还发现,改变不同氟单体,改性 SiO_2 含量固定为 0.5wt%的 SiO_2/P(MMA/BA/3FMA)核壳乳液膜的表面均未检测出 Si 元素,因此初步推测 F 和 Si 在膜表面存在竞争迁移机制。

表 22-6　3FMA 含量对膜表面 F 和 Si 元素分布的影响

3FMA 含量/wt%	F 元素含量/wt%	Si 元素含量/wt%
20(N2)	7.39(6.79)*	—
25(N3)	10.55(8.04)*	—
30(N4)	18.48(10.18)*	—

*括号内数据表示理论含量。

为进一步验证此机制合理性,对膜断面进行元素测定,结果见表 22-7。当固定氟单体 3FMA 含量为 25wt%时,改变改性 SiO_2 含量(从 0.5wt%到 2.0wt%),F 始终倾向于在膜-空气以及膜-玻璃板(成膜基材)两个界面富集,即 F 元素呈现"两头高、中间低"的纵向分布规律。Si 在膜-玻璃板富集,这是由改性 SiO_2 的特性决定的。根据先前的红外谱图可知,改性 SiO_2 表面仍有羟基基团,具有一定的极性,与成膜基材玻璃板的极性相近,因而驱动改性 SiO_2 向膜-玻璃板界面富集。另外,相对于聚合物基体改性 SiO_2 的比例较大,在重力作用下缓慢沉降到膜-玻璃板界面。因而,不难推测出改性 SiO_2 在最终的聚合物基体中呈现"上少下多"的梯度分布。值得一提的是,改变改性 SiO_2 含量,Si 元素含量却始终低于理论含量。这可能与 SiO_2 含量低有关,也可能受到聚合物壳层的屏蔽效应的影响。

表 22-7　改性 SiO_2 含量对膜内 F 和 Si 元素梯度分布的影响

改性 SiO_2 含量	F 元素含量/wt%			Si 元素含量/wt%	
	膜-空气界面	基体	膜-玻璃板界面	膜-空气界面	膜-玻璃板界面
0.5(S1)	10.55	8.37	11.40	—	0.17(0.23)*
1.5(S3)	11.11	8.36	11.58	—	0.11(0.69)*
2.0(S4)	11.18	8.54	11.40	—	0.14(0.92)*

*括号内数据表示理论含量。

理论而言,由于 Si 元素(通过 SiO_2 引入)倾向于富集在膜-玻璃板界面,因而应该可以忽略其对 F 元素的膜-空气界面富集的影响。但事实恰恰相反,随着改性 SiO_2 含量的增加,在膜-空气界面的 F 元素含量却呈现出先增加后不变的趋势,即

Si 元素对 F 元素的表面富集有一定影响。刚开始 SiO₂ 含量由 0.5wt%增至 1.5wt%时，含有 SiO₂ 的核壳乳胶粒数目也相应增加，聚合物壳层厚度降低，有利于壳层中含氟链段迁移到膜表面，因此膜-空气界面的 F 元素含量由 10.55wt%提高到 11.11wt%。但这个过程中在膜-玻璃板界面的 F 元素含量几乎不变，这是因为富集在膜-玻璃板的 Si 元素在一定程度上限制含氟链段向该界面的迁移，因而 F 元素含量仅增加了 0.18wt%。此时继续增加改性 SiO₂ 含量到 2.0wt%，在膜-空气界面的 F 元素含量几乎不变，而在膜-玻璃板界面的 F 元素含量略有降低。原因在于：当改性 SiO₂ 含量为 1.5wt%时，在膜-玻璃板界面的 Si 元素富集已近乎饱和，再增加的 0.5wt%改性 SiO₂，这些过量的改性 SiO₂ 会相应物理堆积(以膜-玻璃板界面为基准)，这对 F 元素向膜-玻璃板界面的迁移起阻碍作用，直接表现为膜-玻璃板的 F 元素含量的回落。由前面所述，改性 SiO₂ 在聚合物基体中呈现"上少下多"的梯度分布，即膜-空气界面 Si 含量实际极低(以至于无法检测)，故对膜-空气界面的 F 元素的抑制作用几乎可以忽略，膜-空气界面的 F 元素也就不会有明显变化。由此可见，在成膜过程中，改性 SiO₂ 与含氟共聚物发生自迁移，且在这个自组迁移过程中 F 和 Si 元素还存在竞争性，即 F 元素在膜-空气界面(膜表面)富集而 Si 元素倾向于在膜-玻璃板界面富集，这使得最终膜材料与无机基材具有良好亲和力的同时，充分发挥含氟聚合物低表面能特性。

同时，采用多层结构接枝层结构改性 SiO₂ 对核壳乳液膜也有影响。不同分散稳定剂制备的多层结构接枝层结构改性 SiO₂ 的接枝结构特别是接枝率的差异会影响核壳乳液结构尤其是粒径分布与尺寸变化，而乳液结构会对其性能有突出影响，因而不同结构的改性 SiO₂ 对乳液膜表面元素分布也有一定的影响。现采用 XPS 表征手段研究以不同分散稳定剂(低含量)制备的不同改性 SiO₂ 为核的核壳乳液膜表面 C、O、F 和 Si 元素分布情况，见表 22-8。

表 22-8　不同改性 SiO₂ 为核的核壳乳液膜的表面元素分布情况

乳液膜表面	C 元素含量/wt%	O 元素含量/wt%	F 元素含量/wt%	Si 元素含量/wt%
P1(16.7wt%)	56.31	23.15	9.51	11.03
P2(17.6wt%)	58.16	24.14	13.86	3.84
P3(12.9wt%)	59.13	24.42	14.09	2.37
P4(12.5wt%)	58.76	23.56	7.50	3.09

从表 22-8 中可知，PVP 体系的乳液膜 P1 表面 Si 元素含量高达 11.03wt%，远高于理论值 0.46wt%，其 Si 元素表面自迁移现象最为显著。而此时膜 P1 表面 F 元素较低，这也能说明 F、Si 表面迁移具有一定的竞争性。以 SDS/TX-10 体系的乳液膜 P2 和 SDBS/TX-10 体系乳液膜 P3 均有较高的表面 F 元素含量，分别为

13.86wt%和 14.09wt%，均高于理论值 10.18wt%，因此 F、Si 元素同时有向表面迁移的行为。总之，无论采用何种分散稳定剂体系所获得的乳液膜(P1~P4)表面均可检验出 Si 元素，且均高于理论值 0.46wt%，说明以多层结构接枝层改性 SiO$_2$ 为种子乳液制备的核壳乳液成膜过程中都有一定程度的 Si 表面自迁移现象。

22.7　核壳乳液膜的表面性能

如上面所述，改性纳米 SiO$_2$/P(MMA/BA/3FMA)核壳乳液膜中 F 和 Si 元素分布有竞争性，这一独特化学组成结构对乳液膜表面性能都会有显著的影响。因此，本节重点研究乳液膜中 F 和 Si 组分对膜表面性能的影响。通过分别改变氟单体 3FMA 和改性 SiO$_2$ 的含量制备的乳液室温溶剂成膜，分别测定膜表面对水、十六烷的静态接触角并依此计算所得表面自由能来衡量其对表面性能的影响，分别见表 22-9 和表 22-10。

表 22-9　3FMA 含量对膜表面性能的影响

乳液膜	N1	N2	N4	N5	N6
3FMA 含量/wt%	10	20	30	40	50
对水的接触角/(°)	91	80	114	93	100
对十六烷的接触角/(°)	47	43	55	39	40
表面自由能/(mN/m)	24.01	29.73	17.19	24.95	22.91

表 22-10　改性 SiO$_2$ 含量对膜表面性能的影响

乳液膜	S1	S2	S3	S4	S5
改性 SiO$_2$ 含量/wt%	0.5	1.0	1.5	2.0	2.5
对水的接触角/(°)	100	102	97	90	91
对十六烷的接触角/(°)	45	46	43	38	37
表面自由能/(mN/m)	21.75	21.09	22.94	26.17	26.01

从表 22-9 中可以看出，当固定非氟单体 BA、MMA 配比在 4∶3(1.333)附近时，随着氟单体含量的依次增加(从 10wt%到 50wt%)，表面自由能先降低后略有增大(除了膜 N2)。尤其是当 3FMA 含量达到 30wt%，表面自由能有最低值(17.19mN/m)。但是当 3FMA 含量增加到 40wt%时，并不能降低表面自由能。这说明 F 元素的表面迁移会达到饱和，已迁移到膜-空气界面的 F 原子会因空间位阻效应抑制更多的 F 原子的表面迁移。当继续增加 3FMA 含量增加至 50wt%，表面自由能反而下降了 2.04mN/m。这是因为增加 3FMA 含量，即提高了 F 元素在壳层聚合物中的比例，能够在一定程度上抵消因增加反应活性差的 3FMA 而造成聚

合物总量损失对最终膜表面自由能的不利影响。然而对于 3FMA 含量为 30wt%的膜 N2 的表面自由能发生了反常现象，这是因为此时非氟单体 BA、MMA 配比(1.319)低于普遍的(1.333)，高反应活性的 MMA 含量高势必会抵消 F 降低表面自由能的效应。

　　表 22-10 显示了膜表面自由能随改性 SiO₂ 含量的变化趋势。改性 SiO₂ 含量从 0.5wt%变化到 2.5wt%，表面自由能先下降后升高，最终几乎不变。其中，当改性 SiO₂ 含量为 1.0wt%时，表面自由能有最低值为 21.09mN/m。改性 SiO₂ 含量从 0.5wt%增至 1.0wt%而表面自由能下降了 0.66mN/m。这是因为增加改性 SiO₂ 含量会降低种子乳液聚合过程中含氟单体与非氟单体无规共聚形成的纯聚合物乳胶粒的比例，核壳结构乳胶粒的相对比例提高，F 在壳层中的比例提高，更有利于向膜表面迁移，故表面自由能降低。但这种效应受到改性 SiO₂ 增加幅度的限制。因为过多的改性 SiO₂ 会发生黏接甚至裹挟着未反应完的单体或低聚物特别是反应活性低的 3FMA 从乳液中沉析出来，进而造成 F 含量的降低和表面自由能的升高。从该表中还可以看出，改性 SiO₂ 含量高于 1.5wt%的膜 S4 和膜 S5 的表面自由能差异不大。这与先前的 SEM-EDX 分析的结果一致，即改性 SiO₂ 含量高于 1.5wt%时再增加改性 SiO₂ 含量，膜-空气表面的 F 含量几乎不变。

　　通过对比表 22-9 和表 22-10，改变氟单体 3FMA 的含量，表面自由能的变化范围是从 17.19mN/m 到 29.73mN/m；改变硅组分改性 SiO₂ 的含量，表面自由能的变化范围从 21.09mN/m 到 26.17mN/m。因此，可见氟单体 3FMA 对膜表面性能的影响更为显著。这与前面所述的 F 膜表面富集和 Si 膜底面富集的结论也直接对应。

22.8　核壳乳液膜的力学性能

　　由前面所述，改性纳米 SiO₂/P(MMA/BA/3FMA)核壳乳液成膜后形成以纳米 SiO₂ 为分散相、含氟丙烯酸酯共聚物为连续相的结构。纳米 SiO₂ 在核壳乳液膜中的分散性以及与共聚物基体的黏接性能，会影响核壳乳液膜的力学性能。目前公认的纳米粒子聚合物基体中主要形成三种微观分布结构：粒子在聚合物基体中以第二聚集态分布，若其中的粒子达到纳米级并且界面能良好，则可对聚合物起锚定作用的方式实现基体增强效果；无机粒子均匀而独立地分散在聚合物基体中，此时不论无机粒子与聚合物之间的界面结合是否良好，都对基体有着明显的增韧作用；而无机粒子以无规分布状态分散在聚合物中，既不能对基体起到增强的作用，也没有增韧效果。

　　由于研究的核壳乳液膜中改性纳米 SiO₂ 在聚合物中呈现的是梯度分布，这不同于以上三种典型的分布方式，因而纳米 SiO₂ 对聚合物基体的力学效应具有特殊性。为证实这一特殊性,在相同配方的基础上制备了不含改性 SiO_2 的 P(MMA/BA/3FMA)乳液(A)和改性 SiO_2/P(MMA/BA/3FMA)物理共混乳液(B),通过对比这三种乳液膜的拉伸强度和断裂伸长率了解纳米 SiO_2 增强聚合物基体的机制。

从表 22-11 可以看出,不加入改性 SiO_2 的 P(MMA/BA/3FMA)纯共聚物乳液膜 A 的拉伸强度(5.1MPa)都比加入 SiO_2(0.2g)的乳液膜 B(5.7MPa)和 S2(7.3MPa)的拉伸强度低。这说明无论改性 SiO_2 和共聚物是以核壳结构还是物理共混复合,改性 SiO_2 的加入都能起到增强共聚物基体的作用。

表 22-11　改性纳米 SiO_2/P(MMA/BA/3FMA)核壳乳液膜 S2 的拉伸强度

乳液膜	A	B	S2
改性 SiO_2 含量/wt%	0	1.0	1.0
拉伸强度/MPa	5.1	5.7	7.3

改性纳米 SiO_2/P(MMA/BA/3FMA)核壳乳液膜中纳米 SiO_2 增强聚合物基体的原因在于:核壳结构中纳米 SiO_2 核层通过硅烷偶联剂与聚合物基体有良好的键合,故在成膜时纳米 SiO_2 依旧与聚合物的界面结合力强。当受到外力作用时,硬度高的纳米 SiO_2 相当于链条将周围的聚合物锚定起来,从而起到增强聚合物基体的作用。纳米 SiO_2 增韧基体的机理可概括为:在受外力时纳米粒子周围产生的应力集中,通过产生银纹等方式能够有效吸收能量,以降低外力对基体的损害进程。现以单层结构接枝层改性 SiO_2/含氟丙烯酸酯共聚物核壳乳液膜为例,探讨改性纳米 SiO_2 含量对膜力学性能的影响,见图 22-18。

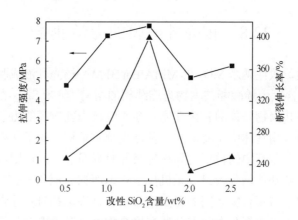

图 22-18　改性 SiO_2 含量对膜力学性能的影响

总的来看,随着纳米 SiO_2 含量的增加,最终膜材料的拉伸强度以及断裂伸长率都呈现先急剧增加后猛然降低,最后出现略微增长的态势。可见纳米 SiO_2 含量

与聚合物基体的增强增韧效果直接相关。具体来看，当改性纳米 SiO₂ 含量由
0.5wt%增至 1.0wt%，最终膜材料的拉伸强度从 4.8MPa 提高到 7.3MPa，这是因为
随着纳米 SiO₂ 含量的增加，纯聚合物乳胶粒数目减少，含纳米 SiO₂ 的核壳结构
乳胶粒相对比例提高，因而其链条作用的纳米 SiO₂ 数目越多，形成类似"网络结
构"，因而外力不容易破坏这种牢固结构，直观表现为拉伸强度明显提高。但继续
增加纳米 SiO₂ 含量到 1.5wt%，拉伸强度仅增加了 0.5MPa(实际达到 7.8MPa)。这
说明纳米 SiO₂ 的增强作用很有限。当纳米 SiO₂ 含量高于 1.5wt%达到 2.0wt%，由
先前的 TEM 所述的乳胶粒结构从单核的核壳结构逐步转变为孪生型核壳结构，
即纳米 SiO₂ 在聚合物基体中分布情况为：三两个成团为主，也有少数个别分散，
这种无规分散状态导致最终膜材料内部组分的非均质性，在受外力时各处受力不
均，因而表现为拉伸强度的迅速下降(5.1MPa)。然而，当纳米 SiO₂ 含量从 2.0wt%
提高到 2.5wt%时，拉伸强度有所回升。这可能是大量刚性纳米 SiO₂ 粒子在一定
程度上能抵消非均质影响的结果。

　　从图 22-18 中也可以看出，断裂伸长率随纳米 SiO₂ 含量的变化趋势与拉伸强
度的变化趋势基本一致。最大断裂伸长率(400%)出现在纳米 SiO₂ 含量 1.5wt%的
膜材料中。而纳米 SiO₂ 含量为 2.0wt%时断裂伸长率降低的机制与拉伸强度的略
有不同，主要是粒子加入量在此时达到临界值，粒子间的距离接近还有大量团聚
体，粒子引发的增韧效应的银纹却快速发展为裂纹，反而加快了基体的破坏。

22.9　核壳乳液膜的热稳定性

　　采用 DSC 和 TGA 表征改性 SiO₂/P(MMA/BA/3FMA)核壳乳液膜(N3)的热学
性能，并与相同配方的改性 SiO₂/P(MMA/BA/3FMA)物理共混乳液膜(B)热学性能
进行对比，结果见图 22-19。由先前理论计算可知，改性纳米 SiO₂/P(MMA/BA/
3FMA)核壳乳液膜(N3)的玻璃化转变温度的理论值为 14.9℃。由图 22-19 左图(b)
所示，纳米 SiO₂/P(MMA/BA/3FMA)核壳乳液膜的实际玻璃化转变温度为 14℃，
这与壳层共聚物的理论玻璃化转变温度基本吻合。通过对比曲线(a)和(b)还可以发
现：在组分完全一致的纳米 SiO₂/P(MMA/BA/3FMA)核壳乳液膜玻璃化转变温度
要比纳米 SiO₂/P(MMA/BA/3FMA)共混乳液膜低 5℃。纳米 SiO₂ 核层由于不直接
与共聚物有化学键合，而是通过硅烷偶联剂的桥连作用，壳层共聚物链段运动的
自由体积大，故乳胶粒间更容易通过链段运动而边界融合形成连续的共聚物基体，
即玻璃化转变温度较低(14℃)。此时，含氟链段更容易从壳层迁移到膜-空气界面，
以发挥其优异的表面性能。而共混乳液中 F 并不集中分布在壳层，正如前面所述，
这势必造成含氟链段运动的困难。更为重要的是，在成膜过程中纳米 SiO₂ 无规

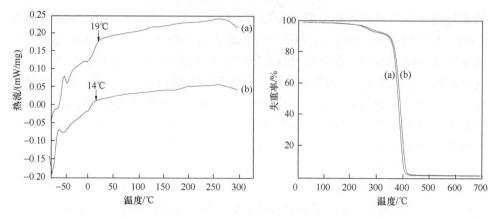

图 22-19　核壳乳液膜与物理共混乳液膜的 DSC 曲线(左)和 TGA 曲线(右):
(a)核壳乳液膜; (b)物理共混乳液膜

分散在共聚物乳胶粒间会使共聚物链段运动中受到刚性 SiO_2 的阻碍作用,其玻璃化转变温度较高(19℃)。

　　图 22-19 右图(a)和(b)分别为改性 SiO_2/P(MMA/BA/3FMA)核壳乳液膜和 SiO_2/P(MMA/BA/3FMA)共混乳液膜的 TGA 曲线。图中核壳乳液膜和共聚物膜都有两个热分解温度 300℃和 400℃左右,分别对应末端乙烯基和聚丙烯酸酯主链的热分解。然而核壳乳液膜在最高热分解速率时的热分解温度为 390℃,要高于同配方的共混乳液的热分解温度(383℃)。这是因为当受热时膜-空气界面最先接触到热流,核壳乳液膜-空气界面有着比共混乳液更为紧密的 CF_3 链段排布(如前推断),热稳定性较高的氟链段在一定程度上可以减缓膜内部因热而造成的化学键的破坏,故核壳乳液膜的热分解温度略高于共混乳液膜的热分解温度。

第 23 章　纳米 SiO₂/含氟聚合物构筑疏水疏油涂层

本章导读

　　疏水疏油涂层(表面对液体的静态接触角大于 90°)已经在抗污、防腐、抗菌和减阻等领域发挥着越来越重要的作用。目前，大多数利用无机纳米粒子与有机聚合物制备的杂化材料构建疏水疏油表面的过程不仅繁琐复杂、最终粒子的结构形貌难以控制，而且疏水疏油纳米颗粒型涂层力学性质较差，影响双疏性质的耐久性，难以达到实际应用的要求。尽管可采用微加工技术构筑具有特殊微观结构的表面和采用氟化改性降低表面自由能而获得疏水疏油性质,但这些制备方法复杂、制备条件苛刻。因此，寻求简单经济的疏水疏油涂层制备方法和进一步提高疏水疏油涂层的耐久性是目前双疏材料亟待解决的问题。针对这一实际情况，采用简单便捷的方法制备耐久性疏水疏油纳米 SiO₂/含氟聚合物涂层。通过构筑微观粗糙结构即可获得疏水或超疏水表面，但若要制备疏水疏油表面，就必须有效结合微观粗糙结构和固体表面化学组成以降低表面自由能。

　　鉴于此，本章首先以正硅酸乙酯(TEOS)为前躯体、氨水(NH₃·H₂O)为催化剂，采用溶胶-凝胶法制备单分散的纳米 SiO₂ 粒子；再采用硅烷偶联剂乙烯基三甲氧基硅烷(VTMS)、甲基丙烯酰氧基丙基三甲氧基硅烷(MPTMS)和甲基三甲氧基硅烷(MTMS)对 SiO₂ 粒子表面进行功能化改性和疏水改性。其次，以 VTMS-SiO₂ 与甲基丙烯酸十二氟庚酯(12FMA)为对象，利用溶液自由基聚合反应制备纳米 SiO₂/含氟聚合物，讨论含氟单体用量、分散剂、成膜方式和酸碱溶液冲刷对纳米 SiO₂/含氟聚合物杂化材料涂层表面疏水疏油和耐久性能的影响，疏水疏油涂层的构筑如图 23-1 所示。

　　(1)采用溶胶-凝胶法制备 SiO₂ 粒子时，当 $V(\text{TEOS}):V(\text{NH}_3\cdot\text{H}_2\text{O}):V(\text{H}_2\text{O}):V(\text{C}_2\text{H}_5\text{OH})=0.75:1:2.5:25$，可获得 PDI 值为 0.044 的单分散纳米 SiO₂ 粒子。分别选用 VTMS、MPTMS 和 MTMS 三种硅烷偶联剂对纳米 SiO₂ 粒子进行表面改性。VTMS 和 MPTMS 负载在纳米 SiO₂ 粒子表面，获得功能化和疏水改性的纳米 SiO₂ 粒子。最佳反应条件为：硅烷偶联剂的用量为 12wt%，反应时间为 4h，反应温度为 30℃，接枝率达到最高值 20.5%。

　　(2)利用 VTMS-SiO₂ 与 12FMA 的溶液自由基聚合反应，获得由 12FMA 均聚物和核壳型含氟聚合物接枝纳米 SiO₂ 粒子组成的纳米 SiO₂/含氟聚合物。当

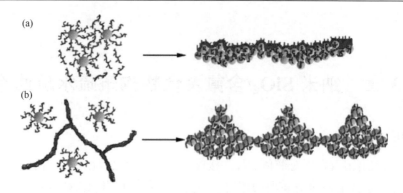

图 23-1　纳米 SiO_2/含氟聚合物构筑疏水疏油涂层

12FMA 与 VTMS-SiO_2 粒子的质量比为 2：1，同时以水和 THF 组成的混合溶液 [$V(H_2O)$：$V(THF)$=1：3]为分散剂制备纳米 SiO_2/含氟聚合物杂化材料涂层时，表面大量微球结构的出现赋予涂层超疏水自清洁性质；P12FMA 链段和接枝在纳米 SiO_2 粒子表面的含氟聚合物链段在 150℃退火过程中向表面迁移，使得超疏水涂层表面对水的接触角大于 150°、对十六烷的接触角为 102°。P12FMA 在提高涂层表面疏油性方面起到重要作用。

　　(3)利用 1H, 1H, 2H, 2H-全氟癸基三甲氧基硅烷(FDTES)和 MPTMS 改性 SiO_2 获得改性粒子 FDTES/MPTMS-SiO_2。该粒子与 PMMA-b-P12FMA 制备的涂层具有超疏水自清洁性质，且表面与十六烷的静态接触角在 122°～143°之间。FDTES/MPTMS-SiO_2 粒子涂层在经 PMMA-b-P12FMA 处理后，对十六烷的静态接触角增大至 128°～150°，十六烷在其表面处于 Wenzel 与 Cassie 过渡态；处理后的涂层仍然表现出超疏水自清洁性质，水滴在涂层表面处于 Cassie 状态；当 PMMA-b-P12FMA 处理后的涂层具有疏松表面结构时，水滴在该表面具有弹跳行为。

　　(4)PMMA-b-P12FMA 处理后的FDTES/MPTMS-SiO_2粒子涂层与玻璃基体具有良好的黏附性；当涂层表面具有疏松结构时，经碱/酸冲刷后仍表现出强疏水疏油性。

23.1　单分散性纳米 SiO_2 粒子的制备与表面改性

23.1.1　硅烷偶联剂修饰 SiO_2 粒子的制备

　　分别采用乙烯基三甲氧基硅烷(VTMS)、甲基丙烯酰氧基丙基三甲氧基硅烷(MPTMS)和甲基三甲氧基硅烷(MTMS)三种硅烷偶联剂负载在纳米 SiO_2 粒子表面。VTMS 改性纳米 SiO_2 粒子合成过程如图 23-2 所示。利用溶胶-凝胶法获得纳米 SiO_2 粒子悬浮液，TEOS 水解形成羟基化产物和相应的醇，硅酸之间或硅酸与 TEOS 之间发生缩合反应；实际上这些反应几乎同时进行，其过程非常复杂。

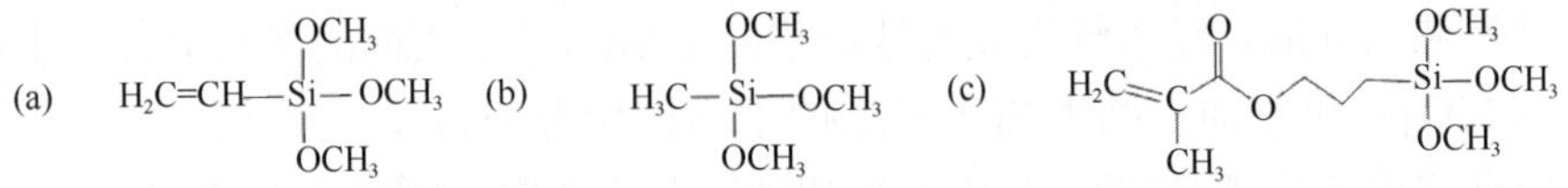

(a)　$H_2C=CH—\overset{\displaystyle OCH_3}{\underset{\displaystyle OCH_3}{Si}}—OCH_3$　(b)　$H_3C—\overset{\displaystyle OCH_3}{\underset{\displaystyle OCH_3}{Si}}—OCH_3$　(c)　$H_2C=\overset{\displaystyle O}{\overset{\|}{C}}—O—\underset{\displaystyle CH_3}{}—\overset{\displaystyle OCH_3}{\underset{\displaystyle OCH_3}{Si}}—OCH_3$

(A)硅烷偶联剂种类: (a)VTMS; (b)MTMS; (c)MPTMS

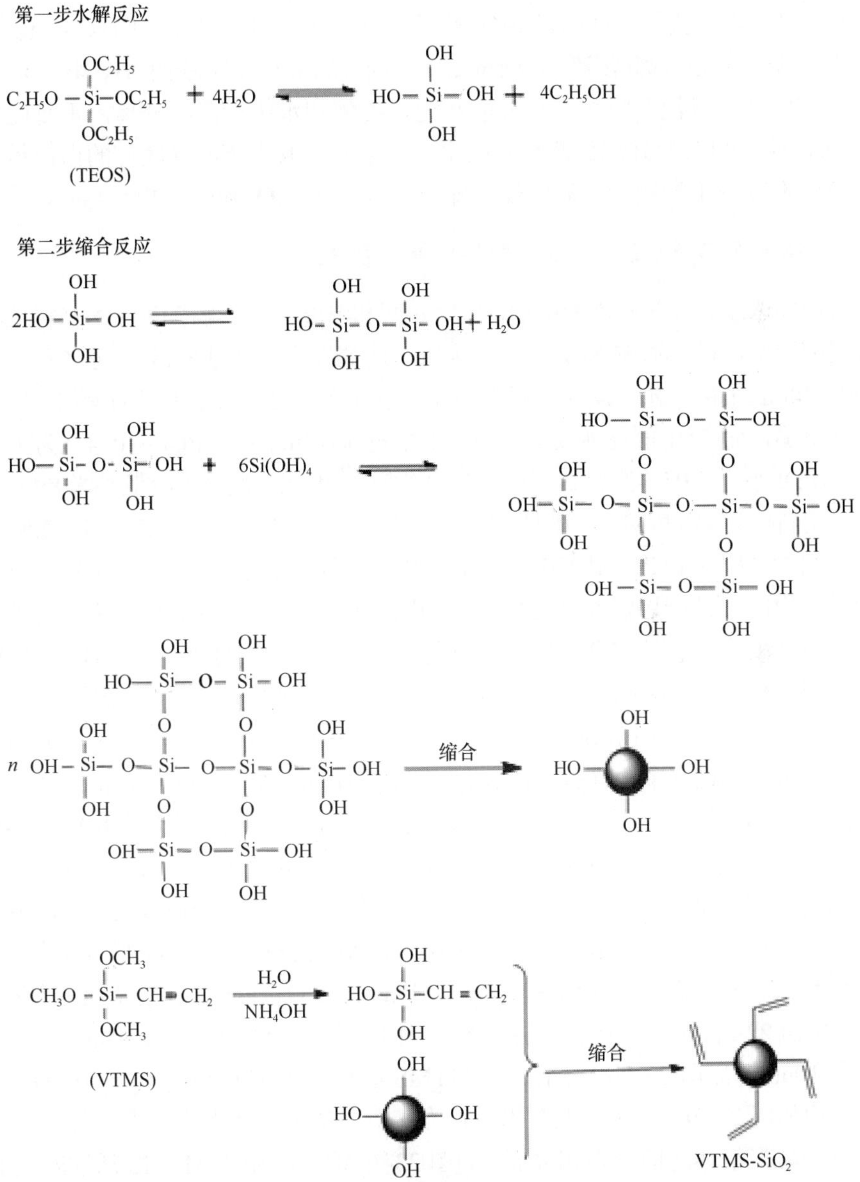

第一步水解反应

$$C_2H_5O—\overset{\displaystyle OC_2H_5}{\underset{\displaystyle OC_2H_5}{Si}}—OC_2H_5 + 4H_2O \rightleftharpoons HO—\overset{\displaystyle OH}{\underset{\displaystyle OH}{Si}}—OH + 4C_2H_5OH$$

(TEOS)

第二步缩合反应

$$2HO—\overset{\displaystyle OH}{\underset{\displaystyle OH}{Si}}—OH \rightleftharpoons HO—\overset{\displaystyle OH}{\underset{\displaystyle OH}{Si}}—O—\overset{\displaystyle OH}{\underset{\displaystyle OH}{Si}}—OH + H_2O$$

$$HO—\overset{\displaystyle OH}{\underset{\displaystyle OH}{Si}}—O—\overset{\displaystyle OH}{\underset{\displaystyle OH}{Si}}—OH + 6Si(OH)_4 \rightleftharpoons$$

$CH_3O—\overset{\displaystyle OCH_3}{\underset{\displaystyle OCH_3}{Si}}—CH=CH_2 \xrightarrow[NH_4OH]{H_2O} HO—\overset{\displaystyle OH}{\underset{\displaystyle OH}{Si}}—CH=CH_2$

(VTMS)

缩合

VTMS-SiO$_2$

(B)合成路线图

图 23-2　三种偶联剂结构及 VTMS 改性纳米 SiO$_2$ 粒子的合成路线图

加入硅烷偶联剂后，经水解生成的硅羟基。与 SiO_2 粒子表面的羟基缩合，使双键接枝到 SiO_2 粒子表面。纳米 SiO_2 粒子的平均粒径为 78nm。

将获得的纳米 SiO_2 粒子悬浮液冷却到室温，在磁力搅拌下(转速 700r/min)，一次性加入硅烷偶联剂 VTMS。硅烷偶联剂在整个悬浮液中所占质量分数为 12%，在 30℃反应 4h，获得改性纳米 SiO_2 粒子的悬浮液。再将悬浮液倒入 50mL 的离心管中，高速离心分离(转速 8000r/min，时间 15min)；离心结束后，将上清液倒掉，保留底部的沉淀；将沉淀再分散在无水乙醇和水中，离心分离，重复此操作 3~4 次，除去剩余的硅烷偶联剂和氨水；结束后，取出离心管底部的白色粉末沉淀，放置在真空干燥箱中常温干燥，即得改性纳米 SiO_2 粒子 VTMS-SiO_2。

23.1.2　纳米 SiO_2 粒径大小及分散性的影响因素

反应物浓度、酸碱催化剂用量、反应时间和温度等均影响 TEOS 的水解反应和缩合反应速率，进而影响 SiO_2 粒径的大小。研究发现，在 300mL 无水乙醇、8mL TEOS、30mL 去离子水、反应时间为 24h 的条件下，随着氨水用量的增加，粒子粒径逐渐增加，而 PDI 值逐渐减小。当氨水用量在 12mL 时，PDI=0.044，为单分散性分布(PDI 小于 0.05，则可认为粒子是单分散)。因此，制备单分散纳米 SiO_2 粒子的最佳用料比为 V(TEOS)：V(NH$_3$·H$_2$O)：V(H$_2$O)：V(C$_2$H$_5$OH)= 0.75：1：2.5：25。

分别尝试用 VTMS、MPTMS 和 MTMS 三种硅烷偶联剂对纳米 SiO_2 粒子进行改性。所用的三种硅烷偶联剂物质的量相同，均为 0.232mol。待三种硅烷偶联剂改性反应结束后，直接将获得的悬浮液超声分散在无水乙醇中，用 TEM 观察粒子的微观结构形态，测试结果如图 23-3 所示。相对于纯纳米 SiO_2 粒子[图 23-3(a)]，经 VTMS 改性后的 VTMS-SiO_2 粒子表面粗糙，形成典型的花瓣状结构[图 23-3(b)]。这说明 VTMS 通过其中含有的甲氧基或水解后产生的羟基与 SiO_2 表面的羟基反应而接枝在纳米 SiO_2 粒子表面，形成一层厚度 60nm 左右的包覆物，最终获得 VTMS-SiO_2 纳米粒子，平均粒径约在 275nm，如图 23-3(b)所示。由于超声分散等过程已经除尽纳米 SiO_2 粒子表面物理吸附的硅烷偶联剂，表面保留的部分是通过化学键作用接枝到 SiO_2 粒子表面。因此，这些灰色的阴影是 VTMS 接枝到表面形成的分子层。

经 MPTMS 改性后的纳米 SiO_2 粒子 MPTMS-SiO_2 表面较为粗糙，也形成核壳结构，如图 22-3(c)示。其中，壳层为 MPTMS 水解缩合产物。包覆物的厚度较薄，大约为 10nm，如图 23-3(d)所示。经 MTMS 改性后的纳米 SiO_2 粒子 MTMS-SiO_2 微观结构如图 23-3(e)所示。表面仍然较为光滑，但分散在絮状的聚集体中，纳米 SiO_2 粒子与聚集体之间存在相界面，如图 23-3(f)所示。由于 MTMS 活性较高而易在分子间发生水解-缩聚而形成凝胶网络结构，因此难以利用其含有的甲氧基或水解后产生的羟基与 SiO_2 表面的羟基反应而接枝在纳米 SiO_2 粒子表面。

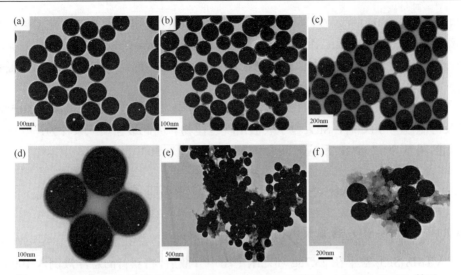

图 23-3　TEM 图：(a)纯纳米 SiO$_2$ 粒子；(b)VTMS-SiO$_2$ 粒子；(c)MPTMS-SiO$_2$ 粒子；
(d)图(c)的放大图；(e)MTM-SiO$_2$ 粒子；(f)图(e)的放大图

23.1.3　改性纳米 SiO$_2$ 粒子的结构表征

　　VTMS 和 MPTMS 均对纳米 SiO$_2$ 粒子具有良好的改性效果。以 VTMS-SiO$_2$ 粒子为例，改性前后纳米 SiO$_2$ 的 FTIR 谱图如图 25-4 所示。其中，图 23-4(a)是纯纳米 SiO$_2$ 粒子的 FTIR 谱图；图 23-4(b)是 VTMS-SiO$_2$ 的 FTIR 谱图。在 1098cm^{-1} 处均出现了线形 Si—O—Si 的伸缩振动吸收峰。相对于图 23-4(a)，图 23-4(b)中

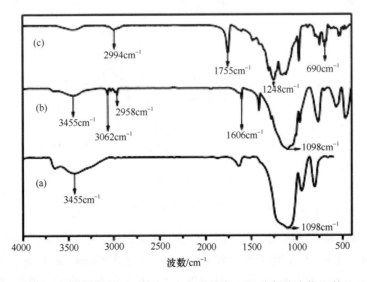

图 23-4　纳米 SiO$_2$ 粒子(a)、VTMS-SiO$_2$(b)及纳米 SiO$_2$/含氟聚合物(c)的 FTIR 图

3445cm^{-1} 处—OH 的吸收峰明显减弱，而在 1606cm^{-1} 处出现了 VTMS 中 C=C 的伸缩振动峰，在 2958cm^{-1} 和 3062cm^{-1} 处出现了 C—H(=CH，=CH$_2$)的伸缩振动峰。这说明 VTMS 通过其中含有的甲氧基或水解后产生的羟基与 SiO$_2$ 表面的羟基反应获得了 VTMS-SiO$_2$ 粒子。

当硅烷偶联剂的用量为 12wt%，反应时间为 4h 时，接枝率达到最高值 20.5%。当反应温度为 30℃时，SiO$_2$ 粒子表面出现包覆物。因此最佳反应条件为：硅烷偶联剂的用量为 12wt%，反应时间为 4h，反应温度为 30℃。

23.2 VTMS-SiO$_2$/含氟聚合物的制备与分散方式

23.2.1 VTMS-SiO$_2$/含氟聚合物杂化材料的制备

VTMS-SiO$_2$ 粒子在 23.75g 环己酮中超声分散后，将获得的悬浮液倒入 100mL 四氟节门茄形瓶中。抽真空、鼓氮气，重复此操作 3～4 次，然后在氮气的保护下加入甲基丙烯酸十二氟庚酯(12FMA)和过氧化苯甲酰(BPO)。加热反应瓶至 85℃，持续反应 24h 后，将获得的悬浮液冷却到室温，逐滴加入不断搅拌的无水甲醇中，沉析。将过滤后得到的白色固体在 40℃真空干燥箱中 12h，获得 VTMS-SiO$_2$/含氟聚合物(图 23-5)，反应中的投料量如表 23-1 所示。

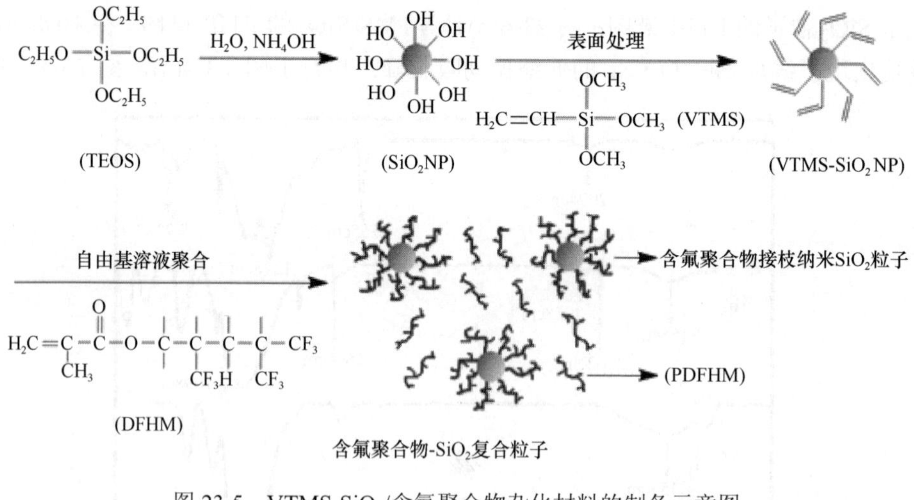

图 23-5　VTMS-SiO$_2$/含氟聚合物杂化材料的制备示意图

图 23-4(c)是 VTMS-SiO$_2$/含氟聚合物的 FTIR 谱图。相对于图 23-4(b)，图 23-4(c)中 1606cm^{-1} 处 C=C 的伸缩振动峰明显减弱，而在 1755cm^{-1} 处出现了羰基的特征吸收峰，在 1248cm^{-1} 和 690cm^{-1} 处出现了 C—F 的特征吸收峰，说明 VTMS-SiO$_2$

表 23-1　制备纳米 SiO₂/含氟聚合物杂化材料的投料量

投料量	S1	S2	S3	S4	S5	S6	S7	S8
BPO/g	0.10	0.15	0.20	0.25	0.30	0.20	0.25	0.25
12FMA/g	2.00	3.00	4.00	5.00	6.00	4.00	5.00	5.00
VTMS-SiO₂/g	2.00	2.00	2.00	2.00	2.00	1.00	1.00	0.50
环己酮/g	23.75	23.75	23.75	23.75	23.75	23.75	23.75	23.75

粒子与 12FMA 共聚制备出纳米 SiO₂/含氟聚合物杂化材料。图 23-6 是 VTMS-SiO₂/含氟聚合物的 ^{13}C SSNMR 谱图。在化学位移为 92ppm、120ppm 和 175ppm 处分别出现了 12FMA 中—CF、—CF₃ 和—C═O 碳的强信号峰；在化学位移为 45ppm 和 60ppm 处出现—CH₂ 中碳的强吸收峰；在 18ppm 处出现了—Si—C—中碳的强吸收峰。由 ^{13}C SSNMR 谱图进一步证明含氟聚合物已成功接枝到纳米 SiO₂ 粒子表面，获得了纳米 SiO₂/含氟聚合物杂化材料。

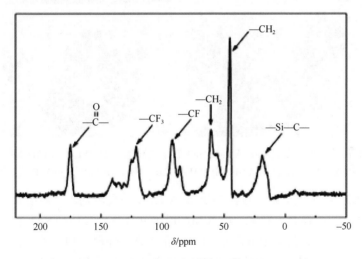

图 23-6　VTMS-SiO₂/含氟聚合物的 ^{13}C SSNMR 谱图

23.2.2　分散剂对 VTMS-SiO₂/含氟聚合物聚集形态的影响

不同分散剂对 VTMS-SiO₂/含氟聚合物聚集形态的影响如图 23-7 所示。

(1)环己酮溶剂：相对于均匀分布在乙醇中的纳米 SiO₂ 粒子[平均粒径 78nm，图 23-7(a)]，分散在环己酮中的 VTMS-SiO₂ 粒子之间相互粘连而形成网状结构[图 23-7(b)]，SiO₂ 粒子内嵌在伸展的 VTMS 链结构中，说明 VTMS 链段在环己酮中易于从 SiO₂ 粒子表面向外伸展，有利于 VTMS 与 12FMA 的共聚反应。

(2)THF 溶剂：当纳米 SiO₂/含氟聚合物分散在 THF 中时，SiO₂ 粒子[图 23-7(c)中黑色球体所示]表面有一层 5nm 的壳层相互粘连物质。而在图 23-7(c)中还存在

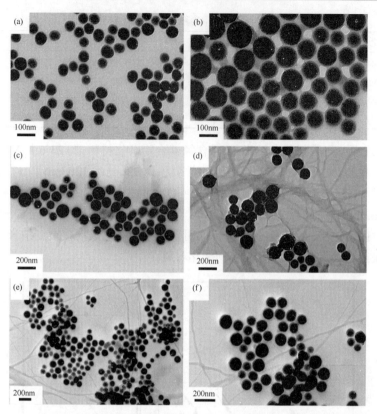

图23-7　SiO₂粒子分散在乙醇中(a)、VTMS-SiO₂粒子分散在环己酮中(b)、VTMS-SiO₂/含氟聚合物分散在 THF 中(c)、H₂O/THF(*V/V*=1/9)中(d)和 H₂O/THF(*V/V*=1/3)中(e)的 TEM 图；(f)为(e)的放大图

着大面积无规则灰色区域。由于 THF 是 VTMS 的良溶剂，且能溶胀 P12FMA，因此，壳层物质应该是 VTMS 与 12FMA 通过共聚反应接枝到 SiO₂ 粒子表面的含氟共聚物链段。含氟共聚物链段在 THF 中的溶胀、伸展和相互缠绕行为导致了在 THF 挥发后，SiO₂ 粒子表面的壳层物质相互粘连。大面积无规则灰色区域应该是由 12FMA 形成的均聚物构成的薄膜。实际上，以 THF 为溶剂，将纳米 SiO₂/含氟聚合物杂化材料抽提24h后，采用 FTIR 表征获得的有机悬浮液，也证实了 P12FMA 的存在。由此可见，纳米 SiO₂/含氟聚合物由核壳型含氟聚合物接枝 SiO₂ 纳米粒子和 P12FMA 组成。

(3)H₂O/THF(*V/V*=1/9)和 H₂O/THF(*V/V*=1/3)溶剂：在纳米 SiO₂/含氟聚合物的 THF 悬浮液中加入水，当水与 THF 的体积比达到 1/9 时，粒子的聚集形态如图 23-7(d)所示。P12FMA 在水中的溶解性很差，P12FMA 均聚物自组装形成树枝状胶束，直径大约为 19nm。如图 23-7(e)所示，当水与 THF 的体积比为 1/3 时，胶束的平均直径变为 33nm，核壳结构含氟聚合物接枝 SiO₂ 纳米粒子表面变得较为光滑。而且，与图 23-7(d)相比，SiO$_2$ 粒子表面的壳层物质之间的粘连作用减弱。这是因为当提高混合分散剂中水的体积时，含氟聚合物的溶解性明显降低，使得含氟聚合物链段紧密地排列在纳米 SiO$_2$ 颗粒表面。在成膜过程中，这种结构将有利于抑制相邻纳米粒子之间的相互贯穿作用，从而增加表面粗糙度。但是，当混合分散剂中水的体积分数 25%继续增加到 35%时，纳米 SiO$_2$/含氟聚合物开始从分散剂中沉淀出来。

23.3　VTMS-SiO$_2$/含氟聚合物涂层的性能

23.3.1　质量比对涂层表面性能的影响

将一定量的纳米 SiO$_2$/含氟聚合物分别在 THF 分散剂以及 THF 和水组成的混合分散剂中超声分散，形成悬浮液。然后，将悬浮液涂覆在干净的玻璃板上，室温下自然干燥；再在 150℃条件下，退火 1.0h 成膜。

当 m(12FMA)/m(VTMS-SiO$_2$)从 1 升高至 3 时，涂层表面与十六烷的接触角先明显增加后慢慢降低。由 SEM 图可知，S3 表面出现大量的微球，如图 23-8(a)所

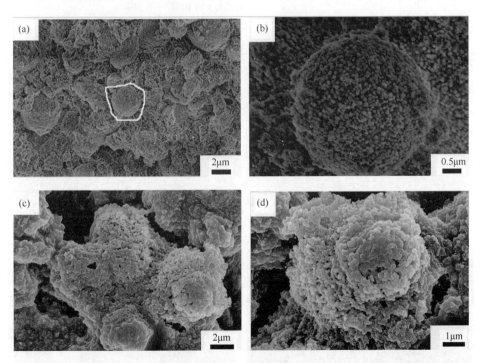

图 23-8　涂层表面形貌：(a)S3[m(12FMA)/m(VTMS-SiO$_2$)=2]；(b)S3 表面白线圈标示的微球的放大图；(c)S5[m(12FMA)/m(VTMS-SiO$_2$)=3]；(d)S5 的放大图

示。图 23-8(b)表明微球是由大量纳米 SiO_2 粒子聚集形成的。这说明 S3 涂层表面具有微-纳双尺度结构。S5 涂层表面具有无规的花瓣状结构，未出现微球[图 23-7(c)]，而且部分区域出现溢出的聚合物，遮盖了粗糙结构，因此表面疏油性降低。所以，当 $m(12FMA)/m(VTMS\text{-}SiO_2)=2$ 时，涂层表面微-纳双尺度结构的出现有利于表面疏油性的提高；当 $m(12FMA)/m(VTMS\text{-}SiO_2)$ 继续升高时，尽管表面氟含量增加，但含氟聚合物的成膜遮盖了涂层表面的粗糙结构，从而降低了表面疏油性。

23.3.2 分散剂对涂层表面性质的影响

将纳米 SiO_2/含氟聚合物分散在水和 THF 组成的混合分散剂中，以形成的分散液制备涂层，如表 23-2 所示。涂层表面形貌如图 23-9 所示。图 23-9(a)显示，涂层 A 表面粗糙且不均匀，由平整区和许多较大的团簇体组成。团簇体的粒径主

表 23-2　分散液组成与其相对应的涂层

涂层	分散液组成
A	分散在 THF 中
B	分散在 α 为 10%的水和 THF 中
C	含分散在 α 为 25%的水和 THF 中
D	分散在 α 为 25%的水和 TH 中(除去均聚物)

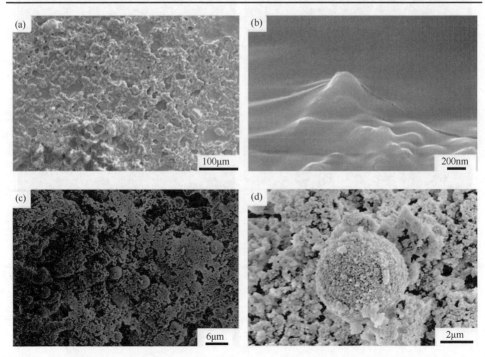

图 23-9　SEM 图：(a)涂层 A；(b)图(a)的放大图；(c)涂层 B；
(d)图(c)的放大图；(e)涂层 C；(f)图(e)的放大图

要分布在 5～45μm 之间。图 23-9(b)表明涂层 A 表面较为平整的区域实际是一层光滑的薄膜，而团簇体则是由颗粒形成的凸起物组成的。凸起物尺寸主要分布在 190～400nm 之间，而且表面覆盖着一层光滑的薄膜。光滑的薄膜由 P12FMA 形成，而凸起物则由接枝含氟聚合物的纳米 SiO$_2$ 粒子聚集形成。由图 23-10(a)可知，具有此种表面形貌的涂层 A 与水和十六烷的静态接触角较低，分别为 118°和 72°。

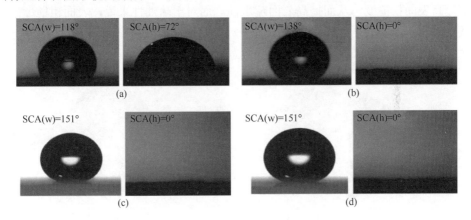

图 23-10　涂层 A(a)、涂层 B(b)、涂层 C(c)和涂层 D(d)分别与
水(左)和十六烷(右)的静态接触角

与 THF 作为分散剂所获的涂层 A 相比，以水和 THF(α=10%)为分散剂所获得的涂层 B 表面[图 23-9(c)]出现了少量粒径不均一(平均尺寸为 4μm)的微球，以及大量尺寸在 1～6μm 之间的薄片状聚集体。微球表面密集覆盖着大量平均粒径为 90nm 的颗粒，而片状聚集体则由少量此种颗粒组成[图 23-9(d)]。这说明该表面具有类似荷叶表面的微纳二次结构，但微纳二次结构的不均匀性导致涂层 B 表面与水的静态接触角仍然较低(138°)，与十六烷的静态接触角甚至为 0°[图 23-10(b)]。

而当以 α=25%的水和 THF 为分散剂时,所获得涂层 C 表面的微球数目明显增加[图 23-9(e)]。此外, 图 23-9(f)的放大图表明微球表面的颗粒堆积密度与图 23-9(d)相比明显增加。此种表面形貌赋予涂层 C 表面超疏水自清洁性质。如图 23-10(c)所示,涂层 C 表面与水的静态接触角达到 151°,且水滴在表面极易发生滚动。但此表面仍然具有超亲油性,与十六烷的静态接触角为 0°。

SEM 测试结果表明, 向纳米 SiO_2/含氟聚合物杂化材料的 THF 悬浮液中加入水, 将会诱导所形成涂层表面由膜覆盖的聚集体组成, 转化为由裸露的片状聚集体和微球组成。而且, 随着水体积分数的增加, 涂层表面微球数目和微球表面的纳米粒子数目均增加, 结果导致涂层表面与水的静态接触角迅速增加。分散剂中水的加入之所以能影响涂层的表面形貌, 是因为水能降低含氟聚合物的溶解性, 从而有利于 P12FMA 和接枝含氟聚合物的纳米 SiO_2 粒子在固化过程中聚集。

为了进一步分析表面形貌对表面润湿性的影响, 采用 AFM 测试涂层 A 与涂层 C 的表面形貌和 RMS 粗糙度。如图 23-11(a)所示, 涂层 A 表面较光滑, RMS 粗糙度仅为 1.0nm。而涂层 C 表面具有粒子聚集体结构[图 23-11(b)], 因此导致表面表现出较高的 RMS 粗糙度(102nm)。由此可见, 增加涂层表面的微球数目有利于提高表面粗糙度, 从而提高表面疏水性。而对于疏油性来说, 表面粗糙度的测试结果表明本实验所获得涂层表面对十六烷的本征接触角应小于 90°, 因此导致涂层表面粗糙度增加时, 对十六烷的静态接触角降低。

图 23-11　涂层 A(a)和涂层 C(b)的 AFM 图

23.3.3　成膜方式对涂层表面疏水疏油性能的影响

影响涂层疏水疏油性能的因素除了含氟单体的含量和分散剂的种类之外, 还包括成膜方式。如图 23-10 所示, 除了涂层 A, 涂层 B~D 均没有疏油性, 与十六烷的静态接触角均为 0°。将涂层 A~D 在 150℃退火处理 1.0h。结果发现, 涂层与水的静态接触角在退火前后没有发生明显变化, 而以水和 THF 为分散剂制备的涂层退火后, 与十六烷的静态接触角却发生了显著变化(图 23-12)。退火后, 涂层与十六烷的静态接触角明显提高。同时发现, 提高混合分散剂中水的体积, 将有利于提高涂层表面与十六烷的静态接触角。

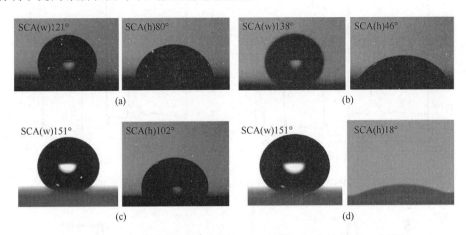

图 23-12　退火后涂层 A(a)、涂层 B(b)、涂层 C(c)和涂层 D(d)分别与
水(左)和十六烷(右)的静态接触角

　　涂层 C 退火后的表面形貌如图 23-13(a)所示，表面仍由大量微球组成。与退火前相比，涂层 C 的宏观表面形貌在退火后并未发生显著变化。但高倍 SEM 结果[图 23-13(b)]表明，微球表面纳米粒子的堆积较为分散，且粒子内嵌在微球表面。这种现象与退火前微球表面纳米粒子紧密堆积显著不同。

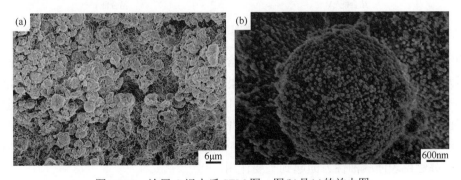

图 23-13　涂层 C 退火后 SEM 图：图(b)是(a)的放大图

　　涂层 C 退火前后 XPS 宽扫描谱图 23-14 显示，涂层 C 表面在退火前和退火后都含有 C、O、F 和 Si 元素。但是，F1s 和 Si2p 的高分辨 XPS 谱图 23-15 显示，涂层 C 表面的 F1s 特征信号峰在退火后增强，而 Si2p 特征信号峰在退火后减弱。XPS 定量分析结果也表明，退火前涂层表面 F 元素含量为 23.21%，O 元素含量为 18.85%，C 元素含量为 37.15%，Si 元素含量为 20.79%；退火后涂层表面 F 元素含量为 37.57%，O 元素含量为 10.35%，C 元素含量为 45.48%，Si 元素含量

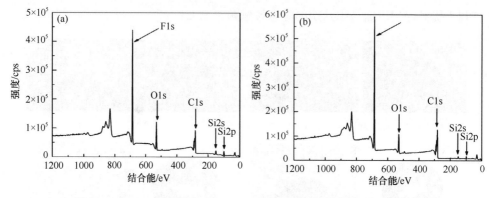

图 23-14　XPS 宽扫描谱图：(a)退火前的涂层 C；(b)退火后的涂层 C

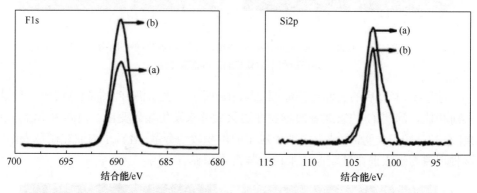

图 23-15　F1s 和 Si2p 的高分辨 XPS 谱图：(a)退火前的涂层 C；(b)退火后的涂层 C

为 6.60%。由此可见，退火后，Si 元素含量从 20.79%降低到 6.60%，而 F 元素含量从 23.21%升高到 37.57%。此分析结果表明，P12FMA 链段和接枝在纳米 SiO_2 粒子表面的含氟聚合物链段在退火过程中向表面迁移，致使纳米粒子镶嵌在微球表面，同时使涂层表面 F 元素含量急剧增加，表面疏油性提高。值得注意的是，与涂层 C 相比，涂层 D 的疏油性明显降低[图 23-12(d)]。这种现象说明 P12FMA 在提高涂层表面疏油性方面起到重要作用。

23.4　氟硅烷改性纳米粒子 FDTES/MPTMS-SiO_2 的制备与结构

23.4.1　FDTES/MPTMS-SiO_2 的制备

利用硅烷偶联剂 MPTMS 对纳米 SiO_2 粒子改性获得的疏水性纳米 MPTMS-SiO_2 粒子，然后以 THF 为分散剂，将 MPTMS-SiO_2 粒子与氟硅烷 1H，1H，2H，2H-全氟癸基三甲氧基硅烷(FDTES)混合，在 0.1mol/L 草酸水溶液的催化作用下使

FDTES 水解缩合，制备氟硅烷改性纳米 SiO₂ 粒子悬浮液；利用此悬浮液制备涂层，再将涂层置于浓度为 0.02g/L PMMA-b-P12FMA 的 THF 溶液中浸泡，获得表面结构稳定的耐久性疏水疏油涂层。

将制备的 MPTMS 改性纳米 SiO₂ 粒子(MPTMS-SiO₂)悬浮液倒入 50mL 的离心管中，分离沉淀除去剩余的硅烷偶联剂和剩余的氨水后放在真空干燥箱中室温干燥 12h，获得疏水纳米 MPTMS-SiO₂ 粒子。之所以称为疏水纳米 MPTMS-SiO₂ 粒子，是因为通过水解缩合反应后，MPTMS 中的烷基链取代了 SiO₂ 粒子表面的羟基，使纳米 SiO₂ 粒子由亲水性变为疏水性，从而为下一步反应奠定基础。

然后，将一定量的 FDTES 与 0.1g 疏水纳米 MPTMS-SiO₂ 粒子混合，再加入 2mL THF 和 0.1mL 0.1mol/mL H₂C₂O₄ 水溶液；超声分散 2min 后，在 50℃，500r/min 磁力搅拌条件下，反应 3h，获得氟硅烷改性纳米 MPTMS-SiO₂ 粒子。反应中的具体投料比如表 23-3 所示。通过调整 FDTES 的用量，制备不同的氟硅烷改性纳米 FDTES/MPTMS-SiO₂ 粒子，制备过程示意图如图 23-16 所示。

表 23-3 制备氟硅烷改性纳米 SiO₂ 粒子的投料量

氟硅烷改性纳米 SiO₂ 粒子	MPTMS-SiO₂ 粒子/g	FDTES/ g	H₂C₂O₄(aq)/mL	THF/mL
SA	0.1	0.12	0.1	2
SB	0.1	0.08	0.1	2
SC	0.1	0.05	0.1	2
SD	0.1	0.03	0.1	2

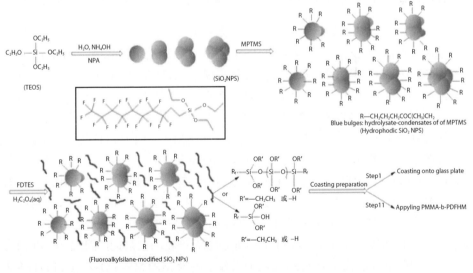

图 23-16 疏水 MPTMS-SiO₂ 粒子、FDTES/MPTMS-SiO₂ 粒子和涂层的制备过程示意图

23.4.2 FDTES/MPTMS-SiO₂ 的结构表征

图 23-17 是纯纳米 SiO₂ 粒子、疏水纳米 MPTMS-SiO₂ 粒子和 FDTES/MPTMS-SiO₂ 粒子的 FTIR 和 ^{13}C HPDEC NMR。在图 23-17 左图中，两个 FTIR 谱图在 1098cm^{-1} 处均出现了线形 Si—O—Si 的伸缩振动吸收峰；左图(b)在 1693cm^{-1} 处出现了 C=O 的特征吸收峰，在 1630cm^{-1} 处出现了 C=C 的特征吸收峰，在 1394cm^{-1} 处出现了 MPTMS 中 C—H 的特征吸收峰。这说明通过 MPTMS 与 SiO₂ 的共缩合反应形成了疏水纳米 MPTMS-SiO₂ 粒子。

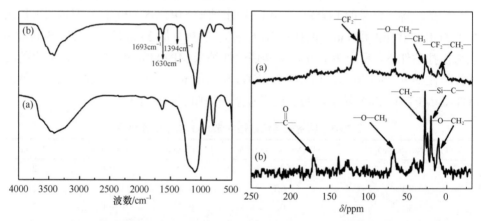

图 23-17　左图：纳米 SiO₂ 粒子(a)和 MPTMS-SiO₂ 粒子(b)的 FTIR 谱图；右图：FDTES/MPTMS-SiO₂ 粒子(a)与 FDTES/MPTMS-SiO₂ 粒子经氢氟醚抽提后(b)的 ^{13}C HPDEC NMR 谱图

采用 ^{13}C SSNMR 表征氟硅烷改性纳米 SiO₂ 粒子的化学结构，如图 23-17 右图所示。分别在 113ppm 处出现了 FDTES 中—CF₂—碳的强信号峰，28ppm 处出现了 FDTES 中—CH₃ 碳的信号峰，11ppm 处出现了 FDTES 中—CH₂—碳的信号峰，67ppm 处出现了 FDTES 中—OCH₂—碳的信号峰。相比而言，—OCH₂—碳的信号峰强度较弱，说明 FDTES 在 THF-H₂C₂O₄(aq)中高度水解缩合。值得注意的是，将氟硅烷改性纳米 SiO₂ 粒子用 F-8639 抽提后，^{13}C NMR 谱图中 FDTES 中—CF₂—碳的信号峰消失，如图(b)所示。同时，图(b)在 20ppm 处出现了—Si—C—碳的信号峰，171ppm 处出现了 MPTMS 中 C=O 碳的信号峰，67ppm 处出现了 MPTMS 中—CH₃ 碳的信号峰，11ppm 和 28ppm 处出现了 MPTMS 中—CH₂—碳的信号峰，说明氟硅烷改性纳米 SiO₂ 粒子经 F-8639 抽提后，剩余的固体产物是疏水纳米 MPTMS-SiO₂ 粒子。由于 F-8639 是 FDTES 和 FDTES 水解缩合产物的良溶剂，因此 ^{13}C NMR 的表征结果说明氟硅烷改性纳米 SiO₂ 粒子由疏水纳米 MPTMS-SiO₂ 粒子、FDTES 和 FDTES 的水解缩合产物组成。

　　MPTMS-SiO$_2$ 粒子和 FDTES/MPTMS-SiO$_2$ 粒子的结构形貌如图 23-18 所示。纯纳米 SiO$_2$ 粒子的 TEM 图显示形状各异，如图 23-18(a)所示，有的粒子呈球状，粒径为 500nm；有的粒子呈蚕蛹状，长轴和短轴分别为 610nm 和 470nm；还有许多粒子呈无规则椭圆状。纯纳米 SiO$_2$ 粒子的 SEM 观察结果[图 23-18(b)]表明，SiO$_2$ 粒子由单个粒子组成，或由 2 个、3 个或 4 个球冠组成。这说明利用 TEOS 的水解缩合制备大颗粒 SiO$_2$ 粒子时，发生了共生行为。疏水性 MPTMS-SiO$_2$ 粒子的结构形貌如图 23-18(c)所示，一部分 MPTMS-SiO$_2$ 粒子(虚线圆表示)的微观形态和纯纳米 SiO$_2$ 粒子很相似。还有一部分疏水纳米 MPTMS-SiO$_2$ 粒子的结构形貌不同于纯纳米 SiO$_2$ 粒子，如图 23-18(c)中虚线椭圆所示。MPTMS-SiO$_2$ 粒子由单个球体和高度在 35～95nm 之间的凸起物组成；或由 2 个球冠和 1～2 个平均粒径为 140nm 的凸起物组成。小的凸起物应该是由 MPTMS 在纯纳米 SiO$_2$ 悬浮液种自水解缩合形成的。向疏水纳米 MPTMS-SiO$_2$ 粒子的 THF-H$_2$C$_2$O$_4$(aq)悬浮液中加入 FDTES，获得氟硅烷改性纳米 SiO$_2$ 粒子。TEM 观测结构显示[图 23-18(d)]，FDTES/MPTMS-SiO$_2$ 粒子的结构与纯纳米 SiO$_2$ 粒子和 MPTMS-SiO$_2$ 粒子的微观结构相似。不同的是，这些粒子分散在由 FDTES 水解缩合形成的大面积的灰色区域中。

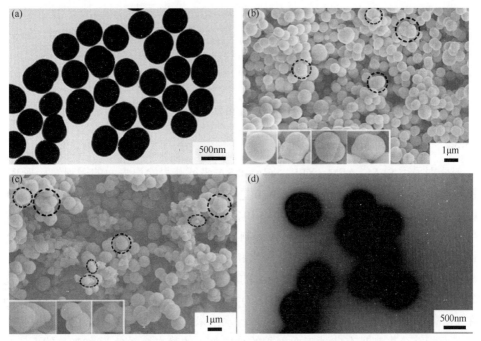

图 23-18　纯纳米 SiO$_2$ 粒子的 TEM 图(a)和 SEM 图(b)；疏水纳米 MPTMS-SiO$_2$ 粒子的
SEM 图(c)和 FDTES/MPTMS-SiO$_2$ 粒子的 TEM 图(d)

23.5　FDTES/MPTMS-SiO$_2$基含氟聚合物构筑疏水疏油涂层

23.5.1　疏水疏油涂层的制备

　　将 MPTMS-SiO$_2$ 粒子的悬浮液和 FDTES/MPTMS-SiO$_2$ 粒子的悬浮液分别涂覆在干净的载玻片上；在大气环境下干燥 10min 后，将载玻片浸泡在 PMMA-b-P12FMA 的 THF 溶液中(溶液浓度为 0.02g/L)1min 后，将载玻片置于大气环境下自然干燥 2min，然后在 130℃的加热板上加热 1h。涂层的制备过程见图 23-16 的最后一步。聚甲基丙烯酸甲酯-b-聚甲基丙烯酸十二氟庚酯(PMMA-b-P12FMA)的结构式如图 23-19 所示。PMMA-b-P12FMA 的 PDI 为 1.15，MMA 和 12FMA 链段的平均聚合度分别为 305 和 7。

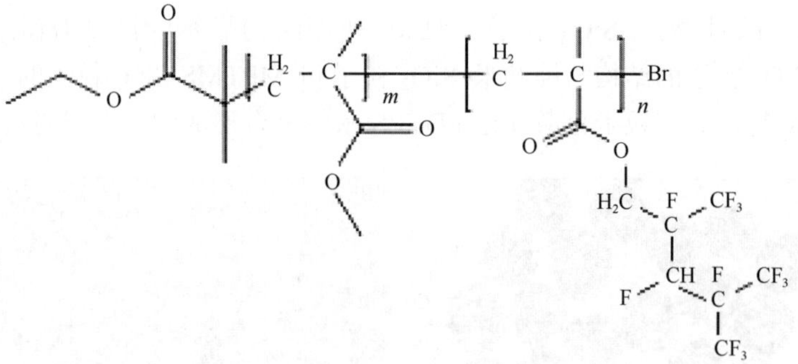

图 23-19　PMMA-b-P12FMA 的结构式

23.5.2　涂层表面润湿性能

　　分别采用 SEM、AFM、XPS、SCA 和 SA 表征获得涂层表面的微观结构形貌、粗糙度、元素组成和润湿行为。图 23-20 是 SEM 所显示的由疏水纳米 MPTMS-SiO$_2$ 粒子制备的涂层，以及涂覆 PMMA-b-P12FMA 后获得的涂层表面。由图 23-20(a) 可以看出，疏水纳米 MPTMS-SiO$_2$ 粒子制备的涂层表面粗糙致密，由 MPTMS-SiO$_2$ 粒子密集聚集形成。这种粗糙表面与水和十六烷的静态接触角分别为 125°和 0°。相比之下，涂覆有 PMMA-b-P12FMA 的疏水纳米 SiO$_2$ 粒子涂层表面粗糙且不均匀，由大量松散堆积的纳米 MPTMS-SiO$_2$ 粒子组成(图 23-20)。这说明将涂层浸泡在 PMMA-b-P12FMA 的 THF 溶液中，疏水纳米 MPTMS-SiO$_2$ 粒子由于相互作用较弱而相互分离。具有此种表面形貌的涂层与水的静态接触角为 137°。然而，与十六烷的接触角仍然为 0°，表面仍具有超亲油性。

图 23-20　疏水纳米 MPTMS-SiO$_2$ 粒子制备的涂层(a)及
涂覆 PMMA-b-P12FMA 的涂层(b)的 SEM 图

上述研究证明，利用疏水纳米 MPTMS-SiO$_2$ 粒子制备的涂层，以及在该涂层表面涂覆 PMMA-b-P12FMA，均未获得高疏水疏油性质。再利用 FDTES/ MPTMS-SiO$_2$ 粒子制备涂层 A～D(表 23-4)，制备涂层相对应的投料比见表 23-3。将涂层 A～D 分别涂覆 PMMA-b-P12FMA，获得与上述四个涂层相对应的新涂层。XPS 测试结果表明两组涂层表面都含有 F、O、C 和 Si 元素，如图 23-21 所示(涂层 D 及其表面涂覆 PMMA-b-P12FMA 后所获得的涂层)。

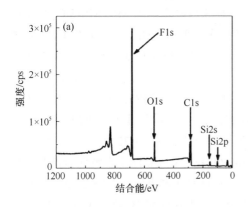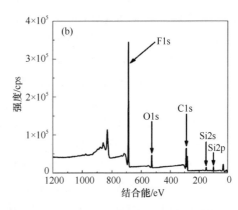

图 23-21　涂层 D 表面(a)和涂覆 PMMA-b-P12FMA 的涂层 D 表面(b)的 XPS 宽扫描谱图

表 23-4 列出了通过 XPS 所获得的各元素原子含量。涂层 A～D 所使用的氟硅烷改性粒子在制备时，FDTES 与疏水纳米 MPTMS-SiO$_2$ 粒子的质量比分别为 1.2∶1、0.8∶1、0.5∶1 和 0.3∶1。由表可以看出，在制备 FDTES/MPTMS-SiO$_2$ 粒子时，增加 FDTES 与疏水纳米 MPTMS-SiO$_2$ 粒子的质量比，有利于涂层表面氟含量的增加。同时，PMMA-b-P12FMA 在疏水纳米 MPTMS-SiO$_2$ 粒子涂层表面的应用，也使得涂层表面氟含量增加。为了制备高疏水疏油表面，需要构建合适

的粗糙度。因此，在涂层 A～D 及相对应的涂覆了 PMMA-b-P12FMA 的涂层表面采用 AFM 表征 RMS 粗糙度。

表 23-4　FDTES/MPTMS-SiO$_2$ 基涂层表面元素组成与 RMS 粗糙度

涂层	涂层表面元素组成/%				RMS/nm
	F	Si	O	C	
涂层 A	45.36	4.25	5.64	44.75	63
涂覆 PMMA-b-P12FMA 的涂层 A	47.08	4.23	5.26	43.43	77
涂层 B	43.62	5.12	6.01	45.25	136
涂覆 PMMA-b-P12FMA 的涂层 B	45.40	4.62	5.93	44.05	142
涂层 C	41.36	3.73	6.41	48.51	100
涂覆 PMMA-b-P12FMA 的涂层 C	44.35	5.14	5.61	44.90	106
涂层 D	37.71	4.29	8.03	49.97	66
涂覆 PMMA-b-P12FMA 的涂层 D	42.28	4.94	6.97	45.61	79

　　所有涂层表面的 RMS 粗糙度都比较高。由于 PMMA-b-P12FMA 的使用降低了 FDTES/MPTMS-SiO$_2$ 粒子涂层表面的硬度，所以经 PMMA-b-P12FMA 处理后的涂层表面 RMS 粗糙度更高。此外，当 FDTES 与疏水纳米 MPTMS-SiO$_2$ 粒子的质量比是 1.2∶1 时，所获得的涂层 A 及其相应的采用 PMMA-b-P12FMA 处理的涂层具有最小的表面 RMS 粗糙度。而当 FDTES 与疏水纳米 MPTMS-SiO$_2$ 粒子的质量比为 0.8∶1 时，所获得的涂层 B 及其相应的采用 PMMA-b-P12FMA 处理的涂层却具有最高的表面 RMS 粗糙度。然后，随着 FDTES 与疏水纳米 SiO$_2$ 粒子质量比的降低，涂层表面的 RMS 粗糙度降低。当 FDTES 与疏水纳米 MPTMS-SiO$_2$ 粒子的质量比为 0.3∶1 时，所获得的涂层 D 及其相应的 PMMA-b-P12FMA 处理涂层表现出与涂层 A 和其相应 PMMA-b-P12FMA 处理涂层相似的 RMS 粗糙度。用 SEM 观察涂层表面微观粗糙结构和润湿性，结果如图 23-22 所示。

　　在涂层 A 表面，疏水性纳米 MPTMS-SiO$_2$ 粒子在 FDTES 水解缩合产物的作用下而相互紧密地黏接在一起，形成粒径较大的无规聚集体，如图 23-22(a)所示。这种疏水纳米 MPTMS-SiO$_2$ 粒子的黏接和聚集行为在涂层 B、涂层 C 和涂层 D 表面依次减弱[图 23-22(c)～(h)]。在涂层 C 和涂层 D 表面，疏水性纳米 MPTMS-SiO$_2$ 粒子呈分散状态，粒子与粒子之间有间隙和孔洞。由此说明，在制备氟 FDTES/MPTMS-SiO$_2$ 粒子时，降低 FDTES 与疏水纳米 MPTMS-SiO$_2$ 粒子的质量比，有利于阻止疏水纳米 MPTMS-SiO$_2$ 粒子在涂层表面的黏接和聚集行为。具有此种不同微观粗糙结构的涂层 A、B、C、D 与水的静态接触角分别为 157°、160°、165° 和 165°，与水的滚动角分别为 9.90°、14.81°、8.76° 和 7.36°。接触角的测试结果表明，FDTES 的低表面自由能使得氟硅烷改性 SiO$_2$ 粒子所形成的粗糙结构表面具有超疏水性自

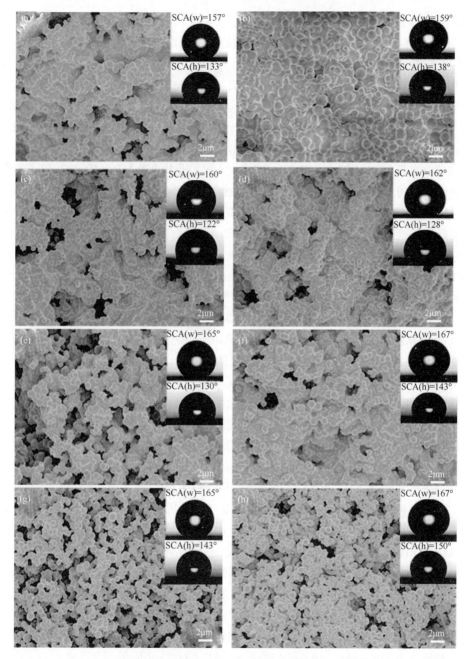

图 23-22　SEM 图：涂层 A(a)和涂覆 PMMA-b-P12FMA 的涂层 A(b)表面；涂层 B(c)和涂覆
PMMA-b-P12FMA 的涂层 B(d)表面；涂层 C(e)和涂覆 PMMA-b-P12FMA 的涂层 C(f)表面；涂
层 D(g)和涂覆 PMMA-b-P12FMA 的涂层 D(h)表面；SEM 图内部的光学显微镜图分别对应该涂
层表面与水和十六烷的静态接触角

清洁性质。同时，FDTES/MPTMS-SiO$_2$ 粒子所形成的涂层表面间隙和孔洞的存在将使超疏水性自清洁性质增强。与水的静态接触角相比，涂层 A、B、C、D 与十六烷的静态接触角较小，分别为 133°、122°、130°和143°。结合表 23-4 中 XPS 分析结果和表面 RMS 粗糙度值可以看出，由疏水纳米 MPTMS-SiO$_2$ 粒子松散聚集形成的涂层(如涂层 D)，或表面具有含高氟量且由 MPTMS-SiO$_2$ 粒子紧密黏接形成的涂层(如涂层 A)具有较高的疏油性。然而，十六烷液滴在这些疏油表面并不能滚动或移动，甚至当将表面倒置时，仍然不能滚动或移动。

对于涂覆有 PMMA-b-P12FMA 的涂层，表面疏水纳米 MPTMS-SiO$_2$ 粒子的黏接和聚集行为加强，如图 23-22(b)、(d)、(f)和(h)所示。因为含氟丙烯酸酯两嵌段共聚物 PMMA-b-P12FMA 与表面具有丙烯酰氧基的疏水纳米 MPTMS-SiO$_2$ 粒子有良好的黏接性。对比图 23-22(b)、(d)、(f)和(g)可以看出，在涂覆 PMMA-b-P12FMA 的涂层 A 表面，粒子之间的堆积最为致密，如图 23-22(b)所示。在涂覆 PMMA-b-P12FMA 的涂层 B、涂层 C 和涂层 D 表面仍存在着孔洞，如图 23-22(d)、(f)和(g)所示。

图 23-22 中静态接触角分析表明，与未涂覆 PMMA-b-P12FMA 的涂层相比，涂覆了 PMMA-b-P12FMA 的涂层表面对水和十六烷的静态接触角较高。这是因为 PMMA-b-P12FMA 的涂覆增加了涂层表面的氟含量，进一步降低了涂层表面的自由能。由于十六烷与 P12FMA 中的含氟基团具有相似的极性，所以导致它对 PMMA-b-P12FMA 的涂覆尤为敏感，在涂覆有 PMMA-b-P12FMA 的涂层表面接触角显著增大。尽管含氟基团提供了低表面自由能，但表面微观粗糙结构仍然对十六烷的静态接触角有重要影响。初步判断十六烷液滴与涂层和空气组成的复合表面接触，也即液滴在涂层表面处于 Cassie 态。因为如果十六烷液滴将粗糙表面的孔洞全部浸润(也即液滴在涂层表面处于 Wenzel 态)，那么要达到十六烷接触角的实验测试值，涂层表面自由能要小于或等于6mN/m。但是，几乎没有材料的表面张力低于 6mN/m。此外，尽管涂覆 PMMA-b-P12FMA 的涂层 A 和涂覆 PMMA-b-P12FMA 的涂层 D 具有相似的表面 RMS 粗糙度，但两个表面与十六烷的静态接触角分别为 138°和 150°。这一事实也说明为了获得高疏油表面，除了粗糙度之外，还需要较高的气-液面积。虽然从以上两个方面可以说明十六烷液滴在涂层表面处于 Cassie 态，但是研究发现十六烷液滴在涂层表面具有高的黏滞性。这一现象说明十六烷液滴在涂覆 PMMA-b-P12FMA 的涂层表面处于临界超疏油或非超疏油下的 Cassie 与 Wenzel 过渡态，如图 23-23(a)所示。

对疏水性而言，涂覆了 PMMA-b-P12FMA 的涂层表面与水的静态接触角与未涂覆 PMMA-b-P12FMA 的涂层相比并无显著增加。然而，涂层 A 和涂层 B 在涂覆 PMMA-b-P12FMA 后，表面与水的滚动角显著降低，分别只有 2.73°和 5.35°。

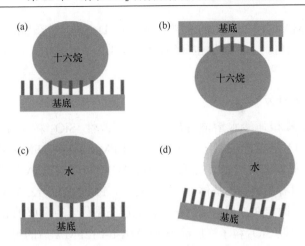

图 23-23 (a)和(b)十六烷在涂层表面处于临界超疏油或非超疏油下的 Cassie 与 Wenzel 过渡态模型；(c)和(d)水在涂覆 PMMA-b-P12FMA 的涂层 A 和涂层 B 表面的超疏水 Cassie 态模型

结合涂层表面高的静态接触角可以看出，水滴在涂覆了 PMMA-b-P12FMA 的涂层表面处于 Cassie 状态，如图 23-23(b)所示。有趣的是，当 9μL 水滴从 2mm 的高度滴落在涂覆有 PMMA-b-P12FMA 的涂层 C 和涂层 D 表面时，水滴在涂层表面具有弹跳行为，且在涂层没有倾斜或滚动的前提下 0.2s 内迅速滚离，如图 23-24 所示。由此可见，涂覆有 PMMA-b-P12FMA 的涂层 C 和涂层 D 具有更加优异的超疏水自清洁性质。正是由于这个原因，当水滴从 PFA 针头中分配出后，不能测量

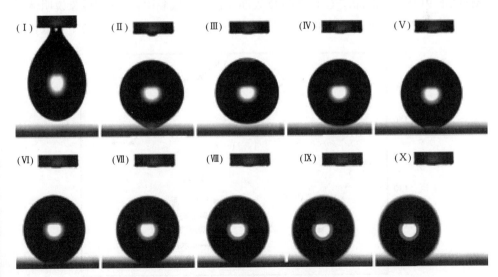

图 23-24 9μL 水滴从 2mm 高度滴落在涂覆有 PMMA-b-P12FMA 的
涂层 C 和 D 表面时的视频照片

其在涂覆有 PMMA-b-P12FMA 的涂层 C 和涂层 D 表面的滚动角,只能利用高速相机测出静态接触角。上述结果也证明,FDTES 含量较低时,涂层表面的疏水疏油性能更强。

23.5.3 涂层耐久性分析

依次经过强碱和强酸水溶液冲刷,氟硅烷改性 SiO₂ 粒子涂层及其相应的 PMMA-b-P12FMA 涂覆涂层后,一部分未经过 PMMA-b-P12FMA 处理的氟硅烷改性 SiO₂ 粒子涂层从玻璃板基体上脱离,而经过 PMMA-b-P12FMA 处理的氟硅烷改性 SiO₂ 粒子涂层仍附着在玻璃板基体上。由此可见,PMMA-b-P12FMA 可将疏水纳米 MPTMS-SiO₂ 粒子固定在涂层内部,从而使涂层与基体具有良好的黏结性。为了进一步分析氟硅烷改性 SiO₂ 粒子涂层涂覆 PMMA-b-P12FMA 后的耐久性,测量涂层经冲刷实验后的表面接触角。

相对于涂覆 PMMA-b-P12FMA 的涂层 A 和涂层 B,涂覆 PMMA-b-P12FMA 的涂层 C 和涂层 D 在经过强碱和强酸水溶液的冲刷后,静态接触角变化较小[图 23-25(c)和(d)]。涂覆 PMMA-b-P12FMA 的涂层 C 和涂层 D 在经过冲刷后,水滴在表面仍然可以滚动,滚动角分别是 14.98° 和 5.85°。但是,涂覆 PMMA-b-P12FMA 的涂层 A 和涂层 B 在经过碱/酸水溶液冲刷后,水滴在涂层表面不能移动。若将碱/酸冲刷后的涂层在 100℃ 退火 0.5h,水滴在涂覆 PMMA-b-P12FMA 的涂层 A 和涂层 B 表面能够恢复滚动行为,滚动角分别为 22.92° 和 16.53°;而在涂覆 PMMA-b-P12FMA 的涂层 C 和涂层 D 表面又恢复超低黏附性。这种现象说明液体在冲刷过程中渗透到涂层表面的凹槽和孔洞中(图 23-26)。在大气环境下,液体的

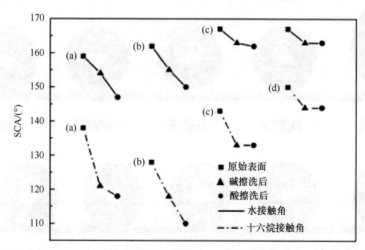

图 23-25 涂覆 PMMA-b-P12FMA 的涂层 A(a)、涂层 B(b)、涂层 C(c)和涂层 D(d)
在碱/酸水溶液冲刷前后水和十六烷接触角变化

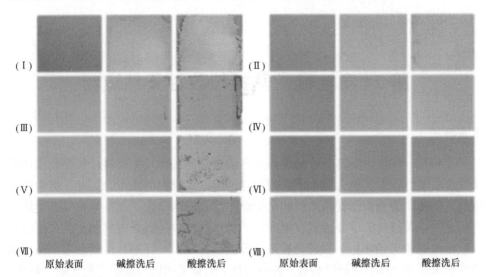

图 23-26　涂层经碱/酸水溶液冲刷前后的照片：涂层 A(Ⅰ)和涂覆 PMMA-b-P12FMA 的涂层 A(Ⅱ)；涂层 B(Ⅲ)和涂覆 PMMA-b-P12FMA 的涂层 B(Ⅳ)；涂层 C(Ⅴ)和涂覆 PMMA-b-P12FMA 的涂层 C(Ⅵ)；涂层 D(Ⅶ)和涂覆 PMMA-b-P12FMA 的涂层 D(Ⅷ)

不完全挥发将会降低涂层表面的疏水性。由于涂层 A 和涂层 B 在涂覆 PMMA-b-P12FMA 后，表面相对致密，冲刷时渗透的水不容易挥发出来，涂层表面残余液体的存在使得气穴数降低，从而导致水滴在冲刷后的涂层表面处于高黏滞 Cassie-Wenzel 态。同样因为这个原因，涂覆 PMMA-b-P12FMA 的涂层 A 和涂层 B 在经过碱/酸水溶液冲刷后，表面与十六烷的接触角减低更为明显[图 23-25(a)和 (b)]。总的来说，碱/酸冲刷实验结果证明，氟硅烷改性 SiO$_2$ 粒子涂层在涂覆 PMMA-b-P12FMA 后，与基体表现出良好的黏附性；具有表面疏松结构的 PMMA-b-P12FMA 涂覆涂层表现出更为稳定的润湿性。

第 24 章　硅烷基接枝改性天然淀粉

本章导读

淀粉是一种资源丰富、价格低廉且环境友好的天然成膜材料。但淀粉膜因耐水性及耐候性较差等原因限制了它作为高性能涂膜材料的应用。因此，淀粉改性成为人们关注的热点。淀粉改性的化学键作用、界面结合、改性条件等都是影响改性淀粉涂膜材料的主要因素。根据分子基本结构单元组合方式的不同，淀粉分为直链淀粉和支链淀粉。直链淀粉是葡萄糖单元通过 α-1,4-苷键脱水缩合而形成的线形大分子，具有成膜性良好、各向同性、无臭无味以及成膜无色透明等特点。而支链淀粉是一种高度支化的聚合物，是由 α-1,6-苷键在短链 α-1,4-直链淀粉分子每隔 25~30 个葡萄糖单元的位置将其连接起来形成的。一般来说，淀粉由 20%~25%的直链淀粉和 75%~80%的支链淀粉组成。淀粉分子结构中存在大量的羟基，直链淀粉和支链淀粉均由氢键维系在一起，为其进行化学改性提供了有利条件。

本章基于有机硅的耐高低温、耐候性和低表面能等优点，且硅氧烷 $R_xSi(OR)_{4-x}$ 水解可与淀粉交联结合，以及基于含氟聚合物具有优良的耐候性、疏水疏油性、低表面能等特性，获得两种集诸多优异性能于一体的硅基含氟接枝改性淀粉，见图 24-1。其一，结合自由基溶液聚合法与溶胶-凝胶法，以乙烯基三甲氧基硅烷(VTMS)、甲基丙烯酸十二氟庚酯(12FMA)和可溶性淀粉为原料，制备硅基含氟共聚物接枝淀粉 P(VTMS/12FMA)- g-starch。其二，在高温下利用硅烷偶联剂 VTMS 和 γ-甲基丙烯酰氧基丙基三甲氧基硅烷(MPS)对淀粉进行硅烷化改性，接着以甲基丙烯酸甲酯(MMA)、丙烯酸丁酯(BA)和甲基丙烯酸三氟乙酯(3FMA)为单体，通过乳液聚合法制备硅烷化淀粉接枝含氟丙烯酸酯乳液 VTMS-starch/P(MMA/BA/3FMA)。综合分析单体转化率、接枝率和接枝效率、反应温度、反应时间等条件对改性淀粉的疏水性、表面能和热稳定性的影响。

(1)利用硅氧烷水解产生的硅羟基与淀粉碳羟基之间的缩合作用对淀粉进行接枝改性。对硅氧烷进行预水解产生一定浓度的硅羟基，进而使硅羟基在淀粉碳羟基上进行有效的物理吸附，最后在高温(120℃)条件下诱导缩合反应，能够有效地将硅氧烷接枝在淀粉上。当物理吸附和高温缩合反应一步进行时，由于吸附放热，升高温度不利于吸附反应的进行，因此反应温度为 60℃时可以获得较高的接枝率。

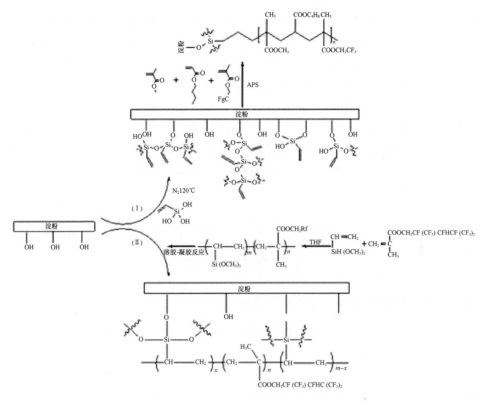

图 24-1　硅基共聚物接枝淀粉的制备

(2)在 P(VTMS/12FMA)-g-starch 接枝淀粉中，当淀粉与聚合物配比为 1∶1，水浴温度为 60℃时，P(VTMS/12FMA)-g-starch 的接枝率和接枝效率最高，分别达到 32.3%和 3.2%，增加淀粉配比和升高反应温度都会降低改性淀粉中 P(VTMS/12FMA)的含量。P(VTMS/12FMA)引入淀粉后，改性淀粉的热稳定性增强，热分解温度由 320℃升高到 430℃，膜对水的接触角由 51°上升到 72°，对十六烷的接触角由 0°上升到 32°，表面自由能最大下降了 15.52mN/m，下降了 30.24%，且接触角的增大和表面能的降低程度与 P(VTMS/12FMA)的接枝率呈正比关系。XPS 结果表明，P(VTMS/12FMA)-g-starch 成膜过程中氟元素向膜表面迁移富集，起到了降低膜表面能的作用。而硅元素则主要沉积在膜底层，增加了膜的附着力。

(3)在 VTMS-starch@P(MMA/BA/3FMA)接枝淀粉中，为了获得低含氟量、高性能的环境友好改性淀粉，采用偶联剂 VTMS 硅烷化接枝淀粉后获得 VTMS-starch，再利用乳液聚合法制备 VTMS-starch/P(MMA/BA/3FMA)乳液。高温(120℃)有利于 VTMS 接枝淀粉，且当硅烷偶联剂 VTMS 与淀粉羟基摩尔比为 1∶3 时，VTMS-starch 中硅元素含量达到 16.41%。当反应温度为 75℃、保温反应时间为 1h、乳化剂总量约为单体质量 5%时，VTMS-starch/P(MMA/BA/3FMA) 乳液的接枝率达到极大值(35%～39%)，可获得均匀球形的乳液粒子。乳化剂含量越高，颗粒的球形形貌越规整，颗粒大小越均匀，粒径越小。3%～5%乳化剂获得乳液的成膜表面自由能为 25.19～28.26mN/m。

(4)VTMS-starch/P(MMA/BA/3FMA)在 320～430℃的热分解速率减慢，说明 P(MMA/BA/3FMA)链段的引入提高了改性淀粉的热稳定性。而且 VTMS-starch/ P(MMA/BA/3FMA)膜显示出良好的韧性，其断裂伸长率为 39.45%，拉伸强度为 11.97MPa，杨氏模量为 160MPa，充分说明 VTMS-starch/P(MMA/BA/3FMA)膜具有良好的机械性能。

24.1　硅基含氟共聚物接枝淀粉 P(VTMS/12FMA)-g-starch 的制备

24.1.1　P(VTMS/12FMA)-g-starch 的制备

首先制备硅基含氟共聚物 P(VTMS/12FMA)。将一定量的乙烯基三甲氧基硅烷(VTMS)和甲基丙烯酸十二氟庚酯(12FMA)溶解在 THF 中，加入带球形冷凝管的三口烧瓶，磁力搅拌下混合均匀。缓慢滴加过氧化苯甲酰(BPO)，于 60℃搅拌 3h 后，将得到的聚合物溶液用旋转蒸发仪除去多余溶剂，剩余的溶液滴加到甲醇中析出白色沉淀。沉淀真空干燥后得到白色硅基含氟共聚物固体 P(VTMS/12FMA)，摩尔比为 VTMS：12FMA：THF：BPO =1：1：60：0.01。

然后，将上述硅基含氟共聚物 P(VTMS/12FMA)固体溶解于 THF 中，加适量去离子水，用盐酸调节至 pH=3，室温下搅拌，对硅基含氟共聚物进行预水解。将淀粉研磨、烘干后加入 THF 中配成质量分数为 5%的悬浊液，超声波联合机械搅拌使其分散。在装有回流冷凝管的三口烧瓶中，将准备的淀粉悬浊液加入预水解过的硅基含氟共聚物溶液中，磁力搅拌和水浴条件下反应 12h。反应结束得到硅基含氟共聚物改性淀粉悬浊液。悬浊液离心，倒出上清液后将底部沉淀真空干燥，随后用 THF 索氏提取 6h 以除去未接枝的硅基含氟共聚物，干燥后得白色粉末状固体，即硅基含氟共聚物接枝淀粉 P(VTMS/12FMA)-g-starch，具体反应如图 24-2 所示。为了测试不同配比和水浴反应温度对硅基含氟共聚物接枝淀粉反应的影响，进行实验条件如表 24-1 所示的对比研究。

图 24-3 为 S1 P(VTMS/12FMA)-g-starch(a)、P(VTMS/12FMA)(b)和淀粉(c) 的 FTIR 对比图。图 24-3(b)中，1749.98cm^{-1} 为丙烯酸酯的酯基—COO—伸缩振动吸收峰，1251.34cm^{-1} 为—CF$_3$ 和—CF 伸缩振动吸收峰，972.16cm^{-1} 对应—C—O

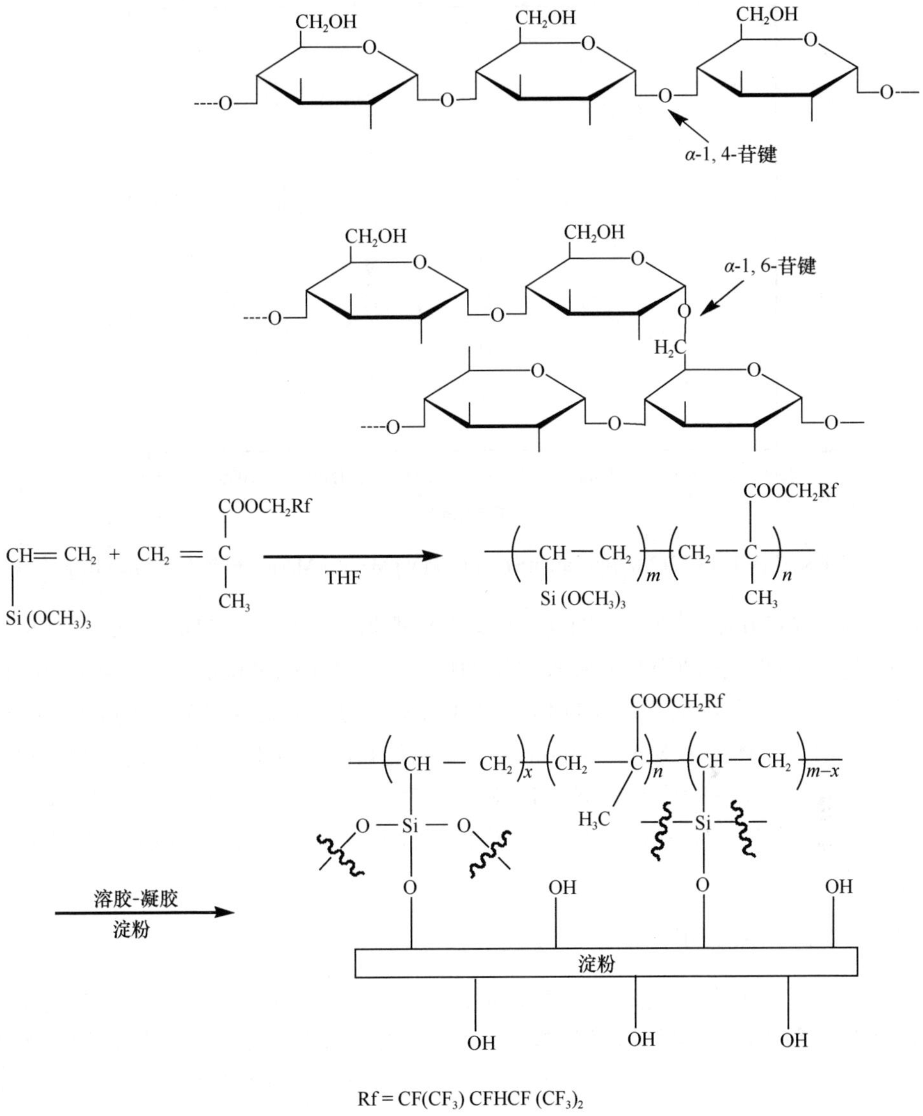

$$Rf = CF(CF_3)\, CFHCF\, (CF_3)_2$$

图 24-2　淀粉结构与硅基含氟共聚物接枝淀粉 P(VTMS/12FMA)-g-starch 的合成路线图

表 24-1　P(VTMS/12FMA)-g-starch 的配方表

样品	淀粉羟基与共聚物摩尔比	反应温度/℃
S1	1∶1	60
S2	1∶1	80
S3	1∶1	100
S4	2∶1	60
S5	3∶1	60

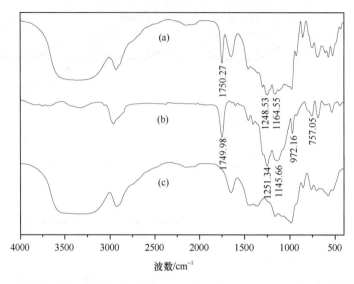

图 24-3　P(VTMS/12FMA)-g-starch(S1，a)、P(VTMS/12FMA)(b)和淀粉(c)的 FTIR 图

伸缩振动，757.05cm^{-1} 为—(CH$_2$)$_n$—(n>4)摇摆振动吸收峰，1145.66cm^{-1} 为 Si—O—C 反对称伸缩振动引起的强吸收振动峰，且 1600～1680cm^{-1} 未出现 C═C 伸缩振动峰，说明硅烷偶联剂 VTMS 与 12FMA 中的双键聚合完全，形成 C—C 主链。比较 P(VTMS/12FMA)-g-starch(S1，a)与淀粉(c)的 FTIR 图，在图 24-3(a)中 1750.27cm^{-1} 处酯基的强吸收峰、1248.53cm^{-1} 处—CF 和—CF$_3$ 的强吸收峰以及 1164.55cm^{-1} 处 Si—O—Si 和 Si—O—C 的吸收峰，说明了硅基含氟共聚物成功接枝到淀粉上。

24.1.2　影响因素分析

接枝反应温度以及淀粉羟基与共聚物的摩尔比对改性淀粉(S1～S5)的接枝率(GP)和接枝效率(GE)的影响见表 24-2。可以看出，温度越高，淀粉所占的配比越大，越不利于接枝反应的进行。这是由于含氟/硅共聚物接枝淀粉的反应在微观上分为两步进行：第一步是 P(VTMS/12FMA)预水解后产生的硅羟基在淀粉碳羟基上的吸附过程；第二步是在一定的温度条件下硅羟基和碳羟基之间的缩合反应。吸附是一个自发过程，即 $\Delta G<0$。P(VTMS/12FMA)分子被"固定"在淀粉颗粒表面，自由度减少，是熵减的过程。根据关系式 $\Delta G=\Delta H-T\Delta S$，得出 $\Delta H<0$，即吸附是一个放热过程。因此升高温度，不利于吸附反应的进行，并且影响了下一步的接枝程度。但是，反应温度过低，不能有效地促使硅羟基和碳羟基之间化学键的生成。

表 24-2 P(VTMS/12FMA)-g-starch 的接枝率和接枝效率

样品	接枝率(GP)/ %	接枝效率(GE)/ %
S1	32.3	3.2
S2	8.6	0.8
S3	2.7	0.3
S4	2.8	0.6
S5	—	—

实验证明,低温下发生的仅是吸附反应,表面的聚合物很容易用 THF 洗脱。所以,根据表 24-2 显示结果,最佳反应温度为 60℃,GP 和 GE 都可以达到最大值 32.3%和 3.2%。另外,淀粉所占配比越大,聚合物比例相对减小,浓度降低,影响其在淀粉羟基上的吸附量,进而影响接枝反应效率。所以,淀粉羟基与共聚物的摩尔比选择为 1:1(S1)。为了提高接枝率,避免接枝反应中消耗大量的有机溶剂和试剂,采取溶剂和试剂循环使用的方法,即在离心分离和使用 THF 索氏提取的过程中注意收集上清液和烧瓶中的聚合物溶液。

淀粉通常以颗粒的形式存在,淀粉颗粒包括结晶区和无定形区。事实上,绝大多数天然淀粉颗粒是部分结晶化的,结晶度为 20%~45%。直链淀粉组成淀粉颗粒的无定形区,支链淀粉上的短支链则是淀粉颗粒的主要结晶组分。所以,支链淀粉含量越高,淀粉的结晶度越大。颗粒中直链淀粉和支链淀粉所占比例与淀粉的来源和生长时间有关。例如,小麦淀粉、玉米淀粉和马铃薯淀粉中直链淀粉的含量在 20%~30%之间,而糯米淀粉中直链淀粉的含量低至 5%以下,某些淀粉中直链淀粉的含量甚至高至 50%~80%。由于淀粉分子链之间存在强氢键作用力,淀粉颗粒不易溶于冷水。然而,将淀粉在水中加热、糊化,则淀粉的结晶结构被破坏,水分子与淀粉上的羟基互相作用,形成部分溶解的淀粉。

有研究表明,硅氧烷水解后可以和富含羟基的基材表面如纤维素结合反应。预水解的硅烷偶联剂在纤维素表面形成单层或多层的吸附,但这种吸附不稳定。只有对吸附产物进行 100℃以上高温处理,才能够使预水解硅烷偶联剂上的羟基和纤维素表面羟基缩合形成化学键,从而成为真正的化学改性。即使在高温和强极性溶剂条件下,硅烷氧基也不能与纤维素羟基反应,但是增加水分就能够促成缩合。因此,化学键的生成是由于预水解后产生的硅羟基和纤维素的碳羟基在高温下缩合的结果。

另外,DLS 对淀粉和 P(VTMS/12FMA)-g-starch 在水溶液中的粒径尺寸分布如图 24-4 所示。淀粉作为天然产物其粒径分布范围较宽[图 24-4(a)],粒径为 126nm 所占比例最大。样品 S1 的粒径分布[图 24-4(b),60℃]呈现明显的双峰分布,较小粒径为 87.62nm,占 38.8%;较大粒径 336.4nm。样品 S2[图 24-4(c),80℃]较小粒径仅占 13.8%，较大粒径为 330nm 左右。这说明升高温度，小粒径分布减少。如上面所述，升高温度不利于吸附反应，由此推测，小粒径为接枝淀粉的聚集体。样品 S3[图 24-4(d)]、S4[图 24-4(e)]和 S5[图 24-4(f)]的粒径分布与淀粉极为相似，呈单峰的宽峰分布。结合接枝率结果，进一步说明了样品 S3、S4 和 S5 的接枝程度很低，即增加反应物中淀粉浓度和升高反应温度都不利于淀粉接枝反应。

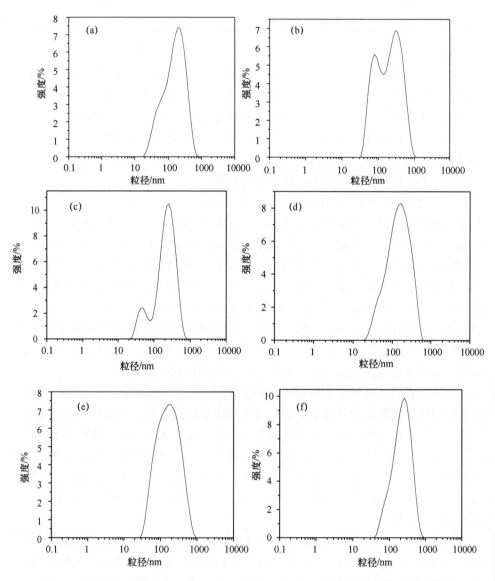

图 24-4　淀粉(a)、五种 P(VTMS/12FMA)-g-starch S1～S5(b～f)的 DLS 粒径分布图

24.2　P(VTMS/12FMA)-g-starch 涂膜表面性能

P(VTMS/12FMA)-g-starch 膜(样品 S1～S5)以及纯淀粉膜的外观如图 24-5 所示。可溶性淀粉溶于热水，而硅基含氟共聚物溶解于四氢呋喃，最终使用沸水溶解含氟/硅接枝淀粉成膜。硅基含氟共聚物接枝淀粉在浓度较低的情况下能在沸水中较好地溶解，但相比于纯淀粉，其溶解性略差，溶液微带白色，推测为接枝淀粉的聚合物部分悬浮在水中。分别配制质量分数为 1.25%、2.5%、5%、10%和 15%的改性淀粉液，室温自然成膜。实验发现仅有浓度为 1.25%的改性淀粉液成膜良好，选此浓度为测试膜性能所用的成膜浓度。

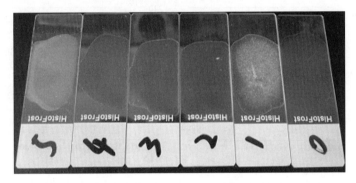

图 24-5　纯淀粉膜与接枝淀粉膜 S1～S5

表 24-3 为 P(VTMS/12FMA)-g-starch 膜表面接触角的测量结果及由此计算的表面自由能。几乎所有改性淀粉产物对水和正十六烷的接触角都大于纯淀粉，且增加的幅度随淀粉的浓度增加和反应温度的升高而减小，与淀粉浓度和反应温度对淀粉接枝影响的结论相同。这说明了氟和硅的引入能有效降低膜的表面能，且表面能的降低程度与硅基含氟共聚物的接枝比例呈正相关。从表 24-3 中还可以看

表 24-3　P(VTMS/12FMA)-g-starch 膜静态接触角和表面自由能

样品	$\theta_{水}/(°)$	$\theta_{十六烷}/(°)$	$\gamma_s^p/(mN/m)$	$\gamma_s^d/(mN/m)$	$\gamma_s/(mN/m)$
共聚物	105	63	1.64	14.59	16.23
淀粉	51	0	23.72	27.60	51.32
S1	72	32	12.24	23.57	35.80
S2	65	27	16.03	24.68	40.70
S3	61	15	17.57	26.67	44.24
S4	62	16	16.99	26.54	43.53
S5	56	0	20.36	27.60	47.96

出，利用疏水疏油性良好的 P(VTMS/12FMA)来改性淀粉，相对而言，其对淀粉膜的疏油性能有更为显著的提升；P(VTMS/12FMA)对淀粉的改性主要是降低了膜表面的固体极性力γ_s^p，S1 的固体极性力γ_s^p相比于纯淀粉则下降了48.4%。

　　图24-6 是样品 S1 及 S2 膜表面的 XPS 扫描谱图。可以看出，样品 S1 中 F 元素和 Si 元素的含量都高于 S2，F1s 原子百分比含量高达 73.69%，说明在成膜过程中 F 元素有向表面富集的趋势，降低了膜表面能。而膜表面 Si2p 的含量相对较低，原子百分比含量仅有 0.52%，说明成膜过程中 Si 元素更多地与膜底部载玻片相连，增加了膜对基体的附着强度。样品 S2 膜表面 F1s 含量明显降低，为 28.76%，与 FTIR 谱图表征结果即此产物中氟/硅共聚物含量低于样品 S1 相符合。

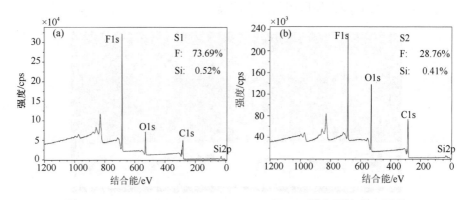

图 24-6　P(VTMS/12FMA)-g-starch S1(a)和 S2(b)膜表面的 XPS 图谱

24.3　P(VTMS/12FMA)-g-starch 的热稳定性

　　图 24-7 是 P(VTMS/12FMA)、淀粉和 P(VTMS/12FMA)-g-starch S1 的 TGA 曲线。淀粉在 120℃以下的失重是由于淀粉吸附水的蒸发，质量损失 16.1%；120～290℃范围内几乎无明显失重，但 290～320℃曲线急剧下降，说明淀粉发生了热分解。P(VTMS/12FMA)在 150℃以下几乎无失重表现，从 150℃开始缓慢失重，直至 430℃左右分解完全；P(VTMS/12FMA)的失重速率较慢，热失重峰较宽，这一点对提高淀粉的热稳定性是有利的。P(VTMS/12FMA)-g-starch S1 在 100℃以下的失重是由于改性淀粉吸附水的流失，质量损失 8.3%。由此可见，经过改性后，与纯淀粉相比，S1 对空气中水分的敏感度明显降低。100～250℃范围内，几乎无明显失重。250～320℃范围内的失重主要对应淀粉的热分解，但是由于在 290℃前含氟/硅共聚物已开始分解，且残留 Si—OH 缩合脱水，导致这一阶段初始分解温度略微降低。在 320～430℃，S1 的热失重峰变宽，这是由于含氟/硅共聚物链段的引入，以及接枝反应中部分 Si—O—Si 交联结构的形成提高了其热稳定性。

综上所述，经过硅基含氟共聚物接枝改性的 S1 比纯淀粉具有较高的热稳定性，热分解温度由 320℃升高到 430℃。

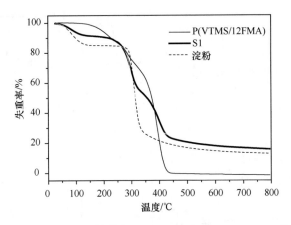

图 24-7　P(VTMS/12FMA)、淀粉和 P(VTMS/12FMA)-g-starch S1 的 TGA 曲线

24.4　硅烷化淀粉接枝聚合物乳液 VTMS-starch/P(MMA/BA/3FMA)的合成与结构确定

24.4.1　VTMS-starch 的合成与结构确定

首先利用含双键的硅烷偶联剂对淀粉进行硅烷化处理(第一步接枝改性)，目的是利用偶联剂的硅烷氧基水解与淀粉羟基缩合，偶联剂双键则在引发剂存在下与含氟丙烯酸酯单体进行自由基共聚。硅烷化淀粉合成的示意图见图 24-8。

如图 24-8 所示，首先对硅烷偶联剂 MPS 和 VTMS 进行预水解。控制偶联剂与水的摩尔比为 1∶1，乙醇与水体积比为 4∶1，再用 0.1mol/L 的盐酸调节 pH=4，室温下预水解 2h。将预水解的硅烷偶联剂加入醇水体系下分散好的 5wt%淀粉悬浮液中，室温搅拌 2h。改变硅烷偶联剂与淀粉羟基摩尔比为 1∶3、1∶1 和 3∶1。随后于 2500r/min 的速度下离心 20min，下层固体在真空干燥箱中室温干燥 24h。将上述彻底干燥的固体于氮气保护下，120℃加热 2h，再用 THF 索氏提取 24h，干燥备用。

为了确保硅烷化淀粉接枝含氟丙烯酸酯乳液的合成，采用 XPS 和 FTIR 来确定硅烷偶联剂是否接枝在淀粉大分子上。当偶联剂与淀粉羟基摩尔比为 1∶3 时，MPS-starch 和 VTMS-starch 的 XPS 图谱分别见图 24-9(c)和(e)。从图中可以看出，相比于原淀粉[图 24-9(a)]，MPS-starch 和 VTMS-starch 除了在 530eV 附近出现 O1s 电子峰和在 280~290eV 出现 C1s 电子峰以外，还在 150eV 和 100eV 处出现了

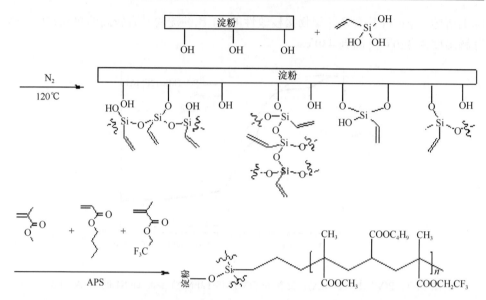

图 24-8　VTMS 改性淀粉以及 VTMS-starch/P(MMA/BA/3FMA)乳液的合成示意图

Si2p 电子峰。硅元素电子峰的存在表明，硅烷偶联剂被成功地引入淀粉大分子中。

　　表 24-4 给出了低分辨率下不同硅烷化淀粉的元素原子百分比。已知硅烷偶联剂与淀粉之间的物理吸附是基于预水解硅烷偶联剂上的硅羟基和淀粉上大量碳羟基之间的氢键作用力。改变 VTMS 与淀粉羟基的摩尔比(从 1∶3 到 3∶1)，经过高温(120℃)接枝处理以及 THF 提纯的 VTMS-starch 中，硅元素的含量并不是随着 VTMS 摩尔数的增加而增加，推测在物理吸附的过程中存在一个平衡值，达到吸附平衡以后，淀粉羟基上吸附的偶联剂数目不再随着偶联剂浓度的增加而增加。因此，选择偶联剂与淀粉羟基摩尔比为 1∶3 进行后续研究。另外，当偶联剂与淀粉羟基摩尔比均为 1∶3 时，VTMS 接枝到淀粉上的比例明显高于 MPS。这说明，偶联剂上带的功能化基团对吸附也有一定的影响，而 VTMS 较小的空间位阻显然更有利于其在淀粉上的吸附。图 24-9 也给出了高分辨率下原淀粉(b)以及 MPS-starch(1∶3)(d)和 VTMS-starch(1∶3)(f)的 XPS 图谱，不同化学键状态的结合能及相对含量见表 24-5。相比于原淀粉，MPS-starch 明显多出了 O—C═O 键的电子峰。VTMS-starch 的 C—O 相对含量明显下降，这是由于 VTMS 未引入 C—O。

　　图 24-10 是 MPS-starch 在高温接枝反应前后的 FTIR 对比图，右侧对 800～1800cm^{-1} 范围的谱图进行了放大。经过高温接枝以及 THF 提纯的 MPS-starch(b) 在 1733cm^{-1} 处出现明显的 C═O 伸缩振动吸收峰，说明含 C═O 的硅烷偶联剂 MPS 成功接枝在淀粉大分子上。而高温接枝反应前的 MPS-starch(a)在 1013cm^{-1} 处出现了 Si—OH 伸缩振动吸收峰，反应后此峰消失，说明硅羟基参与反应，与

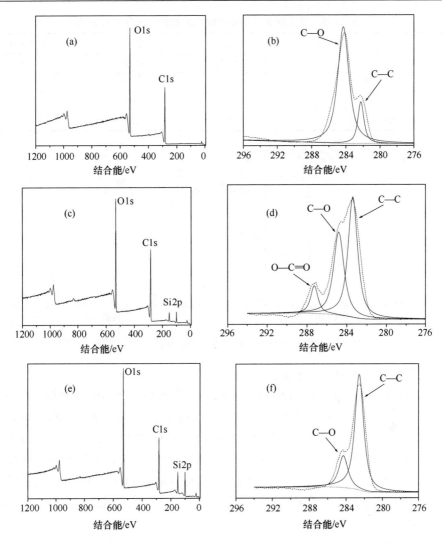

图 24-9 淀粉(a，b)、MPS-starch(c，d)和 VTMS-starch(e，f)的 XPS 图谱

表 24-4 低分辨率下不同硅烷化淀粉的元素原子百分比

样品	原子百分比/%		
	C	O	Si
淀粉	59.02	40.98	-
VTMS-starch(1∶3)	50.65	32.93	16.41
VTMS -starch(1∶1)	50.91	31.63	17.46
VTMS -starch(3∶1)	49.71	34.48	15.81
MPS-starch(1∶3)	63.53	29.62	6.85

表 24-5　高分辨率下不同硅烷化淀粉的元素原子百分比

样品	C—C	C—O	O—C=O
	283.1eV	284.6eV	287.2eV
淀粉	16.20	83.80	—
MPS-starch(1∶3)	51.57	39.11	9.32
VTMS-starch(1∶3)	77.79	22.21	—

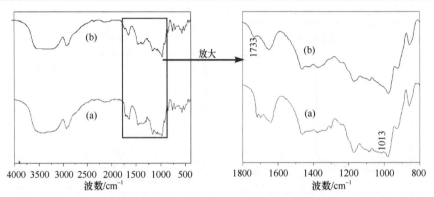

图 24-10　MPS-starch 在高温接枝反应前(a)后(b)的 FTIR 对比图

碳羟基脱水缩合形成硅氧碳键。

图 24-11 是 VTMS-starch 在高温接枝反应前后的 FTIR 对比图。C=C 在 1650cm^{-1} 附近存在伸缩振动吸收峰，在 1410cm^{-1} 附近存在变形振动吸收峰，但是由于原淀粉在 1640~1660cm^{-1} 附近和 1410~1430cm^{-1} 附近也存在较强的特征吸收峰，故 VTMS-starch(b)在 1640cm^{-1} 附近和 1415cm^{-1} 附近出现的吸收峰难以用来确定 C=C 的存在。然而，反应前的 VTMS-starch(a)在 1010cm^{-1} 处同样出现了 Si—OH 伸缩振动吸收峰，反应后此峰消失，说明化学键的产生是由于硅羟基与碳羟基的缩合。

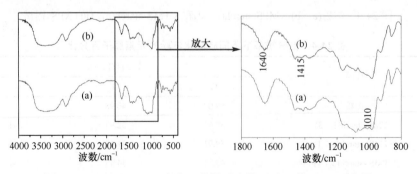

图 24-11　VTMS-starch 在高温接枝反应前(a)后(b)的 FTIR 对比图

24.4.2　VTMS-starch/P(MMA/BA/3FMA)乳液的合成与结构确定

选择 VTMS-starch(1∶3)制备硅烷化淀粉接枝含氟丙烯酸酯乳液。向上步制得的硅烷化淀粉 VTMS-starch 中加入适量去离子水及乳化剂,并将该混合体系加入装有搅拌器、滴液漏斗及球形冷凝管的四口烧瓶中,N_2 保护下升温到 85℃糊化 30min,降温至一定温度,加入 $NaHCO_3$、APS,再逐滴滴加 MMA、BA、3FMA 的混合单体(保持单体质量比 MMA/BA/3FMA=3/4/3),整个滴加时间控制在 3h 内。单体滴加完毕后,升温并继续保温反应。硅烷化淀粉(以 VTMS 改性淀粉为例)以及乳液的合成反应如图 24-8 所示。

要证实得到 VTMS-starch/P(MMA/BA/3FMA)乳液,主要需要证明 VTMS-starch 和含氟聚合物两组分的有效结合。将制备的乳液逐滴加入无水乙醇中,产生白色絮状沉淀,减压抽滤,用去离子水洗涤,并于真空干燥箱中彻底干燥,得到白色粗接枝物固体。这一过程中未聚合的单体被除去。将粗接枝物用 $CHCl_3$ 索氏提取 36h 后在真空干燥箱中干燥,得到白色纯接枝物固体。这一过程中未接枝的含氟丙烯酸酯聚合物已被除去。图 24-12(a)和(c)分别给出 VTMS-starch/P(MMA/BA/3FMA)乳液粗接枝物和纯接枝物的 XPS 图谱。从图 24-12 中可以看出,不管是粗接枝物还是纯接枝物,除了在 530eV 附近出现 O1s 电子峰和在 280~290eV 处出现 C1s 电子峰以外,还在 686eV 附近出现了 F1s 电子峰,在 150eV 和 100eV 处出现了 Si2p 电子峰。纯接枝物中氟元素的存在表明,含氟丙烯酸酯聚合物有效地接枝在 VTMS-starch 上。图 24-12(b)和(d)分别给出了 VTMS-starch/P(MMA/BA/3FMA)乳液粗接枝物和纯接枝物的 XPS 碳谱,不同化学键状态的结合能及相对含量见表 24-6。相比于粗接枝物,纯接枝物的 C—C 含量减小,C—O 含量提高,O—C═O 含量提高,C—F 含量减小。首先,由于含氟丙烯酸酯聚合物没有向体系中增加 C—O,而经过氯仿提纯,未接枝(即共混)的含氟丙烯酸酯聚合物被除去,分子不变,分母减小,因此存在于纯接枝物的 C—O 相对含量提高。由于接枝到淀粉母体上的含氟丙烯酸酯聚合物占纯接枝物的百分比含量小于纯含氟丙烯酸酯聚合物中含氟丙烯酸酯聚合物的百分比(100%)含量,因此,经过氯仿提纯,纯接枝物的 C—F 相对含量减小。O—C═O 和 C—F 是通过含氟丙烯酸酯聚合物的接枝及共混引入,同 C—F 相比,纯接枝物的 O—C═O 相对含量应该减小,但是由于纯接枝物的 C—C 含量减小幅度较大,导致 O—C═O 相对含量略有增大。

VTMS-starch/P(MMA/BA/3FMA)乳液粗接枝物和纯接枝物的具体元素含量见表 24-7。粗接枝物的元素原子百分比显示,乳液中氟元素含量约为 8.24%,硅元素含量约为 3.84%。由于 VTMS-starch/P(MMA/BA/3FMA)中的 Si—O—C 化学键可水解，纯接枝物中硅元素含量下降至 0.69%，但是 5.38%的含氟量仍然证明了 VTMS-starch 和 P(MMA/BA/3FMA)的有效结合。

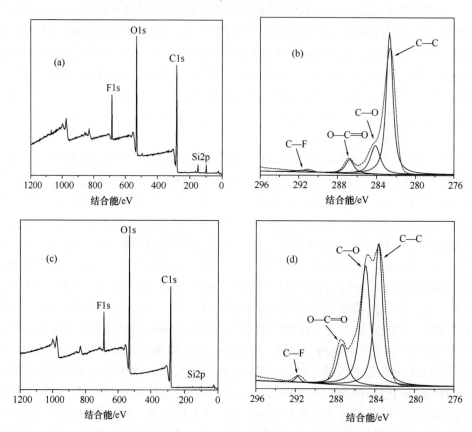

图 24-12　VTMS-starch/P(MMA/BA/3FMA)乳液粗接枝物(a，b)和纯接枝物(c，d)的 XPS 图谱

表 24-6　高分辨率下 VTMS-starch/P(MMA/BA/3FMA)乳液粗接枝物和纯接枝物的原子百分比

样品	C—C	C—O	O—C=O	C—F
	283.1eV	284.6eV	287.2eV	291.2eV
VTMS-starch/P(MMA/BA/3FMA)乳液粗接枝物	69.00	20.70	8.34	1.96
VTMS-starch/P(MMA/BA/3FMA)乳液纯接枝物	41.77	42.62	14.40	1.21

表 24-7　低分辨率下 VTMS-starch/P(MMA/BA/3FMA)乳液粗接枝物和纯接枝物的原子百分比

样品	原子百分比/%			
	C	O	F	Si
VTMS-starch/p(MMA/BA/3FMA)乳液粗接枝物	61.10	26.82	8.24	3.84
VTMS-starch/p(MMA/BA/3FMA)乳液纯接枝物	66.34	27.60	5.38	0.69

图 24-13 是 VTMS-starch/P(MMA/BA/3FMA)纯接枝物、P(MMA/BA/3FMA)共聚物以及 VTMS-starch 的 FTIR 对比图。可见 VTMS-starch/P(MMA/BA/3FMA)相比于 VTMS-starch，在 1740cm^{-1} 附近出现了丙烯酸酯聚合物中 C=O 的伸缩振动吸收峰，1280cm^{-1} 附近出现了 C—F 伸缩振动吸收峰，证明经过接枝含氟丙烯酸酯聚合物有效接枝在 VTMS-starch 上。

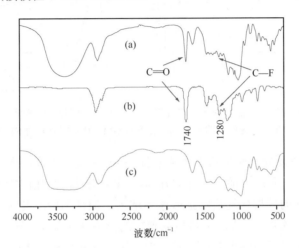

图 24-13　VTMS-starch/P(MMA/BA/3FMA)纯接枝物(a)、P(MMA/BA/3FMA)
共聚物(b)以及 VTMS-starch(c)的 FTIR 对比图

24.4.3　反应条件对乳液制备的影响

1. 温度的影响

当保温反应温度分别为 70℃、75℃、80℃、85℃和 90℃时，单体转化率、接枝率和接枝效率随保温反应温度的变化规律如图 24-14 所示。70℃下单体转化率仅为 31.7%，随着温度的升高，单体转化率明显增大，在 75℃达到 85.1%，在 85℃达到最大值 92.3%，随后降至 68.3%。这是因为，随着温度的升高，APS 引发硅烷化淀粉和丙烯酸酯类单体产生活性自由基的速率增大，且分子运动加剧，碰撞概率增加。但是高温下接枝侧链、丙烯酸酯共聚物以及引发剂的分解速率也会增大，导致了转化率的下降。因此，在 75~85℃范围内单体转化率达到了相对理想的数值。

接枝率和接枝效率随温度变化的规律类似。随着温度的升高，接枝率在 75℃达到极大值 35.2%，接着下降，随后趋于平衡。这是因为，随着温度的升高，APS 易引发硅烷化淀粉产生活性自由基，且单体向硅烷化淀粉的扩散速率增大。而当温度超过 75℃，高温也增加了接枝侧链以及引发剂的分解速率，导致接枝率下降。

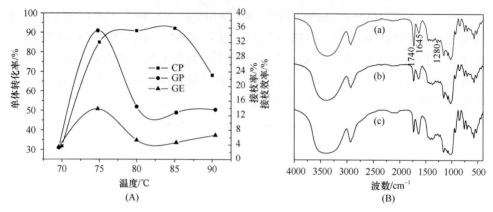

图 24-14　(A)保温反应温度对单体转化率、接枝率和接枝效率的影响；(B)75℃(a)、
80℃(b)和 70℃(c)条件下的 VTMS-starch/P(MMA/BA/3FMA)的 FTIR 对比图

在 80℃之后接枝及分解速率基本达到平衡，接枝率趋于不变。接枝效率在 75℃达
到极大值 13.8%。同理，随着温度的升高，APS 引发硅烷化淀粉产生活性自由基
的速率以及单体向硅烷化淀粉的扩散速率增大。但是随着温度的升高，单体自身
产生活性自由基的数目增加，非接枝共聚物的形成速率加快，导致接枝效率下降。

综合考虑保温反应温度对单体转化率、接枝率和接枝效率的影响，确定 75℃
为最优温度条件。图 24-14(B)分别是 75℃、80℃和 70℃条件下的 VTMS-starch/
P(MMA/BA/3FMA)纯接枝物的 FTIR 对比图。以 1645cm^{-1} 附近的特征吸收峰作
为参比峰，则 1740cm^{-1} 附近 C=O 的伸缩振动吸收峰和 1280cm^{-1} 附近 C—F 伸
缩振动吸收峰的相对强度很好地佐证了不同温度下接枝率的变化。75℃时
C=O 和 C—F 吸收峰强度最大，因为 75℃接枝率达到 35.2%。70℃时 C=O 和 C—F
吸收峰强度最弱，因为 70℃接枝率仅有 3.2%。

2. 反应时间的影响

75℃下保温反应时，保温反应时间分别为 10min、20min、30min、1h 和 2h，
不同温度下的单体转化率、接枝率和接枝效率随保温反应时间的变化规律如图
24-15(a)所示。从 40min 开始，单体转化率、接枝率和接枝效率的变化不大，趋于
平衡。这是由于反应一段时间之后，单体浓度减小，引发剂也大量消耗。因此，
没有必要过多地延长反应时间，当单体滴加完毕并升温至 75℃以后，保温反应 1h
即可。

3. 乳化剂及用量的影响

乳化剂的用量不仅影响乳液制备过程中的单体转化率、接枝率和接枝效率，

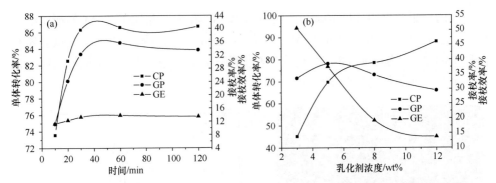

图 24-15 保温反应时间(a)及乳化剂总量(b)对单体转化率、接枝率和接枝效率的影响

而且对乳液的形貌和粒径分布有较大的影响。采用非氟乳化剂/含氟乳化剂复配体系，保持非氟乳化剂OP-10 /SDS=2/1(质量比)，含氟乳化剂 PFOS 的质量占混合单体质量的 0.1%。改变乳化剂总量，使其占混合单体的质量分别为 3%(2.0% OP-10 + 1.0% SDS + 0.1% PFOS)、5%(3.3% OP-10 + 1.7% SDS + 0.1% PFOS)、8%(5.3% OP-10 + 2.7% SDS + 0.1% PFOS)、12%(8.0% OP-10 + 4.0% SDS + 0.1% PFOS)，见表 24-8。单体转化率、接枝率和接枝效率随乳化剂浓度的变化规律如图 24-15(b)所示。随着乳化剂浓度的增加，单体转化率呈上升趋势。因为乳化剂用量增加，单体的聚合场所增多，转化率随之提高。接枝率先增大后减小，但变化幅度并不大。在乳化剂浓度为 5%时，接枝率达到极值，说明随着转化率提高，接枝到硅烷化淀粉上的聚合物的量也增加。但是，乳化剂浓度进一步增大时，非接枝共聚物的生成量也增大，竞争导致接枝到硅烷化淀粉上的聚合物的量略微下降。可见高乳化剂浓度条件下，非接枝聚合比接枝聚合反应更有竞争力，导致接枝效率的下降。

表 24-8 乳化剂总量对接枝反应和乳液粒径大小的影响

样品	乳化剂	CP	GP	GE	聚集体/nm	
					TEM	DLS
1	2.0% OP-10 + 1.0% SDS + 0.1% PFOS	45.2	33.7	50.7	50~60	143.10
2	3.3% OP-10 + 1.7% SDS + 0.1% PFOS	69.7	38.6	37.6	50	94.21
3	5.3% OP-10 + 2.7% SDS + 0.1% PFOS	78.5	34.8	19.3	40	89.01
4	8.0% OP-10 + 4.0% SDS + 0.1% PFOS	88.1	29.5	13.8	—	—

VTMS-starch/P(MMA/BA/3FMA)乳液的形貌和粒径分布见图 24-16，具体颗粒大小见表 24-8。从 TEM 图中可以看到，乳液粒子为均匀的球形颗粒。乳化剂含量越高，颗粒的球形形貌越规整，颗粒大小越均匀，如图 24-16(e)所示。DLS显示，粒径分布较窄，且乳化剂含量越高，粒径越小。从 S1 到 S3，DLS 测试粒

径大小的结果分别为 143.10nm、94.21nm 和 89.01nm，相比于 TEM 的测试结果偏大。这是因为 DLS 测试和 TEM 测试使用的样品状态不同，TEM 的测试对象是铜网上的单分子膜，而 DLS 的测试对象是稀释后的乳液，其粒子可能被乳化剂分子、水分子或其他物质分子包围。

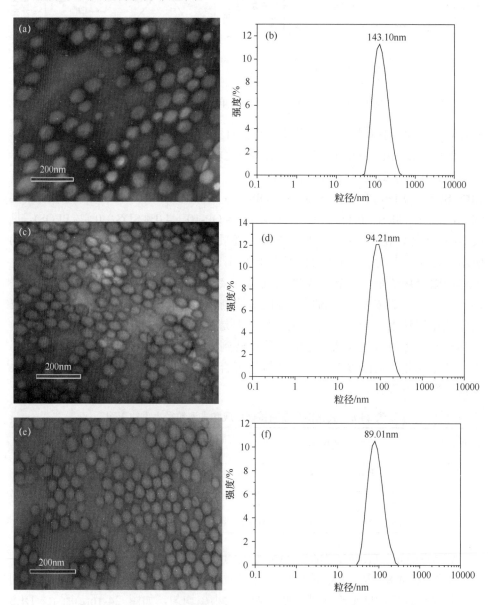

图 24-16 S1(a，b)、S2(c，d)和 S3(e，f)乳液的 TEM 图像和 DLS 曲线

24.5　VTMS-starch/P(MMA/BA/3FMA)乳液成膜的表面性能

由于乳化剂对乳液膜的表面性能有较为明显的影响，因此改变乳化剂的种类和用量，测试膜表面性能的变化。分别采用非氟乳化剂/含氟乳化剂复配体系(S1～S4)和非氟乳化剂体系(S5～S8)。改变乳化剂总量，使其占混合单体的质量分别为3%(S1 和 S5)、5%(S2 和 S6)、8%(S3 和 S7)、12%(S4 和 S8)左右。将淀粉膜和不同乳液膜在去离子水中浸泡 24h，除了原淀粉膜的吸水率为 45wt%以外，所有乳液膜的吸水率都极小，不可测或测不准，几乎为 0。

表 24-9 列出了淀粉膜和不同乳液膜表面对去离子水和正十六烷的静态接触角以及由此计算得到的表面自由能。从 S1 到 S4，随着乳化剂含量的依次增加，膜对去离子水的接触角从 107.0°依次降低到 54.0°。可见，乳化剂含量的增加会导致膜对水接触角非常明显的下降。这是因为，一般的乳化剂具有双亲性，小分子的乳化剂在膜表面堆积会影响膜的表面性能。分别对比 S1 和 S5、S2 和 S6、S3 和 S7、S4 和 S8 可见，在乳化剂总量大致相等的情况下，极少量含氟乳化剂的加入对水接触角大小的影响不明显，但是它明显提高了膜对十六烷的接触角。这是因为，含氟乳化剂具有三高双疏的独特性能，即高表面活性、高耐热稳定性、高化学稳定性，以及疏水疏油性，其含氟烃基链段既疏水又疏油。另外，含氟乳化剂的加入进一步增溶、乳化了含氟单体，提高了含氟单体的转化率，这也是疏油性提高的重要原因。

表 24-9　淀粉膜和不同乳化剂条件下乳液膜的静态接触角和表面自由能

样品	$\theta_{水}$/(°)	$\theta_{十六烷}$/(°)	γ_s^d/(mN/m)	γ_s^p/(mN/m)	γ_s/(mN/m)
淀粉膜	51.0	0	27.60	23.72	51.32
S1	107.0	25.0	25.08	0.11	25.19
S2	90.3	25.3	25.02	3.24	28.26
S3	73.8	25.3	25.02	10.56	35.58
S4	54.0	12.7	26.93	22.09	49.02
S5	100.7	0	27.60	0.51	28.11
S6	90.4	0	27.60	2.65	30.25
S7	75.0	0	27.60	8.89	36.49
S8	53.6	0	27.60	21.97	49.57

总之，VTMS-starch/P(MMA/BA/3FMA)乳液膜与原淀粉膜相比，对去离子水的接触角从 51.0°最高提高到 107.0°(S1)，对十六烷的接触角从 0°最高提高到25.3°(S2 和 S3)。S1 的表面自由能从 51.32mN/m 下降到 25.19mN/m，下降了 50.92%，

尤其是固体极性力 γ_s^p 从 23.72mN/m 下降到 0.11mN/m，下降了 99.54%。另外，S2 的表面自由能也从 51.32mN/m 下降到 28.26mN/m，下降了 44.93%。

24.6 VTMS-starch/P(MMA/BA/3FMA)的热稳定性

图 24-17(a)是 VTMS-starch/P(MMA/BA/3FMA)接枝物、P(MMA/BA/3FMA) 共聚物和原淀粉在氮气氛中以及 VTMS-starch/P(MMA/BA/3FMA)纯接枝物在空气氛中的 TGA 曲线。淀粉在 120℃以下的失重是由于淀粉吸附水的蒸发，质量损失约 16.1%；120～290℃范围内无明显失重，但 290～320℃曲线急剧下降，说明淀粉发生了热分解。320℃以后，热失重曲线略有下降随后趋于平衡，氮气气氛中淀粉的烧蚀残碳率约为 13.5%。P(MMA/BA/3FMA)共聚物在 350℃以下无失重表现，从 350℃开始迅速失重，直至 430℃左右分解完全，表现出良好的热稳定性。VTMS-starch/P(MMA/BA/3FMA)纯接枝物(聚合过程中乳化剂浓度为 5wt%)在 120℃以下由于纯接枝物吸附水的流失，质量损失约 9.1%。可见，纯接枝物相比于原淀粉，对空气中水分的敏感性明显降低，但是由于接枝率(38.6%左右)和接枝效率不高(37.6%左右)，纯接枝物作为含氟丙烯酸酯改性材料仍然含有 9.1%左右的水分。在 120～300℃范围内，纯接枝物无明显失重，300～320℃范围内的失重主要对应淀粉的热分解。在 320～430℃范围内，纯接枝物的热失重峰变宽，热分解速率减慢，出现一个相对的平台，这是由于 P(MMA/BA/ 3FMA)链段的引入提高了其热稳定性。氮气气氛中 VTMS-starch/P(MMA/BA/ 3FMA)纯接枝物的烧蚀残碳率和残硅率约为 9.1%，空气氛中纯接枝物的烧蚀残硅(SiO$_2$)率约为 2.7%。

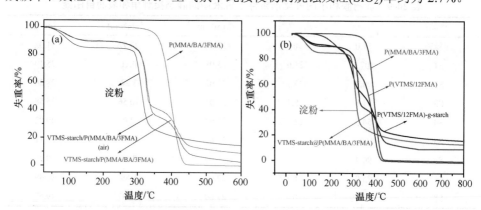

图 24-17 (a)VTMS-starch/P(MMA/BA/3FMA)纯接枝物、P(MMA/BA/3FMA)共聚物、原淀粉(氮气气氛)和 VTMS-starch/P(MMA/BA/3FMA)纯接枝物(空气气氛)的 TGA 曲线；(b)两种淀粉接枝物 P(VTMS/12FMA)-g-starch 和 VTMS-starch@P(MMA/BA/3FMA)的热稳定性对比

所以，P(VTMS/12FMA)从 320℃到 430℃分解，P(MMA/BA/3FMA)显示一个分解温度在 350℃开始到 430℃完成。VTMS-starch@P(MMA/BA/ 3FMA)有三个分解步骤：第一个从 120℃开始，是由于吸附水的挥发(9.1%的损失率)，第二个300～320℃是由于淀粉的分解，第三个分解温度 320～430℃。这说明了 P(VTMS/12FMA)-g-starch 和 VTMS-starch@P(MMA/BA/3FMA)的相容性。图 24-17(b)显示，VTMS-starch@P(MMA/BA/3FMA)的热稳定性好于 P(VTMS/12FMA)-g-starch。

24.7　VTMS-starch/P(MMA/BA/3FMA)的机械性能

用 DMA 表征 VTMS-starch/P(MMA/BA/3FMA)膜的机械性能，如图 24-18 所示。膜显示良好的韧性(纯淀粉膜，无法测定韧性)，断裂伸长率为 39.45%，拉伸强度为 11.97MPa，杨氏模量为 160MPa，说明了乳液膜的抗弹性变量。与目前已有文献相比都有明显提高，显示十二烯丁基二酸酐(DDSA)和辛烯基琥珀酸酐(OSA)对淀粉性能的影响，DDSA 改性和 OSA 改性淀粉的拉伸强度分别为(9.70±1.11)MPa和(5.36±0.55)MPa，杨氏模量分别为(152.77±18.28)MPa 和(70.88±4.92)MPa，断裂伸长率分别为 22.97%±3.00%和 54.45%±3.61%。因此，VTMS-starch/P(MMA/BA/3FMA)具有良好的机械性能。

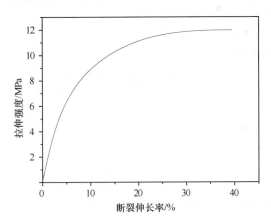

图 24-18　VTMS-starch/P(MMA/BA/3FMA)的机械性能测定

第 25 章　POSS 改性环氧丙烯酸酯共聚物乳液

本章导读

　　为了改善传统环氧材料的透气性，利用甲基丙烯酸缩水甘油酯(GMA)分子内既含有碳-碳双键又含有活泼的环氧基团的双官能团单体与其他单体进行共聚合，制备各种功能高分子材料，或直接利用共聚物大分子侧链的环氧基团作为功能基团，或通过进一步的大分子反应，制备成含有其他功能基团的高分子材料。本章首先以 GMA 与含有氨基的多面体低聚倍半硅氧烷(POSS-NH$_2$)发生环氧开环反应制备单体 GMA-POSS，然后通过乳液聚合法合成硅基改性环氧丙烯酸酯共聚物 P(GMA-POSS)-co-PMMA 乳液(图 25-1)，并通过 TEM、DLS、AFM、SCA、DSC 和万能拉力机等研究了共聚物的结构及性能。

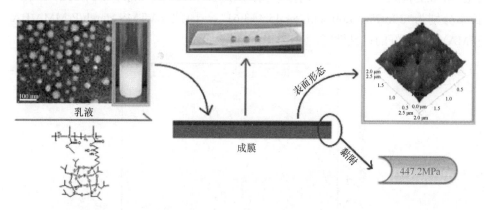

图 25-1　硅基改性环氧丙烯酸酯共聚物乳液 P(GMA-POSS)-co-PMMA 及成膜特性

　　(1)P(GMA-POSS)-co-PMMA 乳液粒子主要呈现为粒径 40nm 左右的球形结构(尺寸为 20~60nm)。GMA 开环生成—OH 存在较强的氢键作用，所以粒子的团聚现象较严重。随着 MMA 单体量的减少，GMA-POSS 量增加，组装体的粒径逐渐减小。P(MA-POSS)-co-PMMA 在 THF 中的组装结构为单一粒径的球状体，粒径约为 40nm。

　　(2)P(MA-POSS)-co-PMMA 膜表面呈现均一粗糙的表面，粗糙度值 R_a=2.89~3.16。而未引入笼形 POSS 的 PGMA-co-PMMA 共聚物膜表面光滑平整，粗糙度最低(R_a=0.64)。随着 GMA-POSS 含量的增加，P(GMA-POSS)-co-PMMA 膜表面

的接触角逐渐增大(SCA=96°～105°)。玻璃化转变温度逐渐升高(T_g=118～130℃)，说明 POSS 和环氧基团开环后形成的交联作用可以明显提高材料的热性能。

(3)随着 GMA-POSS 相对含量的增加，P(GMA-POSS)-co-PMMA 对硅片的附着力依次增大，分别是 240.6Pa、377.6Pa、477.2Pa，与未加入 GMA 的 P(MA-POSS)-co-PMMA(187.7 Pa)相比，黏接性能明显提高。PGMA-co-PMMA 最大的黏接力为 553.0Pa。P(GMA-POSS)-co-PMMA 有望作为高性能的涂层材料。

25.1　P(GMA-POSS)-co-PMMA 的合成与表征

25.1.1　P(GMA-POSS)-co-PMMA 乳液的合成

首先采用甲基丙烯酸缩水甘油酯(GMA，无色透明液体，相对密度 1.074，沸点 189℃，闪点 84℃，不溶于水，易溶于有机溶剂)与含有氨基的多面体低聚倍半硅氧烷(POSS-NH$_2$)通过环氧开环反应制备硅基改性的 GMA-POSS 环氧单体，然后采用乳液聚合的方法将制备的 GMA-POSS 与甲基丙烯酸甲酯(MMA)单体共聚，最终获得硅基改性环氧共聚物 P(GMA-POSS)-co-PMMA 乳液。

P(GMA-POSS)的制备：将一定量的 POSS-NH$_2$、过量的 GMA 和微量的 NaOH 溶解在 THF 中，加入装有磁子和安装有球形冷凝管的圆底烧瓶中，磁力搅拌下混合均匀，升温至 80℃，反应 20h。将得到的溶液用旋转蒸发仪除去多余溶剂，剩余的反应液逐滴滴加到过量甲醇中，有白色粉末析出，将得到的粗产品用甲醇洗涤三次以充分除掉未反应的 GMA 单体，得到目标产物 GMA-POSS，抽滤，真空干燥。

P(GMA-POSS)-co-PMMA 乳液制备：将一定量上述得到的 GMA-POSS 与乳化剂 OP-10、SDS 加入 50g 去离子水中，超声分散 30min。加入带有球形冷凝管和机械搅拌器的四口烧瓶中，水浴加热，搅拌，N$_2$ 保护，待温度升高到 80℃后加入引发剂 APS 与 NaHCO$_3$，搅拌 30min 后通过恒压滴液漏斗开始逐滴滴加 MMA 单体并控制 3h 滴完，滴加完毕后升温至 85℃反应 15h，得到均匀的乳白色乳液，降温出料。乳液经甲醇破乳后，水洗、干燥沉淀物，得到 P(GMA-POSS)-co-PMMA 固体产品。具体合成路线及投料比见图 25-2 和表 25-1。

25.1.2　P(GMA-POSS)-co-PMMA 乳液的结构表征

硅基改性环氧(GMA-POSS)的 FTIR 和 ^{1}H NMR 图见图 25-3(A)和(B)。图 25-3(A)中 1103.79cm^{-1} 处出现的峰是笼形 POSS 中—Si—O—Si—的特征峰，而 GMA 中环氧基团开环后生成的—OH 的特征峰出现在 3313.04cm^{-1} 处。2955.79cm^{-1} 处的峰属于 GMA-POSS 中饱和碳的 C—H 伸缩振动吸收峰，1732.95cm^{-1} 处的峰是—C=O

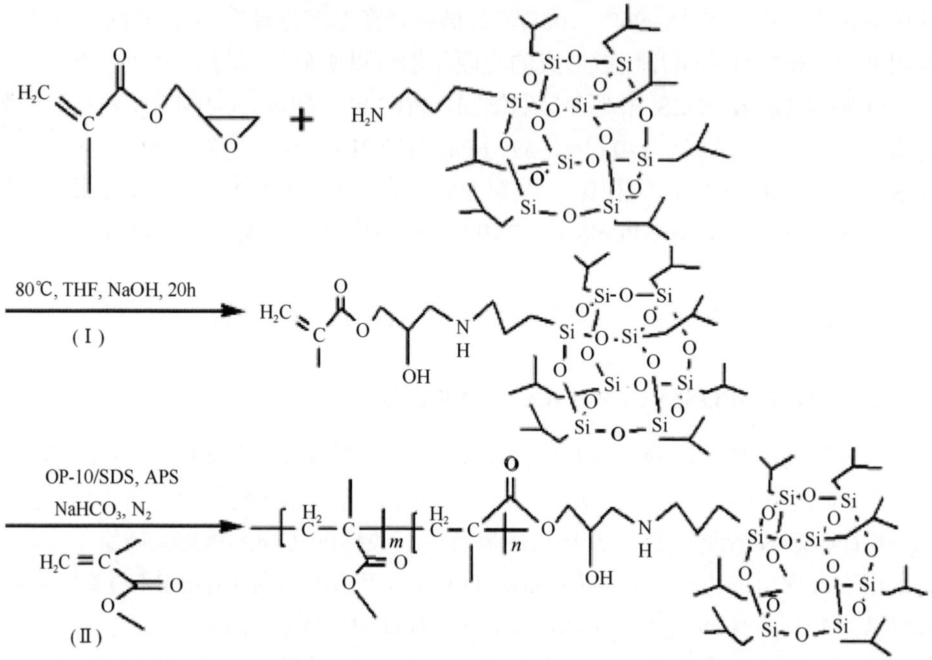

80℃, THF, NaOH, 20h
（Ⅰ）

OP-10/SDS, APS
NaHCO₃, N₂
（Ⅱ）

图 25-2　硅基改性环氧对丙烯酸酯改性共聚物 P(GMA-POSS)-co-PMMA 乳液的合成路线图

表 25-1　P(GMA-POSS)-co-PMMA 乳液制备的投料比

样品	GMA-POSS/g	MA-POSS/g	GMA/g	MMA/g	OP-10/g	SDS/g
S1	1	—		4	3	1.5
S2	1	—		3	3	1.5
S3	1	—		2	3	1.5
S4	—	1		3	3	1.5
S5	—	—	1	3	3	1.5

的特征吸收峰。图 25-3(B)的 GMA-POSS 的 ^{1}H NMR 中，δ_H=5.5ppm 和 6.1ppm(a)处的核磁峰来自 GMA 中—CH₂=CH₂—中的不饱和 H，δ_H=4.15ppm(b)处的峰是 GMA 中—O—CH₂—中的 H，δ_H=0.96ppm(c)和 0.61ppm(d)处的两种峰分别是 POSS 中—CH—(CH₃)₂—的甲基上的 H 和—Si—CH₂—的特征信号峰。因此，红外谱图中—Si—O—Si—及—OH 特征峰的出现与核磁谱图中双键氢及硅原子相邻的亚甲基中氢的特征峰的存在，充分说明了 GMA 中的环氧基团与 POSS 中氨基发生开环反应，成功制备得到硅基改性环氧(GMA-POSS)。

P(GMA-POSS)-co-PMMA 乳液的 FTIR 谱图如图 25-3(C)中的 S1～S3 所示，^{1}H NMR 如图 25-3(D)所示。从图 25-3(C)中的 S1～S3 可知，3313.04cm^{-1} 处的特

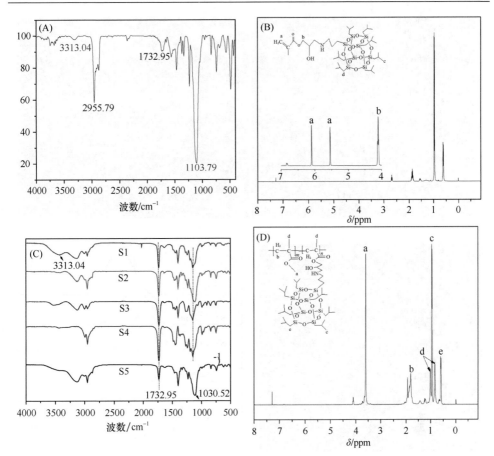

图 25-3　硅基改性环氧(GMA-POSS)的红外谱图(A)和核磁谱图(B)；硅基改性环氧对丙烯酸酯
改性共聚物 P(GMA-POSS)-co-PMMA 乳液的红外谱图(C)和核磁谱图(D)

征峰来自 GMA-POSS 中的—OH，1103.79cm⁻¹ 处出现的峰是 GMA-POSS 中—Si—
O—Si—的特征峰，1732.95cm⁻¹ 处的峰是 MMA 和 GMA-POSS 中—C＝O 的特征
吸收峰。从图 2-53(D)的核磁谱图中，δ_H=3.56ppm(a)是 MMA 中的—O—CH₃ 中氢
的特征峰，δ_H=1.82ppm(b)是 MMA 中的—CH₂＝C—发生双键聚合反应后生成的饱
和碳上的氢的特征峰，δ_H=0.96ppm(c)来自 POSS 中—CH(CH₃)₂ 的甲基上的 H，
δ_H=1.0ppm 前后的两个峰(d)来自 MMA 和 GMA 中的—CH₃，δ_H=0.61ppm(e)是
POSS 中—Si—CH₂—的特征信号峰。因此，通过对 P(GMA-POSS)-co-PMMA 乳
液的红外及核磁谱图分析可得，MMA、GMA 与 POSS 的氢特征信号峰均已出现，
且双键峰消失，说明 P(GMA-POSS)-co-PMMA 共聚物成功合成得到。

　　图 25-4 是乳液的 TEM 图及 DLS 曲线。其中图(a)为 P(GMA-POSS)-co-PMMA(S2)
的 TEM 形貌，图(b)为 P(MA-POSS)-co-PMMA(S4)的 TEM 形貌，图(c)为

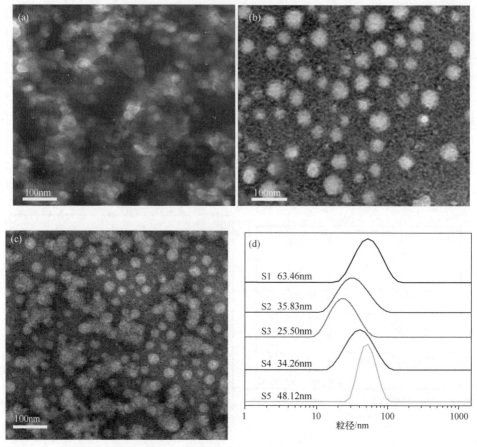

图 25-4　乳胶粒子的 TEM 图：(a)P(GMA-POSS)-co-PMMA(S2)，
(b)P(MA-POSS)-co-PMMA(S4)，(c)PGMA-co-PMMA(S5)；(d)DLS 曲线

PGMA-co-PMMA(S5)的 TEM 形貌，图(d)为粒径分布曲线。由图可以看出，P(GMA-POSS)-co-PMMA 乳胶粒子主要呈现为粒径 40nm 左右的球形结构，且由于 GMA 开环生成—OH 存在较强的氢键作用，所以粒子的团聚现象较严重。从 S1 到 S3，随着 MMA 单体量的减少，GMA-POSS 量的增加，组装体的粒径逐渐减小。P(MA-POSS)-co-PMMA 在 THF 中的组装结构为单一粒径的球状体，粒径约为 40nm，PGMA-co-PMMA 由于在 THF 溶剂中更好的溶解性，故组装为粒径较大的球状体，粒径约为 50nm。从粒径分布曲线可以看出，所有样品的粒径均呈现单一分布。

25.2　乳液成膜表面的微观形貌

图 25-5 是共聚物膜表面的 AFM 图，其中图(a)为 P(GMA-POSS)-co-PMMA(S2)，

图(b)为 P(MA-POSS)-co-PMMA(S4)，图(c)为 PGMA-co-PMMA(S5)。从 AFM 的
测试结果可以看出，S2 膜表面的微观形貌最明显，呈现均一粗糙的表面，粗糙度
R_a=2.89；S4 所成膜的粗糙度 R_a=3.16，膜表面的微观突起较尖锐，且分布不均一。
然而未引入笼形 POSS 的 PGMA-co-PMMA 共聚物膜表面最为光滑平整，粗糙度
最低，R_a=0.64。这是由于 POSS 易团聚形成具有一定体积的团聚体，且与 GMA、
MMA 相比，POSS 在 THF 中的溶解性较低，所以含有 POSS 的共聚物所成膜
表面的微观形貌更为明显，粗糙度偏大。共聚物膜对水的润湿性能测试结果见
表 25-2，P(GMA-POSS)-co-PMMA(S1～S3)随着 GMA-POSS 含量的增加，SCA
逐渐增大，是由于 POSS 中的硅笼属于疏水官能团，且能增大膜表面的粗糙度，
所以接触角随其含量的增加逐渐增大。然而，P(MA-POSS)-co-PMMA(S4)具有最
高的疏水性(SCA=105°)，这是因为 GMA-POSS 中来自 GMA 环氧开环后生成的
—OH 具有亲水的性质，所以 S1～S3 的接触角小于 S4。S5 不含有具有疏水性能
的 POSS，所以接触角偏小(SCA=96°)，但是，与 S1 相比，S5 中也不含有具有亲
水性能的—OH，所以疏水性能大于 S1。

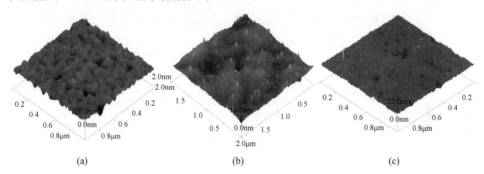

图 25-5　乳液膜的 AFM 图：(a)P(GMA-POSS)-co-PMMA(S2)，
(b)P(MA-POSS)-co-PMMA(S4)，(c)PGMA-co-PMMA(S5)

表 25-2　共聚物膜表面对水的静态接触角、自由能，共聚物的玻璃化转变温度及黏接力

样品	SCA/(°)	γ_s/(mN/m)	T_g/℃	黏接力/Pa
S1	90	27.96	118	240.6
S2	97	28.68	126	377.6
S3	102	30.42	130	477.2
S4	105	27.72	114	187.7
S5	96	28.88	76	553.0

25.3　P(GMA-POSS)-co-PMMA 的热稳定性

随着 POSS 含量的增加，P(GMA-POSS)-co-PMMA(S1～S3)共聚物玻璃化转

变温度逐渐升高，T_g 分别是 118℃、126℃、130℃，如图 25-6 和表 25-2 所示。随着钢性笼形结构 POSS 含量的增加，MMA 链受到的限制作用增强，且 POSS 属于典型的无机组分，本身具有可观的耐热性能。由于 P(MA-POSS)-co-PMMA(S4)共聚物不含有开环后的 GMA 交联密度降低，玻璃化转变温度降低(T_g=114℃)，低于 P(GMA-POSS)-co-PMMA 共聚物。然而，PGMA-co-PMMA(S5)虽然含有 GMA，但是 GMA 中的环氧基团未被打开，交联作用基本很弱，且 S5 中不含能明显提高材料热性能的无机组分 POSS，故样品的热性能最差，以上结果说明了 POSS 和环氧基团开环后形成的交联作用可以明显提高材料的热性能。

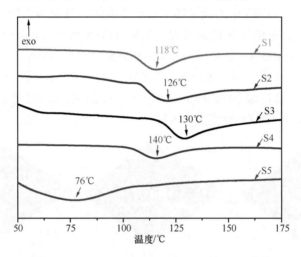

图 25-6　P(GMA-POSS)-co-PMMA 的 DSC 曲线

25.4　P(GMA-POSS)-co-PMMA 的黏接性能

GMA 作为一种环氧单体，理论上具有优异的黏接性能，基于以上理论基础，预期 P(GMA-POSS)-co-PMMA 对硅片基体具有强的黏接力，结果如图 25-7 所示。从图中可以看出，改性后的 P(GMA-POSS)-co-PMMA 共聚物(S1～S3)随着 GMA-POSS 相对含量的增加，对硅片的黏接力依次增大，分别是 240.6Pa、377.6Pa、477.2Pa，与未加入 GMA 的 P(MA-POSS)-co-PMMA(S4，187.7Pa)相比，黏接性能明显提高。在相同的测试条件下，PGMA-co-PMMA(S5)的黏接力最大(553.0Pa)，这是因为与 S1～S3 相比，具有良好黏接性能的 GMA 的相对含量较高，故黏接性能更好。所以，GMA 改性后的共聚物具有更强的黏接性能。

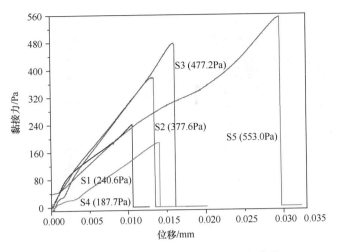

图 25-7　共聚物对基体的黏接测试历程曲线

第五篇

硅基软纳米材料评价与硅酸盐质遗迹保护

第 26 章　软纳米材料保护评价方法

本章导读

本章选用六种商用共聚物 Paraloid B72(丙烯酸树脂类)、Remmers 300(硅酸乙酯类)、PVA(聚乙烯醇)、环氧树脂、桃胶和明胶(天然保护材料)保护材料为研究对象，分别进行紫外光照加速人工老化和湿热循环加速老化。在老化进行过程中，追踪分析材料的分子结构、表面形貌、热降解性能、表面亲水疏水性能、颜色、黏接性能等变化。通过这些表征和变化，寻求适于表征材料老化的主要参数，建立保护材料老化性能分析方法。

26.1　确定影响保护材料寿命的主控因素

26.1.1　紫外光老化过程的红外结构表征

图 26-1 是 Paraloid B72、Remmers 300、PVA、桃胶和明胶以及环氧树脂紫外光照老化 ATR-FTIR 图。从图中可以看出 Paraloid B72、PVA、明胶和环氧树脂的分子官能团吸收峰位置基本没有变化，但是都有吸收峰面积减小的趋势。其中 Paraloid B72 在 $1141cm^{-1}$ 处 C—O—C 键的吸收峰减小幅度相对较大，PVA 在 $3262cm^{-1}$ 处 O—H 键的吸收峰强度减弱得最明显。这说明在强紫外光照下 Paraloid B72 分子中的 C—O—C 键易断裂，PVA 的侧链 O—H 易断裂。桃胶的官能团变化比较明显，其中 $1018cm^{-1}$ 处的 C—OH 键的吸收峰强度明显减弱几乎消失，$1455cm^{-1}$ 处的 CH_3 对称变角振动在老化 528h 后分裂成两个峰，说明在老化过程中桃胶中糖类分子的 C—OH 发生了断裂，且在一定时间时大部分断裂，一些糖类上带的 CH_3 也发生断裂。变化最不明显的是 PVA，只有各官能团吸收峰强度稍微减弱，变化可以忽略不计。

26.1.2　紫外光老化过程的热性能表征

图 26-2 分别为 Paraloid B72、PVA、环氧树脂的 DSC 曲线。Paraloid B72 的玻璃化转变温度随紫外光照增大，这是由于其侧基酯键断裂导致链的规整度升高，分子链的运动减小。而 PVA 的玻璃化转变温度开始减小而后增大，减小是因为分子部分羟基侧链断裂，使分子链规整度降低，分子链的自由运动空间增大，是因为羟

基侧链全部断裂又恢复规整状态。环氧树脂的玻璃化转变温度基本不变。

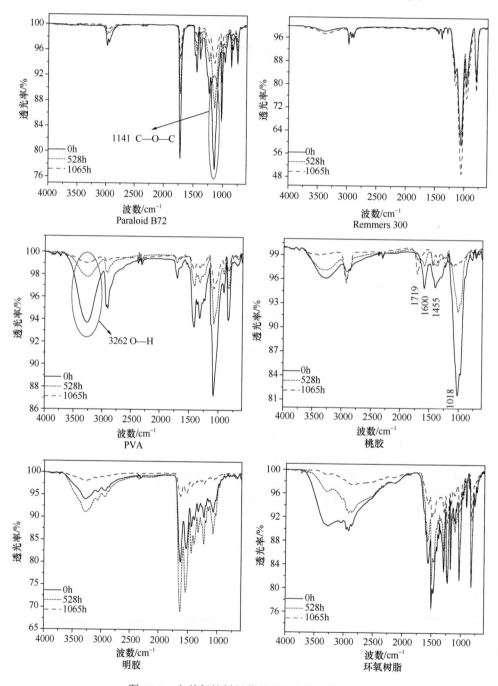

图 26-1　六种保护材料紫外光照老化红外图谱

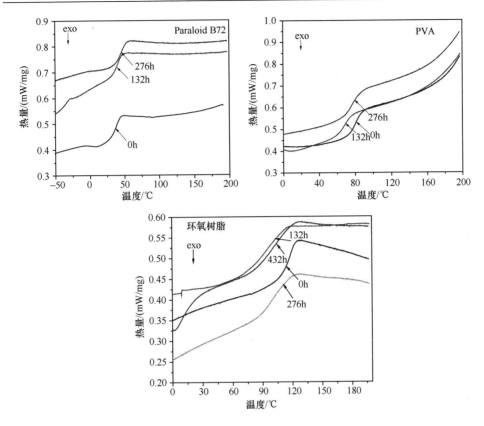

图 26-2　Paraloid B72、聚乙烯醇、环氧树脂的 DSC 曲线

图 26-3 给出了 Paraloid B72、PVA、Remmers 300 的 TG 曲线。Paraloid B72 的热分解只有一个过程在 305～420℃之间，失重率为 95.6%左右。老化前后的失重率基本一致，说明老化对 Paraloid B72 的成分组成影响很小。从 PVA 的 TG 曲线可以看出三个热分解过程。第一阶段为 78～267℃，第二阶段为 270～488℃。老化前第一阶段的失重率为 5.1%，第二阶段的失重率为 92.1%；老化后第一阶段的失重率为 6.9%，第二阶段的失重率为 89.42%。这说明老化后由于部分侧链 OH 断裂形成聚乙烯，其热分解温度较低，故第一阶段的失重率在老化后增大，从而导致第二阶段失重率较老化前减小。Remmers 300 的第一阶段分解温度为 20～170℃，第二阶段为 170～800℃。老化前第一阶段的失重率为 8.09%，第二阶段的失重率为 7.42%；老化后第一阶段的失重率为 9.82%，第二阶段的失重率为 11.18%。分解后产生了热稳定性好的 SiO_2 使得失重率较低。由于老化后已经有部分 O—C_2H_5 断裂，剩余部分成为稳定的含 Si—O 物质，故老化后的失重率减小。

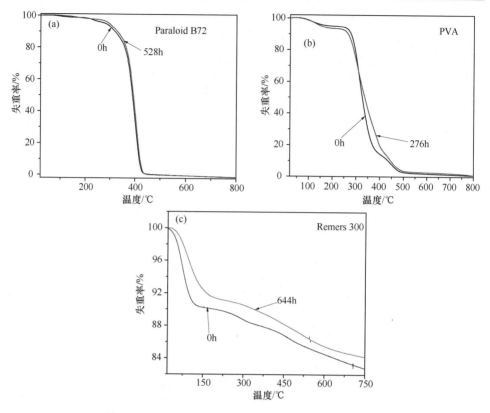

图 26-3　Paraloid B72、PVA、Remmers 300 的 TG 曲线

26.1.3　湿热循环老化过程的红外结构表征

图 26-4 是不同的湿热老化 ATR-FTIR 图。从 PVA 的红外图谱中可看出，老化一段时间后在 1430cm^{-1} 处的 OH 吸收峰强度逐渐减小，这是因为在温湿度的作用下 PVA 侧链 C—O 因 OH 与 H$_2$O 缔合而作用减弱。Remmers 300 的 1080cm^{-1} 处 Si—O—Si 峰面积增大，说明 Remmers 300 发生了水解并发生了交联。Paraloid B72 老化后由于水分的影响出现了缔合 OH 吸收峰，1449cm^{-1} 处的 CH$_3$ 和 1239cm^{-1} 处的酸酯 C—O—C 的吸收峰强度在老化后吸收强度逐渐减小，说明 Paraloid B72 分子中酯键与 H$_2$O 通过氢键结合，侧链也发生了变化。而桃胶在 1036cm^{-1} 处的糖类 OH 吸收峰强度逐渐较小，说明部分糖类直链结构中侧链 OH 在水和高温下结晶转变成环状的存在形式，但 3400cm^{-1} 处 OH 吸收峰强度逐渐增大，说明桃胶分子结构中的更多 OH 和 H$_2$O 通过氢键结合。环氧树脂固化后较稳定，温湿度对其分子结构基本无影响。明胶的红外图谱显示温湿度对它的分子结构无明显影响。

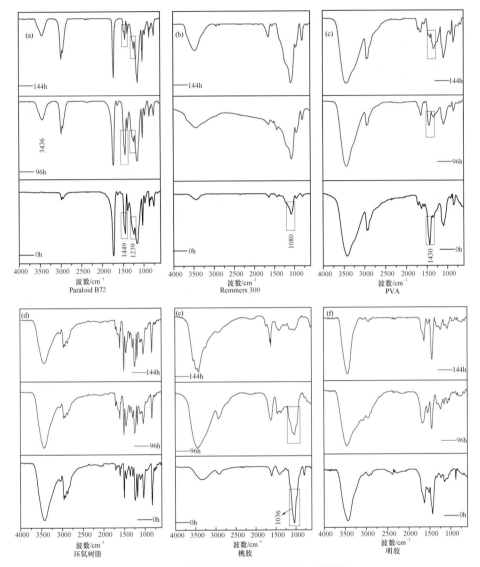

图 26-4　六种保护材料湿热老化红外图谱

26.1.4　湿热循环老化过程的色差分析

为了定量描述这些保护材料在老化前后的颜色变化，采用漫反射光谱技术进行监测。该方法作为一种无损、迅速、准确的技术可方便地测出老化过程中膜材料表面颜色的变化(即色差值)，以 ΔE 表示。ΔE 越大，颜色改变越明显。图 26-5 分别给出了 Paraloid B72、PVA、明胶、桃胶及环氧树脂的 ΔL^*、Δa^*、Δb^* 及 ΔE 变化值。从图 26-5 中可以看出，Paraloid B72 在老化开始阶段 ΔL^* 先增后减，说明刚开始颜色有变白的趋势，120h 后则开始减小向变黑发展，但是减小到最后还是正值，说明老化后颜色是向白变化的。Δa^* 值也是先增后减，同 ΔL^* 有一致的趋势，最终颜色有发绿趋势。Δb^* 是一直处于增大趋势，说明有变黄的趋势。最后，ΔE 值整体增大，但 $\Delta E < 0.5$，可视为基本不变。

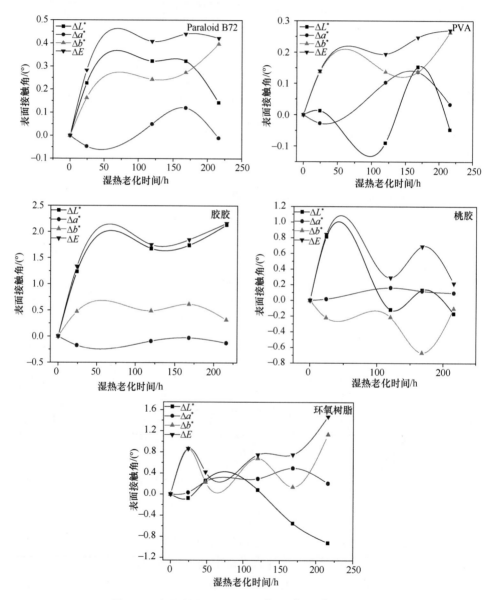

图 26-5　保护材料湿热老化 ΔL^*、Δa^*、Δb^* 及 ΔE 变化

PVA 的ΔL^*值有些波动，但其没有负值，说明没有发黑。Δa^*值则整体呈现增大而变红的趋势。Δb^*开始不变，但 216h 后变大，趋向于发黄。总体上看，ΔE 变化较小($\Delta E<0.5$)，符合要求，可视为基本不变。从明胶的色差数据可看出，ΔL^*值一直处于增大趋势，但Δa^*、Δb^*值变化不明显，由此可知明胶膜颜色有发白、发绿和发黄的趋势，再由ΔE 值基本都超过 1.5(能感觉到程度)可知明胶耐湿热性不如 Paraloid B72 与 PVA，是几种材料中最不耐湿热的，但能够达到保护材料对颜色变化的要求。桃胶的ΔL^*值整体趋势减小，Δa^*值增大，Δb^*值减小，可知在湿热老化过程中，桃胶颜色发黑、发红且发蓝，$0.2<\Delta E<1.5$ 的结果说明其变化在要求范围之内。环氧树脂ΔL^*值整体减小，Δa^*和Δb^*值整体增大，说明环氧树脂有发黑、发红和发黄的趋势，$0.5<\Delta E<1.5$ 说明颜色基本上是轻微变化的。

从这些数据可以得到保护材料中明胶的颜色变化最大，但是其主要作为黏接材料在内部使用并无不可。其次是环氧树脂膜、桃胶、Paraloid B72 和 PVA，变化都在对保护材料要求$\Delta E<5$ 的范围内。

26.1.5　湿热循环老化过程的接触角分析

图 26-6 是 Paraloid B72 和环氧树脂膜在湿热循环过程中水接触角随时间的变化曲线。从两组实验数据可以得到，随着湿热循环的进行，膜表面的接触角都会减小，只是减小的幅度不同。Paraloid B72 在开始的前 168h 降低幅度较小，之后则迅速减小。这说明当 Paraloid B72 分子中酯键与 H_2O 缔合达到一定程度就会使分子亲水性增强。环氧的减小速率几乎不变，其黏接力在湿热作用下也发生了变化。

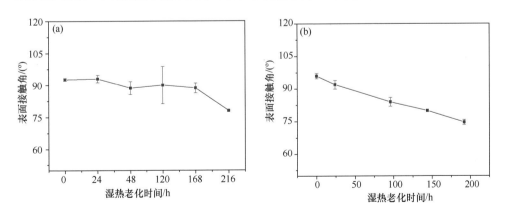

图 26-6　Paraloid B72(a)和环氧树脂膜(b)湿热老化后水接触角的变化曲线

26.1.6　湿热循环老化过程的黏接性能分析

图 26-7 是 Paraloid B72、PVA、明胶、桃胶、环氧树脂的黏接力随老化时间

曲线图。Paraloid B72 黏接力开始最强,随着湿热老化的进行,黏接力由老化前的447.8N 减小到 103.7N,说明 Paraloid B72 受温湿度的影响黏接力会下降。PVA 老化前黏接力基本为 Paraloid B72 的一半(268.48N),老化结束时的黏接力下降到36.9N。明胶的黏接力由老化前的 416.2N 下降到 38.62N。桃胶减小幅度小于明胶,从老化前的 297.03N 下降到 65.04N。环氧树脂的黏接力较 PVA 和桃胶强,黏接力由 317N 降低到 27.37N,其降幅处于中等幅度。综合来看,Paraloid B72 黏接力最好,PVA 最差。这是由于 PVA 是水溶性的,其遇水很容易发生 OH 与 H_2O 的氢键缔合,亲水性增强,水分子易从各面浸入,而使黏接力强度减小。

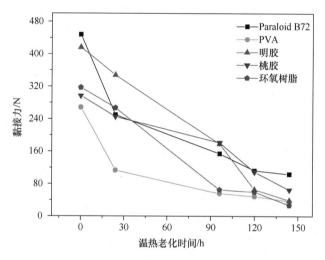

图 26-7 Paraloid B72、PVA、明胶、桃胶和环氧树脂的黏接力随湿热老化时间曲线图

综上所述,通过分别对六种商用保护材料进行紫外光照和湿热循环老化,进行结构、热性能、色度、水接触角和黏接力的追踪分析,可以得出,紫外光照和湿热循环老化过程中保护材料的色度、水接触角和黏接力是主要变化参数。

(1)紫外光照下,保护材料膜除了桃胶在分子结构上有比较明显的旧键的消失和新键的出现外,其他材料都只是基团峰面积的减小,表示部分链的断裂;湿热老化下,变化较为显著的是 PVA、Paraloid B72 和桃胶。所以,在较短时间内湿热老化比紫外光照老化对高分子材料在分子结构上变化要明显。

(2)紫外光照老化条件下,PVA、Paraloid B72 由于分子链段的活泼性较易发生改变,玻璃化转变温度有一定的变化。

(3)在湿热老化下,高湿高温条件下水分子的作用,使部分材料发生水解或与H_2O 的氢键缔合等作用,因此使其亲水性增强,水接触角减小得较多。颜色变化较为显著的是明胶和桃胶,其本身就具有不同程度的颜色发黄,且分子结构中的某些氨基酸和糖类较易在光照下变色。环氧树脂体系中，加入的叔胺类固化剂在热氧下易变色，导致环氧树脂高温下易发黄。

(4)湿热老化下材料的黏接强度都会减小。PVA 遇水很容易发生侧链 OH 与 H_2O 的氢键缔合，亲水性增强，水分子易从各面浸入，而使黏接力强度减小。同理，Paraloid B72 也是由于与基体分子间作用力的破坏而黏接强度下降。

26.2　保护材料老化分析参数与测试方法实例

26.2.1　黏接性能测试方法

用电子万能拉力机测试材料与基体之间的黏合力。在室温、湿度 50%条件下，所用的试柱由两个完全相同的金属块(铁、钢、铝等均可)组成。金属被加工成"凸"字形，包括一个长方体和一个长轴。如图 26-8 所示。在使用之前将试验用的两个金属试柱底面即图中 1cm×1cm 的面用砂纸打磨光滑，在上下试柱分别作标记及编号。

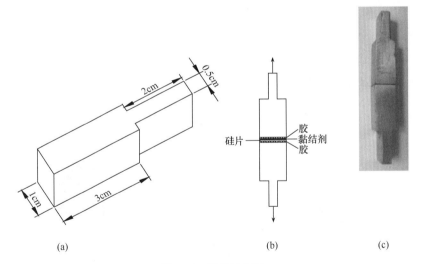

(a)　　　　　　　　　　　　　(b)　　　　　　　　(c)

图 26-8　黏接力试柱

试样为两个金属试柱的对接件。在两个试柱的底面均涂上黏接胶(如 502 胶或者其他胶如 E-44 环氧树脂、TY-200 聚酰胺=1∶1 的双组分黏接剂等)。注意统一使硅片涂有黏接剂液的一面朝上，使其在上下两个试柱之间且使试柱的两个长轴在同一竖轴上。固化前用少量丙酮擦净多余的黏接剂。固化期间保持试柱与样片不发生相对移动，固化期最好为 4～24h，完成后即得到待测试样体。

测定环境为 25℃±1℃，相对湿度为 60%～70%。将制备好的待测试样体夹入拉力机的上下夹具中，并调至居中，使其横截面均匀地受到张力。夹具以 10mm/min 的拉伸速度进行拉开试验，直至破坏。用破坏时的附着力表示。每组被测涂层的试样应不少于 5 对，并至少取其中 3 对的算术平均值作为试验结果，每对试样的 F 值与算术平均值的误差不超过±15%为有效。

记下试样拉开的负荷值，并观察断面的破坏形式。当黏接膜层被拉开至破坏面积至少 70%为有效。此时记录破坏时的负荷值 A。涂层附着力 F 按下式计算：

$$F = \frac{A}{S} \tag{26-1}$$

式中，F 为涂层的附着力，kg/cm^2；A 为试样被拉开破坏时的负荷值，kg；S 为涂覆被测涂层试柱的横截面积，cm^2。

26.2.2　表面颜色变化

用色度仪(图 26-9)测定保护前后表面的 L^*、a^*、b^*值。L^*、a^* 和 b^* 构成三维色度空间。L^*坐标从黑色向白色变化，a^*坐标从绿色向红色变化，b^*坐标从蓝色向黄色变化。ΔL^* 称为明度差，Δa^* 称为红绿色品差，Δb^* 称为黄蓝色品差。通过 L^*、a^*、b^* 计算得到色差 ΔE：

$$\Delta E^* = \sqrt{\Delta L^{*2} + \Delta a^{*2} + \Delta b^{*2}} \tag{26-2}$$

一般当 $\Delta E > 3$ 时肉眼即可觉察到颜色变化。

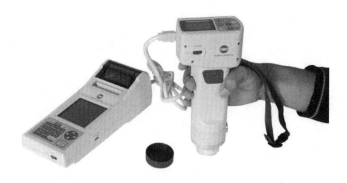

图 26-9　色差仪外观

26.2.3　表面疏水疏油性与表面自由能

表面自由能是液体与固体间润湿性能的表征。对同一种液体，其在表面自由能大的固体表面接触角小，润湿性强。通常采用接触角测量仪分别测试样品表面对去离子水和十六烷的接触角，进而计算得到表面自由能。

固体表面接触角测量如图 26-10 所示。其中 γ_{sg}、γ_{sl}、γ_{lg} 分别为固-气、固-液和液-气间的界面张力，θ 为固、液、气三相平衡时的接触角。

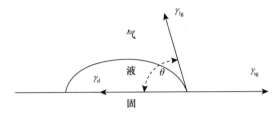

图 26-10　固体表面接触角示意图

液体在理想光滑固体表面上处于热力学平衡状态后，接触角 θ_{flat} 大小与固体表面张力 γ_s、液体表面张力 γ_l、固-液界面张力 γ_{sl} 有关，符合杨氏方程式：

$$\cos\theta_{flat} = \frac{\gamma_s - \gamma_{sl}}{\gamma_l} \tag{26-3}$$

其中，γ_{sl} 的表达式如下

$$\gamma_{sl} = \gamma_s + \gamma_l - 2\sqrt{\gamma_s \gamma_l} \tag{26-4}$$

式(26-3)表明，降低固体表面张力 γ_s，能有效提高固体表面与液体的静态接触角。

液体在具有粗糙结构的固体表面主要有两种润湿状态。第一种是 Wenzel 态：液滴将粗糙表面的凹陷沟槽全部浸润，如图 26-11(a)所示；第二种是 Cassie 态，液体实际只与表面局部接触，液体与表面之间存在许多空气，接触面实际仅是空气和固体物质组成的复合表面，如图 26-11(b)所示。

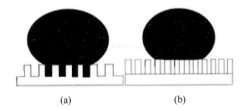

(a)　　　　　　　　(b)

图 26-11　(a)Wenzel 模型；(b)Cassie 模型

当某种液滴在粗糙表面处于 Wenzel 态时，

$$\cos\theta_{rough} = r\cos\theta_{flat} \tag{26-5}$$

式中，θ_{flat} 表示液滴的本征接触角；θ_{rough} 表示液滴的实际接触角；r 表示粗糙度因子(固-液接触的实际几何面积与水平面内的投影面积之比)。Wenzel 方程说明当杨氏方程中的本征接触角 θ_{flat} 大于 90°(即表面疏水或疏油)时，增加表面粗糙度，接触角增大；而当 θ_{flat} 小于 90°时，增加表面粗糙度，接触角则降低。因此，赋予低

表面能固体表面适当的粗糙结构可有效地改善固体表面的润湿性。

当某种液滴在粗糙表面处于 Cassie 态时，

$$\cos\theta_{\text{rough}} = f\cos\theta_{\text{flat}} + f - 1 = f(\cos\theta_{\text{flat}} + 1) - 1 \tag{26-6}$$

式中，f 指复合表面中固体表面所占的分数；此方程表明，即使 θ_{flat} 小于 90°，通过减小 f(即改变固体表面的粗糙结构)也可达到增加液体表面接触角的目的。

Fowkes 认为，物体的表面张力可以分解成色散和极性两部分：

$$\gamma = \gamma^{\text{d}} + \gamma^{\text{p}} \tag{26-7}$$

式中，γ 为物体的表面张力；γ^{d} 为物体的色散力；γ^{p} 为物体的极性力。

Owens 和 Wendt 在此基础上得到了半经验方程：

$$\gamma_1\left(1 + \cos\theta\right) = 2\left[\left(\gamma_1^{\text{d}}\gamma_s^{\text{d}}\right)^{\frac{1}{2}} + \left(\gamma_1^{\text{p}}\gamma_s^{\text{p}}\right)^{\frac{1}{2}}\right]$$

式中，γ_1 为液体的表面张力；γ_1^{d} 为液体的色散力；γ_1^{p} 为液体的极性力；γ_s 为固体的表面张力；γ_s^{d} 为固体的色散力；γ_s^{p} 为固体的极性力。

测量时，水或十六烷液滴的体积一般在 5~10μL，每一个样块最少选取 3~5 个测量点。联立方程组求得固体表面的 γ_s^{d} 和 γ_s^{p}，利用 $\gamma = \gamma_s^{\text{d}} + \gamma_s^{\text{p}}$ 计算固体的表面能(表 26-1)。

表 26-1　去离子水和正十六烷 20℃时的表面能数据

液体	γ_1^{p} /(mN/m)	γ_1^{d} / (mN/m)	γ_1 / (mN/m)	$\gamma_1^{\text{p}} / \gamma_1^{\text{d}}$
水	51.0	21.8	72.8	2.36
十六烷	0.0	27.6	27.6	0.00

26.2.4　耐污性测试

耐污性测试主要用于评价材料对污染源的黏附性和自洁性。可用 BIC 记号笔(黑墨)在保护前后的样块表面涂一直径约 2cm 的黑色圆形污点。涂污 2h 后开始清洗样块表面，溶剂彻底挥发后，再次测试石块表面接触角和色差。对于大理石样块，涂污/清洗程序重复 5 次，每个循环结束后测试，取 3 个平行样块。同时，借助显微镜技术直接观测黑墨在样块表面的残留情况(图 26-12 和图 26-13)。由显微镜测试可以看出，未处理过的样块表面彻底吸收黑墨(图 a、c 中暗区域)，被保护过的表面对黑墨有隔离效果(图 b、d)。

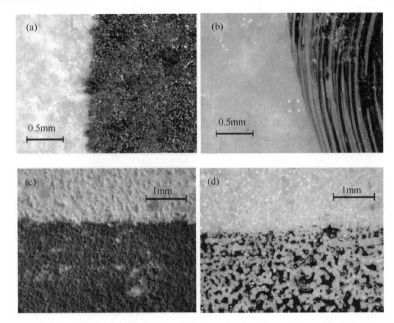

图 26-12 涂污石块表面的显微镜照片：(a)未经保护的 Carrara Marble；(b)保护过的 Carrara Marble；(c)未保护的 Pietra di Lecce；(d)保护过的 Pietra di Lecce

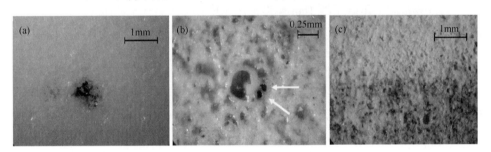

图 26-13 清洗后石块表面的显微镜照片：(a)经保护处理的 Carrara Marble(黑点是由于黑墨通过不连续的保护膜渗透至基体表面形成)；(b)经保护处理的 Pietra di Lecce(如图中白色箭头所示，残余微渍是由石材表面缺陷造成的)；(c)未经保护处理的 Pietra di Lecce(黑墨未能彻底清除)

还可通过观察清洗的难易程度来评估材料的耐污性。实验选用的涂污剂为玻璃砂、二氧化硅和 10wt%炭黑混合物，粒径 0.1～2.5μm。采用三种方式涂污：0.025g/cm² 的量涂在干表面、湿表面，以及 0.025g/cm² 的量兑水再涂在干表面。涂污之后，首先喷水雾在样块表面，如果清洗效果不好，再用水与刷子清洗。如果水雾达到满意效果，记录"1"；水与刷子清洗效果良好，记录"2"；得不到理想结果，记录"3"；由此表示耐污性。

26.2.5　吸水性与水蒸气渗透性测试

吸水性参数包括浸泡吸水和毛细吸水参数两类。吸水性与水蒸气渗透性反映了文物基体与水及外部空气的相互作用关系。低吸水性表明基体不会从自然界中吸收过多的水分而影响其内部组分及性能，而良好的水蒸气渗透性表明基体与外部环境相通，对环境或其内部温湿度、应力等的变化可做出积极的反馈。

1. 浸泡吸水参数

浸泡吸水参数是样品整体的吸水性。常温常压下将样品浸泡在去离子水中，分别于不同时间段称量后计算其吸水率。

记取原始质量 m_1，将陶块浸泡在去离子水中 24h 后，用滤纸吸干表面多余水分，再次称量，得质量 m_2，吸水率计算如下：

$$w = \frac{m_2 - m_1}{m_1} \times 100\%　\qquad (26\text{-}8)$$

2. 毛细吸水性

毛细吸水率反映了样品吸水的速率，有以下几种不同的方法测试。

(1)将数张滤纸重叠至约 1cm 厚度浸于水中，将样品置于滤纸上，每间隔一定的时间记录样块质量，绘制吸水量随时间的变化曲线并计算毛细吸水系数，以单位接触面积的吸水量 $Q(\text{g/cm}^2)$ 为纵坐标，以时间的平方根 $t^{1/2}(\text{s}^{1/2})$ 为横坐标作图，获得毛细吸收曲线，以此曲线来计算毛细吸收系数 $CA = \Delta Q/\Delta t^{1/2}[\text{g}/(\text{cm}^2 \cdot \text{s}^{1/2})]$。

(2)在容器中注入高度约 0.5cm 的去离子水，将约 1cm 厚的滤纸放在水中形成滤纸垫。用游标卡尺测量砂岩样块与滤纸垫接触面的长度和宽度，称量原始质量，再将样块置于滤纸垫上。间隔 10min，20min，30min，1h，2h，4h，8h，24h，48h，72h，96h，取出样块用滤纸轻轻吸除表面多余水分，称量并记录。以单位接触面积的吸水量 $A(\text{g/cm}^2)$ 为纵坐标，以时间的平方根 $t^{1/2}(\text{s}^{1/2})$ 为横坐标，作图得毛细吸收曲线。毛细吸收系数 $CA[\text{g}/(\text{cm}^2 \cdot \text{s}^{1/2})]$ 计算如下：

$$CA = \Delta A/\Delta t^{1/2}　\qquad (26\text{-}9)$$

(3)将样品悬置于威廉姆(Wilhelmy)天平挂钩上，样品的侧表面用硅树脂涂封以阻止侧面吸水，使样品的底面与水表面相接，确保被测面的毛细吸水上移，用计算机自动测出样块质量随时间的变化。

3. 水蒸气渗透性

水蒸气渗透性常用以下三种测试方法。

(1)将样块加工成 5cm×5cm×1cm 尺寸后置于装有部分去离子水的圆柱形 PVC

容器口上，样块与容器之间用 O 形橡胶密封圈和铝法兰固定，放置在恒温恒湿的干燥器中再将样块及容器放在干燥器中[干燥器的温度为(20±0.5)℃]，每隔 24h 取出称量，直至连续两次测量结果相差小于 5%，然后绘制水蒸气透过量随时间变化曲线。

(2)将样块与容器之间用 O 形橡胶密封圈和铝法兰固定，再将样块及容器放在干燥器中[干燥器的温度为(20±0.5)℃]，每 24h 测量容器的质量，至连续两天质量变化小于 5%，结果用单位时间(24h)、单位面积(m^2)质量的减少来描述。

(3)将样块加工成 5cm×5cm×2cm 尺寸后置于圆柱形 PVC 容器顶端，容器内加一半水，再将带有"石盖"的容器放在干燥器中[干燥器中温度为(30±0.5)℃、湿度为 25%]，每 24h 测量容器的质量，实验进行至连续两天质量变化小于 5%。或通过测试毛细吸水已达到饱和的样块(2cm×2cm×1cm)中水分蒸发情况以表征透湿性。

26.2.6　保护材料渗透性测试

保护材料的渗透性体现在保护材料吸收率及渗透深度两个方面。保护材料吸收率可由保护前后样块的质量差计算。在实际加固保护过程中，对于保护材料的施用有特定的程序、方法。例如，小件器物的加固可直接将其浸入保护液中，但保护液的浓度需由低到高隔日增加，若干天后将陶器取出，擦去表面多余的溶液，阴干。大件器物的加固则可用滴渗法渗注。不同的加固材料保护工艺：喷涂法适用于较大面积的保护处理，点涂法适用于颜料较厚、颜料颗粒较细且易掉粉等彩绘颜料的保护处理，还可使用敷浸法保护处理小件彩绘样品。

基材对保护材料的吸收量是决定加固保护效果的重要参数，在不同加固方式下，基体对保护材料吸收行为不同及吸收量发生变化。如以四种不同孔隙度碳酸盐石材(Anca、Boica、Coimbra、Lisbon 孔隙度分别为 27.2%±1.1%、9.6%±1.1%、17.8%±3.3%、15.4%±1.7%)为待保护基体，硅酸乙酯(TG)、Paraloid B72(B)、环氧树脂(EP)为保护材料，分别通过毛细吸收、浸泡、刷涂等保护工艺进行保护处理。

具体工艺如下：

(1)毛细吸收：将棱柱型基体的一个面浸没在保护液中 3h。

(2)浸泡：将基体在保护液中短时间(3h)及长时间(24h,其中环氧树脂为 14h)浸泡。

(3)刷涂：硅酸乙酯——刷涂两次，其间间隔 4h，过两天后再次重复这一过程；Paraloid B72——刷涂两次，其间间隔 4h；环氧树脂——刷涂一次。每次刷涂过程以基体不再吸收保护液为终止。

　　实验结果表明，基体的孔隙度对保护材料吸收率的影响很大，当孔隙度小于或接近 18%时，基材的吸收特性就会有明显不同。图 26-14 为毛细吸收加固时，保护液面迁移高度随时间的变化曲线，可看出大多数情况下，液面迁移高度在 90min 后不再变化，但硅酸乙酯和环氧树脂在 Anca 基体上的情况例外，而 Paraloid B72 材料在 Boica、Coimbra、Lisbon 基体上迁移困难，这是因为基体孔隙少，保护材料一旦进入孔隙就会影响毛细迁移的继续进行。

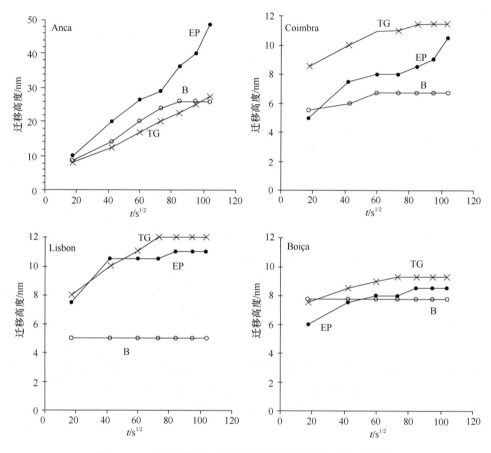

图 26-14　毛细吸收时，保护液迁移高度随时间的变化曲线

　　图 26-15 为基体在不同时间段，通过浸泡处理所吸收的保护材料的量，可看出浸泡时间越久，保护材料的吸收量也越大。基体在第一组刷涂过程中吸收的保护剂的量几乎决定了其最终的总吸收量，后续的刷涂对吸收量影响不大，即使两次操作间隔很久。

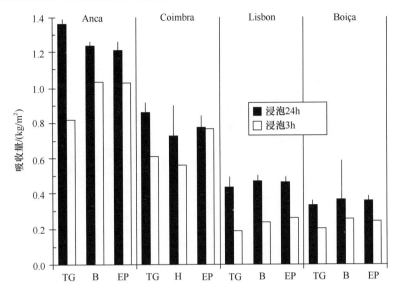

图 26-15　短时间(3h)及长时间(24h，EP 为 14h)浸泡后基体对保护材料的吸收量

　　施加保护材料后，不同加固方式保护处理过后基体的抗钻强度见图 26-16。可看出加固效果与基体性质及保护材料施加方式密切相关。总体来说，环氧树脂的加固程度最高。此外，在所有基体上，无一例外的都是以毛细吸收方式保护处理过后的加固效果最好。

　　保护材料渗透深度的测试有多种途径：微钻实验、无损能量色散 X 射线荧光光谱(EDXRF)和扫描电子显微镜-能量色散 X 射线光谱(SEM-EDX)测试，如采用这些方法研究硅类加固剂在多孔石灰岩中的渗透深度时，分别在样块保护前后的不同深度(3mm 和 10mm)取样，通过对比保护材料及保护前后样块的中子成像，保护材料多含有 H 原子，有利于中子成像(neutron imaging)，将中子成像技术应用于观测聚合保护材料的渗透深度。图 26-17 是岩石样块保护前(a)及用 1wt%Paraloid B72 保护后(b)的中子成像图。中子成像原理：中子在空气和半影孔材料中的输运以及在探测器材料中的能量沉积过程中子与材料中各种原子的作用都有一定的作用，截面成像过程是中子与一系列粒子随机作用的过程。图 26-17(a)中黑色部分是由样块中含水分或云母所致，而图 26-17(b)中黑色区域已明显表明 Paraloid B72 保护材料的存在。

26.2.7　机械强度测试

1. 机械强度

　　可采用冲击强度、三点弯曲实验和抗压强度等表征基体保护前后的力学性能。

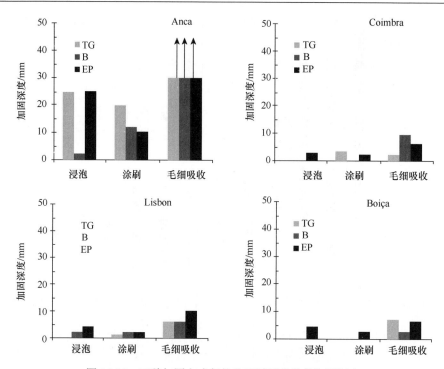

图 26-16　三种加固方式保护处理过后基体的加固深度

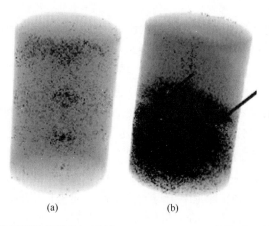

图 26-17　岩石样块保护前(a)及用 1wt% Paraloid B72 保护后(b)的中子成像

根据国际岩石力学学会(ISRM)的规范,以 200N/s 的恒定负荷速率加压样块直至石块破损。或采用冲击和三点弯曲试验评价保护过的天然石块的力学性能:测试冲击强度时,将一个 250g 的钢球自由落体到置于沙床的石块上,初始高度 2.5cm,随后高度间歇增加直至石块破碎(UNE 22-196)。

$$6_C = P/F = P/bh = 4P/d^2\pi \qquad (26\text{-}10)$$

式中，6_C 为抗压强度(MPa)；P 为破坏载荷或最大载荷(N)；F 为试样横截面积(mm²)；b 为试样宽度(mm)；h 为试样厚度(mm)；d 为试样直径(mm)。

2. 抗钻强度

抗钻强度检测法测量时仅在文物上留下直径为 2～3mm 的小孔，具有对待测文物的极微小破坏量，而且仪器体积小易搬动，尤其适合于文物现场保护研究。抗钻强度测试原理：与普通的钻机类似，在马达驱使下靠一定的重力(砝码)使钻头钻入待测物内部，记录钻头侵入待测物内部的速度及图形，如图 26-18 中 AB 曲线所示。抗钻强度可用不同的方式来表示，国外常用的有两种。一种表示方法是用 θ 角度值的大小表示抗钻强度数值。具体做法是从记录图中计算出钻头侵入时间(BC 距离)随钻头侵入深度(AC 距离)的斜率(即 tgθ)，然后求出 θ 角度。因 θ 值太大，德国文物保护工作者通常用 $\theta/10$ 数值来表示抗钻强度。$\theta/10$ 值越大，抗钻强度越大。虽然 $\theta/10$ 值与传统的抗压强度成正比，容易理解，但微小的斜率变化反映在 $\theta/10$ 值上不明显。另一种方法是用记录图中钻头进入深度(AC 距离，单位：mm)随时间(BC 距离，单位：s)的斜率(即 tgα，单位：mm/s)来表示，待测物强度越大，抗钻头侵入的能力也越大，表现在记录纸上的记录越平缓，斜率(tgα)越小，强度越大。这种表示方法虽然与传统的抗压强度成反比，但能较好地反映强度的微小变化。

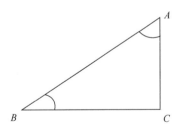

图 26-18　抗钻强度记录图形(线段 AB)及表征方法

渗透深度越深，强度分布越均匀，记录图上的斜率变化越小。如果强度有突变，记录纸上也会有突变响应。如果仅表面得到加固，形成硬壳状，在抗钻强度测试中，表面与内层之间会有明显的突变感应。从斜率可以看出强度随时间变化的情况，即加固强度随渗透深度的分布规律。斜率不变或变化趋势小的，证明内外强度相同。加固前后斜率无明显变化，表示加固处理后文物强度变化不大，斜率有明显差异时，加固后强度显著提高，斜率有较大转折时表示强度内外不均。

26.2.8 膜吸附水行为测试——石英晶体微天平测试

采用频率-耗散联用石英晶体微天平(QCM-D)测试材料薄膜表面对水的吸附行为。石英微晶分析天平见图 26-19。常选择表面镀金的直径为 14mm 及基频为 5 MHz 的石英晶片作为传感器。首先将石英晶体传感器浸没在体积比为 5/1/1 的去离子水，氨水(25wt%)和双氧水(30wt%)混合溶液中 75℃下超声清洗 10min；然后分别移取一定浓度的样品溶液(使用前通过孔径为 0.45μm 的尼龙薄膜过滤)和浓度为 0.1g/mL 样品溶液 2μL 于石英金晶片表面以形成直径大约为 3mm 的圆形薄膜，再放于真空干燥箱中干燥 24h 后进行测试。

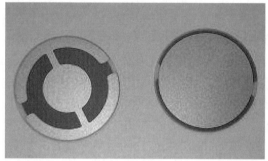

图 26-19　石英微晶分析天平(QCM-D)及裸金晶片

测试的主要技术指标为：最大采点数为 100 个/s，水中质量灵敏度为 1.8ng/cm^2，水中耗散灵敏度为 0.1×10^{-4}。水流过的速率为 0.150mL/min，测试温度为 20～25℃。当吸附层物质通过薄膜表面时，QCM-D 通过测定石英晶片振动频率的变化(Δf)及同时测定石英晶体振动过程中能量的消耗(ΔD)，并结合特殊的模型计算分析刚性膜和软性膜表面的结构信息和黏弹信息，如图 26-20 所示。其中，Δf 与吸附层的质量有关($\Delta f = k \Delta m$)，ΔD 与吸附层的黏弹性有关。

26.2.9 耐候性能测试

1. 湿热循环

将实验样品放入可程式恒温恒湿箱内，分别在不同循环后进行色度、表面能、黏接力、表面形貌、红外分子结构、热力学性能等的测试(一个循环为 24h，见图 26-21)。

2. 耐盐性

将样块浸泡在 Na$_2$SO$_4$ 溶液(为模拟当地海水组分，可在其中添加其他盐)中浸泡 2h，再依次分别在 20℃、湿度 85%条件下干燥 14h，以及在 20℃、湿度 50%条件下干燥 14h，以此为一个循环重复 7 次。每次循环结束后记录质量，以质量损失衡量破坏程度。

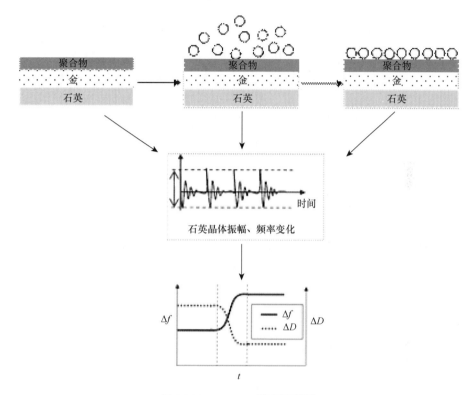

图 26-20 QCM-D 原理示意图

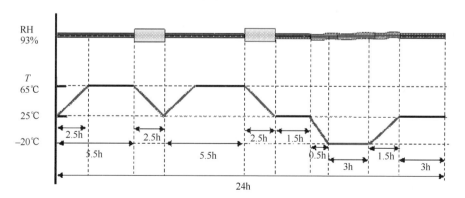

图 26-21 湿热老化一个循环

3. 耐冻融性

常温下浸泡样块使其饱和吸水，然后擦干表面水分并于–30～–4℃冷冻 3h，以此为一个循环，记录其性状发生恶化时经历的循环次数。

4. 紫外光照老化

光老化实验考虑到由于阳光中紫外波段的光可破坏某些化学键而造成材料老化失效，因此光老化主要是指紫外光老化。紫外光老化可用氙灯或特定波长的紫外灯，再选取适宜的照射强度、温度、相对湿度和照射时间等参数。如在温度为室温、湿度为 50%左右条件下，将干燥后的样品放入紫外加速耐候试验箱中，选用紫外灯照射，模拟紫外光的照射老化。分别于室温环境下在 1 天、2 天、3 天、6 天、12 天、20 天、24 天、30 天等时间取出样品进行红外、热力学性能测试。

5. 热老化

在短时间内可观测到样品对热力学作用的反馈，热老化实验一般只需将样品放置在高温环境中如气候箱及不带鼓风的烘箱内进行，如在气候箱中于 50℃分别老化样品 500h 及 1000h。

6. 生物降解

为了评价材料的长霉程度，一般采用人工抗霉试验。霉菌试验常用的菌种有黄曲霉、黑曲霉、青霉、杂色曲霉、球毛壳霉等。因为不同材料遭受侵蚀破坏的霉菌种类有所不同，因此对不同的高分子材料应选用不同的试验菌种。人工抗霉试验的周期一般为 28 天。目前通常采用霉菌老化试验箱，该试验是在某种温湿度条件下通过在霉菌老化试验箱内培养真菌来鉴定高分子材料产品的抗菌老化能力。

第 27 章　硅基软纳米材料耐老化性能评价

本章导读

对保护材料的老化研究结果证明，在有限的时间内湿热老化比紫外光对材料的老化作用更显著。因此，本章利用建立的分析方法，对合成的用于硅酸盐质文化遗产保护的四种纳米 SiO_2 基合成保护材料 PDMS-(PMMA-PMPS)$_2$/SiO$_2$、SiO$_2$/PDMS-(PMMA-PMPS)$_2$ 和 SiO$_2$-g-PMMA-b-PDFHM、VTMS-starch/P(MMA/BA/3FMA)和一种含氟嵌段共物 PDFHM-b-PMMA 进行湿热循环老化全分析研究。同时，对 6 种 POSS 基合成保护材料的黏接性能随湿热循环老化的变化情况分别进行色差、水接触角、黏接力和表面形貌表征。

(1)湿热老化条件下，根据 ΔL^*、Δa^* 和 Δb^* 和 ΔE 值推测，几种保护材料颜色变化最为显著的是 PDMS-(PMMA-PMPS)$_2$/SiO$_2$ 和 SiO$_2$/ PDMS-(PMMA-PMPS)$_2$，颜色发白，$\Delta E > 30$。PDFHM-b-PMMA 在老化初期颜色变化很小，在老化 936h 颜色发生了一定的变化，ΔE 约为 6.0。SiO$_2$-g-PMMA-b-PDFHM 和 VTMS-starch/P(MMA/BA/3FMA)的颜色变化较小，$\Delta E < 6.0$。

(2)保护材料所成膜的接触角都较大(107°左右)，说明这些材料良好的疏水性。VTMS-starch/P(MMA/BA/3FMA)的水接触角变化在老化 3d 后减小了一半，在 360h 后减小到 20°。PDFHM-b-PMMA 和 PDMS-(PMMA-PMPS)$_2$/SiO$_2$、SiO$_2$/PDMS-(PMMA-PMPS)$_2$、SiO$_2$-g-PMMA- b-PDFHM 的接触角都减小较为缓慢，在湿热老化 936h 后大约降到 85°以上，说明这些材料在强湿度环境中也能够长期保持一定的疏水性。

(3)除了 VTMS-starch/P(MMA/BA/3FMA)黏接力较低(114.77N)外，其他材料都具有良好的基体黏附性能，都在 400N 左右。但在湿热老化下，黏接强度都会发生 60%～80%的减小。PDFHM-b-PMMA 的黏接力最好，也高于商用 Paraloid B72。

(4)P(GMA-POSS)-co-PMMA 乳液和线形 POSS-PMMA-b-P(MA-POSS)的黏接强度有略微减小的趋势，其他样品则变化不大。另外，溶液型 PGMA-P(MA-POSS)、PGMA-g-P(MA-POSS)、线形 ap-POSS-PMMA-b-PDFHM 均表现出优良的黏接性能。软硬链段型 PDMS-b-PMMA-b-P(MA-POSS)成膜性好，膜拉伸强度明显高于其他样品膜。

27.1 保护材料组成与性能

选用分析的材料的组成见表 27-1 和表 27-2，合成方法及主要技术指标见相关章节。

表 27-1　SiO₂ 基合成材料的主要组成及性能

保护材料	组成	性状
PDMS-(PMMA-PMPS)₂/SiO₂ SiO₂/PDMS-(PMMA-PMPS)₂	硅油、甲基丙烯酸甲酯与甲基丙烯酰氧基丙基三甲氧基硅烷共聚物生长 SiO₂	透明溶液(四氢呋喃)
SiO₂-g-PMMA-b-PDFHM	二氧化硅表面引发甲基丙烯酸甲酯与甲基丙烯酸十二氟庚酯聚合物	白色固体，溶于三氯甲烷
VTMS-starch/P(MMA/BA/3FMA)	硅基改性淀粉乳液	白色乳液
PDFHM-b-PMMA	甲基丙烯酸十二氟庚酯与甲基丙烯酸甲酯的共聚物	白色固体 溶于三氯甲烷

表 27-2　POSS 基合成保护材的主要组成及使用浓度

保护材料	组成	浓度/%
溶液型 PGMA-P(MA-POSS)	POSS 改性环氧的共聚溶液	3
乳液法 P(GMA-POSS)-co-PMMA	GMA-POSS 与 MMA 的共聚物乳液	20
PGMA-g-P(MA-POSS)	坠形结构的 POSS 接枝改性环氧聚合物	5
POSS-PMMA-b-P(MA-POSS)	POSS 封端结构与 MMA 的嵌段共聚物	20
ap-POSS-PMMA-b-PDFHM	线形结构 POSS 与 MMA 和含氟单体的共聚物	20
PDMS-b-PMMA-b-P(MA-POSS)	笼形 MA-POSS 与线形 PDMS 构筑三嵌段共聚物	20

27.2 SiO₂ 基保护材料的湿热老化分析

27.2.1 表面色差变化

表 27-3 给出了有机无机杂化聚合物 PDMS-(PMMA-PMPS)₂/SiO₂、SiO₂/PDMS-(PMMA-PMPS)₂ 和 SiO₂-g-PMMA-b-PDFHM、改性淀粉乳液 VTMS-starch/P(MMA/BA/3FMA)和含氟嵌段共物 PDFHM-b-PMMA 成膜老化后的颜色变化。

从表中 ΔL^*、Δa^* 和 Δb^* 的变化值可以得出，PDFHM-b-PMMA 在湿热循环 936h 的颜色趋向白色、绿色和蓝色变化，其中发白趋势较为明显，在湿热循环 300h 时 $\Delta E>6.0$，说明颜色变化已很明显。VTMS-starch/P(MMA/BA/3FMA)的颜色变化也有发白、发绿和发蓝的趋势，但其在湿热循环后的 ΔE 变化较小，ΔL 均小于 5.0。这说明改性淀粉对湿热老化的抗变色性较好。

表 27-3　合成硅基软物质纳米材料湿热循环后 ΔL^*、Δa^*、Δb^* 及 ΔE 变化

老化时间/h	PDFHM-b-PMMA				VTMS-starch/P(MMA/BA/3FMA)			
	ΔL^*	Δa^*	Δb^*	ΔE	ΔL^*	Δa^*	Δb^*	ΔE
72	2.110	0.003	−0.143	2.115	1.513	−0.377	−1.806	2.386
144	5.303	0.423	−0.080	5.321	1.993	−0.459	−1.716	2.670
300	6.713	−0.340	−0.337	6.730	3.523	−0.707	−3.306	4.883
348	9.600	−0.143	−0.550	9.617	3.840	−0.577	−2.150	4.438
720	9.997	−0.277	−0.647	10.021	3.996	−0.810	−0.810	4.157
936	14.547	−0.223	−0.583	14.560	1.573	−0.480	0.604	1.752

老化时间/h	PDMS-(PMMA-PMP`S)$_2$/SiO$_2$				SiO$_2$/PDMS-(PMMA-PMPS)$_2$			
	ΔL^*	Δa^*	Δb^*	ΔE	ΔL^*	Δa^*	Δb^*	ΔE
72	38.510	−0.457	−1.977	38.563	41.707	−0.457	−1.327	41.730
144	40.850	−0.547	−0.817	40.862	42.270	−0.257	−1.283	42.290
300	41.041	−0.557	−0.520	41.047	42.360	−0.503	−0.900	42.373
348	42.523	−0.757	0.450	42.532	42.860	−0.590	−0.657	42.869
720	36.383	−0.630	−0.633	36.394	40.073	−0.637	−0.613	40.083
936	32.290	−0.440	−1.043	32.310	36.283	−0.300	−1.723	36.325

老化时间/h	SiO$_2$-g-PMMA-b-PDFHM			
	ΔL^*	Δa^*	Δb^*	ΔE
72	0.02	−0.157	−0.023	0.159
144	0.503	−0.147	0.193	0.559
300	2.800	−0.090	−0.417	2.832
348	2.920	−0.460	−0.860	3.079
720	4.270	−0.247	0.253	4.285
936	5.227	−0.147	−0.343	5.240

　　PDMS-(PMMA-PMPS)$_2$/SiO$_2$ 在 72h 内颜色就有显著变化，主要变色趋势是发白，$\Delta E>30$。而与 PDMS-(PMMA-PMPS)$_2$/SiO$_2$ 有着相同组分的 SiO$_2$/PDMS-(PMMA-PMPS)$_2$ 在湿热老化下颜色变化表现出同样的规律，且其变白程度稍大。二者表面颜色发白是由于在设计分子时，为了达到对基体的强附着力，反应中的正硅酸乙酯并未完全反应，以使预留的 Si 与硅酸盐质文物组分 Si 亲和性增强。但是此部分 Si 在水分子的作用下易水解成 SiO$_2$，析出表面而使膜发白。这说明二者更适合作为黏接材料，而不适宜作为表面保护材料。SiO$_2$-g-PMMA-b-PDFHM 受湿热影响稍有发白，可以忽略，$\Delta E<6.0$，属于能看出变化但不是级别很大的状况。

27.2.2　表面接触角

　　疏水性是表征高分子材料表面性能的又一重要指标。目前商用保护材料的水接触角最大为 96°左右，而新合成的材料接触角都在 107°左右，说明这些材料有良好的疏水性。图 27-1 分别给出了这些材料在湿热老化过程中水接触角随老化时间的变化曲线。VTMS-starch/P(MMA/BA/3FMA)的水接触角在老化后迅速减小。因为其淀粉成分在高温下会溶解于水中，其构成中水分子增加，亲水性必然很快增大。PDFHM-b-PMMA 和 PDMS-(PMMA-PMPS)$_2$/SiO$_2$、SiO$_2$/PDMS-(PMMA-PMPS)$_2$、SiO$_2$-g-PMMA-b-PDFHM 减小较为缓慢，在湿热老化 936h 后大约都降到 85°以上，说明这些材料在强湿度环境中也能够长期保持一定的疏水性。

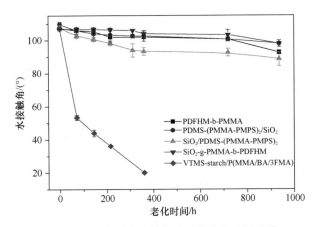

图 27-1　膜表面水接触角随湿热老化时间曲线

27.2.3　黏接性能

图 27-2 为 PDFHM-b-PMMA、VTMS-starch/P(MMA/BA/3FMA)、PDMS-(PMMA-PMPS)$_2$/SiO$_2$、SiO$_2$/PDMS-(PMMA-PMPS)$_2$ 和 SiO$_2$-g-PMMA-b-PDFHM 对基体黏

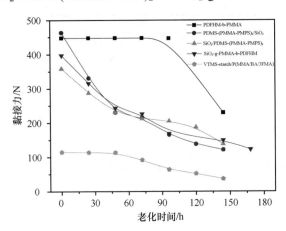

图 27-2　保护材料对基体黏接力随湿热老化时间曲线图

接力随湿热老化时间的变化曲线。由图可以看出，老化前 PDFHM-b-PMMA 和 PDMS-(PMMA-PMPS)$_2$/SiO$_2$ 对基体的黏接力最强，达到了 450N 左右。PDFHM-b-PMMA 对基体的黏接力在前 96h 基本不变，为 447.79N，之后黏接力减小速率较大，在老化 144h 后黏接力下降到 96.9N，减小了 78.4%。其老化后良好的黏接力是由于构成中只含有机成分，黏接力较含有无机成分的杂化材料大。VTMS-starch/P(MMA/BA/3FMA)对基体的黏接力只有 114.77N，在老化的前 72h 减小也不明显，之后减小速率明显增大(36.62N)，减小了 68.1%。原因是改性淀粉中淀粉成分在高温下溶解，低温时又凝固，造成膜表面凹凸不平，黏接力持续减小。

两种组分相同的有机无机杂化材料 PDMS-(PMMA-PMPS)$_2$/SiO$_2$ 和 SiO$_2$/PDMS-(PMMA-PMPS)$_2$ 对基体黏接力在老化前分别达到了 463.2N 和 358.39N，但是二者的黏接力随老化减小，速率很大，在 48h 时黏接力就基本减小到一半，最终减小到 121.58N 和 138.17N，减小程度分别为 73.8%和 61.4%。而 SiO$_2$-g-PMMA-b-PDFHM 对基体黏接力为 397.11，其减小规律与前两种有机/无机杂化材料相似，最终减小到 122.7N，减小程度为 69.1%。总之，PDFHM-b-PMMA 的黏接力在这几种材料中最好，改性淀粉则是最差的。

27.2.4　表面形貌

在湿热循环老化过程中，保护材料受到温度和湿度的影响，表面形貌会发生相应的变化。图 27-3 中左图均为老化前保护材料膜表面形貌，右图为对应材料老化后的表面形貌。从图中可以看到，受老化湿热影响，膜表面或多或少都受到了不同程度的影响。PDFHM-b-PMMA 在老化前表面很光滑平整，老化之后表面出现了一些小直径孔洞。原因有两个：一是材料中含氟聚合物与甲基丙烯酸甲酯之间存在相界面，水分子能够进入其中，二是含氟嵌段共聚物的玻璃化转变温度为 60℃，在湿热循环温度超过了此温度，聚合物分子链开始自由运动，水分子进入自由体积中，占据了一定的体积，使得膜部分出现了孔洞。PDMS-(PMMA-PMPS)$_2$/SiO$_2$ 膜在老化后表面颜色发白，且出现大量的大直径孔洞，因其分子还有未水解的正硅酸乙酯，在湿热条件下，这些正硅酸乙酯继续水解，最终形成 Si—O—Si 网络结构而收缩，继而形成孔洞。SiO$_2$/PDMS-(PMMA-PMPS)$_2$ 膜表面析出了大量白色颗粒，因其结构为 SiO$_2$ 包覆嵌段共聚物，故白色颗粒 SiO$_2$ 更易析出至表面，与色差研究结果相吻合。而 SiO$_2$-g-PMMA-b-PDFHM 膜变化不明显，仅有一些凹槽，说明 SiO$_2$ 粒子被聚合物包裹有利于耐湿热循环。改性淀粉 VTMS-starch/P(MMA/BA/3FMA)膜在老化之后出现了空鼓，其原因仍是构成中的淀粉成分在高温下会溶解，低温时又会凝固，造成表面堆积，粗糙度明显增大。

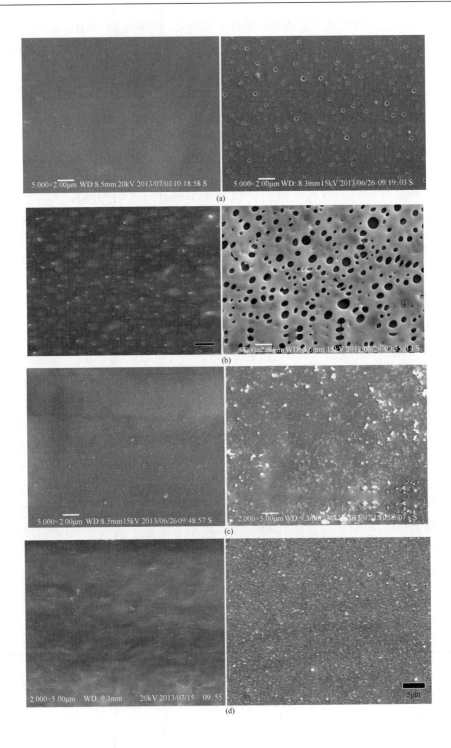

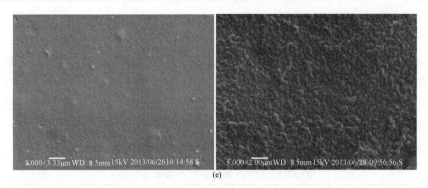

图 27-3　保护材料老化前后的 SEM 图：(a)PDFHM-b-PMMA；(b)PDMS-(PMMA-PMPS)$_2$/SiO$_2$；(c)SiO$_2$/PDMS-(PMMA-PMPS)$_2$；(d)SiO$_2$-g-PMMA-b-PDFHM；(e)VTMS-starch/P(MMA/BA/ 3FMA)

27.3　POSS 基保护材料的湿热老化黏接性能与拉伸性能分析

27.3.1　黏接性能变化

　　将六种 POSS 基保护材料依照表 27-2 配制成相应浓度的溶液后，黏接在 25mm×12.5mm 的两片玻璃之间，室温下放置 24h，真空干燥 24h 后取出。将制好的样品玻璃片放入可程式恒温恒湿试验机内，进行湿热循环老化。分别在 0、1、2、3 个循环(1 个循环为 24h)后，进行拉伸测试，结果见表 27-4。除线形 POSS-PMMA-b-P(MA-POSS)和线形 ap-POSS- PMMA-b-PDFHM 外，其余保护材料第一个循环后的黏接强度均增大，应该是随着高温的作用而持续发挥黏接功能。随着老化时间的增长，P(GMA-POSS)-co-PMMA 乳液和线形 POSS-PMMA-b-P(MA-POSS)的黏接强度有略微减小的趋势，其他样品则变化不大。另外，溶液型 PGMA-P(MA-POSS)、PGMA-g-P(MA-POSS)、线形 ap-POSS-PMMA-b-PDFHM 均表现出优良的黏接性能。

表 27-4　POSS 基保护材料老化前后黏接力对比

POSS 基保护材料	浓度/%	不同循环后的平均拉力/N			
		0	1	2	3
溶液型 PGMA-P(MA-POSS)	3	450	621	562	516
乳液法 P(GMA-POSS)-co-PMMA	20	112	132	104	101
PGMA-g-P(MA-POSS)	5	214	297	350	386
POSS-PMMA-b-P(MA-POSS)	20	261	168	192	142
ap-POSS-PMMA-b-PDFHM	20	221	196	402	320
PDMS-b-PMMA-b-P(MA-POSS)	20	172	242	293	252

27.3.2　拉伸性能变化

将表 27-2 中保护材料按照所列溶剂及浓度在聚四氟乙烯塑料上成膜，裁剪成宽度约为 7mm 的薄片，拉伸试验得膜的拉伸强度，结果见表 27-5。由表 27-5 数据可以看出，除 ap-POSS-PMMA-b-PDFHM 外，其他样品均在 $CHCl_3$ 中成膜性更好。通过对比可知，软硬链段型 PDMS-b-PMMA-b-P(MA-POSS)成膜性好，膜拉伸强度明显高于其他样品膜，应该是 PDMS 软链段的贡献。

表 27-5　POSS 基保护材料膜拉伸强度

POSS 基保护材料	浓度/%	溶剂	拉伸强度/MPa
乳液 P(GMA-POSS)-co-PMMA	30	$CHCl_3$	10.21
POSS-PMMA-b-P(MA-POSS)	30	$CHCl_3$	5.21
ap-POSS-PMMA-b-PDFHM	30	$CHCl_3$	4.37
		THF	8.20
PDMS-b-PMMA-b-P(MA-POSS)	30	$CHCl_3$	22.61
		THF	13.41

第 28 章 硅基软纳米材料保护硅酸盐质文化遗迹

本章导读

为了清楚硅基软纳米材料对硅酸盐质文化遗迹的保护作用，本章分别以 5 类材料为例对砂岩、陶胎、彩绘等进行加固保护、黏接保护、表面保护的保护效果评估。通过保护前后的吸水系数、水蒸气渗透性、水静态接触角、耐盐循环和耐冻融循环等参数评估保护效果。5 类硅基软纳米材料分别是：2 种纳米 SiO_2 基材料 PDMS-(PMMA-PMPS)$_2$/SiO_2 和 SiO_2-g-PMMA-b-P12FMA；3 种 POSS 基材料 ap-POSS-PMMA-b-P(MA-POSS)、PDMS-b-PMMA-b-P(MA-POSS) 和 F-PMMA-b-P(MA-POSS)；2 种淀粉改性材料 VTMS-starch@P(MMA/BA/3FMA)和 P(VTMS/12FMA)-g-starch；1 种环氧改性材料 P(GMA-POSS)-co-POSS 的黏接保护；1 种 POSS 基含氟材料 ap-POSS-PMMA-b-P12FMA 的表面保护。

28.1 SiO_2 基软纳米材料保护砂岩、陶质基体和泥坯绘彩

28.1.1 保护样块与保护材料简介

1. 砂岩样块

选用彬县大佛寺石窟岩石(唐代，平均密度 2.29g/cm^3，孔隙度 23.66%)为保护对象。大佛寺砂岩不仅具有很好的透水性，也具有盛水性，水及可溶盐的作用使得石窟表面大面积砂化及剥落，致使有些佛像的外观模糊不清，甚至脱落，石窟及雕像有待于化学加固保护。样品取自同一处岩石，性质完全相同。将砂岩切割成约 5cm×5cm×2cm 的样块用于紫外光照和湿热循环老化，2cm×2cm×1cm 用于毛细吸收、水吸收、水蒸气渗透和耐盐实验，直径为 4.2cm×0.8cm 的圆形砂岩样块用于水蒸气渗透实验，如图 28-1 所示。水冲洗磨平表面后于 110℃烘干 24h，并在干燥器下放置至恒重。

2. 陶质样块

选用模拟秦兵马俑陶体样品，其致密，硬度大。切割成 3cm×4cm×2cm 的尺寸，如图 28-2 所示。表面打磨光滑，水冲洗表面后于 110℃烘干 24h，并在自然条件下放置至恒重。此样块用于紫外光照和湿热循环老化实验。

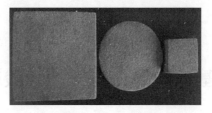

图 28-1　砂岩样块

图 28-2　陶质样块

3. 泥坯绘彩样块

泥坯样块为模拟石窟壁画泥层样块。制备成型在一个直径为 6.5cm 的圆形塑料培养皿中,先用一定比例(表 28-1)的土、沙、麦秸秆和水混合均匀后铺一层 1.5cm 的泥层作为下层。将其在室温环境下静置 4h,待其半干时将土、沙、麻和水以一定的比例混合铺成上层,厚度为 0.5cm。制好后室温环境下放置一周待其干燥。

在已干燥的泥层上先涂刷一层 7% 的明胶调和的碳酸钙白底,等其干后分区域分别涂刷石青、赭石、石绿和朱砂矿物颜料,制备好的彩绘泥坯(图 28-3)放置于室温环境下一周进行干燥。此样品用于紫外光照和湿热循环老化实验。

表 28-1　泥坯样块上下两层物质组成及比例

泥层	土/份	沙/份	麦秸秆/份	麻/份	水/份
下层	64	36	2.25	—	30
上层	64	36	—	0.75	30

图 28-3　制备好的彩绘泥坯样块

4. 保护材料

保护材料选择了第 2 章合成的 SiO_2 表面引发甲基丙烯酸甲酯与甲基丙烯酸十二氟庚酯聚合物 SiO_2-g-PMMA-b-12FMA 和第 5 章合成的硅油 PDMS 引发甲基丙烯酸甲酯与甲基丙烯酰氧基丙基三甲氧基硅烷共聚物生长 SiO_2 的 PDMS-(PMMA-b-PMPS)$_2$/SiO_2，见表 28-2。为了比较，以 Paraloid B72 和 P12FMA-b- PMMA 作为对比。

表 28-2　材料主要组成、性状、溶剂及使用浓度

保护材料	组成	性状
Paraloid B72	丙烯酸甲酯和甲基丙烯酸乙酯的共聚物	无色透明固体可溶于丙酮
P12FMA-b-PMMA	嵌段聚合物	白色固体溶于三氯甲烷
PDMS-(PMMA-b-PMPS)$_2$/SiO_2	硅油 PDMS 引发共聚物生长 SiO_2	透明溶液(四氢呋喃)
SiO_2-g-PMMA-b-P12FMA	SiO_2 表面引发聚合物	白色固体，溶于三氯甲烷

28.1.2　紫外光照老化后的颜色与水接触角变化

1. 表面色差分析

对保护样块进行紫外老化后颜色变化的表征，其结果见表 28-3～表 28-5。其中表 28-3 为砂岩样块色差数据，表 28-4 为陶质样块色差数据，表 28-5 为泥坯彩绘被保护后样块在紫外光照条件下颜色的变化。

表 28-3　保护处理砂岩样块紫外老化色差变化

老化时间/h	Paraloid B72	12FMA-b-PMMA	PDMS-(PMMA-b-PMPS)$_2$/SiO_2	SiO_2-g-PMMA-b-12FMA
0	0.000	0.000	0.000	0.000
72	1.096	0.727	0.906	0.377
168	1.249	0.684	0.843	0.583
336	1.206	1.029	0.947	1.090
864	1.473	1.255	1.040	1.185
1392	1.974	1.514	1.383	1.504

表 28-4　保护处理陶质样块紫外老化色差变化

老化时间/h	Paraloid B72	12FMA-b-PMMA	PDMS-(PMMA-b-PMPS)$_2$/SiO_2	SiO_2-g-PMMA-b-12FMA
0	0.000	0.000	0.000	0.000
72	1.386	2.329	1.392	2.734
168	1.655	1.463	0.928	2.972
336	2.346	1.609	0.809	1.927
864	3.146	1.612	1.302	2.515
1392	4.125	1.636	1.475	3.827

表 28-5　保护处理泥坯彩绘紫外老化色差变化

老化时间/h	Paraloid B72					12FMA-b-PMMA				
	碳酸钙	石青	赭石	石绿	朱砂	碳酸钙	石青	赭石	石绿	朱砂
72	0.450	1.771	4.457	0.963	1.167	0.670	0.354	1.738	0.562	1.279
168	9.133	1.645	3.511	2.536	3.202	0.667	0.784	1.485	0.563	1.709
336	3.745	1.417	5.604	2.044	3.486	0.582	1.005	1.378	1.702	1.966
864	8.614	3.687	4.611	2.632	3.265	0.622	2.635	1.625	2.349	2.624
1392	8.525	6.232	2.907	4.384	5.761	0.797	4.373	1.957	4.703	8.302

老化时间/h	PDMS-(PMMA-b-PMPS)$_2$/SiO$_2$					SiO$_2$-g-PMMA-b-12FMA				
	碳酸钙	石青	赭石	石绿	朱砂	碳酸钙	石青	赭石	石绿	朱砂
72	0.730	0.727	1.110	0.280	2.975	0.254	0.317	0.944	0.381	0.807
168	1.011	1.015	1.000	0.316	2.895	0.157	0.304	1.454	0.972	0.799
336	0.807	1.663	1.504	0.671	2.123	0.478	0.552	0.867	1.180	0.790
864	0.831	3.594	1.936	1.359	3.270	0.532	1.635	1.325	1.366	1.126
1392	0.862	4.528	2.931	4.743	4.922	0.649	1.892	1.548	2.571	1.357

从表中可以看出，砂岩样块的色差变化比陶质样块小。因砂岩样块粗糙度较大，保护液已渗入其中，在表面聚集现象没有陶质样块明显。在砂岩样块组中各被保护样块表现以 Paraloid B72＞12FMA-b-PMMA＞SiO$_2$-g-PMMA-b-12FMA＞PDMS-(PMMA-b-PMPS)$_2$/SiO$_2$ 顺序，颜色变化程度越来越小。而对于陶质样块则是以 Paraloid B72＞SiO$_2$-g-PMMA-b-12FMA＞12FMA-b-PMMA＞PDMS-(PMMA-b-PMPS)$_2$/SiO$_2$ 的顺序颜色变化程度逐渐减小。

对比两组顺序可以看出，12FMA-b-PMMA、PDMS-(PMMA-b-PMPS)$_2$/SiO$_2$ 和 SiO$_2$-g-PMMA-b-12FMA 在紫外老化过程中颜色变化程度相对较小，其保护程度较商品化材料 Paraloid B72 好，而保护效果最佳的应为 PDMS-(PMMA-b-PMPS)$_2$/SiO$_2$，保护样块的颜色变化程度只在颜色变化轻微的范围内，证明 SiO$_2$ 改性的有机聚合物对紫外线有很好的抵抗性。而其他合成材料保护的样块色差也在能觉察到的范围内。相反，商品化保护材料 Paraloid B72 对紫外线没有很好的抵抗能力，在两组中变化都较为明显，尤其是陶质样块保护时，样块色差变化明显，不适合保护需抵抗紫外线的基体。

从表 28-5 中对彩绘层保护的数据可以看到，SiO$_2$-g-PMMA-b-12FMA 比其他保护材料效果好，在老化 1392h 时每种颜色的色差均能保持在 0.6～2.6 范围内，处于轻微能觉察到的范围。而其他保护的样块中，颜料层除个别颜色变化较小，大多数颜色变化明显。但相比较所有合成保护材料，Paraloid B72 保护效果较好，说明合成材料对紫外线有较好的抵抗作用。从颜色角度分析可以得到，保护材料对石绿、石青和朱砂的保护效果普遍不理想。因这几种颜料主要化学成分 $CuCO_3 \cdot Cu(OH)_2$、$2CuCO_3 \cdot Cu(OH)_2$ 和 HgS 在紫外光照下易分解而变色。受 Paraloid B72 和 S-POSS-PMMA-b-PMAPOSS 保护的样块白色碳酸钙的变化都很明显，说明二者不适宜保护碳酸钙类施彩样品。所有颜色中赭石(主要成分为 Fe_2O_3)是变化相对最小的，说明赭石本身对紫外线变化并不敏感。整体分析可以看出，合成材料确实有一定的抗紫外作用，其效果较常用的表面封护剂 Paraloid B72 较好。但保护不同颜色的样品时可以选择不同的保护材料。

2. 表面对水的接触角分析

图 28-4 为三种基体不同保护材料处理后的紫外光照老化水接触角变化曲线。对比结果可以看出，陶质样块以 Paraloid B72＜12FMA-b-PMMA≈PDMS-(PMMA-b-PMPS)$_2$/SiO$_2$＜SiO$_2$-g-PMMA-b-12FMA 的顺序表面水接触角逐渐增大，砂岩样块以 Paraloid B72＜PDMS-(PMMA-b-PMPS)$_2$/SiO$_2$＜SiO$_2$-g-PMMA-b-12FMA＜12FMA-b-PMMA 的顺序水接触角逐渐增大。Paraloid B72 保护样块的接触角小于其他保护材料，老化结束时被 Paraloid B72 保护过的陶质样块和砂岩样块分别为 73° 和 93.3°。而合成保护材料 12FMA-b-PMMA 和 SiO$_2$-g-PMMA-b-12FMA 则在老化前接触角较大且老化过程中减小程度较小，样块表面疏水性保持较好。在老化结束时 12FMA-b-PMMA 保护的陶质样块和砂岩样块分别为 90° 和 119.3°，SiO$_2$-g-PMMA-b-12FMA 相对应的则分别为 101.3° 和 116.3°。PDMS-(PMMA-b-PMPS)$_2$/SiO$_2$ 也有较好的疏水性，老化 1392h 都能保持在 90° 以上。

图 28-4(B)泥坯彩绘随紫外光照老化水接触角的变化曲线图显示，除了碳酸钙施彩样块的接触角变化较大以外，其他施彩样块的接触角变化趋势基本相同，在 60°～100° 之间。分析保护材料的保护效果，以 12FMA-b-PMMA、PDMS-(PMMA-b-PMPS)$_2$/SiO$_2$ 和 SiO$_2$-g-PMMA-b-12FMA 为最好，大部分都在 90° 以上，而丙烯酸类的 Paraloid B72 则在 60°～70° 之间。

综合紫外光老化后的色差和水接触角分析，12FMA-b-PMMA、PDMS-(PMMA-b-PMPS)$_2$/SiO$_2$ 和 SiO$_2$-g-PMMA-b-12FMA 在紫外老化过程中对紫外线照射有较好的抵抗作用，保护效果较好，优于商品化 Paraloid B72。

28.1.3 湿热循环老化的色差与水接触角

1. 色差分析

湿热循环老化后三种样块颜色变化见表 28-6～表 28-8，从表中可以看出，湿热循环后的颜色变化同样是砂岩样块色差变化小于陶质样块。在砂岩样块组中，各被保护样块表现以 PDMS-(PMMA-b-PMPS)$_2$/SiO$_2$＞SiO$_2$-g-PMMA-b-12FMA＞

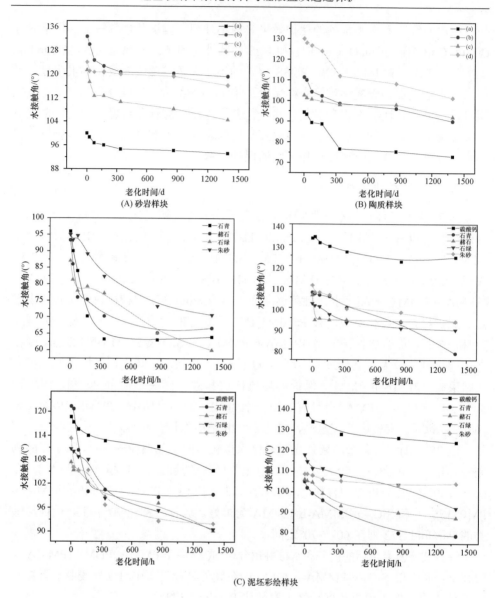

图 28-4　不同保护材料处理的三种样块紫外光照老化水接触角变化曲线：(a)Paraloid B72；
(b)12FMA-b-PMMA；(c)PDMS-(PMMA-b-PMPS)₂/SiO₂；(d)SiO₂-g-PMMA-b-12FMA

12FMA-b-PMMA＞Paraloid B72 顺序，颜色变化程度越来越小。而对于陶质样块
则是以 PDMS-(PMMA-b-PMPS)₂/SiO₂＞SiO₂-g-PMMA-b-12FMA＞Paraloid B72＞
12FMA-b-PMMA 的顺序，颜色变化程度逐渐减小。对比两组顺序可以得出，
Paraloid B72 和 12FMA-b-PMMA 在湿热循环老化过程中颜色变化程度相对较小，

表 28-6　保护液处理砂岩样块湿热循环老化色差

老化时间/h	B72	12FMA-b-PMMA	PDMS-(PMMA-b-PMPS)$_2$/SiO$_2$	SiO$_2$-g-PMMA-b-12FMA
72	1.587	3.280	4.592	3.567
168	0.867	2.978	4.573	3.505
336	0.904	3.373	4.714	3.952
864	0.901	2.048	4.612	3.598
1392	0.903	1.935	4.391	3.557

表 28-7　保护液处理陶块样块湿热循环老化色差

老化时间/h	B72	12FMA-b-PMMA	PDMS-(PMMA-b-PMPS)$_2$/SiO$_2$	SiO$_2$-g-PMMA-b-12FMA
72	3.795	3.181	7.771	5.948
168	3.435	3.277	10.400	6.409
336	4.131	3.647	11.15	7.128
864	4.032	3.594	12.50	7.026
1392	3.743	3.577	13.38	6.442

表 28-8　保护液处理泥坯彩绘湿热循环老化色差

老化时间/h	Paraloid B72					12FMA-b-PMMA				
	碳酸钙	石青	赭石	石绿	朱砂	碳酸钙	石青	赭石	石绿	朱砂
72	0.253	1.080	2.736	3.459	1.314	1.452	2.099	11.10	11.44	7.715
168	0.469	0.508	2.666	2.959	1.246	0.879	2.282	11.57	10.88	7.499
336	0.702	0.509	2.651	2.780	1.504	1.272	2.698	11.37	11.43	7.580
864	1.033	0.827	2.310	2.032	1.926	1.624	2.726	11.62	11.50	7.932
1392	1.340	1.067	1.838	1.624	2.432	1.941	2.884	11.74	11.70	8.058

老化时间/h	PDMS-(PMMA-b-PMPS)$_2$/SiO$_2$					SiO$_2$-g-PMMA-b-12FMA				
	碳酸钙	石青	赭石	石绿	朱砂	碳酸钙	石青	赭石	石绿	朱砂
72	2.801	15.14	11.87	12.45	14.95	0.855	21.82	12.29	9.222	12.79
168	2.537	16.35	12.19	13.48	14.78	0.775	21.79	12.33	10.95	13.27
336	2.571	17.42	12.87	14.16	15.14	0.737	22.62	12.54	11.06	13.53
864	2.427	18.03	12.71	14.52	15.23	0.816	22.55	12.61	11.24	13.62
1392	2.356	18.41	12.62	14.68	15.59	0.891	22.45	12.72	11.54	13.77

在砂岩样块表面轻微变色上表现为轻微的程度，在陶质样块表面表现为明显的过渡范围。而 PDMS-(PMMA-b-PMPS)$_2$/SiO$_2$ 和 SiO$_2$-g-PMMA-b-12FMA 则色差变化较大。在陶质样块表面色差变化较为突出，PDMS-(PMMA-b-PMPS)$_2$/SiO$_2$ 最为明显膜表面发白，这与紫外老化的结果相反，原因是杂化材料中无机成分 SiO$_2$ 在高温高湿环境中易迁移到表面而沉积。所以，含有 SiO$_2$ 的材料不适宜在高温高湿环境下作为表面封护剂用于样品的保护材料。

　　表 28-8 给出了泥坯彩绘被保护后样块在湿热循环老化后颜色的变化。由表中数据可以看出，Paraloid B72 保护效果最好，在老化 1392h 内样块色差变化都在能觉察到范围内，而碳酸泥施彩样块的色差变化较小，其他泥彩样块色差均变化明显。碳酸钙颜色本身在高温高湿下的稳定性使其色差变化较其他颜色小。所以，合成保护材料在保护彩绘样品的效果不如用于保护岩石和陶质样块。

　　2. 水接触角分析

　　图 28-5 给出砂岩样块和陶质样块不同保护材料湿热循环老化后表面水接触角的变化曲线。对陶质样块以 Paraloid B72 ＜ PDMS-(PMMA-b-PMPS)$_2$/SiO$_2$ ＜ SiO$_2$-g-PMMA-b-12FMA ＜ 12FMA-b-PMMA 的顺序，样块表面水接触角逐渐增大，砂岩样块以 Paraloid B72 ＜ PDMS-(PMMA-b-PMPS)$_2$/SiO$_2$ ＜ 12FMA-b-PMMA ＜ SiO$_2$-g-PMMA-b-12FMA 的顺序，水接触角逐渐增大。综合来看，Paraloid B72 的接触角小于其他保护材料，老化结束时被 Paraloid B72 保护过的砂岩样块和陶质样块分别为 90.2° 和 99.3°。而 12FMA-b-PMMA 和 SiO$_2$-g-PMMA-b-12FMA 在老化前接触角较大且老化过程中减小程度较小，样块表面疏水性保持较好。老化结束后，12FMA-b-PMMA 保护的砂岩样块和陶质样块分别为 112.6° 和 101.3°，SiO$_2$-g-PMMA-b-12FMA 相对应的则分别为 110.2° 和 108.7°。这个结果与紫外老化实验结果是一致的，说明保护材料应用于砂岩和陶质样块时的疏水性与紫外光照和湿热循环老化的变化规律相同。

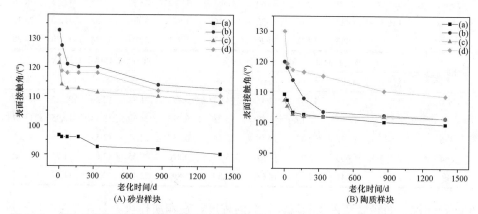

图 28-5　保护处理陶块湿热老化水接触角变化曲线：(a)Paraloid B72；(b)12FMA-b-PMMA；(c)PDMS-(PMMA-b-PMPS)$_2$/SiO$_2$；(d)SiO$_2$-g-PMMA-b-12FMA

　　在湿热循环老化条件下，泥坯彩绘中的明胶黏合剂会受热分解，使表面疏水性减小，在老化 24h 后很多样块表面的水接触角数据见表 28-9，除了商品材料 Paraloid B72 能够测出接触角外，其他保护样块均只能部分测出。受 Paraloid B72

保护的样块水接触角在老化 1392h 仍能保持在 90°以上。而其他保护样块中也只有碳酸钙施彩样块的接触角能够测得，说明碳酸钙在湿热环境下较其他矿物颜料稳定。

表 28-9　泥坯彩绘样块湿热循环表面水接触角变化

老化时间/h	Paraloid B72					12FMA-b-PMMA				
	碳酸钙	石青	赭石	石绿	朱砂	碳酸钙	石青	赭石	石绿	朱砂
0	137.3	120.7	118.0	109.3	116.7	142.0	106.7	106.0	102.0	135.3
24	134.0	120.7	116.2	106.0	112.7	140.0	126.7	—	—	124.0
72	133.3	114.0	115.2	102.7	112.7	136.0	130.0	—	—	122.7
168	130.0	112.0	111.2	100.0	112.0	133.3	134.0	—	—	107.3
336	128.0	102.7	103.3	98.24	110.0	133.3				
864	127.3	96.20	93.33	92.54	99.00	132.0				
1392	125.3	90.00	90.67	87.00	95.00	130.2				

老化时间/h	PDMS-(PMMA-b-PMPS)$_2$/SiO$_2$					SiO$_2$-g-PMMA-b-12FMA				
	碳酸钙	石青	赭石	石绿	朱砂	碳酸钙	石青	赭石	石绿	朱砂
0	134.0	99.33	107.3	108.7	113.3	144.3	90.00	90.00	111.3	106.0
24	121.7	102.0	—	101.3	—	143.3	—	—	108.0	110.0
72	120.0	104.0				142.3				
168	118.3	—	—	—	—	140.7				
336	112.7	—	—	—	—	140.0				
864	104.7					138.0				

28.1.4　保护前后吸水性能变化

1. 毛细吸水性

毛细吸水参数是表征砂岩样块耐水性的一个重要指标。图 28-6 是不同保护材料处理过的砂岩样块和未处理空白样的毛细吸水曲线。从图中明显看出，未经处理的空白砂岩样块迅速吸收大量水分，而经过 12FMA-b-PMMA、PDMS-(PMMA-b-PMPS)$_2$/SiO$_2$ 和 SiO$_2$-g-PMMA-b-12FMA 及商品材料 Paraloid B72 处理过的砂岩样块的毛细吸水程度均有不同程度的下降。尤其是 12FMA-b-PMMA、PDMS-(PMMA-b-PMPS)$_2$/SiO$_2$ 和 SiO$_2$-g-PMMA-b-12FMA，三者的毛细吸水程度小到可以忽略。

与未保护的空白样的吸水率(6.02%)相比(表 28-10)，所有经过处理的样块的吸水率均下降(0.60%~4.72%)，且经过 12FMA-b-PMMA(0.18%)、PDMS-(PMMA-b-PMPS)$_2$/SiO$_2$(0.66%)和 SiO$_2$-g-PMMA-b-12FMA(0.60)处理的样块其吸水率比经过

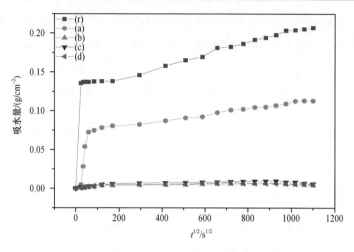

图 28-6　不同处理的砂岩样块的毛细吸水曲线：(r)空白样；(a)Paraloid B72；
(b)12FMA-b-PMMA；(c)PDMS-(PMMA-b-PMPS)$_2$/SiO$_2$；(d)SiO$_2$-g-PMMA-b-12FMA

表 28-10　　不同样块的浸泡吸水率

保护材料	吸水率/%	盐循环质量损失率/%
空白样	6.02	15.26
Paraloid B72	4.72	−1.04
12FMA-b-PMMA	0.18	−0.44
PDMS-(PMMA-PMPS)$_2$/SiO$_2$	0.66	−0.63
SiO$_2$-g-PMMA-b-12FMA	0.60	7.39

Paraloid B72(4.72%)处理的样块的吸水率低，尤其是经过 12FMA-b-PMMA 溶液处理的样块，其吸水率相比于未保护空白样(6.02)下降了 97%。综合毛细吸水实验和吸水率结果，可以看出所有经过保护处理的样块相对于未处理空白样的耐水性能均有所提高，且经过 12FMA-b-PMMA、PDMS-(PMMA-b-PMPS)$_2$/SiO$_2$ 和 SiO$_2$-g-PMMA-b-12FMA 三种保护液处理的样块比经过 Paraloid B72 溶液处理的样块的耐水性好。

2. 水蒸气渗透性

水蒸气渗透性表征了保护材料作用后对被保护基体透气程度的影响。图 28-7 为不同保护液处理的砂岩样块的水蒸气渗透曲线图。由图中可以看出，不同材料保护后的透气性变化规律类似，而且透气性能力十分接近。稍有不同的是，经 Paraloid B72、12FMA-b-PMMA 和 SiO$_2$-g-PMMA-b-12FMA 处理的砂岩样块的水蒸气渗透率没有其他保护样块大，说明其在抗水的同时使得透气性变差。

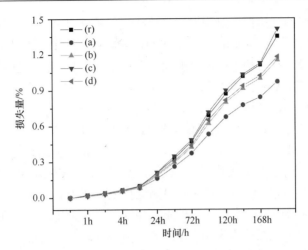

图 28-7　不同保护液处理的砂岩样块的水蒸气渗透曲线：(r)空白样；(a)Paraloid B72；
(b)12FMA-b- PMMA；(c)PDMS-(PMMA-b-PMPS)$_2$/SiO$_2$；(d)SiO$_2$-g-PMMA-b-12FMA

28.1.5　耐盐循环

经过一个完整的盐结晶循环后，空白样已经有部分损坏。其他三个样块尚未见明显变化。经过两个完整的盐结晶循环之后，含氟嵌段共聚物、Paraloid B72、处理过的样块表面有轻微的损伤，而空白样块也明显破坏，故循环结束。样块经过两个完整的盐结晶循环之后的质量损失率见表 28-10。由于经过盐侵蚀，空白样块和 Paraloid B72 处理的样块损坏程度很大，难以对其进行彻底清洗，故而仅以两个完整的盐结晶循环结束时的质量来计算质量损失率。其中未保护空白样的损坏程度最大，质量损失率约为 30%，经 Paraloid B72 处理的样块的质量损失率次之。经过 12FMA-b-PMMA、SiO$_2$-g-PMMA-b-12FMA 和 PDMS-(PMMA-b-PMPS)$_2$/SiO$_2$ 的质量损失率成负值，即质量反而增加，这是沉积在样块表面的盐和吸收到样块内部的盐未被去除所致。

所有经过保护处理的砂岩样块的耐盐侵蚀能力相对于未保护空白样都有不同程度的提高。相比于商用材料 Paraloid B72 处理的样块，经过 12FMA-b-PMMA、PDMS-(PMMA-b-PMPS)$_2$/SiO$_2$ 和 SiO$_2$-g-PMMA-b-12FMA 处理的样块对砂岩样块耐盐性能的提升尤为突出。可见，这三种合成材料使砂岩块耐盐性能明显提高。

28.1.6　SiO$_2$ 基软纳米材料保护小结

(1)对于保护砂岩和陶质样块来说，12FMA-b-PMMA、PDMS-(PMMA-b-PMPS)$_2$/SiO$_2$ 和 SiO$_2$-g-PMMA-b-12FMA 保护的样块颜色变化程度较小，低于 Paraloid B72，效果最佳的为 PDMS-(PMMA-b-PMPS)$_2$/SiO$_2$，证明 SiO$_2$ 改性材料

对紫外线有很好的抵抗性。对于泥坯彩绘样块保护结果来说，所有合成保护材料都较 Paraloid B72 保护效果好，尤其是 SiO$_2$-g-PMMA-b-12FMA。从颜色角度分析，保护材料对石绿、石青和朱砂的影响较大，所以在保护不同颜色样品时要慎重选择保护材料。12FMA-b-PMMA 和 SiO$_2$-g-PMMA-b-12FMA 则在老化前接触角较大且老化过程中减小程度小，样块表面疏水性保持较好。

(2)湿热循环老化后，Paraloid B72 和 12FMA-b-PMMA 颜色变化程度较小，砂岩样块颜色轻微变化，陶质样块上表现为明显的过渡范围。其他合成保护材料在砂岩样块上比在陶质样块色差变化大。故 PDMS-(PMMA-b-PMPS)$_2$/SiO$_2$ 和 SiO$_2$-g-PMMA-b-12FMA 不适宜在高温高湿环境下作为表面保护。保护材料应用于砂岩和陶质样块时的疏水性受紫外光照和湿热循环老化的变化规律是相同的。

(3)砂岩样块的毛细吸水表明，经过其他合成材料处理的样块毛细吸水程度均有不同程度下降，尤其是 12FMA-b-PMMA、PDMS-(PMMA-b-PMPS)$_2$/SiO$_2$ 和 SiO$_2$-g-PMMA-b-12FMA 的毛细吸水程度几乎可以忽略。12FMA-b-PMMA、PDMS-(PMMA-b-PMPS)$_2$/SiO$_2$ 和 SiO$_2$-g-PMMA-b-12FMA 三种处理样块的吸水率最低。12FMA-b-PMMA、PDMS-(PMMA-b-PMPS)$_2$/SiO$_2$ 和 SiO$_2$-g-PMMA-b-12FMA 处理的样块比经过 Paraloid B72 处理的样块的疏水性好，12FMA-b-PMMA 最好。

(4)经 Paraloid B72、12FMA-b-PMMA 和 SiO$_2$-g-PMMA-b-12FMA 处理的砂岩样块的水蒸气渗透率较小，说明其在抗水的同时使得透气性变差。所有经过保护处理的砂岩样块的耐盐侵蚀能力都有不同程度的提高。相比于 Paraloid B72 处理的样块，经过 12FMA-b-PMMA、PDMS-(PMMA-b-PMPS)$_2$/SiO$_2$ 和 SiO$_2$-g-PMMA-b-12FMA 处理的样块的耐盐性最好。可见，这三种合成材料适合于保护高盐环境下的基体。

28.2　POSS 基软纳米材料保护砂岩

28.2.1　保护材料与保护对象

砂岩样块 D1：彬县大佛寺石窟红色砂岩，孔隙度 23.66%，如图 28-8 所示。砂岩样块 D2：钟山石窟灰色砂岩，平均孔隙度 21.57%，如图 28-8 所示。切割成约 2cm×2cm×1.0cm 用于毛细吸水、吸水率、表面接触角、耐盐实验及耐冻融实验；直径为 4.2×0.8～4.2×1.0cm^2 的圆形砂岩样块用于水蒸气渗透试验。砂纸磨平表面后用水冲洗，于 110℃烘干 24h，并在自然条件下放置至恒重。三种 POSS 基保护材料为 ap-POSS-PMMA-b-P(MA-POSS)、PDMS-b-PMMA-b-P(MA-POSS)和 F-PMMA-b-P(MA-POSS)，均配制成无色透明溶液。采用浸泡法，持续时间为 1h。三种 POSS 基保护材料溶液的吸收率分别为 5.13%、6.42%、5.25%。

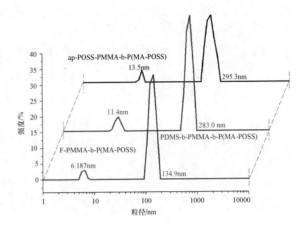

图 28-8　砂岩样块 D1 和 D2(左)与保护材料的粒径分布(右)

28.2.2　样块颜色变化与表面吸水性

保护前后颜色变化结果如表 28-11 所示。由于保护材料的施用引起基体颜色变化的允许值是 $\Delta E^*<5$，而样块的 ΔE^* 在 1.69~4.30 之间，小于人类肉眼可以感知的程度，所以三种材料的使用均不会影响外观。样块的 ΔL^* 均为正值，说明经过保护，样块的明度有少许上升。Δa^* 和 Δb^* 均为正值，说明经过保护，样块的颜色向红色和黄色方向发展。经过 POSS 基材料保护的砂岩表面对去离子水的接触角达到 110° 以上，如表 28-11 及图 28-9 所示。这说明经过保护，其表面润湿性大幅度下降。经过含 POSS 的共聚物杂化材料处理的砂岩表面对去离子水在测试的 15s 内，水滴几乎不会有变化，并且放置 10min 也没有明显的塌陷。这说明样块吸收的保护材料能够充分提高砂岩样块的表面疏水性。

表 28-11　颜色变化值和水接触角变化

保护材料	颜色 ΔE		水接触角/(°)	
	红色砂岩	青色砂岩	红色砂岩	灰色砂岩
S1　POSS-PMMA-b-P(MA-POSS)	1.69	3.21	128.6±3.6	122.9±2.1
S2　PDMS-b-PMMA-b-P(MA-POSS)	4.30	3.74	127.2±3.1	120.2±1.7
S3　F-PMMA-b-P(MA-POSS)	3.57	3.12	125.2±2.5	120.8±2.3

图 28-10 不同保护材料处理过的砂岩样块和未处理空白样(R)毛细吸水曲线。毛细吸水系数是从最初的 15min 计算得来。从图中明显看出，未经任何保护材料处理的空白样品迅速吸收大量水分，而经过材料保护的样块毛细吸水率均有不同程度的下降。对于红砂岩 D_1 来说，毛细吸水系数分别为：S1，$7.89\times10^{-5}\mathrm{g}/(\mathrm{cm}^2\cdot\mathrm{s}^{1/2})$；S2，$6.58\times10^{-5}\mathrm{g}/(\mathrm{cm}^2\cdot\mathrm{s}^{1/2})$；S3，$5.95\times10^{-5}\mathrm{g}/(\mathrm{cm}^2\cdot\mathrm{s}^{1/2})$，吸水量也十分接近，分别为 2.46%、

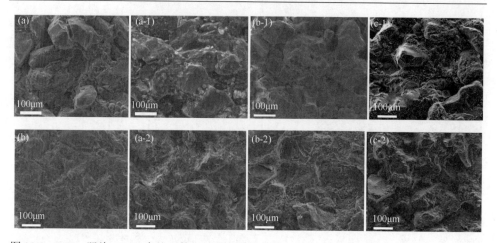

图 28-9　SEM 照片：(a, b)未处理的红砂岩和灰砂岩；(a-1, a-2)ap-POSS-PMMA-b-P(MA-POSS)红砂岩和灰砂岩；(b-1, b-2)PDMS-b-PMMA-b-P(MA-POSS)红砂岩和灰砂岩；(c-1, c-2)F-PMMA-b-P(MA-POSS)红砂岩和灰砂岩

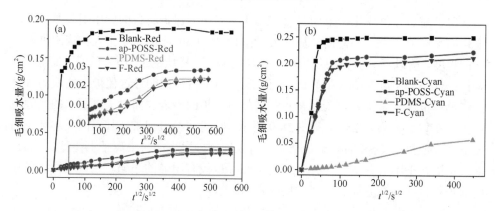

图 28-10　不同保护材料处理过的砂岩样块和未处理空白样的毛细吸水曲线：
(a)红砂岩；(b)青砂岩

2.22%和 2.72%。吸水系数和吸水量都比空白样块[1.53×10^{-3} g/(cm²·s$^{1/2}$)，6.89%]明显降低。对于青色砂岩 D_2，保护处理后表现出更低的毛细吸水系数和吸水量[$1.47 \times 10^{-3} \sim 1.98 \times 10^{-3}$ g/(cm²·s$^{1/2}$)，5.95%～8.429%]，与未处理的青色砂岩接近[2.5×10^{-3} g/(cm²·s$^{1/2}$)，11.15%]。因为红色砂岩比青色砂岩的空隙尺寸大，容易吸收保护材料，导致红色砂岩吸水性降低比青色砂岩明显。

28.2.3　砂岩空隙尺寸分布

红砂岩 D1 和青砂岩 D2 保护前后的孔径分布如图 28-11(a)～(f)所示。整体上看，两种砂岩均主要以小孔径分布为主，红砂岩 D1 的空隙分布数目和大小均大

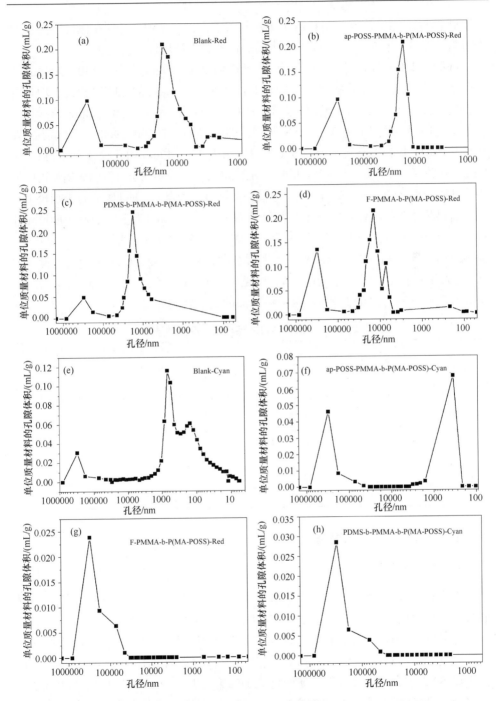

图 28-11　保护处理前后砂岩空隙变化：(a)红砂岩；(b)S1-D1；(c)S2-D1；
(d)S3-D1；(e)青砂岩；(f)S1-D2；(g)S2-D2；(h)S3-D2

于青砂岩 D2。当涂层保护材料施用于古砂岩表面的保护时，必须在保证不完全改变砂岩本身孔结构的同时，提高基体抵抗各种恶劣环境侵蚀的能力。

红砂岩 D1 未经保护之前主要孔径分布为：3.5～40μm(为主)、200～900μm 和小于 2μm 的孔隙。S1 保护后的红砂岩 D1 中 200～900μm 的孔隙率和大小均未发生变化，而小于 2μm 的孔径消失，3.5～40μm 的孔径变窄为 10～30μm 的孔径，孔隙率无明显发生变化；S2 与 S3 保护后的砂岩 D1 中 200～900μm 的大小未发生变化，同样小于 2μm 的孔径消失，空白样品中 3.5～40μm 的孔径分布变为 0.2～2μm，孔隙率增多，由 0.20mL/g 增加至 0.25mL/g。这说明涂层材料的施用使得砂岩中小孔隙被聚合物材料聚集体覆盖，但是 S1 材料对砂岩 D1 的孔隙分布影响较小。

青砂岩 D2 未经保护之前主要孔径分布为：0.3～1μm(为主)、200～900μm 和小于 300nm 的孔隙。S1 保护后的青砂岩 D2 中 200～900μm 的孔隙变化成 100～800μm 和 0.3～10μm，孔隙率无发生明显变化；但是，S2 和 S3 保护后的青砂岩 D2 孔隙发生了明显变化，小孔径都被填充，大孔隙也发生了变化。表 28-12 显示，保护材料中含有较多的 POSS，保护后样品的透气性越好。

表 28-12　保护样块的毛细吸水率测试结果

样品	毛细吸水量/ [g/(cm²·s^(1/2))]	吸水量/wt%	透气性/(g/m²)	耐盐循环 9 次损失率/%	耐冻融循环 50 次损失率/%
红砂岩	1.53×10^{-3}	6.89	2.52	60.94	18.05
S1-Red	7.89×10^{-5}	2.46	1.53	3.43	0.31
S2-Red	6.58×10^{-5}	2.22	1.08	0.07	0.13
S3-Red	5.95×10^{-5}	2.14	1.41	41.53	0.071
青砂岩	2.50×10^{-3}	11.15	0.276	24.66	0.62
S1-Gray	1.98×10^{-3}	8.42	0.217	20.23	0.31
S2-Gray	1.47×10^{-3}	5.95	0.206	23.88	0.24
S3-Gray	1.77×10^{-3}	8.04	0.201	19.67	0.15

28.2.4　耐盐循环与耐冻融循环

1. 耐盐循环实验

在饱和 Na_2SO_4 溶液中浸泡 24h 和在 105～110℃下烘干 24h。如此循环，直至砂岩样块出现明显的破坏，记录循环结束时样块的质量。由图 28-12 可以看到，保护之后砂岩具有一定的耐盐性。循环前后质量对比如表 28-11 所示。9 个循环之后，与空白样品对照(60.94%的损失)，S1 处理的红砂岩 D1 有少许变化(2.43%的损失)，S2 保护的 D1 几乎无任何变化(0.07%的损失)，而 S3 保护的 D1 表现最差(41.53%的损失)。质量损失样貌变化如图 28-12(a)所示。9 个循环之后的青色砂岩显示，与空白样品对照(24.66%的损失)，有类似的损失(S1，20.23%；S2，23.88%；

S3，19.67%)。质量损失样貌变化如图 28-12(b)所示。这是因为青砂岩空隙极小，吸收保护材料的量很小，保护作用不明显。

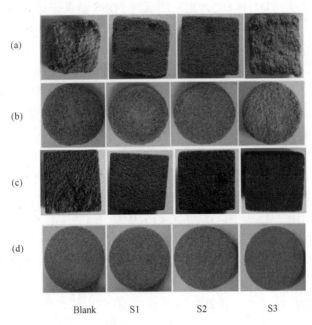

Blank　　S1　　S2　　S3

图 28-12　样块的 9 个耐盐循环(a，b)和 50 个耐冻融循环(c，d)后的外观变化

2. 耐冻融循环实验

冻融实验的一个循环周期为在 20～25℃条件下去离子水中浸泡 4h 和于–4℃冷冻 4h。如此进行 50 个循环，观察砂岩样块表面形貌的变化情况。记录循环结束时样块的质量。在 50 个完整的冻融循环之后，放置空白样块的水中可见少许砂岩样块基体的散沙，并且表面可见细微的裂痕，而其余三种经过保护材料处理的样块在 50 个完整的冻融循环之后仍没有明显的损坏，空白样块有明显的缺损，冻融循环前后样块样貌变化对比见图 28-12(c)和(d)。对恒重之后的样块称量，样品冻融前后质量对比如表 28-11 所示。经过保护处理的样块，质量损失率都很小，体现了良好的抗冻融能力。对样块质量损失率计算发现，S1～S3 保护红色砂岩的损失率为 0.071%～0.31%，远低于空白样块的损失率(18.05%)。由此可知，三种保护材料能够有效增强砂岩样块的耐冻能力。而保护后的青砂岩的损失率(0.15%～0.31%)与空白样块的冻融损失率(0.62%)差距远小于红砂岩，一方面说明了青色砂岩比红色砂岩耐冻融；另一方面也说明了保护材料对青色砂岩的保护效果不是很突出。

28.2.5 POSS 基软纳米材料保护小结

本节对两种砂岩 D1 和 D2 分别采用三种 POSS 基保护材料 ap-POSS-PMMA-b-P(MA-POSS)、PDMS-b-PMMA-b-P(MA-POSS)和 F-PMMA-b-P(MA-POSS)进行保护处理,三种保护材料的粒径为 130~300nm。评价保护前后样块的色差、毛细吸水系数、吸水性、接触角、水蒸气透过、耐盐循环和冻融循环等。

(1)样块的 ΔE^* 在 1.69~4.30 之间,小于肉眼可以感知的程度。经过 POSS 材料保护的砂岩表面对去离子水的接触角达到 110°以上,说明保护材料能够充分提高砂岩样块的表面疏水性。

(2)经过保护的样块毛细吸水率均有下降。对于红砂岩,S1~S3 的毛细吸水系数为 7.89×10^{-5}~$5.95 \times 10^{-5} g/(cm^2 \cdot s^{1/2})$,吸水量为 2.46%~2.22%,明显低于空白样块$[1.53 \times 10^{-3} g/(cm^2 \cdot s^{1/2})$, 6.89%]。对于青色砂岩,保护处理后表现出更低的毛细吸水系数(1.47×10^{-3}~1.98×10^{-3})和吸水量(5.95%~8.429%),与未处理的青色砂岩接近$[2.5 \times 10^{-3} g/(cm^2 \cdot s^{1/2})$, 11.15%]。因为红色砂岩比青色砂岩的空隙尺寸大,容易吸收保护材料,导致红色砂岩吸水性降低比青色砂岩明显。保护材料中含有较多的 POSS,保护后样品的透气性越好。

(3)保护后的红砂岩 D1 中 200~900μm 的孔隙率和大小均未发生变化,而小于 2μm 的孔径消失,但是 S1 对砂岩 D1 的孔隙分布影响较小。S2 保护的砂岩 D1 中 3.5~40μm 的孔径分布变为 0.2~2μm,孔隙率增多,由 0.20mL/g 增加至 0.25mL/g。这说明涂层材料的施用使得砂岩中小孔隙被聚合物材料聚集体覆盖,但是 S1 材料对砂岩 D1 的孔隙分布影响较小。S1 保护后的青砂岩 D2 中 200~900μm 的孔隙变化成 100~800μm 和 0.3~10μm,孔隙率无明显发生变化;但是,S2 和 S3 保护后的青砂岩 D2 孔隙发生了明显变化,小孔径都被填充,大孔隙也发生了变化。

(4)9 个循环之后,与空白样品对照(60.94%的损失),S1 处理的红砂岩 D1 有少许变化(2.43%的损失),S2 保护的 D1 几乎无任何变化(0.07%的损失),而 S3 保护的 D1 表现最差(41.53%的损失)。9 个循环之后的青色砂岩显示,与空白样品对照(24.66%的损失),有类似的损失率(S1,20.23%;S2,23.88%;S3,19.67%)。这是因为青砂岩空隙极小,吸收保护材料的量很小,保护作用不明显。

(5)50 个完整的冻融循环之后样块无明显损坏。S1~S3 保护红色砂岩的损失率为 0.071%~0.31%,远低于空白样块的损失率(18.05%)。而保护后的青砂岩的损失率(0.15%~0.31%)与空白样块的冻融损失率(0.62%)差距远小于红砂岩,一方面说明了青色砂岩比红色砂岩耐冻融;另一方面也说明了保护材料对青色砂岩的保护效果不是很突出。

28.3　硅基改性淀粉黏接保护砂岩

28.3.1　黏接材料与保护对象

采用两种硅基聚合物接枝淀粉保护大佛寺砂岩。接枝淀粉粒径、表面性质和黏接外观如表 28-13 和图 28-13 所示。VTMS-starch/P(MMA/BA/3FMA)对基体黏接力为 114.77N，P(VTMS/12FMA)-g-starch 对基体黏接力为 107.58N。本节采用的保护材料固含量均在 4wt%左右(溶解或稀释)，用于黏接保护。

表 28-13　接枝淀粉粒径、表面性质和黏接后的外观颜色

保护材料	粒径分布		θ_W/(°)	θ_H/(°)	γ_s/(mN/m)	ΔE
	TEM/nm	DLS/nm				
可溶性淀粉	40	50~300	51	0	51.32	2.48
含氟/硅共聚物接枝淀粉 P(VTMS/12FMA)-g-starch	40~60	40~90	72	32	35.80	2.80
硅烷化淀粉接枝含氟丙烯酸酯乳液 VTMS-starch@P(MMA/BA/3FMA)	60~80	40~90	107	25	25.19	3.16

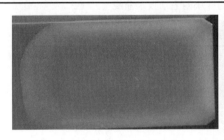

图 28-13　两种硅基接枝淀粉 VTMS-starch@P(MMA/BA/3FMA)(左)
和 P(VTMS/12FMA)-g-starch(右)的涂膜外观

28.3.2　黏接后的耐水性

保护后样块的ΔL^*均为负值，说明经过保护，样块的明度有少许下降。三种样块的ΔE^*在 2.48~3.16 之间，远远小于人类肉眼可以感知的程度。图 28-14 是不同保护材料处理过的砂岩样块和未处理空白样的毛细吸水曲线。未经任何保护材料处理的空白样品迅速吸收大量水分，而经过纯淀粉溶液和其他两种接枝淀粉材料处理过的砂岩样块的毛细吸水程度均有不同程度的下降，且小于纯淀粉溶液保护后的毛细吸水量。表 28-14 给出了不同样块的毛细吸收系数 CA、浸泡吸水率和静态接触角。表中列出的毛细吸收系数是通过实验初始 10min 的毛细吸水曲线的斜率计算的，CA 直观地给出了样块在初始 10min 内的吸水速度，VTMS-starch@

P(MMA/BA/3FMA)乳液的 CA 只有 $0.52 \times 10^{-3} \mathrm{g/(cm^2 \cdot s^{1/2})}$，相对于未处理空白样的 $11.91 \times 10^{-3} \mathrm{g/(cm^2 \cdot s^{1/2})}$ 有非常明显的降低。

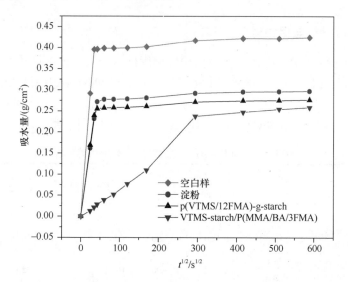

图 28-14　不同处理的样块的毛细吸水曲线

表 28-14　不同样块的毛细吸水系数、浸泡吸水率和静态接触角

保护材料	CA / [g/(cm²·s^{1/2})]	吸水率/%	θ_{W} /(°)
Starch	6.59×10^{-3}	6.86	—
P(VTMS/12FMA)-g-starch	6.90×10^{-3}	6.58	—
VTMS-starch@P(MMA/BA/3FMA)	0.52×10^{-3}	5.80	112.3
空白样	11.91×10^{-3}	9.96	—

经过 24h 浸泡测得的吸水率显示，所有经过处理的样块的吸水率均下降，且经过 VTMS-starch@P(MMA/BA/3FMA) 和 P(VTMS/12FMA)-g-starch 处理样块的吸水率比经过纯淀粉溶液处理的样块的吸水率低，尤其是乳液处理的样块，吸水率相比于纯淀粉处理样块下降了 15.5%，比未保护空白样下降了 41.8%（表 28-14）。

经过 VTMS-starch@P(MMA/BA/3FMA)乳液保护的砂岩表面对去离子水的接触角达到 112.3°，说明经过保护，其表面疏水性大幅度提高。而经过纯淀粉和接枝淀粉处理的砂岩表面对去离子水在测试的 15s 内也有不同程度的吸收。表面接触角经过紫外和湿热老化后的变化情况见图 28-15，说明经过老化后仍然有足够的耐水性能。

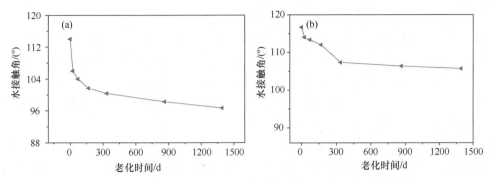

图 28-15　表面接触角经过紫外(a)和湿热循环(b)老化后的变化情况

结合毛细吸水实验、吸水率和接触角的结果可以看出，所有经过保护处理的样块相对于未处理空白样的耐水性能均有所提高，且经过 VTMS-starch@P(MMA/BA/3FMA)和 P(VTMS/12FMA)-g-starch 处理的样块比经过纯淀粉溶液处理的样块的耐水性好，尤其是经过乳液处理的样块获得了足够的耐水性。

28.3.3　耐盐循环和冻融循环

经过一个完整的盐结晶循环后，空白样已经损坏，说明户外采集的砂岩自身耐盐侵蚀性很差，其他三个样块尚未见明显变化。经过 2 个完整的盐结晶循环之后，两种接枝淀粉材料处理过的样块表面有轻微的损伤，而空白样和经过纯淀粉溶液保护的样块均已明显破坏，故循环结束。样块经过 2 个完整的盐结晶循环之后的照片见图 28-16(S1～S4)，对应的质量损失率见表 28-15。

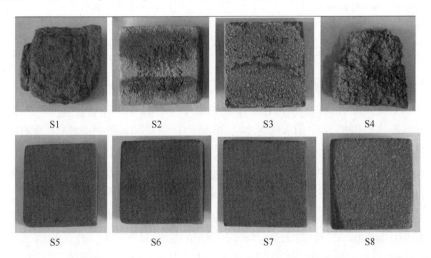

图 28-16　不同样块经过 2 个盐结晶循环(S1～S4)和 20 个冻融循环(S5～S8)后的照片

由于经过盐侵蚀，空白样和经过纯淀粉溶液保护的参比样损坏程度很大，难以对其进行彻底清洗，故而仅以两个完整的盐结晶循环结束时的质量来计算质量损失率。其中未保护空白样 S4 的损坏程度最大，质量损失近乎一半，经纯淀粉溶液处理的样块 S1 的质量损失率次之。经过两种接枝淀粉材料处理的样块 S2 和 S3 的质量损失率成负值，说明质量反而增加，是沉积在样块表面的盐和吸收到样块内部的盐未被去除所致。相比于 S3，S2 的损伤程度略大一些，但其质量增加的比率反而大于 S3。这是因为 S2 的吸水率大于 S3，所以饱和盐溶液对 S2 表层和内部的侵蚀较 S3 严重，也就是沉积在 S2 上盐的比例大于 S3，导致在这一循环结尾，损伤更大的 S2 的质量增加率反而大于 S3。所以，所有经过保护处理的砂岩样块的耐盐侵蚀能力相对于未保护空白样都有不同程度的提高。相比于经过纯淀粉溶液处理的样块，经过接枝淀粉处理的样块对耐盐性能有明显提高。

在 8 个完整的冻融循环之后，水中可见少许砂岩样块基体的粉末，并且在未保护空白样块的表面可见细微的裂痕，而其余三种经过保护材料处理的样块在 20 个完整的冻融循环之后仍没有明显的损坏。样块经过 20 个完整的冻融循环之后的照片见图 28-16(S5～S8)，对应的质量损失率见表 28-15。经过保护处理的样块，质量损失率都很小，体现了良好的抗冻融能力。

表 28-15　不同样块经过 2 个盐结晶循环和 20 个冻融循环后的质量损失率

保护材料	盐结晶循环		冻融循环	
	样块编号	质量损失率/%	样块编号	质量损失率/%
淀粉	S1	31.68	S5	0.36
P(VTMS/12FMA)-g-starch	S2	−1.04	S6	0.35
VTMS-starch@P(MMA/BA/3FMA)	S3	−0.44	S7	0.34
空白样	S4	49.95	S8	2.11

28.3.4　改性淀粉保护小结

对 VTMS-starch@P(MMA/BA/3FMA) 和 P(VTMS/12FMA)-g-starch 黏接保护砂岩的色差、毛细吸水作用、吸水性、接触角、耐盐循环和冻融循环等的影响研究结果显示，所有经过处理样块的吸水率均明显下降，且经过 VTMS-starch@P(MMA/BA/3FMA) 和 P(VTMS/12FMA)-g-starch 处理的样块比纯淀粉溶液处理的样块的吸水率低(下降了 15.5%)，相比于未保护空白样下降了 41.8%。在耐水性测试中，经过改性淀粉乳液处理的样块表面表现出最好的耐水性，毛细吸水系数低至 $0.52 \times 10^{-3} g/(cm^2 \cdot s^{1/2})$，对去离子水的接触角达到 112.3°。与纯淀粉溶液相比，VTMS-starch@P(MMA/BA/3FMA) 和 P(VTMS/12FMA)-g-starch 对砂岩样块耐盐性能的提升尤为突出。所有经过处理的砂岩样块都体现了良好的抗冻融能力。

28.4　POSS 基环氧 P(GMA-POSS)-co-POSS 的黏接保护

28.4.1　黏接吸附过程跟踪检测

　　以 SiO$_2$ 晶片模拟硅酸盐基体，用石英晶体微天平对保护样品溶液在 SiO$_2$ 晶片上的吸附过程进行动态跟踪测试，研究基体对样品溶液的吸附作用(溶液中分子/微粒的吸附)。一定温度下(可以自设温度，通常用室温)，设定流动速率为 0.15mL/min，保证样品在流到芯片表面前，能在流动池中达到比较稳定的状态。待基线平衡注入溶剂,稳定后注入保护材料 P(GMA- POSS)-co-POSS 直至吸附平衡 (样品浓度为 1%～5%)。图 28-17(a)显示，同一样品在不同芯片上的吸附量不同，吸附曲线中 Δf 越大，吸附量越大。图 28-17(b) 是图 28-17(a)的放大图。与纯金芯片对比，SiO$_2$ 芯片对 P(GMA-POSS)-co-POSS 吸附量较多。图 28-17(c)和其放大

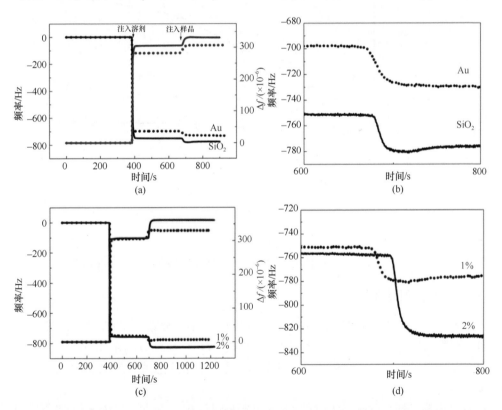

图 28-17　P(GMA-POSS)-co-POSS 在不同芯片上的 QCM-D 吸附曲线：(a)1%浓度在不同芯片的 QCM-D 曲线图；(b)图(a)中圆圈区域放大图；(c)1%和 2%浓度在 SiO$_2$ 芯片的 QCM-D 曲线；(d)图(c)中圆圈区域放大图

图(d)表明，不同浓度的 P(GMA-POSS)-co-POSS 在芯片上的吸附量不同，浓度大时被吸附的量也大。

28.4.2 保护过程超声波检测硬度变化

为了研究 P(GMA-MAPOSS)渗透砂岩过程中溶剂挥发速率与强度变化，将砂岩基体切割成 15mm×15mm×50m 的长条，用 P(GMA-POSS)-co-POSS 溶液(w=5%)进行渗透保护，如图 28-18 所示。一段时间后取出并立即进行浸湿部分的密实度检测。随后每隔一段时间检测一次，最后将基体置于干燥箱中烘干至溶剂完全挥发，测定其密实度，所得数据见图 28-18 所示。浸泡保护溶液的基体样块超声波幅度随时间逐渐增大，90min 后基本接近基体本身密实度。放置一夜后密实度大于基体本身，说明保护材料充实地填充在基体内。

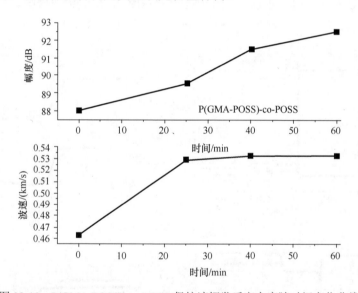

图 28-18　P(GMA-POSS)-co-POSS 保护液挥发后密实度随时间变化曲线

28.4.3 黏接现场保护

方法 1：将 0.3mL P(GMA-POSS)-co-POSS 溶液(5%)均匀涂抹于砂岩基体表面，贴附黏接时尽量保证溶液不从黏接面两边溢出。将粘好的基体置于常温中放置 24h 后再置于真空干燥箱中 24h 干燥。用超声波检测法检测黏接面及其附近区域密实度。

方法 2：量取 0.5mL 的上述保护溶液，分别与 0.3g 和 0.4g 基体粉末混合均匀后涂抹于基体表面进行上述黏接保护(图 28-19)。

所得数据如表 28-16 所示。其中，黏接点指黏接面缝隙处的测量点，基体点指黏接面附近的测量点。可以看出保护材料与基体的兼容性均良好，黏接点密实度都小于基体本身强度，说明了黏接强度与基体匹配。

图 28-19　以 P(GMA-POSS)-co-POSS 为例的实验室黏接保护

表 28-16　两种保护方法黏接密实度比较

样品名	测距/mm	检测位点	波速/(km/s)	幅度/dB
P(GMA-POSS)-co-POSS 方法 1	15	黏接点	0.490	97.99
		基体点	0.490	101.78
P(GMA-POSS)-co-POSS 方法 2	15	黏接点	0.495	95.99
		基体点	0.495	100.94

　　分别对彬县大佛寺和钟山石窟的佛像进行了黏接保护和基体兼容性测试。图 28-20(a)是大佛寺佛像的左手指的测试(左)和罗汉室墙壁及罗汉不同部位的测试(右)，结果显示，佛像手指的密实程度不等，罗汉头部的密实度比身体的密实度大得多，这是因为罗汉头部是石质基体，罗汉身体是由草泥混合制浆而成，内部会有很多空隙，所以密实度会差些。图 28-20(b)是钟山石窟门拱裂缝密实度的测量(左)以及用实验室合成的 P(GMA-POSS)-co-POSS 溶液与砂岩粉末制成砂浆对缝隙进行加固后效果的测量(右)。完整墙体的密实度是 70～77dB，然而当横穿狭缝测量时，其密实度降低到 58dB，裂缝处引起的密实度大幅度降低。图 28-20(b)右图显示用砂浆加固保护后，完整墙体的密实度基本不变，但横穿狭缝测量的密实度有明显的提高。加固保护 4h 后，横穿裂缝的密实度提高了 5dB，这是因为砂浆的填入减小了该区域空间上的空缺，且砂浆自身的密实度达到 63dB；加固保护 5h 后，横穿裂缝的密实度比加固保护 4h 又有提高，这是因为随着时间的延长，溶剂慢慢挥发，砂浆中的固体组分堆积更加紧密，从而使空缺减少，密实度提高。通过对 4 点经历不同时间加固保护后密实度的测量发现，加固保护 5h 后，4 点的密实度提高到约 82dB，原因是 P(GMA-POSS)-co-POSS 的渗透作用，提高了岩石的密实度。图 28-20(c)是钟山石窟有彩佛像膝盖密实度的测量(左)及不同程度老化佛像密实度的测量(右，从 1 号到 5 号老化程度依次加重)，有彩佛像的密实度(73.57dB)略低于无彩佛像的密实度(76.11dB)，这可能是因为表层彩绘结构比较松

散，导致整体的密实度降低。

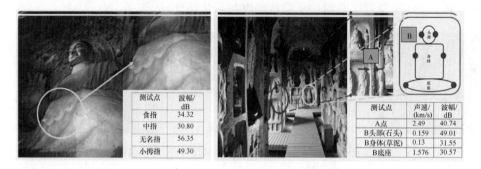

测试点	波幅/dB
食指	34.32
中指	30.80
无名指	56.35
小拇指	49.30

测试点	声速/(km/s)	波幅/dB
A点	2.49	40.74
B头部(石头)	0.159	49.01
B身体(草泥)	0.13	31.55
B底座	1.576	30.57

(a) 大佛寺砂岩现场

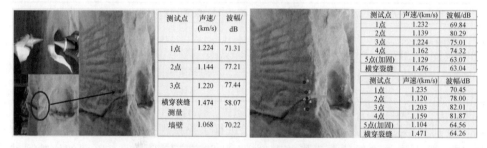

测试点	声速/(km/s)	波幅/dB
1点	1.224	71.31
2点	1.144	77.21
3点	1.220	77.44
横穿狭缝测量	1.474	58.07
墙壁	1.068	70.22

测试点	声速/(km/s)	波幅/dB
1点	1.232	69.84
2点	1.139	80.29
3点	1.224	75.01
4点	1.162	74.32
5点(加固)	1.129	63.07
横穿裂缝	1.476	63.04

测试点	声速/(km/s)	波幅/dB
1点	1.235	70.45
2点	1.120	78.00
3点	1.203	82.01
4点	1.159	81.87
5点(加固)	1.104	64.56
横穿裂缝	1.471	64.26

(b) 钟山石窟砂岩现场裂隙测量(左)和填补裂隙保护后4h(右上)和5h(右下)

测试点	声速/(km/s)	波幅/dB
膝盖	1.549	73.57

测试点	声速/(km/s)	波幅/dB
1号头部	1.071	76.11
2号头部	1.064	72.86
3号头部	0.890	81.66
4号头部	1.184	73.92
5号头部	0.914	74.30

(c) 钟山石窟彩绘的强度测量

图 28-20　以 P(GMA-POSS)-co-POSS 为例的现场黏接保护

28.4.4　P(GMA-POSS)-co-POSS 现场黏接保护小结

(1)以 SiO_2 晶片模拟硅酸盐基体，用石英晶体微天平对保护样品溶液在 SiO_2 晶片上的吸附过程进行动态跟踪测试，研究基体对样品溶液的吸附作用。与纯金芯片对比，SiO_2 芯片对 P(GMA-POSS)-co-POSS 吸附量较多。浓度大时被吸附的量也大。保护材料与基体的兼容性均良好，黏接点密实度都小于基体本身强度，说明了黏接强度与基体匹配。

(2)对彬县大佛寺和钟山石窟的佛像进行了黏接保护和基体兼容性测试显示，佛像手指的密实程度不等。P(GMA-POSS)-co-POSS 具有优异的渗透性和黏接强度，可以提高密实度。随着固化时间的延长，完整墙体的密实度基本不变，但横穿裂缝测量的密实度却有明显的提高。

28.5　ap-POSS-PMMA-b-P(12FMA)的表面保护

28.5.1　表面保护的模拟研究

利用 ap-POSS-PMMA-b-P(12FMA)(M_n=35070g/mol，PDI=1.15)的 THF、CHCl$_3$ 和 DMC 溶液(160～230nm 胶束)研究砂岩保护耐久性(图 28-21)。结果表明，ap-POSS-PMMA-b-P(12FMA)浓度＞$20×10^{-3}$g/mol，浸泡时间＞5min 时，保护效果最好。

与未保护的砂岩相比，保护前后的表面形貌变化并不明显(图 28-21)。但随着放大倍数增大，处理过的样块显示更加致密的结构，而且表面的微纳相更趋于明显。DMC 处理的岩石表面最为致密，THF 和 CHCl$_3$ 处理过的表面变化不明显。疏水性结果表明，经 CHCl$_3$ 溶液处理后的表面具有最大的静态接触角(θ_s=150.13°±1.98°)和最小的滚动角(8.95°±1.25°)，表明 CHCl$_3$ 溶液应用到砂岩上具有超疏水的保护效果。THF 溶液处理过的表面具有稍小的静态接触角(θ_s=145.85°±2.36°)，表明 THF 溶液具有高度疏水的保护效果；DMC 处理过的表面具有最小的表面接触角(128.78°±3.26°)和最大的滚动角(15.95°±1.66°)。同时，处理过的砂岩样品表面的 SEM-EDS 分析显示，C、F 和 Si 元素的分布如图 28-22 所示。这表明氟硅元素含量分布均匀，进一步证明氟硅元素表面迁移比较明显。众所周知，表面润湿性是由表面形貌和表面元素组成决定的，砂岩表面具有微米相尺度的表面，聚合物溶液提供了纳米相的尺度和特殊的氟硅元素，因此能够显著提高表面疏水性。

28.5.2　保护砂岩的耐久性分析

ap-POSS-PMMA-b-P(12FMA)保护砂岩后的耐久性分析显示，表面接触角到 30min 时随着水珠挥发变化很小，表明保护后样品表面具有很好的耐久性。同时也对 5μL 和 10μL 的水液滴进行了静态接触角和滚动角测试，水珠体积越大，接触角和滚动角均略有降低。图 28-23 是处理后表面对水珠、牛奶和咖啡的超疏水效果图，表明了表面具有很好的抗污染性。

将处理后的砂岩样品浸泡到 pH=1 和 pH=14 的酸和碱溶液中 24h 后浸泡于水中 30min，最后真空条件下 110℃烘干测试。未处理的砂岩样块已经松散成粉末状，

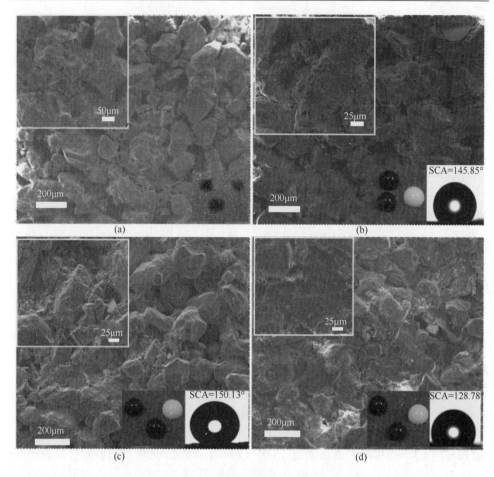

图 28-21　砂岩经不同溶剂保护前后的 SEM 形貌：
(a)未处理；(b)THF；(c)CHCl$_3$；(d)DMC

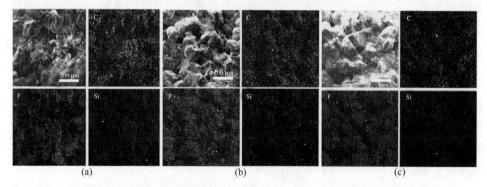

图 28-22　经 ap-POSS-PMMA-b-P(12FMA)的 THF(a)、CHCl$_3$(b)和
DMC(c)溶液保护后的表面形貌及元素分布

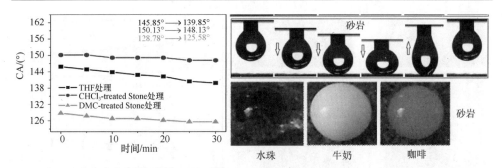

图 28-23　液滴在砂岩表面随时间的接触角变化与砂岩表面的不沾特性

而处理后的样品。表面形貌变化并不明显，而且静态接触角和滚动角变化很小，如图 28-24 所示。耐强酸碱性(40% H_2SO_4 和 40% NaOH)和耐紫外光照射(100 W UV)性能进行分析测试如图 28-25 所示。结果表明，当将 40% H_2SO_4 和 40% NaOH 的液滴滴到未处理的表面时，对照样品却在接触的部分腐蚀成明显的孔洞。但是该液滴能够在处理后的砂岩表面维持，没有表面腐蚀现象，当把液滴移去后，该表面仍具有超疏水效果。样品经过紫外光照射后，随着照射时间的变化，接触角略有下降，滚动角略有增加，但是变化幅度很小。这说明经处理后的样品表面具有极好的耐化学酸碱腐蚀性和耐紫外光照射。

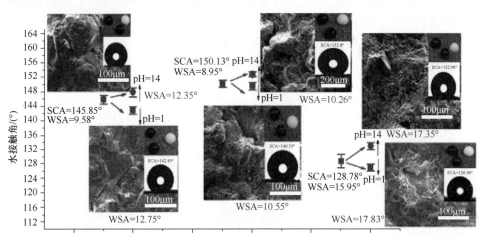

图 28-24　经保护处理的砂岩经酸碱腐蚀后的表面形貌和接触角、滚动角变化

28.5.3　ap-POSS-PMMA-b-P(12FMA)表面保护小结

(1) ap-POSS-PMMA-b-P(12FMA)的 THF、$CHCl_3$ 和 DMC 溶液保护耐久性。显示样块更加致密，而且表面的微纳相更趋于明显。DMC 处理的岩石表面最为致密，THF 和 $CHCl_3$ 处理过的表面变化不明显。

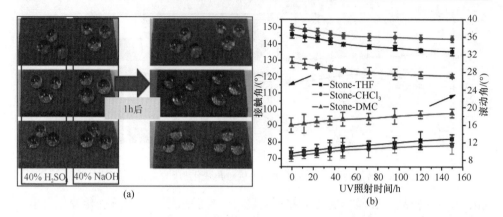

图 28-25　强酸碱(40% H₂SO₄ 和 40% NaOH)液滴在处理后的砂岩表面的保护效果图(a)和经过紫
外光照射后的砂岩表面接触角和滚动角变化(b)

(2)经 CHCl₃ 溶液处理后的表面具有最大的静态接触角(θ_s=150.13°±1.98°)和最小的滚动角(8.95°±1.25°)，具有超疏水的保护效果。THF 溶液处理过的表面具有稍小的静态接触角(θ_s=145.85°±2.36°)，显示高度疏水的保护效果；DMC 处理过的表面具有最小的表面接触角(128.78°±3.26°)和最大的滚动角(15.95°±1.66°)。

(3)ap-POSS-PMMA-b-P(12FMA)保护砂岩后的耐久性分析显示，表面接触角到 30min 时随着水珠挥发变化很小，表明保护后样品表面具有很好的耐久性。且处理后表面对水珠、牛奶和咖啡的超疏水效果图，表明了表面具有很好的抗污染性。经处理后的样品表面具有极好的耐化学酸碱腐蚀性和耐紫外光照射。

后 记

灵魂的召唤——保护文化遗产

吾自 1988 年中国科学技术大学应用化学系硕士毕业之际,偶闻国外保护研究之事,甚是好奇,懵懂进入文化遗产保护领域。1990～1999 年,启蒙于 Rolf Snethlage 教授,接触西方文化遗产保护新概念,精勤于国际合作项目,再次进入大学求是。自 2003 年进入西安交通大学任教,艰辛转轨,几度不眠。中华文明的深厚积淀与保护领域滞后带来的折磨挥之不去。用现代化学技术保护古代文化遗产,历史使然。终以灵魂召唤为方向,继以文化遗产保护为业,教书育人之余,全新开始文化遗产保护研究。

历经十数载磨砺,努力有之,艰辛有之,成长与收获为最。幸获数次国家自然科学基金面上项目资助,助科学研究益进。与有荣焉,兴生而灵,受国家重点基础研究发展计划("973"计划)首席科学家罗宏杰教授之邀担任课题负责人,知遇之恩,谢无疆焉!唯望努力服务项目为报。

最好的伙伴——合作团队

山河万里望西都,长安城内交大府,三更灯火五更思,正是青年发愤时。化学楼 302 室和 305 室众生,多年切磋之宜,师生友情之深,永记在心。

本书惠之博士研究生梁军艳、王娜、黄宏普、潘爱钊、马艳丽,硕士研究生牛明俊、董夏、郑薇、常刚、屈佳、刘静、杨梢、王丽等贡献的实验数据:第 2～4 章(黄宏普),第 5、6 章(潘爱钊、黄宏普),第 7、9、20 章(梁军艳、董夏),第 10、11 章(牛明俊、潘爱钊),第 13、14 章(杨梢),第 15、16 章(潘爱钊),第 17、18、25 章(马艳丽),第 21 章(常刚),第 22 章(郑薇),第 23 章(王丽),第 24 章(屈佳),第 26、27 章(刘静、王娜),第 28 章(刘静、杨梢、屈佳、马艳丽、潘爱钊)。借此聊表谢忱。

感谢团队合作伙伴赵翔教授疑虑时之解惑,迷茫时之引导,寥寥数言,感激相助。

依旧的向往——守候明天

一抹粉红增华发,镜里朱颜改。守初心,终不变,为之,极也。精勤求学,敦笃励志。路漫漫其修远兮,莫忘使命,保护人类文化遗产,且行且远且珍惜……

和玲丙申初夏于兴庆湖畔

本书内容发表国际期刊论文目录

[1] Pan A Z, He B, Fan X Y, Liu Z, Urban J J, Paul Alivisatos A, **He L**[*], **Liu Y**[*]. Insight into the ligand-mediated synthesis of colloidal CsPbBr$_3$ perovskite nanocrystals: The role of organic acid, base, and cesium precursors. ACS Nano, 2016, 10: 7943-7954.

[2] Huang H P, Qu J, **He L**[*]. Amphiphilic silica/fluoropolymer nanoparticles: Synthesis, tem-responsive and surface properties as protein-resistance coatings. Journal of Polymer Science Part A: Polymer Chemistry, 2016, 54: 381-393.

[3] Liang J Y, Wang L, Bao J X, **He L**[*]. Durable superhydrophobic/highly oleophobic coatings from multi-dome SiO$_2$ nanoparticles and fluoroacrylate block copolymers on flat substrates. Journal of Materials Chemistry A, 2015, 5: 20134-20144.

[4] Liang J Y, Wang L, Bao J X, **He L**[*]. SiO$_2$-g-PS /fluoroalkylsilane composites for superhydrophobic and highly oleophobic coatings. Colloids and Surfaces A: Physicochemical and Engineering Aspects, 2016: 26-35.

[5] Ma Y L, **He L**[*], Zhao L R, Pan A Z. POSS-based glycidyl methacrylate copolymer for transparent and permeable coatings. Soft Material, 2016, 14: 253-263.

[6] Sultan S, Kareem K, **He L**[*]. Synthesis, characterization and resistant performance of α-Fe$_2$O$_3$@SiO$_2$ composite as pigment protective coatings. Surface & Coatings Technology, 2016, 300: 42-49.

[7] Kareem K, Sultan S, He L[*]. Fabrication, microstructure and corrosive behavior of different metallographic tin-leaded bronze alloys. Part II: Chemical corrosive behavior and patina of tin-leaded bronze alloys. Materials Chemistry and Physics, 2016, 169: 158-172.

[8] Yang S, Pan A, **He L**[*]. Organic/inorganic hybrids by linear PDMS and caged MA-POSS for coating. Materials Chemistry and Physics, 2015, 153: 396-404.

[9] Pan A Z, **He L**[*], Zhang T, Zhao X. Self-assembled micelle and film surface of fluorine/ silicon-containing triblock copolymer. Colloid and Polymer Science, 2015, 293: 2281-2290.

[10] Pan A Z, Yang S, **He L**[*]. POSS-tethered fluorinated diblock copolymers with linear- and star-shaped topologies: Synthesis, self-assembled films and hydrophobic applications. RSC Advances, 2015, 5: 55048-55058.

[11] Qu J, Liu J, **He L**[*]. Synthesis and evaluation of fluorosilicone-modified starch for protection of historic stone. Journal of Applied Polymer Science, 2015, 132: 41650-41660.

[12] Wang N, **He L**[*], Zhao X, Simon S. Comparative analysis of eastern and western drying-oil binding media used in polychromic artworks by pyrolysis–gas chromatography/mass spectrometry under the influence of pigments. Microchemical Journal, 2015, 123: 201-210.

[13] Pan A Z, **He L**[*]. Formation and properties of core-shell pentablock copolymer/silica hybrids. Materials Chemistry and Physics, 2014, 147: 5-10.

[14] Yang S, Pan A Z, **He L**[*]. POSS end-capped diblock copolymers: Synthesis, micelle self-assembly and properties. Journal of Colloid and Interface Science, 2014, 425: 5-11.

[15] Pan A Z, Yang S, **He L**[*], Zhao X. Star-shaped POSS diblock copolymers and their self-assembled films. RSC Advances, 2014, 4: 27857-27866.

[16] Pan A Z, **He L**[*]. Fabrication pentablock copolymer/silica hybrids as self-assembly coatings. Journal of Colloid and Interface Science, 2014, 414: 1-8.

[17] Ma Y L, **He L**[*], Pan A Z. Poly(glycidyl methacrylate-POSS)-co-poly (methyl methacrylate)

latex by epoxide opening reaction and emulsion polymerization. Journal of Materials Science, 2015, 50: 2158-2166.

[18] Pan A Z, **He L**[*], Yang S, Niu M J. The effect of side chains on the reactive rate and surface wettability of pentablock copolymers by ATRP. Journal of Applied Polymer Science, 2014, 131: 4560-4567.

[19] Huang H P, **He L**[*]. Silica-diblock fluoropolymer hybrids by surface-initiated atom transfer radical polymerization. RSC Advances, 2014, 4 (25): 13108-13118.

[20] Huang H P, **He L**[*], Huang K H, Gao M. Synthesis and comparison of two Poly (methyl methacrylate-b-3-(trimethoxysilyl) propyl methacrylate)/SiO$_2$ hybrids by "grafting-to" approach. Journal of Colloid and Interface Science, 2014, 433: 133-140.

[21] Wang L, Liang J Y[*], **He L**[*]. Superhydrophobic and oleophobic surface from fluoropolymer-SiO$_2$ hybrid nanocomposites. Journal of Colloid and Interface Science, 2014, 435: 75-82.

[22] Niu M J, **He L**[*], Liang J Y, Pan A Z, Zhao X. Effect of side chains and solvents on the film surface of linear fluorosilicone pentablock copolymers. Progress in Organic Coatings, 2014, 77: 1603-1612.

[23] Chang G, **He L**[*], Liang J Y, Wang N, Cao R J, Zhao X. Polysiloxane/poly(fluorinated acrylate) core-shell latexes and surface wettability of films. Journal of Fluorine Chemistry, 2014, 158: 21-28.

[24] Wang N, Liu J, **He L**[*]. Characterization of Chinese lacquer in historical artworks by on-line methylation pyrolysis-gas chromatography/mass spectrometry. Analytical Letters, 2014, 47: 2488-2507.

[25] Liang J Y, **He L**[*], Dong X, Zhou T. Surface self-segregation, wettability, and adsorption behavior of core-shell and pentablock fluorosilicone acrylate copolymers. Journal of Colloid and Interface Science, 2012, 369: 435-441.

[26] Chang G, **He L**[*], Zheng W, Pan A Z, Liu J, Li Y J. Well-defined inorganic/organic nanocomposites by SiO$_2$ core-poly(methyl methacrylate/butylacrylate/trifluoroethyl methacrylate) shell. Journal of Colloid and Interface Science, 2013, 396: 129-137.

[27] Dong X, **He L**[*], Wang N, Liang J Y, Niu M J, Zhao X. Diblock fluoroacrylate copolymers from two initiators: Synthesis, self assembly and surface properties. J Mater Chem, 2012, 22: 23078-23090.

[28] **He L**[*], Wang N, Zhao X, Zhou T, Xia Y, Liang J Y, Rong B. Polychromic structures and pigments in Guangyuan Thousand-Buddha Grotto of the Tang Dynasty (China). Journal of Archaeological Science, 2012, 39: 1809-1820.

[29] Liang J Y, **He L**[*], Zhao X[*], Dong X, Luo H J, Li W D. Novel linear fluoro-silicon-containing pentablock copolymers: synthesis and their properties as coating materials. J Mater Chem, 2011, 21: 6934-6943.

[30] Zheng W, **He L**[*], Liang J Y, Chang G, Wang N. Preparation and properties of core–shell nanosilica/poly(methyl methacrylate-butylacrylate-2, 2, 2-trifluoroethyl methacrylate) latex. Journal of Applied Polymer Science, 2011, 120: 1152-1161.

[31] **He L**[*], Liang J Y, Zhao X, Li W D, Luo H J. Preparation and comparative evaluation of well-defined fluorinated acrylic copolymer latex and solution for ancient stone protection. Progress in Organic Coatings, 2010, 69: 352-358.

[32] Liang J Y, **He L**[*], Zheng Y S. Synthesis and property investigation of three core-shell fluoroacrylate copolymer latexes. Journal of Applied Polymer Science, 2009, 112: 1615-1621.

[33] Liang J Y, **He L**[*], Li W D, Luo H J. Synthesis and properties analysis of new core-shell silicon-containing fluoroacrylate latex. Polymer International, 2009, 58: 1283-1290.

[34] **He L**[*], Liang J Y. Synthesis, modification and characterization of core-shell fluoroacrylate copolymer latexes. Journal of Fluorine Chemistry, 2008, 129: 590-597.

[35] **He L**[*], Nie M Q, Liang G Z. Preparation and feasibility analysis of fluoropolymer to the sandstone protection. Progress in Organic Coatings, 2008, 62: 206-213.

[36] Pana A Z, **He L**[*], Wang L, Xi N. POSS-based fluoroacrylate diblock copolymer for self-assembled hydrophobic films. Materials Today: Proceedings, 2016, 3: 325-334.

[37] Huang H P, **He L**[*]. Hydrophilic silica copolymer nanoparticles and protein-resistance coatings. Journal of Materials Science and Chemical Engineering, 2016, 4: 18-23.